站在巨人的肩上
Standing on Shoulders of Giants

TURING

图灵教育

iTuring.cn

站在巨人的肩上
Standing on Shoulders of Giants

TURING
图灵教育

iTuring.cn

TURING 图灵程序设计丛书

Ruby on Rails教程
（第4版）

[美] Michael Hartl 著　　安道 译

Ruby on Rails™ Tutorial
Learn Web Development with Rails
Fourth Edition

人民邮电出版社

北　京

图书在版编目（CIP）数据

Ruby on Rails教程 ：第4版 /（美）迈克尔·哈特
尔（Michael Hartl）著；安道译. -- 北京 ：人民邮电
出版社，2017.9
　（图灵程序设计丛书）
　ISBN 978-7-115-46640-2

　Ⅰ. ①R… Ⅱ. ①迈… ②安… Ⅲ. ①网页制作工具－
程序设计－教材 Ⅳ. ①TP393.092.2

　中国版本图书馆CIP数据核字(2017)第187888号

内 容 提 要

　　本书系统地介绍了如何用 Rails 构建 Web 应用。具体内容包括：Ruby、Rails、HTML、CSS、数据库、版本控制、测试以及部署的基本知识。本书大大降低了初学者的门槛，被读者和很多资深程序员誉为"Rails 入门圣经"。

　　本书适合对 Rails、Ruby 以及 Web 开发感兴趣的读者阅读。

　　　◆ 著　　　　[美] Michael Hartl
　　　　译　　　　安　道
　　　　责任编辑　朱　巍
　　　　执行编辑　张海艳
　　　　责任印制　彭志环
　　　◆ 人民邮电出版社出版发行　　北京市丰台区成寿寺路11号
　　　　邮编　100164　　电子邮件　315@ptpress.com.cn
　　　　网址　http://www.ptpress.com.cn
　　　　北京鑫正大印刷有限公司印刷
　　　◆ 开本：800×1000　1/16
　　　　印张：34
　　　　字数：910千字　　　　　　2017年9月第1版
　　　　印数：1－3 000册　　　　　2017年9月北京第1次印刷
　　　　著作权合同登记号　图字：01-2017-2565号

定价：129.00元
读者服务热线：(010)51095186转600　印装质量热线：(010)81055316
反盗版热线：(010)81055315
广告经营许可证：京东工商广登字 20170147 号

对Michael Hartl的Ruby on Rails教程和视频的赞誉

"我之前工作的公司（CD Baby）是最早大张旗鼓地转用Ruby on Rails的企业之一，然后又更加惹眼地换回了PHP。（在Google中搜索我的名字，能搜到关于这场闹剧的文章。）很多人都强烈推荐Michael Hartl的这本书，所以我不得不读一下。读完之后，我又开始使用Rails做开发了。"

——Derek Sivers（sivers.org），CD Baby创始人，Thoughts Ltd.创始人

"在学习Rails方面，我推荐Michael Hartl的Rails教程……这本书写得非常不错，而且与以往不同的是，它从头开始逐步指导你构建一个Rails应用，并且涵盖测试。如果你想读一本书就掌握Rails，选《Ruby on Rails教程》就对了。"

——Peter Cooper，Ruby Inside博客编辑

"如果你是积极主动的读者，喜欢在实践中学习，而且准备投入精力，强烈推荐你阅读这本书。"

——Ian Elliot，*I Programmer*评论员

"《Ruby on Rails教程》涵盖大量内容，如果你细心且有耐心，能学到很多知识。"

——Jason Shen，科技企业家，The Art of Ass-Kicking博主

"Michael Hartl的《Ruby on Rails教程》不仅教会了我Ruby on Rails，还让我学到了底层的Ruby语言、HTML、CSS、部分JavaScript，甚至还有一些SQL，更重要的是，这本书向我展示了如何在短时间内构建一个Web应用。"

——Mattan Griffel，One Month联合创始人和CEO

"虽然我的职业是Python/Django开发者，但是我必须强调这本书对我有相当大的帮助。作为一名不在业界的大学生，这本书告诉我如何使用版本控制、如何编写测试，以及最重要的，当坚持不懈一路走下来，看到最终结果时的那种满足感（尽管搭建环境让应用跑起来有点难）。这本书让我再次爱上了科技。只要有朋友想学习编程或构建些什么，我都会推荐这本书。感谢你，Michael!"

——Prakhar Srivastav，科威特Xcite.com的软件工程师

　　"不管你觉得自己未来将使用什么做开发，也不管现今流行什么框架，只要你想学习构建些什么，这本教程都是最佳起点。对那些想实现想法的非技术人员，想雇用承包商的人，想报班学习的人，或者想寻找技术合作伙伴的人，请你们先停下来，退后一步。请暂时忘掉自己的念头，埋头苦读这本教程，系统地学习一下。读完之后，你自己和与软件相关的项目都将从中受益。"

——Vincent C.，创业者和开发者

　　"这是我读过的此类图书中写得最好的一本，极力推荐。"

——Daniel Hollands，Birmingham.IO 的管理员

　　"对想学习 Ruby on Rails 的人来说，我认为 Hartl 的《Ruby on Rails 教程》是最好的资料。"

——David Young，deepinthecode.com 网站的软件开发者和作者

　　"从很多方面来说，这都是一本优秀的教程。除了教你 Rails 之外，Hartl 还传授了良好的开发实践。"

——Michael Denomy，全栈 Web 开发者

　　"毋庸置疑，学习 Ruby on Rails 的最佳方式是构建一个真正能运行的应用。我当时读的是 Michael Hartl 的《Ruby on Rails 教程》，这本书教会我从头开始构建一个非常基础的 Twitter 类应用。我强烈推荐这本教程。快速上手后稳步前进是学习的关键。这种学习方式比死记硬背有效得多。"

——James Fend，JamesFend.com 的连续创业者

　　"这本书理论与实践并重，视频则实际演示了具体怎么操作。强烈推荐两者结合。"

——Antonio Cangiano，IBM 软件工程师

　　"作者显然是 Ruby 语言和 Rails 框架方面的专家，但更重要的是，他是做实事的软件工程师，在书中介绍了很多最佳实践。"

——Greg Charles，Fairway Technologies 高级软件开发者

　　"总的来说，Hartl 的视频教程是 Rails 初学者的优秀资料。"

——Michael Morin，ruby.about.com

　　"无疑，我会向想学习 Ruby on Rails 开发的人推荐这本书。"

——Michael Crump，微软 MVP

第1版序

我之前工作的公司（CD Baby）是最早大张旗鼓地转用Ruby on Rails的企业之一，然后又更加惹眼地换回了PHP。（在Google中搜索我的名字，能搜到关于这场闹剧的文章。）很多人都强烈推荐Michael Hartl的这本书，所以我不得不读一下。读完之后，我又开始使用Rails做开发了。

我读过很多有关Rails的书，但是这本真正让我入门了。书里的一切都很符合"Rails之道"，我以前觉得这个"道"很不自然，但是读完这本书，却感觉自然无比。这本书也是唯一一本自始至终都采用测试驱动开发（test-driven development，TDD）理念的Rails图书。很多行家都推荐使用TDD，但是在这本书出版之前从未有人如此清楚地介绍过这个理念。书中的演示应用还用到了Git、GitHub和Heroku，作者真是让你体验了一把开发真正能用的应用是什么感觉，而且书中用到的代码并不是凭空捏造出来的。

线性叙述是很好的模式。我花了三天时间①阅读这本书，完成了书中所有的演示应用，也做了全部练习。从头至尾，循序渐进，不要跳着读，这样才能从中获得最大收益。

享受阅读这本书的乐趣吧！

Derek Sivers（sivers.org）
CD Baby创始人

---

① 这可不常见，读完整本书所需的时间通常远不止三天。

第3版序

如今，Rails已经十岁了，人们对它的热情还没有消减的迹象。在持续发展的过程中，我们看到一出充满矛盾的悲剧上演了。很多人说，Rails现在是对初学者来说最难入门的技术栈。刚开始，要对太多东西做出选择，而且积累了十年的博客文章和图书大都在某种程度上过时了，信息残缺不全。最讽刺的是，现如今初学Rails涉及大量配置，或许这些配置与Rails自身没有关系，而是它推荐使用的各种库。也许你忘了，或者在2005年Rails发布时没有注意，Rails的主要目标是实现约定优于配置。

在某种程度上，我们复制了曾经努力搏杀的Java Web这头野兽。天啊！

不过，不要太过沮丧，因为这样说没有切中要害。好消息是，一旦跨过那令人生畏的学习曲线，你就会发现，Rails仍是构建API后端和内容驱动型网站最强大和最高效的技术栈。

现在，你可能在考虑使用这本书踏上学习Rails的征程。相信我，这是正确的选择。我认识Michael Hartl差不多十年了，他是一个非常聪明的人。到本书封面前勒口处关于作者的介绍中看看他获得的文凭，你就知道了。不过，别太在意高高在上的学位，在这本畅销书的最新版中他采用的教学方法足以证明他是多么聪明。有些作者过于刚愎自用（比如我认识的本系列图书的另一位作者，呃哼），他则截然不同。他没有自作聪明，而是极力为Rails初学者降低门槛。

首先，他摒弃了各种形式的本地安装和配置，还规避了复杂的配置选项（如Spork和RubyTest），以防新手望而却步。书中所有的代码都在一个标准化的云端环境中运行，通过Web浏览器即可使用。

其次，他删掉了前一版中的大量内容，积极拥抱Rails的"默认栈"，包括内置的MiniTest测试框架。删掉众多外部依赖（RSpec、Cucumber、Capybara、Factory Girl）的好处是，Rails的学习曲线平滑了许多，但是书中的大量内容需要重写。

多年来，由于对这本书的精心经营，Michael已经成为编写培训资料的行家里手，他写的资料非常实用。和之前一样，这一版也包含Git和GitHub等重要工具的基础知识。测试是很重要的，大多数人都觉得应该对初学者强调这一点。Michael精心打造的示例总是使用小段代码，这样易于理解，而且新颖，并有一定的挑战。当你读完这本书，开发出小型的Twitter类应用时，一定会对Rails的知识有更加深入的了解，从而能灵活运用。最重要的是，打好基础之后，你几乎就能开发任何类型的Web应用了。

祝你成功！

Obie Fernandez
本系列图书的编辑

致　　谢

　　《Ruby on Rails教程》很大程度上归功于我以前写的一本书——《RailsSpace：Ruby on Rails Web 应用开发》，因此该书的合著者Aurelius Prochazka有很大功劳。我要感谢Aure，他不仅为前一本书做出了贡献，而且也给予了这本书相应的支持。我还要感谢这两本书的编辑Debra Williams Cauley，只要她还带我去玩棒球，我就会继续为她写书。

　　我要感谢很多Ruby高手，在过去这些年里，他们教我知识，也给我启迪。他们是：David Heinemeier Hansson、Yehuda Katz、Carl Lerche、Jeremy Kemper、Xavier Noria、Ryan Bates、Geoffrey Grosenbach、Peter Cooper、Matt Aimonetti、Mark Bates、Gregg Pollack、Wayne E. Seguin、Amy Hoy、Dave Chelimsky、Pat Maddox、Tom Preston-Werner、Chris Wanstrath、Chad Fowler、Josh Susser、Obie Fernandez、Ian McFarland、Steven Bristol、Pratik Naik、Sarah Mei、Sarah Allen、Wolfram Arnold、Alex Chaffee、Giles Bowkett、Evan Dorn、Long Nguyen、James Lindenbaum、Adam Wiggins、Tikhon Bernstam、Ron Evans、Wyatt Greene、Miles Forrest、Sandi Metz、Ryan Davis、Aaron Patterson、Pivotal Labs公司的好心人、Heroku团队、thoughtbot公司的小伙伴，以及GitHub的全体员工。

　　我要感谢技术审校Andrew Thal，他仔细阅读了本书草稿，并提出了宝贵的建议。我要感谢Learn Enough to Be Dangerous的合伙人Nick Merwin和Lee Donahoe，感谢他们为这本教程所做的准备工作。

　　最后，还有很多很多读者（太多了，无法一一列举）在本书写作过程中反馈了众多问题，还给了我很多建议。我由衷地感谢这些人的帮助，他们让这本书变得更好。

目　　录

第 1 章

从零开始，完成一次部署

欢迎阅读本书。本书的目的是教你开发自定义的Web应用，而我们选择的工具是流行的Web框架Ruby on Rails。本书主要教你Web开发的通用原则（不限定于Rails），此外还会教你更多的技能，全面提升你的技术水平（旁注1.1）。这正是Learn Enough to Be Dangerous系列教程[1]力图解决的问题。这一系列教程适合作为本书的预备知识阅读，最先发布的是Learn Enough Command Line to Be Dangerous[2]，这个教程完全针对初学者（与市面上的书不同）。

旁注1.1：全面提升你的技术水平

本书是Learn Enough to Be Dangerous系列教程的一部分。这一系列教程力图全面提升你的技术水平：软硬技能兼备似乎就能解决任何技术问题。掌握Web开发以及计算机编程对于全面提升技术水平是至关重要的。此外，你还要知道如何点击菜单项，以学会使用某个应用；要知道如何使用Google弄清错误消息的意思；以及何时要放弃，直接重启设备。

Web应用涉及的知识特别多，因此也是你提升技术水平的良机。就使用Rails做Web开发而言，涉及的一些具体技能包括：确保使用的Ruby gem版本正确，执行**bundle install**或**bundle update**命令，以及遇到问题时重启本地Web服务器。（如果你完全不知道我在说什么，不用担心，本书会涵盖这里提到的所有话题。）

在阅读本书的过程中，你可能偶尔会出错，得不到预期的结果。书中已经标示出了易于出错的步骤，但是难免百密一疏。建议你积极地去解决这些拦路虎，借此提高自己的技能。说不定，就像极客们所说的：**这不是缺陷，而是特性！**

本书会向你详细介绍Web应用开发的方方面面，包括Ruby、Rails、HTML和CSS、数据库、版本控制、测试以及部署的基础知识。学会这些知识足以为你赢得一份Web开发者的工作，或者能让你成为一名技术创业者。如果你已经了解Web开发，阅读本书能快速学会Rails框架的基础，包括MVC和REST、生成器、迁移、路由，以及嵌入式Ruby。不管怎样，读完本书之后，以你所掌握的知识，已经能够阅读讨论更高级话题的图书和博客，或者观看视频，这些都是繁荣的编程教学生态圈的一部

---

[1] http://learnenough.com/story

[2] http://learnenough.com/command-line

分。[①]这其中就包括Ruby on Rails Tutorial LiveLessons视频，可在http://informit.com/rubyrailsvid购买。

　　本书采用一种综合式方法讲授Web开发，在学习的过程中我们将开发三个演示应用：第一个最简单，叫**hello_app**（1.3节）；第二个功能多一些，叫**toy_app**（第2章）；第三个是真正的演示应用，叫**sample_app**（第3章到第14章）。从这三个应用的名字可以看出，书中开发的应用不限定于某种特定类型的网站。最后一个演示应用很像Twitter（很巧，这个网站起初也是使用Rails开发的）。不过，本书的重点是介绍通用原则，所以不管你想开发什么样的Web应用，读完本书后都能建立扎实的基础。

　　在第1章，我们将安装Ruby on Rails以及所需的全部软件，还将搭建开发环境（1.2节）。然后，我们将创建第一个Rails应用，名为**hello_app**。本书旨在介绍优秀的软件开发实践，所以在创建第一个应用之后，我们会立即将它纳入版本控制系统Git中（1.4节）。你可能不相信，在这一章，我们还将**部署**这个应用（1.5节），把它放到网上。

　　第2章会创建第二个项目，演示Rails应用的一些基本操作。为了提升速度，我们将使用脚手架（旁注1.2）创建应用（名为**toy_app**）。因为脚手架生成的代码很丑也很复杂，所以第2章将集中精力在浏览器中，使用URI（经常称为URL）[②]与**toy_app**应用交互。

　　本书剩下的章节将集中精力开发一个真实的大型演示应用（名为**sample_app**），所有代码都从零开始编写。在开发这个应用的过程中，我们会用到**构思图**（mockup）、**测试驱动开发**（test-driven development，TDD）理念和**集成测试**（integration test）。第3章创建静态页面，然后增加一些动态内容。第4章简要介绍Rails使用的Ruby程序语言。第5章到第12章逐步完善这个应用的低层结构，包括网站的布局、用户数据模型，以及完整的注册和身份验证系统（含有账户激活和密码重设功能）。最后，第13章和第14章添加微博和社交功能，完成一个可以正常运行的演示网站。

> **旁注1.2：脚手架：更快、更简单、更诱人**
>
> 　　Rails出现伊始就吸引了众多目光，特别是Rails之父David Heinemeier Hansson录制的著名的"15分钟开发一个博客"视频。这个视频及其衍生版本是窥探Rails强大功能的一种很好的方式，我推荐你看一下这些视频。不过事先提醒一下，这些视频中的演示能控制在15分钟以内，得益于一种叫作**脚手架**（scaffold）的功能，通过Rails提供的**generate scaffold**命令生成大量的代码。
>
> 　　写作本书时，我也想过使用脚手架，因为它更快、更简单、更诱人。不过脚手架生成的代码量多且复杂，会让初学者困惑。虽然这样能学会脚手架的用法，但并不明白到底发生了什么。使用脚手架，你只是一个脚本生成器的使用者，无法提升对Rails的认识。
>
> 　　本书将采用一种不同的方式。虽然第2章会用脚手架开发一个小型的玩具应用，但本书的核心是从第3章起开发的演示应用。在开发那个演示应用的每个阶段，我们只会编写少量的代码，易于理解但又具有一定的挑战性。通过这样一个过程，最终你会对Rails有较为深刻的理解，而且能灵活运用，从而开发几乎任何类型的Web应用。

[①] 本书最新版可在本书的网站上获取，地址是http://www.railstutorial.org/。如果你阅读的是纸质版，一定要查看在线版（http://www.railstutorial.org/book），获取最近的更新。简体中文版的最近更新也可在网上阅读，地址是http://www.railstutorial-china.org/book。——译者注

[②] URI是"统一资源标识符"（Uniform Resource Identifier）的简称，较少使用的URL是"统一资源定位符"（Uniform Resource Locator）的简称。在实际使用中，URL一般和浏览器地址栏中的内容一样。

1.1 简介

Ruby on Rails（简称Rails）是一个Web开发框架，使用Ruby编程语言开发。自2004年出现之后，Rails迅速成为动态Web应用开发领域功能最强大、最受欢迎的框架之一。使用Rails的公司有很多，例如Airbnb、Basecamp、Disney、GitHub、Hulu、Kickstarter、Shopify、Twitter和Yellow Pages。还有很多Web开发工作室专门从事Rails应用开发，例如ENTP、thoughtbot、Pivotal Labs、Hashrocket和HappyFunCorp。除此之外，无数的独立顾问、培训人员和项目承包商也使用Rails。

Rails为何如此成功呢？首先，Rails完全开源，基于宽松的MIT许可证发布，可以免费下载和使用。Rails的成功很大程度上得益于它优雅而紧凑的设计。Rails熟谙Ruby语言的可扩展性，开发了一套用于编写Web应用的领域特定语言（domain-specific language，DSL）。所以Web编程中很多常见的任务，例如生成HTML、创建数据模型和URL路由，在Rails中都很容易实现，最终得到的应用代码简洁而且可读性高。

Rails还会快速跟进Web开发领域最新的技术和框架设计方式。例如，Rails是最早使用REST架构风格组织Web应用的框架之一（这个架构贯穿本书）。当其他框架开发出成功的新技术后，Rails之父David Heinemeier Hansson和Rails核心开发团队会毫不犹豫地将其吸纳进来。最典型的例子或许就是Rails和Merb两个项目的合并，自此Rails继承了Merb的模块化设计、稳定的API，性能也得到了提升。

最后一点，Rails社区特别热情，乐于助人。社区中有数以千计的开源贡献者，会举办与会者众多的开发者大会，而且还开发了大量的gem（代码库，一个gem解决一个特定的问题，例如分页和图像上传），此外还有很多内容丰富的博客，以及一些讨论组和IRC频道。Rails程序员众多也使得处理应用错误变得简单了：在Google中搜索错误消息，几乎总能找到一篇相关的博客文章或一个相关的讨论组话题。

1.1.1 预备知识

阅读本书不需要具备特定的预备知识。本书不仅介绍Rails，还涉及底层的Ruby语言、Rails默认使用的测试框架（MiniTest）、Unix命令行、HTML、CSS、少量的JavaScript，以及一点SQL。我们要掌握的知识很多，所以我一般建议阅读本书之前先掌握一些HTML和编程知识。如果你刚接触软件开发，建议你先阅读Learn Enough to Be Dangerous系列教程。[①]

(1) 开发者基础知识

❏ Learn Enough Command Line to Be Dangerous（http://www.learnenough.com/command-line-tutorial）

❏ Learn Enough Text Editor to Be Dangerous（http://www.learnenough.com/text-editor-tutorial）

❏ Learn Enough Git to Be Dangerous（http://www.learnenough.com/git-tutorial）

(2) Web基础知识

❏ Learn Enough HTML to Be Dangerous（http://www.learnenough.com/html-tutorial）

❏ Learn Enough CSS & Layout to Be Dangerous（http://www.learnenough.com/css-and-layout-tutorial）

❏ Learn Enough JavaScript to Be Dangerous（http://www.learnenough.com/javascript-tutorial）

---

① 写作本书时，命令行、文本编辑器、Git和HTML教程已经完成，其他教程正在撰写中。

(3) Ruby Web开发入门

❑ Learn Enough Ruby to Be Dangerous（http://www.learnenough.com/ruby-tutorial）

❑ Learn Enough Sinatra to Be Dangerous（http://www.learnenough.com/sinatra-tutorial）

❑ Learn Enough Ruby on Rails to Be Dangerous（http://www.learnenough.com/ruby-on-rails-tutorial）

(4) Ruby Web开发进阶

❑ Ruby on Rails™教程（http://www.railstutorial.org/）

学习Rails时，经常被问及的一个问题是，要不要先学Ruby？这个问题的答案取决于个人的学习方式以及有多少编程经验。如果你希望较为系统地、全面地学习，或者完全没有编程经验，那么先学Ruby或许更合适。要学习Ruby，推荐你按照上述列表中的顺序阅读整个Learn Enough系列教程。很多Rails初学者很想立即着手开发Web应用，而不是在此之前先读完一本介绍Ruby的书。如果你是这类人，建议你先把本书大致浏览一遍，如果觉得太难，再回过头去阅读Learn Enough系列教程。

不管你从哪里开始，读完本书后都应该可以接着学习Rails的高级知识了。以下是我特别推荐的学习资源。

❑ The Learn Enough Society（http://learnenough.com/story）：这是一项收费订阅服务，包含本书的特别增强版和15个多小时的流媒体视频课程。视频中介绍了众多技巧，还有真人演示，这是阅读纸质书不可获得的。这项服务还包括Learn Enough系列教程的文字版和视频。提供教育优惠。

❑ Code School（https://www.codeschool.com/）：很好的交互式在线编程课程。

❑ Turing School of Software & Design（http://turing.io/）：在科罗拉多州丹佛举办的全日制培训项目，为期27周。

❑ Bloc（http://bloc.io/）：一个在线训练营，有结构化的课程、个人导师，通过具体的项目学习知识。使用BLOCLOVESHARTL优惠码可以节省500美元的报名费。

❑ Launch School（http://launchschool.com/railstutorial）：不错的在线Rails开发训练营（包括高级课程）。

❑ Firehose Project（http://www.thefirehoseproject.com/?tid=HARTL-RAILS-TUT-EB2&pid=HARTL-RAILS-TUT-EB2）：导师制在线编程训练营，专注于具体的编程技能，如测试驱动开发、算法，以及敏捷Web应用开发。有两周免费的入门课程。

❑ Thinkful（http://www.thinkful.com/a/railstutorial）：在线课程，由专业的工程师辅导开发项目。

❑ Pragmatic Studio（https://pragmaticstudio.com/refs/railstutorial）：Mike和Nicole Clark 主讲的Ruby和Rails在线课程。Mike与*Programming Ruby*的作者Dave Thomas主讲的Rails教程是我学习的第一门Rails课程，历史可追溯到2006年。

❑ RailsApps（https://tutorials.railsapps.org/hartl）：很多针对特定话题的Rails项目和教程，说明详细。

❑ Rails Guides（http://guides.rubyonrails.org/）：按话题编写的Rails参考，经常更新。[①]

练习

本书中有大量练习，强烈建议你在阅读的过程中做这些练习。购买本书的读者可以在http://railstutorial.org/aw-solutions查看练习解答。

---

① 本书译者已经翻译完这份资料，请访问http://rails.guide了解详情。——译者注

　　为了避免练习妨碍主线，解答通常不会影响后续的代码清单。（不过，有极少数的练习解答在后面要用到，此时正文中会作出解答。）这意味着，为了解答练习而编写的代码有时可能与书中展示的代码有出入。解决这种差异也是提升技术水平的一项宝贵的练习（旁注1.1）。

　　如果你想记录自己的答案并查看解答，可以加入Learn Enough Society。这是Learn Enough to Be Dangerous推出的一项订阅服务，其中包含本书的特别增强版。

　　很多练习具有一定难度，我们先来做几个简单的热热身。

　　(1) Ruby on Rails的Ruby gem托管在哪个网站中？**提示**：如果不知道，使用Google搜索。

　　(2) Rails目前的版本号是多少？

　　(3) 截至目前，Ruby on Rails总计被下载了多少次？

1.1.2　排版约定

　　本书使用的排版方式，很多都无需解释。本节说一下那些意义不是很清晰的排版方式。

　　书中很多示例用到了命令行命令。为了行文简便，所有命令都使用Unix风格的命令行提示符（一个美元符号），如下所示：

```
$ echo "hello, world!"
hello, world!
```

　　Rails提供了很多可以在命令行中运行的命令。例如，1.3.2节会使用**rails server**命令启动本地Web开发服务器：

```
$ rails server
```

　　与命令行提示符一样，本书也使用Unix惯用的目录分隔符（即斜线/）。例如，演示应用的配置文件production.rb，它的路径是：

```
config/environments/production.rb
```

　　上述文件路径是相对于应用的根目录而言的。在不同的系统中，根目录会有差别。在云端IDE（1.2.1节）中，根目录像下面这样：

```
/home/ubuntu/workspace/sample_app/
```

　　所以，production.rb文件的完整路径是：

```
/home/ubuntu/workspace/sample_app/config/environments/production.rb
```

　　通常，我会省略应用的路径，简写成**config/environments/production.rb**。

　　本书经常需要显示一些来自其他程序的输出。因为系统之间存在细微的差异，所以你看到的输出结果可能和书中显示的不完全一致，但是无需担心。而且，有些命令在某些操作系统中可能会导致错误，本书不会一一说明这些错误的解决方法，你可以在Google中搜索错误消息，自己尝试解决，这也是为现实中的软件开发做准备（旁注1.1）。如果你在阅读本书的过程中遇到了问题，我建议你看一下本书网站帮助页面[①]中列出的资源。

[①] http://railstutorial.org/help

本书涵盖Rails应用测试，所以最好知道某段代码能让测试组件失败还是通过。为了方便，在本书中，导致测试失败的代码使用"RED"标记，能让测试通过的代码使用"GREEN"标记。

最后，本书使用了两种排版方式，以便让代码清单更易于理解。第一种，有些代码清单中包含一个或多个突出显示的代码行，如下所示：

```
class User < ApplicationRecord
  validates :name,  presence: true
  validates :email, presence: true
end
```

突出的代码行一般用于标出这段代码中最重要的新代码，偶尔也用来表示当前代码清单和之前的代码清单的差异。第二种，为了行文简洁，书中很多代码清单中都有竖排的点号，如下所示：

```
class User < ApplicationRecord
  .
  .
  .
  has_secure_password
end
```

这些点号表示省略的代码，不要直接复制。

1.2 搭建环境

就算对经验丰富的Rails开发者来说，安装Ruby、Rails以及相关的所有软件，也要几经波折。这些问题是由环境的多样性导致的。不同的操作系统、版本号、文本编辑器的偏好设置和集成开发环境（integrated development environment，IDE）等，都会导致环境有所不同。为此，本书提供了两种推荐的解决方案。第一种方案是，按照1.1.1节提到的Learn Enough系列教程做，最终你能搭建出本书所需的环境。

第二种方案针对初学者，建议这些人使用**云端集成开发环境**（即云端IDE），从而避免安装和配置问题。本书使用的云端IDE运行在普通的Web浏览器中，因此在不同的平台中表现一致，这对Rails开发一直很困难的操作系统（例如Windows）来说尤其有用。此外，这个云端IDE还能保存当前的工作状态，因此我们可以休息一会，然后再从暂停之处继续学习。

1.2.1 开发环境

不同的人有不同的喜好，每个Rails程序员可能都有自己的一套开发环境。为了避免问题复杂化，本书使用一个标准的云端开发环境——Cloud9。[①]而且，我很荣幸与Cloud9合作，专为本书量身打造了一个开发环境。这个开发环境预装了Rails开发所需的大多数软件，包括Ruby、RubyGems和Git。（其实，唯有Rails要单独安装，而且这么做是有目的的，详情参见1.2.2节。）

---

① Cloud9可能需要绑定信用卡才能使用，如果你不便绑定，可以换用其他在线IDE。如果你想使用Coding.net的WebIDE，可以参考这篇文章：http://railstutorial-china.org/setup/。——译者注

这个云端IDE还包含Web应用开发所需的三个基本组件：文本编辑器、文件系统导航和命令行终端（图1-1）。云端IDE中的文本编辑器功能很多，其中一项是"在文件中查找"的全局搜索功能[①]，我觉得这个功能对大型Ruby或Rails项目来说是必备的。即便最终在现实中你不使用云端IDE（我始终建议不断学习其他工具），通过它也能了解文本编辑器和其他开发工具的基本功能。

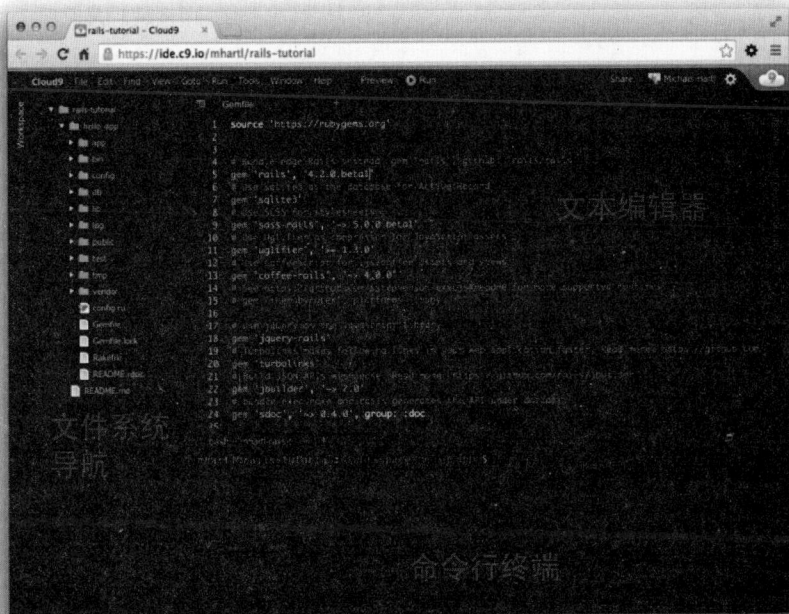

图1-1 云端IDE的界面布局

这个云端开发环境的使用步骤如下。

(1) 在Cloud9中注册一个免费账户。[②]为了避免滥用，注册Cloud9时要填写有效的信用卡，不过本书所用的工作空间是100%免费的，不会从你的信用卡中扣钱。

(2) 点击"Go to your Dashboard"（进入控制台）。

(3) 选择"Create New Workspace"（新建工作空间）。

(4) 创建一个名为"rails-tutorial"（不是"rails_tutorial"）的工作空间，勾选"Private to the people I invite"（仅对我邀请的人开放），然后选择表示Rails教程的图标（不是表示Ruby on Rails的那个图标），如图1-2所示。

(5) 点击"Create workspace"（创建工作空间）。

(6) Cloud9配置完工作空间之后，会自动启动它。

---

① 例如，要想找到foo函数的定义体，可以全局搜索"def foo"。

② https://c9.io/signup

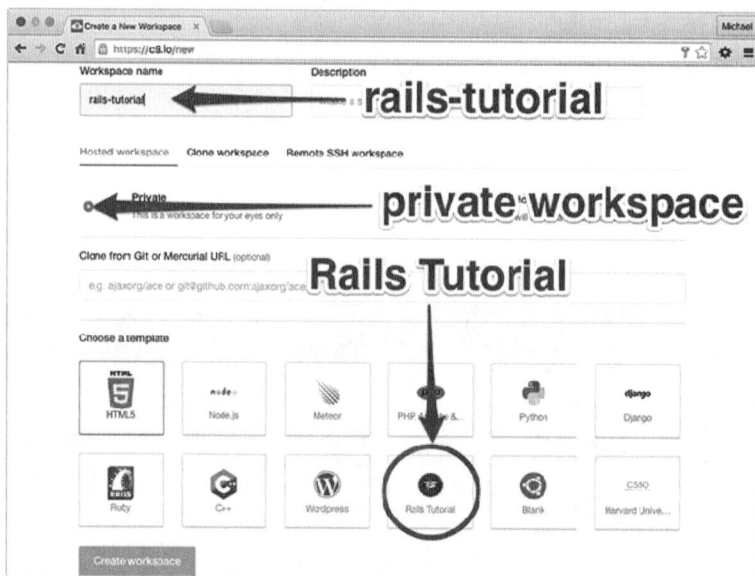

图1-2　在Cloud9中新建一个工作空间

因为使用两个空格缩进几乎是Ruby圈通用的约定，所以我建议你修改编辑器的配置，把默认的四个空格改为两个。配置方法是，点击右上角的齿轮图标，然后选择"Code Editor (Ace)"（Ace代码编辑器），编辑"Soft Tabs"（软制表符）设置，如图1-3所示。（注意，设置修改后立即生效，无需点击"Save"按钮。）

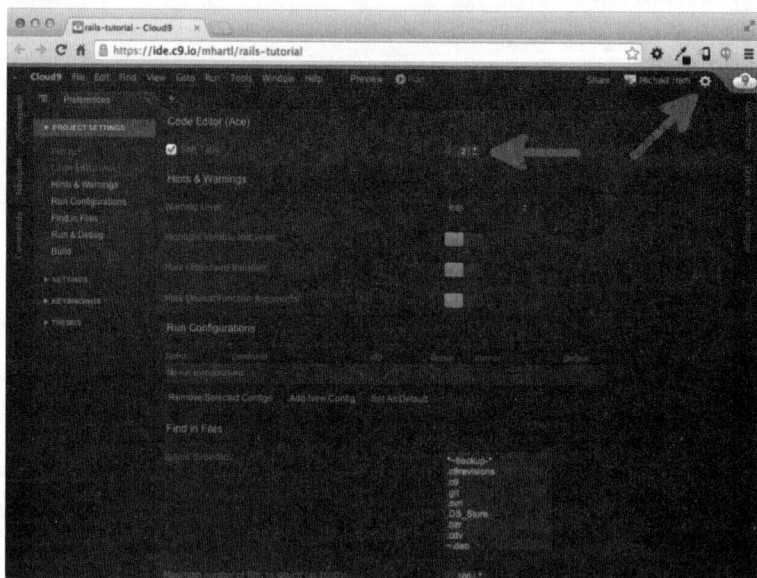

图1-3　让Cloud9使用两个空格缩进

1.2.2　安装 Rails

1.2.1节创建的开发环境包含所有软件，但没有Rails。为了安装Rails，我们要使用包管理器RubyGems提供的**gem**命令，在命令行终端里输入代码清单1-1所示的命令。（如果在本地系统中开发，在终端窗口中输入这个命令；如果使用云端IDE，在图1-1中的"命令行终端"区域输入这个命令。）

代码清单1-1　安装指定版本的Rails

```
$ gem install rails -v 5.0.0
```

-v标志的作用是指定安装哪个Rails版本。你使用的版本必须和我一样，这样在学习的过程中，你我得到的结果才相同。

1.3　第一个应用

按照计算机编程领域长期沿用的传统，第一个应用的目的是编写一个"hello, world"程序。具体来讲，我们将创建一个简单的应用，在网页中显示字符串"hello, world!"，在开发环境（1.3.4节）和线上网站（1.5节）中都是如此。

Rails应用一般都从**rails new**命令开始，这个命令会在你指定的目录中创建Rails应用的骨架。如果你没使用1.2.1节推荐的Cloud9 IDE，首先要新建一个目录，命名为**workspace**，然后进入目录，如代码清单1-2所示。（代码清单1-2中使用了Unix命令**cd**和**mkdir**，如果你不熟悉这两个命令，请阅读旁注1.3。）

代码清单1-2　为Rails项目新建一个目录，命名为**workspace**（在云端环境中不用做这一步）

```
$ cd                    # 进入家目录
$ mkdir workspace       # 新建 workspace 目录
$ cd workspace/         # 进入 workspace 目录
```

> **旁注1.3：Unix命令行速成课**
>
> 　　使用Windows和Macintosh OS X（数量较少，但增长势头迅猛）的用户可能对Unix命令行不熟悉。如果使用推荐的云端环境，很幸运，这个环境提供了Unix（Linux）命令行——在标准的shell命令行界面中运行的Bash。
>
> 　　命令行的基本思想很简单：使用简短的命令执行很多操作，例如创建目录（**mkdir**）、移动和复制文件（**mv**和**cp**），以及变换目录浏览文件系统（**cd**）。主要使用图形用户界面（graphical user interface，GUI）的用户可能觉得命令行落伍了，其实是被表象蒙蔽了：命令行是开发者最强大的工具之一。实际上，你经常会看到经验丰富的开发者开着多个终端窗口，运行着多个命令行shell。
>
> 　　这是一门很深的学问，但在本书中只会用到一些最常用的Unix命令行命令，如表1-1所示。若想更深入地学习Unix命令行，请阅读Learn Enough系列教程的第一本，*Learn Enough Command Line to Be Dangerous*。[①]

----

① http://learnenough.com/command-line

不管在本地还是在云端IDE中，下一步都是使用代码清单1-3中的命令创建第一个应用。注意，在这个代码清单中，我们明确指定了Rails版本。这么做的目的是，确保使用代码清单1-1中安装的Rails版本来创建应用的文件结构。（执行代码清单1-3中的命令时，如果返回"**Could not find 'railties'**"这样的错误，说明你没安装正确的Rails版本，请再次确认你安装Rails时执行的命令与代码清单1-1完全一样。）

表1-1　一些常用的Unix命令

作　用	命　令	示　例
列出内容	ls	$ ls -l
新建目录	mkdir <dirname>	$ mkdir workspace
变换目录	cd <dirname>	$ cd workspace/
进入上层目录		$ cd ..
进入家目录		$ cd ~或$ cd
进入家目录中的文件夹		$ cd ~/workspace/
移动文件（重命名）	mv <source> <target>	$ mv foo bar
复制文件	cp <source> <target>	$ cp foo bar
删除文件	rm <file>	$ rm foo
删除空目录	rmdir <directory>	$ rmdir workspace/
删除非空目录	rm -rf <directory>	$ rm -rf tmp/
拼接并显示文件的内容	cat <file>	$ cat ~/.ssh/id_rsa.pub

代码清单1-3　执行**rails new**命令（明确指定版本号）

```
$ cd ~/workspace
$ rails _5.0.0_ new hello_app
      create
      create  README.md
      create  Rakefile
      create  config.ru
      create  .gitignore
      create  Gemfile
      create  app
      create  app/assets/config/manifest.js
      create  app/assets/javascripts/application.js
      create  app/assets/javascripts/cable.js
      create  app/assets/stylesheets/application.css
      create  app/channels/application_cable/channel.rb
      create  app/channels/application_cable/connection.rb
      create  app/controllers/application_controller.rb
        .
        .
        .
      create  tmp/cache/assets
      create  vendor/assets/javascripts
      create  vendor/assets/javascripts/.keep
      create  vendor/assets/stylesheets
```

```
    create  vendor/assets/stylesheets/.keep
    remove  config/initializers/cors.rb
       run  bundle install
Fetching gem metadata from https://rubygems.org/.........
Fetching additional metadata from https://rubygems.org/..
Resolving dependencies...
Installing rake 11.1.2
Using concurrent-ruby 1.0.2
  .
  .
  .
Your bundle is complete!
Use `bundle show [gemname]` to see where a bundled gem is installed.
       run  bundle exec spring binstub --all
* bin/rake: spring inserted
* bin/rails: spring inserted
```

如代码清单1-3所示，执行**rails new**命令生成所有文件之后，会自动执行**bundle install**命令。我们将在1.3.1节说明这个命令的作用。

留意一下**rails new**命令创建的文件和目录。这个标准的文件结构（图1-4）是Rails的众多优势之一：让你从零开始快速创建一个可运行的功能最简的应用。而且，所有Rails应用都使用这种文件结构，阅读他人的代码时很快就能理清头绪。

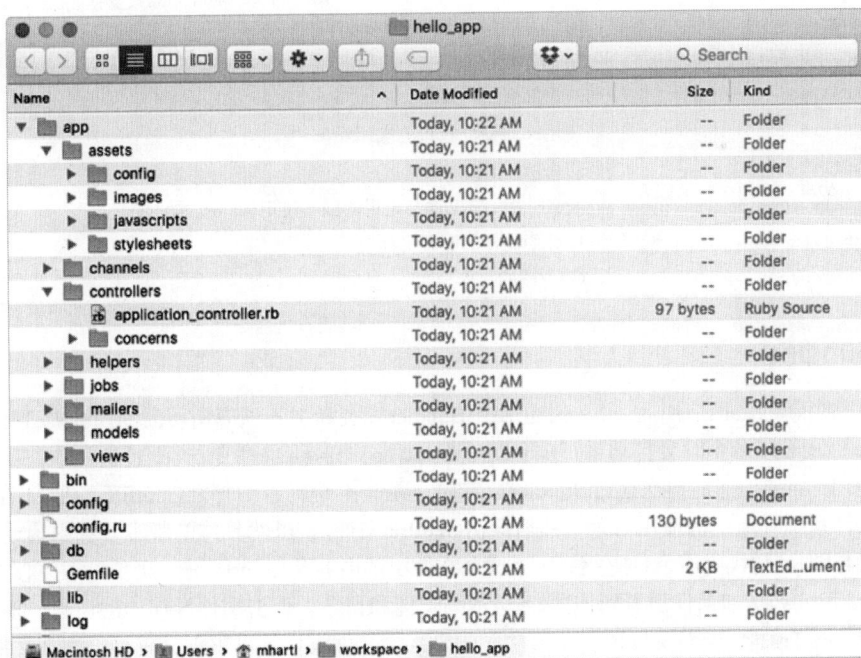

图1-4 新建Rails应用时生成的目录结构

这些文件的作用如表1-2所示，本书后面的内容将介绍其中大多数文件和目录。从5.2.1节开始，我们将介绍app/assets目录，这是Asset Pipeline的一部分。Asset Pipeline简化了层叠样式表和JavaScript等静态资源文件的组织和部署方式。

表1-2　Rails目录结构简介

文件/文件夹	作　　用
app/	应用的核心文件，包含模型、视图、控制器和辅助方法
app/assets	应用的静态资源文件，例如层叠样式表（CSS）、JavaScript文件和图像
bin/	可执行的二进制文件
config/	应用的配置
db/	数据库文件
doc/	应用的文档
lib/	代码库模块文件
lib/assets	代码库的静态资源文件，例如CSS、JavaScript文件和图像
log/	应用的日志文件
public/	公共可访问（如通过浏览器）的文件，例如错误页面
bin/rails	生成代码、打开终端会话或启动本地服务器的程序
test/	应用的测试
tmp/	临时文件
vendor/	第三方代码，例如插件和gem
vendor/assets	第三方静态资源文件，例如CSS、JavaScript文件和图像
README.md	应用简介
Rakefile	使用rake命令执行的实用任务
Gemfile	应用所需的gem
Gemfile.lock	gem列表，确保这个应用的副本使用相同版本的gem
config.ru	Rack中间件的配置文件
.gitignore	Git忽略的文件模式

1.3.1　Bundler

创建完一个新的Rails应用后，下一步是使用Bundler安装和引入该应用所需的gem。1.3节简单提到过，执行rails new命令时会自动运行Bundler（bundle install命令）。不过这一节，我们要修改应用默认使用的gem，然后再次运行Bundler。首先，在文本编辑器中打开Gemfile文件。（在云端IDE中要点击文件系统导航中的应用目录，然后双击Gemfile文件。）虽然具体的版本号和内容或许有所不同，但大概与图1-5和代码清单1-4差不多。（这个文件中的内容是Ruby代码，现在先不关心句法，第4章会详细介绍Ruby。）如果你没看到如图1-5所示的文件和目录，点击文件导航中的齿轮图标，然后选择"Refresh File Tree"（刷新文件树）。（通常，如果某个文件或目录没出现，就可以刷新文件树。）①

---

① 这便是具备技术水平的一个典型例子（旁注1.1）。

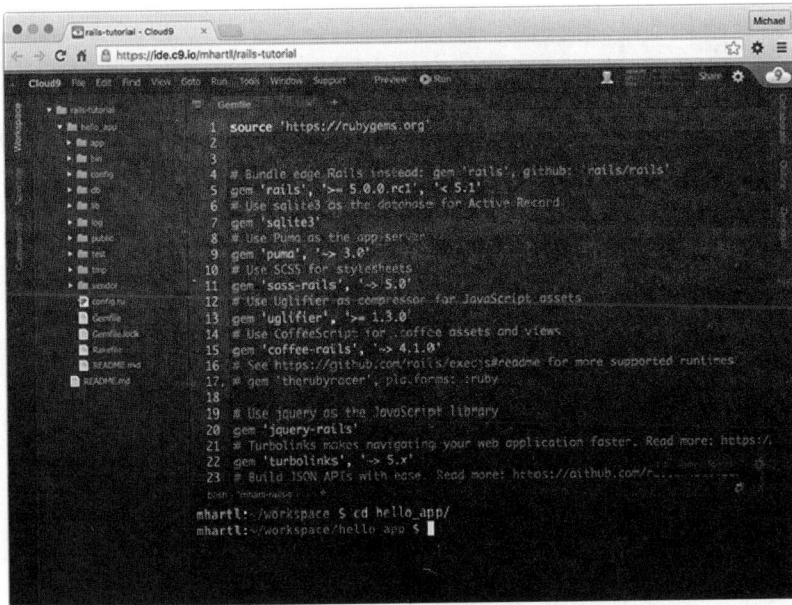

图1-5　在文本编辑器中打开默认生成的Gemfile文件

代码清单1-4　hello_app目录中默认生成的Gemfile文件

```
source 'https://rubygems.org'

# Bundle edge Rails instead: gem 'rails', github: 'rails/rails'
gem 'rails', '~> 5.0.0'
# Use sqlite3 as the database for Active Record
gem 'sqlite3'
# Use Puma as the app server
gem 'puma', '~> 3.0'
# Use SCSS for stylesheets
gem 'sass-rails', '~> 5.0'
# Use Uglifier as compressor for JavaScript assets
gem 'uglifier', '>= 1.3.0'
# Use CoffeeScript for .coffee assets and views
gem 'coffee-rails', '~> 4.2'
# See https://github.com/rails/execjs#readme for more supported runtimes
# gem 'therubyracer', platforms: :ruby

# Use jquery as the JavaScript library
gem 'jquery-rails'
# Turbolinks makes navigating your web application faster.
# Read more: https://github.com/turbolinks/turbolinks
gem 'turbolinks', '~> 5.x'
# Build JSON APIs with ease. Read more: https://github.com/rails/jbuilder
gem 'jbuilder', '~> 2.0'
# Use Redis adapter to run Action Cable in production
# gem 'redis', '~> 3.0'
```

```
# Use ActiveModel has_secure_password
# gem 'bcrypt', '~> 3.1.7'

# Use Capistrano for deployment
# gem 'capistrano-rails', group: :development

group :development, :test do
  # Call 'byebug' anywhere in the code to stop execution
  # and get a debugger console
  gem 'byebug', platform: :mri
end

group :development do
  # Access an IRB console on exception pages or by using
  # <%= console %> anywhere in the code.
  gem 'web-console'
  gem 'listen', '~> 3.0.5'
  # Spring speeds up development by keeping your application running
  # in the background. Read more: https://github.com/rails/spring
  gem 'spring'
  gem 'spring-watcher-listen', '~> 2.0.0'
end

# Windows does not include zoneinfo files, so bundle the tzinfo-data gem
gem 'tzinfo-data', platforms: [:mingw, :mswin, :x64_mingw, :jruby]
```

其中很多行代码都用#符号注释掉了（4.2.1节），这些代码放在这里是为了告诉你一些常用的gem，也是为了展示Bundler的句法。现在，除了这些默认的gem之外，我们还不需要其他的gem。

如果没在**gem**指令中指定版本号，Bundler会自动安装最新版。下面就是一例：

```
gem 'sqlite3'
```

还有两种常用的方法，用于指定gem版本的范围，在一定程度上控制Rails使用的版本。首先看下面这行代码：

```
gem 'uglifier', '>= 1.3.0'
```

这行代码的意思是，安装版本号大于或等于**1.3.0**的**uglifier**（作用是压缩Asset Pipeline中的文件），就算是**7.2**版也会安装。第二种方法如下所示：

```
gem 'coffee-rails', '~> 4.0.0'
```

这行代码的意思是，安装版本号大于**4.0.0**但小于**4.1**的**coffee-rails**。也就是说，**>=**表示法的意思是始终安装最新版；**~> 4.0.0**表示法的意思是只安装最后一个数字变化的版本（例如从**4.0.0**到**4.0.1**），而不安装前面的数字有变化的更新（例如从**4.0**到**4.1**）。[①]不过，经验告诉我们，即使是最小版本的升级也可能导致错误，所以本书中我们基本上会为所有的gem都指定精确的版本号。你可以使用任何gem的最新版本，还可以在Gemfile文件中使用**~>**（一般推荐有经验的用户使用），但事先提醒你，这可能会导致本书开发的应用表现异常。

---

① 类似地，**~> 4.0**会安装4.9版，但是不安装5.0版。对使用**语义版本**（semantic versioning，简称semver）的项目来说，知道这一点尤其重要。语义版本是一种版本号约定，目的是尽量减小破坏软件依赖的几率。

修改代码清单1-4中的Gemfile文件，换用精确的版本号，得到的结果如代码清单1-5所示。（若想查看各个gem的具体版本号，可以在命令行中执行**gem list <gem name>**命令。不过，代码清单1-5都给出了，省得你再麻烦。）注意，借此机会我们还变动了**sqlite3** gem的位置，只在开发环境和测试环境（7.1.1节）中安装，从而避免跟Heroku（1.5节）所用的数据库冲突。**重要提醒：本书中的所有Gemfile都应该使用gemfiles-4th-ed.railstutorial.org中列出的版本号**，别使用下面给出的（如果你阅读的是在线版，二者应该是一样的）。

代码清单1-5　在Gemfile文件中为所有gem指定精确的版本号

```
source 'https://rubygems.org'

gem 'rails',          '5.0.0'
gem 'puma',           '3.4.0'
gem 'sass-rails',     '5.0.5'
gem 'uglifier',       '3.0.0'
gem 'coffee-rails',   '4.2.1'
gem 'jquery-rails',   '4.1.1'
gem 'turbolinks',     '5.0.0'
gem 'jbuilder',       '2.4.1'

group :development, :test do
  gem 'sqlite3', '1.3.11'
  gem 'byebug',  '9.0.0', platform: :mri
end

group :development do
  gem 'web-console',           '3.1.1'
  gem 'listen',                '3.0.8'
  gem 'spring',                '1.7.2'
  gem 'spring-watcher-listen', '2.0.0'
end

# Windows does not include zoneinfo files, so bundle the tzinfo-data gem
gem 'tzinfo-data', platforms: [:mingw, :mswin, :x64_mingw, :jruby]
```

把代码清单1-5中的内容写入应用的Gemfile文件之后，执行**bundle install**命令①安装这些gem：

```
$ cd hello_app/
$ bundle install
Fetching source index for https://rubygems.org/
.
.
.
```

bundle install命令可能要执行一会儿，不过结束后我们的应用就能运行了。

顺便说一下，执行**bundle install**命令时可能会提醒你先执行**bundle update**命令。此时，应该按照提醒，先执行**bundle update**。（在事情不能按计划进行时要学着不要惊慌，这是全面提升技术水平的关键。冷静下来你便会惊奇地发现，"错误"消息中往往包含修正问题的具体说明。）

① 如表3-1所示，可以省略**install**，因为**bundle**是**bundle install**的别名。

1.3.2 `rails server`

运行完1.3节中的**rails new**命令和1.3.1节中的**bundle install**命令之后，我们的应用就可以运行了。但是怎么运行呢？Rails自带了一个命令行程序（或叫脚本），可以运行一个**本地服务器**，协助我们的开发工作。这个命令具体怎么执行，取决于你使用的环境：在本地系统中，直接执行**rails server**命令就行（代码清单1-6）；[①]而在Cloud9中，还要指定**绑定的IP地址和端口号**，告诉Rails服务器外界可以通过哪个地址访问应用（代码清单1-7）。[②]（Cloud9使用特殊的**环境变量**`$IP`和`$PORT`动态分配IP地址和端口号。如果想查看这两个环境变量的值，可以在命令行中输入**echo $IP**和**echo $PORT**。）

如果系统提示缺少JavaScript运行时，访问execjs在GitHub中的项目主页（https://github.com/sstephenson/execjs），查看解决方法。我非常推荐安装Node.js。

代码清单1-6　在本地设备中运行Rails服务器

```
$ cd ~/workspace/hello_app/
$ rails server
=> Booting Puma
=> Rails application starting on http://localhost:3000
=> Run `rails server -h` for more startup options
=> Ctrl-C to shutdown server
```

代码清单1-7　在云端IDE中运行Rails服务器

```
$ cd ~/workspace/hello_app/
$ rails server -b $IP -p $PORT
=> Booting Puma
=> Rails application starting on http://0.0.0.0:8080
=> Run `rails server -h` for more startup options
=> Ctrl-C to shutdown server
```

不管使用哪种环境，我都建议你在另一个终端标签页中执行**rails server**命令，这样你就可以继续在第一个标签页中执行其他命令了，如图1-6和图1-7所示。（如果你已经在第一个标签页中启动了服务器，可以按Ctrl-C键关闭服务器。）[③]在本地环境中，把http://0.0.0.0:3000粘贴到浏览器的地址栏中；在云端IDE中，打开"Share"（分享）面板，点击"Application"后的地址即可打开应用（图1-8）。在这两种环境中，显示的页面应该都与图1-9类似。

---

① 从Rails 5开始，运行Rails相关的命令时（**rails new**除外），建议使用项目根目录中的可执行文件bin/rails。例如，启动本地开发服务器的命令是**bin/rails server**。——译者注

② 一般情况下，网站使用80端口，但这个端口需要特别的权限。所以，为了方便，开发服务器最好使用没有限制的大端口号。

③ 这里的"C"指代键盘上的字母，而不是大写的字母，所以不用按下Shift键输入大写的"C"。

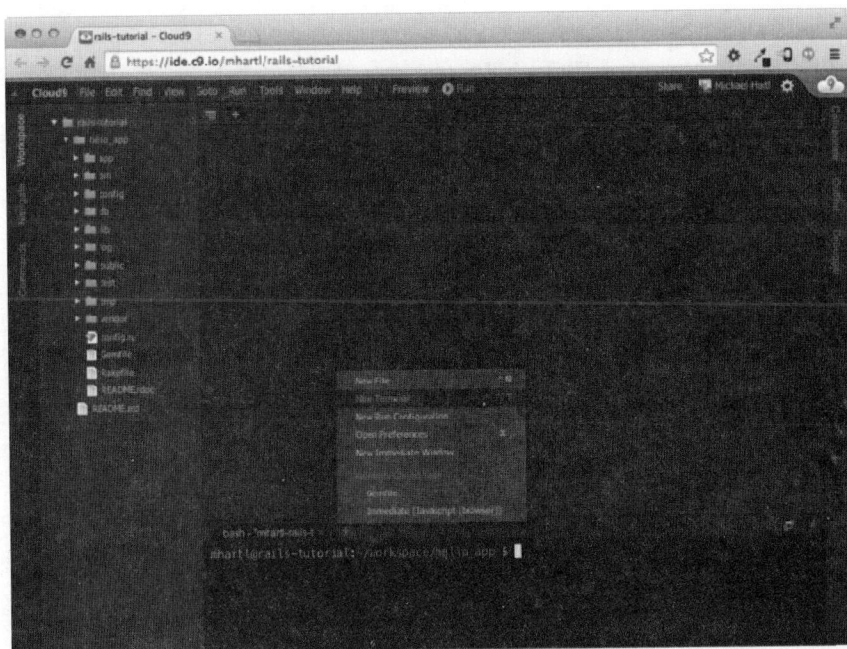

图1-6 再打开一个终端标签页

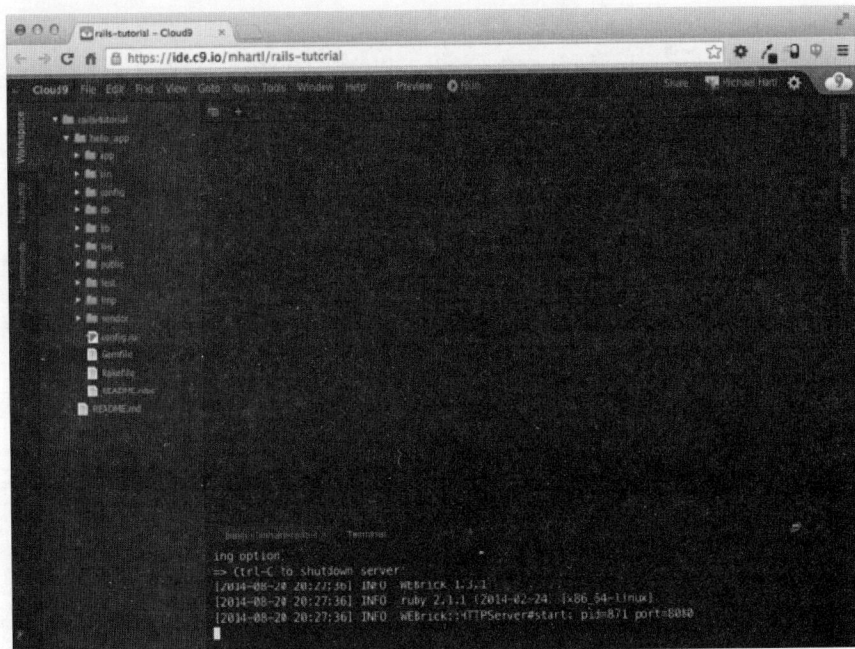

图1-7 在另一个标签页中运行Rails服务器

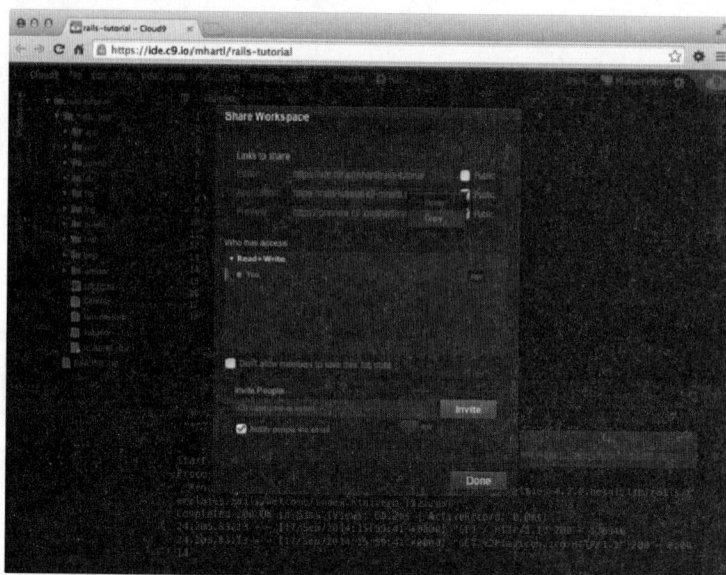

图1-8 分享运行在云端工作空间中的本地服务器

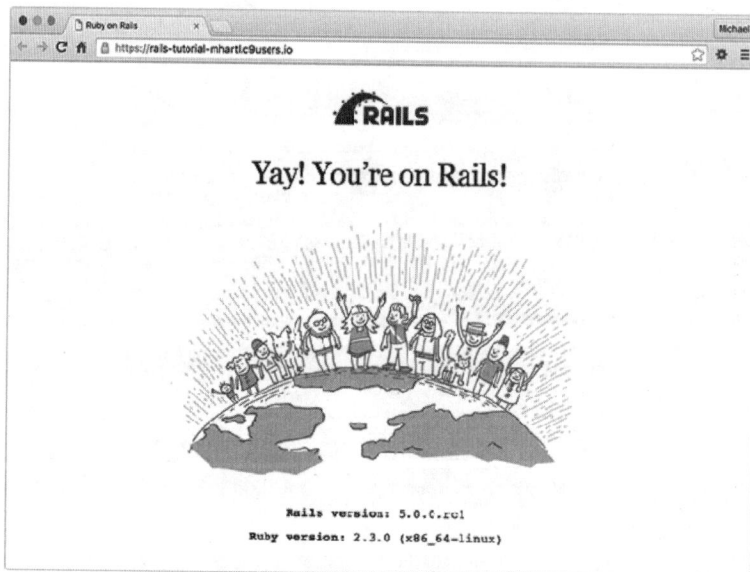

图1-9 执行 `rails server` 命令后看到的Rails默认页面

练习

购买本书的读者可以访问railstutorial.org/aw-solutions免费查看练习的解答。[①]如果想查看其他人的

答案，以及记录自己的答案，请加入Learn Enough Society（learnenough.com/society）。

(1) 根据Rails默认页面中的信息，你的系统使用的Ruby是哪个版本？在命令行中执行`ruby -v`命令确认一下。

(2) Rails是哪个版本？确认是否与代码清单1-1中指定的版本一样。

1.3.3 模型–视图–控制器

在初期阶段，概览一下Rails应用的工作方式（图1-10）多少会有些帮助。你可能已经注意到了，在Rails应用的标准文件结构（图1-4）中有一个名为app/的目录，其中有三个子目录：models、views和controllers。这表明Rails采用了"模型–视图–控制器"（model-view-controller，MVC）架构模式。这种模式把应用中的数据（例如用户信息）与显示数据的代码分开，这是图形用户界面GUI常用的架构方式。

与Rails应用交互时，浏览器发出一个**请求**（request），Web服务器收到请求之后将其传给Rails应用的**控制器**，决定下一步做什么。某些情况下，控制器会立即渲染**视图**（view），生成HTML，然后发送给浏览器。在动态网站中，更常见的是控制器与**模型**（model）交互。模型是一个Ruby对象，表示网站中的一个元素（例如一个用户），并且负责与数据库通信。与模型交互后，控制器再渲染视图，把生成的HTML返回给浏览器。

如果你觉得这些内容有点抽象，不用担心，后面会进一步讨论这些概念。在1.3.4节，我们将首次使用MVC架构编写应用；在2.2.2节中，会以一个应用为例较为深入地讨论MVC；在最后那个演示应用中会使用完整的MVC架构。从3.2节开始，介绍控制器和视图；从6.1节开始，介绍模型；7.1.2节则把这三部分结合在一起使用。

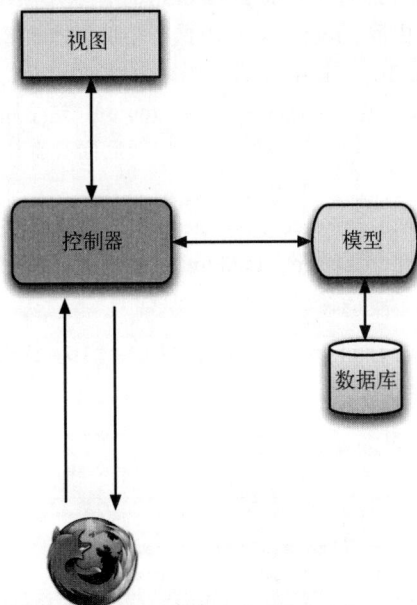

图1-10 MVC架构图解

1.3.4　Hello, world!

接下来我们要对这个使用MVC框架开发的第一个应用做些小改动：添加一个**控制器动作**（controller action），渲染字符串"hello, world!"，以此替代Rails的默认页面（图1-9）。（从2.2.2节开始，我们将深入学习控制器动作。）

从"控制器动作"这个名字可以看出，动作在控制器中定义。我们要在**Application**控制器中定义这个动作，将其命名为**hello**。其实，现在我们的应用只有这一个控制器。执行下述命令可以验证这一点：

```
$ ls app/controllers/*_controller.rb
```

（在第2章中我们将开始自己创建控制器。）**hello**动作的定义如代码清单1-8所示，它调用**render**方法返回HTML文本"hello, world!"。（现在先不管Ruby的句法，第4章会详细介绍。）

代码清单1-8　在**Application**控制器中添加**hello**动作

app/controllers/application_controller.rb

```
class ApplicationController < ActionController::Base
  protect_from_forgery with: :exception

  def hello
    render html: "hello, world!"
  end
end
```

定义好返回所需字符串的动作之后，我们要告诉Rails使用这个动作，而不再显示默认的首页（图1-9）。为此，我们要修改Rails路由器（router）。路由器在控制器之前（图1-10），决定浏览器发给应用的请求由哪个动作处理。（简单起见，图1-10中省略了路由器，从2.2.2节开始会详细介绍路由器。）具体而言，我们要修改默认的首页，也就是**根路由**（root route）。这个路由决定**根URL**显示哪个页面。根URL是http://www.example.com/这种形式（最后一个斜线后面没有任何内容），所以经常简化使用/（斜线）表示。

如代码清单1-9所示，Rails路由文件（config/routes.rb）中有一行注释，让我们阅读Rails指南中讲解路由的文章（http://guides.rubyonrails.org/routing.html）。那篇文章说明了如何定义根路由，句法如下：

```
root 'controller_name#action_name'
```

这里，控制器的名称是**application**，动作的名称是**hello**，因此根路由要像代码清单1-10那样定义。

代码清单1-9　默认的路由文件（我重新编排了）

config/routes.rb

```
Rails.application.routes.draw do
  # For details on the DSL available within this file,
  # see http://guides.rubyonrails.org/routing.html
end
```

代码清单1-10 设置根路由

config/routes.rb

```
Rails.application.routes.draw do
  root 'application#hello'
end
```

有了代码清单1-8和代码清单1-10中的代码，根路由就会按照我们的要求显示"hello, world!"了，如图1-11所示。[①]

图1-11 在浏览器中查看显示"hello, world!"的页面

练习

购买本书的读者可以访问railstutorial.org/aw-solutions免费查看练习的解答。如果想查看其他人的答案，以及记录自己的答案，请加入Learn Enough Society（learnenough.com/society）。

(1) 把**hello**动作（代码清单1-8）中的"hello, world!"改成"hola, mundo!"。

(2) 使用倒置的感叹号（如"¡Hola, mundo!"中的第一个字符），证明Rails支持非ASCII字符。[②]结果如图1-12所示。在Mac中输入¡字符的方法是按Option-1键；此外，也可以直接把这个字符复制粘贴到编辑器中。

---

① 本书的Cloud9分享URL的基URL由rails-tutorial-c9-mhartl.c9.io变成了rails-tutorial-mhartl.c9users.io，但是很多情况下截图没变，因此某些插图中的浏览器地址栏里显示的还是以前的URL（例如图1-11）。这种细微差异可以凭借你的技术水平来区分（旁注1.1）。

② 你的编辑器可能会显示一个消息，提示"invalid multibyte character"（无效的多字节字符），别去管它。如果你想让这个消息消失，可以在Google中搜索这个错误消息。

(3) 按照编写**hello**动作的方式（代码清单1-8），再添加一个动作，命名为**goodbye**，渲染文本"goodbye, world!"。然后修改路由文件（代码清单1-10），把根路由改成**goodbye**。结果如图1-13所示。

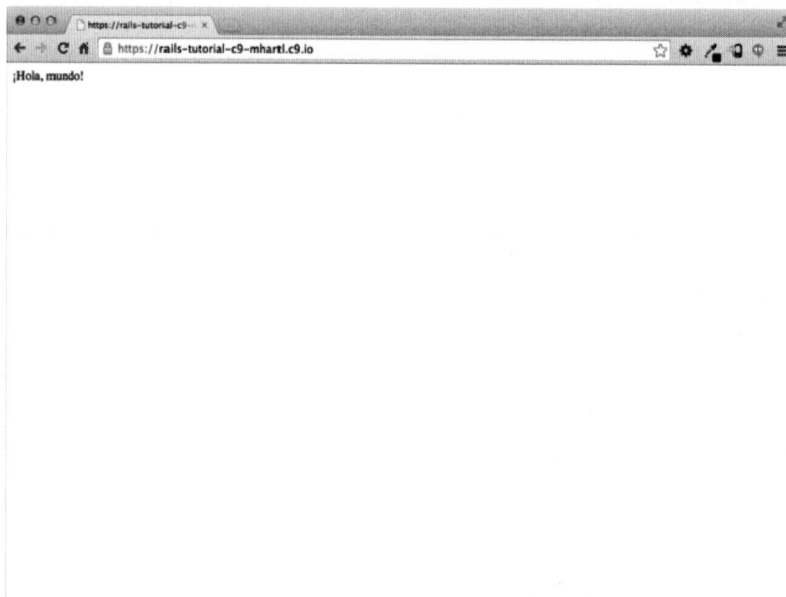

图1-12　修改根路由，返回"¡Hola, mundo!"

图1-13　修改根路由，返回"goodbye, world!"

1.4 使用 Git 做版本控制

我们创建了一个"hello, world"应用，接下来要花点时间做一件事。虽然这件事不是必须做的，但是经验丰富的软件开发者都认为这是最基本的事情，即把应用的源代码纳入**版本控制系统**。版本控制系统可以跟踪项目中代码的变化，便于和他人协作；如果出现问题（例如不小心删除了文件），还可以回滚到以前的版本。每个专业的软件开发者都应该学习使用版本控制系统。

版本控制系统种类很多，Rails社区基本都使用Git。Git是一个分布式版本控制系统，由Linus Torvalds开发，最初的目的是存储Linux内核代码。Git相关的知识很多，本书只会介绍一些皮毛。如果想深入了解，请阅读Learn Enough Git to Be Dangerous。[①]

之所以强烈推荐使用Git做版本控制，不仅因为Rails社区都在用，还因为使用Git更易于分享代码（1.4.3节），而且也便于部署应用（1.5节）。

1.4.1 安装和设置

1.2.1节推荐使用的云端IDE默认自带Git，不用再安装。如果你没使用云端IDE，可以参照Learn Enough Git to Be Dangerous中的说明，在自己的系统中安装Git。

1. 第一次运行前要做的系统设置

使用Git之前，要做些一次性设置。这些设置对整个系统都有效，因此一台电脑只需设置一次：

```
$ git config --global user.name "Your Name"
$ git config --global user.email your.email@example.com
```

注意，在Git配置中设定的名字和电子邮件地址会在所有公开的仓库中显示。

2. 第一次使用仓库前要做的设置

下面的步骤在每次新建**仓库**（repository，有时简称repo）时都要执行。首先进入第一个应用的根目录，初始化一个新仓库：

```
$ git init
Initialized empty Git repository in /home/ubuntu/workspace/hello_app/.git/
```

然后执行**git add -A**命令，把项目中的所有文件都放到仓库中：

```
$ git add -A
```

这个命令会把当前目录中的所有文件都放到仓库中，但是匹配特殊文件.gitignore中模式的文件除外。**rails new**命令会自动生成一个适用于Rails项目的.gitignore文件，此外你还可以添加其他模式。[②]

加入仓库的文件一开始位于**暂存区**（staging area），这一区用于存放待提交的内容。执行**status**命令可以查看暂存区中有哪些文件：

```
$ git status
On branch master

Initial commit
```

---

① http://learnenough.com/git
② 本书基本不会修改这个文件，不过3.6.2节的高级测试配置中演示了如何修改。

```
Changes to be committed:
  (use "git rm --cached <file>..." to unstage)

  new file:   .gitignore
  new file:   Gemfile
  new file:   Gemfile.lock
  new file:   README.md
  new file:   Rakefile
  .
  .
  .
```

如果想让Git保存这些改动，使用**commit**命令：

```
$ git commit -m "Initialize repository"
[master (root-commit) df0a62f] Initialize repository
.
.
.
```

-**m**标志的意思是为这次提交添加一个说明。如果没指定-**m**标志，Git会打开系统默认使用的编辑器，让你在其中输入说明。（本书所有的示例都会使用-**m**标志。）

有一点要特别注意：Git提交只发生在**本地**，也就是说只在执行提交操作的设备中存储内容。1.4.4节会介绍如何把改动推送到远程仓库（使用**git push**命令）。

顺便说一下，可以使用**log**命令查看提交历史：

```
commit af72946fbebc15903b2770f92fae9081243dd1a1
Author: Michael Hartl <michael@michaelhartl.com>
Date:   Thu May 12 19:25:07 2016 +0000

        Initialize repository
```

如果仓库的提交历史很多，可能需要输入**q**退出。（Learn Enough Git to Be Dangerous说道，**git log**用到了Learn Enough Command Line to Be Dangerous中介绍的**less**接口。）

1.4.2 使用 Git 的好处

如果你以前从未用过版本控制系统，现在可能不完全明白版本控制的好处。那我举个例子说明一下吧。假如你不小心做了某个操作，例如把重要的app/controllers/目录删除了：

```
$ ls app/controllers/
application_controller.rb  concerns/
$ rm -rf app/controllers/
$ ls app/controllers/
ls: app/controllers/: No such file or directory
```

这里，我们用Unix中的**ls**命令列出app/controllers/目录里的内容，然后用**rm**命令删除这个目录（表1-1）。如Learn Enough Command Line to Be Dangerous所述，-**rf**标志的意思是"强制递归"，无需明确征求同意就递归删除所有文件、目录和子目录等。

检查状态，看看发生了什么：

```
$ git status
On branch master
Changed but not updated:
  (use "git add/rm <file>..." to update what will be committed)
  (use "git checkout -- <file>..." to discard changes in working directory)

      deleted:    app/controllers/application_controller.rb

no changes added to commit (use "git add" and/or "git commit -a")
```

可以看出，我们删除了一个文件。但是这个改动只发生在工作区（working tree）中，还未提交到仓库。这意味着，我们可以使用 **checkout** 命令，并指定 **-f** 标志，强制撤销这次改动：

```
$ git checkout -f
$ git status
# On branch master
nothing to commit (working directory clean)
$ ls app/controllers/
application_controller.rb  concerns/
```

删除的目录和文件又回来了，这下放心了！

1.4.3　Bitbucket

我们已经把项目纳入 Git 版本控制系统了，接下来可以把代码推送到 Bitbucket（http://www.bitbucket.com/）。这是一个专门用来托管和分享 Git 仓库的网站。（Learn Enough Git to Be Dangerous 使用的是 GitHub，换用 Bitbucket 的原因参见旁注 1.4。）在 Bitbucket 中放一份 Git 仓库的副本有两个目的：其一，对代码做个完整备份（包括所有提交历史）；其二，便于以后协作。

旁注1.4：GitHub和Bitbucket

目前，托管 Git 仓库最受欢迎的网站是 GitHub 和 Bitbucket。这两个网站有很多相似之处：都能托管仓库，也可以协作，而且浏览和搜索仓库很方便。但二者之间有个重要的区别（对本书而言）：GitHub 为开源项目提供无限量的免费仓库，但私有仓库收费；而 Bitbucket 提供了无限量的私有仓库，仅当协作者超过一定数量时才收费。所以，选择哪个网站，取决于具体的需求。

Learn Enough Git to Be Dangerous（以及本书前几版）使用的是 GitHub，因为它对开源项目来说有很多好用的功能，但我越来越关注安全，所以推荐所有 Web 应用都放在私有仓库中。这是因为 Web 应用的仓库中可能包含潜在的敏感信息，例如密钥和密码，可能会威胁到使用这份代码的网站的安全。当然，这类信息也有安全的处理方法（例如，让 Git 将其忽略），但是容易出错，而且需要很多专业知识。

本书开发的演示应用可以安全地公开，但这只是特例，不能推广。因此，为了尽量提高安全，我们不能冒险，还是默认就使用私有仓库保险。既然 GitHub 对私有仓库收费，而 Bitbucket 提供了不限量的免费私有仓库，就我们目前的需求来说，Bitbucket 比 GitHub 更合适。

（顺便说一下，最近出现了第三个主流的 Git 托管公司，叫 GitLab（http://gitlab.com/）。GitLab 一开始致力于开发开源的 Git 工具，供人们自己托管，而现在 GitLab 也提供托管的版本，而且公开仓库和私有仓库都不限量。因此，以后托管项目时，在 GitHub 和 Bitbucket 之外又多了一个选择。）

Bitbucket的使用方法很简单，但想要把一切做对可能需要一点技术水平（旁注1.1）。

(1) 如果没有账户，先注册一个Bitbucket账户。

(2) 把你的公钥（public key）复制到剪切板。云端IDE用户可以使用**cat**命令查看公钥，如代码清单1-11所示，然后选中公钥，复制。如果在自己的系统中执行代码清单1-11中的命令后没有输出，请参阅"如何在你的Bitbucket账户中设定公钥"一文（https://confluence.atlassian.com/x/YwV9E）。

(3) 点击右上角的头像，选择"Manage account"（管理账户），然后点击"SSH keys"（SSH密钥），如图1-14所示。

代码清单1-11   使用cat命令打印公钥

```
$ cat ~/.ssh/id_rsa.pub
```

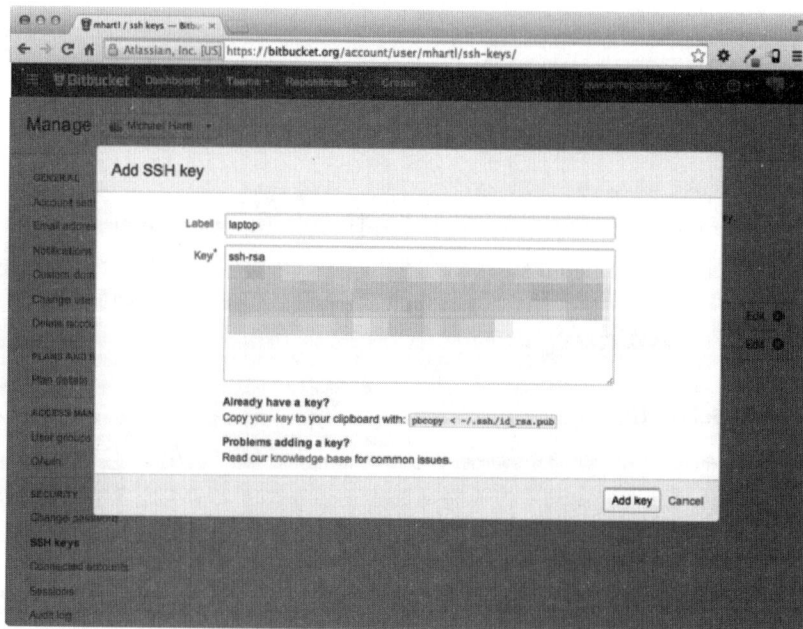

图1-14   添加SSH公钥

添加公钥之后，点击"Create"（创建）按钮，新建一个仓库，如图1-15所示。填写项目的信息时，记得要选中"This is a private repository"（这是私有仓库）。填完后点击"Create repository"（创建仓库）按钮，然后按照"Command line > I have an existing project"（命令行 > 现有项目）下面的说明操作，如代码清单1-12所示。（如果与代码清单1-12不同，可能是公钥没正确添加，我建议你再试一次。）推送仓库时，如果询问"Are you sure you want to continue connecting (yes/no)?"（确定继续连接吗？），输入"yes"。

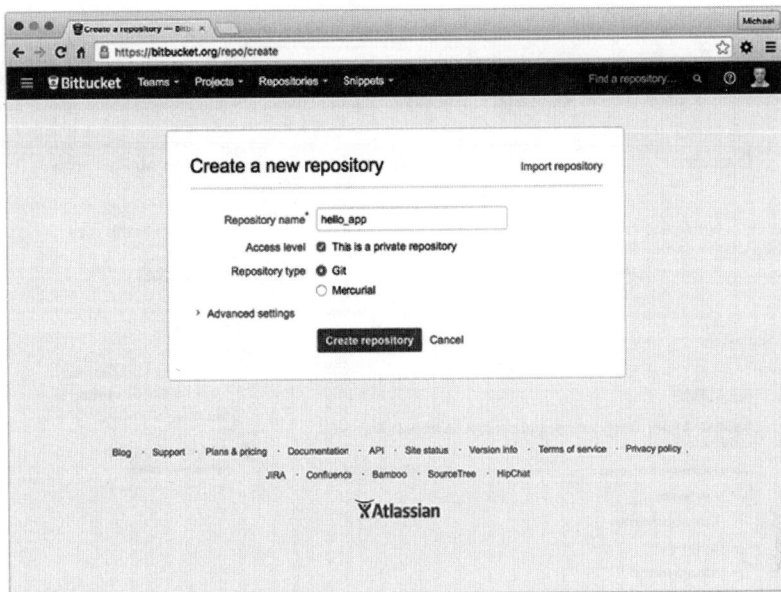

图1-15　在Bitbucket中创建存放这个应用的仓库

代码清单1-12　添加Bitbucket，然后推送仓库

```
$ git remote add origin git@bitbucket.org:<username>/hello_app.git
$ git push -u origin -all
```

代码清单1-12的意思是，先告诉Git，你想添加Bitbucket作为这个仓库的源（origin），然后再把仓库推送到这个远端的源。（别管**-u**标志的意思，如果好奇，可以搜索"git set upstream"。）当然，你要把**<username>**换成你自己的用户名。例如，我执行的命令是：

```
$ git remote add origin git@bitbucket.org:railstutorial/hello_app.git
```

推送完毕后，在Bitbucket中会显示**hello_app**仓库的页面。在这个页面中可以浏览文件、查看完整的提交历史，除此之外还有很多其他功能（图1-16）。[1]

---

[1] 因为我的公钥是在Cloud9中创建的，所以我以railstutorial的身份创建仓库，然后再把自己的主账户（mhartl）添加为协作者。这样，我便可以使用任何一个账户提交。

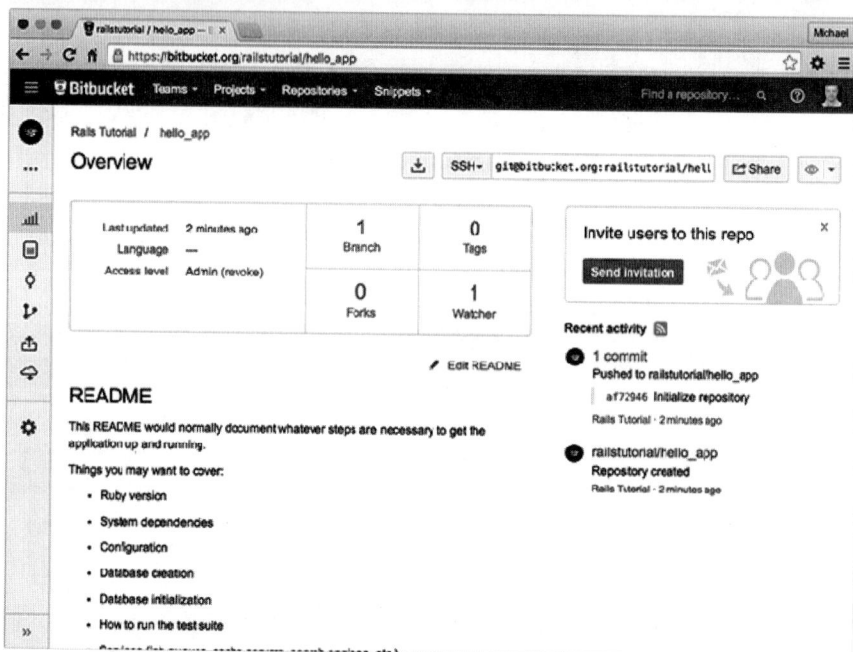

图1-16　一个Bitbucket仓库的页面

1.4.4　分支、编辑、提交、合并

如果你跟着1.4.3节中的步骤操作，可能注意到了，Bitbucket自动渲染了仓库中的README文件，如图1-17所示。这个README.md文件由代码清单1-3中的命令自动生成。从文件的扩展名（.md）可以看出，这个文件使用Markdown编写。①这是一门人类可读的标记语言，易于转换成HTML——Bitbucket就这么做了。

自动生成README文件很贴心，不过我们最好修改里面的内容，描述手上的项目。这一节，我们将修改README文件，添加一些针对本书的内容。在修改的过程中，我们将首次演示我推荐在Git中使用的工作流程，即"分支、编辑、提交、合并"。②

---

① 关于Markdown的更多信息，参阅Learn Enough Text Editor to Be Dangerous和Learn Enough Git to Be Dangerous。
② 如果想在图形界面中操作Git仓库，可以使用Atlassian推出的SourceTree应用。

README

This README would normally document whatever steps are necessary to get the application up and running.

Things you may want to cover:

- Ruby version
- System dependencies
- Configuration
- Database creation
- Database initialization
- How to run the test suite
- Services (job queues, cache servers, search engines, etc.)
- Deployment instructions
- ...

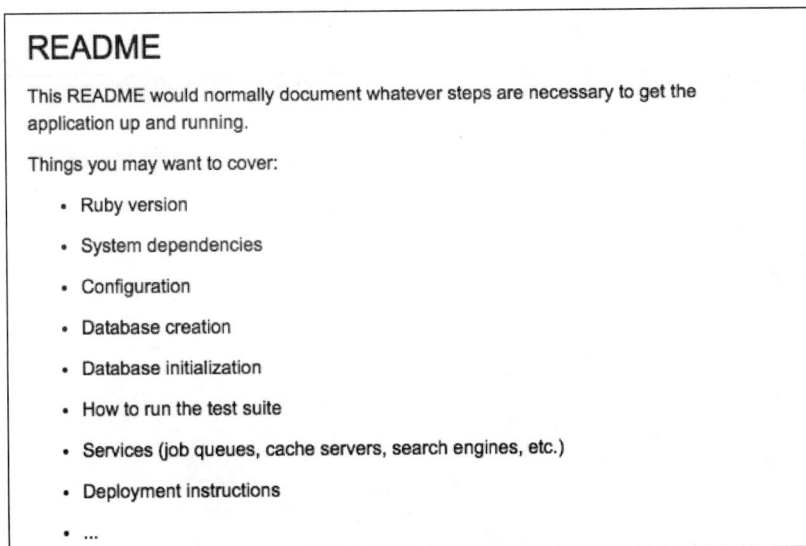

图1-17　Bitbucket渲染的Rails默认生成的README文件

1. 分支

Git分支（branch）的功能很强大。分支是对仓库的高效复制，在分支中所做的改动（或许是实验性质的）不会影响父级文件。大多数情况下，父级仓库是**master**分支。我们可以使用**checkout**命令，并指定**-b**标志，创建一个新主题分支（topic branch）：

```
$ git checkout -b modify-README
Switched to a new branch 'modify-README'
$ git branch
  master
* modify-README
```

其中，第二个命令**git branch**的作用是列出所有本地分支。星号（*****）表示当前所在的分支。注意，**git checkout -b modify-README**命令先创建一个新分支，然后再切换到这个新分支——**modify-README**分支前面的星号证明了这一点。

只有多个开发者协作开发一个项目时，才能体现分支的全部价值。[①]如果只有一个开发者，分支也有作用。一般情况下，要把主题分支的改动和主分支隔离开，这样即便搞砸了，随时都可以切换到主分支，然后删除主题分支，丢掉改动。本节末尾会介绍具体做法。

顺便说一下，像这种小改动，我一般不会新建分支（而是直接在主分支中修改）。现在我这么做是为了让你养成好习惯。

2. 编辑

创建好主题分支之后，我们要在README文件中添加一些内容，如代码清单1-13所示。

---

① 详情参阅Learn Enough Git to Be Dangerous中的"Collaborating"一节。

代码清单1-13   新的README文件

README.md

```
# Ruby on Rails Tutorial

## "hello, world!"

This is the first application for the
[*Ruby on Rails Tutorial*](http://www.railstutorial.org/)
by [Michael Hartl](http://www.michaelhartl.com/). Hello, world!
```

3. 提交

修改之后，查看一下该分支的状态：

```
$ git status
On branch modify-README
Changes not staged for commit:
  (use "git add <file>..." to update what will be committed)
  (use "git checkout -- <file>..." to discard changes in working directory)

        modified:    README.md

no changes added to commit (use "git add" and/or "git commit -a")
```

这里，我们本可以使用1.4.1节用过的**git add -A**命令，但是**git commit**命令提供了**-a**标志，可以直接提交现有文件中的全部改动：

```
$ git commit -a -m "Improve the README file"
[modify-README 9dc4f64] Improve the README file
 1 file changed, 5 insertions(+), 22 deletions(-)
```

使用**-a**标志一定要小心，千万别误用了。如果上次提交之后项目中添加了新文件，应该使用**git add -A**，先告诉Git新增了文件。

注意，我们使用现在时（严格来说是祈使语气）编写提交消息。Git把提交当作一系列补丁，在这种情况下，说明现在做了什么比说明过去做了什么要更合理。而且这种用法和Git命令生成的提交说明相匹配。详情参阅Learn Enough Git to Be Dangerous中的"Committing to Git"一节。

4. 合并

我们已经改完了，现在可以把结果**合并**（merge）到主分支了：

```
$ git checkout master
Switched to branch 'master'
$ git merge modify-README
Updating af72946..9dc4f64
Fast-forward
 README.md | 27 +++++----------------------
 1 file changed, 5 insertions(+), 22 deletions(-)
```

注意，Git命令的输出中经常会出现**34f06b7**这样的字符串，这是Git内部对仓库的指代。你得到的输出结果不会和我的一模一样，但大致相同。

合并之后，我们可以清理一下分支——如果主题分支不用了，可以使用**git branch -d**命令将其删除：

```
$ git branch -d modify-README
Deleted branch modify-README (was 9dc4f64).
```

这一步可做可不做，其实一般都会留着主题分支，这样就可以在两个分支之间来回切换，并在合适的时候把改动合并到主分支中。

前面提过，还可以使用**git branch -D**命令放弃主题分支中的改动：

```
# 仅作演示之用，如果没搞砸，千万别这么做
$ git checkout -b topic-branch
$ <really screw up the branch>
$ git add -A
$ git commit -a -m "Make major mistake"
$ git checkout master
$ git branch -D topic-branch
```

与**-d**标志不同，如果指定**-D**标志，即使没合并分支中的改动，也会删除分支。

5. 推送

我们已经更新了README文件，现在可以把改动推送到Bitbucket，看看改动的效果。之前我们已经推送过一次（1.4.3节），因此在大多数系统中都可以省略**origin master**，直接执行**git push**命令：

```
$ git push
```

同样，Bitbucket会把更新后的Markdown转换成HTML（图1-18）。

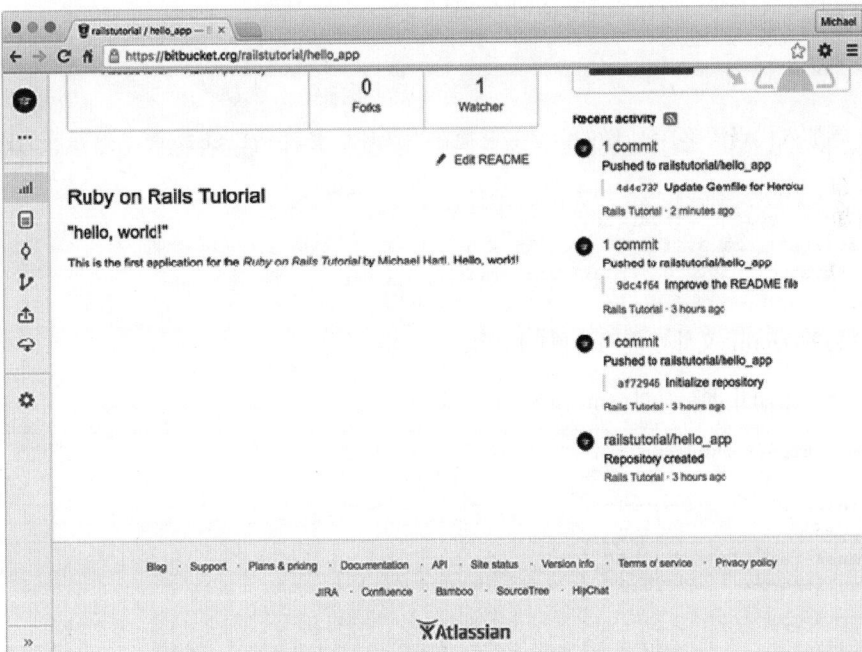

图1-18　Bitbucket中显示的更新后的README文件

1.5 部署

虽然现在只是第1章，我们还是要把（几乎没什么内容的）Rails应用部署到生产环境。这一步可做可不做，不过在开发过程中尽早且频繁地部署，可以尽早发现开发中的问题。在开发环境中花费大量精力之后再部署，往往会在发布时遇到严重的集成问题。[1]

以前，部署Rails应用是件痛苦的事。但最近几年，Rails开发生态系统不断成熟，已经出现很多好的解决方案，例如使用Phusion Passenger（Apache和Nginx[2] Web服务器的一个模块）的共享主机和虚拟私有服务器，Engine Yard和Rails Machine这种提供全方位部署服务的公司，以及Engine Yard Cloud和Heroku这种云部署服务。

我最喜欢使用Heroku部署Rails应用。Heroku专门用于部署Rails和其他Web应用。部署Rails应用的过程异常简单，只要源码纳入Git版本控制系统就好。（这也是为什么要按照1.4节介绍的步骤设置Git。如果你还没有照着做，现在赶紧做吧。）很多情况下（包括本书），使用Heroku的免费套餐就可以了。

本节余下的内容专门介绍如何把我们的第一个应用部署到Heroku中。其中一些操作相对高级，如果没有完全理解也不要紧。本节的重点是把应用部署到线上环境中。

1.5.1 搭建 Heroku 部署环境

Heroku使用PostgreSQL（读作post-gres-cue-ell，通常简称Postgres）数据库，因此我们要在生产环境安装**pg** gem，这样Rails才能与PostgreSQL通信：[3]

```
group :production do
  gem 'pg', '0.18.4'
end
```

另外，要加入代码清单1-5所做的改动，避免在生产环境安装**sqlite3** gem，这是因为Heroku不支持SQLite。

```
group :development, :test do
gem 'sqlite3', '1.3.11'
  gem 'byebug', '9.0.0', platform: :mri
end
```

最终得到的Gemfile文件如代码清单1-14所示。

代码清单1-14 增加并重新编排gem后的Gemfile文件

```
source 'https://rubygems.org'

gem 'rails',        '5.0.0'
gem 'puma',         '3.4.0'
gem 'sass-rails',   '5.0.5'
gem 'uglifier',     '3.0.0'
```

[1] 如果你担心不小心公开了应用，可以参照1.5.4节的做法。不过对本书开发的示例应用来说，这份担心是多余的。

[2] 读作"Engine X"。

[3] 一般来说，开发环境和生产环境要尽量一致，例如使用相同的数据库。但在本书中，本地一直使用SQLite，生产环境则使用PostgreSQL。详情参见3.1节。

```
gem 'coffee-rails', '4.2.1'
gem 'jquery-rails', '4.1.1'
gem 'turbolinks',   '5.0.0'
gem 'jbuilder',     '2.4.1'

group :development, :test do
  gem 'sqlite3', '1.3.11'
  gem 'byebug',  '9.0.0', platform: :mri
end

group :development do
  gem 'web-console',           '3.1.1'
  gem 'listen',                '3.0.8'
  gem 'spring',                '1.7.2'
  gem 'spring-watcher-listen', '2.0.0'
end

group :production do
  gem 'pg', '0.18.4'
end

# Windows does not include zoneinfo files, so bundle the tzinfo-data gem
gem 'tzinfo-data', platforms: [:mingw, :mswin, :x64_mingw, :jruby]
```

为了准备好部署环境，下面要执行**bundle install**命令，并且指定一个特殊的选项，禁止在本地安装生产环境使用的gem（即**pg**）：

```
$ bundle install --without production
```

因为我们在代码清单1-14中只添加了用于生产环境的gem，所以现在执行这个命令其实不会在本地安装任何新的gem，但是又必须执行这个命令，因为我们要把**pg**添加到Gemfile.lock文件中。然后，提交这次改动：

```
$ git commit -a -m "Update Gemfile for Heroku"
```

接下来，我们要注册并配置一个Heroku新账户。首先，注册Heroku账户。然后，检查系统中是否已经安装Heroku命令行客户端：

```
$ heroku version
```

使用云端IDE的读者应该会看到Heroku客户端的版本号，这表明命令行工具**heroku**可用。在其他系统中，可能需要使用Heroku Toolbelt[1]安装。

确认Heroku命令行工具已经安装之后，使用**heroku**命令登录，然后添加SSH密钥：

```
$ heroku login
$ heroku keys:add
```

最后，执行**heroku create**命令，在Heroku的服务器中创建一个位置，用于存放演示应用，如代码清单1-15所示。

---

[1] https://toolbelt.heroku.com

代码清单1-15   在Heroku中创建一个新应用

```
$ heroku create
Creating app... done, fathomless-beyond-39164
https://damp-fortress-5769.herokuapp.com/ |
https://git.heroku.com/damp-fortress-5769.git
```

heroku命令会为你的应用分配一个二级域名，立即生效。当然，现在还看不到内容，下面开始部署吧。

1.5.2   Heroku 部署第一步

部署应用的第一步是，使用Git把主分支推送到Heroku中：

```
$ git push heroku master
```

（你可能会看到一些提醒消息，现在先不管，7.5节会解决。）

1.5.3   Heroku 部署第二步

其实没有第二步了。我们已经完成部署了。现在可以通过**heroku create**命令给出的地址（参见代码清单1-15；如果没用云端IDE，在本地可以执行**heroku open**命令）查看刚刚部署的应用，如图1-19所示。看到的页面和图1-11一样，但是现在这个应用运行在生产环境中。

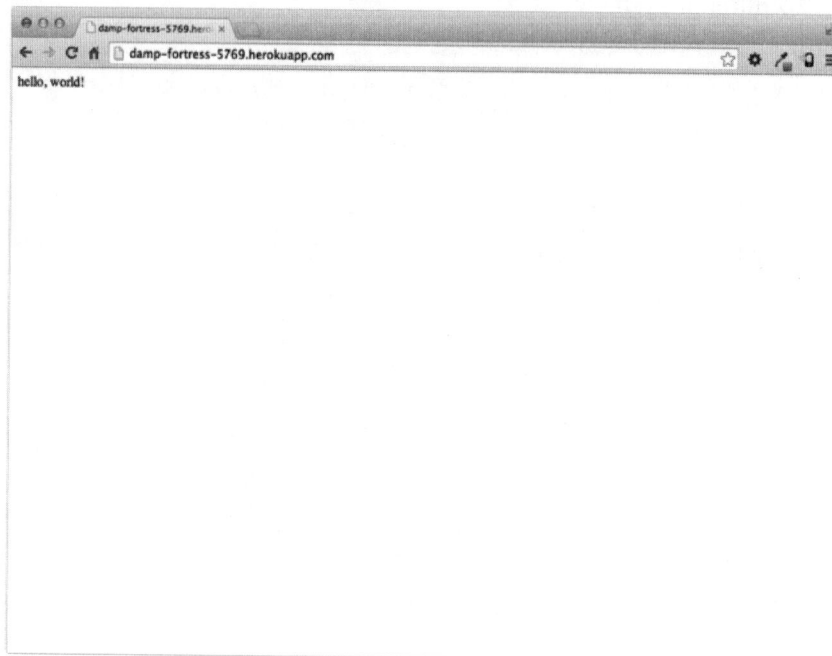

图1-19   运行在Heroku中的第一个应用

练习

购买本书的读者可以访问railstutorial.org/aw-solutions免费查看练习的解答。如果想查看其他人的答案，以及记录自己的答案，请加入Learn Enough Society（learnenough.com/society）。

(1) 跟1.3.4节一样，想办法让生产环境中的应用显示"hola, mundo!"。

(2) 跟1.3.4节一样，想办法修改根路由，显示**goodbye**动作渲染的结果。部署时，看看能不能省略**git push**命令中的**master**，只使用**git push heroku**。

1.5.4　Heroku 命令

Heroku命令行工具提供了很多命令，本节只简单介绍了几个。下面花几分钟再介绍一个命令，其作用是重命名应用：

```
$ heroku rename rails-tutorial-hello
```

你别再使用这个名字了，我已经占用了。或许，现在你无需做这一步，使用Heroku提供的默认地址就行。不过，如果你真想重命名应用，基于安全考虑，可以使用一些随机或难以猜测的二级域名，例如：

```
hwpcbmze.herokuapp.com
seyjhflo.herokuapp.com
jhyicevg.herokuapp.com
```

使用这样随机的二级域名，只有你将地址告诉别人，他们才能访问你的网站。（为了让你一窥Ruby的强大，下面是我用来生成随机二级域名的代码，很精妙吧。）

```
('a'..'z').to_a.shuffle[0..7].join
```

除了支持二级域名，Heroku还支持自定义域名。（其实，本书的网站就放在Heroku中。如果你阅读的是在线版，现在就在浏览一个托管于Heroku中的网站。[①]）在Heroku文档（http://devcenter.heroku.com）中可以查看更多关于自定义域名的信息以及与Heroku相关的其他话题。

练习

购买本书的读者可以访问railstutorial.org/aw-solutions免费查看练习的解答。如果想查看其他人的答案，以及记录自己的答案，请加入Learn Enough Society（learnenough.com/society）。

(1) 执行**heroku help**命令，查看Heroku命令列表。找到显示应用日志的命令。

(2) 使用前一题找到的命令查看应用的活动情况。应用刚刚发生了什么？（调试线上应用经常会用到这个命令。）

1.6　小结

这一章做了很多事：安装、搭建开发环境、版本控制以及部署。下一章会在这一章的基础上开发一个使用数据库的应用，让你看看Rails真正的本事。

---

① 英文原版的网站托管在Heroku中，你现在阅读的中文版网站（http://railstutorial-china.org）托管在GitHub Pages中。

——译者注

如果此时你想分享阅读本书的进度，可以发一条推文或者更新Facebook状态，写上类似下面的内容：

我正在阅读《Ruby on Rails教程》学习 Ruby on Rails！

http://railstutorial-china.org/

我也推荐你注册本书的邮件列表[①]，这样你能收到本书重要的更新（和专享的优惠码）。

本章所学

❑ Ruby on Rails是一个使用Ruby编程语言开发的Web开发框架；

❑ 在预先配置好的云端环境中安装Rails、新建应用，以及编辑文件都很简单；

❑ Rails提供了命令行命令**rails**，可用于新建应用（**rails new**）和启动本地服务器（**rails server**）；

❑ 添加了一个控制器动作，并且修改了根路由，最终开发出一个显示"hello, world!"的应用；

❑ 为了避免丢失数据，也为了协作，我们把应用的源码纳入Git版本控制系统，而且还把最终得到的代码推送到Bitbucket中的一个私有仓库里；

❑ 使用Heroku把应用部署到生产环境中。

---

① http://railstutorial.org/email

第2章

玩具应用

本章我们要开发一个简单的演示应用，展示Rails一些强大的功能。我们会使用**脚手架生成器**（scaffold generator，能自动创建大量功能）快速生成应用，这样就能概览Ruby on Rails编程的过程（也能大致了解Web开发）。正如旁注1.2所说，本书将采用与众不同的方法，循序渐进开发一个完整的演示应用，遇到新的概念都会详细说明。不过为了快速概览（也为了寻找成就感），必须谈谈脚手架。我们将通过URL与最终开发出来的玩具应用交互，了解Rails应用的结构，也将第一次演示Rails使用的REST架构。

与后面的演示应用类似，这个玩具应用中有用户（users）和微博（microposts），因此算是一个简化的Twitter类应用。应用的功能还需要后续开发，而且开发过程中的很多步骤看起来很神秘，不过暂时不用担心：从第3章起将从零开始再开发一个类似的完整应用，我还会提供大量的资料供你后续阅读。你要有些耐心，不要怕多犯错误，本章的主要目的就是让你不要被脚手架的神奇迷惑住，而要更深入地了解Rails。

2.1　规划应用

这一节，我们要规划一下这个玩具应用。与1.3节一样，我们先使用**rails new**命令（指定Rails的版本号）生成应用的骨架：

```
$ cd ~/workspace
$ rails _5.0.0_ new toy_app
$ cd toy_app/
```

如果使用1.2.1节推荐的云端IDE，这个应用可以在第一个应用所在的工作空间中创建，没必要再新建一个工作空间。如果没看到文件，可以点击文件浏览器中的齿轮图标，然后选择"Refresh File Tree"（刷新文件树）。

然后，在文本编辑器中修改Gemfile文件，写入代码清单2-1中的内容。重要提醒：本书中的所有Gemfile都应该使用gemfiles-4th-ed.railstutorial.org中列出的版本号，别使用下面给出的（如果你阅读的是在线版，二者应该是一样的）。

代码清单2-1   某玩具应用的Gemfile文件

```
source 'https://rubygems.org'

gem 'rails',        '5.0.0'
gem 'puma',         '3.4.0'
gem 'sass-rails',   '5.0.5'
gem 'uglifier',     '3.0.0'
gem 'coffee-rails', '4.2.1'
gem 'jquery-rails', '4.1.1'
gem 'turbolinks',   '5.0.0'
gem 'jbuilder',     '2.4.1'

group :development, :test do
  gem 'sqlite3', '1.3.11'
  gem 'byebug',  '9.0.0', platform: :mri
end

group :development do
  gem 'web-console',          '3.1.1'
  gem 'listen',               '3.0.8'
  gem 'spring',               '1.7.2'
  gem 'spring-watcher-listen', '2.0.0'
end

group :production do
  gem 'pg', '0.18.4'
end

# Windows does not include zoneinfo files, so bundle the tzinfo-data gem
gem 'tzinfo-data', platforms: [:mingw, :mswin, :x64_mingw, :jruby]
```

注意，代码清单2-1和代码清单1-14的内容一样。

与1.5.1节一样，安装gem时要指定**--without production**选项，不安装生产环境使用的gem：

```
$ bundle install --without production
```

如1.3.1节所述，可能还要运行**bundle update**（旁注1.1）。

最后，把这个玩具应用纳入Git版本控制系统：

```
$ git init
$ git add -A
$ git commit -m "Initialize repository"
```

你还可以在Bitbucket中点击"Create"（新建）按钮创建一个新仓库（图2-1），然后把代码推送到这个远程仓库中：

```
$ git remote add origin git@bitbucket.org:<username>/toy_app.git
$ git push -u origin --all
```

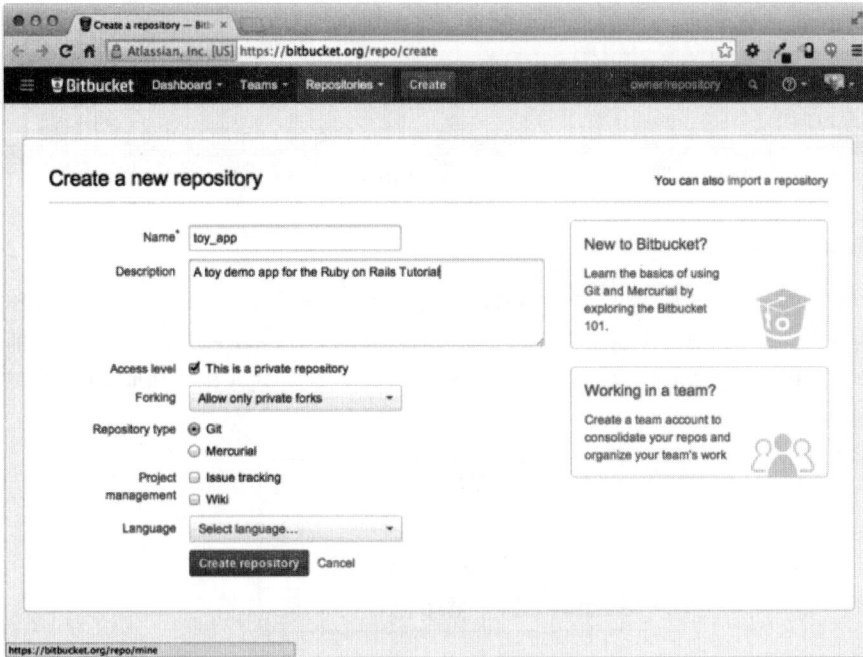

图2-1　在Bitbucket中为这个玩具应用创建一个仓库

越早部署应用越好。我建议你按照1.3.4节所述的步骤做，如代码清单2-2和代码清单2-3所示。

代码清单2-2　在Application控制器中添加hello动作

app/controllers/application_controller.rb

```
class ApplicationController < ActionController::Base
  protect_from_forgery with: :exception

  def hello
    render html: "hello, world!"
  end
end
```

代码清单2-3　设置根路由

config/routes.rb

```
Rails.application.routes.draw do
  root 'application#hello'
end
```

然后，提交改动，再推送到Heroku中：

```
$ git commit -am "Add hello"
$ heroku create
$ git push heroku master
```

（与1.5节一样，你可能会看到一些提醒消息，现在先不去管它。7.5节会解决。）除了Heroku为应用提供的地址之外，输出的内容应该与图1-19一样。

下面要开发这个应用了。一般来说，开发Web应用的第一步是创建**数据模型**（data model）。模型表示应用所需的结构。这个玩具应用是个Twitter类微博，只有用户和简短的文章（微博）。那么，我们先为这个应用添加**User**模型（2.1.1节），然后再添加**Micropost**模型（2.1.2节）。

2.1.1 `User` 模型

网络中有多少不同的注册表单，就有多少定义用户数据模型的方式。简单起见，我们将使用一种极简可用的方式。这个玩具应用的用户有一个唯一的标识**id**（**integer**类型）、一个公开的名字**name**（**string**类型）和一个电子邮件地址**email**（也是**string**类型）。电子邮件地址将作为用户名使用。**User**模型的结构如图2-2。

users	
`id`	integer
`name`	string
`email`	string

图2-2　**User**数据模型

在6.1.1节会看到，图2-2中的**users**对应于数据库中的一个**表**（table）；**id**、**name**和**email**是表中的**列**（column）。

2.1.2 `Micropost` 模型

Micropost数据模型比**User**模型还要简单：微博只要一个**id**和表示微博内容的**content**（**text**类型）字段即可。[①]此外，还有一个比较复杂的字段要实现，这个字段把微博和用户**关联**（associate）起来。我们使用**user_id**存储微博的属主。最终得到的**Micropost**数据模型如图2-3所示。

microposts	
`id`	integer
`content`	text
`user_id`	integer

图2-3　**Micropost**数据模型

2.3.3节会介绍怎样使用**user_id**字段简单实现一个用户拥有多个微博的功能。（第13章有更完整的说明。）

---

① 微博的内容很短，**string**类型就足够了，但使用**text**类型更能表明我们的意图，而且也便于以后放宽微博长度限制。

2.2 Users 资源

这一节我们要实现2.1.1节设定的**User**数据模型，还会为它创建Web界面。二者结合起来就是一个**Users**资源。"资源"（resource）的意思是把用户设想为对象，可以通过HTTP协议在网页中创建（create）、读取（read）、更新（update）和删除（delete）。正如前面提到的，我们将使用Rails内置的脚手架生成Users资源。我建议你先不要细看脚手架生成的代码，这时看只会让你更困惑。

把**scaffold**传给**rails generate**命令就可以使用Rails的脚手架了。传给**scaffold**的参数是资源名的单数形式（这里是**User**）[①]，后面可以再跟着一些可选参数，指定数据模型中的字段：

```
$ rails generate scaffold User name:string email:string
      invoke  active_record
      create    db/migrate/20160515001017_create_users.rb
      create    app/models/user.rb
      invoke    test_unit
      create      test/models/user_test.rb
      create      test/fixtures/users.yml
      invoke  resource_route
       route    resources :users
      invoke  scaffold_controller
      create    app/controllers/users_controller.rb
      invoke    erb
      create      app/views/users
      create      app/views/users/index.html.erb
      create      app/views/users/edit.html.erb
      create      app/views/users/show.html.erb
      create      app/views/users/new.html.erb
      create      app/views/users/_form.html.erb
      invoke    test_unit
      create      test/controllers/users_controller_test.rb
      invoke    helper
      create      app/helpers/users_helper.rb
      invoke      test_unit
      invoke    jbuilder
      create      app/views/users/index.json.jbuilder
      create      app/views/users/show.json.jbuilder
      invoke  assets
      invoke    coffee
      create      app/assets/javascripts/users.coffee
      invoke    scss
      create      app/assets/stylesheets/users.scss
      invoke  scss
      create    app/assets/stylesheets/scaffolds.scss
```

我们在执行的命令中加入了**name:string**和**email:string**，这样就可以实现图2-2中的**User**模型了。[注意，没必要指定**id**字段，Rails会自动创建并将其设为表的**主键**（primary key）。]

接下来我们要用**rails db:migrate**命令迁移（migrate）数据库，如代码清单2-4所示。

---

① 脚手架中使用的名称与模型一样，是单数；而资源和控制器使用复数。因此，这里要使用**User**，而不是**Users**。

代码清单2-4   迁移数据库

```
$ rails db:migrate
==  CreateUsers: migrating ========================================================
-- create_table(:users)
   -> 0.0017s
==  CreateUsers: migrated (0.0018s) ==============================================
```

代码清单2-4的效果是使用新的**User**数据模型更新数据库。（从6.1.1节开始会深入学习数据库迁移。）

顺便说一下，在Rails 5之前的版本中，**db:migrate**命令使用**rake**执行，而不是**rails**。因此，如果你还要维护以前的应用，一定要知道如何使用Rake（旁注2.1）。

> **旁注2.1：Rake**
>
> 　　在Unix中，把源码编译成可执行的程序时，Make扮演了很重要的角色。Rake是Ruby版Make，是使用Ruby语言编写的Make类程序。
>
> 　　在Rails 5之前，Ruby on Rails大量使用Rake，因此为了维护以前的应用，一定要知道如何使用Rake。或许，Rails最常使用的两个Rake命令是**rake db:migrate**（迁移数据库，更新数据模型）和**rake test**（运行自动化测试组件）。使用Rake时，要确保使用的是Rails应用Gemfile文件中指定的版本，方法是使用Bundler提供的**bundle exec**命令。因此，执行迁移的命令
>
> ```
> $ rails db:migrate
> ```
>
> 　　要写成：
>
> ```
> $ bundle exec rake db:migrate
> ```

执行代码清单2-4中的迁移之后，可以新打开一个终端标签页（图1-7），运行本地Web服务器：

```
$ rails server -b $IP -p $PORT    # 在本地要执行'rails server'
```

现在，这个玩具应用应该可以在本地服务器中访问了，结果与1.3.2节一样。（如果使用云端IDE，要在一个新的浏览器选项卡中打开网页，别在IDE中打开。）

2.2.1   浏览用户相关的页面

访问根URL（斜线/，参见1.3.4节），我们会看到与图1-11一样的"hello, world!"页面。不过，使用脚手架生成Users资源时，生成了很多用来处理用户的页面。例如，列出所有用户的页面/users，创建新用户的页面/users/new。本节的目的是走马观花地浏览一下这些用户相关的页面。浏览时你会发现表2-1很有用，表中显示了页面和URL之间的对应关系。

表2-1　Users资源中页面和URL的对应关系

URL	动　作	作　用
/users	index	列出所有用户
/users/1	show	显示ID为1的用户
/users/new	new	创建新用户
/users/1/edit	edit	编辑ID为1的用户

我们先来看显示应用中所有用户的页面，这个页面叫**index**，路径是/users。和预期一样，目前还没有用户（图2-4）。

图2-4　Users资源的索引页（/users）

如果想创建新用户，要访问/users/new路径上的**new**页面，如图2-5所示。第7章会把这个页面打造成用户注册页面。我们可以在表单中填入名字和电子邮件地址，然后点击"Create User"（创建用户）按钮创建一个用户。此时，浏览器会转向这个用户的**show**页面，即/users/1，如图2-6所示。[页面中显示的绿色文字是**闪现消息**（flash），7.4.2节会介绍。]注意，这个页面的URL是/users/1。你可能猜到了，这里的**1**就是图2-2中的用户**id**。7.1节会把这个页面打造成用户的资料页。

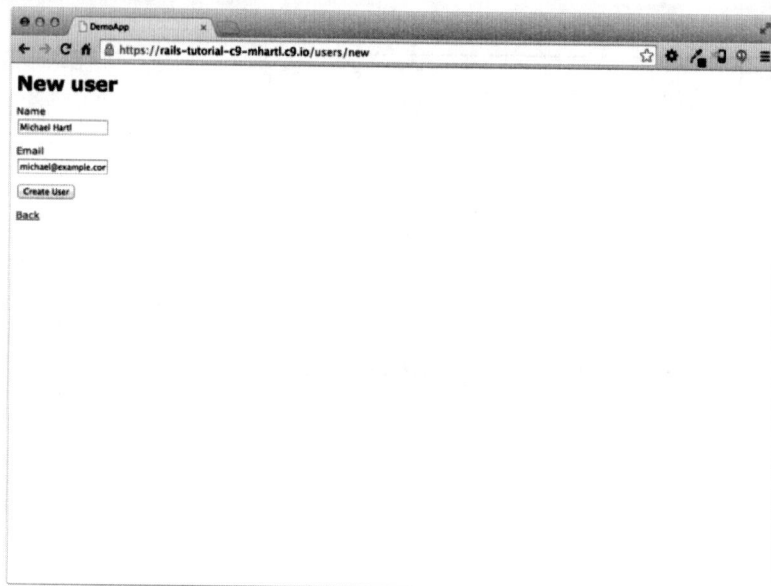

图2-5 新建用户页面（/users/new）

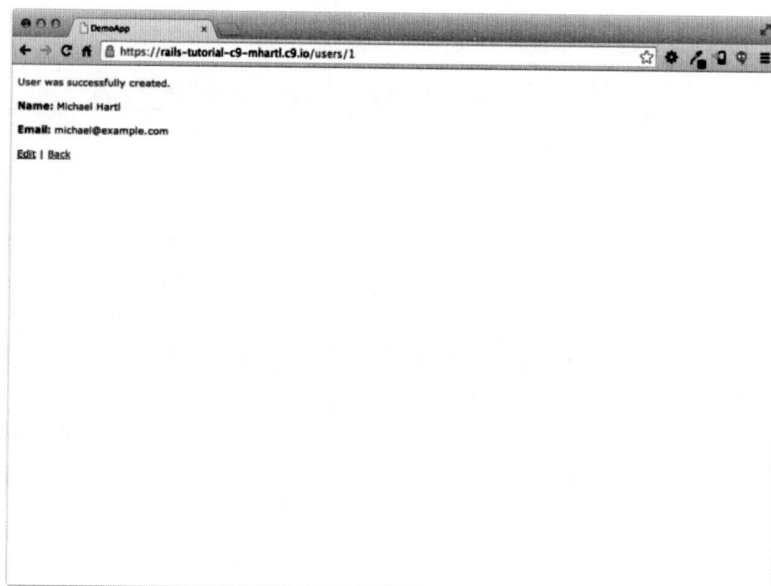

图2-6 显示某个用户的页面（/users/1）

如果想修改用户的信息，要访问**edit**页面，即/users/1/edit（图2-7）。修改用户信息后点击"Update User"（更新用户）按钮就更改了这个玩具应用中该用户的信息（图2-8）。（第6章会详细介绍，用户的信息存储在后端的数据库中。）我们会在10.1节为演示应用添加编辑和更新用户信息的功能。

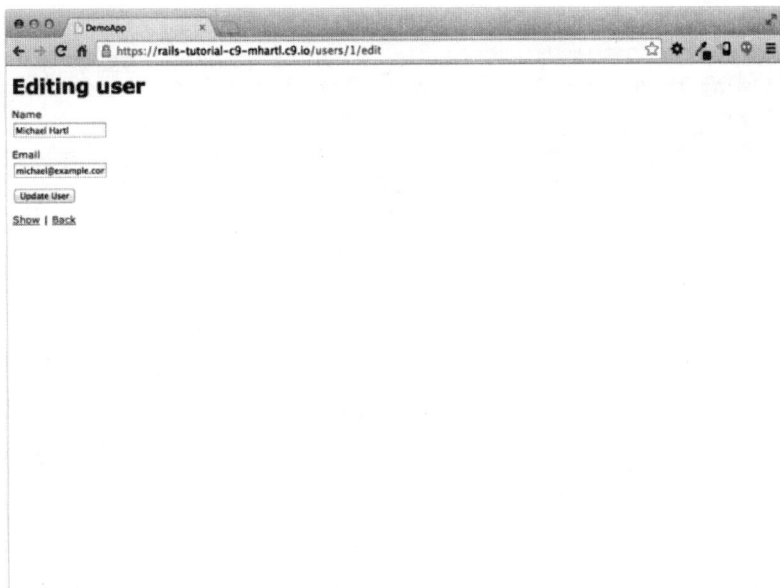

图2-7 编辑用户信息的页面（/users/1/edit）

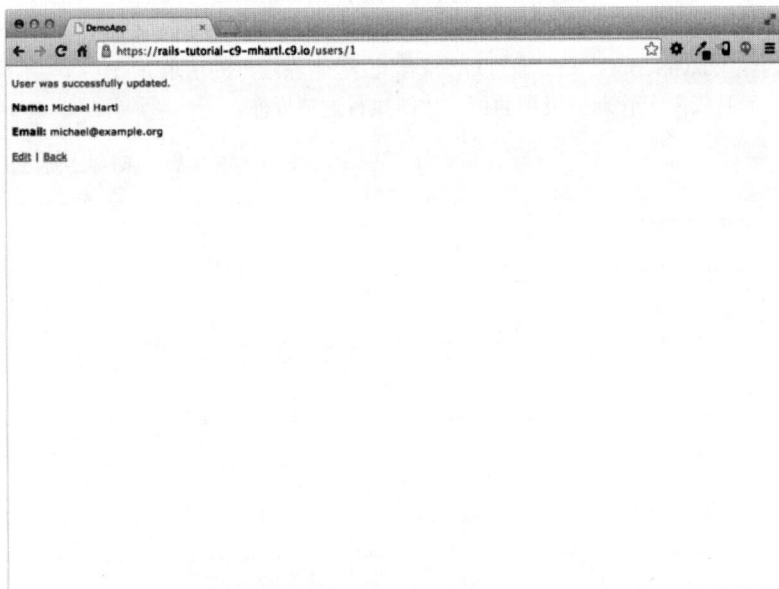

图2-8 更新信息后的用户页面

现在回到/users/new页面，在表单中填写信息，创建第二个用户。然后访问用户索引页，结果如图2-9所示。7.1节会美化这个显示所有用户的页面。

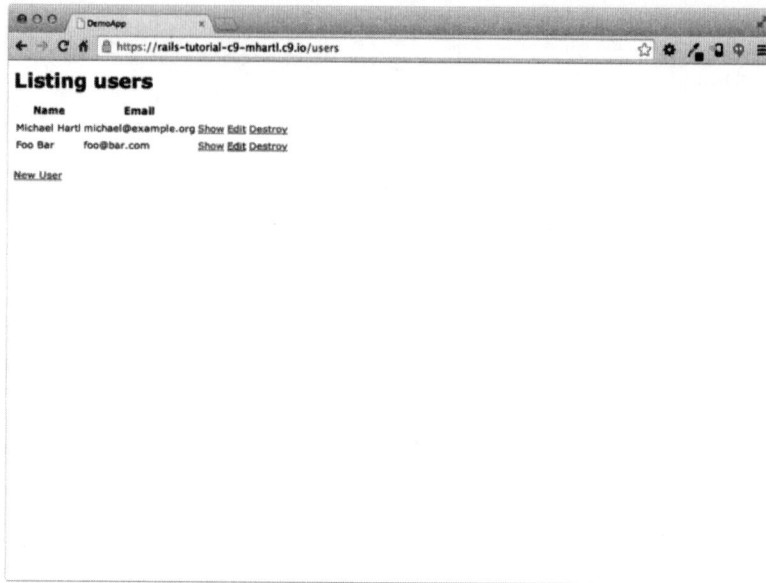

图2-9   创建第二个用户后的用户索引页（/users）

我们已经看了创建、显示和编辑用户的页面，最后要看删除用户的页面（图2-10）。点击图2-10
中所示的链接后，会删除第二个用户，现在索引页面就只剩一个用户了。（如果这个操作不成功，确
认浏览器是否启用了JavaScript。Rails通过JavaScript发送删除用户的请求。）10.4节会为演示应用实现
用户删除功能，而且仅限于管理员级别的用户才能执行这项操作。

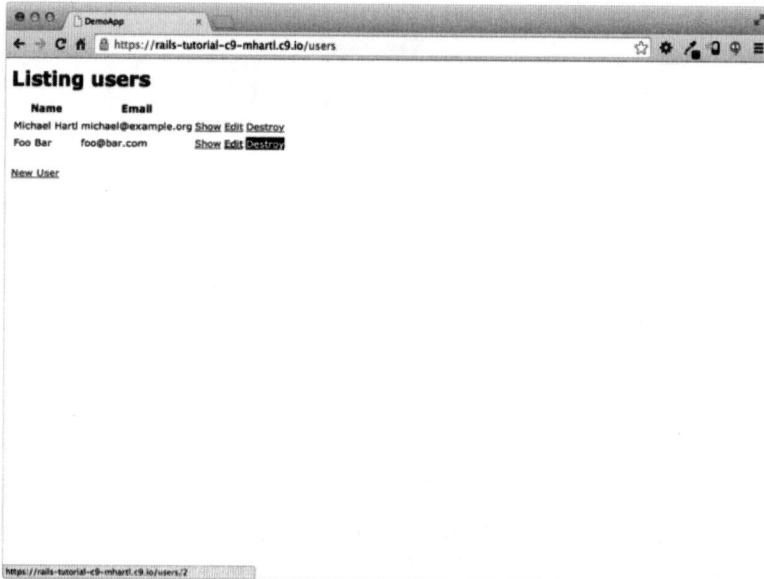

图2-10   删除一个用户

练习

购买本书的读者可以访问railstutorial.org/aw-solutions免费查看练习的解答。如果想查看其他人的答案，以及记录自己的答案，请加入Learn Enough Society（learnenough.com/society）。

(1)（如果你了解CSS）创建一个新用户，然后使用浏览器中的HTML审查工具找出"User was successfully created."文本的CSS ID。刷新页面后会发生什么？

(2) 如果创建用户时只填写名字，而没填写电子邮件地址，会发生什么？

(3) 如果创建用户时填写的电子邮件地址无效，例如填写的是"@example.com"，会发生什么？

(4) 删除前几题创建的用户。删除用户时，Rails会显示消息吗？

2.2.2　MVC 实战

我们已经快速概览了Users资源，下面我们从MVC（1.3.3节）的视角出发，审视其中某些部分。我们将分析在浏览器中访问用户索引页（/users）的过程，了解一下MVC（图2-11）。

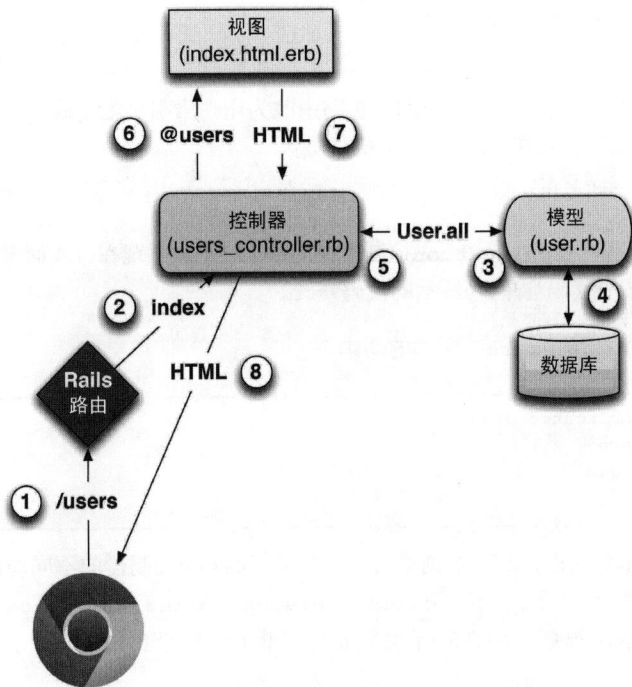

图2-11　Rails中的MVC架构详解

图2-11中各步的说明如下。

(1) 浏览器向/users发送请求。

(2) Rails的路由器把/users交给`Users`控制器的`index`动作处理。

(3) `index`动作要求`User`模型检索所有用户（`User.all`）。

(4) `User`模型从数据库中读取所有用户。

(5) **User**模型把所有用户组成的列表返回给控制器。

(6) 控制器把所有用户赋值给**@users**变量，然后传入**index**视图。

(7) 视图使用嵌入式Ruby把页面渲染成HTML。

(8) 控制器把HTML送回浏览器。①

下面详细分析这个过程。首先，浏览器发送请求（图2-11中的第1步）。这一步可以直接在浏览器地址栏中输入地址，也可以点击网页中的链接。请求到达**Rails路由器**（Rails router，第2步），路由器根据URL（以及请求的类型，参见旁注3.2）把请求分配给合适的**控制器动作**（controller action）。把Users资源中相关的URL映射到控制器动作的代码如代码清单2-5所示。那行代码会按照表2-1中的对应关系做映射。[**:users**这个写法看着很奇怪，它是一个**符号**（symbol），4.3.3节会介绍。]

代码清单2-5　Rails路由，为Users资源定义了一条规则

config/routes.rb

```
Rails.application.routes.draw do
  resources :users
  root 'application#hello'
end
```

既然打开路由文件了，那就花点儿时间把根路由改为用户索引页吧。修改之后，访问根地址就会显示/users页面。我们在代码清单2-3中添加了根路由：

```
root 'application#hello'
```

上述规则把根路由指向**Application**控制器中的**hello**动作。现在，我们想使用**Users**控制器的**index**动作，因此要按照代码清单2-6所示的代码修改。

代码清单2-6　把根路由指向**Users**控制器的动作

config/routes.rb

```
Rails.application.routes.draw do
  resources :users
  root 'users#index'
end
```

一个控制器中有多个动作，2.2.1节浏览的页面对应于**Users**控制器的不同动作。脚手架生成的控制器代码摘要如代码清单2-7所示。注意**class UsersController < ApplicationController**这种写法，在Ruby中这表示**类继承**。（2.3.4节会简要介绍继承，4.4节再做详细介绍。）

代码清单2-7　**Users**控制器代码摘要

app/controllers/users_controller.rb

```
class UsersController < ApplicationController
  .
  .
  .
```

---

① 有些文章说视图直接把HTML返回给浏览器（通过Web服务器，例如Apache或Nginx）。不管实现的细节如何，我更相信控制器是一个中枢，应用中所有信息都会经由它传递。

2

```
  def index
    .
    .
  end

  def show
    .
    .
  end

  def new
    .
    .
  end

  def edit
    .
    .
  end

  def create
    .
    .
  end

  def update
    .
    .
  end

  def destroy
    .
    .
  end
end
```

　　你可能注意到了，动作的数量比我们看过的页面数量多，**index**、**show**、**new**和**edit**对应于2.2.1节介绍的页面。此外还有一些其他的动作：**create**、**update**和**destroy**。这些动作一般不直接渲染页面（不过有时也会），只会修改数据库中保存的用户数据。表2-2列出了控制器的全部动作，这些动作就是Rails对REST架构（旁注2.2）的实现。REST架构由计算机科学家Roy Fielding提出，意思是**表现层状态转化**（REpresentational State Transfer）。[①]注意表2-2中的内容，有些部分有重叠。例如**show**和**update**两个动作都映射到/users/1这个地址上，二者的区别是响应的HTTP请求方法（http://en.wikipedia.org/

[①] Fielding, Roy Thomas. *Architectural Styles and the Design of Network-based Software Architectures*. Doctoral dissertation, University of California, Irvine, 2000.

wiki/HTTP_request#Request_methods）不同。3.3节会更详细地介绍HTTP请求方法。

表2-2　代码清单2-5中Users资源生成的符合REST架构的路由

HTTP请求	URL	动　作	作　　用
GET	/users	index	列出所有用户
GET	/users/1	show	显示ID为1的用户
GET	/users/new	new	显示创建新用户的页面
POST	/users	create	创建新用户
GET	/users/1/edit	edit	显示ID为1的用户的编辑页面
PATCH	/users/1	update	更新ID为1的用户
DELETE	/users/1	destroy	删除ID为1的用户

旁注2.2：表现层状态转化（REST）

如果阅读过一些Ruby on Rails Web开发相关的资料，你会发现很多地方都提到了"REST"，它是表现层状态转化（REpresentational State Transfer）的简称。REST是一种架构风格，用于开发分布式、基于网络的系统和软件应用，例如万维网和Web应用。REST理论很抽象，在Rails应用中，REST意味着大多数组件（例如用户和微博）都被模型化，变成资源（resource），可以创建（create）、读取（read）、更新（update）和删除（delete）。这些操作与关系型数据库中的CRUD操作和HTTP请求方法（**POST**、**GET**、**PATCH**和**DELETE**）对应。（3.3节，特别是旁注3.2，将更详细地介绍HTTP请求。）

作为Rails应用开发者，REST开发方式能帮助你决定编写哪些控制器和动作：你只需简单地把可以创建、读取、更新和删除的资源理清就可以了。对本章的用户和微博来说，这一过程非常明确，因为它们都是很自然的资源形式。在第14章将看到，使用REST架构可以通过一种自然而便捷的方式解决棘手问题（"关注用户"功能）。

为了探明**Users**控制器与**User**模型之间的关系，我们看一下简化后的**index**动作，如代码清单2-8所示。[要阅读不能完全理解的代码也体现了"全面提升你的技术水平"（旁注1.1）。]

代码清单2-8　玩具应用中简化的index动作

app/controllers/users_controller.rb

```
class UsersController < ApplicationController
  .
  .
  def index
    @users = User.all
  end
  .
  .
end
```

index动作中有一行代码，**@users = User.all**（图2-11中的第3步），让**User**模型从数据库中

检索所有用户（第4步），然后把结果赋值给**@users**变量（读作"at-users"，第5步）。**User**模型的代码参见代码清单2-9。这段代码看似简单，但是通过继承具备了很多功能（2.3.4节和4.4节）。具体而言，使用Rails中名为Active Record的库后，**User.all**就能返回数据库中的所有用户。

代码清单2-9　玩具应用中的**User**模型

app/models/user.rb

```
class User < ActiveRecord::Base
end
```

定义**@users**变量后，控制器再调用视图（第6步）。视图的代码如代码清单2-10所示。以@开头的变量是**实例变量**（instance variable），在视图中自动可用。这里，**index.html.erb**视图中的代码（代码清单2-10）遍历**@users**，为每个用户生成一行HTML。（你现在可能读不懂这些代码，这里只是让你看一下视图是什么样子。）

代码清单2-10　用户索引页的视图

app/views/users/index.html.erb

```
<h1>Listing users</h1>

<table>
  <thead>
    <tr>
      <th>Name</th>
      <th>Email</th>
      <th colspan="3"></th>
    </tr>
  </thead>

<% @users.each do |user| %>
  <tr>
    <td><%= user.name %></td>
    <td><%= user.email %></td>
    <td><%= link_to 'Show', user %></td>
    <td><%= link_to 'Edit', edit_user_path(user) %></td>
    <td><%= link_to 'Destroy', user, method: :delete,
                                data: { confirm: 'Are you sure?' } %></td>
  </tr>
<% end %>
</table>

<br>

<%= link_to 'New User', new_user_path %>
```

视图把代码转换成HTML（第7步），然后控制器将其返回给浏览器，再显示出来（第8步）。

练习

购买本书的读者可以访问railstutorial.org/aw-solutions免费查看练习的解答。如果想查看其他人的答案，以及记录自己的答案，请加入Learn Enough Society（learnenough.com/society）。

(1) 参照图2-11，写出访问/users/1/edit页面的步骤。

(2) 在脚手架生成的代码中找出前一题从数据库中检索用户的代码。

(3) 编辑用户页面的视图文件，其名称是什么？

2.2.3   Users 资源的不足

脚手架生成的Users资源虽然能够让你大致了解Rails，但也有一些不足。

❑ **没有验证数据**。**User**模型会接受空名字和无效的电子邮件地址，而不报错。

❑ **没有验证身份**。没实现登录和退出功能，随意一个用户都可以进行任何操作。

❑ **没有测试**。也不是完全没有，脚手架会生成一些基本的测试，不过很粗糙也不灵便，没有针对数据验证和身份验证的测试，更别说针对其他功能的测试了。

❑ **没样式，没布局**。没有共用的样式和网站导航。

❑ **没真正理解**。如果你能读懂脚手架生成的代码，就不需要阅读这本书了。

2.3   Microposts 资源

我们已经生成并浏览了Users资源，现在要生成Microposts资源。阅读本节时，我推荐你和2.2节对比一下。你会发现这两个资源在很多方面都是一致的。通过这样重复生成资源，我们可以更好地理解Rails中的REST架构。在这样的早期阶段看一下Users资源和Microposts资源的相同之处，也是本章的主要目的之一。

2.3.1   概览 Microposts 资源

与Users资源一样，我们将使用**rails generate scaffold**命令生成Microposts资源的代码，不过这一次要实现图2-3中的数据模型：[①]

```
$ rails generate scaffold Micropost content:text user_id:integer
      invoke  active_record
      create    db/migrate/20160515211229_create_microposts.rb
      create    app/models/micropost.rb
      invoke    test_unit
      create      test/models/micropost_test.rb
      create      test/fixtures/microposts.yml
      invoke  resource_route
       route    resources :microposts
      invoke  scaffold_controller
      create    app/controllers/microposts_controller.rb
      invoke    erb
      create      app/views/microposts
      create      app/views/microposts/index.html.erb
      create      app/views/microposts/edit.html.erb
      create      app/views/microposts/show.html.erb
      create      app/views/microposts/new.html.erb
```

[①] 与生成Users资源使用的脚手架命令一样，生成Microposts资源的脚手架也要使用单数形式，因此要用**generate Micropost**。

```
          create       app/views/microposts/_form.html.erb
          invoke     test_unit
          create       test/controllers/microposts_controller_test.rb
          invoke     helper
          create       app/helpers/microposts_helper.rb
          invoke     test_unit
          invoke     jbuilder
          create       app/views/microposts/index.json.jbuilder
          create       app/views/microposts/show.json.jbuilder
          invoke   assets
          invoke     coffee
          create       app/assets/javascripts/microposts.coffee
          invoke     scss
          create       app/assets/stylesheets/microposts.scss
          invoke   scss
       identical     app/assets/stylesheets/scaffolds.scss
```

（如果看到Spring相关的错误，再次执行这个命令即可。）然后，跟2.2节一样，我们要执行迁移，更新数据库，使用新建的数据模型：

```
$ rails db:migrate
==  CreateMicroposts: migrating ======================================
-- create_table(:microposts)
   -> 0.0023s
==  CreateMicroposts: migrated (0.0026s) =============================
```

现在我们就可以使用类似2.2.1节中介绍的方法来创建微博了。你可能猜到了，脚手架还会更新Rails的路由文件，为Microposts资源加入一条规则，如代码清单2-11所示。[①]与Users资源类似，**resources :micropsts**把微博相关的URL映射到**Microposts**控制器上，如表2-3所示。

代码清单2-11 Rails路由，有一条针对Microposts资源的新规则
config/routes.rb

```
Rails.application.routes.draw do
  resources :microposts
  resources :users
  root 'users#index'
end
```

表2-3 代码清单2-11中Microposts资源生成的符合REST架构的路由

HTTP请求	URL	动 作	作 用
GET	/microposts	index	列出所有微博
GET	/microposts/1	show	显示ID为1的微博
GET	/microposts/new	new	显示创建新微博的页面
POST	/microposts	create	创建新微博
GET	/microposts/1/edit	edit	显示ID为1的微博的编辑页面
PATCH	/microposts/1	update	更新ID为1的微博
DELETE	/microposts/1	destroy	删除ID为1的微博

① 与代码清单2-11相比，脚手架生成的代码可能会有额外的空行。无需担心，因为Ruby会忽略额外的空行。

Microposts控制器的代码简化后如代码清单2-12所示。注意，除了把UsersController换成MicropostsController之外，这段代码和代码清单2-7没什么区别。这说明了两个资源在REST架构中的共同之处。

代码清单2-12   简化后的Microposts控制器

app/controllers/microposts_controller.rb

```ruby
class MicropostsController < ApplicationController
  .
  .
  .
  def index
    .
    .
    .
  end

  def show
    .
    .
    .
  end

  def new
    .
    .
    .
  end

  def edit
    .
    .
    .
  end

  def create
    .
    .
    .
  end

  def update
    .
    .
    .
  end

  def destroy
    .
    .
    .
  end
end
```

我们在发布微博的页面（/microposts/new）输入一些内容，发布一篇微博，如图2-12所示。

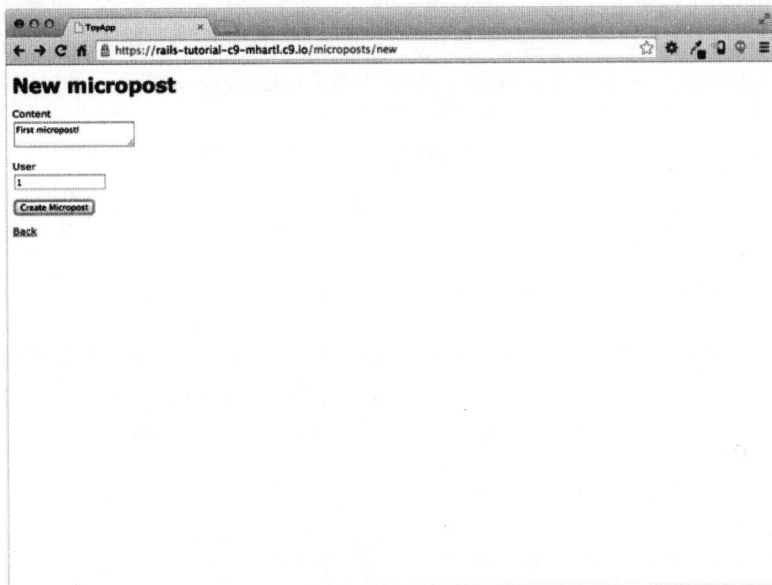

图2-12　发布微博的页面（/microposts/new）

既然已经打开这个页面了，那就发布几篇微博，并且确保至少把一篇微博的**user_id**设为1，把微博赋予2.2.1节中创建的第一个用户。结果应该和图2-13类似。

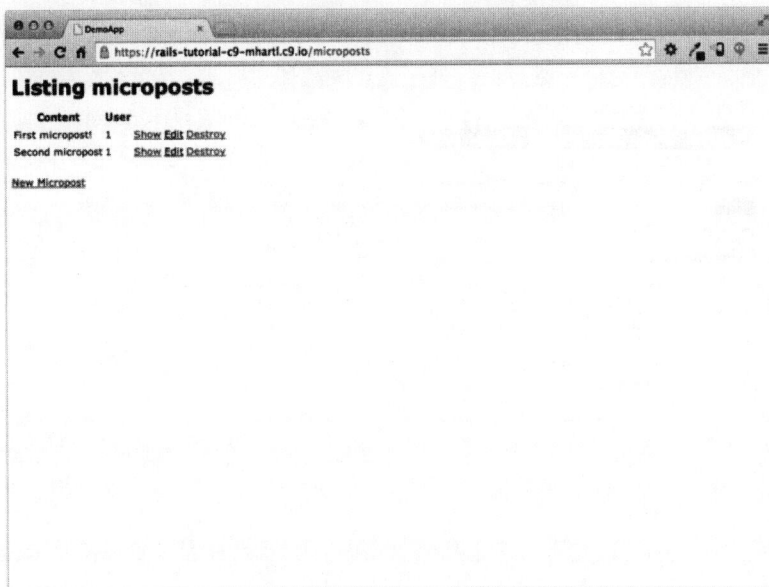

图2-13　微博索引页（/microposts）

练习

购买本书的读者可以访问railstutorial.org/aw-solutions免费查看练习的解答。如果想查看其他人的答案，以及记录自己的答案，请加入Learn Enough Society（learnenough.com/society）。

(1)（如果你了解CSS）发布一篇新微博，然后使用浏览器中的HTML审查工具找出"Micropost was successfully created."文本的CSS ID。刷新页面后会发生什么？

(2) 发布微博时不输入内容也不指定用户ID试试。

(3) 发布一篇内容超过140个字符（例如维基百科中介绍Ruby的第一段）的微博试试。

(4) 删除前几题创建的微博。

2.3.2 限制微博的长度

为了称得上"微博"这个名字，内容的长度要做限制。在Rails中实现这种限制很简单，使用**验证**（validation）功能即可。要限制微博的长度最多为140个字符（就像Twitter一样），我们可以使用**长度验证**。在文本编辑器或IDE中打开app/models/micropost.rb文件，写入代码清单2-13中的代码。

代码清单2-13　限制微博的长度最多为140个字符

app/models/micropost.rb

```
class Micropost < ApplicationRecord
  validates :content, length: { maximum: 140 }
end
```

这段代码看起来可能很神秘，我们会在6.2节详细介绍验证。如果我们在发布微博的页面输入超过140个字符的内容，就能看到这个验证的作用了。如图2-14所示，Rails会渲染**错误消息**，提示微博的内容太长了。（7.3.3节会详细介绍错误消息。）

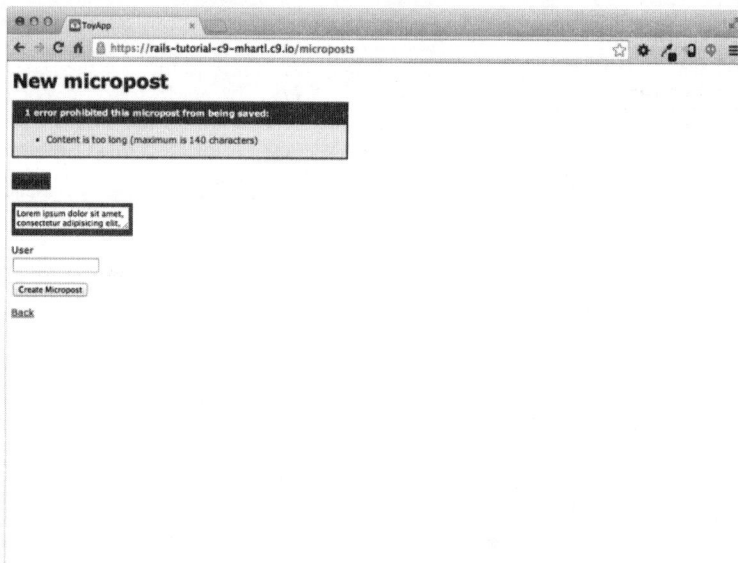

图2-14　发布微博失败时显示的错误消息

练习

购买本书的读者可以访问railstutorial.org/aw-solutions免费查看练习的解答。如果想查看其他人的答案，以及记录自己的答案，请加入Learn Enough Society（learnenough.com/society）。

(1) 使用2.3.1节练习中的那段文字发布微博，这一次有什么变化呢？

(2)（如果你了解CSS）使用浏览器中的HTML审查工具找到前一题那个错误消息的CSS ID。

2.3.3 一个用户拥有多篇微博

Rails最强大的功能之一，是可以在不同的数据模型之间建立**关联**（association）。对这里的`User`模型而言，每个用户可以拥有多篇微博。我们可以更新`User`模型（代码清单2-14）和`Micropost`模型（代码清单2-15）的代码实现这种关联。

代码清单2-14 一个用户拥有多篇微博

app/models/user.rb

```
class User < ApplicationRecord
  has_many :microposts
end
```

代码清单2-15 一篇微博属于一个用户

app/models/micropost.rb

```
class Micropost < ApplicationRecord
  belongs_to :user
  validates :content, length: { maximum: 140 }
end
```

我们可以把这种关联用图2-15表示出来。因为`microposts`表中有`user_id`这一列，所以Rails（通过Active Record）能把微博和各个用户关联起来。

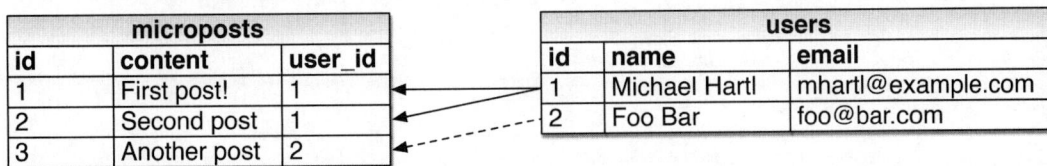

图2-15 微博和用户之间的关联

在第13章和第14章，我们会使用微博和用户之间的关联显示用户的所有微博，还会生成一个和Twitter类似的微博列表。现在，我们可以在**控制台**（console）中检查用户与微博之间的关联。控制台是与Rails应用交互常用的工具。在命令行中执行`rails console`命令，启动控制台。然后输入`User.first`，从数据库中检索第一个用户，并把得到的数据赋值给`first_user`变量：[①]

---

① 你的控制台可能会显示类似`2.1.1 :001 >`的提示符，但示例中使用`>>`代替，因为不同的Ruby版本显示的提示符不同。

```
$ rails console
>> first_user = User.first
=> #<User id: 1, name: "Michael Hartl", email: "michael@example.org",
created_at: "2016-05-15 02:01:31", updated_at: "2016-05-15 02:01:31">
>> first_user.microposts
=> [#<Micropost id: 1, content: "First micropost!", user_id: 1, created_at:
"2016-05-15 02:37:37", updated_at: "2016-05-15 02:37:37">, #<Micropost id: 2,
content: "Second micropost", user_id: 1, created_at: "2016-05-15 02:38:54",
updated_at: "2016-05-15 02:38:54">]
>> micropost = first_user.microposts.first     # 使用Micropost.first也可以
=> #<Micropost id: 1, content: "First micropost!", user_id: 1, created_at:
"2016-05-15 02:37:37", updated_at: "2016-05-15 02:37:37">
>> micropost.user
=> #<User id: 1, name: "Michael Hartl", email: "michael@example.org",
created_at: "2016-05-15 02:01:31", updated_at: "2016-05-15 02:01:31">
>> exit
```

（我在这段代码的最后一行加上了 **exit**，告诉你如何退出控制台。在大多数系统中也可以按Ctrl-D键退出控制台。）[①]我们使用 **first_user.microposts** 获取这个用户发布的微博。Active Record会自动返回 **user_id** 的值与 **first_user** 的ID（1）相同的所有微博。在第13章和第14章中，我们会更深入地学习关联。

练习

购买本书的读者可以访问railstutorial.org/aw-solutions免费查看练习的解答。如果想查看其他人的答案，以及记录自己的答案，请加入Learn Enough Society（learnenough.com/society）。

(1) 编辑显示用户的页面，显示用户发布的第一篇微博。（根据文件中的其他内容猜测所需的句法。）访问/users/1，确认改动是正确的。

(2) 代码清单2-16添加了一个存在性验证，确保微博的内容不能为空。确认这个验证的行为与图2-16中一样。

(3) 把代码清单2-17中的 **FILL_IN** 换成相应的代码，为 **User** 模型的 **name** 和 **email** 属性添加存在性验证。效果如图2-17所示。

---

① 和"Ctrl-C"一样，这里大写的"D"指代键盘上的按键，不是大写字母"D"，因此按Ctrl键的同时不用按住Shift键。

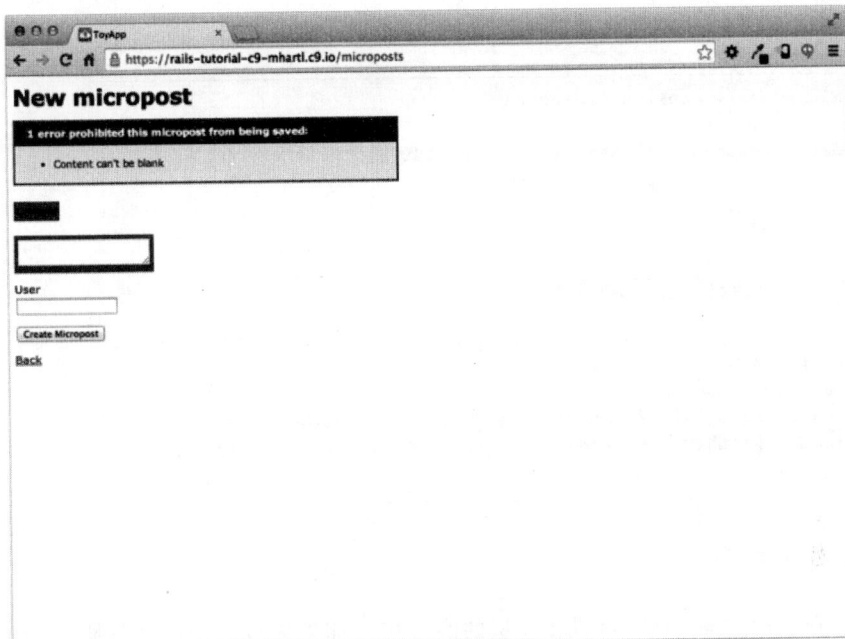

图2-16　微博内容存在性验证的效果

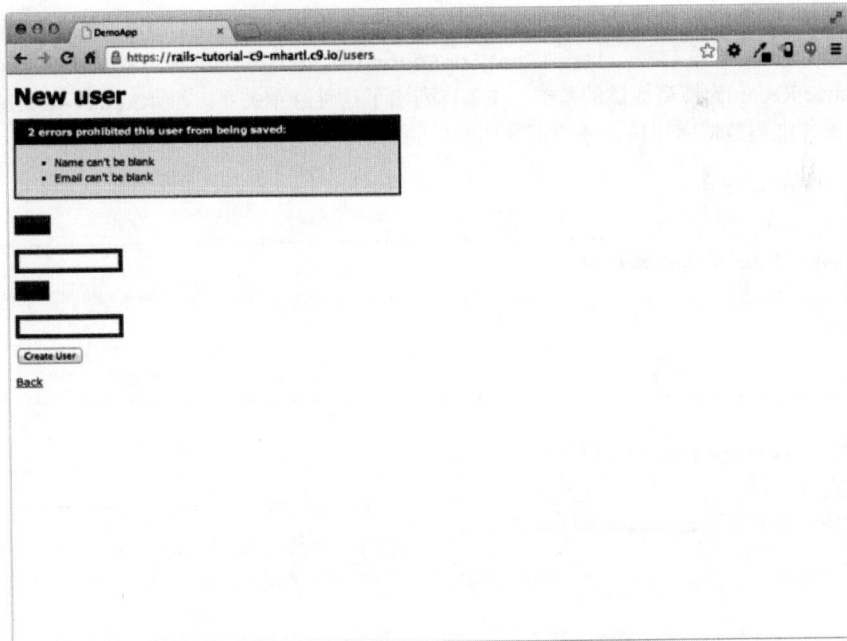

图2-17　User模型存在性验证的效果

代码清单2-16   验证微博内容存在性的代码

app/models/micropost.rb

```
class Micropost < ApplicationRecord
  belongs_to :user
  validates :content, length: { maximum: 140 },
                      presence: true
end
```

代码清单2-17   为**User**模型添加存在性验证

app/models/user.rb

```
class User < ApplicationRecord
  has_many :microposts
  validates FILL_IN, presence: true     # 把FILL_IN换成正确的代码
  validates FILL_IN, presence: true     # 把FILL_IN换成正确的代码
end
```

2.3.4   继承体系

接下来简要介绍Rails中控制器和模型的类继承。如果你有面向对象编程（Object-oriented Programming，OOP）的经验，尤其是**类**，能更好地理解这些内容。如果暂时不理解，也没关系，4.4节会详细说明这些概念。

我们先介绍模型的继承体系。对比一下代码清单2-18和代码清单2-19，可以看出，**User**和**Micropost**都（通过<符号）继承自**ApplicationRecord**类，而这个类继承自**ActiveRecord::Base**类，这是Active Record为模型提供的基类。图2-18列出了这种继承关系。继承**ActiveRecord::Base**类，模型对象才能与数据库通信，才能把数据库中的列看作Ruby中的属性，等等。

代码清单2-18   **User**类中的继承

app/models/user.rb

```
class User < ApplicationRecord
  .
  .
  .
end
```

代码清单2-19   **Micropost**类中的继承

app/models/micropost.rb

```
class Micropost < ApplicationRecord
  .
  .
  .
end
```

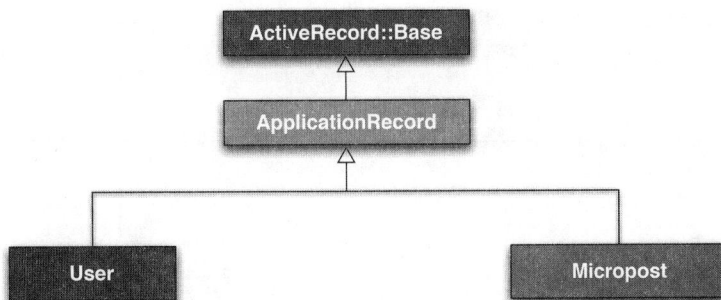

图2-18　User模型和Micropost模型的继承体系

　　控制器的继承结构与模型基本相同。对比代码清单2-20和代码清单2-21，可以看出，**Users-Controller**和**MicropostsController**都继承自**ApplicationController**。如代码清单2-22所示，**ApplicationController**继承自**ActionController::Base**，这是Rails中Action Pack库为控制器提供的基类。这些类之间的关系如图2-19所示。

代码清单2-20　UsersController类中的继承

app/controllers/users_controller.rb

```
class UsersController < ApplicationController
  .
  .
  .
end
```

代码清单2-21　MicropostsController类中的继承

app/controllers/microposts_controller.rb

```
class MicropostsController < ApplicationController
  .
  .
  .
end
```

代码清单2-22　ApplicationController类中的继承

app/controllers/application_controller.rb

```
class ApplicationController < ActionController::Base
  .
  .
  .
end
```

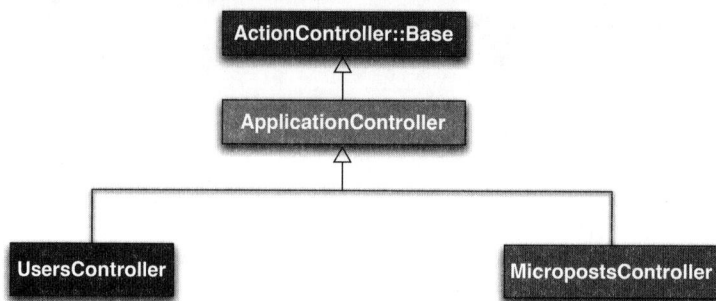

图2-19 **UsersController**和**MicropostsController**的继承体系

与模型的继承类似，通过继承**ActionController::Base**，**Users**控制器和**Microposts**控制器获得了很多功能，例如，处理模型对象的能力、过滤入站HTTP请求的能力，以及把视图渲染成HTML的能力。Rails应用中的所有控制器都继承自**ApplicationController**，所以其中定义的规则会自动运用于应用中的每个动作。例如，9.1节会介绍如何在**Application**控制器中引入辅助方法，为整个应用的所有控制器都加上登录和退出功能。

练习

购买本书的读者可以访问railstutorial.org/aw-solutions免费查看练习的解答。如果想查看其他人的答案，以及记录自己的答案，请加入Learn Enough Society（learnenough.com/society）。

(1) 查看**Application**控制器文件的内容，找出**ApplicationController**继承自**Action-Controller::Base**的代码。

(2) **ApplicationRecord**是不是也在类似的文件中继承**ActiveRecord::Base**？ 提示：可能是**app/models**目录中名为**application_record.rb**的文件。

2.3.5 部署这个玩具应用

完成Microposts资源之后，是时候把代码推送到Bitbucket的仓库中了：

```
$ git status
$ git add -A
$ git commit -m "Finish toy app"
$ git push
```

通常情况下，你应该经常做一些很小的提交，不过对于本章来说，最后做一次大提交也无妨。

然后，你也可以参照1.5节所述的步骤，把这个应用部署到Heroku中：

```
$ git push heroku
```

（执行这个命令之前要按照2.1节中的说明创建Heroku应用：先执行**heroku create**命令，然后再执行**git push heroku master**命令。）

为了让应用能使用数据库，还要迁移生产数据库，方法是在代码清单2-4中那个迁移命令前面加上**heroku run**：

```
$ heroku run rails db:migrate
```

这个命令会按照**User**和**Micropost**数据模型更新Heroku中的数据库。迁移数据库之后，就可以在生产环境中使用这个应用了，而且这个应用使用PostgreSQL数据库（图2-20）。

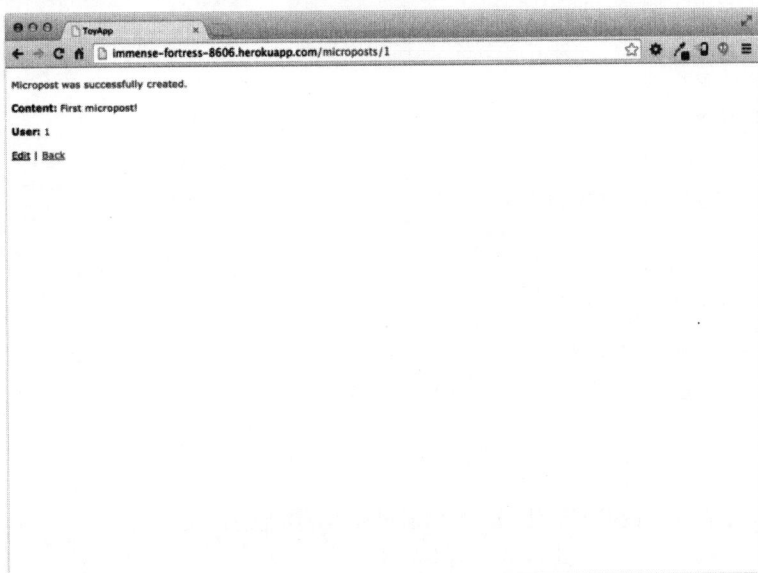

图2-20　运行在生产环境中的玩具应用

最后，如果你做了2.3.3节的练习，要把显示第一个用户微博的代码去掉，这样应用才能正确加载。你只需把那些代码删掉，做次提交，然后再推送到Heroku。

练习

购买本书的读者可以访问railstutorial.org/aw-solutions免费查看练习的解答。如果想查看其他人的答案，以及记录自己的答案，请加入Learn Enough Society（learnenough.com/society）。

(1) 在线上应用中创建几个用户。

(2) 为第一个用户创建几篇微博。

(3) 发布微博时填写超过140个字符，确认代码清单2-13中的验证在生产环境中可用。

2.4　小结

至此，对这个Rails应用的概览结束了。本章开发的玩具应用有优点也有缺点。

优点

❑ 概览了Rails

❑ 介绍了MVC

❑ 第一次体验了REST架构

❑ 开始使用数据模型了

❑ 在生产环境中运行了一个基于数据库的Web应用

缺点

- ❑ 没自定义布局和样式
- ❑ 没有静态页面（例如首页和"关于"页面）
- ❑ 没有用户密码
- ❑ 没有用户头像
- ❑ 没有登录功能
- ❑ 不安全
- ❑ 没实现用户和微博之间的自动关联
- ❑ 没实现"关注"和"被关注"功能
- ❑ 没实现微博列表
- ❑ 没编写有意义的测试
- ❑ **没有真正理解所做的事情**

本书后续的内容建立在这些优点之上，而且会改善缺点。

本章所学

- ❑ 使用脚手架自动生成模型的代码，然后通过Web界面与应用交互；
- ❑ 脚手架利于快速上手，但生成的代码不易理解；
- ❑ Rails使用"模型–视图–控制器"（MVC）模式组织Web应用；
- ❑ 借由Rails我们得知，为了与数据模型交互，REST架构制定了一套标准的URL和控制器动作；
- ❑ Rails支持数据验证，用于约束数据模型的属性可以使用什么值；
- ❑ Rails内建支持建立数据模型关联的功能；
- ❑ 可以使用Rails控制台在命令行中与Rails应用交互。

第3章 基本静态的页面

从本章开始，我们将开发一个专业级演示应用，本书后续章节会一直开发这个应用。最终完成的应用包含用户、微博功能，以及完整的登录和用户身份验证系统，不过我们先从一个看似功能有限的话题出发——创建静态页面。这看似简单的一件事却是一个很好的锻炼，极具意义，对这个初建的应用而言也是个很好的开端。

虽然Rails的设计初衷是为了开发以数据库为后台的动态网站，不过它也能创建使用纯HTML创建的那种静态页面。其实，使用Rails创建静态页面有一个好处：添加少量动态内容十分容易。这一章就教你怎么做。在这个过程中，我们会一窥**自动化测试**（automated testing）的面目。自动化测试可以让我们相信自己编写的代码是正确的。而且，编写一个好的测试组件还可以让我们信心十足地**重构**（refactor）代码，修改实现过程但不影响功能。

3.1 创建演示应用

与第2章一样，我们将先创建一个新Rails项目，名为**sample_app**，如代码清单3-1所示。[①]

代码清单3-1 创建一个新演示应用

```
$ cd ~/workspace
$ rails _5.0.0_ new sample_app
$ cd sample_app/
```

（与2.1节一样，如果使用云端IDE，可以在同一个工作空间中创建这个应用，没必要再新建一个工作空间。）

注意： 为了便于参考，本书实现的完整演示应用可以在Bitbucket中查看。[②]

类似于2.1节，接下来我们要用文本编辑器打开并编辑Gemfile文件，写入应用所需的gem。代码清

[①] 如果使用云端IDE，可以使用"Goto Anything"命令，输入部分文件名就能方便地在文件系统中找到所需的文件。现在三个应用都放在同一个工作空间中，如果只输入文件名，效果可能不是很理想。例如，如果查找名为"Gemfile"的文件，会出现六个结果，因为每个应用中都有能匹配查找条件的两个文件：Gemfile和Gemfile.lock。因此，你可以把前两个应用删除，方法是：进入workspace文件夹，执行**rm -rf hello_app/ toy_app/**命令（表1-1）。（只要你之前把这两个应用推送到Bitbucket中了，以后再恢复都很容易。）

[②] https://bitbucket.org/railstutorial/sample_app_4th_ed

单3-2与代码清单1-5和代码清单2-1一样，不过**test**组中的gem有所不同，这些是高级测试设置（3.6节）和集成测试（5.3.4节）所需的。注意，如果现在你想安装这个应用使用的所有gem，要写入代码清单13-72中的内容。重要提醒：本书中的所有Gemfile都应该使用gemfiles-4th-ed.railstutorial.org中列出的版本号，别使用下面给出的（如果你阅读的是在线版，二者应该是一样的）。

代码清单3-2　这个演示应用的Gemfile文件

```
source 'https://rubygems.org'

gem 'rails',        '5.0.0'
gem 'puma',         '3.4.0'
gem 'sass-rails',   '5.0.5'
gem 'uglifier',     '3.0.0'
gem 'coffee-rails', '4.2.1'
gem 'jquery-rails', '4.1.1'
gem 'turbolinks',   '5.0.0'
gem 'jbuilder',     '2.4.1'

group :development, :test do
  gem 'sqlite3', '1.3.11'
  gem 'byebug',  '9.0.0', platform: :mri
end

group :development do
  gem 'web-console',          '3.1.1'
  gem 'listen',               '3.0.8'
  gem 'spring',               '1.7.2'
  gem 'spring-watcher-listen', '2.0.0'
end

group :test do
  gem 'rails-controller-testing', '0.1.1'
  gem 'minitest-reporters',       '1.1.9'
  gem 'guard',                    '2.13.0'
  gem 'guard-minitest',           '2.4.4'
end

group :production do
  gem 'pg', '0.18.4'
end

# Windows does not include zoneinfo files, so bundle the tzinfo-data gem
gem 'tzinfo-data', platforms: [:mingw, :mswin, :x64_mingw, :jruby]
```

与前两章一样，我们要执行**bundle install**命令安装并引入Gemfile文件中指定的gem，而且要指定**--without production**选项，[①]不安装生产环境使用的gem：

```
$ bundle install --without production
```

_____

① 注意，这个选项会被Bundler记住，下次只需运行**bundle install**即可。

运行上述命令后不会在开发环境中安装PostgreSQL所需的**pg** gem，在生产环境和测试环境中我们使用SQLite。Heroku不建议在开发环境和生产环境中使用不同的数据库，但是对这个演示应用来说，这两种数据库没什么差别，而且在本地安装、配置SQLite比PostgreSQL容易得多。[①]如果你之前安装了某个gem（例如Rails本身）的其他版本，与Gemfile中指定的版本号不同，最好再执行**bundle update**命令更新gem，确保安装的版本和指定的一致：

```
$ bundle update
```

最后，我们要初始化Git仓库：

```
$ git init
$ git add -A
$ git commit -m "Initialize repository"
```

与第一个应用一样，我建议你更新一下README文件，更好地描述这个应用。我们先把这个文件中的内容删掉，然后换成代码清单3-3中的Markdown内容。注意，README文件中说明了如何安装这个应用。（直到第6章才会执行**rails db:migrate**命令，不过现在写上也无妨。）

代码清单3-3　修改这个演示应用的README文件

README.md

```
# Ruby on Rails Tutorial sample application

This is the sample application for
[*Ruby on Rails Tutorial:
Learn Web Development with Rails*](http://www.railstutorial.org/)
by [Michael Hartl](http://www.michaelhartl.com/).

## License

All source code in the [Ruby on Rails Tutorial](http://railstutorial.org/)
is available jointly under the MIT License and the Beerware License. See
[LICENSE.md](LICENSE.md) for details.

## Getting started

To get started with the app, clone the repo and then install the needed gems:

```
$ bundle install --without production
```

Next, migrate the database:

```
$ rails db:migrate
```

Finally, run the test suite to verify that everything is working correctly:
```

---

① 现在时机还不成熟，但我建议你以后一定要学会如何在开发环境中安装、配置PostgreSQL。届时，可以在Google中搜索"install configure postgresql <your system>"，以及"rails postgresql setup"。（在云端IDE中，"<your system>"是Ubuntu。）

```
```
$ rails test
```

If the test suite passes, you'll be ready to run the app in a local server:

```
$ rails server
```

For more information, see the
[*Ruby on Rails Tutorial* book](http://www.railstutorial.org/book).
```

然后，提交改动：

```
$ git commit -am "Improve the README"
```

你可能还记得，在1.4.4节，我们使用**git commit -a -m "Message"**命令，指定了表示"全部变化"的标志**-a**和提交信息的标志**-m**。如上述命令所示，我们可以把两个标志合在一起，写成**git commit -am "Message"**。

既然本书后续内容会一直使用这个演示应用，那么最好在Bitbucket中新建一个仓库，把这个应用推送上去：

```
$ git remote add origin git@bitbucket.org:<username>/sample_app.git
$ git push -u origin --all    # 首次推送这个应用
```

为了避免以后遇到焦头烂额的问题，在这个早期阶段也可以把应用部署到Heroku中。参照第1章和第2章，我建议像代码清单3-4和代码清单3-5那样做，创建一个显示"hello, world!"的首页。（之所以这样做是因为Rails的默认页面往往无法在Heroku中显示，所以很难判断部署成功还是失败。）

代码清单3-4　在Application控制器中添加hello动作

app/controllers/application_controller.rb

```
class ApplicationController < ActionController::Base
  protect_from_forgery with: :exception

  def hello
    render html: "hello, world!"
  end
end
```

代码清单3-5　设置根路由

config/routes.rb

```
Rails.application.routes.draw do
  root 'application#hello'
end
```

然后提交改动，推送到Bitbucket和Heroku中：

```
$ git commit -am "Add hello"
$ git push
$ heroku create
$ git push heroku master
```

与1.5节一样，你可能会看到一些警告消息，现在暂且不管，7.5节会解决。除了Heroku为应用分配的地址之外，看到的页面应该和图1-19一样。

在阅读本书的过程中，我建议你定期推送和部署，这样不仅能在远程仓库中备份，还能尽早发现在生产环境中可能出现的问题。如果遇到与Heroku有关的问题，可以查看生产环境中的日志，试着找出问题所在：

```
$ heroku logs
```

注意，如果你决定把真实的应用部署到Heroku中，一定要按照7.5节介绍的方法配置生产环境的Web服务器。

练习

购买本书的读者可以访问railstutorial.org/aw-solutions免费查看练习的解答。如果想查看其他人的答案，以及记录自己的答案，请加入Learn Enough Society（learnenough.com/society）。

(1) 确认Bitbucket把代码清单3-3中README文件的Markdown渲染成了HTML。

(2) 访问生产环境中应用的根路由，确认成功部署到Heroku中了。

3.2　静态页面

前一节的准备工作做好之后，我们可以开始开发这个演示应用了。本节，我们要向开发动态页面迈出第一步：创建一些Rails**动作**和**视图**，但只包含静态HTML。[①]Rails动作放在**控制器**（MVC中的C，参见1.3.3节）中，用于组织相关的功能。第2章已经简要介绍了控制器，全面熟悉REST架构之后（从第6章开始），你会更深入地理解控制器。回想一下1.3节介绍的Rails项目目录结构（图1-4），会对我们有所帮助。这一节我们主要在app/controllers和app/views两个目录中工作。

1.4.4节说过，使用Git时最好在单独的主题分支中完成工作，不要直接使用主分支。如果你使用Git做版本控制，现在应该执行下述命令，切换到一个主题分支，然后再创建静态页面：

```
$ git checkout -b static-pages
```

3.2.1　生成静态页面

下面我们要使用第2章用来生成脚手架的**generate**命令生成一个控制器。既然这个控制器用来处理静态页面，那就把它命名为**StaticPages**吧。可以看出，控制器的名字使用驼峰式命名法。我们计划创建"首页""帮助"页面和"关于"页面，对应的动作名分别为**home**、**help**和**about**。**generate**命令可以接收一个可选的参数列表，指定要创建的动作。我们将在命令行中指定**home**和**help**动作，故意不指定**about**动作，3.3节再介绍怎么添加。生成**StaticPages**控制器的命令如代码清单3-6所示。

[①] 这里讲的静态页面创建方法可能是最简单的，但不是唯一的，你应该根据需求使用合适的方法。如果要创建大量静态页面，使用静态页面控制器太麻烦，不过这个演示应用只需要几个静态页面。如果需要创建大量静态页面，可以使用**high_voltage** gem。

代码清单3-6　生成StaticPages控制器

```
$ rails generate controller StaticPages home help
      create    app/controllers/static_pages_controller.rb
       route    get 'static_pages/help'
       route    get 'static_pages/home'
      invoke    erb
      create      app/views/static_pages
      create      app/views/static_pages/home.html.erb
      create      app/views/static_pages/help.html.erb
      invoke    test_unit
      create      test/controllers/static_pages_controller_test.rb
      invoke    helper
      create      app/helpers/static_pages_helper.rb
      invoke    test_unit
      invoke    assets
      invoke      coffee
      create        app/assets/javascripts/static_pages.coffee
      invoke      scss
      create        app/assets/stylesheets/static_pages.scss
```

顺便说一下，`rails generate`可以简写成**rails g**。除此之外，Rails还提供了几个命令的简写形式，参见表3-1。为了明确表述，本书会一直使用命令的完整形式，但在实际使用中，大多数Rails开发者或多或少会使用表3-1中的简写形式。[①]

表3-1　一些Rails命令的简写形式

完整形式	简写形式
$ rails server	$ rails s
$ rails console	$ rails c
$ rails generate	$ rails g
$ rails test	$ rails t
$ bundle install	$ bundle

在继续之前，如果你使用Git，最好把**StaticPages**控制器对应的文件推送到远程仓库：

```
$ git add -A
$ git commit -m "Add a Static Pages controller"
$ git push -u origin static-pages
```

最后一个命令的意思是，把**static-pages**主题分支推送到Bitbucket。以后再推送时，可以省略后面的参数，简写成：

```
$ git push
```

在现实的开发过程中，我一般都会先提交再推送，但是为了行文简洁，从这往后我们会省略提交这一步。

注意，在代码清单3-6中，我们传入的控制器名使用驼峰式（因为像骆驼的双峰一样），创建的控制器文件名则是蛇底式。所以，传入"StaticPages"得到的文件是static_pages_controller.rb。这只是一

[①] 其实，很多Rails开发者还会为**rails**命令创建别名（参阅Learn Enough Text Editor to Be Dangerous），简化成**r**。这样，使用简洁的**r　s**命令就能启动Rails服务器。

种约定。其实在命令行中也可以使用蛇底式：

```
$ rails generate controller static_pages ...
```

这个命令也会生成名为static_pages_controller.rb的控制器文件。因为Ruby的类名使用驼峰式（4.4节），所以提到控制器时我会使用驼峰式，不过这是我的个人选择。（因为Ruby文件名一般使用蛇底式，所以Rails生成器使用**underscore**方法把驼峰式转换成蛇底式。）

顺便说一下，如果在生成代码时出错了，知道如何撤销操作就很有用了。旁注3.1中介绍了一些在Rails中撤销操作的方法。

旁注3.1：撤销操作

即使再小心，在开发Rails应用的过程中也可能会犯错。幸好Rails提供了一些工具，能够帮助我们还原操作。

举例来说，一个常见的情况是更改控制器的名字，这时你得删除生成的文件。生成控制器时，除了控制器文件本身之外，Rails还会生成很多其他文件（参见代码清单3-6）。撤销生成的文件不仅仅要删除控制器文件，还要删除不少辅助文件。（在2.2节和2.3节中我们看到，**rails generate**命令还会自动修改routes.rb文件，因此我们也想自动撤销这些修改。）在Rails中，可以使用**rails destroy**命令完成撤销操作。一般来说，下面这两个命令是相互抵消的：

```
$ rails generate controller StaticPages home help
$ rails destroy  controller StaticPages home help
```

第6章会使用下面的命令生成模型：

```
$ rails generate model User name:string email:string
```

这个操作可以使用下面的命令撤销：

```
$ rails destroy model User
```

（这里，我们可以省略命令行中其余的参数。读到第6章时，看看你能否发现为什么可以这样做。）

对模型来说，还涉及撤销迁移。第2章已经简要介绍了迁移，第6章开始会深入说明。迁移通过下面的命令改变数据库的状态：

```
$ rails db:migrate
```

我们可以使用下面的命令撤销前一个迁移操作：

```
$ rails db:rollback
```

如果要回到最开始的状态，可以使用：

```
$ rails db:migrate VERSION=0
```

你可能猜到了，把数字0换成其他数字就会回到相应的版本，这些版本数字是按照迁移执行的顺序排列的。

知道这些技术，我们就能得心应对开发过程中遇到的各种问题了。

代码清单3-6中生成**StaticPages**控制器的命令会自动修改路由文件（config/routes.rb）。我们在1.3.4节已经简略介绍过这个文件，它的作用是实现URL和网页之间的对应关系（图2-11）。路由文件在config目录中。Rails在这个目录中存放应用的配置文件（图3-1）。

图3-1　演示应用config目录中的内容

因为生成控制器时我们指定了**home**和**help**动作，所以路由文件中已经添加了相应的规则，如代码清单3-7所示。

代码清单3-7　StaticPages控制器中home和help动作的路由

config/routes.rb

```
Rails.application.routes.draw do
  get 'static_pages/home'
  get 'static_pages/help'
  root 'application#hello'
end
```

如下的规则

```
get 'static_pages/home'
```

把发给/static_pages/home的请求映射到**StaticPages**控制器的**home**动作上。另外，**get**表明这个路由响应的是**GET**请求。**GET**是HTTP（Hypertext Transfer Protocol，超文本传输协议）支持的基本请求方法之一（旁注3.2）。这里，当我们在**StaticPages**控制器中生成**home**动作时，就自动在/static_pages/home地址上获得了一个页面。若想查看这个页面，按照1.3.2节中的方法，启动Rails开发服务器：

```
$ rails server -b $IP -p $PORT   # 在本地只需执行`rails server`
```

然后访问/static_pages/home，如图3-2所示。

旁注3.2：GET等

　　超文本传输协议（HTTP）定义了几个基本操作：**GET**、**POST**、**PATCH**和**DELETE**。这四个动词表示**客户端**电脑（通常安装了一种浏览器，例如Chrome、Firefox或Safari）与服务器（通常会运行一个Web服务器，例如Apache或Nginx）之间的操作。（有一点很重要，你要知道：在本地电脑中开发Rails应用时，客户端和服务器在同一台物理设备中，但这二者是不同的概念。）受REST架构影响的Web框架（包括Rails）都很重视对HTTP动词的实现，我们在第2章已经简要介绍了REST，从第7章开始会更详细地说明。

　　GET是最常用的HTTP操作，用于**读取**网络中的数据。它的意思是"读取一个网页"，当你访问http://www.google.com或http://www.wikipedia.org时，浏览器发送的就是**GET**请求。**POST**是第二种最常用的操作，当你提交表单时，浏览器发送的就是**POST**请求。在Rails应用中，**POST**请求一般用于**创建**某个东西（不过HTTP也允许**POST**执行更新操作）。例如，提交注册表单时发送的**POST**请求会在网站中创建一个新用户。另外两个动词，**PATCH**和**DELETE**，分别用于更新和销毁服务器中的某个东西。这两个操作没**GET**和**POST**那么常用，因为浏览器没有内建对这两种请求的支持，不过有些Web框架（包括Rails）通过一些聪明的处理方式，让它看起来就像是浏览器发出的一样。所以，这四种请求类型Rails都支持。

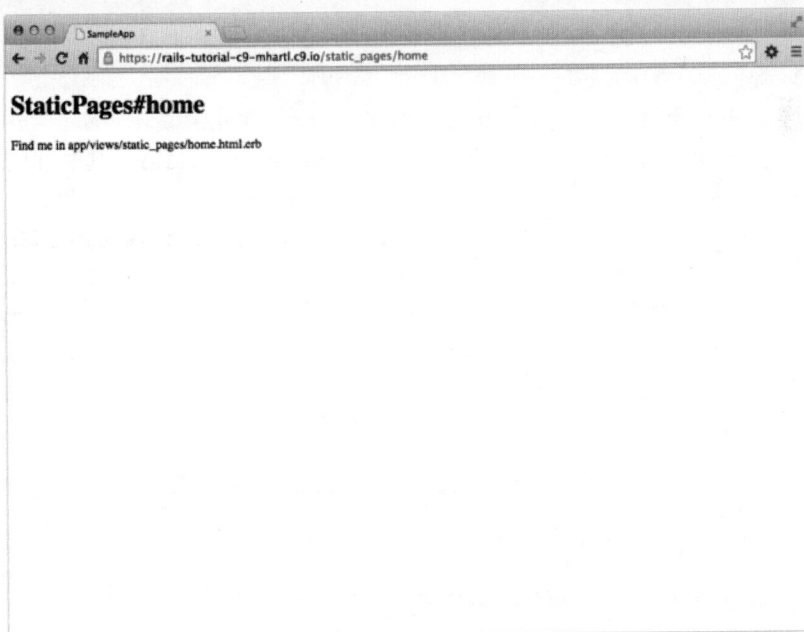

图3-2　简陋的首页（/static_pages/home）

要想弄明白这个页面是怎么来的，我们先在文本编辑器中看一下**StaticPages**控制器文件。你应该会看到类似代码清单3-8所示的内容。你可能注意到了，与第2章中的**Users**和**Microposts**控制器不同，**StaticPages**控制器没使用标准的REST动作。这对静态页面来说是很常见的，毕竟REST架构不能解决所有问题。

代码清单3-8   代码清单3-6生成的**StaticPages**控制器

app/controllers/static_pages_controller.rb

```
class StaticPagesController < ApplicationController
  def home
  end

  def help
  end
end
```

从上面代码中的**class**关键字可以看出，static_pages_controller.rb文件中定义了一个**类**，名为**StaticPagesController**。类是一种组织**函数**（也叫**方法**）的便利方式，例如**home**和**help**动作就是方法，使用**def**关键字定义。2.3.4节说过，尖括号**<**表示**StaticPagesController**继承自**ApplicationController**类；稍后你会看到，这意味着我们定义的页面拥有了Rails提供的大量功能。（我们会在4.4节更详细地介绍类和继承。）

现在，**StaticPages**控制器中的两个方法都是空的：

```
def home
end

def help
end
```

如果是普通的Ruby代码，这两个方法什么也做不了。不过在Rails中就不一样了。**StaticPages-Controller**是一个Ruby类，但是因为它继承自**ApplicationController**，其中的方法对Rails来说就有了特殊意义：访问/static_pages/home时，Rails会在**StaticPages**控制器中寻找**home**动作，然后执行该动作，再渲染相应的**视图**（MVC中的V，参见1.3.3节）。这里，**home**动作是空的，所以访问/static_pages/home后只会渲染视图。那么，视图是什么样子，怎么才能找到它呢？

如果你再看一下代码清单3-6的输出，或许能猜到动作和视图之间的对应关系：**home**动作对应的视图是**home.html.erb**。3.4节会告诉你**.erb**是什么意思。看到**.html**你或许就不奇怪了，这个文件基本上就是HTML，如代码清单3-9所示。

代码清单3-9   为"首页"生成的视图

app/views/static_pages/home.html.erb

```
<h1>StaticPages#home</h1>
<p>Find me in app/views/static_pages/home.html.erb</p>
```

help动作的视图类似，如代码清单3-10所示。

代码清单3-10 为"帮助"页面生成的视图

app/views/static_pages/help.html.erb

```
<h1>StaticPages#help</h1>
<p>Find me in app/views/static_pages/help.html.erb</p>
```

这两个视图都只是占位用的，它们的内容中都有一个一级标题（**h1**标签）和一个显示视图文件完整路径的段落（**p**标签）。

练习

购买本书的读者可以访问railstutorial.org/aw-solutions免费查看练习的解答。如果想查看其他人的答案，以及记录自己的答案，请加入Learn Enough Society（learnenough.com/society）。

(1) 生成含有**bar**和**baz**两个动作的**Foo**控制器。

(2) 使用旁注3.1中介绍的技术删除**Foo**控制器及相关的动作。

3.2.2 修改静态页面中的内容

我们会在3.4节添加一些简单的动态内容。现在，这些静态内容的存在是为了强调一件很重要的事：Rails的视图可以只包含静态的HTML。所以我们甚至无需了解Rails就可以修改"首页"和"帮助"页面的内容，如代码清单3-11和代码清单3-12所示。

代码清单3-11 修改"首页"的HTML

app/views/static_pages/home.html.erb

```
<h1>Sample App</h1>
<p>
  This is the home page for the
  <a href="http://www.railstutorial.org/">Ruby on Rails Tutorial</a>
  sample application.
</p>
```

代码清单3-12 修改"帮助"页面的HTML

app/views/static_pages/help.html.erb

```
<h1>Help</h1>
<p>
  Get help on the Ruby on Rails Tutorial at the
  <a href="http://www.railstutorial.org/help">Rails Tutorial help page</a>.
  To get help on this sample app, see the
  <a href="http://www.railstutorial.org/book"><em>Ruby on Rails Tutorial</em>
  book</a>.
</p>
```

修改之后，这两个页面显示的内容如图3-3和图3-4所示。

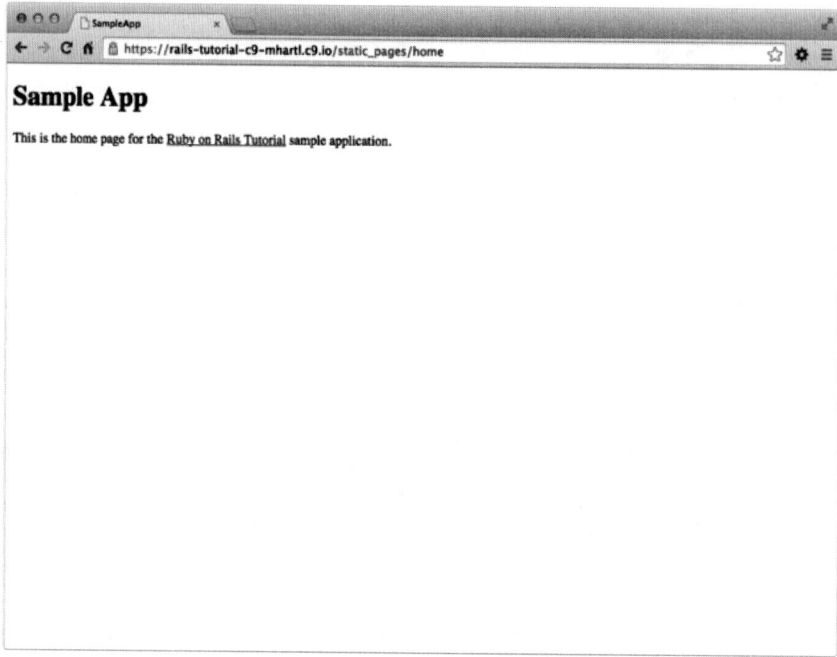

图3-3   修改后的"首页"

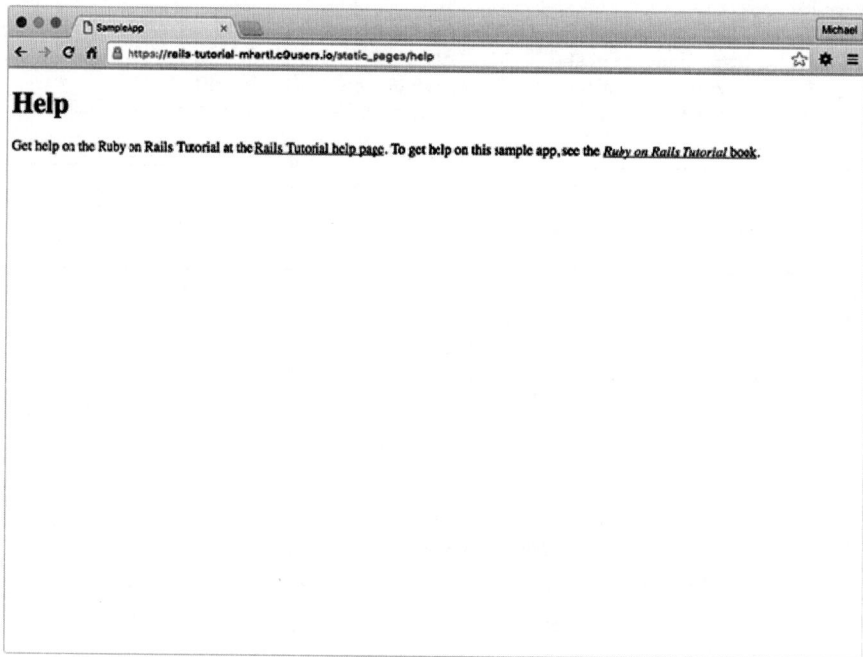

图3-4   修改后的"帮助"页面

3.3　开始测试

我们创建并修改了"首页"和"帮助"页面的内容，下面要添加"关于"页面。做这样的改动时，最好编写**自动化测试**，确认实现的方法是否正确。对本书开发的应用来说，我们编写的**测试组件**有两个作用：其一，作为一种安全防护措施；其二，作为源码的文档。虽然要编写额外的代码，但是如果方法得当，测试能协助我们快速开发，因为有了测试之后，查找问题所用的时间会变少。不过，我们要善于编写测试才行，所以要尽早开始练习。

几乎每个Rails开发者都认同测试是好习惯，但具体的做法多种多样。最近有一场针对测试驱动开发（test-driven development，TDD）的争论[①]，十分热闹。TDD是一种测试技术，程序员要先编写失败的测试，然后再编写应用代码，让测试通过。本书采用一种轻量级、符合直觉的测试方案，只在适当的时候才使用TDD，而不严格遵守TDD理念（旁注3.3）。

> **旁注3.3：何时测试**
>
> 判断何时以及如何测试之前，最好弄明白为什么要测试。在我看来，编写自动化测试主要有三个好处：
>
> (1) 测试能避免回归（regression）问题，即由于某些原因之前能用的功能不能用了；
> (2) 有测试在，**重构**（改变实现方式，但功能不变）时更有自信；
> (3) 测试是应用代码的**客户**，因此可以协助我们设计，以及决定如何与系统的其他组件交互。
>
> 以上三个好处都不要求先编写测试，但在很多情况下，TDD仍有它的价值。何时以及如何测试，部分取决于你编写测试的熟练程度。很多开发者发现，熟练之后，他们更倾向于先编写测试。除此之外，还取决于测试较之应用代码有多难，你对想实现的功能有多深的认识，以及未来在什么情况下这个功能会遭到破坏。
>
> 现在，最好有一些指导方针，告诉你什么时候应该先写测试（以及什么时候完全不用测试）。根据我自己的经验，下面给出一些建议：
>
> ☐ 与应用代码相比，如果测试代码特别简短，倾向于先编写测试；
> ☐ 如果对想实现的功能不是特别清楚，倾向于先编写应用代码，然后再编写测试，并改进实现方式；
> ☐ 安全是头等大事，保险起见，要为安全相关的功能先编写测试；
> ☐ 只要发现一个问题，就编写一个测试重现这种问题，避免回归，然后再编写应用代码修正问题；
> ☐ 尽量不为以后可能修改的代码（例如HTML结构的细节）编写测试；
> ☐ 重构之前要编写测试，集中测试容易出错的代码。
>
> 在实际的开发中，根据上述方针，我们一般先编写控制器和模型测试，然后再编写集成测试（测试模型、视图和控制器结合在一起时的行为）。如果应用代码很容易出错，或者经常变动（视图就是这样），我们就完全不测试。

[①] 详情参见Rails创始人David Heinemeier Hansson写的一篇文章"TDD is dead. Long live testing."（http://david.heinemeie-rhansson.com/2014/tdd-is-dead-long-live-testing.html）。

我们主要编写的测试类型是**控制器测试**（本节开始编写）、**模型测试**（第6章开始编写）和**集成测试**（第7章开始编写）。集成测试的作用特别大，它能模拟用户在浏览器中与应用交互的过程，最终会成为我们的主要关注对象，不过控制器测试更容易上手。

3.3.1   第一个测试

现在我们要在这个应用中添加一个"关于"页面。我们将看到，这个测试很短，所以按照旁注3.3中的指导方针，我们先编写测试，然后使用失败的测试驱动我们编写应用代码。

着手测试是件具有挑战的事情，要求对Rails和Ruby都有深入的了解。这么早就编写测试可能有点儿让你害怕。不过，Rails已经为我们解决了最难的部分，因为执行**rails generate controller**命令时（代码清单3-6）自动生成了一个测试文件，我们可以从这个文件入手：

```
$ ls test/controllers/
static_pages_controller_test.rb
```

我们来看一下这个文件的内容，如代码清单3-13所示。

代码清单3-13   默认为StaticPages控制器生成的测试（GREEN）
test/controllers/static_pages_controller_test.rb

```
require 'test_helper'

class StaticPagesControllerTest < ActionDispatch::IntegrationTest

  test "should get home" do
    get static_pages_home_url
    assert_response :success
  end

  test "should get help" do
    get static_pages_help_url
    assert_response :success
  end
end
```

现在无需理解详细的句法，不过可以看出，其中有两个测试，对应我们在命令行中传入的两个动作（代码清单3-6）。各个测试先访问URL，然后（通过**断言**）确认得到的是成功响应。其中，**get**表示测试期望这两个页面是普通的网页，可以通过**GET**请求访问（旁注3.2）；**:success**响应（表示200 OK）是对HTTP响应码的抽象表示。也就是说，下面这个测试的意思是：为了测试首页，向**StaticPages**控制器中**home**动作对应的URL发起**GET**请求，确认得到的是表示成功的响应码。

```
test "should get home" do
  get static_pages_home_url
  assert_response :success
end
```

测试循环的第一步是运行测试组件，确认测试现在可以通过。我们要执行下述命令：

代码清单3-14　GREEN

```
$ rails test
2 tests, 2 assertions, 0 failures, 0 errors, 0 skips
```

与预期一样，一开始测试组件可以通过（GREEN）。（如果没按照3.6.1节的说明添加MiniTest报告程序，不会看到绿色。不过，即使看不到真正的绿色，我们也经常这样表述。）在某些系统中，测试要花相当长的时间才能启动，这是因为（1）要启动Spring服务器，预载部分Rails环境，不过只有首次启动时会受此影响；（2）启动Ruby要花点儿时间。（第二点可以使用3.6.2节推荐的Guard改善。）

3.3.2　遇红

我们在旁注3.3中说过，测试驱动开发流程是先编写一个失败测试，然后编写应用代码让测试通过，最后再根据需要重构代码。因为很多测试工具都使用红色表示失败的测试，使用绿色表示通过的测试，所以这个流程有时也叫"遇红-变绿-重构"循环。这一节我们先完成这个循环的第一步，编写一个失败测试，即"遇红"。在3.3.3节完成"变绿"，在3.4.3节完成"重构"。[1]

首先，我们要为"关于"页面编写一个失败测试。参照代码清单3-13，你或许能猜到该怎么写，如代码清单3-15所示。

代码清单3-15　"关于"页面的测试（RED）

test/controllers/static_pages_controller_test.rb

```
require 'test_helper'

class StaticPagesControllerTest < ActionDispatch::IntegrationTest

  test "should get home" do
    get static_pages_home_url
    assert_response :success
  end

  test "should get help" do
    get static_pages_help_url
    assert_response :success
  end

  test "should get about" do
    get static_pages_about_url
    assert_response :success
  end
end
```

如突出显示的那几行所示，为"关于"页面编写的测试与首页和"帮助"页面的测试类似，只不过把"home"或"help"换成了"about"。

---

[1] 默认情况下，执行 **rails test** 命令后，如果测试失败会显示红色，但测试通过不会显示绿色。若想得到由红变绿的过程，参照3.6.1节的说明。

与预期一样，这个测试现在失败：

代码清单3-16　RED

```
$ rails test
3 tests, 2 assertions, 0 failures, 1 errors, 0 skips
```

3.3.3　变绿

现在有了一个失败测试（RED），我们要在这个失败测试的错误消息指示下，让测试通过（GREEN），也就是要实现一个可以访问的"关于"页面。

先看一下这个失败测试给出的错误消息：

代码清单3-17　RED

```
$ rails test
NameError: undefined local variable or method `static_pages_about_url'
```

这个错误消息说，未定义获取"关于"页面地址的Rails代码，其实就是提示我们要在路由文件中添加一个规则。参照代码清单3-7，我们可以编写如代码清单3-18所示的路由。

代码清单3-18　添加**about**路由（RED）

config/routes.rb

```
Rails.application.routes.draw do
  get  'static_pages/home'
  get  'static_pages/help'
  get  'static_pages/about'
  root 'application#hello'
end
```

这段代码中突出显示的那行告诉Rails，把发给/static_pages/about页面的**GET**请求交给**StaticPages**控制器的**about**动作处理。这条规则会自动创建一个辅助方法：

`static_pages_about_url`

再次运行测试组件，仍然无法通过，不过错误消息变了：

代码清单3-19　RED

```
$ rails test
AbstractController::ActionNotFound:
The action 'about' could not be found for StaticPagesController
```

这个错误消息的意思是，**StaticPages**控制器缺少**about**动作。我们可以参照代码清单3-8中的**home**和**help**编写这个动作，如代码清单3-20所示。

代码清单3-20 在StaticPages控制器中添加about动作（RED）

app/controllers/static_pages_controller.rb

```
class StaticPagesController < ApplicationController

  def home
  end

  def help
  end

  def about
  end
end
```

现在测试依旧失败，不过测试消息又变了：

```
$ rails test
ActionController::UnknownFormat: StaticPagesController#about is missing
a template for this request format and variant.
```

这表明没有模板。在Rails中，模板就是视图。3.2.1节说过，**home**动作对应的视图是**home.html.erb**，保存在app/views/static_pages目录中。所以，我们要在这个目录中新建一个文件，而且要命名为**about.html.erb**。

在不同的系统中新建文件有不同的方法，不过大多数情况下都可以在想要新建文件的目录中点击鼠标右键，然后在弹出的菜单中选择"新建文件"。我们也可以使用文本编辑器的"文件"菜单，新建文件后再选择保存的位置。除此之外，还可以使用我最喜欢的Unix **touch**命令，如下所示：

```
$ touch app/views/static_pages/about.html.erb
```

如Learn Enough Command Line to Be Dangerous所讲，**touch**的作用是更新文件或文件夹的修改时间戳，但有个副作用：如果文件不存在，它会新建一个空文件。[如果使用云端IDE，或许要刷新文件树，参见1.3.1节。这也体现了"全面提升你的技术水平"（旁注1.1）。][1]

在正确的目录中创建about.html.erb文件之后，写入代码清单3-21中的内容。

代码清单3-21 "关于"页面的内容（GREEN）

app/views/static_pages/about.html.erb

```
<h1>About</h1>
<p>
  The <a href="http://www.railstutorial.org/"><em>Ruby on Rails
  Tutorial</em></a> is a
  <a href="http://www.railstutorial.org/book">book</a> and
  <a href="http://screencasts.railstutorial.org/">screencast series</a>
  to teach web development with
  <a href="http://rubyonrails.org/">Ruby on Rails</a>.
  This is the sample application for the tutorial.
</p>
```

---

[1] 也可以使用**c9**命令创建并打开文件：**c9 open <filename>**。

现在执行**rails test**命令，会看到测试能通过了：

代码清单3-22   GREEN

```
$ rails test
3 tests, 3 assertions, 0 failures, 0 errors, 0 skips
```

当然，我们还可以在浏览器中查看这个页面（图3-5），以防测试欺骗我们。

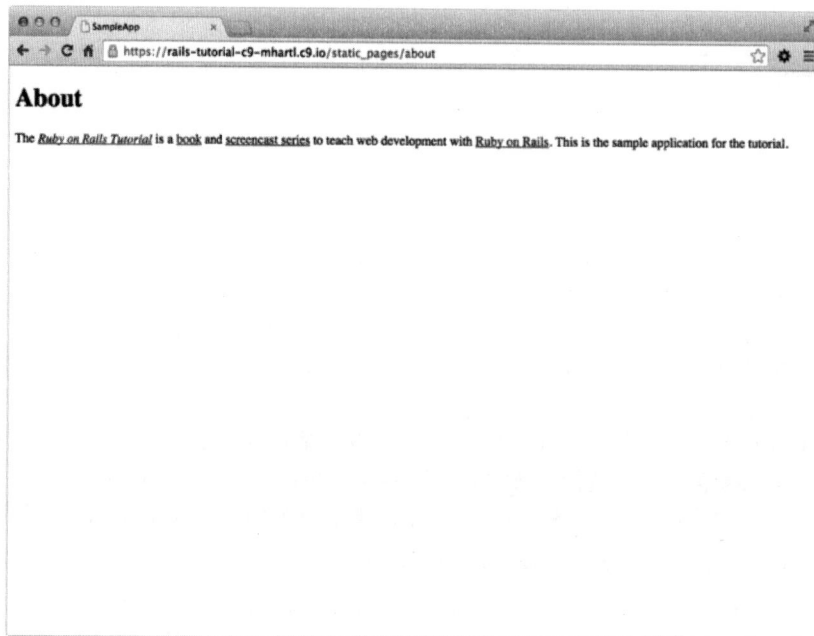

图3-5   新添加的"关于"页面（/static_pages/about）

3.3.4   重构

现在测试已经变绿，我们可以自信地重构了。开发应用时，代码经常会"变味"（意思是代码变得丑陋、啰嗦，有大量重复）。电脑不会在意，但是人类会，所以经常重构，保持代码简洁是很重要的事情。我们的演示应用现在还很小，没什么可重构的，不过代码无时无刻不在变味，所以3.4.3节就开始重构。

3.4   有点动态内容的页面

我们已经为几个静态页面创建了动作和视图，现在要稍微添加一些动态内容，根据所在的页面不同而变化：我们要让标题根据页面的内容变化。改变标题到底算不算真正的动态还有争议，但是这么做能为第7章实现真正的动态内容打下基础。

我们的计划是修改首页、"帮助"页面和"关于"页面，让每页显示的标题都不一样。为此，我们要在页面的视图中使用**<title>**标签。大多数浏览器都会在浏览器窗口的顶部显示标题中的内容，而且标题对**搜索引擎优化**（Search-Engine Optimization，SEO）也有好处。我们要使用完整的"遇红–变绿–重构"循环：先为页面的标题编写一些简单的测试（遇红），然后分别在三个页面中添加标题（变绿），最后使用**布局**文件去除重复内容（重构）。本节结束时，三个静态页面的标题都会变成"<页面的名字> | Ruby on Rails Tutorial Sample App"这种形式（表3-2）。

表3-2 这个演示应用中基本上是静态内容的页面

页　　面	URL	基本标题	变动部分
首页	/static_pages/home	`"Ruby on Rails Tutorial Sample App"`	`"Home"`
帮助	/static_pages/help	`"Ruby on Rails Tutorial Sample App"`	`"Help"`
关于	/static_pages/about	`"Ruby on Rails Tutorial Sample App"`	`"About"`

rails new命令（代码清单3-1）默认创建了一个布局文件，不过现在最好不用。我们重命名这个文件：

```
$ mv app/views/layouts/application.html.erb layout_file    # 临时改动
```

在真实的应用中你不需要这么做，不过没有这个文件能让你更好地理解它的作用。

3.4.1 测试标题（遇红）

添加标题之前，我们要知道网页的一般结构，如代码清单3-23所示。（Learn Enough HTML to Be Dangerous对这个话题有深入说明。）

代码清单3-23 网页一般的HTML结构

```
<!DOCTYPE html>
<html>
  <head>
    <title>Greeting</title>
  </head>
  <body>
    <p>Hello, world!</p>
  </body>
</html>
```

这段代码的最顶部是**文档类型**（document type，简称doctype）声明，作用是告诉浏览器使用哪个HTML版本（这里使用的是HTML5）。[①]随后是**head**部分，里面有一个**title**标签，其内容是"Greeting"。然后是**body**部分，里面有一个**p**（段落）标签，其内容是"Hello, world!"。（缩进是可选的——HTML不会特别对待空白，制表符和空格都会被忽略——但缩进可以让文档结构更清晰。）

我们要使用**assert_select**方法分别为表3-2中的每个标题编写简单的测试，然后合并到代码清

---

① HTML一直在变化，显式声明一个doctype可以确保未来的浏览器还可以正确解析页面。**<!DOCTYPE html>**这种极为简单的格式是最新的HTML标准HTML5的一个特色。

单3-15中。**assert_select**方法的作用是检查有没有指定的HTML标签[这种方法有时也叫"选择符"（selector），因此才为这个方法取这么一个名称]：[1]

```
assert_select "title", "Home | Ruby on Rails Tutorial Sample App"
```

这行代码的作用是检查有没有**<title>**标签，以及其中的内容是不是"Home | Ruby on Rails Tutorial Sample App"字符串。把这样的代码分别放到三个页面的测试中，得到的结果如代码清单3-24所示。

代码清单3-24　加入标题测试后的**StaticPages**控制器测试（RED）
test/controllers/static_pages_controller_test.rb

```
require 'test_helper'

class StaticPagesControllerTest < ActionDispatch::IntegrationTest

  test "should get home" do
    get static_pages_home_url
    assert_response :success
    assert_select "title", "Home | Ruby on Rails Tutorial Sample App"
  end

  test "should get help" do
    get static_pages_help_url
    assert_response :success
    assert_select "title", "Help | Ruby on Rails Tutorial Sample App"
  end

  test "should get about" do
    get static_pages_about_url
    assert_response :success
    assert_select "title", "About | Ruby on Rails Tutorial Sample App"
  end
end
```

写好测试之后，应该确认一下现在测试组件是失败的（RED）：

代码清单3-25　RED

```
$ rails test
3 tests, 6 assertions, 3 failures, 0 errors, 0 skips
```

3.4.2　添加页面标题（变绿）

现在，我们要为每个页面添加标题，让3.4.1节的测试通过。参照代码清单3-23中基本的HTML结构，把代码清单3-11中的首页内容换成代码清单3-26中的内容。

---

[1] Rails指南中说明测试的文章（http://guides.rubyonrails.org/testing.html#available-assertions）列出了常用的MiniTest断言。

代码清单3-26　具有完整HTML结构的首页视图（RED）

app/views/static_pages/home.html.erb

```
<!DOCTYPE html>
<html>
  <head>
    <title>Home | Ruby on Rails Tutorial Sample App</title>
  </head>
  <body>
    <h1>Sample App</h1>
    <p>
      This is the home page for the
      <a href="http://www.railstutorial.org/">Ruby on Rails Tutorial</a>
      sample application.
    </p>
  </body>
</html>
```

修改之后的首页如图3-6所示。[①]

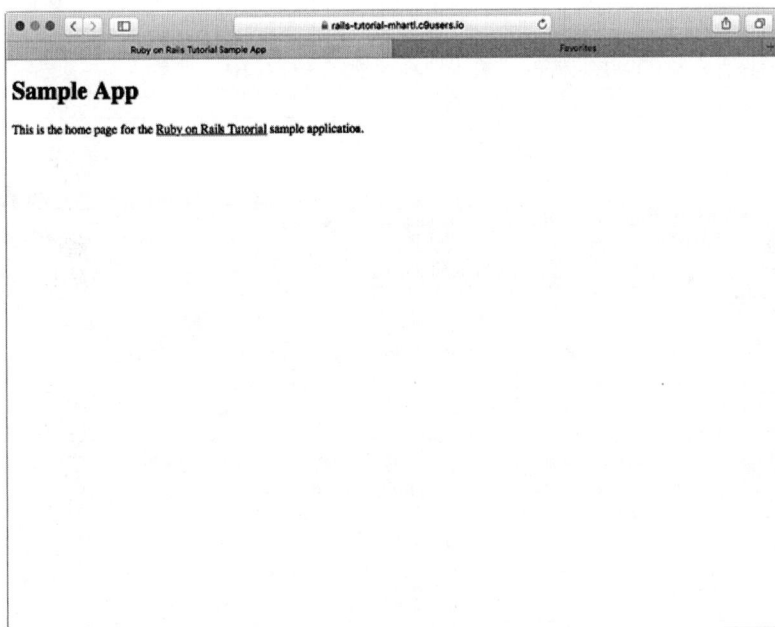

图3-6　添加标题后的首页

使用类似的方式修改"帮助"页面（代码清单3-12）和"关于"页面（代码清单3-21），得到的代码如代码清单3-27和代码清单3-28所示。

---

① 书中大多数截图都使用Google Chrome，但是图3-6使用的是Safari，因为Chrome无法显示完整的标题。（写作本书时，Safari必须有多个标签页才会显示页面标题，因此图3-6中有两个标签页。）此外请注意，图3-6中的URL其实是/static_pages/home，而Safari只显示了基URL，即Cloud9为我分配的开发服务器地址。

代码清单3-27　具有完整HTML结构的"帮助"页面视图（RED）

app/views/static_pages/help.html.erb

```
<!DOCTYPE html>
<html>
  <head>
    <title>Help | Ruby on Rails Tutorial Sample App</title>
  </head>
  <body>
    <h1>Help</h1>
    <p>
      Get help on the Ruby on Rails Tutorial at the
      <a href="http://www.railstutorial.org/help">Rails Tutorial help
      page</a>.
      To get help on this sample app, see the
      <a href="http://www.railstutorial.org/book"><em>Ruby on Rails
      Tutorial</em> book</a>.
    </p>
  </body>
</html>
```

代码清单3-28　具有完整HTML结构的"关于"页面视图（GREEN）

app/views/static_pages/about.html.erb

```
<!DOCTYPE html>
<html>
  <head>
    <title>About | Ruby on Rails Tutorial Sample App</title>
  </head>
  <body>
    <h1>About</h1>
    <p>
      The <a href="http://www.railstutorial.org/"><em>Ruby on Rails
      Tutorial</em></a> is a
      <a href="http://www.railstutorial.org/book">book</a> and
      <a href="http://screencasts.railstutorial.org/">screencast series</a>
      to teach web development with
      <a href="http://rubyonrails.org/">Ruby on Rails</a>.
      This is the sample application for the tutorial.
    </p>
  </body>
</html>
```

现在，测试组件能通过了：

代码清单3-29　GREEN

```
$ rails test
3 tests, 6 assertions, 0 failures, 0 errors, 0 skips
```

练习

购买本书的读者可以访问railstutorial.org/aw-solutions免费查看练习的解答。如果想查看其他人的答案，以及记录自己的答案，请加入Learn Enough Society（learnenough.com/society）。

从本节开始，我们将在练习中修改应用代码，而且这些改动不会体现在以后的代码清单中。这么做是为了让没有做练习的读者能读懂正文，因为解答练习所需的代码与正文有差异。学习解决这样的小差异，也体现了"全面提升你的技术水平"（旁注1.1）。

(1) 你可能注意到了，**StaticPages**控制器的测试（代码清单3-24）中有些重复，每个标题测试中都有"Ruby on Rails Tutorial Sample App"这个基标题。我们可以使用特殊的函数**setup**确认代码清单3-30中的测试仍能通过。这个函数在每个测试运行之前自动执行。（代码清单3-30中使用了一个**实例变量**，2.2.2节简单介绍过，4.4.5节会进一步说明。这段代码还使用了**字符串插值操作**，4.2.2节会做进一步说明。）

代码清单3-30 使用一个基标题的**StaticPages**控制器测试

test/controllers/static_pages_controller_test.rb

```ruby
require 'test_helper'

class StaticPagesControllerTest < ActionDispatch::IntegrationTest
  def setup
    @base_title = "Ruby on Rails Tutorial Sample App"
  end

  test "should get home" do
    get static_pages_home_url
    assert_response :success
    assert_select "title", "Home | #{@base_title}"
  end

  test "should get help" do
    get static_pages_help_url
    assert_response :success
    assert_select "title", "Help | #{@base_title}"
  end

  test "should get about" do
    get static_pages_about_url
    assert_response :success
    assert_select "title", "About | #{@base_title}"
  end
end
```

3.4.3　布局和嵌入式 Ruby（重构）

到目前为止，本节已经做了很多事情，我们使用Rails控制器和动作生成了三个可用的页面，不过这些页面中的内容都是纯静态的HTML，没有体现出Rails的强大之处。而且，代码中有大量重复：

❏ 页面的标题几乎（但不完全）是一模一样的；

❑ 每个标题中都有 [a] "Ruby on Rails Tutorial Sample App"；

❑ 整个HTML结构在每个页面都重复地出现了。

重复的代码违反了很重要的 "不要自我重复"（Don't Repeat Yourself，DRY）原则。本节要遵照DRY原则，去掉重复的代码。最后，我们要运行3.4.2节编写的测试，确认显示的标题仍然正确。

不过，去除重复的第一步却是要增加一些代码，让页面的标题（当前很相似）看起来是一样的。这样我们就能更容易地去掉重复的代码了。

在这个过程中，我们要在视图中使用**嵌入式Ruby**（Embedded Ruby）。既然首页、"帮助"页面和"关于"页面的标题中有一个变动的部分，那我们就使用Rails提供的一个特别的函数**provide**，在每个页面中设定不同的标题。通过把**home.html.erb**视图中标题的 "Home" 换成代码清单3-31所示的代码，我们可以看一下这个函数的作用。

代码清单3-31　标题中使用了嵌入式Ruby的首页视图（GREEN）
app/views/static_pages/home.html.erb

```
<% provide(:title, "Home") %>
<!DOCTYPE html>
<html>
  <head>
    <title><%= yield(:title) %> | Ruby on Rails Tutorial Sample App</title>
  </head>
  <body>
    <h1>Sample App</h1>
    <p>
      This is the home page for the
      <a href="http://www.railstutorial.org/">Ruby on Rails Tutorial</a>
      sample application.
    </p>
  </body>
</html>
```

在这段代码中我们第一次使用了嵌入式Ruby（简称 ERb）。（现在你应该知道为什么HTML视图文件的扩展名是.html.erb了。）ERb是为网页添加动态内容使用的主要模板系统。[1]下面的代码

```
<% provide(:title, 'Home') %>
```

通过**<% ... %>**调用Rails提供的**provide**函数，把字符串**"Home"**赋给**:title**。[2]然后，在标题中，我们使用类似的符号**<%= ... %>**，通过Ruby的**yield**函数把标题插入模板中：[3]

```
<title><%= yield(:title) %> | Ruby on Rails Tutorial Sample App</title>
```

（这两种嵌入式Ruby代码的区别在于，**<% ... %>**只执行其中的代码；**<%= ... %>**除了执行其

---

① 还有一种受欢迎的模板系统是Haml（不是 "HAML"），我个人很喜欢用，不过在这样的初级教程中使用不太合适。

② 经验丰富的Rails开发者可能觉得这里应该使用**content_for**，可是它在Asset Pipeline中有点问题。**provide**函数是替代方案。

③ 如果你学过Ruby，可能会猜测Rails是把内容 "拽入" 区块中的，这么想也对。不过使用Rails开发应用不必知道这一点。

中的代码，还会把执行的结果**插入模板中**。）最终得到的页面跟以前一样，不过，现在标题中变动的部分通过ERb动态生成。

我们可以运行3.4.2节编写的测试确认一下。现在，测试还能通过：

代码清单3-32　GREEN

```
$ rails test
3 tests, 6 assertions, 0 failures, 0 errors, 0 skips
```

然后，按照相同的方式修改"帮助"页面（代码清单3-33）和"关于"页面（代码清单3-34）。

代码清单3-33　标题中使用了嵌入式Ruby代码的"帮助"页面视图（GREEN）

app/views/static_pages/help.html.erb

```erb
<% provide(:title, "Help") %>
<!DOCTYPE html>
<html>
  <head>
    <title><%= yield(:title) %> | Ruby on Rails Tutorial Sample App</title>
  </head>
  <body>
    <h1>Help</h1>
    <p>
      Get help on the Ruby on Rails Tutorial at the
      <a href="http://www.railstutorial.org/help">Rails Tutorial help
      section</a>.
      To get help on this sample app, see the
      <a href="http://www.railstutorial.org/book"><em>Ruby on Rails
      Tutorial</em> book</a>.
    </p>
  </body>
</html>
```

代码清单3-34　标题中使用了嵌入式Ruby代码的"关于"页面视图（GREEN）

app/views/static_pages/about.html.erb

```erb
<% provide(:title, "About") %>
<!DOCTYPE html>
<html>
  <head>
    <title><%= yield(:title) %> | Ruby on Rails Tutorial Sample App</title>
  </head>
  <body>
    <h1>About</h1>
    <p>
      The <a href="http://www.railstutorial.org/"><em>Ruby on Rails
      Tutorial</em></a> is a
      <a href="http://www.railstutorial.org/book">book</a> and
      <a href="http://screencasts.railstutorial.org/">screencast series</a>
      to teach web development with
      <a href="http://rubyonrails.org/">Ruby on Rails</a>.
      This is the sample application for the tutorial.
```

```
    </p>
  </body>
</html>
```

至此，我们把页面标题中的变动部分都换成了ERb。现在，各个页面的内容类似下面这样：

```
<% provide(:title, "The Title") %>
<!DOCTYPE html>
<html>
  <head>
    <title><%= yield(:title) %> | Ruby on Rails Tutorial Sample App</title>
  </head>
  <body>
    Contents
  </body>
</html>
```

也就是说，所有页面的结构都是一样的，包括 **title** 标签中的内容，只有 **body** 标签中的内容有些差别。

为了提取出共用的结构，Rails提供了一个特别的布局文件，名为application.html.erb。我们在3.4节的开头重命名了这个文件，现在改回来：

```
$ mv layout_file app/views/layouts/application.html.erb
```

若想使用这个布局，我们要把默认的标题换成前面几段代码中使用的嵌入式Ruby：

```
<title><%= yield(:title) %> | Ruby on Rails Tutorial Sample App</title>
```

修改后得到的布局文件如代码清单3-35所示。

代码清单3-35 这个演示应用的网站布局（GREEN）
app/views/layouts/application.html.erb

```
<!DOCTYPE html>
<html>
  <head>
    <title><%= yield(:title) %> | Ruby on Rails Tutorial Sample App</title>
    <%= csrf_meta_tags %>
    <%= stylesheet_link_tag    'application', media: 'all',
                                              'data-turbolinks-track': 'reload' %>
    <%= javascript_include_tag 'application', 'data-turbolinks-track': 'reload' %>
  </head>

  <body>
    <%= yield %>
  </body>
</html>
```

注意，其中有一行比较特殊：

```
<%= yield %>
```

这行代码的作用是，把每个页面的内容插入布局中。没必要了解它的具体实现过程，我们只需知道，在布局中使用这行代码后，访问/static_pages/home时会把 **home.html.erb** 中的内容转换成HTML，然后插入`<%= yield %>`所在的位置。

还要注意，默认的Rails布局文件中有下面这几行代码：

```
<%= csrf_meta_tags %>
<%= stylesheet_link_tag ... %>
<%= javascript_include_tag "application", ... %>
```

这几行代码的作用是，引入应用的样式表和JavaScript文件，这是Asset Pipeline的一部分（5.2.1节）；Rails提供的`csrf_meta_tags`方法的作用是避免跨站请求伪造（Cross-Site Request Forgery，CSRF），这是一种恶意网络攻击。

现在，代码清单3-31、代码清单3-33和代码清单3-34的内容还是和布局文件中的HTML结构类似，所以我们要把完整的结构删除，只保留需要的内容。清理后的视图如代码清单3-36、代码清单3-37和代码清单3-38所示。

代码清单3-36 去除完整的HTML结构后的首页（GREEN）

app/views/static_pages/home.html.erb

```
<% provide(:title, "Home") %>
<h1>Sample App</h1>
<p>
  This is the home page for the
  <a href="http://www.railstutorial.org/">Ruby on Rails Tutorial</a>
  sample application.
</p>
```

代码清单3-37 去除完整的HTML结构后的"帮助"页面（GREEN）

app/views/static_pages/help.html.erb

```
<% provide(:title, "Help") %>
<h1>Help</h1>
<p>
  Get help on the Ruby on Rails Tutorial at the
  <a href="http://www.railstutorial.org/help">Rails Tutorial help section</a>.
  To get help on this sample app, see the
  <a href="http://www.railstutorial.org/book"><em>Ruby on Rails Tutorial</em>
  book</a>.
</p>
```

代码清单3-38 去除完整的HTML结构后的"关于"页面（GREEN）

app/views/static_pages/about.html.erb

```
<% provide(:title, "About") %>
<h1>About</h1>
<p>
  The <a href="http://www.railstutorial.org/"><em>Ruby on Rails
  Tutorial</em></a> is a
  <a href="http://www.railstutorial.org/book">book</a> and
  <a href="http://screencasts.railstutorial.org/">screencast series</a>
  to teach web development with
  <a href="http://rubyonrails.org/">Ruby on Rails</a>.
```

```
  This is the sample application for the tutorial.
</p>
```

修改这几个视图后，首页、"帮助"页面和"关于"页面显示的内容还和之前一样，但是没有多少重复内容了。

经验告诉我们，即便是十分简单的重构，也容易出错，所以才要认真编写测试组件。有了测试，我们就无需手动检查每个页面，看有没有错误。初期阶段手动检查还不算难，但是当应用不断变大之后，情况就不同了。我们只需验证测试组件是否还能通过即可：

代码清单3-39   GREEN

```
$ rails test
3 tests, 6 assertions, 0 failures, 0 errors, 0 skips
```

测试不能证明代码完全正确，但至少能提高正确的可能性，而且还提供了安全防护措施，能避免以后出问题。

练习

购买本书的读者可以访问railstutorial.org/aw-solutions免费查看练习的解答。如果想查看其他人的答案，以及记录自己的答案，请加入Learn Enough Society（learnenough.com/society）。

(1) 为这个演示应用添加一个"联系"页面。[1]参照代码清单3-15，先编写一个测试，检查页面的标题是否为 "Contact | Ruby on Rails Tutorial Sample App"，从而确定/static_pages/contact对应的页面是否存在。参照3.3.3节添加"关于"页面的步骤，把代码清单3-40中的内容写入"联系"页面的视图，让测试通过。

代码清单3-40   "联系"页面的内容

app/views/static_pages/contact.html.erb

```
<% provide(:title, "Contact") %>
<h1>Contact</h1>
<p>
  Contact the Ruby on Rails Tutorial about the sample app at the
  <a href="http://www.railstutorial.org/contact">contact page</a>.
</p>
```

3.4.4   设置根路由

我们修改了网站中的页面，也顺利开始编写测试了，在继续之前，我们要设置应用的根路由。与1.3.4节和2.2.2节的做法一样，我们要修改routes.rb文件，把根路径/指向我们选择的页面。这里我们要指向前面创建的"首页"。（我还建议把3.1节添加的**hello**动作从**Application**控制器中删除。）如代码清单3-41所示，我们要把**root**规则由

---

[1] 这个练习会在5.3.1节完成。

```
root 'application#hello'
```

改成

```
root 'static_pages#home'
```

这样对**/**的请求就交给**StaticPages**控制器的**home**动作处理了。修改路由后，首页如图3-7所示。

代码清单3-41　把根路由指向"首页"

config/routes.rb

```
Rails.application.routes.draw do
  root 'static_pages#home'
  get  'static_pages/home'
  get  'static_pages/help'
  get  'static_pages/about'
end
```

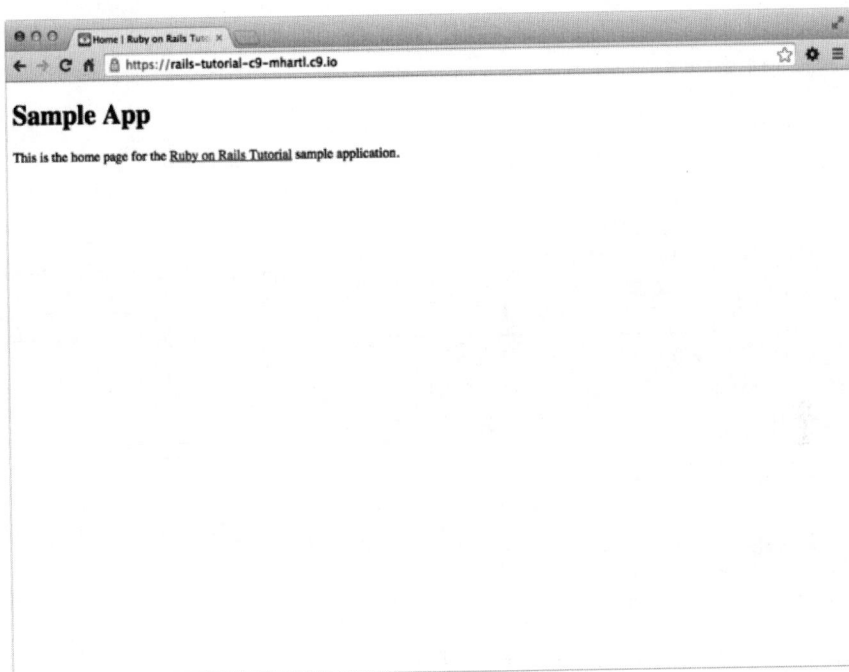

图3-7　在根路由上显示的首页

练习

购买本书的读者可以访问railstutorial.org/aw-solutions免费查看练习的解答。如果想查看其他人的答案，以及记录自己的答案，请加入Learn Enough Society（learnenough.com/society）。

(1) 添加代码清单3-41中的根路由后，会得到一个名为**root_url**的Rails辅助方法（与**static_pages_home_url**类似）。把代码清单3-42中的**FILL_IN**改成真正的代码，测试根路由。

(2) 由于事先编写好了代码清单3-41中的那些代码，前一题的测试已经可以通过。但是，我们很难确信测试是正确的。修改代码清单3-41中的代码，把根路由注释掉（如代码清单3-43所示，4.2.1节会进一步介绍注释），先"遇红"。然后，去掉注释（还原成代码清单3-41那样），确认测试可以通过。

代码清单3-42　测试根路由（GREEN）

test/controllers/static_pages_controller_test.rb

```
require 'test_helper'

class StaticPagesControllerTest < ActionDispatch::IntegrationTest

  test "should get root" do
    get FILL_IN
    assert_response FILL_IN
  end
  test "should get home" do
    get static_pages_home_url
    assert_response :success
  end

  test "should get help" do
    get static_pages_help_url
    assert_response :success
  end

  test "should get about" do
    get static_pages_about_url
    assert_response :success
  end
end
```

代码清单3-43　注释掉根路由，让测试失败（RED）

config/routes.rb

```
Rails.application.routes.draw do
#   root 'static_pages#home'
  get  'static_pages/home'
  get  'static_pages/help'
  get  'static_pages/about'
end
```

3.5　小结

总的来说，本章几乎没做什么：我们从静态页面开始，最后得到的几乎还是静态内容的页面。不过从表面上看，我们使用了Rails中的控制器、动作和视图，现在已经可以向网站中添加任何动态内容了。本书的后续章节会告诉你怎么添加。

在继续之前，我们花一点时间把改动提交到主题分支，然后将其合并到主分支中。在3.2节，我们为静态页面的开发工作创建了一个新分支，在开发的过程中如果你还没有提交，那么先来做一次提交吧，因为我们已经完成了一些工作：

```
$ git add -A
$ git commit -m "Finish static pages"
```

然后，使用1.4.4节介绍的方法，把改动合并到主分支中：①

```
$ git checkout master
$ git merge static-pages
```

每次完成一些工作后，最好把代码推送到远程仓库中（如果你按照1.4.3节中的步骤做了，远程仓库在Bitbucket中）：

```
$ git push
```

我还建议你把这个应用部署到Heroku中：

```
$ rails test
$ git push heroku
```

在部署之前先运行测试组件是个好习惯。

本章所学

- ❑ 我们第三次介绍了从零开始创建一个新Rails应用的完整过程，包括安装所需的gem、把应用推送到远程仓库，以及部署到生产环境中；
- ❑ 执行**rails generate controller ControllerName <optional action names>**命令会生成一个新控制器；
- ❑ 在config/routes.rb文件中定义了新路由；
- ❑ Rails的视图中可以包含静态HTML或嵌入式Ruby（ERb）；
- ❑ 测试组件能驱动我们开发新功能，给我们重构的自信，还能捕获回归；
- ❑ 测试驱动开发使用"遇红–变绿–重构"循环；
- ❑ Rails的布局定义应用中页面共用的模板，可以去除重复。

3.6　高级测试技术

这一节是选读，介绍了本书配套视频（http://screencasts.railstutorial.org/）中使用的测试设置。主要包含两方面内容：增强版通过和失败报告程序（3.6.1节）；一个自动测试运行程序，检测到文件有变化后自动运行相应的测试（3.6.2节）。这一节使用的代码相对高级，放在这里只是为了查阅方便，现在并不期望你能理解。

这一节的修改应该在主分支中进行：

```
$ git checkout master
```

3.6.1　MiniTest 报告程序

为了让Rails应用的测试适时显示红色和绿色，我建议你在测试辅助文件中加入代码清单3-44中的

---

① 如果报错说合并会覆盖Spring进程ID（PID）文件，在命令行中执行**rm -f *.pid**命令，把那个文件删掉。

内容，①充分利用代码清单3-2中的**minitest-reporters** gem。

代码清单3-44   配置测试，显示红色和绿色

test/test_helper.rb

```
ENV['RAILS_ENV'] ||= 'test'
require File.expand_path('../../config/environment', __FILE__)
require 'rails/test_help'
require "minitest/reporters"
Minitest::Reporters.use!

class ActiveSupport::TestCase
  # Setup all fixtures in test/fixtures/*.yml for all tests in alphabetical order.
  fixtures :all

  # Add more helper methods to be used by all tests here...
end
```

修改后，在云端IDE中显示的效果如图3-8所示。②

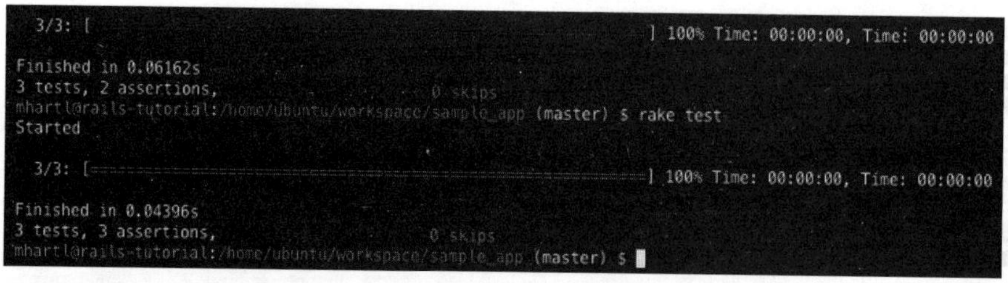

图3-8   在云端IDE中测试由红变绿

3.6.2   使用 Guard 自动测试

使用**rails test**命令有一点很烦人，就是要切换到命令行然后手动运行测试。为了避免这种不便，我们可以使用 Guard 自动运行测试。Guard 会监视文件系统的变动，假如你修改了static_pages_controller_test.rb文件，那么Guard只会运行这个文件中的测试。而且，我们还可以配置Guard，让它在home.html.erb文件被修改后，也自动运行static_pages_controller_test.rb文件中的测试。

代码清单3-2中的Gemfile已经包含了**guard** gem，所以我们只需初始化即可：

```
$ bundle exec guard init
Writing new Guardfile to /home/ubuntu/workspace/sample_app/Guardfile
00:51:32 - INFO - minitest guard added to Guardfile, feel free to edit it
```

① 代码清单3-44既使用了单引号形式的字符串，也使用了双引号形式的字符串，因为**rails new**命令生成的文件使用单引号字符串，而MiniTest报告程序的文档中使用双引号字符串。在Ruby代码中混用两种形式的字符串很常见，详情参见4.2.2节。

② 这个截图中使用的是Rails 4.2，运行测试的命令是**rake test**，而不是**rails test**（旁注2.1）。知晓这其中的差别也体现了"全面提升你的技术水平"（旁注1.1）。

然后，编辑生成的Guardfile文件，让Guard在集成测试和视图发生变化后运行正确的测试，如代码清单3-45所示。（这个文件的内容很长，而且需要高级知识，所以我建议直接复制粘贴。）

注意：目前，Guard和Spring之间的交互有问题，每次都会运行全部测试。我会关注这个问题，等解决后再更新这一节。

代码清单3-45　修改后的Guardfile文件

```ruby
# Defines the matching rules for Guard.
guard :minitest, spring: "bin/rails test", all_on_start: false do
  watch(%r{^test/(.*)/?(.*)_test\.rb$})
  watch('test/test_helper.rb') { 'test' }
  watch('config/routes.rb')    { integration_tests }
  watch(%r{^app/models/(.*?)\.rb$}) do |matches|
    "test/models/#{matches[1]}_test.rb"
  end
  watch(%r{^app/controllers/(.*?)_controller\.rb$}) do |matches|
    resource_tests(matches[1])
  end
  watch(%r{^app/views/([^/]*?)/.*\.html\.erb$}) do |matches|
    ["test/controllers/#{matches[1]}_controller_test.rb"] +
    integration_tests(matches[1])
  end
  watch(%r{^app/helpers/(.*?)_helper\.rb$}) do |matches|
    integration_tests(matches[1])
  end
  watch('app/views/layouts/application.html.erb') do
    'test/integration/site_layout_test.rb'
  end
  watch('app/helpers/sessions_helper.rb') do
    integration_tests << 'test/helpers/sessions_helper_test.rb'
  end
  watch('app/controllers/sessions_controller.rb') do
    ['test/controllers/sessions_controller_test.rb',
     'test/integration/users_login_test.rb']
  end
  watch('app/controllers/account_activations_controller.rb') do
    'test/integration/users_signup_test.rb'
  end
  watch(%r{app/views/users/*}) do
    resource_tests('users') +
    ['test/integration/microposts_interface_test.rb']
  end
end

# Returns the integration tests corresponding to the given resource.
def integration_tests(resource = :all)
  if resource == :all
    Dir["test/integration/*"]
  else
    Dir["test/integration/#{resource}_*.rb"]
  end
end
```

```
# Returns the controller tests corresponding to the given resource.
def controller_test(resource)
  "test/controllers/#{resource}_controller_test.rb"
end

# Returns all tests for the given resource.
def resource_tests(resource)
  integration_tests(resource) << controller_test(resource)
end
```

下面这行代码会让Guard使用Rails提供的Spring服务器，从而减少加载时间，而且启动时不运行整个测试组件。

```
guard :minitest, spring: "bin/rails test", all_on_start: false do
```

使用Guard时，为了避免Spring和Git发生冲突，应该把spring/目录添加到.gitignore文件中，让Git决定在向仓库中添加文件或目录时该忽略什么。在云端IDE中要这么做：

(1) 点击文件浏览器右上角的齿轮图标（图3-9）；

(2) 选择"Show hidden files"（显示隐藏文件），让.gitignore文件出现在应用的根目录中（图3-10）；

(3) 双击打开.gitignore文件（图3-11），写入代码清单3-46中的内容。

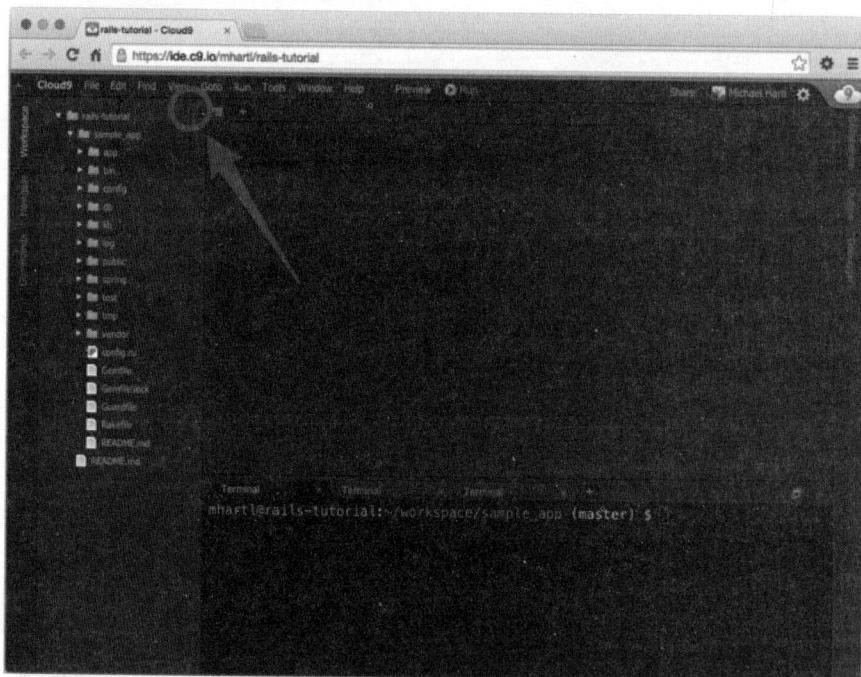

图3-9　文件浏览器中的齿轮图标（不太好找）

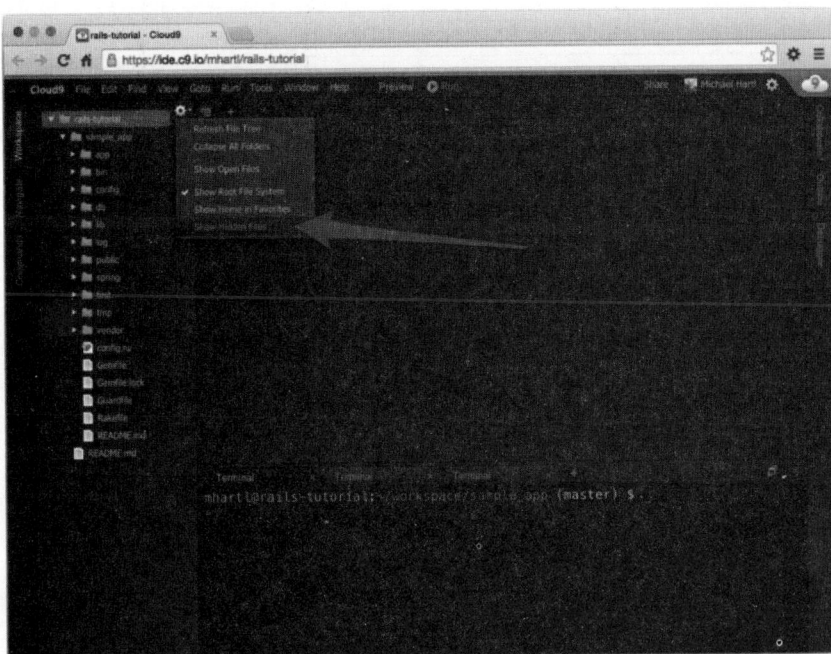

图3-10 在文件浏览器中显示隐藏文件

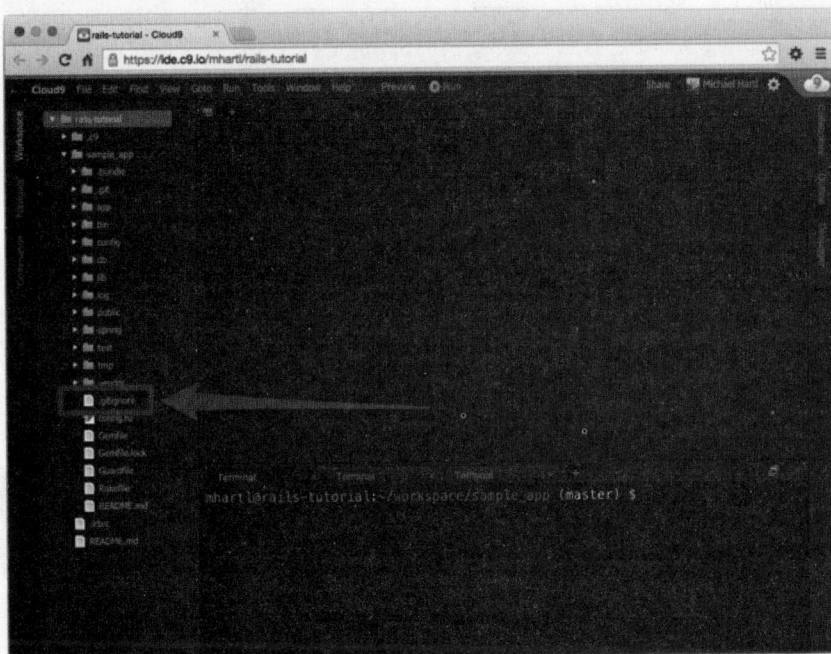

图3-11 通常隐藏的.gitignore文件出现了

代码清单3-46　把Spring添加到.gitignore文件中

```
# See https://help.github.com/articles/ignoring-files for more about
# ignoring files.
#
# If you find yourself ignoring temporary files generated by your text editor
# or operating system, you probably want to add a global ignore instead:
#   git config --global core.excludesfile '~/.gitignore_global'

# Ignore bundler config.
/.bundle

# Ignore the default SQLite database.
/db/*.sqlite3
/db/*.sqlite3-journal

# Ignore all logfiles and tempfiles.
/log/*
/tmp/*
!/log/.keep
!/tmp/.keep

# Ignore Byebug command history file.
.byebug_history

# Ignore Spring files.
/spring/*.pid
```

　　写作本书时，Spring服务器还有点儿怪异，有时Spring**进程**会不断拖慢测试的运行速度。如果你发现测试变得异常缓慢，最好查看系统进程（旁注3.4），如果需要，把Spring进程杀死。

旁注3.4：Unix进程

　　在Unix类系统中，例如Linux和OS X，用户和系统执行的任务都在定义良好的容器中，这个容器叫**进程**（process）。若想查看系统中的所有进程，可以执行**ps**命令，并指定**aux**选项：

```
$ ps aux
```

　　若想过滤输出的进程，可以使用Unix管道（|）把**ps**命令的结果传给**grep**，进行模式匹配：

```
$ ps aux | grep spring
ubuntu 12241 0.3 0.5 589960 178416 ? Ssl Sep20 1:46
spring app | sample_app | started 7 hours ago
```

　　显示的结果中有进程的部分详细信息，其中最重要的是第一个数字，即**进程的ID**（PID）。若要终止不想要的进程，可以使用**kill**命令，向指定的PID发送Unix终止信号（恰巧是15）：

```
$ kill -15 12241
```

　　关闭单个进程，例如不再使用的Rails服务器进程（可执行**ps aux | grep server**命令找到PID），我推荐使用这种方法。不过，有时最好能批量关闭进程名中包含特定文本的进程，例如关

闭系统中所有的**spring**进程。对Spring来说，首先应该尝试使用**spring**命令关闭进程：

```
$ spring stop
```

不过，有时这么做没用，此时可以使用**pkill**命令关闭所有名为"spring"的进程：

```
$ pkill -15 -f spring
```

只要发现表现异常，或者进程静止了，最好执行**ps aux**命令看看怎么回事，然后再执行**kill -15 <pid>**或**pkill -15 -f <name>**命令关闭进程。

配置好Guard之后，应该打开一个新终端窗口（与1.3.2节启动Rails服务器的做法一样），在其中执行下述命令：

```
$ bundle exec guard
```

代码清单3-45中的规则针对本书做了优化，例如，修改控制器后会自动运行集成测试。如果想运行所有测试，在**guard>**提示符中按回车键。（有时会看到一个错误，说连接Spring服务器失败。再次按回车键就能解决这个问题。）

若想退出Guard，按Ctrl-D键。如果想为Guard添加其他匹配器，参阅代码清单3-45、Guard的自述文件和维基。

继续之前，应该添加改动，做次提交：

```
$ git add -A
$ git commit -m "Complete advanced setup"
```

## 第4章

Rails背后的Ruby

有了第3章的例子做铺垫，本章要介绍一些对Rails来说很重要的Ruby知识。Ruby语言的知识点很多，不过对Rails开发者而言需要掌握的很少。我们采用的方式有别于常规的Ruby学习过程。本章的目标是，不管你有没有Ruby编程经验，都让你掌握编写Rails应用所需的Ruby知识。这一章的内容很多，第一次阅读不能完全掌握也没关系。后续的章节会经常提到本章的内容。

4.1 导言

从前一章得知，即使完全不懂Ruby语言，我们也可以创建Rails应用的骨架，以及编写测试。我们依赖于书中提供的测试代码，得到错误信息，然后让测试组件通过。但是我们不能总是这样，所以这一章暂时不讲网站开发，而要正视我们的短肋——Ruby语言。

与3.2节一样，我们将在单独的主题分支中修改：

```
$ git checkout -b rails-flavored-ruby
```

到4.5节，我们再合并到**master**分支。

4.1.1 内置的辅助方法

前一章末尾我们修改了几乎是静态内容的页面，让它们使用Rails布局，把视图中的重复去掉了。我们使用的布局如代码清单4-1所示（和代码清单3-35一样）。

代码清单4-1 演示应用的网站布局

app/views/layouts/application.html.erb

```html
<!DOCTYPE html>
<html>
  <head>
    <title><%= yield(:title) %> | Ruby on Rails Tutorial Sample App</title>
    <%= csrf_meta_tags %>
    <%= stylesheet_link_tag    'application', media: 'all',
                                              'data-turbolinks-track': 'reload' %>
    <%= javascript_include_tag 'application',
                                              'data-turbolinks-track': 'reload' %>
  </head>

  <body>
```

```
    <%= yield %>
  </body>
</html>
```

我们把注意力集中在这一行：

```
<%= stylesheet_link_tag 'application', media: 'all',
                              'data-turbolinks-track': 'reload' %>
```

这行代码使用Rails内置的**stylesheet_link_tag**方法（详细信息参见Rails API文档），在所有媒介类型（包括电脑屏幕和打印机）中引入**application.css**。对有经验的Rails开发者来说，这行代码看起来很简单，但是其中至少有四个Ruby知识点可能会让你困惑：内置的Rails方法，调用方法时不用括号，符号（symbol），以及散列（hash）。这几点本章都会介绍。

4.1.2　自定义辅助方法

Rails除了提供很多内置的方法供我们在视图中使用之外，还允许我们自己定义。这种方法叫**辅助方法**（helper）。为了说明如何自己定义辅助方法，我们来看看代码清单4-1中标题那一行：

```
<%= yield(:title) %> | Ruby on Rails Tutorial Sample App
```

这行代码要求每个视图都要使用**provide**方法定义标题，例如：

```
<% provide(:title, "Home") %>
<h1>Sample App</h1>
<p>
  This is the home page for the
  <a href="http://www.railstutorial.org/">Ruby on Rails Tutorial</a>
  sample application.
</p>
```

那么，如果我们不提供标题会怎样呢？标题一般都包含一个公共部分，为了更具体些，会再加上变动的部分。我们在布局中用了个小技巧，基本上已经实现了这样的标题。如果在视图中不调用**provide**方法，也就是不提供变动的部分，那么得到的标题会变成：

```
| Ruby on Rails Tutorial Sample App
```

也就是说，标题中有公共部分，但前面还显示了竖线（|）。

为了解决这个问题，我们要自定义一个辅助方法，名为**full_title**。如果视图中没有定义页面的标题，**full_title**返回标题的公共部分，即"Ruby on Rails Tutorial Sample App"；如果定义了，则在变动部分后面加上一个竖线，如代码清单4-2所示。[①]

代码清单4-2　定义**full_title**辅助方法

app/helpers/application_helper.rb

```
module ApplicationHelper

  # 根据所在的页面返回完整的标题
```

[①] 如果辅助方法是针对某个特定控制器的，应该把它放进该控制器对应的辅助文件中。例如，为**StaticPages**控制器创建的辅助方法一般放在app/helper/static_pages_helper.rb中。在这个例子中，我们想在所有页面中都使用**full_title**方法，所以要放在一个特殊的辅助文件中，即app/helper/application_helper.rb。

```
    def full_title(page_title = '')
      base_title = "Ruby on Rails Tutorial Sample App"
      if page_title.empty?
        base_title
      else
        page_title + " | " + base_title
      end
    end
  end
```

现在，这个辅助方法定义好了，我们可以用它来简化布局。把下面这行：

```
<title><%= yield(:title) %> | Ruby on Rails Tutorial Sample App</title>
```

改成：

```
<title><%= full_title(yield(:title)) %></title>
```

如代码清单4-3所示。

代码清单4-3　使用`full_title`辅助方法的网站布局（GREEN）
app/views/layouts/application.html.erb

```
<!DOCTYPE html>
<html>
  <head>
    <title><%= full_title(yield(:title)) %></title>
    <%= csrf_meta_tags %>
    <%= stylesheet_link_tag    'application', media: 'all',
                                              'data-turbolinks-track': 'reload' %>
    <%= javascript_include_tag 'application',
                                              'data-turbolinks-track': 'reload' %>
  </head>
  <body>
    <%= yield %>
  </body>
</html>
```

为了让这个辅助方法起作用，我们要在首页的视图中把不必要的单词“Home”删掉，只保留标题的公共部分。首先，我们要修改测试代码，如代码清单4-4所示，确认标题中没有字符串`"Home"`。

代码清单4-4　修改首页的标题测试（RED）
test/controllers/static_pages_controller_test.rb

```
require 'test_helper'

class StaticPagesControllerTest < ActionDispatch::IntegrationTest
  test "should get home" do
    get static_pages_home_url
    assert_response :success
    assert_select "title", "Ruby on Rails Tutorial Sample App"
  end

  test "should get help" do
    get static_pages_help_url
```

```
  assert_response :success
  assert_select "title", "Help | Ruby on Rails Tutorial Sample App"
end

test "should get about" do
  get static_pages_about_url
  assert_response :success
  assert_select "title", "About | Ruby on Rails Tutorial Sample App"
end
end
```

接着，运行测试组件，确认有一个测试失败：

代码清单4-5　RED

```
$ rails test
3 tests, 6 assertions, 1 failures, 0 errors, 0 skips
```

为了让测试通过，我们要把首页视图中的**provide**那行删除，如代码清单4-6所示。

代码清单4-6　没定义页面标题的首页视图（GREEN）

app/views/static_pages/home.html.erb

```
<h1>Sample App</h1>
<p>
  This is the home page for the
  <a href="http://www.railstutorial.org/">Ruby on Rails Tutorial</a>
  sample application.
</p>
```

现在测试应该能通过了：

代码清单4-7　GREEN

```
$ rails test
```

（注意，之前运行**rails test**时都显示了通过和失败测试的数量，但为了行文简洁，从这以后会省略这些信息。）

与4.1.1节引入应用样式表的那行代码一样，代码清单4-2的内容对有经验的Rails开发者来说也很简单，但其中有很多重要的Ruby知识：模块、方法定义、可选的方法参数、注释、局部变量赋值、布尔值、流程控制、字符串拼接和返回值。本章会一一介绍这些知识。

4.2　字符串和方法

我们学习Ruby主要使用的工具是Rails**控制台**（console），它是用来与Rails应用交互的命令行程序，在2.3.3节介绍过。控制台基于Ruby的交互程序（**irb**）开发，因此能使用Ruby语言的全部功能。（4.4.4节会介绍，控制台还可以访问Rails环境。）

如果使用云端IDE，我建议添加几个irb配置参数。使用简单的**nano**文本编辑器打开家目录中

的.irbrc文件：[①]

```
$ nano ~/.irbrc
```

然后写入代码清单4-8中的内容。这段代码的作用是简化irb提示符，以及禁用一些烦人的自动缩进行为。

代码清单4-8 添加几个irb配置

~/.irbrc

```
IRB.conf[:PROMPT_MODE] = :SIMPLE
IRB.conf[:AUTO_INDENT_MODE] = false
```

编辑好之后，按Ctrl-X键退出**nano**，然后输入**y**确认保存~/.irbrc文件。

现在，执行下述命令启动控制台：

```
$ rails console
Loading development environment
>>
```

默认情况下，控制台在**开发环境**中启动，这是Rails定义的三个独立环境之一（另外两个是**测试环境**和**生产环境**）。这三个环境的区别对本章不重要，但是对后文就重要了，我们将在7.1.1节详细介绍。

控制台是学习的好工具，请尽情探索它的用法。别担心，你（几乎）不会破坏任何东西。如果在控制台中遇到问题，可以按Ctrl-C键结束当前执行的操作，或者按Ctrl-D键直接退出。与常规的shell终端一样，我们可以使用向上箭头获取前一个命令，这能节省不少时间。

在阅读本章后续内容的过程中，你会发现查阅Ruby API（http://ruby-doc.org/）很有帮助。API中有很多信息（或许太多了），例如，如果想进一步了解Ruby字符串，可以查看**String**类的文档。

4.2.1 注释

Ruby中的**注释**以井号 **#**（也叫"散列符号"，或者更诗意一点，叫"散列字元"）开头，一直到行尾结束。Ruby会忽略注释，但是注释对人类读者（往往也包括代码的编写者）很有用。在下面的代码中

```
# 根据所在的页面返回完整的标题
def full_title(page_title = '')
   .
   .
   .
end
```

第一行就是注释，说明其后方法的作用。

在控制台会话中一般不用写注释，不过为了说明代码的作用，我会按照下面的形式加上注释，例如：

```
$ rails console
>> 17 + 42   # 整数加法运算
=> 59
```

阅读的过程中，在控制台中输入或者复制粘贴命令时，你可以不加注释，反正控制台会忽略注释。

[①] 对初学者来说，**nano**编辑器是最简单的，但是这样简单的编辑我基本上都使用Vim编辑器。如果想学习Vim的基本知识，请阅读Learn Enough Text Editor to Be Dangerous。

4.2.2 字符串

对Web应用来说，**字符串**或许是最重要的数据结构，因为网页的内容就是由服务器发送给浏览器的字符串。我们先在控制台中体验一下字符串：

```
$ rails console
>> ""            # 空字符串
=> ""
>> "foo"         # 非空字符串
=> "foo"
```

这些是**字符串字面量**（string literal，也叫literal string），使用双引号（"）创建。控制台回显的是每一行的计算结果。这里，字符串字面量的结果就是字符串本身。

我们还可以使用+运算符拼接字符串：

```
>> "foo" + "bar"    # 字符串拼接
=> "foobar"
```

"foo"与**"bar"**拼接得到的结果是字符串**"foobar"**。[①]

另一种创建字符串的方式是使用特殊的句法**#{}**进行**插值**操作：[②]

```
>> first_name = "Michael"      # 变量赋值
=> "Michael"
>> "#{first_name} Hartl"       # 字符串插值
=> "Michael Hartl"
```

我们先把**"Michael"**赋值给变量**first_name**，然后将其插入字符串**"#{first_name} Hartl"**中。我们也可以把两个字符串都赋值给变量：

```
>> first_name = "Michael"
=> "Michael"
>> last_name = "Hartl"
=> "Hartl"
>> first_name + " " + last_name      # 字符串拼接，中间加了空格
=> "Michael Hartl"
>> "#{first_name} #{last_name}"      # 等效的插值
=> "Michael Hartl"
```

注意，最后两个表达式的作用相同，不过我倾向于使用插值的方式。在两个字符串中间加入一个空格（**" "**）显得很别扭。

1. 打印字符串

打印字符串最常用的Ruby方法是**puts**（读作"put ess"，意思是"打印字符串"，不过有些人将其读作"puts"）：

```
>> puts "foo"      # 打印字符串
foo
=> nil
```

puts方法还有一个**副作用**：**puts "foo"**先把字符串打印到屏幕上，然后返回空值字面量——**nil**在Ruby中是个特殊值，表示"什么都没有"。（为了行文简洁，后续内容会省略**=> nil**。）

---

① 关于"foo"和"bar"，以及不太相关的"foobar"和"FUBAR"的起源，请查看Jargon File中介绍"foo"的文章（http://www.catb.org/jargon/html/F/foo.html）。

② 熟悉Perl或PHP的编程人员，可以把这个功能与自动插值美元符号开头的变量相对应，例如**"foo $bar"**。

从前面的例子可以看出，**puts**方法会自动在输出的字符串后面换行（与Learn Enough Command Line to Be Dangerous中所讲的**echo**命令行为一样）。功能类似的**print**方法则不会：

```
>> print "foo"        # 打印字符串，不换行
foo=> nil
```

可以看出，输出的**foo**后面直接跟着提示符。

额外的空行有个专用术语，叫**换行**（newline）。换行通常使用"**\n**"符号表示。我们可以在字符串中加上换行符，让**print**与**puts**的行为一样：

```
>> print "foo\n"      # 作用与puts "foo"一样
foo
=> nil
```

2. 单引号字符串

目前介绍的例子都使用双引号创建字符串，不过Ruby也支持用单引号创建字符串。大多数情况下这两种字符串的效果是一样的：

```
>> 'foo'              # 单引号创建的字符串
=> "foo"
>> 'foo' + 'bar'
=> "foobar"
```

不过，二者之间有个重要的区别：Ruby不会对单引号字符串进行插值操作。

```
>> '#{foo} bar'       # 单引号字符串不能进行插值操作
=> "\#{foo} bar"
```

注意，控制台返回的是双引号字符串，因此要使用反斜线转义特殊字符，例如**#{**。

如果双引号字符串可以做单引号能做的所有事，而且还能进行插值，那么单引号字符串存在的意义是什么呢？单引号字符串的用处在于它们真的就是字面值，只包含你输入的字符。例如，反斜线在很多系统中都很特殊，比如在换行符**\n**中。如果有一个变量需要包含一个反斜线，使用单引号就很简单：

```
>> '\n'          # 反斜线和n字面值
=> "\\n"
```

与前面的**#{**组合一样，Ruby要使用一个额外的反斜线来转义反斜线；在双引号字符串中，要表达一个反斜线就要使用两个反斜线。对简单的例子来说，这省不了多少事，但是如果有很多需要转义的字符就能显出它的作用了：

```
>> 'Newlines (\n) and tabs (\t) both use the backslash character \.'
=> "Newlines (\\n) and tabs (\\t) both use the backslash character \\."
```

最后，有一点要注意，单双引号基本上可以互换使用，Rails源码中经常混用，没有章法可循。对此我们只能默默接受——"欢迎进入Ruby世界！"

练习

购买本书的读者可以访问railstutorial.org/aw-solutions免费查看练习的解答。如果想查看其他人的答案，以及记录自己的答案，请加入Learn Enough Society（learnenough.com/society）。

(1) 把你当前所在的省份和城市分别赋值给**province**和**city**变量。

(2) 使用字符串插值打印一个字符串（使用**puts**方法），在省份和城市之间加上逗号，例如"安徽省，合肥市"。

(3) 把前一题中的逗号换成制表符。

(4) 如果把前一题中的双引号换成单引号，结果如何？

4.2.3　对象和消息传送

在Ruby中，一切皆**对象**，包括字符串和**nil**。我们会在4.4.2节介绍对象在技术层面上的意义，不过一般很难通过阅读一本书就理解对象，你要多看一些例子才能建立对对象的感性认识。

对象的作用说起来很简单：响应消息。例如，字符串对象可以响应**length**消息，返回字符串中包含的字符数量：

```
>> "foobar".length          # 把"length"消息传给字符串
=> 6
```

一般来说，传给对象的消息是**方法**，即在这个对象上定义的函数。[①]字符串还可以响应**empty?**方法：

```
>> "foobar".empty?
=> false
>> "".empty?
=> true
```

注意，**empty?**方法末尾有个问号，这是Ruby的约定，说明方法返回的是**布尔值**，即**true**或**false**。布尔值在**流程控制**中特别有用：

```
>> s = "foobar"
>> if s.empty?
>>    "The string is empty"
>> else
>>    "The string is nonempty"
>> end
=> "The string is nonempty"
```

如果分支很多，可以使用**elsif**（**else**＋**if**）：

```
>> if s.nil?
>>    "The variable is nil"
>> elsif s.empty?
>>    "The string is empty"
>> elsif s.include?("foo")
>>    "The string includes 'foo'"
>> end
=> "The string includes 'foo'"
```

布尔值还可以将**&&**（与）、**||**（或）和**!**（非）运算符结合在一起使用：

```
>> x = "foo"
=> "foo"
>> y = ""
=> ""
>> puts "Both strings are empty" if x.empty? && y.empty?
=> nil
```

---

① 抱歉，本章在"函数"和"方法"两个称呼之间随意变换。在Ruby中这二者是同一个概念：所有方法都是函数，所有函数也都是方法，因为一切皆对象。

```
>> puts "One of the strings is empty" if x.empty? || y.empty?
"One of the strings is empty"
=> nil
>> puts "x is not empty" if !x.empty?
"x is not empty"
=> nil
```

在 Ruby 中一切都是对象，因此 **nil** 也是对象，所以它也可以响应方法。举个例子，**to_s** 方法基本上可以把任何对象转换成字符串：

```
>> nil.to_s
=> ""
```

结果显然是个空字符串，我们可以通过下面的方法**串联**（chain）验证这一点：

```
>> nil.empty?
NoMethodError: undefined method `empty?' for nil:NilClass
>> nil.to_s.empty?          # 消息串联
=> true
```

可以看到，**nil** 对象本身无法响应 **empty?** 方法，但是 **nil.to_s** 可以。

有一个特殊的方法可以测试对象是否为空，你或许能猜到是哪个方法：

```
>> "foo".nil?
=> false
>> "".nil?
=> false
>> nil.nil?
=> true
```

下面的代码

```
puts "x is not empty" if !x.empty?
```

演示了 **if** 关键字的另一种用法：编写一个当且仅当 **if** 后面的表达式为真值时才执行的语句。还有个对应的 **unless** 关键字也可以这么用：

```
>> string = "foobar"
>> puts "The string '#{string}' is nonempty." unless string.empty?
The string 'foobar' is nonempty.
=> nil
```

我们需要注意一下 **nil** 对象的特殊性，除了 **false** 本身之外，所有 Ruby 对象中它是唯一一个布尔值为"假"的。我们可以使用 **!!**（读作"bang bang"）对对象做两次取反操作，把对象转换成布尔值：

```
>> !!nil
=> false
```

除此之外，其他所有 Ruby 对象都是真值，数字 0 也是：

```
>> !!0
=> true
```

练习

购买本书的读者可以访问 railstutorial.org/aw-solutions 免费查看练习的解答。如果想查看其他人的答案，以及记录自己的答案，请加入 Learn Enough Society（learnenough.com/society）。

(1) 字符串"racecar"有多长？

(2) 使用**reverse**方法确认前一题中的字符串经过反转之后内容仍然一样。

(3) 把字符串"racecar"赋值给变量**s**。使用**比较运算符==**确认**s**与**s.reverse**相等。

(4) 代码清单4-9的运行结果是什么？如果把**s**变量的值改成"onomatopoeia"呢？提示：使用向上箭头获取前一个命令，然后编辑。

代码清单4-9　简单的回文测试

```
>> puts "It's a palindrome!" if s == s.reverse
```

4.2.4　定义方法

在控制台中，可以像定义**home**动作（代码清单3-8）和**full_title**辅助方法（代码清单4-2）一样定义方法。（在控制台中定义方法有点麻烦，我们通常在文件中定义，这里只是为了演示。）例如，我们要定义一个名为**string_message**的方法，它有一个**参数**，返回值取决于参数是否为空：

```
>> def string_message(str = '')
>>   if str.empty?
>>     "It's an empty string!"
>>   else
>>     "The string is nonempty."
>>   end
>> end
=> :string_message
>> puts string_message("foobar")
The string is nonempty.
>> puts string_message("")
It's an empty string!
>> puts string_message
It's an empty string!
```

如最后一个命令所示，我们可以完全不指定参数（此时可以省略括号）。因为**def string_message(str = '')**中提供了参数的默认值，即空字符串，所以**str**参数是可选的，如果不指定，就使用默认值。

注意，Ruby方法不用显式指定返回值，方法的返回值是最后一个语句的求值结果。上面这个函数的返回值是两个字符串中的一个，具体是哪一个取决于**str**参数是否为空。在Ruby方法中也可以显式指定返回值，下面这个方法和前面的等价：

```
>> def string_message(str = '')
>>   return "It's an empty string!" if str.empty?
>>   return "The string is nonempty."
>> end
```

（细心的读者可能会发现，其实没必要使用第二个**return**，这一行是方法的最后一个表达式，不管有没有**return**，字符串**"The string is nonempty."**都会作为返回值返回。不过两处都加上**return**看起来更好。）

还有一点很重要，方法并不关心参数的名称是什么。在前面定义的第一个方法中，可以把**str**换成任意有效的变量名，例如**the_function_argument**，但是方法的作用不变：

```
>> def string_message(the_function_argument = '')
>>   if the_function_argument.empty?
>>     "It's an empty string!"
>>   else
>>     "The string is nonempty."
>>   end
>> end
=> nil
>> puts string_message("")
It's an empty string!
>> puts string_message("foobar")
The string is nonempty.
```

练习

购买本书的读者可以访问railstutorial.org/aw-solutions免费查看练习的解答。如果想查看其他人的答案，以及记录自己的答案，请加入Learn Enough Society（learnenough.com/society）。

(1) 把代码清单4-10中的**FILL_IN**换成正确的比较表达式，定义一个测试回文的方法。**提示**：使用代码清单4-9中的比较表达式。

(2) 使用前一题定义的方法测试"racecar"和"onomatopoeia"，确认第一个词是回文，而第二个词不是。

(3) 在**palindrome_tester("racecar")**上调用**nil?**方法，确认它的返回值是**nil**（即在那个方法上调用**nil?**方法的结果是**true**）。这是因为代码清单4-10中的代码是把结果打印出来，而没有返回。

代码清单4-10 测试回文的方法

```
>> def palindrome_tester(s)
>>   if FILL_IN
>>     puts "It's a palindrome!"
>>   else
>>     puts "It's not a palindrome."
>>   end
>> end
```

4.2.5 回顾标题的辅助方法

下面我们来理解一下代码清单4-2中的**full_title**辅助方法，[1]在其中加上注解之后如代码清单4-11所示。

---

[1] 其实还有一个地方我们不理解，那就是Rails是怎么把这些联系在一起的：把URL映射到动作上，让**full_title**辅助方法可以在视图中使用，等等。这是个很有意思的话题，我建议你以后好好了解一下。不过使用Rails并不需要完全了解Rails的运作机制。

代码清单4-11 注解`full_title`方法

app/helpers/application_helper.rb

```
module ApplicationHelper

  # 根据所在的页面返回完整的标题          # 在文档中显示的注释
  def full_title(page_title = '')          # 定义方法，参数可选
    base_title = "Ruby on Rails Tutorial Sample App"  # 变量赋值
    if page_title.empty?                   # 布尔测试
      base_title                           # 隐式返回
    else
      page_title + " | " + base_title      # 字符串拼接
    end
  end
end
```

我们把方法定义（带可选参数）、变量赋值、布尔测试、流程控制和字符串拼接[1]利用起来，定义了一个可以在网站布局中使用的辅助方法。这里还有一个知识点——**module ApplicationHelper**：模块为我们提供了一种把相关方法组织在一起的方式，我们可以使用**include**把模块插入其他类中。编写普通的Ruby程序时，你要自己定义模块，然后再显式将其引入类中，但是辅助方法所在的模块会由Rails为我们引入。结果是，**full_title**方法自动在所有视图中可用。

4.3 其他数据结构

虽然Web应用最终都是处理字符串，但也需要其他的数据结构来生成字符串。本节介绍一些对开发Rails应用很重要的其他Ruby数据结构。

4.3.1 数组和值域

数组是一组具有特定顺序的元素。前面还没用过数组，不过理解数组对理解散列（4.3.3节）有很大帮助，也有助于理解Rails中的数据模型（例如2.3.3节用到的**has_many**关联，13.1.3节会详细介绍）。

目前，我们已经花了很多时间理解字符串，从字符串过渡到数组可以从**split**方法开始：

```
>> "foo bar      baz".split      # 把字符串拆分成一个三元素数组
=> ["foo", "bar", "baz"]
```

上述操作得到的结果是一个有三个字符串的数组。默认情况下，**split**在空白处把字符串拆分成数组，不过也可以在几乎任何地方拆分：

```
>> "fooxbarxbazx".split('x')
=> ["foo", "bar", "baz"]
```

和大多数编程语言的习惯一样，Ruby数组的索引也从零开始，因此数组中第一个元素的索引是0，第二个元素的索引是1，以此类推：

---

[1] 这里你可能想使用字符串插值，其实本书前几版使用的都是插值，但**provide**方法会把字符串转换成**SafeBuffer**对象，而不是普通的字符串。插入视图模板的HTML会过度转义，例如把"Help's on the way"转换成"Help's on the way"。（感谢读者Jeremy Fleischman指出这个小问题。）

```
>> a = [42, 8, 17]
=> [42, 8, 17]
>> a[0]                    # Ruby使用方括号获取数组元素
=> 42
>> a[1]
=> 8
>> a[2]
=> 17
>> a[-1]                   # 索引还可以是负数
=> 17
```

我们看到，Ruby使用方括号获取数组中的元素。除了方括号之外，Ruby还为一些经常需要获取的元素提供了别名方法：[1]

```
>> a                       # 只是为了看一下'a'的值是什么
=> [42, 8, 17]
>> a.first
=> 42
>> a.second
=> 8
>> a.last
=> 17
>> a.last == a[-1]         # 用==运算符比较
=> true
```

最后一行用到了相等比较运算符==，Ruby和其他语言一样还提供了!=（不等）等其他运算符：

```
>> x = a.length            # 和字符串一样，数组也可以响应'length'方法
=> 3
>> x == 3
=> true
>> x == 1
=> false
>> x != 1
=> true
>> x >= 1
=> true
>> x < 1
=> false
```

除了length（上述代码的第一行）之外，数组还可以响应一系列其他方法：

```
>> a
=> [42, 8, 17]
>> a.empty?
=> false
>> a.include?(42)
=> true
>> a.sort
=> [8, 17, 42]
>> a.reverse
=> [17, 8, 42]
```

[1] 这段代码中使用的**second**方法不是Ruby定义的，而是Rails添加的。在这里可以使用这个方法是因为Rails控制台会自动加载Rails对Ruby的扩展。

4

```
>> a.shuffle
=> [17, 42, 8]
>> a
=> [42, 8, 17]
```

注意，上面的方法都没有修改**a**的值。如果想修改数组的值，要使用相应的"炸弹"（bang）方法
（之所以这么叫是因为这里的感叹号经常都读作"bang"）：

```
>> a
=> [42, 8, 17]
>> a.sort!
=> [8, 17, 42]
>> a
=> [8, 17, 42]
```

还可以使用**push**方法向数组中添加元素，或者使用等价的**<<**运算符：

```
>> a.push(6)                # 把6加到数组末尾
=> [42, 8, 17, 6]
>> a << 7                   # 把7加到数组末尾
=> [42, 8, 17, 6, 7]
>> a << "foo" << "bar"      # 串联操作
=> [42, 8, 17, 6, 7, "foo", "bar"]
```

最后一个命令说明，可以把添加操作串在一起使用；也说明，与其他语言不同，在Ruby中数组可
以包含不同类型的数据（本例中包含整数和字符串）。

前面用**split**把字符串拆分成数组，我们还可以使用**join**方法进行相反的操作：

```
>> a
=> [42, 8, 17, 6, 7, "foo", "bar"]
>> a.join                   # 没有连接符
=> "4281767foobar"
>> a.join(', ')             # 连接符是一个逗号和空格
=> "42, 8, 17, 6, 7, foo, bar"
```

与数组有点类似的是**值域**（range），使用**to_a**方法把它转换成数组或许更好理解：

```
>> 0..9
=> 0..9
>> 0..9.to_a               # 错了，to_a在9上调用了
NoMethodError: undefined method `to_a' for 9:Fixnum
>> (0..9).to_a             # 调用to_a时要用括号包住值域
=> [0, 1, 2, 3, 4, 5, 6, 7, 8, 9]
```

虽然**0..9**是有效的值域，不过上面第二个表达式告诉我们，调用方法时要加上括号。

值域经常用于获取数组中的一组元素：

```
>> a = %w[foo bar baz quux]    # %w创建一个元素为字符串的数组
=> ["foo", "bar", "baz", "quux"]
>> a[0..2]
=> ["foo", "bar", "baz"]
```

有个特别有用的技巧：值域的结束值使用–1时，不用知道数组的长度就能从起始值开始一直获取
到最后一个元素：

```
>> a = (0..9).to_a
```

```
=> [0, 1, 2, 3, 4, 5, 6, 7, 8, 9]
>> a[2..(a.length-1)]                    # 显式使用数组的长度
=> [2, 3, 4, 5, 6, 7, 8, 9]
>> a[2..-1]                              # 小技巧，索引使用-1
=> [2, 3, 4, 5, 6, 7, 8, 9]
```

值域也可以使用字符定义：

```
>> ('a'..'e').to_a
=> ["a", "b", "c", "d", "e"]
```

练习

购买本书的读者可以访问railstutorial.org/aw-solutions免费查看练习的解答。如果想查看其他人的答案，以及记录自己的答案，请加入Learn Enough Society（learnenough.com/society）。

(1) 在逗号和空格处分拆字符串 "A man, a plan, a canal, Panama"，把结果赋值给变量**a**。

(2) 不指定连接符，把a连接起来，然后把结果赋值给变量**s**。

(3) 在空白处分拆**s**，然后再连接起来。使用代码清单4-10中的方法确认得到的结果不是回文。使用**downcase**方法，确认**s.downcase**是回文。

(4) 创建字母**a**到**z**的值域，第7个元素是什么？把值域反过来呢？**提示**：两次都要把值域转换成数组。

4.3.2   块

数组和值域可以响应的方法中有很多都可以跟着一个**块**（block），这是Ruby最强大也是最难理解的功能之一：

```
>> (1..5).each { |i| puts 2 * i }
2
4
6
8
10
=> 1..5
```

这段代码在值域**(1..5)**上调用**each**方法，然后又把**{ |i| puts 2 * i }**块传给**each**方法。**|i|**两边的竖线在Ruby中用来定义块变量。只有方法本身才知道如何处理后面跟着的块。这里，值域的**each**方法会处理后面的块，块中有一个局部变量**i**，**each**会把值域中的各个值传进块中，然后执行其中的代码。

花括号是表示块的一种方式，除此之外还有另一种方式：

```
>> (1..5).each do |i|
?>   puts 2 * i
>> end
2
4
6
8
10
=> 1..5
```

　　块中的内容可以多于一行，而且经常多于一行。本书遵照一个常用的约定，当块只有一行简单的代码时使用花括号形式；当块是一行很长的代码或者有多行时，使用**do..end**形式：

```
>> (1..5).each do |number|
?>   puts 2 * number
>>   puts '--'
>> end
2
--
4
--
6
--
8
--
10
--
=> 1..5
```

　　上面的代码用**number**代替了**i**，我想告诉你的是，变量名可以使用任何值。

　　除非你已经有了一些编程知识，否则理解块是没有捷径的。你要做的是多看，看多了就会习惯这种用法。①幸好人类擅长从实例中归纳出一般性。下面举几个例子，其中几个用到了**map**方法：

```
>> 3.times { puts "Betelgeuse!" }     # 3.times后跟的块没有变量
"Betelgeuse!"
"Betelgeuse!"
"Betelgeuse!"
=> 3
>> (1..5).map { |i| i**2 }            # **表示幂运算
=> [1, 4, 9, 16, 25]
>> %w[a b c]                          # 再说一下，%w用于创建元素为字符串的数组
=> ["a", "b", "c"]
>> %w[a b c].map { |char| char.upcase }
=> ["A", "B", "C"]
>> %w[A B C].map { |char| char.downcase }
=> ["a", "b", "c"]
```

　　可以看出，**map**方法返回的是在数组或值域中每个元素上执行块中代码后得到的结果。在最后两个命令中，**map**后面的块在块变量上调用一个方法，这种操作经常使用一种称为"符号到proc"的简写形式：

```
>> %w[A B C].map { |char| char.downcase }
=> ["a", "b", "c"]
>> %w[A B C].map(&:downcase)
=> ["a", "b", "c"]
```

　　（简写形式看起来有点奇怪，其中用到了**符号**，4.3.3节会介绍。）这种写法比较有趣，一开始是由Rails扩展实现的，但人们太喜欢了，现在已经集成到Ruby核心代码中。

　　最后再看一个使用块的例子。我们看一下代码清单4-4中的一个测试用例：

```
test "should get home" do
```

①块是**闭包**（closure），知道这一点对资深编程人员可能会有些帮助。闭包是一种匿名函数，其中附带了一些数据。

```
  get static_pages_home_url
  assert_response :success
  assert_select "title", "Ruby on Rails Tutorial Sample App"
end
```

现在不需要理解细节（其实我也不懂），从 **do** 关键字可以看出，测试的主体其实就是个块。**test** 方法的参数是一个字符串（测试的描述）和一个块，运行测试组件时会执行块中的内容。

现在我们来分析一下我在 1.5.4 节生成随机二级域名时使用的那行 Ruby 代码：

```
('a'..'z').to_a.shuffle[0..7].join
```

我们一步步分解：

```
>> ('a'..'z').to_a                  # 由全部英文字母组成的数组
=> ["a", "b", "c", "d", "e", "f", "g", "h", "i", "j", "k", "l", "m", "n", "o",
"p", "q", "r", "s", "t", "u", "v", "w", "x", "y", "z"]
>> ('a'..'z').to_a.shuffle          # 打乱数组
=> ["c", "g", "l", "k", "h", "z", "s", "i", "n", "d", "y", "u", "t", "j", "q",
"b", "r", "o", "f", "e", "w", "v", "m", "a", "x", "p"]
>> ('a'..'z').to_a.shuffle[0..7]        # 取出前8个元素
=> ["f", "w", "i", "a", "h", "p", "c", "x"]
>> ('a'..'z').to_a.shuffle[0..7].join  # 把取出的元素合并成字符串
=> "mznpybuj"
```

练习

购买本书的读者可以访问 railstutorial.org/aw-solutions 免费查看练习的解答。如果想查看其他人的答案，以及记录自己的答案，请加入 Learn Enough Society（learnenough.com/society）。

(1) 创建值域 **0..16**，把前 17 个元素的平方打印出来。

(2) 定义一个名为 **yeller** 的方法，它的参数是一个由字符组成的数组，返回值是一个字符串，由数组中字符的大写形式组成。确认 **yeller(['o', 'l', 'd'])** 的返回值是 **"OLD"**。提示：要用到 **map**、**upcase** 和 **join** 方法。

(3) 定义一个名为 **random_subdomain** 的方法，返回 8 个随机字母组成的字符串。

(4) 把代码清单 4-12 中的问号换成正确的方法，结合 **split**、**shuffle** 和 **join** 方法，把指定字符串中的字符打乱。

代码清单4-12　字符串打乱函数的骨架

```
>> def string_shuffle(s)
>>   s.?('').?.?
>> end
>> string_shuffle("foobar")
=> "oobfra"
```

4.3.3　散列和符号

散列（hash）本质上就是数组，只不过它的索引不局限于数字。（实际上，在一些语言中，特别是 Perl，因为这个原因而把散列叫作**关联数组**。）散列的索引（或者叫**键**）几乎可以使用任何对象。例如，可以使用字符串做键：

```
>> user = {}                         # {}是一个空散列
=> {}
>> user["first_name"] = "Michael"    # 键为"first_name"，值为"Michael"
=> "Michael"
>> user["last_name"] = "Hartl"       # 键为"last_name"，值为"Hartl"
=> "Hartl"
>> user["first_name"]                # 获取元素的方式与数组类似
=> "Michael"
>> user                              # 散列的字面量形式
=> {"last_name"=>"Hartl", "first_name"=>"Michael"}
```

散列通过一对花括号中包含一些键值对的形式表示，如果只有一对花括号而没有键值对（{}）就是一个空散列。注意，散列中的花括号和块中的花括号不是一个概念。（是的，这可能会让你困惑。）散列虽然与数组类似，但二者却有一个很重要的区别：散列中的元素没有特定的顺序。[1]如果看重顺序，就要使用数组。

通过方括号的形式每次定义一个元素的方式不太敏捷，使用=>（这个符号叫作"hashrocket"）分隔的键值对这种字面量形式定义散列要简洁得多：

```
>> user = { "first_name" => "Michael", "last_name" => "Hartl" }
=> {"last_name"=>"Hartl", "first_name"=>"Michael"}
```

在上面的代码中我用到了一个Ruby句法约定，在左花括号后面和右花括号前面加入了一个空格，不过控制台会忽略这些空格。（不要问我为什么这些空格是约定俗成的，或许是某个Ruby编程大牛喜欢这种形式，然后约定就产生了。）

目前为止散列的键都使用字符串，在Rails中用符号（symbol）做键很常见。符号看起来有点像字符串，只不过没有包含在一对引号中，而是在前面加一个冒号。例如，:name就是一个符号。你可以把符号看成没有约束的字符串：[2]

```
>> "name".split('')
=> ["n", "a", "m", "e"]
>> :name.split('')
NoMethodError: undefined method 'split' for :name:Symbol
>> "foobar".reverse
=> "raboof"
>> :foobar.reverse
NoMethodError: undefined method 'reverse' for :foobar:Symbol
```

符号是Ruby特有的数据类型，在其他语言中很少见。初看起来感觉很奇怪，不过Rails经常用到，所以你很快就会习惯。符号与字符串不同，并不是所有字符都能在符号中使用：

```
>> :foo-bar
NameError: undefined local variable or method 'bar' for main:Object
>> :2foo
SyntaxError
```

---

[1] 在Ruby 1.9及以上的版本中，其实会按照元素输入时的顺序保存散列，不过依赖特定的顺序显然是不明智的。

[2] 没有约束的好处是，符号很容易进行比较，字符串要按照字母一个一个比较，而符号只需比较一次。这就使得符号成为散列键的最佳选择。

只要以字母开头，其后都使用单词中常用的字符就没事。

用符号做键时，可以按照如下的方式定义user散列：

```
>> user = { :name => "Michael Hartl", :email => "michael@example.com" }
=> {:name=>"Michael Hartl", :email=>"michael@example.com"}
>> user[:name]                    # 获取:name键对应的值
=> "Michael Hartl"
>> user[:password]                # 获取未定义的键对应的值
=> nil
```

从上面的例子可以看出，散列中没有定义的键对应的值是nil。

因为符号做键的情况太普遍了，Ruby 1.9干脆为这种用法定义了一种新句法：

```
>> h1 = { :name => "Michael Hartl", :email => "michael@example.com" }
=> {:name=>"Michael Hartl", :email=>"michael@example.com"}
>> h2 = { name: "Michael Hartl", email: "michael@example.com" }
=> {:name=>"Michael Hartl", :email=>"michael@example.com"}
>> h1 == h2
=> true
```

第二种句法把"符号 =>"变成了"键的名字:"形式：

```
{ name: "Michael Hartl", email: "michael@example.com" }
```

这种形式更好地沿袭了其他语言（例如JavaScript）中散列的表示方式，在Rails社区中也越来越受欢迎。这两种方式现在都在使用，所以你要能识别它们。可是，新句法有点让人困惑，因为:name本身是一种数据类型（符号），但name:却没有意义。不过在**散列字面量**中，**:name =>**和**name:**作用一样。因此

```
{ :name => "Michael Hartl" }
```

和

```
{ name: "Michael Hartl" }
```

是等效的。如果要表示符号，只能使用**:name**（冒号在前面）。

散列中元素的值可以是任何对象，甚至是另一个散列，如代码清单4-13所示。

代码清单4-13　嵌套散列

```
>> params = {}          # 定义一个名为'params' ('parameters'的简称) 的散列
=> {}
>> params[:user] = { name: "Michael Hartl", email: "mhartl@example.com" }
=> {:name=>"Michael Hartl", :email=>"mhartl@example.com"}
>> params
=> {:user=>{:name=>"Michael Hartl", :email=>"mhartl@example.com"}}
>> params[:user][:email]
=> "mhartl@example.com"
```

Rails大量使用这种散列中有散列的形式（或称为**嵌套散列**），我们从7.3节起会接触到。

与数组和值域一样，散列也能响应**each**方法。例如，下面是一个名为**flash**的散列，它的键是两种情况，**:success**和**:danger**：

```
>> flash = { success: "It worked!", danger: "It failed." }
=> {:success=>"It worked!", :danger=>"It failed."}
>> flash.each do |key, value|
?>   puts "Key #{key.inspect} has value #{value.inspect}"
>> end
Key :success has value "It worked!"
Key :danger has value "It failed."
```

注意，数组的**each**方法后面的块只有一个变量，而散列的**each**方法后面的块接受两个变量，分别表示**键**和对应的**值**。所以散列的**each**方法每次遍历都会以一个**键值对**为单位进行。

这段代码用到了很有用的**inspect**方法，它的作用是返回被调用对象的字符串字面量表示形式：

```
>> puts (1..5).to_a            # 把数组以字符串的形式打印出来
1
2
3
4
5
>> puts (1..5).to_a.inspect    # 输出数组的字面量形式
[1, 2, 3, 4, 5]
>> puts :name, :name.inspect
name
:name
>> puts "It worked!", "It worked!".inspect
It worked!
"It worked!"
```

顺便说一下，因为使用**inspect**打印对象的方式经常使用，为此还有一个专门的快捷方式，**p**函数：[1]

```
>> p :name                     # 等价于'puts :name.inspect'
:name
```

练习

购买本书的读者可以访问railstutorial.org/aw-solutions免费查看练习的解答。如果想查看其他人的答案，以及记录自己的答案，请加入Learn Enough Society（learnenough.com/society）。

(1) 定义一个散列，把键设为**'one'**、**'two'**和**'three'**，对应的值分别是**'uno'**、**'dos'**和**'tres'**。迭代这个散列，把各个键值对以**"'#key' in Spanish is '#value'"**的形式打印出来。

(2) 创建三个散列，分别命名为**person1**、**person2**和**person3**，把名和姓赋值给**:first**和**:last**键。然后创建一个名为**params**的散列，让**params[:father]**对应**person1**，**params[:mother]**对应**person2**，**params[:child]**对应**person3**。验证一下**params[:father][:first]**的值是否正确。

(3) 定义一个散列，使用符号做键，分别表示名字、电子邮件地址和密码摘要，把键对应的值分别设为你的名字、电子邮件地址和一个由16个随机小写字母组成的字符串。

(4) 找一个在线Ruby API，查阅散列的**merge**方法。下述表达式的值是什么？

```
{ "a" => 100, "b" => 200 }.merge({ "b" => 300 })
```

---

[1] 其实二者之间有些细微差别：**p**返回打印的对象，而**puts**始终返回**nil**。（感谢读者Katarzyna Siwek指出这一点。）

4.3.4　重温引入 CSS 的代码

现在我们要重新认识一下代码清单4-1中在布局中引入层叠样式表的代码：

```
<%= stylesheet_link_tag 'application', media: 'all',
                                    'data-turbolinks-track': 'reload' %>
```

我们现在基本上可以理解这行代码了。4.1节简单提到过，Rails定义了一个特殊的函数用于引入样式表。下面的代码

```
stylesheet_link_tag 'application', media: 'all',
                                'data-turbolinks-track': 'reload'
```

就是对这个函数的调用。不过还有几个奇怪的地方。第一，括号哪去了？在Ruby中，括号是可以省略的，所以下面两种写法是等价的：

```
# 调用函数时可以省略括号
stylesheet_link_tag('application', media: 'all',
                                'data-turbolinks-track': 'reload')
stylesheet_link_tag 'application', media: 'all',
                                'data-turbolinks-track': 'reload'
```

第二，**media**部分显然是一个散列，但是怎么没用花括号？调用函数时，如果散列是最后一个参数，可以省略花括号。所以下面两种写法是等价的：

```
# 如果最后一个参数是散列，可以省略花括号
stylesheet_link_tag 'application', { media: 'all',
                                'data-turbolinks-track': 'reload' }
stylesheet_link_tag 'application', media: 'all',
                                'data-turbolinks-track': 'reload'
```

最后，为什么下述代码写成两行还能正确解析？

```
stylesheet_link_tag 'application', media: 'all',
                                'data-turbolinks-track': 'reload'
```

因为在这种情况下，Ruby不关心有没有换行。[1]我之所以把代码写成两行，是要保证每行代码不超过80个字符，这样更易读。[2]

所以，下面这段代码

```
stylesheet_link_tag 'application', media: 'all',
                                'data-turbolinks-track': 'reload'
```

调用了**stylesheet_link_tag**函数，并且传入两个参数：一个是字符串，指明样式表的路径；另一个是散列，包含两个元素，第一个指明媒介类型，第二个启用Rails 4.0增加的Turbolink功能。因为使用的是**<%= %>**，所以函数的执行结果会通过ERb插入模板中。如果在浏览器中查看网页的源码，会看到引入样式表所用的HTML，如代码清单4-14所示。（你可能会在CSS的文件名后看到额外的字

---

[1] 换行符在一行的结尾处，作用是开始新的一行。4.2.2节说过，在代码中，换行符用\n表示。

[2] 数列数会让你发疯的，所以很多文本编辑器都提供了一个视觉标识。例如，如果再看一下图1-5的话，你会发现右边有一条细线，它可以帮助你把一行代码控制在80个字符以内。云端IDE（1.2.1节）默认会显示这条竖线。如果使用TextMate，可以在如下菜单中找到这个功能：View > Wrap Column > 78。在Sublime Text中则是：View > Ruler > 78，或View > Ruler > 80。

符，例如**?body=1**。这是Rails加入的，用以确保修改CSS后浏览器会重新加载。）

代码清单4-14　引入CSS的代码生成的HTML

```
<link data-turbolinks-track="true" href="/assets/application.css" media="all"
rel="stylesheet" />
```

4.4　Ruby 类

我们之前说过，Ruby中的一切都是对象。本节我们要自己定义一些对象。Ruby和其他面向对象的语言一样，使用**类**来组织方法，然后**实例化**（instantiate）类，创建对象。如果你刚接触面向对象编程（Object-Oriented Programming，OOP），这些听起来都似天书一般，那我们来看一些实例吧。

4.4.1　构造方法

我们看过很多使用类实例化对象的例子，不过还没自己动手做过。例如，我们使用双引号实例化一个字符串，双引号就是字符串的**字面构造方法**（literal constructor）：

```
>> s = "foobar"        # 使用双引号字面构造方法
=> "foobar"
>> s.class
=> String
```

我们看到，字符串可以响应**class**方法，返回值是字符串所属的类。

除了使用字面构造方法之外，我们还可以使用等价的**具名构造方法**（named constructor），即在类名上调用**new**方法：[①]

```
>> s = String.new("foobar")    # 字符串的具名构造方法
=> "foobar"
>> s.class
=> String
>> s == "foobar"
=> true
```

这段代码中使用的具名构造方法和字面构造方法是等价的，只是更能表现我们的意图。

数组与字符串类似：

```
>> a = Array.new([1, 3, 2])
=> [1, 3, 2]
```

不过散列就有点不同了。数组的构造方法**Array.new**可接受一个可选的参数指明数组的初始值，**Hash.new**可接受一个参数指明元素的默认值，即当键不存在时返回的值：

```
>> h = Hash.new
=> {}
>> h[:foo]             # 试图获取不存在的键:foo对应的值
=> nil
```

[①] 返回值可能由于Ruby版本的不同而有所不同。这个例子假设你使用的是Ruby 1.9.3或以上版本。

```
>> h = Hash.new(0)      # 让不存在的键返回0而不是nil
=> {}
>> h[:foo]
=> 0
```

在类上调用的方法，如这里的**new**，叫**类方法**（class method）。在类上调用**new**方法，得到的结果是这个类的对象，也叫作这个类的**实例**（instance）。在实例上调用的方法，例如**length**，叫**实例方法**（instance method）。

练习

购买本书的读者可以访问railstutorial.org/aw-solutions免费查看练习的解答。如果想查看其他人的答案，以及记录自己的答案，请加入Learn Enough Society（learnenough.com/society）。

(1) 从1到10的值域，它的字面构造方法是什么？

(2) 使用**Range**类和**new**方法怎么编写构造方法？**提示**：这里要为**new**方法提供两个参数。

(3) 使用==运算符确认前两题使用字面构造方法和具名构造方法创建的值域相等。

4.4.2 类的继承

学习类时，理清**类的继承关系**（class hierarchy）会很有用。我们可以使用**superclass**方法找出继承关系：

```
>> s = String.new("foobar")
=> "foobar"
>> s.class                          # 查找s所属的类
=> String
>> s.class.superclass               # 查找String的父类
=> Object
>> s.class.superclass.superclass    # Ruby 1.9使用BasicObject作为基类
=> BasicObject
>> s.class.superclass.superclass.superclass
=> nil
```

这个继承关系如图4-1所示。可以看到，**String**的父类是**Object**，**Object**的父类是**BasicObject**，但是**BasicObject**就没有父类了。这样的关系对每个Ruby对象都适用：只要在类的继承关系上往上多走几层，就会发现Ruby中的每个类最终都继承自**BasicObject**，而它本身没有父类。这就是"Ruby中一切皆对象"在技术层面上的意义。

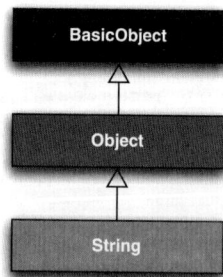

图4-1 **String**类的继承关系

要想更深入地理解类，最好的方法是自己动手编写一个。我们来定义一个名为**Word**的类，其中有一个名为**palindrome?**的方法，如果单词顺读和反读都一样就返回**true**：

```
>> class Word
>>   def palindrome?(string)
>>     string == string.reverse
>>   end
>> end
=> :palindrome?
```

我们可以按照下面的方式使用这个类：

```
>> w = Word.new            # 创建一个Word对象
=> #<Word:0x22d0b20>
>> w.palindrome?("foobar")
=> false
>> w.palindrome?("level")
=> true
```

如果你觉得这个例子有点大题小做，很好，我的目的达到了。定义一个新类，可是只创建一个接受一个字符串作为参数的方法，这么做很古怪。既然单词是字符串，让**Word**继承**String**不就行了，如代码清单4-15所示。（你要退出控制台，然后在控制台中输入这些代码，这样才能把之前定义的**Word**类清除掉。）

代码清单4-15　在控制台中定义Word类

```
>> class Word < String        # Word 继承自 String
>>   # 如果字符串和反转后相等就返回 true
>>   def palindrome?
>>     self == self.reverse    # self 代表这个字符串本身
>>   end
>> end
=> nil
```

其中，**Word < String**在Ruby中表示继承（3.2节简单介绍过），这样除了定义**palindrome?**方法之外，**Word**还拥有所有字符串拥有的方法：

```
>> s = Word.new("level")    # 创建一个Word实例，初始值为 "level"
=> "level"
>> s.palindrome?            # Word实例可以响应palindrome?方法
=> true
>> s.length                 # Word实例还继承了普通字符串的所有方法
=> 5
```

Word继承自**String**，所以我们可以在控制台中查看类的继承关系：

```
>> s.class
=> Word
>> s.class.superclass
=> String
>> s.class.superclass.superclass
=> Object
```

这个继承关系如图4-2所示。

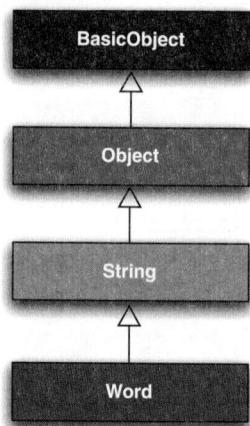

图4-2　代码清单4-15中定义的 **Word** 类（非内置类）的继承关系

注意，在代码清单4-15中检查单词和单词的反转是否相同时，要在 **Word** 类中访问单词。这在Ruby中使用 **self** 关键字[①]引用：在 **Word** 类中，**self** 代表的是对象本身。所以我们可以使用

```
self == self.reverse
```

检查单词是否为回文。其实，在类中调用方法或访问属性时可以不用 **self.** （赋值例外），因此也可以写成

```
self == reverse
```

练习

购买本书的读者可以访问railstutorial.org/aw-solutions免费查看练习的解答。如果想查看其他人的答案，以及记录自己的答案，请加入Learn Enough Society（learnenough.com/society）。

(1) 值域的类继承关系是怎样的？散列和符号呢？

(2) 把代码清单4-15中的 **self.reverse** 换成 **reverse**，确认 **palindrome?** 方法依然可用。

4.4.3　修改内置的类

虽然继承是个强大的功能，不过在判断回文这个例子中，如果能把 **palindrome?** 加入 **String** 类就更好了，这样（除了其他方法外）我们可以在字符串字面量上调用 **palindrome?** 方法。现在我们还不能直接调用：

```
>> "level".palindrome?
NoMethodError: undefined method `palindrome?' for "level":String
```

有点令人惊讶的是，Ruby允许你这么做。Ruby中的类可以被打开进行修改，允许像我们这样的普

[①] 关于Ruby类和 **self** 关键字，请阅读RailsTips中的 "Class and Instance Variables in Ruby" 一文（http://railstips. org/blog/archives/2006/11/18/class-and-instance-variables-in-ruby/）。

通人添加方法：

```
>> class String
>>   # 如果字符串和反转后相等就返回true
>>   def palindrome?
>>     self == self.reverse
>>   end
>> end
=> nil
>> "deified".palindrome?
=> true
```

（我不知道哪一个更牛：Ruby允许向内置的类中添加方法，或**"deified"**是个回文。）

修改内置的类是个很强大的功能，不过功能强大意味着责任也大。如果没有很好的理由，向内置的类中添加方法是不好的习惯。Rails自然有很好的理由。例如，在Web应用中我们经常要避免变量的值是**空白的**（blank），像用户名之类的就不应该是空格或其他空白，所以Rails为Ruby添加了一个**blank?**方法。Rails控制台会自动加载Rails添加的功能，下面看几个例子（在**irb**中不可以）：

```
>> "".blank?
=> true
>> "      ".empty?
=> false
>> "      ".blank?
=> true
>> nil.blank?
=> true
```

可以看出，一个包含空格的字符串不是**空的**（empty），却是**空白的**（blank）。还要注意，**nil**也是空白的。因为**nil**不是字符串，所以上面的代码说明了Rails其实是把**blank?**添加到**String**的基类**Object**中的。9.1节会再介绍一些Rails扩展Ruby类的例子。

练习

购买本书的读者可以访问railstutorial.org/aw-solutions免费查看练习的解答。如果想看其他人的答案，以及记录自己的答案，请加入Learn Enough Society（learnenough.com/society）。

(1) 验证"racecar"是回文，而"onomatopoeia"不是。印度南部方言"Malayalam"是回文吗？提示：先变成小写。

(2) 以代码清单4-16为模板，为**String**类添加**shuffle**方法。提示：参照代码清单4-12。

(3) 删掉**self.**，确认代码清单4-16依然可用。

代码清单4-16　添加到**String**类中的**shuffle**方法的模板

```
>> class String
>>   def shuffle
>>     self.?('').?.?
>>   end
>> end
>> "foobar".shuffle
=> "borafo"
```

4.4.4　控制器类

讨论类和继承时你可能觉得似曾相识，不错，我们之前在**StaticPages**控制器（代码清单3-20）中见过：

```
class StaticPagesController < ApplicationController

  def home
  end

  def help
  end

  def about
  end
end
```

你现在应该可以理解，至少有点能理解这些代码的意思了：**StaticPagesController**是一个类，继承自**ApplicationController**，其中有三个方法，分别是**home**、**help**和**about**。因为Rails控制台会加载本地的Rails环境，所以我们可以在控制台中显式地创建控制器，查看它的继承关系：[1]

```
>> controller = StaticPagesController.new
=> #<StaticPagesController:0x22855d0>
>> controller.class
=> StaticPagesController
>> controller.class.superclass
=> ApplicationController
>> controller.class.superclass.superclass
=> ActionController::Base
>> controller.class.superclass.superclass.superclass
=> ActionController::Metal
>> controller.class.superclass.superclass.superclass.superclass
=> AbstractController::Base
>> controller.class.superclass.superclass.superclass.superclass.superclass
=> Object
```

这个继承关系如图4-3所示。

---

[1] 你没必要知道继承关系中每个类的作用。我也不知道它们都是干什么的，而我从2005年起就开始使用Ruby on Rails了。这可能意味着以下两个问题中的一个：第一，我没有能力；第二，不需要知道所有内部知识也能成为熟练的Rails开发者。我们当然都希望是第二点。

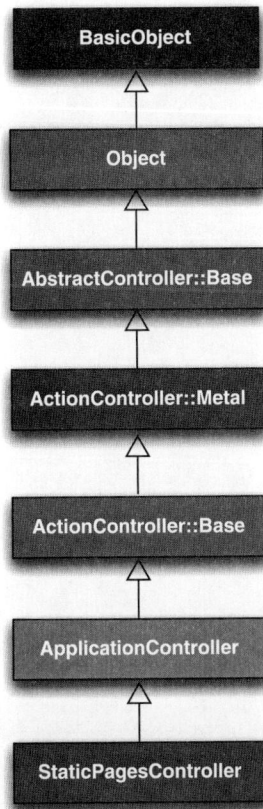

图4-3　**StaticPagesController**类的继承关系

我们还可以在控制台中调用控制器的动作，动作其实就是方法：

```
>> controller.home
=> nil
```

home动作的返回值为**nil**，因为它是空的。

注意，动作没有返回值，至少没返回真正需要的值。如我们在第3章看到的，**home**动作的目的是渲染网页，而不是返回一个值。但是，我记得没在任何地方调用过**StaticPagesController.new**，到底怎么回事呢？

原因在于，Rails是用Ruby编写的，但Rails不是Ruby。有些Rails类就像普通的Ruby类一样，不过也有些则得益于Rails的强大功能。Rails是一门单独的学问，应该跟Ruby分开学习和理解。

练习

购买本书的读者可以访问railstutorial.org/aw-solutions免费查看练习的解答。如果想查看其他人的答案，以及记录自己的答案，请加入Learn Enough Society（learnenough.com/society）。

(1) 在第2章创建的玩具应用中运行Rails控制台，确认可以使用**User.new**创建用户对象。

(2) 找出那个用户对象的类继承关系。

4.4.5　**User** 类

我们将自己定义一个类，以此结束对Ruby的介绍。这个类名为**User**，目的是实现第6章用到的**User**模型。

目前为止，我们都在控制台中定义类，但这样很快就变得无聊了。现在我们要在应用的根目录中创建一个名为example_user.rb的文件，然后写入代码清单4-17中的内容。

代码清单4-17　定义User类

example_user.rb

```
class User
  attr_accessor :name, :email

  def initialize(attributes = {})
    @name  = attributes[:name]
    @email = attributes[:email]
  end

  def formatted_email
    "#{@name} <#{@email}>"
  end
end
```

这段代码有很多地方要说明，我们一步步来。先看下面这行：

```
attr_accessor :name, :email
```

这行代码为用户的名字和电子邮件地址创建**属性存取方法**（attribute accessor），也就是定义读值方法（getter）和设值方法（setter），用于读取和设定@name和@email实例变量（instance variable，2.2.2节和3.4.2节简单介绍过）。在Rails中，实例变量的主要意义在于，它们自动在视图中可用。而通常实例变量的作用是在Ruby类中不同的方法之间传递值。（稍后会更详细地说明这一点。）实例变量都以@符号开头，如果未定义，值为nil。

第一个方法，**initialize**，在Ruby中有特殊的意义：执行**User.new**时会调用它。这个**initialize**方法接受一个参数，**attributes**：

```
def initialize(attributes = {})
  @name  = attributes[:name]
  @email = attributes[:email]
end
```

attributes参数的默认值是一个空散列，所以我们可以定义一个没有名字或没有电子邮件地址的用户。（回想一下4.3.3节的内容，如果键不存在会返回**nil**，所以如果没定义:name键，**attributes[:name]**返回nil。**attributes[:email]**也是一样。）

最后，类中定义了一个名为**formatted_email**的方法，使用被赋了值的@name和@email变量进行字符串插值（4.2.2节），组成一个格式良好的电子邮件地址：

```
def formatted_email
  "#{@name} <#{@email}>"
end
```

4

@name和@email都是实例变量（如@符号所示），所以在formatted_email方法中自动可用。我们打开控制台，加载（require）这个文件，实际使用一下这个类：

```
>> require './example_user'          # 加载example_user文件中代码的方式
=> true
>> example = User.new
=> #<User:0x224ceec @email=nil, @name=nil>
>> example.name                      # 返回nil，因为attributes[:name]是nil
=> nil
>> example.name = "Example User"     # 赋值一个非nil的名字
=> "Example User"
>> example.email = "user@example.com"  # 赋值一个非nil的电子邮件地址
=> "user@example.com"
>> example.formatted_email
=> "Example User <user@example.com>"
```

这段代码中的点号.，在Unix中指"当前目录"，因此'./example_user'告诉Ruby在当前目录中寻找这个文件。接下来的代码创建一个空用户，然后通过直接赋值给相应的属性来提供名字和电子邮件地址（因为代码清单4-17中有attr_accessor那行所以才能赋值）。我们输入example.name = "Example User"时，Ruby会把@name变量的值设为"Example User"（email属性类似），然后就可以在formatted_email方法中使用。

4.3.4节介绍过，如果最后一个参数是散列，可以省略花括号。我们可以把一个预先定义好的散列传给initialize方法，再创建一个用户：

```
>> user = User.new(name: "Michael Hartl", email: "mhartl@example.com")
=> #<User:0x225167c @email="mhartl@example.com", @name="Michael Hartl">
>> user.formatted_email
=> "Michael Hartl <mhartl@example.com>"
```

从第7章开始，我们会使用散列初始化对象，这种技术叫作**批量赋值**（mass assignment），在Rails中很常见。

练习

购买本书的读者可以访问railstutorial.org/aw-solutions免费查看练习的解答。如果想查看其他人的答案，以及记录自己的答案，请加入Learn Enough Society（learnenough.com/society）。

(1) 在User类中定义一个名为full_name的方法，返回用户的名字和姓，中间以空格分开。把formatted_email方法中的@name实例变量换成这个方法。

(2) 添加一个名为alphabetical_name的方法，返回用户的姓和名字，中间以一个逗号和一个空格分开。

(3) 确认full_name.split与alphabetical_name.split(', ').reverse得到的结果一样。

4.5 小结

至此，对Ruby语言的介绍结束了。第5章会好好利用这些知识来开发演示应用。

我们不会使用4.4.5节创建的example_user.rb文件，所以我建议把它删除：

```
$ rm example_user.rb
```

　　然后把其他的改动提交到源码仓库中，合并到**master**分支之后，再推送到Bitbucket，然后部署到Heroku中：

```
$ git commit -am "Add a full_title helper"
$ git checkout master
$ git merge rails-flavored-ruby
```

为了确保无误，最好运行一下测试组件，然后再推送或部署：

```
$ rails test
```

确认无误后，推送到Bitbucket中：

```
$ git push
```

最后，部署到Heroku中：

```
$ git push heroku
```

本章所学

- ❑ Ruby提供了很多处理字符串的方法；
- ❑ 在Ruby中一切皆对象；
- ❑ 在Ruby中定义方法使用**def**关键字；
- ❑ 在Ruby中定义类使用**class**关键字；
- ❑ Rails视图可以包含静态HTML或嵌入式Ruby（ERb）；
- ❑ Ruby内建支持的数据结构有数组、值域和散列；
- ❑ Ruby块是一种灵活的结构，能以一种自然的方式迭代可枚举的数据结构（此外还有很多功能）；
- ❑ 符号是一种标注，与字符串类似，但没有额外的束缚；
- ❑ Ruby支持对象继承；
- ❑ 可以打开并修改Ruby内置的类；
- ❑ 单词"deified"是回文。

## 第 5 章

完善布局

5

第4章简介Ruby时，我们学习了如何在演示应用中引入样式表（4.1节），不过（4.3.4节说过）现在样式表中还没有内容。本章将使用一个CSS框架，还会自己编写样式，填充样式表。[①]我们还将完善布局，添加指向各个页面的链接（例如首页和"关于"页面，参见5.1节）。在这个过程中，我们将学习局部视图、Rails路由和Asset Pipeline，还会介绍Sass（5.2节）。最后，我们还要向前迈出很重要的一步：允许用户在我们的网站中注册（5.4节）。

本章大部分改动是添加和修改应用的布局，这些操作一般不由测试驱动，或者完全不用测试（依据旁注3.3中的指导方针）。所以我们大部分时间都在文本编辑器和浏览器中，只用TDD添加"联系"页面（5.3.1节）。不过，我们将编写一种重要的测试，**集成测试**（integration test），检查最终完成的布局中有所需的链接（5.3.4节）。

5.1 添加一些结构

本书介绍Web开发而不是Web设计，不过在一个看起来很简陋的应用中开发会让人提不起劲，所以本节要向布局中添加一些结构，再加入一些CSS，实现基本的样式。除了使用自定义的CSS规则之外，我们还会使用由Twitter开发的开源Web设计框架Bootstrap。我们会按照一定的方式组织代码——当布局文件中的内容变多以后，再使用**局部视图**清理。

开发Web应用时，尽早对用户界面有个统筹安排往往会对你有所帮助。在本书后续内容中，我会经常使用**网页构思图**（mockup，在Web领域经常称之为**线框图**），展示应用最终外观的草图。[②]本章大部分内容都是在开发3.2节编写的静态页面，我们要在页面中加入网站徽标、导航栏和网站页脚。在这些页面中，最重要的是"首页"，它的构思图如图5-1所示，图5-9是最终实现的效果。你会发现二者的某些细节有所不同，例如，在最终实现的页面中我们加入了Rails徽标。这没什么关系，因为构思图没必要画出每个细节。

[①] 感谢读者Colm Tuite帮忙把原来的演示应用用Bootstrap CSS框架重写。

[②] 书中所有构思图都是使用Mockingbird这个在线应用制作的。

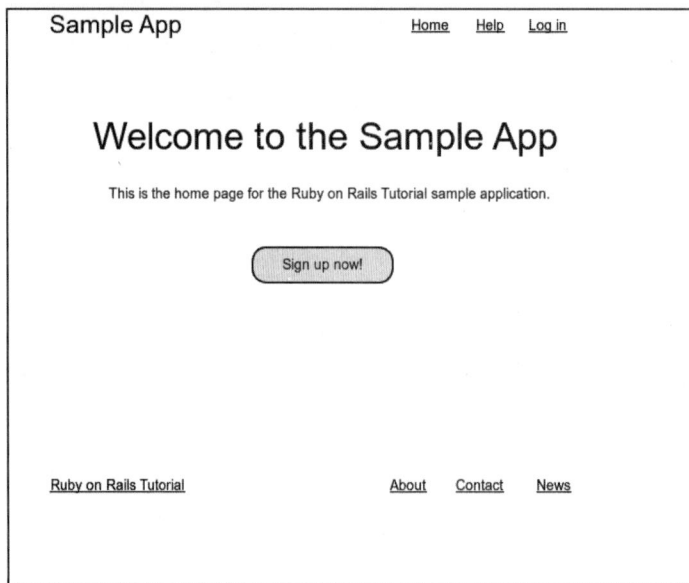

图5-1　演示应用首页的构思图

与之前一样，如果使用Git做版本控制，现在最好创建一个新分支：

```
$ git checkout -b filling-in-layout
```

5.1.1　网站导航

在应用中添加链接和样式之前，我们先来修改网站的布局文件application.html.erb（上一次见到是在代码清单4-3中），添加一些HTML结构。我们要添加一些区域、一些CSS类，以及导航栏。布局文件的完整内容参见代码清单5-1，对各部分的说明紧跟其后。如果你迫不及待想看到结果，请看图5-2。（注意：结果还不是很令人满意。）

代码清单5-1　添加一些结构后的网站布局文件
app/views/layouts/application.html.erb

```
<!DOCTYPE html>
<html>
  <head>
    <title><%= full_title(yield(:title)) %></title>
    <%= csrf_meta_tags %>
    <%= stylesheet_link_tag    'application', media: 'all',
                                              'data-turbolinks-track': 'reload' %>
    <%= javascript_include_tag 'application', 'data-turbolinks-track': 'reload' %>
    <!--[if lt IE 9]>
      <script src="//cdnjs.cloudflare.com/ajax/libs/html5shiv/r29/html5.min.js">
      </script>
    <![endif]-->
  </head>
  <body>
```

```
<header class="navbar navbar-fixed-top navbar-inverse">
  <div class="container">
    <%= link_to "sample app", '#', id: "logo" %>
    <nav>
      <ul class="nav navbar-nav navbar-right">
        <li><%= link_to "Home",   '#' %></li>
        <li><%= link_to "Help",   '#' %></li>
        <li><%= link_to "Log in", '#' %></li>
      </ul>
    </nav>
  </div>
</header>
<div class="container">
  <%= yield %>
</div>
</body>
</html>
```

我们从上往下看一下这段代码中新添加的元素。3.4.1节简单介绍过，Rails默认使用HTML5（如文档类型声明**<!DOCTYPE html>**所示）。因为HTML5标准还很新，有些浏览器（特别是旧版Internet Explorer）还没有完全支持，所以我们加载了一些JavaScript代码［称作HTML5 shim（或shiv）[①]］来解决这个问题：

```
<!--[if lt IE 9]>
  <script src="//cdnjs.cloudflare.com/ajax/libs/html5shiv/r29/html5.min.js">
  </script>
<![endif]-->
```

这段有点古怪的句法，只有当IE浏览器的版本号小于9时（**if lt IE 9**）才会加载其中的代码。**<!--[if lt IE 9]>**这个奇怪的句法不是Rails提供的，其实它是IE浏览器为了解决兼容性问题而特别提供的。使用这个句法的好处是，只会在IE9以前的版本中加载HTML5 shim，而Firefox、Chrome和Safari等其他浏览器不受影响。

后面的区域是一个**header**元素，包含网站的徽标（纯文本）、一些区域（使用**div**标签）和一个导航列表元素：

```
<header class="navbar navbar-fixed-top navbar-inverse">
  <div class="container">
    <%= link_to "sample app", '#', id: "logo" %>
    <nav>
      <ul class="nav navbar-nav navbar-right">
        <li><%= link_to "Home",   '#' %></li>
        <li><%= link_to "Help",   '#' %></li>
        <li><%= link_to "Log in", '#' %></li>
      </ul>
    </nav>
  </div>
</header>
```

---

① 做这种用途时，shim和shiv两个词可以互换使用。前者是正式的术语，根据词典的释义，它的意思是"用于对齐、整平或减少零件磨碎的垫片或薄片"，而后者（意思是"用作武器的小刀或剃刀"）显然是对HTML5 shim原作者的姓名（Sjoerd Visscher）玩弄的文字游戏。

header标签表明这个元素应该放在页面的顶部。我们为**header**标签指定了三个CSS类，[1]分别为**navbar**、**navbar-fixed-top**和**navbar-inverse**，类之间用空格分开：

```
<header class="navbar navbar-fixed-top navbar-inverse">
```

所有HTML元素都可以指定类和ID，它们不仅仅是标注，使用CSS编写样式时也有用（5.1.2节）。类和ID之间的主要区别是，类可以在同一个网页中多次使用，而ID只能使用一次。这里的三个类在Bootstrap框架中都有特殊的意义。我们会在5.1.2节安装并使用Bootstrap。

在**header**标签中，有一个**div**标签：

```
<div class="container">
```

div标签标识常规的区域，除了把文档分成不同的部分之外，没有特殊的意义。在以前的HTML标准中，**div**标签用于划分网站中几乎所有的区域，但是HTML5增加了**header**、**nav**和**section**等元素，用于划分大多数网站中都会用到的区域。这个**div**标签也有一个CSS类，**container**。与**header**标签的类一样，这个类在Bootstrap中也有特殊意义。

在这个**div**标签中有一些ERb代码：

```
<%= link_to "sample app", '#', id: "logo" %>
<nav>
  <ul class="nav navbar-nav navbar-right">
    <li><%= link_to "Home",   '#' %></li>
    <li><%= link_to "Help",   '#' %></li>
    <li><%= link_to "Log in", '#' %></li>
  </ul>
</nav>
```

这里使用Rails提供的**link_to**辅助方法创建链接（3.2.2节是直接使用a标签创建的）。**link_to**的第一个参数是链接文本，第二个参数是URL。5.3.3节会使用**具名路由**（named route）指定URL，现在暂且使用Web开发中经常使用的占位符#。第三个参数可选，是一个散列，本例使用这个参数为徽标添加一个CSS ID——**logo**。（其他三个链接没有使用这个散列参数，没关系，因为这个参数是可选的。）Rails辅助方法的参数经常这样使用散列，让我们仅使用Rails的辅助方法就能灵活添加HTML属性。

div标签中的第二个元素是导航链接，使用**无序列表标签ul**，以及**列表项目标签li**编写：

```
<nav>
  <ul class="nav navbar-nav navbar-right">
    <li><%= link_to "Home",   '#' %></li>
    <li><%= link_to "Help",   '#' %></li>
    <li><%= link_to "Log in", '#' %></li>
  </ul>
</nav>
```

<nav>标签以前是不需要的，它的目的是明确表明这些链接是导航。ul标签中的nav、**navbar-nav**和**navbar-right**三个类在Bootstrap中有特殊的意义，5.1.2节引入Bootstrap CSS之后会自动实现特殊的样式。在浏览器中审查导航元素，你会发现Rails处理布局文件并执行其中的ERb代码后，生成的列表如下所示：[2]

---

[1] CSS类和Ruby中的类完全没有关系。

[2] 你看到的空格数量可能有所不同，这没关系，因为空白在HTML中没有特殊意义（3.4.1节说过）。

```
<nav>
  <ul class="nav navbar-nav navbar-right">
    <li><a href="#">Home</a></li>
    <li><a href="#">Help</a></li>
    <li><a href="#">Log in</a></li>
  </ul>
</nav>
```

这就是返回给浏览器的文本。

布局文件的最后一部分是一个**div**标签，标识主内容区域：

```
<div class="container">
  <%= yield %>
</div>
```

与之前一样，**container**类在Bootstrap中有特殊意义。3.4.3节已经介绍过，**yield**会把各个页面中的内容插入网站的布局中。

除了留到5.1.3节添加的网站页脚之外，布局现在完成了。访问"首页"就能看到结果。为了利用后面添加的样式，我们要在**home.html.erb**视图中添加一些元素，如代码清单5-2所示。

代码清单5-2　"首页"视图，包含一个指向注册页面的链接

app/views/static_pages/home.html.erb

```
<div class="center jumbotron">
  <h1>Welcome to the Sample App</h1>

  <h2>
    This is the home page for the
    <a href="http://www.railstutorial.org/">Ruby on Rails Tutorial</a>
    sample application.
  </h2>

  <%= link_to "Sign up now!", '#', class: "btn btn-lg btn-primary" %>
</div>

<%= link_to image_tag("rails.png", alt: "Rails logo"),
            'http://rubyonrails.org/' %>
```

其中第一个**link_to**创建一个占位链接，指向第7章创建的用户注册页面：

```
<a href="#" class="btn btn-lg btn-primary">Sign up now!</a>
```

div标签的CSS类**jumbotron**在Bootstrap中有特殊的意义，注册按钮的**btn**、**btn-lg**和**btn-primary**类也是一样。

第二个**link_to**用到了**image_tag**辅助方法，它的第一个参数是图像的路径；第二个参数可选，是一个散列，本例中这个散列参数使用一个符号键设置图像的**alt**属性。为了能正确显示图像，应用中必须有个名为rails.png的图像。这个图像可以从本书的网站中下载，地址是http://railstutorial-china.org/assets/images/rails.png。然后把这个图片放到app/assets/images/目录中。[①]如果使用云端IDE或Unix类系统，可以使用**curl**完成这个操作，如代码清单5-3所示。（关于**curl**的更多信息，参阅Learn Enough

---

[①] 这个图像其实是Rails以前的徽标，现在用的徽标是SVG格式，不太符合我们的需求。

Command Line to Be Dangerous。）

代码清单5-3　下载一个图像

```
$ curl -o app/assets/images/rails.png -OL railstutorial-china.org/assets/images/rails.png
```

因为我们在代码清单5-2中使用了**image_tag**辅助方法，所以Rails会通过Asset Pipeline（5.2节）自动找到app/assets/images/目录中的任何图像。

现在终于可以看到劳动果实了，如图5-2所示。可能需要重启Rails服务器才能看到变化（旁注1.1）。

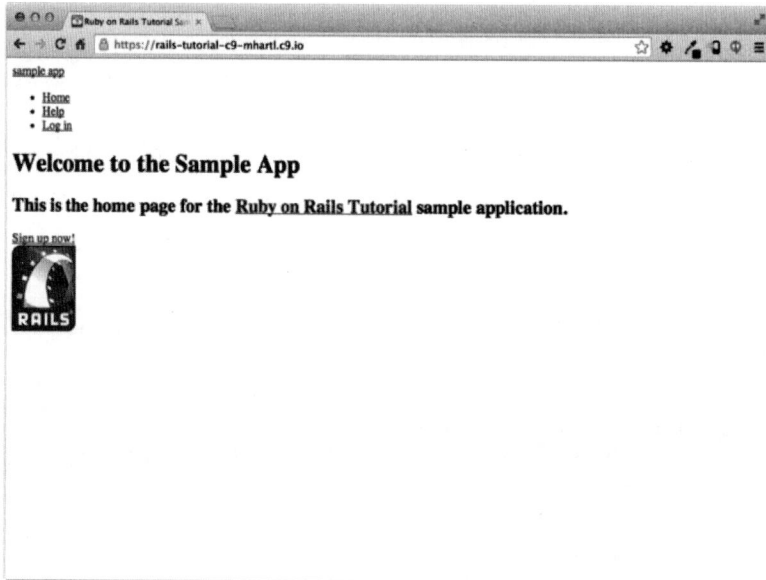

图5-2　还没添加CSS的首页

为了更好地理解**image_tag**，我们在浏览器中审查那个图像，看一下生成的HTML：[①]

```
<img alt="Rails logo"
src="/assets/rails-9308b8f92fea4c19a3a0d8385b494526.png" />
```

其中，字符串**9308b8f92fea4c19a3a0d8385b494526**（你看到的可能不一样）由Rails添加，目的是确保文件名的唯一性，如果文件变化了，让浏览器重新加载文件（而不是从浏览器缓存中读取）。注意，**src**属性中并不包含**images**，而是静态文件（图像、JavaScript、CSS等）共用的assets目录。在服务器中，Rails会把assets目录中的图像和app/assets/images目录中的文件对应起来。这么做是为了让浏览器觉得所有静态文件都在同一个目录中，有利于快速伺服。**alt**属性的内容会在图像无法加载时显示，例如在针对视觉障碍人士的屏幕阅读器中。

你可能觉得图5-2所示的页面并不是很美观。或许吧。不过也可以小小地高兴一下，因为我们为HTML结构指定了合适的类，可以用来添加CSS。

―――――――――――

① 你可能会注意到，img标签的格式不是**<img>...</img>**，而是**<img.../>**。这种标签叫作**自关闭标签**（self-closing tag）。

练习

购买本书的读者可以访问railstutorial.org/aw-solutions免费查看练习的解答。如果想查看其他人的答案，以及记录自己的答案，请加入Learn Enough Society（learnenough.com/society）。

(1) 没有猫图的网页还算是网页吗?！使用代码清单5-4中的命令下载图5-3所示的小猫图像。[①]

(2) 使用**mv**命令把kitten.jpg移到保存静态图像资源的目录中（5.2.1节）。

(3) 使用**image_tag**把kitten.jpg添加到首页，如图5-4所示。

代码清单5-4　从网上下载一张小猫图像

```
$ curl -OL cdn.learnenough.com/kitten.jpg
```

图5-3　不可或缺的小猫图像

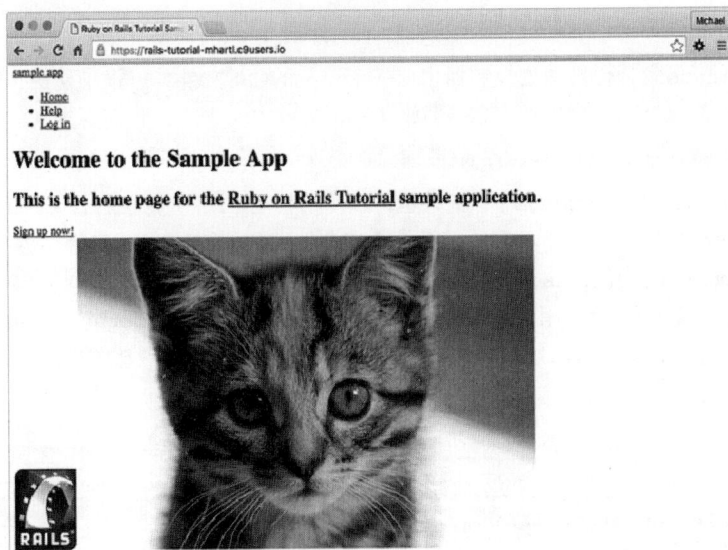

图5-4　添加小猫图像后的首页

5.1.2   Bootstrap 和自定义的 CSS

5.1.1节为很多HTML元素指定了CSS类，这样我们就可以使用CSS灵活地构建布局了。如前所述，其中很多类在Bootstrap中有特殊的意义。Bootstrap是Twitter开发的框架，可以方便地把精美的Web设计和用户界面元素添加到使用HTML5开发的应用中。本节，我们将结合Bootstrap和一些自定义的CSS，为演示应用添加一些样式。值得注意的是，使用Bootstrap后，应用的设计就自动实现了**响应式**（responsive），在各种设备中都具有精美的外观。

首先，我们要安装Bootstrap。在Rails应用中可以使用**bootstrap-sass**这个gem，如代码清单5-5所示。[①] Bootstrap框架本身使用Less语言编写动态样式表，而Rails的Asset Pipeline默认支持的是（非常类似的）Sass语言（5.2节）。**bootstrap-sass**会把Less转换成Sass，而且让Bootstrap中所有必要的文件都可以在当前应用中使用。[②]

代码清单5-5   把bootstrap-sass gem添加到Gemfile文件中

```
source 'https://rubygems.org'

gem 'rails',          '5.0.0'
gem 'bootstrap-sass', '3.3.6'
.
.
.
```

和之前一样，运行**bundle install**安装Bootstrap：

```
$ bundle install
```

rails generate命令会自动为控制器生成一个单独的CSS文件，但很难使用正确的顺序引入这些样式，所以简单起见，本书会把所有CSS都放在一个文件中。为此，我们要先新建这个CSS文件：

```
$ touch app/assets/stylesheets/custom.scss
```

（这里使用3.3.3节用过的**touch**命令，此外也可以使用其他方式。）目录名和文件扩展名都很重要。app/assets/stylesheets/目录是Asset Pipeline的一部分（5.2节），其中所有的样式表都会引入application.css文件。文件名**custom.scss**中包含**.scss**扩展名，说明这是"Sassy CSS"文件，Asset Pipeline会使用Sass处理其中的内容。（5.2.2节才会使用Sass，不过加入这个扩展名才能发挥**bootstrap-sass** gem的作用。）

在这个CSS文件中，我们可以使用**@import**函数引入Bootstrap（以及相关的Sprockets代码），如代码清单5-6所示。[③]

代码清单5-6   导入Bootstrap中的CSS

app/assets/stylesheets/custom.scss

```
@import "bootstrap-sprockets";
@import "bootstrap";
```

[①] 跟之前一样，应该使用gemfiles-4th-ed.railstutorial.org给出的版本号。

[②] 在Asset Pipeline中也可以使用Less，详见**less-rails-bootstrap** gem。

[③] 如果你觉得这一步很难理解，先照做吧，我完全是按照这个gem的安装说明做的。

　　这两行代码会引入整个Bootstrap CSS框架。然后，重启Web服务器（1.3.2节说过，方法是先按Ctrl-C键，然后执行`rails server`命令），让这些改动生效，效果如图5-5所示。文本的位置还不合适，徽标也没有任何样式，不过颜色搭配和注册按钮看起来都不错。

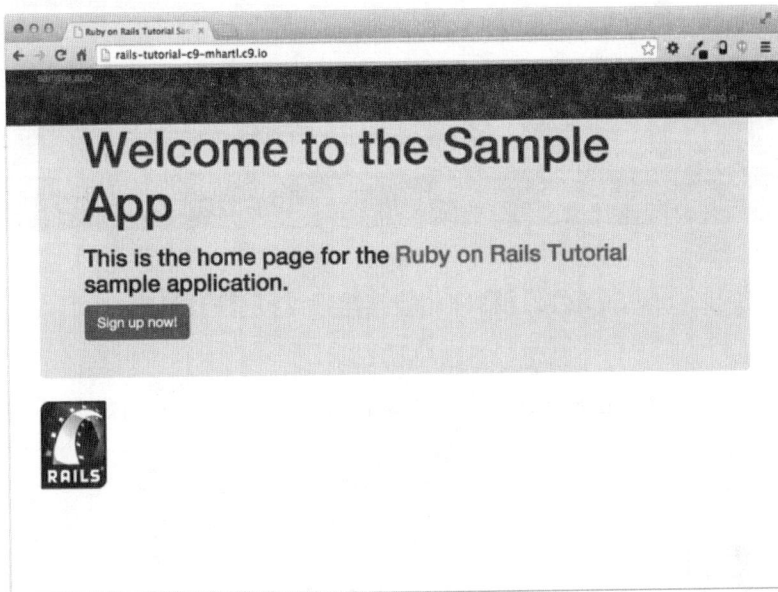

图5-5　使用Bootstrap CSS后的演示应用

　　下面我们要加入一些整站都会用到的CSS，美化网站布局和各个页面，如代码清单5-7所示。效果如图5-6所示。（这段代码定义了很多样式规则。为了说明CSS规则的作用，我通常会加入一些CSS注释，放在`/* ... */`中。）

代码清单5-7　添加全站使用的CSS

app/assets/stylesheets/custom.scss

```scss
@import "bootstrap-sprockets";
@import "bootstrap";

/* universal */

body {
  padding-top: 60px;
}

section {
  overflow: auto;
}

textarea {
  resize: vertical;
}
```

```
.center {
  text-align: center;
}

.center h1 {
  margin-bottom: 10px;
}
```

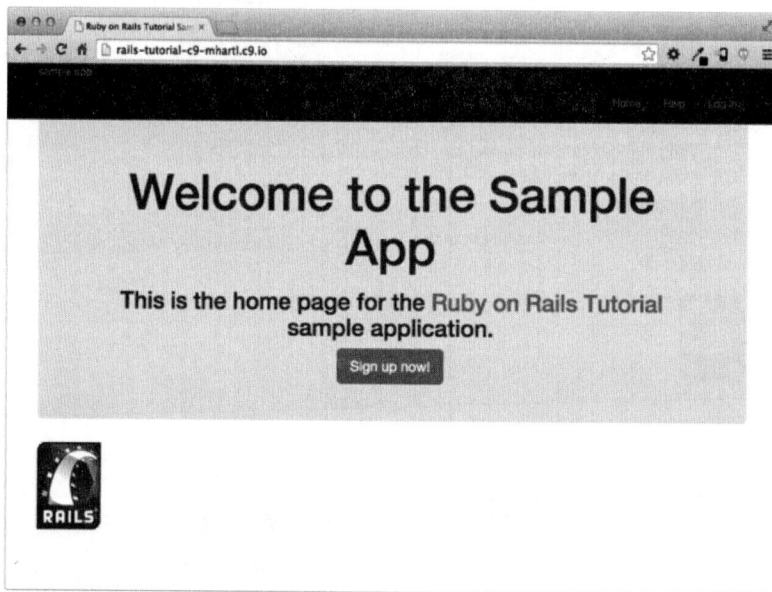

图5-6   添加一些留白以及其他全局样式

注意，代码清单5-7中的CSS格式都是统一的。一般来说，CSS规则通过类、ID、HTML标签或者三者结合在一起来指代目标，然后在后面跟着一些样式声明。例如：

```
body {
  padding-top: 60px;
}
```

这个规则把页面的上内边距设为60像素。我们在**header**标签上指定了**navbar-fixed-top**类，Bootstrap会把这个导航条固定在页面的顶部，所以页面的上内边距会把主内容区和导航条隔开一段距离。（导航条的颜色在Bootstrap 2.0中变了，所以要加入**navbar-inverse**类，把亮色变暗。）下面的CSS规则：

```
.center {
  text-align: center;
}
```

把**.center**类的样式定义为**text-align: center;**。**.center**中的点号说明这个规则是样式化一个类。（在代码清单5-9中会看到，**#**样式化一个ID。）这个规则的意思是，任何类为**.center**的标签（例如**div**），其中包含的内容都会在页面中居中显示。（代码清单5-2中用到了这个类。）

虽然Bootstrap提供了很精美的文字排版样式，我们还是要为文字的外观添加一些自定义的规则，如代码清单5-8所示。（并不是所有样式都用于"首页"，但所有规则都会在这个演示应用的某个地方用到。）效果如图5-7所示。

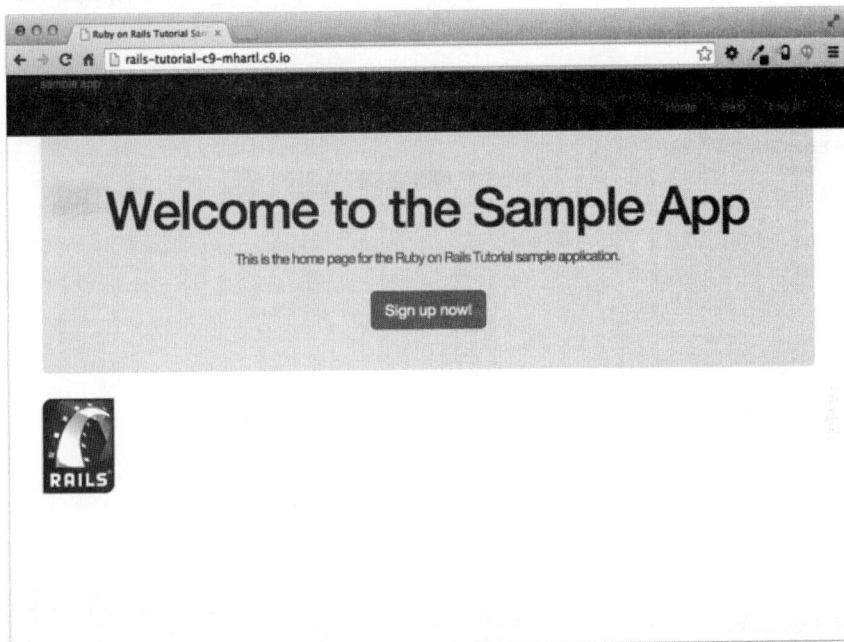

图5-7　添加一些排版样式

代码清单5-8　添加一些精美的文字排版样式

app/assets/stylesheets/custom.scss

```
@import "bootstrap-sprockets";
@import "bootstrap";
.
.
.
/* typography */

h1, h2, h3, h4, h5, h6 {
  line-height: 1;
}

h1 {
  font-size: 3em;
  letter-spacing: -2px;
  margin-bottom: 30px;
  text-align: center;
}

h2 {
```

```
      font-size: 1.2em;
      letter-spacing: -1px;
      margin-bottom: 30px;
      text-align: center;
      font-weight: normal;
      color: #777;
    }

    p {
      font-size: 1.1em;
      line-height: 1.7em;
    }
```

最后，我们还要为只包含"sample app"文本的网站徽标添加一些样式。代码清单5-9中的CSS把文字变成全大写字母，并修改字号、颜色和位置。（我们使用的是CSS ID，因为我们希望徽标在页面中只出现一次，不过也可以使用类。）

代码清单5-9　添加网站徽标的样式

app/assets/stylesheets/custom.scss

```
    @import "bootstrap-sprockets";
    @import "bootstrap";
    .
    .
    .
    /* header */

    #logo {
      float: left;
      margin-right: 10px;
      font-size: 1.7em;
      color: #fff;
      text-transform: uppercase;
      letter-spacing: -1px;
      padding-top: 9px;
      font-weight: bold;
    }

    #logo:hover {
      color: #fff;
      text-decoration: none;
    }
```

其中，**color: #fff;**把徽标文字的颜色变成白色。HTML中的颜色代码由3组16进制数组成，分别代表三原色中的红绿蓝（就是这个顺序）。**#ffffff**是三种颜色都为最大值的情况，表示纯白色。**#fff**是**#ffffff**的简写形式。CSS标准为很多常用的HTML颜色定义了别名，例如**white**代表**#fff**。添加代码清单5-9中的样式后，效果如图5-8所示。

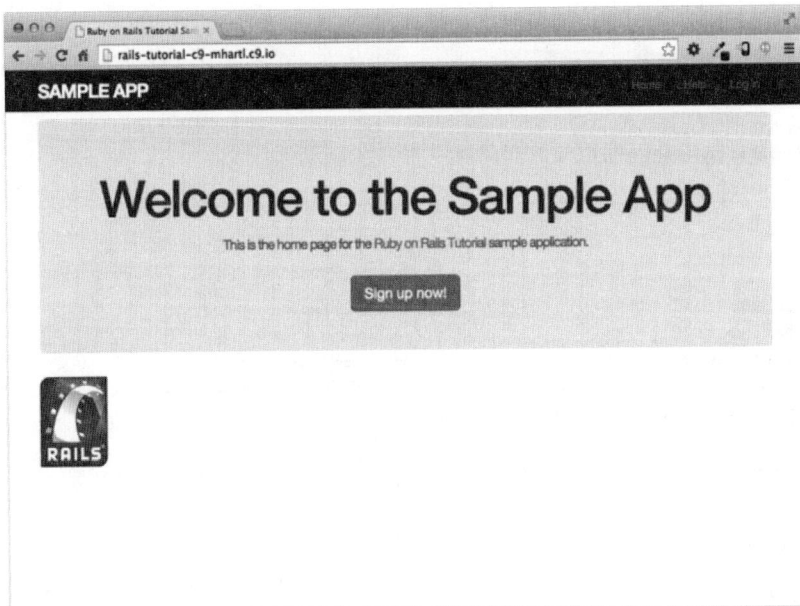

图5-8　为徽标添加样式后的演示应用

练习

购买本书的读者可以访问railstutorial.org/aw-solutions免费查看练习的解答。如果想查看其他人的答案，以及记录自己的答案，请加入Learn Enough Society（learnenough.com/society）。

(1) 使用代码清单5-10中的代码，把前一节练习中添加的猫图注释掉。使用Web审查工具确认页面的HTML源码中没有那个图像了。

(2) 把代码清单5-11中的CSS添加到custom.scss文件中，隐藏应用中的所有图像（目前只有首页有一张Rails徽标）。使用Web审查工具确认图像确实不见了，但是HTML仍在。

代码清单5-10　把嵌入式Ruby代码注释掉

```
<%#= image_tag("kitten.jpg", alt: "Kitten") %>
```

代码清单5-11　隐藏图像的CSS

```
img {
  display: none;
}
```

5.1.3　局部视图

虽然代码清单5-1中的布局达到了目的，但其中的内容看起来有点混乱。HTML shim就占了三行，而且使用了只针对IE的奇怪句法，如果能把它打包放在一个单独的地方就好了。此外，页头的HTML自成一个逻辑单元，所以也可以把这部分打包放在某个地方。在Rails中我们可以使用**局部视图**（partial）实现这种想法。先来看一下定义了局部视图之后的布局文件，如代码清单5-12所示。

代码清单5-12 把HTML shim和页头放到局部视图中之后的网站布局
app/views/layouts/application.html.erb

```
<!DOCTYPE html>
<html>
  <head>
    <title><%= full_title(yield(:title)) %></title>
    <%= csrf_meta_tags %>
    <%= stylesheet_link_tag    'application', media: 'all',
                                   'data-turbolinks-track': 'reload' %>
    <%= javascript_include_tag 'application',
                                   'data-turbolinks-track': 'reload' %>
    <%= render 'layouts/shim' %>
  </head>
  <body>
    <%= render 'layouts/header' %>
    <div class="container">
      <%= yield %>
    </div>
  </body>
</html>
```

在这段代码中，我们把HTML shim删掉，换成了一行代码，调用Rails的辅助方法**render**：

```
<%= render 'layouts/shim' %>
```

这行代码会寻找一个名为app/views/layouts/_shim.html.erb的文件，执行其中的代码，然后把结果插入视图。[①]（回顾一下，执行Ruby表达式并将结果插入模板中要使用**<%= ... %>**。）注意，文件名_shim.html.erb的开头有个下划线，这是局部视图的命名约定，以便在目录中快速定位所有局部视图。

当然，若要局部视图起作用，我们要写入相应的内容。HTML shim局部视图只包含代码清单5-1中与shim有关的三行代码，如代码清单5-13所示。

代码清单5-13 HTML shim局部视图
app/views/layouts/_shim.html.erb

```
<!--[if lt IE 9]>
  <script src="//cdnjs.cloudflare.com/ajax/libs/html5shiv/r29/html5.min.js">
  </script>
<![endif]-->
```

类似地，我们可以把页头移入局部视图，如代码清单5-14所示，然后再次调用**render**把这个局部视图插入布局中。（一般都要在文本编辑器中手动创建局部视图对应的文件。）

---

① 很多Rails开发者使用shared目录存放在不同视图中共用的局部视图。我倾向于在shared目录中存放辅助的局部视图，而把每个页面中都会用到的局部视图放在layouts目录中。（我们会在第7章创建shared目录。）在我看来，这种方式比较符合逻辑，不过，都放在shared目录里也完全可行。

代码清单5-14　　网站页头的局部视图

app/views/layouts/_header.html.erb

```
<header class="navbar navbar-fixed-top navbar-inverse">
  <div class="container">
    <%= link_to "sample app", '#', id: "logo" %>
    <nav>
      <ul class="nav navbar-nav navbar-right">
        <li><%= link_to "Home",   '#' %></li>
        <li><%= link_to "Help",   '#' %></li>
        <li><%= link_to "Log in", '#' %></li>
      </ul>
    </nav>
  </div>
</header>
```

现在我们已经知道怎么创建局部视图了，让我们来加入与页头对应的页脚吧。你或许已经猜到了，我们会把这个局部视图命名为**_footer.html.erb**，放在layouts目录中，如代码清单5-15所示。[①]

代码清单5-15　　页脚的局部视图

app/views/layouts/_footer.html.erb

```
<footer class="footer">
  <small>
    The <a href="http://www.railstutorial.org/">Ruby on Rails Tutorial</a>
    by <a href="http://www.michaelhartl.com/">Michael Hartl</a>
  </small>
  <nav>
    <ul>
      <li><%= link_to "About",   '#' %></li>
      <li><%= link_to "Contact", '#' %></li>
      <li><a href="http://news.railstutorial.org/">News</a></li>
    </ul>
  </nav>
</footer>
```

与页头类似，我们在页脚使用**link_to**创建指向“关于”页面和“联系”页面的链接，地址先使用占位符#。（与**header**一样，**footer**也是HTML5新增的标签。）

按照HTML shim和页头局部视图的方式，我们可以在布局视图中渲染页脚局部视图，如代码清单5-16所示。

代码清单5-16　　添加页脚局部视图后的网站布局

app/views/layouts/application.html.erb

```
<!DOCTYPE html>
<html>
  <head>
    <title><%= full_title(yield(:title)) %></title>
```

---

① 你可能想知道为什么要使用**footer**标签和**.footer**类。理由是，这样的标签对于人类来说更容易理解，而且Bootstrap也使用这个类名。把**footer**标签换成**div**标签也可以。

```
      <%= csrf_meta_tags %>
      <%= stylesheet_link_tag      'application', media: 'all',
                                    'data-turbolinks-track': 'reload' %>
      <%= javascript_include_tag 'application',
                                    'data-turbolinks-track': 'reload' %>
      <%= render 'layouts/shim' %>
    </head>
    <body>
      <%= render 'layouts/header' %>
      <div class="container">
        <%= yield %>
        <%= render 'layouts/footer' %>
      </div>
    </body>
</html>
```

当然，如果没有样式的话，页脚还很丑。页脚的样式参见代码清单5-17，效果如图5-9所示。

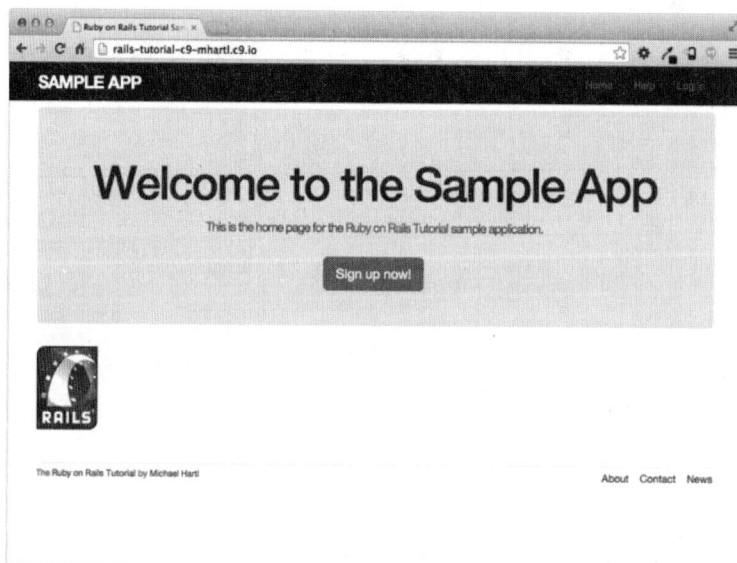

图5-9　添加页脚后的首页

代码清单5-17　添加网站页脚的CSS

app/assets/stylesheets/custom.scss

```
  .
  .
  .
/* footer */

footer {
  margin-top: 45px;
  padding-top: 5px;
  border-top: 1px solid #eaeaea;
  color: #777;
```

```
}

footer a {
  color: #555;
}

footer a:hover {
  color: #222;
}

footer small {
  float: left;
}

footer ul {
  float: right;
  list-style: none;
}

footer ul li {
  float: left;
  margin-left: 15px;
}
```

练习

　　购买本书的读者可以访问railstutorial.org/aw-solutions免费查看练习的解答。如果想查看其他人的答案，以及记录自己的答案，请加入Learn Enough Society（learnenough.com/society）。

　　(1) 把Rails在**head**元素中插入的标签替换成代码清单5-18中的**render**调用。**提示**：简单起见，不要删除，应该剪切。

　　(2) 我们还没创建代码清单5-18所需的局部视图，所以测试应该失败。确认的确如此。

　　(3) 在layouts目录中创建所需的局部视图，把内容粘贴进去，然后确认测试可以通过。

代码清单5-18　把Rails在**head**元素中插入的标签替换成**render**调用
app/views/layouts/application.html.erb

```erb
<!DOCTYPE html>
<html>
  <head>
    <title><%= full_title(yield(:title)) %></title>
    <%= render 'layouts/rails_default' %>
    <%= render 'layouts/shim' %>
  </head>
  <body>
    <%= render 'layouts/header' %>
    <div class="container">
      <%= yield %>
      <%= render 'layouts/footer' %>
    </div>
  </body>
</html>
```

5.2 Sass 和 Asset Pipeline

Rails中最有用的功能之一是Asset Pipeline，它极大地简化了静态资源文件（CSS、JavaScript和图像）的生成和管理。本节先概述Asset Pipeline的作用，然后说明如何使用Sass这个强大的CSS编写工具。

5.2.1 Asset Pipeline

Rails开发者要理解Asset Pipeline的三个概念：静态资源目录、清单文件，以及预处理器引擎。[①]下面一一介绍。

1. 静态资源目录

Rails的Asset Pipeline使用三个标准的目录存放静态资源文件，它们各有各的作用。

❑ app/assets：当前应用的静态资源文件。

❑ lib/assets：开发团队自己开发的代码库使用的静态资源文件。

❑ vendor/assets：第三方代码库使用的静态资源文件。

这几个目录中都有针对不同静态资源类型的子目录，例如：

```
$ ls app/assets/
images/ javascripts/ stylesheets/
```

现在我们知道5.1.2节中**custom.scss**存放位置的用意了：因为**custom.scss**只在应用中使用，所以把它放在app/assets/stylesheets目录中。

2. 清单文件

把静态资源文件放在适当的目录中之后，要通过**清单文件**（manifest file）告诉Rails怎么把它们合并成一个文件（通过Sprockets gem实现，而且只合并CSS和JavaScript文件，不会合并图像）。举个例子，我们来看一下应用默认的样式清单文件，如代码清单5-19所示。

代码清单5-19　应用的CSS清单文件

app/assets/stylesheets/application.css

```
/*
 * This is a manifest file that'll be compiled into application.css, which
 * will include all the files listed below.
 *
 * Any CSS and SCSS file within this directory, lib/assets/stylesheets,
 * vendor/assets/stylesheets, or vendor/assets/stylesheets of plugins, if any,
 * can be referenced here using a relative path.
 *
 * You're free to add application-wide styles to this file and they'll appear
 * at the bottom of the compiled file so the styles you add here take
 * precedence over styles defined in any styles defined in the other CSS/SCSS
 * files in this directory. It is generally better to create a new file per
 * style scope.
 *
 *= require_tree .
```

[①] 本节内容根据Michael Erasmus写的文章 "The Rails 3 Asset Pipeline in (about) 5 Minutes" 组织。更多信息参见Rails指南中的 "Asset Pipeline" 一文（http://guides.rubyonrails.org/asset_pipeline.html）。

```
 *= require_self
 */
```

这里关键的代码是几行CSS注释，Sprockets通过这些注释引入相应的文件：

```
/*
 .
 .
 .
 *= require_tree .
 *= require_self
 */
```

其中

```
 *= require_tree .
```

会把app/assets/stylesheets目录中的所有CSS文件（包含子目录中的文件）都引入应用的CSS文件。下面这行：

```
 *= require_self
```

会把application.css这个文件中的CSS也加载进来。

Rails提供的默认清单文件可以满足我们的需求，所以本书不会对其做任何修改。Rails指南中有一篇专门介绍Asset Pipeline的文章（http://guides.rubyonrails.org/asset_pipeline.html），说得更详细。

3. 预处理器引擎

准备好静态资源文件后，Rails会使用一些预处理器引擎来处理它们，并通过清单文件将其合并，然后发送给浏览器。我们通过扩展名告诉Rails使用哪个预处理器。三个最常用的扩展名是：Sass文件的.scss，CoffeeScript文件的.coffee，ERb文件的.erb。我们在3.4.3节介绍过ERb，5.2.2节会介绍Sass。本书不会使用CoffeeScript，这是一门很小巧的语言，可以编译成浏览器中执行的JavaScript。

预处理器引擎可以连接在一起使用，因此**foobar.js.coffee**只会使用CoffeeScript处理器，而**foobar.js.erb.coffee**会使用CoffeeScript和ERb处理器（按照扩展名的顺序从右向左处理，所以CoffeeScript处理器先执行）。

4. 在生产环境中的效率问题

Asset Pipeline带来的好处之一是，能自动优化静态资源文件，在生产环境中使用效果极佳。CSS和JavaScript的传统组织方式是，把不同功能的代码放在不同的文件中，而且排版良好（有很多缩进）。这么做对编程人员很友好，但在生产环境中使用却效率低下——加载大量的大文件会明显增加页面的加载时间，这是影响用户体验的最主要因素之一。使用Asset Pipeline，不必在速度和便捷之间进行选择：可以在开发环境中使用多个格式良好的文件，然后在生产环境中使用Asset Pipeline生成高效的文件。具体说来，Asset Pipeline将应用程序的所有样式表都集中到一个CSS文件（application.css）中，把应用程序的所有JavaScript代码都集中到一个JavaScript文件（application.js）中，而且还会简化（minify）这些文件，删除不必要的空格和缩进，减小文件大小。这样我们就最好地平衡了两方面的需求——开发方便，线上高效。

5.2.2　句法强大的样式表

Sass是一种编写样式表的语言，从多方面增强了CSS的功能。本节我们要介绍两个最主要的功能：

嵌套和变量。（还有一个功能是混入，7.1.1节再介绍。）

5.1.2节简单说过，Sass支持一种名为SCSS的格式（扩展名为 **.scss**），这是CSS的一个严格超集。也就是说，SCSS只为CSS添加了一些功能，而没有定义全新的句法。[①]也就是说，所有有效的CSS文件都是有效的SCSS文件，这对已经定义了样式规则的项目来说是件好事。在我们的应用中，因为要使用Bootstrap，所以从一开始就使用了SCSS。Rails的Asset Pipeline会自动使用Sass预处理器处理扩展名为 **.scss** 的文件，所以custom.scss文件会首先经由Sass预处理器处理，然后引入应用的样式表中，再发送给浏览器。

1. 嵌套

样式表中经常会定义嵌套元素的样式，例如，在代码清单5-7中，我们定义了 **.center** 和 **.center h1** 两个样式：

```
.center {
  text-align: center;
}

.center h1 {
  margin-bottom: 10px;
}
```

使用Sass可将其改写成

```
.center {
  text-align: center;
  h1 {
    margin-bottom: 10px;
  }
}
```

内层的 **h1** 会自动放入 **.center** 上下文中。

嵌套还有一种形式，但句法稍有不同。在代码清单5-9中，有如下的代码：

```
#logo {
  float: left;
  margin-right: 10px;
  font-size: 1.7em;
  color: #fff;
  text-transform: uppercase;
  letter-spacing: -1px;
  padding-top: 9px;
  font-weight: bold;
}

#logo:hover {
  color: #fff;
  text-decoration: none;
}
```

其中徽标的ID **#logo** 出现了两次，一次单独出现，另一次和 **hover** 伪类一起出现（鼠标悬停其上

[①] Sass仍然支持以前的 **.sass** 格式，这个格式相对来说更简洁，花括号更少，但是对现有项目不太友好，已经熟悉CSS的人学习的难度也相对更大。

时的样式）。如果要嵌套第二组规则，需要引用父级元素**#logo**。在SCSS中，这使用**&**符号实现：

```
#logo {
  float: left;
  margin-right: 10px;
  font-size: 1.7em;
  color: #fff;
  text-transform: uppercase;
  letter-spacing: -1px;
  padding-top: 9px;
  font-weight: bold;
  &:hover {
    color: #fff;
    text-decoration: none;
  }
}
```

把SCSS转换成CSS时，Sass会把**&:hover**编译成**#logo:hover**。

这两种嵌套方式都可以用在代码清单5-17中的页脚样式上，将其改写成：

```
footer {
  margin-top: 45px;
  padding-top: 5px;
  border-top: 1px solid #eaeaea;
  color: #777;
  a {
    color: #555;
    &:hover {
      color: #222;
    }
  }
  small {
    float: left;
  }
  ul {
    float: right;
    list-style: none;
    li {
      float: left;
      margin-left: 15px;
    }
  }
}
```

自己动手改写代码清单5-17是个不错的练习（5.2.2节），改完后应该验证一下CSS是否还能正常使用。

2. 变量

Sass允许自定义变量来避免重复，这样也可以写出更具表现力的代码。例如，代码清单5-8和代码清单5-17中重复使用了同一个颜色代码：

```
h2 {
  .
  .
```

```
    .
    color: #777;
}
    .
    .

footer {
    .
    .
    color: #777;
}
```

上面代码中的**#777**是淡灰色，我们可以把它定义成一个变量：

```
$light-gray: #777;
```

然后可以这样写SCSS：

```
$light-gray: #777;
    .
    .

h2 {
    .
    .
    .
    color: $light-gray;
}
    .
    .

footer {
    .
    .
    color: $light-gray;
}
```

因为像**$light-gray**这样的变量名比**#777**意思更明确，所以把不重复使用的值定义成变量往往也是很有用的。其实，Bootstrap框架定义了很多颜色变量，Bootstrap文档中有这些变量的Less形式（http://getbootstrap.com/customize/#less-variables）。这个页面中的变量使用Less句法，而不是Sass，不过**bootstrap-sass** gem为我们提供了对应的Sass形式。二者之间的对应关系也不难猜测，Less使用**@**符号定义变量，而Sass使用**$**符号。在Bootstrap文档中我们看到已经为淡灰色定义了变量：

```
@gray-light: #777;
```

也就是说，在**bootstrap-sass** gem中有一个对应的SCSS变量**$gray-light**。我们可以用它换掉自己定义的**$light-gray**变量：

```
h2 {
    .
    .
```

```
    color: $gray-light;
}
  .
  .
  .
footer {
  .
  .
  .
  color: $gray-light;
}
```

使用Sass提供的嵌套和变量定义功能改写应用的整个样式表后，得到的代码如代码清单5-20所示。这段代码使用了Sass变量（参照Bootstrap Less变量页面）和内置的命名颜色（即**white**代表**#fff**）。请特别留意**footer**标签样式的改进有多明显。

代码清单5-20　使用嵌套和变量改写后的SCSS文件

app/assets/stylesheets/custom.scss

```
@import "bootstrap-sprockets";
@import "bootstrap";

/* mixins, variables, etc. */

$gray-medium-light: #eaeaea;

/* universal */

body {
  padding-top: 60px;
}

section {
  overflow: auto;
}

textarea {
  resize: vertical;
}

.center {
  text-align: center;
  h1 {
    margin-bottom: 10px;
  }
}

/* typography */

h1, h2, h3, h4, h5, h6 {
  line-height: 1;
}
```

```scss
h1 {
  font-size: 3em;
  letter-spacing: -2px;
  margin-bottom: 30px;
  text-align: center;
}

h2 {
  font-size: 1.2em;
  letter-spacing: -1px;
  margin-bottom: 30px;
  text-align: center;
  font-weight: normal;
  color: $gray-light;
}

p {
  font-size: 1.1em;
  line-height: 1.7em;
}


/* header */

#logo {
  float: left;
  margin-right: 10px;
  font-size: 1.7em;
  color: white;
  text-transform: uppercase;
  letter-spacing: -1px;
  padding-top: 9px;
  font-weight: bold;
  &:hover {
    color: white;
    text-decoration: none;
  }
}

/* footer */

footer {
  margin-top: 45px;
  padding-top: 5px;
  border-top: 1px solid $gray-medium-light;
  color: $gray-light;
  a {
    color: $gray;
    &:hover {
      color: $gray-darker;
    }
  }
  small {
    float: left;
```

```
    }
  ul {
    float: right;
    list-style: none;
    li {
      float: left;
      margin-left: 15px;
    }
  }
}
```

Sass提供了很多简化样式表的功能，代码清单5-20只用到了最主要的功能，这是个好的开始。更多功能请查看Sass的网站（http://sass-lang.com）。

练习

购买本书的读者可以访问railstutorial.org/aw-solutions免费查看练习的解答。如果想查看其他人的答案，以及记录自己的答案，请加入Learn Enough Society（learnenough.com/society）。

(1) 按照5.2.2节的建议，自己动手把代码清单5-17中页脚的CSS改成代码清单5-20中的SCSS。

5.3 布局中的链接

我们已经为网站的布局定义了看起来不错的样式，下面要把链接中使用的占位符#换成真正的链接地址。当然，我们可以像下面这样直接写链接：

```
<a href="/static_pages/about">About</a>
```

不过这样不太符合Rails之道。一者，"关于"页面的地址如果是/about而不是 /static_pages/about就好了；再者，Rails习惯使用**具名路由**指定链接地址，如下面的代码所示：

```
<%= link_to "About", about_path %>
```

使用这种方式，代码的意图更明确，而且也更灵活。如果修改了**about_path**对应的URL，其他使用**about_path**的地方都会自动使用新的URL。

我们计划添加的链接如表5-1所示，表中还列出了URL和路由的对应关系。第一个路由在3.4.4节已经设定，本章结束时，我们会定义好除最后一个之外的所有路由。（最后一个路由在第8章定义。）

表5-1　网站中链接的路由与URL的对应关系

页　面	URL	具名路由
首页	/	root_path
关于	/about	about_path
帮助	/help	help_path
联系	/contact	contact_path
注册	/signup	signup_path
登录	/login	login_path

5.3.1   "联系"页面

在继续之前，我们要先添加一个"联系"页面（第3章的练习题）。测试如代码清单5-21所示，形式与代码清单3-24差不多。

代码清单5-21   "联系"页面的测试（RED）

test/controllers/static_pages_controller_test.rb

```ruby
require 'test_helper'

class StaticPagesControllerTest < ActionDispatch::IntegrationTest

  test "should get home" do
    get static_pages_home_url
    assert_response :success
    assert_select "title", "Ruby on Rails Tutorial Sample App"
  end

  test "should get help" do
    get static_pages_help_url
    assert_response :success
    assert_select "title", "Help | Ruby on Rails Tutorial Sample App"
  end

  test "should get about" do
    get static_pages_about_url
    assert_response :success
    assert_select "title", "About | Ruby on Rails Tutorial Sample App"
  end

  test "should get contact" do
    get static_pages_contact_url
    assert_response :success
    assert_select "title", "Contact | Ruby on Rails Tutorial Sample App"
  end
end
```

现在，代码清单5-21中的测试应该失败：

代码清单5-22   RED

```
$ rails test
```

我们按照3.3节的做法添加"联系"页面：首先更新路由（代码清单5-23），然后在**StaticPages**控制器中添加**contact**动作（代码清单5-24），最后创建"联系"页面的视图（代码清单5-25）。

代码清单5-23   添加"联系"页面的路由（RED）

config/routes.rb

```ruby
Rails.application.routes.draw do
  root 'static_pages#home'
  get  'static_pages/home'
```

```
  get  'static_pages/help'
  get  'static_pages/about'
  get  'static_pages/contact'
end
```

代码清单5-24 添加"联系"页面的动作（RED）
app/controllers/static_pages_controller.rb

```
class StaticPagesController < ApplicationController
  .
  .
  .
  def contact
  end
end
```

代码清单5-25 "联系"页面的视图（GREEN）
app/views/static_pages/contact.html.erb

```
<% provide(:title, 'Contact') %>
<h1>Contact</h1>
<p>
  Contact the Ruby on Rails Tutorial about the sample app at the
  <a href="http://www.railstutorial.org/contact">contact page</a>.
</p>
```

现在，确认测试可以通过：

代码清单5-26 GREEN

```
$ rails test
```

5.3.2 Rails 路由

为了给演示应用中的静态页面添加具名路由，我们要修改Rails用来定义URL映射的路由文件，即**config/routes.rb**。我们先分析一下特殊的首页路由（3.4.4节定义），然后再定义其他静态页面的路由。

目前为止，我们见到了三种定义根路由的方式。首先是**hello_app**中的（代码清单1-10）：

```
root 'application#hello'
```

然后是**toy_app**中的（代码清单2-6）：

```
root 'users#index'
```

最后是**sample_app**中的（代码清单3-41）：

```
root 'static_pages#home'
```

不管是哪一种方式，我们都把根路径指向一个控制器和动作。像这样定义根路由有个重要的好处——创建了具名路由，这样就可以使用名称而不是原始的URL指代路由。对根路由来说，创建的具名路由是**root_path**和**root_url**。二者之间唯一的区别是，后者是完整的URL：

```
root_path -> '/'
root_url  -> 'http://www.example.com/'
```

本书遵守一个约定：只有重定向使用**_url**形式，其余都使用**_path**形式。（这是因为HTTP标准严格要求重定向的URL必须完整。不过在大多数浏览器中，两种形式都可以正常使用。）

代码清单5-21中使用的是Rails默认生成的路由，有点繁琐，借此机会，我们为"帮助"页面、"关于"页面和"联系"页面定义具名路由。为此，我们要把代码清单5-23中的**get**规则由

```
get 'static_pages/help'
```

改成

```
get  '/help', to: 'static_pages#help'
```

这种新形式把发给/help的**GET**请求交给**StaticPages**控制器中的**help**动作处理。与根路由一样，这个规则也会定义两个具名路由，分别是**help_path**和**help_url**：

```
help_path -> '/help'
help_url  -> 'http://www.example.com/help'
```

按照同样的方式修改其他几个静态页面的路由，把代码清单5-23中的内容改成代码清单5-27。

代码清单5-27　静态页面的路由（RED）

config/routes.rb

```
Rails.application.routes.draw do
  root 'static_pages#home'
  get  '/help',    to: 'static_pages#help'
  get  '/about',   to: 'static_pages#about'
  get  '/contact', to: 'static_pages#contact'
end
```

注意，代码清单5-27还把**'static_pages/home'**路由删掉了，因为我们一直都得使用**root_path**或**root_url**。

代码清单5-21中的测试用的是旧路由，所以无法通过。为了让测试通过，我们要更新路由，如代码清单5-28所示。注意，借此机会，我们还把具名路由改成了***_path**形式。

代码清单5-28　使用新具名路由的静态页面测试（GREEN）

test/controllers/static_pages_controller_test.rb

```
require 'test_helper'

class StaticPagesControllerTest < ActionDispatch::IntegrationTest

  test "should get home" do
    get root_path
    assert_response :success
    assert_select "title", "Ruby on Rails Tutorial Sample App"
  end
```

```
test "should get help" do
  get help_path
  assert_response :success
  assert_select "title", "Help | Ruby on Rails Tutorial Sample App"
end

test "should get about" do
  get about_path
  assert_response :success
  assert_select "title", "About | Ruby on Rails Tutorial Sample App"
end

test "should get contact" do
  get contact_path
  assert_response :success
  assert_select "title", "Contact | Ruby on Rails Tutorial Sample App"
end
end
```

练习

购买本书的读者可以访问railstutorial.org/aw-solutions免费查看练习的解答。如果想查看其他人的答案，以及记录自己的答案，请加入Learn Enough Society（learnenough.com/society）。

(1) 使用**as:**选项可以修改默认生成的具名路由名称。受著名的*Far Side*漫画启发，请把"帮助"页面的路由改成**helf**。

(2) 确认测试现在是失败的。更新代码清单5-28中的路由，让测试通过。

(3) 把前两题的改动改回去。

代码清单5-29　把"help"改成"helf"

```
Rails.application.routes.draw do
  root 'static_pages#home'
  get  '/help',    to: 'static_pages#help', as: 'helf'
  get  '/about',   to: 'static_pages#about'
  get  '/contact', to: 'static_pages#contact'
end
```

5.3.3　使用具名路由

有了代码清单5-27中的路由，我们就可以在网站的布局中使用具名路由了。我们只需在**link_to**函数的第二个参数中指定合适的具名路由。例如，我们要把

```
<%= link_to "About", '#' %>
```

改成

```
<%= link_to "About", about_path %>
```

以此类推。

我们先来修改页头局部视图**_header.html.erb**，其中有指向首页和"帮助"页面的链接。同时，我们还要按照通用约定，把徽标指向首页。修改后的视图如代码清单5-30所示。

代码清单5-30　修改页头局部视图中的链接
app/views/layouts/_header.html.erb

```
<header class="navbar navbar-fixed-top navbar-inverse">
  <div class="container">
    <%= link_to "sample app", root_path, id: "logo" %>
    <nav>
      <ul class="nav navbar-nav navbar-right">
        <li><%= link_to "Home",    root_path %></li>
        <li><%= link_to "Help",    help_path %></li>
        <li><%= link_to "Log in", '#' %></li>
      </ul>
    </nav>
  </div>
</header>
```

第8章才会为"注册"页面设置具名路由，所以现在还用#符号占位。

还有一个包含链接的文件是页脚局部视图**_footer.html.erb**，那里有指向"关于"页面和"联系"页面的链接。修改后的视图如代码清单5-31所示。

代码清单5-31　修改页脚局部视图中的链接
app/views/layouts/_footer.html.erb

```
<footer class="footer">
  <small>
    The <a href="http://www.railstutorial.org/">Ruby on Rails Tutorial</a>
    by <a href="http://www.michaelhartl.com/">Michael Hartl</a>
  </small>
  <nav>
    <ul>
      <li><%= link_to "About",   about_path %></li>
      <li><%= link_to "Contact", contact_path %></li>
      <li><a href="http://news.railstutorial.org/">News</a></li>
    </ul>
  </nav>
</footer>
```

如此一来，第3章创建的所有静态页面都添加到布局中了。以"关于"页面为例，访问/about会打开网站的"关于"页面，如图5-10所示。

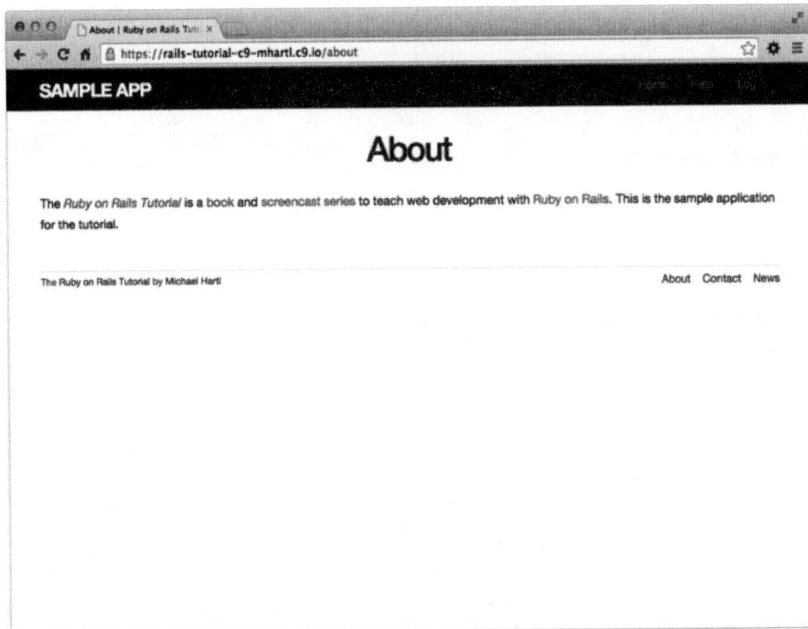

图5-10　/about地址上的"关于"页面

练习

购买本书的读者可以访问railstutorial.org/aw-solutions免费查看练习的解答。如果想查看其他人的答案，以及记录自己的答案，请加入Learn Enough Society（learnenough.com/society）。

(1) 更新布局中的链接，使用代码清单5-29中的`helf`路由。

(2) 把前一题的改动改回去。

5.3.4　布局中链接的测试

我们在布局中加入了几个链接，所以最好再编写一些测试，确保链接正常。我们可以在浏览器中手动测试，先访问首页，然后点击其他链接，不过这么做很快就会变得繁琐。所以我们要使用**集成测试**，编写端到端测试完成这些操作。首先，生成测试模板，名为`site_layout`：

```
$ rails generate integration_test site_layout
    invoke   test_unit
    create     test/integration/site_layout_test.rb
```

注意，Rails生成器会自动在文件名后面添加`_test`。

针对布局中链接的测试，要检查网站的HTML结构，步骤如下：

(1) 访问根路径（首页）；

(2) 确认使用正确的模板渲染；

(3) 检查指向首页、"帮助"页面、"关于"页面和"联系"页面的地址是否正确。

把上述步骤转换成Rails集成测试，得到的代码如代码清单5-32所示。其中`assert_template`方法检查首页是否使用正确的视图渲染。[1]

代码清单5-32   测试布局中的链接（GREEN）

test/integration/site_layout_test.rb

```
require 'test_helper'

class SiteLayoutTest < ActionDispatch::IntegrationTest

  test "layout links" do
    get root_path
    assert_template 'static_pages/home'
    assert_select "a[href=?]", root_path, count: 2
    assert_select "a[href=?]", help_path
    assert_select "a[href=?]", about_path
    assert_select "a[href=?]", contact_path
  end
end
```

代码清单5-32用到了**assert_select**方法（代码清单3-24和代码清单5-21用过）的一些高级用法。这里，我们同时指定标签名**a**和属性**href**，检查有没有指定的链接，如下所示：

```
assert_select "a[href=?]", about_path
```

Rails会自动把问号替换成**about_path**（如果需要还会转义特殊字符），检查有没有下面这样的HTML标签：

```
<a href="/about">...</a>
```

注意检查首页链接的那个断言，它确保页面中有两个指向首页的链接(徽标一个，导航栏中一个)：

```
assert_select "a[href=?]", root_path, count: 2
```

上述代码确认代码清单5-30中定义的两个首页链接都存在。

assert_select的更多用法参见表5-2。虽然**assert_select**的用法很灵活，功能很强大（还有很多表中没介绍的用法），但经验告诉我们，最好只测试不经常变动的HTML元素（例如网站布局中的链接）。

表5-2   **assert_select**的一些用法

代　　码	匹配的HTML
assert_select "div"	`<div>foobar</div>`
assert_select "div", "foobar"	`<div>foobar</div>`
assert_select "div.nav"	`<div class="nav">foobar</div>`
assert_select "div#profile"	`<div id="profile">foobar</div>`
assert_select "div[name=yo]"	`<div name="yo">hey</div>`
assert_select "a[href=?]", '/', count: 1	`<a href="/">foo</a>`
assert_select "a[href=?]", '/', text: "foo"	`<a href="/">foo</a>`

[1] 有些开发者坚持不在一个测试中编写多个断言。我觉得这种习惯会把问题变得复杂，而且，如果每个测试运行前都要设置一样的背景，就要编写更多的代码，所以完全没必要这么做。一个好的测试应该讲述连贯的故事，而把测试分成多个片段会打断叙述过程。因此，我十分倾向于在一个测试中编写多个断言，让Ruby（通过MiniTest）告诉我到底哪一个断言失败了。

为了检查代码清单5-32中的测试是否能通过，我们使用下述命令，只执行集成测试：

代码清单5-33　GREEN

```
$ rails test:integration
```

如果一切顺利，应该再运行整个测试组件，确保所有测试都能通过：

代码清单5-34　GREEN

```
$ rails test
```

有了针对布局中链接的集成测试，我们就能使用测试组件快速捕捉回归。

练习

购买本书的读者可以访问railstutorial.org/aw-solutions免费查看练习的解答。如果想查看其他人的答案，以及记录自己的答案，请加入Learn Enough Society（learnenough.com/society）。

(1) 把页脚局部视图中的**about_path**改成**contact_path**，确认测试能捕获这个问题。

(2) 按照代码清单5-35中的做法，把**Application**辅助模块引入测试辅助文件，这样可以在测试中使用**full_title**辅助方法，简化代码。然后，使用代码清单5-36测试标题是否正确。不过这么做不可靠，因为哪怕标题中不动的部分有笔误（例如写成"Ruby on Rails Tutoial"），测试都无法捕获。为了修正这个问题，编写一个测试，直接测试**full_title**辅助方法。为此，我们要创建一个用于测试**Application**辅助模块的文件，然后写入代码清单5-37中的代码，再把**FILL_IN**换成正确的代码。（代码清单5-37使用**assert_equal <expected>, <actual>**验证预期值与真实值一样，这两个值使用**==**运算符比较。）

代码清单5-35　把**Application**辅助模块引入测试

test/test_helper.rb

```
ENV['RAILS_ENV'] ||= 'test'
.
.
.
class ActiveSupport::TestCase
  fixtures :all
  include ApplicationHelper
  .
  .
  .
End
```

代码清单5-36　在测试中使用**full_title**辅助方法（GREEN）

test/integration/site_layout_test.rb

```
require 'test_helper'

class SiteLayoutTest < ActionDispatch::IntegrationTest
```

```
test "layout links" do
  get root_path
  assert_template 'static_pages/home'
  assert_select "a[href=?]", root_path, count: 2
  assert_select "a[href=?]", help_path
  assert_select "a[href=?]", about_path
  assert_select "a[href=?]", contact_path
  get contact_path
  assert_select "title", full_title("Contact")
  end
end
```

代码清单5-37 直接测试**full_title**辅助方法
test/helpers/application_helper_test.rb

```
require 'test_helper'

class ApplicationHelperTest < ActionView::TestCase
  test "full title helper" do
    assert_equal full_title,         FILL_IN
    assert_equal full_title("Help"), FILL_IN
  end
end
```

5.4   用户注册：第一步

为了完成本章的目标，本节要设置"注册"页面的路由，为此要创建第二个控制器。这是允许用户注册重要的第一步。我们将在第6章完成第二步，创建**User**模型。第7章将完成整个功能。

5.4.1   **Users** 控制器

我们在3.2节创建了第一个控制器——**StaticPages**控制器。现在要创建第二个，**Users**控制器。和之前一样，我们使用**generate**命令创建所需的控制器骨架，并且指定用户注册页面所需的动作。遵照Rails使用的REST架构约定，我们把这个动作命名为**new**。把**new**作为参数传给**generate**命令就可以自动创建这个动作，如代码清单5-38所示。

代码清单5-38 生成**Users**控制器（包含**new**动作）

```
$ rails generate controller Users new
    create  app/controllers/users_controller.rb
     route  get 'users/new'
    invoke  erb
    create    app/views/users
    create    app/views/users/new.html.erb
    invoke  test_unit
    create    test/controllers/users_controller_test.rb
    invoke  helper
    create    app/helpers/users_helper.rb
```

```
invoke    test_unit
invoke   assets
invoke    coffee
create       app/assets/javascripts/users.coffee
invoke   scss
create       app/assets/stylesheets/users.scss
```

上述命令会创建我们需要的**Users**控制器，以及其中的**new**动作（代码清单5-39）和一个占位视图（代码清单5-40）。除此之外还会为新建用户页面生成一个简单的测试（代码清单5-41）。

代码清单5-39 默认生成的**Users**控制器，包含**new**动作

app/controllers/users_controller.rb

```
class UsersController < ApplicationController

  def new
  end
end
```

代码清单5-40 默认生成的**new**视图

app/views/users/new.html.erb

```
<h1>Users#new</h1>
<p>Find me in app/views/users/new.html.erb</p>
```

代码清单5-41 新建用户页面的测试（GREEN）

test/controllers/users_controller_test.rb

```
require 'test_helper'

class UsersControllerTest < ActionDispatch::IntegrationTest

  test "should get new" do
    get users_new_url
    assert_response :success
  end
end
```

现在，测试应该能通过：

代码清单5-42 GREEN

```
$ rails test
```

练习

购买本书的读者可以访问railstutorial.org/aw-solutions免费查看练习的解答。如果想查看其他人的答案，以及记录自己的答案，请加入Learn Enough Society（learnenough.com/society）。

（1）根据表5-1，把代码清单5-41中的**users_new_url**换成**signup_path**。

(2) 前一题使用的路由还不存在，所以确认测试无法通过。［这么做是为了让你增强对测试驱动开发中"遇红–变绿"循环的理解（旁注3.3）。我们会在5.4.2节让测试通过。］

5.4.2 "注册"页面的 URL

有了前一节生成的代码，现在就可以通过/users/new访问新建用户页面。但是参照表5-1，我们希望这个页面的URL是/signup。为此，我们要参照代码清单5-27中的做法，为"注册"页面添加 **get '/signup'** 规则，如代码清单5-43所示。

代码清单5-43 "注册"页面的路由（RED）

config/routes.rb

```
Rails.application.routes.draw do
  root 'static_pages#home'
  get  '/help',    to: 'static_pages#help'
  get  '/about',   to: 'static_pages#about'
  get  '/contact', to: 'static_pages#contact'
  get  '/signup',  to: 'users#new'
end
```

然后，我们要更新前面生成的测试（代码清单5-38），使用注册页面的新路由，如代码清单5-44所示。

代码清单5-44 更新 **Users** 控制器测试，使用注册页面的新路由（GREEN）

test/controllers/users_controller_test.rb

```
require 'test_helper'

class UsersControllerTest < ActionDispatch::IntegrationTest

  test "should get new" do
    get signup_path
    assert_response :success
  end
end
```

接下来，我们使用新定义的具名路由让首页中的按钮指向正确的地址。与其他路由一样，添加 **get '/signup'** 后会得到具名路由 **signup_path**。我们在代码清单5-45中使用这个具名路由。针对"注册"页面的测试留作练习（5.3.2节）。

代码清单5-45 把按钮链接到"注册"页面

app/views/static_pages/home.html.erb

```
<div class="center jumbotron">
  <h1>Welcome to the Sample App</h1>

  <h2>
    This is the home page for the
    <a href="http://www.railstutorial.org/">Ruby on Rails Tutorial</a>
    sample application.
```

```
      </h2>
      <%= link_to "Sign up now!", signup_path, class: "btn btn-lg btn-primary" %>
    </div>

    <%= link_to image_tag("rails.png", alt: "Rails logo"),
                'http://rubyonrails.org/' %>
```

最后，编写"注册"页面的临时视图，如代码清单5-46所示。

代码清单5-46 "注册"页面的（临时）视图
app/views/users/new.html.erb

```
    <% provide(:title, 'Sign up') %>
    <h1>Sign up</h1>
    <p>This will be a signup page for new users.</p>
```

现在，我们暂别链接和具名路由，到第8章再添加"登录"页面的路由。新创建的用户注册页面
（/signup）如图5-11所示。

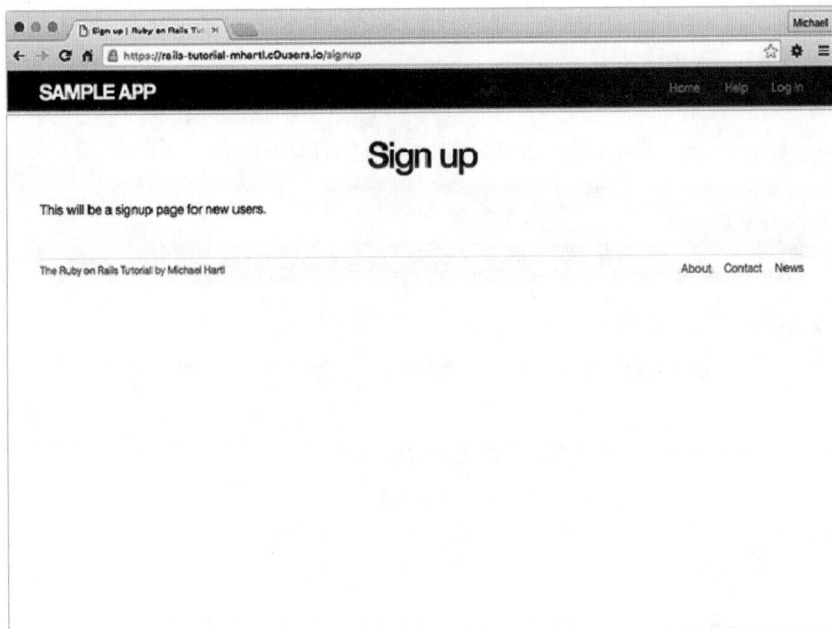

图5-11 /signup地址上的"注册"页面

练习

购买本书的读者可以访问railstutorial.org/aw-solutions免费查看练习的解答。如果想查看其他人的
答案，以及记录自己的答案，请加入Learn Enough Society（learnenough.com/society）。

(1) 如果你没做5.4.1节的练习，先修改代码清单5-41中的测试，使用具名路由`signup_path`。因
为我们在代码清单5-43中定义了那个路由，所以测试可以通过。

(2) 为了确认前一题的测试是正确的，先把**signup**路由注释掉，看测试是否失败，然后把注释去掉，看测试是否通过。

(3) 在代码清单5-32中的集成测试里添加代码，使用**get**方法访问注册页面，确认页面的标题是正确的。**提示**：使用代码清单5-36中的**full_title**辅助方法。

5.5   小结

本章，我们为应用定义了一些样式，还设置了几个路由。本书剩下的内容会不断为这个应用添加功能：先添加用户注册、登录和退出功能，然后实现发微博功能，最后添加关注用户功能。

现在，如果使用Git的话，应该把本章所做的改动合并到主分支中：

```
$ git add -A
$ git commit -m "Finish layout and routes"
$ git checkout master
$ git merge filling-in-layout
```

然后推送到Bitbucket中（安全起见，先运行测试组件）：

```
$ rails test
$ git push
```

最后，部署到Heroku中：

```
$ git push heroku
```

部署完成后应该在生产服务器中有一个可以正常运行的演示应用，如图5-12所示。

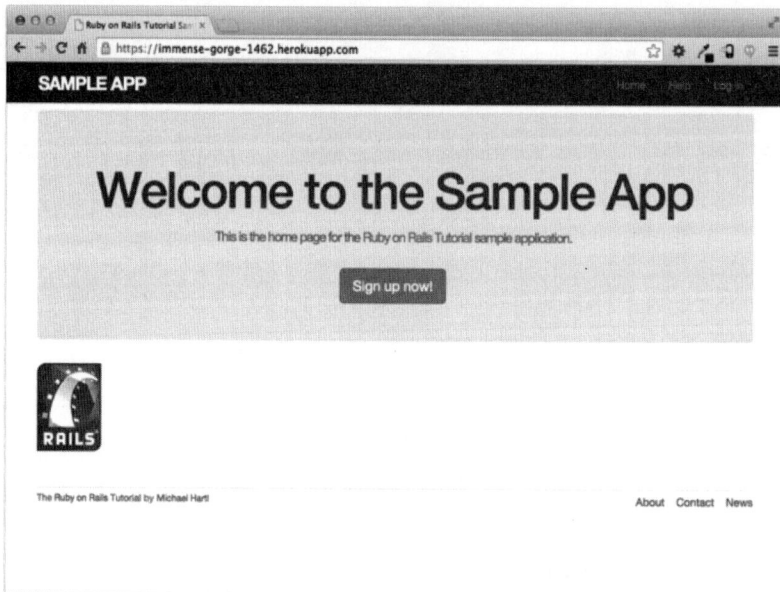

图5-12   运行在生产环境中的演示应用

本章所学

- 使用HTML5可以定义一个包括徽标、页头、页脚和主体内容的网站布局；
- 为了用起来方便，可以使用Rails局部视图把部分结构放到单独的文件中；
- 在CSS中可以使用类和ID编写样式；
- Bootstrap框架能快速实现设计精美的网站；
- 使用Sass和Asset Pipeline能去除CSS中的重复，还能打包静态资源文件，提高在生产环境中的使用效率；
- 在Rails中可以自己定义路由规则，得到具名路由；
- 集成测试能高效模拟浏览器中的点击操作。

5

用户建模

第5章末尾创建了一个临时的用户注册页面（5.4节）。本书接下来的六章会逐步在这个页面中添加功能。本章我们将迈出关键的第一步，创建网站中用户的**数据模型**（data model），并实现存储数据的方式。第7章会实现用户注册功能，并创建用户资料页面。用户能注册后，我们将实现登录和退出功能（第8章和第9章）。第10章（10.2.1节）会介绍如何保护页面，禁止无权限的用户访问。最后，在第11章和第12章实现账户激活（从而确认电子邮件地址有效）和密码重设功能。第6章到第12章的内容结合在一起，为Rails应用开发一个功能完整的登录和身份验证系统。你或许知道已经有很多开发好的Rails身份验证方案，旁注6.1会告诉你为什么（至少在初学阶段）最好自己动手实现。

旁注6.1: 自己开发身份验证系统

基本上所有Web应用都需要某种登录和身份验证系统。为此，大多数Web框架都提供了多种实现方式，Rails也不例外。为Rails开发的身份验证和权限系统有Clearance、Authlogic、Devise和CanCan。（除此之外，还有一些不是Rails专用的方案，而是基于OpenID或OAuth 实现。）所以你肯定会问，为什么我们要重复制造轮子？为什么不直接使用现成的方案，而要自己开发呢？

首先，实践已经证明，大多数网站的身份验证系统都要对第三方产品做一些定制和修改，这往往比重新开发一个的工作量还大。再者，现成的方案就像一个"黑盒"，你无法了解其中到底有些什么功能，而自己开发的话能更好地理解实现的过程。而且，Rails最近的更新（参见6.3节），把开发身份验证系统变得很简单。最后，如果以后要用第三方系统的话，因为自己开发过，所以能更好地理解实现过程，便于定制功能。

6.1 User 模型

接下来的三章要实现网站的"注册"页面（构思图如图6-1所示），但在此之前我们要先解决存储问题，因为现在还没地方存储用户信息。所以，实现用户注册功能的第一步是，创建一个数据结构，用于存取用户的信息。

图6-1　用户注册页面的构思图

在Rails中，数据模型的默认数据结构叫**模型**（model，MVC中的M，参见1.3.3节）。Rails为解决数据持久化提供的默认解决方案是，使用**数据库**（database）存储需要长期使用的数据。与数据库交互默认使用的是Active Record。[①]Active Record提供了一系列方法，无需使用关系型数据库所用的结构化查询语言（Structured Query Language，SQL）[②]，就能创建、保存和查询数据对象。Rails还支持**迁移**（migration）功能，允许我们使用纯Ruby代码定义数据结构，而不用学习SQL**数据定义语言**（Data Definition Language，DDL）。最终的结果是，Active Record把你和数据库几乎完全隔开了。本书开发的应用在本地使用SQLite，部署后使用PostgreSQL（由Heroku提供，参见1.5节）。这就引出了一个更深层的话题——在不同的环境中，即便使用不同类型的数据库，我们也无需关心Rails是如何存储数据的。

和之前一样，如果使用Git做版本控制，现在应该新建一个主题分支，用于建模用户：

```
$ git checkout -b modeling-users
```

6.1.1　数据库迁移

回顾一下4.4.5节的内容，我们在自己创建的`User`类中为用户对象定义了`name`和`email`两个属性。

[①] Active Record这个名称来自“Active Record模式”，出自Martin Fowler写的《企业应用架构模式》一书。

[②] SQL的官方读音是“ess-cue-ell”，不过也经常读作“sequel”。你可以从作者对不定冠词的使用上区分：如果用的是“a SQL database”，他就喜欢读作“sequel”；如果用的是“an SQL database”，他就喜欢读作“ess-cue-ell”。你会发现，我喜欢读作后者。

那是个很有用的例子，但没有实现**持久化存储**最关键的要求：在Rails控制台中创建的用户对象，退出控制台后就会消失。本节的目的是为用户创建一个模型，让用户数据不会这么轻易消失。

与4.4.5节中定义的**User**类一样，我们先为**User**模型创建两个属性，分别为**name**和**email**。我们会把**email**属性用作唯一的用户名。[①]（6.3节会添加一个属性，用于存储密码。）在代码清单4-17中，我们使用Ruby的**attr_accessor**方法创建了这两个属性：

```
class User
  attr_accessor :name, :email
  .
  .
  .
end
```

不过，在Rails中不用这样定义属性。前面提到过，Rails默认使用关系型数据库存储数据，数据库中的**表**由数据**行**（row）组成，每一行都有相应的**列**（column），对应数据属性。例如，为了存储用户的名字和电子邮件地址，我们要创建**users**表，表中有两个列，**name**和**email**，这样每一行就表示一个用户，如图6-2所示。对应的数据模型如图6-3所示。（图6-3只是梗概，完整的数据模型如图6-4所示。）把列命名为**name**和**email**后，Active Record会自动把它们识别为用户对象的属性。

users		
id	name	email
1	Michael Hartl	mhartl@example.com
2	Sterling Archer	archer@example.gov
3	Lana Kane	lana@example.gov
4	Mallory Archer	boss@example.gov

图6-2　**users**表中的示例数据

users	
id	integer
name	string
email	string

图6-3　**User**数据模型梗概

你可能还记得，在代码清单5-38中，我们使用下面的命令生成了**Users**控制器（以及**new**动作）：

```
$ rails generate controller Users new
```

创建模型有个类似的命令——**generate model**。我们可以使用这个命令生成**User**模型，以及**name**和**email**属性，如代码清单6-1所示。

代码清单6-1　生成**User**模型

```
$ rails generate model User name:string email:string
    invoke  active_record
```

[①] 把电子邮件地址作为用户名，以后如果需要和用户联系就方便了（参见第11章和第12章）。

```
create      db/migrate/20160523010738_create_users.rb
create      app/models/user.rb
invoke      test_unit
create        test/models/user_test.rb
create        test/fixtures/users.yml
```

（注意，控制器名是复数，模型名是单数：控制器是**Users**，而模型是**User**。）我们指定了可选的参数**name:string**和**email:string**，告诉Rails我们需要的两个属性是什么，以及各自的类型（两个都是字符串）。你可以把这两个参数与代码清单3-6和代码清单5-38中的动作名对比一下，看看有什么不同。

执行上述**generate**命令之后，会生成一个迁移文件。迁移是一种递进修改数据库结构的方式，可以根据需求修改数据模型。执行上述**generate**命令后会自动为**User**模型创建迁移，这个迁移的作用是创建一个**users**表，以及**name**和**email**两个列，如代码清单6-2所示。（我们会在6.2.5节介绍如何手动创建迁移文件。）

代码清单6-2　User模型的迁移文件（创建users表）

db/migrate/[timestamp]_create_users.rb

```ruby
class CreateUsers < ActiveRecord::Migration[5.0]
  def change
    create_table :users do |t|
      t.string :name
      t.string :email

      t.timestamps
    end
  end
end
```

注意，迁移文件名前面有个时间戳（timestamp），指明创建的时间。早期，迁移文件名的前缀是递增的整数。在团队协作中，如果多个程序员生成了序号相同的迁移文件就可能会发生冲突。除非两个迁移文件在同一秒钟生成这种小概率事件发生了，否则使用时间戳基本可以避免冲突。

迁移文件中有一个名为**change**的方法，定义要对数据库做什么操作。在代码清单6-2中，**change**方法使用Rails提供的**create_table**方法在数据库中新建一个表，用于存储用户。**create_table**方法可以接受一个块（4.3.2节），其中有一个块变量，在这里是**t**（"table"）。在块中，**create_table**方法通过**t**对象在数据库中创建**name**和**email**两个列，二者均为**string**类型。[①]表名是复数形式（**users**），不过模型名是单数形式（**User**），这是Rails在用词上的一个约定：模型表示单个用户，而数据库表中存储了很多用户。块中最后一行**t.timestamps**是个特殊的方法，它会自动创建**created_at**和**updated_at**两个列，分别记录创建用户的时间戳和更新用户的时间戳。（6.1.3节有使用这两个列的例子。）这个迁移文件表示的完整数据模型如图6-4所示。（注意，图6-3中没有列出自动添加的两个时间戳列。）

---

① 别管**t**对象是怎么实现的，这是**抽象层**（abstraction layer）的东西，我们无需知道。你只要相信**t**能完成指定的工作就行了。

users	
`id`	integer
`name`	string
`email`	string
`created_at`	datetime
`updated_at`	datetime

图6-4   代码清单6-2生成的`User`数据模型

我们可以使用如下的**db:migrate**命令执行这个迁移（这叫"向上迁移"）：

```
$ rails db:migrate
```

（你可能还记得，我们在2.2节用过这个命令。）第一次运行**db:migrate**命令时会创建db/ development. sqlite3 文件，这是SQLite [①]数据库文件。若想查看数据库结构，可以使用SQLite数据库浏览器（http://sqlitebrowser.org/）打开db/development.sqlite3文件，如图6-6所示。（如果使用云端IDE，要先把数据库文件下载到本地磁盘中，如图6-5所示。）与图6-6中的模型对比之后，你可能会发现有一个列在迁移中没有出现——**id**列。2.2节提到过，这个列是自动生成的，Rails用这个列作为行的唯一标识符。

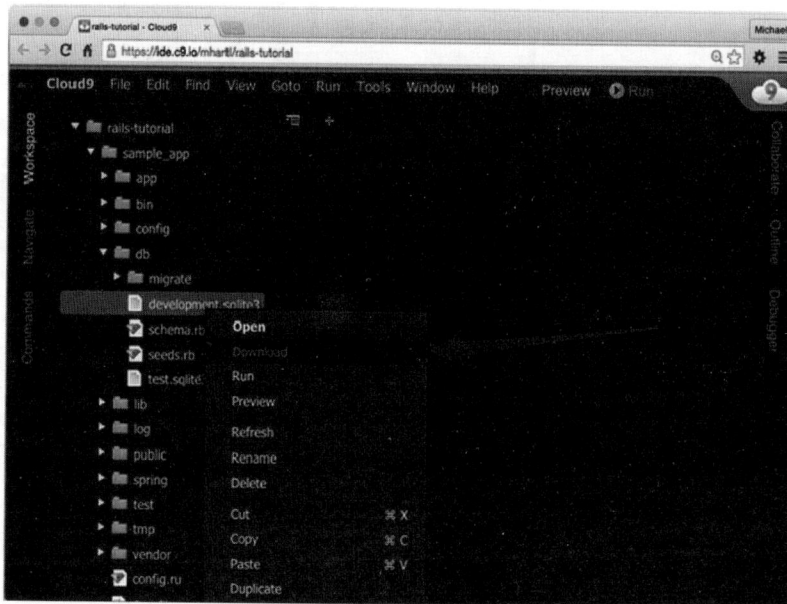

图6-5   从云端IDE中下载文件

练习

购买本书的读者可以访问railstutorial.org/aw-solutions免费查看练习的解答。如果想查看其他人的答案，以及记录自己的答案，请加入Learn Enough Society（learnenough.com/society）。

---

① SQLite 读作"ess-cue-ell-ite"，不过倒是经常使用错误的读音"sequel-ite"。

(1) Rails使用db/目录中的schema.rb文件记录数据库的结构［称作**模式**（schema），因此才用这个文件名］。打开你应用中的db/schema.rb文件，与代码清单6-2中的迁移代码比较一下。

(2) 大多数迁移，包括本书中的所有迁移，都是**可逆**的，也就是说可以使用一个简单的命令"向下迁移"，撤销之前的操作。这个命令是**db:rollback:**

```
$ rails db:rollback
```

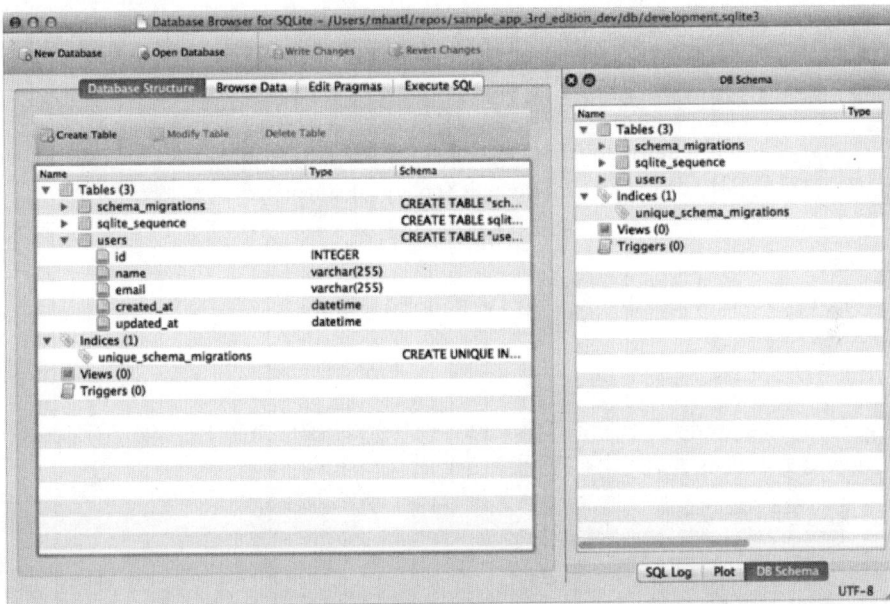

图6-6　在SQLite数据库浏览器中查看刚创建的**users**表

执行上述命令后，查看db/schema.rb文件，确认成功回滚了。（还有一个撤销迁移的方法，参见旁注3.1。）这个命令会执行**drop_table**命令，把**users**表从数据库中删除。之所以可以这么做，是因为**change**方法知道**create_table**的逆操作是**drop_table**，所以回滚时会直接调用**drop_table**方法。对于一些无法自动逆转的操作，例如删除列，就不能依赖**change**方法了，我们要分别定义**up**和**down**方法。关于迁移的更多信息，请阅读Rails指南（http://guides.rubyonrails.org/migrations.html）。

(3) 执行**rails db:migrate**命令，重新执行迁移。确认db/schema.rb文件的内容确实还原了。

6.1.2　模型文件

我们看到，执行代码清单6-1中的命令后会生成一个迁移文件（代码清单6-2），也看到了执行迁移后得到的结果（图6-6）：修改development.sqlite3文件，新建**users**表，并创建**id**、**name**、**email**、**created_at**和**updated_at**等列。代码清单6-1还生成了一个模型文件，本节剩下的内容专门讲解这个文件。

我们先看**User**模型的代码，在app/models/目录中的user.rb文件里。这个文件的内容非常简单，如代码清单6-3所示。

代码清单6-3   刚创建的User模型

app/models/user.rb

```
class User < ApplicationRecord
end
```

4.4.2节介绍过，`class User < ApplicationRecord`的意思是User类继承自`ApplicationRecord`类（而它继承自`ActiveRecord::Base`类，参见图2-18），所以User模型自动获得了`ActiveRecord::Base`的所有功能。当然，只知道这种继承关系没什么用，因为我们并不知道`ActiveRecord::Base`做了什么。下面看几个实例。

练习

购买本书的读者可以访问railstutorial.org/aw-solutions免费查看练习的解答。如果想查看其他人的答案，以及记录自己的答案，请加入Learn Enough Society（learnenough.com/society）。

(1) 根据4.4.4节所讲的知识，在Rails控制台中确认`User.new`属于User类，而它继承自`ApplicationRecord`类。

(2) 确认`ApplicationRecord`继承自`ActiveRecord::Base`。

6.1.3   创建用户对象

和第4章一样，探索数据模型使用的工具是Rails控制台。因为我们（还）不想修改数据库中的数据，所以要在沙盒（sandbox）模式中启动控制台：

```
$ rails console --sandbox
Loading development environment in sandbox
Any modifications you make will be rolled back on exit
>>
```

如提示消息所说，"Any modifications you make will be rolled back on exit"，在沙盒模式下使用控制台，退出当前会话后，对数据库做的所有改动都会回归到原来的状态（即撤销）。

在4.4.5节的控制台会话中，我们要引入代码清单4-17中的代码才能使用`User.new`创建用户对象。对模型来说，情况有所不同。你可能还记得4.4.4节说过，Rails控制台会自动加载Rails环境，这其中就包括模型。也就是说，现在无需加载任何代码就可以直接创建用户对象：

```
>> User.new
=> #<User id: nil, name: nil, email: nil, created_at: nil, updated_at: nil>
```

上述代码显示了用户对象在控制台中的默认表述。

如果不为`User.new`指定参数，对象的所有属性值都是`nil`。在4.4.5节，我们自己编写的User类可以接受一个**散列**参数，指定用于初始化对象的属性。这种方式是受Active Record启发的，在Active Record中也可以使用相同的方式指定初始值：

```
>> user = User.new(name: "Michael Hartl", email: "mhartl@example.com")
=> #<User id: nil, name: "Michael Hartl", email: "mhartl@example.com",
created_at: nil, updated_at: nil>
```

我们看到name和email属性的值都已经按预期设定了。

数据的**有效性**（validity）对理解Active Record模型对象很重要，我们会在6.2节深入探讨。不过注意，现在这个user对象是有效的，我们可以在这个对象上调用`valid?`方法确认：

```
>> user.valid?
true
```

目前为止,我们都没有修改数据库:**User.new**只在内存中创建一个对象,**user.valid?**只是检查对象是否有效。如果想把用户对象保存到数据库中,要在**user**变量上调用**save**方法:

```
>> user.save
  (0.1ms)  SAVEPOINT active_record_1
 SQL (0.8ms)  INSERT INTO "users" ("name", "email", "created_at",
 "updated_at") VALUES (?, ?, ?, ?) [["name", "Michael Hartl"],
 ["email", "mhartl@example.com"], ["created_at", 2016-05-23 19:05:58 UTC],
 ["updated_at", 2016-05-23 19:05:58 UTC]]
  (0.1ms)  RELEASE SAVEPOINT active_record_1
=> true
```

如果保存成功,**save**方法返回**true**,否则返回**false**。(现在所有保存操作都会成功,因为还没有数据验证;6.2节会看到一些失败的例子。)Rails还会在控制台中显示**user.save**对应的SQL语句(**INSERT INTO "users"...**),以供参考。本书几乎不会使用原始的SQL[①],所以此后我会省略SQL。不过,从Active Record各种操作生成的SQL中你可以学到很多知识。

你可能注意到了,刚创建时用户对象的**id**、**created_at**和**updated_at**的属性值都是**nil**,下面看一下保存之后有没有变化:

```
>> user.save
=> #<User id: 1, name: "Michael Hartl", email: "mhartl@example.com",
created_at: "2016-05-23 19:05:58", updated_at: "2016-05-23 19:05:58">
```

我们看到,**id**的值变成了**1**,那两个自动创建的时间戳属性也变成了当前时间和日期。[②]现在这两个时间戳是一样的,6.1.5节会看到二者不同的情况。

与4.4.5节定义的**User**类一样,**User**模型的实例也可以使用点号获取属性:

```
>> user.name
=> "Michael Hartl"
>> user.email
=> "mhartl@example.com"
>> user.updated_at
=> Mon, 23 May 2016 19:05:58 UTC +00:00
```

第7章会介绍,虽然一般习惯把创建和保存分成如上所示的两步完成,不过Active Record也允许我们使用**User.create**方法把这两步合成一步:

```
>> User.create(name: "A Nother", email: "another@example.org")
#<User id: 2, name: "A Nother", email: "another@example.org", created_at:
"2016-05-23 19:18:46", updated_at: "2016-05-23 19:18:46">
>> foo = User.create(name: "Foo", email: "foo@bar.com")
```

---

① 14.3.3节是唯一的例外。

② 时间戳使用协调世界时(Coordinated Universal Time, UTC)记录,UTC的作用类似于格林尼治标准时间(Greenwich Mean Time, GMT)。以下内容摘自美国国家标准技术研究所时间和频率司的常见问题解答页面。问:为什么协调世界时的缩写是UTC而不是CUT?答:协调世界时是在1970年由国际电信联盟(International Telecommunication Union, ITU)的专家顾问团设计的,ITU觉得应该使用一个通用的缩写以避免混淆,因为各方无法达成共识,最终ITU没有采用英文缩写CUT或法文缩写TUC,而是折中选择了UTC。

```
#<User id: 3, name: "Foo", email: "foo@bar.com", created_at: "2016-05-23
19:19:06", updated_at: "2016-05-23 19:19:06">
```

注意，**User.create**的返回值不是**true**或**false**，而是创建的用户对象，可以直接赋值给变量（例如上面第二个命令中的**foo**变量）。

create的逆操作是**destroy**：

```
>> foo.destroy
   (0.1ms)  SAVEPOINT active_record_1
  SQL (0.2ms)  DELETE FROM "users" WHERE "users"."id" = ?  [["id", 3]]
   (0.1ms)  RELEASE SAVEPOINT active_record_1
=> #<User id: 3, name: "Foo", email: "foo@bar.com", created_at: "2016-05-23
19:19:06", updated_at: "2016-05-23 19:19:06">
```

奇怪的是，**destroy**和**create**一样，返回值是对象。我不觉得什么地方会用到**destroy**的返回值。更奇怪的是，销毁的对象还在内存中：

```
>> foo
=> #<User id: 3, name: "Foo", email: "foo@bar.com", created_at: "2016-05-23
19:19:06", updated_at: "2016-05-23 19:19:06">
```

那么我们怎么知道对象是否真被销毁了呢？对于已经保存而没有销毁的对象，怎样从数据库中读取呢？要回答这些问题，我们要先学习如何使用Active Record查找用户对象。

练习

购买本书的读者可以访问railstutorial.org/aw-solutions免费查看练习的解答。如果想查看其他人的答案，以及记录自己的答案，请加入Learn Enough Society（learnenough.com/society）。

(1) 确认**user.name**和**user.email**属于**String**类。

(2) **created_at**和**updated_at**属性的值属于哪个类？

6.1.4 查找用户对象

Active Record提供了好几种查找对象的方法。下面我们使用这些方法查找前面创建的第一个用户，同时也验证一下第三个用户（**foo**）是否被销毁了。先看一下还存在的用户：

```
>> User.find(1)
=> #<User id: 1, name: "Michael Hartl", email: "mhartl@example.com",
created_at: "2016-05-23 19:05:58", updated_at: "2016-05-23 19:05:58">
```

我们把用户的ID传给**User.find**方法，Active Record会返回ID为1的用户对象。

下面来看一下ID为3的用户是否还在数据库中：

```
>> User.find(3)
ActiveRecord::RecordNotFound: Couldn't find User with ID=3
```

因为我们在6.1.3节销毁了第三个用户，所以Active Record无法在数据库中找到这个用户，从而抛出一个**异常**（exception），这说明在查找过程中出现了问题。因为ID不存在，所以**find**方法抛出**ActiveRecord::RecordNotFound**异常。[①]

---

① 异常和异常处理是Ruby语言相对高级的功能，本书基本不会用到。不过异常是Ruby语言很重要的一部分，建议你阅读14.4.4节推荐的书籍学习。

除了这种查找方式之外，Active Record还支持通过属性查找用户：

```
>> User.find_by(email: "mhartl@example.com")
=> #<User id: 1, name: "Michael Hartl", email: "mhartl@example.com",
created_at: "2016-05-23 19:05:58", updated_at: "2016-05-23 19:05:58">
```

我们将使用电子邮件地址作为用户名，在学习如何让用户登录网站时会用到这种**find**方法（第7章）。你可能会担心如果用户数量过多，使用**find_by**的效率不高。事实的确如此，我们会在6.2.5节说明这个问题，以及如何使用数据库索引解决。

最后，再介绍几个常用的查找方法。首先是**first**方法：

```
>> User.first
=> #<User id: 1, name: "Michael Hartl", email: "mhartl@example.com",
created_at: "2016-05-23 19:05:58", updated_at: "2016-05-23 19:05:58">
```

很明显，**first**会返回数据库中的第一个用户。还有**all**方法：

```
>> User.all
=> #<ActiveRecord::Relation [#<User id: 1, name: "Michael Hartl",
email: "mhartl@example.com", created_at: "2016-05-23 19:05:58",
updated_at: "2016-05-23 19:05:58">, #<User id: 2, name: "A Nother",
email: "another@example.org", created_at: "2016-05-23 19:18:46",
updated_at: "2016-05-23 19:18:46">]>
```

从控制台的输出可以看出，**User.all**方法返回一个**ActiveRecord::Relation**实例，其实这是一个数组（4.3.1节），包含数据库中的所有用户。

练习

购买本书的读者可以访问railstutorial.org/aw-solutions免费查看练习的解答。如果想查看其他人的答案，以及记录自己的答案，请加入Learn Enough Society（learnenough.com/society）。

(1) 通过用户的名字（**name**）查找用户。确认也可以使用**find_by_name**方法。（在旧的Rails应用中经常能见到这种旧的**find_by**方法。）

(2) **User.all**得到的结果虽然行为类似于数组，但它不是数组。确认它其实属于**User::ActiveRecord_Relation**类。

(3) 确认可以使用**length**方法（4.2.3节）获取**User.all**的长度。在Ruby中，我们根据对象的行为而不是所属的类确定能对对象执行什么操作，这叫**鸭子类型**（duck typing），意思是"如果看起来像鸭子，叫起来也像鸭子，那么它可能就是鸭子"。

6.1.5　更新用户对象

创建对象后，一般都会进行更新操作。更新有两种基本方式，其一，可以分别为各个属性赋值，在4.4.5节就是这么做的：

```
>> user              # 只是为了查看user对象的属性是什么
=> #<User id: 1, name: "Michael Hartl", email: "mhartl@example.com",
created_at: "2016-05-23 19:05:58", updated_at: "2016-05-23 19:05:58">
>> user.email = "mhartl@example.net"
=> "mhartl@example.net"
>> user.save
=> true
```

注意，如果想把改动写入数据库，必须执行最后一个方法。我们可以执行**reload**命令来看一下没保存的话是什么情况。**reload**方法会使用数据库中的数据重新加载对象：

```
>> user.email
=> "mhartl@example.net"
>> user.email = "foo@bar.com"
=> "foo@bar.com"
>> user.reload.email
=> "mhartl@example.net"
```

现在我们已经更新了用户数据，如6.1.3节所说，现在自动创建的那两个时间戳属性不一样了：

```
>> user.created_at
=> "2016-05-23 19:05:58"
>> user.updated_at
=> "2016-05-23 19:08:23"
```

更新数据的第二种常用方式是使用**update_attributes**方法：[1]

```
>> user.update_attributes(name: "The Dude", email: "dude@abides.org")
=> true
>> user.name
=> "The Dude"
>> user.email
=> "dude@abides.org"
```

update_attributes方法接受一个指定对象属性的散列作为参数，如果操作成功，会执行更新和保存两个操作（保存成功时返回**true**）。注意，如果任何一个数据验证失败了，例如存储记录时需要密码（6.3节会实现），**update_attributes**操作就会失败。如果只需要更新单个属性，可以使用**update_attribute**方法，跳过验证：

```
>> user.update_attribute(:name, "El Duderino")
=> true
>> user.name
=> "El Duderino"
```

练习

购买本书的读者可以访问railstutorial.org/aw-solutions免费查看练习的解答。如果想查看其他人的答案，以及记录自己的答案，请加入Learn Enough Society（learnenough.com/society）。

(1) 通过赋值更新用户的名字，然后调用**save**方法。

(2) 调用**update_attributes**方法，更新用户的电子邮件地址。

(3) 通过赋值更新**created_at**列的值，然后调用**save**方法，以此确认特殊的列也可以直接更新。把这一列的值设为**1.year.ago**，这是Rails扩展的功能，作用是创建距当前时间一年前的时间戳。

6.2　验证用户数据

6.1节创建的**User**模型现在已经有了可以使用的**name**和**email**属性，不过功能还很简单：任何字符串（包括空字符串）都可以使用。名字和电子邮件地址的格式显然要复杂一些。例如，**name**不应该

---

[1] **update_attributes**方法是**update**方法的别名，但我喜欢使用前者，因为它和单数形式**update_attribute**对应。

是空的，**email**应该符合特定的格式。而且，因为我们将把电子邮件地址当成用户名用来登录，所以在数据库中就不能重复出现。

总之，**name**和**email**不是什么字符串都可以使用的，我们要对它们可以使用的值做个限制。Active Record通过**数据验证**（validation）实现这种限制（2.3.2节简单提到过）。本节介绍几种常用的数据验证：**存在性、长度、格式**和**唯一性**。6.3.2节还会介绍另一种常用的数据验证——**二次确认**。7.3节会看到，如果提交不合要求的数据，数据验证会显示一些很有用的错误消息。

6.2.1　有效性测试

旁注3.3说过，测试驱动开发并不适用所有情况，但是模型验证是使用TDD的绝佳时机。如果不先编写失败测试，再想办法让它通过，我们很难确定验证是否实现了我们希望实现的功能。

我们采用的方法是，先得到一个有效的模型对象，然后把属性改为无效值，以此确认这个对象是无效的。以防万一，我们先编写一个测试，确认模型对象一开始是有效的。这样，如果验证测试失败了，我们才知道的确事出有因（而不是因为一开始对象是无效的）。

代码清单6-1中的命令生成了一个用于测试**User**模型的测试文件，现在这个文件中还没什么内容，如代码清单6-4所示。

代码清单6-4　还没什么内容的User模型测试文件

test/models/user_test.rb

```ruby
require 'test_helper'

class UserTest < ActiveSupport::TestCase
  # test "the truth" do
  #   assert true
  # end
end
```

为了测试有效的对象，我们要在特殊的**setup**方法中创建一个有效的用户对象**@user**。第3章的练习中提到过，**setup**方法会在每个测试方法运行前执行。因为**@user**是实例变量，所以自动可在所有测试方法中使用，而且我们可以使用**valid?**方法（6.1.3节）检查它是否有效。测试如代码清单6-5所示。

代码清单6-5　测试用户对象一开始是有效的（GREEN）

test/models/user_test.rb

```ruby
require 'test_helper'

class UserTest < ActiveSupport::TestCase

  def setup
    @user = User.new(name: "Example User", email: "user@example.com")
  end

  test "should be valid" do
    assert @user.valid?
  end
end
```

代码清单6-5使用简单的**assert**方法，如果**@user.valid?**返回**true**，测试就能通过；返回**false**，测试则会失败。

因为**User**模型现在还没有任何验证，所有这个测试可以通过：

代码清单6-6   GREEN

```
$ rails test:models
```

这里，我们使用**rails test:models**命令，只运行模型测试（与5.3.4节的**rails test:integration**对比一下）。

练习

购买本书的读者可以访问railstutorial.org/aw-solutions免费查看练习的解答。如果想查看其他人的答案，以及记录自己的答案，请加入Learn Enough Society（learnenough.com/society）。

(1) 在控制台中确认新建的用户现在是有效的。

(2) 确认6.1.3节创建的用户也是有效的。

6.2.2   存在性验证

存在性验证算是最基本的验证了，只是检查指定的属性是否存在。本节我们会确保用户存入数据库之前，**name**和email字段都有值。7.3.3节会介绍如何把这个限制应用到创建用户的注册表单中。

我们要先在代码清单6-5的基础上再编写一个测试，检查**name**属性是否存在。如代码清单6-7所示，我们只需把**@user**变量的**name**属性设为空字符串（包含几个空格的字符串），然后使用**assert_not**方法确认得到的用户对象是无效的。

代码清单6-7   测试name属性的验证（RED）

test/models/user_test.rb

```
require 'test_helper'

class UserTest < ActiveSupport::TestCase

  def setup
    @user = User.new(name: "Example User", email: "user@example.com")
  end

  test "should be valid" do
    assert @user.valid?
  end

  test "name should be present" do
    @user.name = "     "
    assert_not @user.valid?
  end
end
```

现在，模型测试应该失败：

代码清单6-8　RED

```
$ rails test:models
```

我们在第2章的练习中见过，**name**属性的存在性验证使用**validates**方法，而且其参数为**presence: true**，如代码清单6-9所示。**presence: true**是只有一个元素的可选散列参数；4.3.4节说过，如果方法的最后一个参数是散列，可以省略花括号。（5.1.1节说过，Rails经常使用散列做参数。）

代码清单6-9　为name属性添加存在性验证（GREEN）

app/models/user.rb

```
class User < ApplicationRecord
  validates :name, presence: true
end
```

代码清单6-9中的代码看起来可能有点儿神奇，但其实**validates**就是个方法。加入括号后，可以写成：

```
class User < ApplicationRecord
  validates(:name, presence: true)
end
```

打开控制台，看一下在**User**模型中加入验证后有什么效果：[①]

```
$ rails console --sandbox
>> user = User.new(name: "", email: "mhartl@example.com")
>> user.valid?
=> false
```

这里我们使用**valid?**方法检查**user**变量的有效性，如果有一个或多个验证失败，返回值为**false**；如果所有验证都能通过，返回**true**。现在只有一个验证，所以我们知道是哪一个失败，不过看一下失败时生成的**errors**对象还是很有用的：

```
>> user.errors.full_messages
=> ["Name can't be blank"]
```

（错误消息暗示，Rails使用4.4.3节末尾介绍的**blank?**方法验证属性的存在性。）

因为用户无效，所以如果尝试把它保存到数据库中，操作会失败：

```
>> user.save
=> false
```

加入验证后，代码清单6-7中的测试应该可以通过了：

代码清单6-10　GREEN

```
$ rails test:models
```

按照代码清单6-7的方式，再编写一个检查**email**属性存在性的测试就简单了，如代码清单6-11所示。让这个测试通过的应用代码如代码清单6-12所示。

---

① 如果结果不难想象，我会省略在控制台中执行命令得到的结果，例如**User.new**的返回值。

代码清单6-11   测试email属性的验证（RED）

test/models/user_test.rb

```ruby
require 'test_helper'

class UserTest < ActiveSupport::TestCase

  def setup
    @user = User.new(name: "Example User", email: "user@example.com")
  end

  test "should be valid" do
    assert @user.valid?
  end

  test "name should be present" do
    @user.name = ""
    assert_not @user.valid?
  end

  test "email should be present" do
    @user.email = "     "
    assert_not @user.valid?
  end
end
```

代码清单6-12   为email属性添加存在性验证（GREEN）

app/models/user.rb

```ruby
class User < ApplicationRecord
  validates :name,  presence: true
  validates :email, presence: true
end
```

现在，存在性验证都添加了，测试组件应该可以通过了：

代码清单6-13   GREEN

```
$ rails test
```

练习

购买本书的读者可以访问railstutorial.org/aw-solutions免费查看练习的解答。如果想查看其他人的答案，以及记录自己的答案，请加入Learn Enough Society（learnenough.com/society）。

(1) 新建一个用户，赋值给变量u，确认一开始这个用户对象是无效的。看一下完整的错误消息是什么。

(2) 确认u.errors.messages是一个错误散列。怎么获取电子邮件地址相关的错误呢？

6.2.3　长度验证

我们已经对 **User** 模型可接受的数据做了一些限制,现在必须为用户提供一个名字,不过我们应该做进一步限制,因为用户的名字会在演示应用中显示,所以最好限制它的长度。有了6.2.2节的基础,这一步就简单了。

没有科学的方法确定最大长度应该是多少,我们就使用50作为长度的上限吧。因此,我们要验证51个字符超长了。此外,用户的电子邮件地址可能会超过字符串的最大长度限制,这个最大值在很多数据库中都是255——这种情况虽然很少发生,但也有发生的可能。因为6.2.4节的格式验证无法实现这种限制,所以我们要在这一节实现。测试如代码清单6-14所示。

代码清单6-14　测试 name 属性的长度验证(RED)
test/models/user_test.rb

```ruby
require 'test_helper'

class UserTest < ActiveSupport::TestCase

  def setup
    @user = User.new(name: "Example User", email: "user@example.com")
  end
  .
  .
  .
  test "name should not be too long" do
    @user.name = "a" * 51
    assert_not @user.valid?
  end

  test "email should not be too long" do
    @user.email = "a" * 244 + "@example.com"
    assert_not @user.valid?
  end
end
```

为了方便,我们使用字符串连乘生成了一个有51个字符的字符串。在控制台中可以看到连乘是什么:

```
>> "a" * 51
=> "aaaaaaaaaaaaaaaaaaaaaaaaaaaaaaaaaaaaaaaaaaaaaaaaaaa"
>> ("a" * 51).length
=> 51
```

在电子邮件地址长度的测试中,我们创建了一个比要求多一个字符的地址:

```
>> "a" * 244 + "@example.com"
=> "aaaaaaaaaaaaaaaaaaaaaaaaaaaaaaaaaaaaaaaaaaaaaaaaaaaaaaaaaaaaaaaaaaaaaaaaa
aaaaaaaaaaaaaaaaaaaaaaaaaaaaaaaaaaaaaaaaaaaaaaaaaaaaaaaaaaaaaaaaaaaaaaaaa
aaaaaaaaaaa@example.com"
>> ("a" * 244 + "@example.com").length
=> 256
```

现在,代码清单6-14中的测试应该失败:

代码清单6-15   RED

```
$ rails test
```

为了让测试通过，我们要使用验证参数限制长度，即`length`，以及限制上线的`maximum`参数，如代码清单6-16所示。

代码清单6-16   为name属性添加长度验证（GREEN）
app/models/user.rb

```
class User < ApplicationRecord
  validates :name,  presence: true, length: { maximum: 50 }
  validates :email, presence: true, length: { maximum: 255 }
end
```

现在测试应该可以通过了：

代码清单6-17   GREEN

```
$ rails test
```

测试组件再次通过，接下来我们要实现一个更有挑战的验证——电子邮件地址的格式。

练习

购买本书的读者可以访问railstutorial.org/aw-solutions免费查看练习的解答。如果想查看其他人的答案，以及记录自己的答案，请加入Learn Enough Society（learnenough.com/society）。

(1) 使用非常长的名字和电子邮件地址创建一个用户，确认它是无效的。

(2) 长度验证生成的错误消息是什么？

6.2.4   格式验证

`name`属性的验证只需做一些简单的限制就好——任何非空、长度小于51个字符的字符串都可以。可是`email`属性需要更复杂的限制，必须是有效的电子邮件地址才行。目前我们只拒绝空电子邮件地址，本节将限制电子邮件地址符合常用的形式，类似`user@example.com`这种。

这里我们用到的测试和验证不是十全十美的，只是刚好可以覆盖大多数有效的电子邮件地址，并拒绝大多数无效的电子邮件地址。我们会先测试一组有效的电子邮件地址和一组无效的电子邮件地址。我们将使用`%w[]`创建这两组地址，其中每个地址都是字符串形式，如下面的控制台会话所示：

```
>> %w[foo bar baz]
=> ["foo", "bar", "baz"]
>> addresses = %w[USER@foo.COM THE_US-ER@foo.bar.org first.last@foo.jp]
=> ["USER@foo.COM", "THE_US-ER@foo.bar.org", "first.last@foo.jp"]
>> addresses.each do |address|
?>   puts address
>> end
USER@foo.COM
THE_US-ER@foo.bar.org
first.last@foo.jp
```

在上面的控制台会话中，我们使用**each**方法（4.3.2节）遍历**addresses**数组中的元素。掌握这种用法之后，我们就可以编写一些基本的电子邮件地址格式验证测试了。

电子邮件地址格式验证有点棘手，而且容易出错，所以我们会先编写检查有效电子邮件地址的测试，这些测试应该能通过，以此捕获验证可能出现的错误。也就是说，添加验证后，不仅要拒绝无效的电子邮件地址，例如user@example,com，还得接受有效的电子邮件地址，例如user@example.com。（显然目前会接受所有电子邮件地址，因为只要不为空值都能通过验证。）检查有效电子邮件地址的测试如代码清单6-18所示。

代码清单6-18　测试有效的电子邮件地址格式（GREEN）
test/models/user_test.rb

```
require 'test_helper'

class UserTest < ActiveSupport::TestCase

  def setup
    @user = User.new(name: "Example User", email: "user@example.com")
  end
  .
  .
  .
  test "email validation should accept valid addresses" do
    valid_addresses = %w[user@example.com USER@foo.COM A_US-ER@foo.bar.org
                         first.last@foo.jp alice+bob@baz.cn]
    valid_addresses.each do |valid_address|
      @user.email = valid_address
      assert @user.valid?, "#{valid_address.inspect} should be valid"
    end
  end
end
```

注意，我们为**assert**方法指定了可选的第二个参数，用于定制错误消息，识别是哪个地址导致测试失败的：

```
assert @user.valid?, "#{valid_address.inspect} should be valid"
```

（这行代码在字符串插值中使用了4.3.3节介绍的**inspect**方法。）像这种使用**each**方法的测试，最好能知道是哪个地址导致失败的，因为不管哪个地址导致测试失败，都无法看到行号，很难查出问题的根源。

接下来，我们要测试几个无效的电子邮件，确认它们无法通过验证，例如user@example,com（点号变成了逗号）和user_at_foo.org（没有"@"符号）。与代码清单6-18一样，代码清单6-19也指定了错误消息参数，来识别是哪个地址导致测试失败的。

代码清单6-19　测试电子邮件地址格式验证（RED）
test/models/user_test.rb

```
require 'test_helper'

class UserTest < ActiveSupport::TestCase
```

```
def setup
  @user = User.new(name: "Example User", email: "user@example.com")
end
  .
  .
  .
test "email validation should reject invalid addresses" do
  invalid_addresses = %w[user@example,com user_at_foo.org user.name@example.
                         foo@bar_baz.com foo@bar+baz.com]
  invalid_addresses.each do |invalid_address|
    @user.email = invalid_address
    assert_not @user.valid?, "#{invalid_address.inspect} should be invalid"
  end
end
end
```

现在，测试应该失败：

代码清单6-20　RED

```
$ rails test
```

电子邮件地址格式验证使用**format**参数，用法如下：

```
validates :email, format: { with: /<regular expression>/ }
```

它使用指定的**正则表达式**（regular expression，简称regex）验证属性。正则表达式很强大，使用模式匹配字符串，但往往晦涩难懂。我们要编写一个正则表达式，匹配有效的电子邮件地址，但不匹配无效的地址。

在官方标准中其实有一个正则表达式，可以匹配全部有效的电子邮件地址，但没必要使用这么复杂的正则表达式。[1]本书使用一个更务实的正则表达式，能很好地满足实际需求，如下所示：

```
VALID_EMAIL_REGEX = /\A[\w+\-.]+@[a-z\d\-.]+\.[a-z]+\z/i
```

为了便于理解，我把**VALID_EMAIL_REGEX**拆分成几块来讲，如表6-1所示。[2]

表6-1　拆解匹配有效电子邮件地址的正则表达式

表　达　式	含　　义
/\A[\w+\-.]+@[a-z\d\-.]+\.[a-z]+\z/i	完整的正则表达式
/	正则表达式开始
\A	匹配字符串的开头
[\w+\-.]+	一个或多个字母、加号、连字符或点号
@	匹配@符号

---

[1] 你知道吗，根据标准，**"Michael Hartl"@example.com**虽有引号和空格，但也是有效的电子邮件地址。很不可思议吧。

[2] 注意，表6-1中的"字母"指的是"小写字母"，正则表达式末尾的**i**指定匹配时不区分大小写。

（续）

表　达　式	含　　义
`[a-z\d\-.]+`	一个或多个字母、数字、连字符或点号
`\.`	匹配点号
`[a-z]+`	一个或多个字母
`\z`	匹配字符串末尾
`/`	结束正则表达式
`i`	不区分大小写

从表6-1中虽然能学到很多，但若想真正理解正则表达式，我觉得交互式正则表达式匹配工具，例如Rubular①（图6-7），是必不可少的。Rubular的交互式界面很友好，便于编写所需的正则表达式，而且还有一个便捷的语法速查表。我建议你使用Rubular来理解表6-1中的正则表达式——读得次数再多也比不上在Rubular中实际操作几次。〔注意：如果你在Rubular中输入表6-1中的正则表达式，要把`\A`和`\z`去掉，这样便可以一次匹配字符串中的多个电子邮件地址。此外还要注意，正则表达式夹在一对斜线内（`/.../`），在Rubular中无需再输入那对斜线。〕

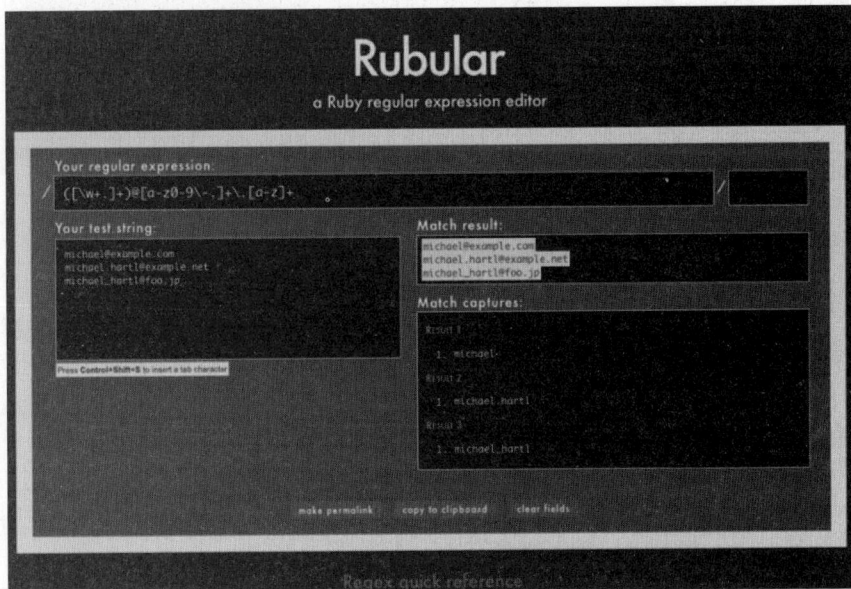

图6-7　强大的Rubular正则表达式编辑器

在`email`属性的格式验证中使用这个正则表达式后得到的代码如代码清单6-21所示。

---

① 如果你和我一样觉得Rubular很有用，建议你向Rubular的作者Michael Lovitt适当捐献一些钱，感谢他的辛勤劳动。

代码清单6-21 使用正则表达式验证电子邮件地址的格式（GREEN）

app/models/user.rb

```ruby
class User < ApplicationRecord
  validates :name,  presence: true, length: { maximum: 50 }
  VALID_EMAIL_REGEX = /\A[\w+\-.]+@[a-z\d\-.]+\.[a-z]+\z/i
  validates :email, presence: true, length: { maximum: 255 },
                    format: { with: VALID_EMAIL_REGEX }
end
```

其中，`VALID_EMAIL_REGEX`是一个**常量**（constant）。在Ruby中常量的首字母为大写。下面这段代码：

```ruby
VALID_EMAIL_REGEX = /\A[\w+\-.]+@[a-z\d\-.]+\.[a-z]+\z/i
validates :email, presence: true, length: { maximum: 255 },
                  format: { with: VALID_EMAIL_REGEX }
```

确保只有匹配正则表达式的电子邮件地址才是有效的。（这个正则表达式有一个缺陷：能匹配**foo@bar..com**这种有连续点号的地址。修正这个瑕疵需要一个更复杂的正则表达式，留作练习由你完成。）

现在测试应该可以通过了：

代码清单6-22 GREEN

```
$ rails test:models
```

那么，现在就只剩一个限制要实现了：确保电子邮件地址的唯一性。

练习

购买本书的读者可以访问railstutorial.org/aw-solutions免费查看练习的解答。如果想查看其他人的答案，以及记录自己的答案，请加入Learn Enough Society（learnenough.com/society）。

(1) 把代码清单6-18中的有效地址和代码清单6-19中的无效地址复制粘贴到Rubular的测试字符串文本框中，确认代码清单6-21中的正则表达式能匹配全部有效地址，而且不能匹配任何无效地址。

(2) 前面说过，代码清单6-21中的电子邮件地址正则表达式能匹配有连续点号的无效地址，例如foo@bar..com。把这个地址添加到代码清单6-19中的无效地址列表中，让测试失败，然后使用代码清单6-23中较复杂的正则表达式让测试通过。

(3) 把foo@bar..com添加到Rubular中的测试字符串文本框中，确认代码清单6-23中的正则表达式能匹配全部有效地址，而且不能匹配任何无效地址。

代码清单6-23 不允许电子邮件地址中有多个点号的正则表达式（GREEN）

app/models/user.rb

```ruby
class User < ApplicationRecord
  validates :name, presence: true, length: { maximum: 50 }
  VALID_EMAIL_REGEX = /\A[\w+\-.]+@[a-z\d\-]+(\.[a-z\d\-]+)*\.[a-z]+\z/i
  validates :email, presence:   true, length: { maximum: 255 },
                    format:     { with: VALID_EMAIL_REGEX }
end
```

6.2.5 唯一性验证

确保电子邮件地址的唯一性（这样才能作为用户名），要使用**validates**方法的**:unique**选项。提前说明，实现的过程中有一个很大的陷阱，所以别轻易跳过本节，要认真阅读。

我们要先编写一些简短的测试。在之前的模型测试中，我们只是使用**User.new**在内存中创建一个Ruby对象，但是测试唯一性时要把数据存入数据库。[①]对重复电子邮件地址的测试如代码清单6-24所示。

代码清单6-24 拒绝重复电子邮件地址的测试（RED）

test/models/user_test.rb

```
require 'test_helper'

class UserTest < ActiveSupport::TestCase

  def setup
    @user = User.new(name: "Example User", email: "user@example.com")
  end
  .
  .
  .
  test "email addresses should be unique" do
    duplicate_user = @user.dup
    @user.save
    assert_not duplicate_user.valid?
  end
end
```

我们使用**@user.dup**方法创建一个和**@user**的电子邮件地址一样的用户对象，然后保存**@user**，因为数据库中的**@user**已经占用了这个电子邮件地址，所以**duplicate_user**对象无效。

在**email**属性的验证中加入**uniqueness: true**可以让代码清单6-24中的测试通过，如代码清单6-25所示。

代码清单6-25 电子邮件地址唯一性验证（GREEN）

app/models/user.rb

```
class User < ApplicationRecord
  validates :name,  presence: true, length: { maximum: 50 }
  VALID_EMAIL_REGEX = /\A[\w+\-.]+@[a-z\d\-.]+\.[a-z]+\z/i
  validates :email, presence: true, length: { maximum: 255 },
                    format: { with: VALID_EMAIL_REGEX },
                    uniqueness: true
end
```

这还不行，一般来说电子邮件地址不区分大小写，也就是说**foo@bar.com**和**FOO@BAR.COM**或

---

① 如前所述，这里要使用测试专用的数据库**db/test.sqlite3**。

Foo@BAr.coM是同一个地址，所以验证时也要考虑这种情况。①因此，还要测试不区分大小写，如代码清单6-26所示。

代码清单6-26 测试电子邮件地址的唯一性验证不区分大小写（RED）

test/models/user_test.rb

```ruby
require 'test_helper'

class UserTest < ActiveSupport::TestCase

  def setup
    @user = User.new(name: "Example User", email: "user@example.com")
  end
  .
  .
  .
  test "email addresses should be unique" do
    duplicate_user = @user.dup
    duplicate_user.email = @user.email.upcase
    @user.save
    assert_not duplicate_user.valid?
  end
end
```

上面的代码，在字符串上调用**upcase**方法（4.3.2节简单介绍过）。这个测试和前面对重复电子邮件的测试作用一样，只是把地址转换成全部大写字母的形式。如果你觉得太抽象，那就在控制台中实际操作一下吧：

```console
$ rails console --sandbox
>> user = User.create(name: "Example User", email: "user@example.com")
>> user.email.upcase
=> "USER@EXAMPLE.COM"
>> duplicate_user = user.dup
>> duplicate_user.email = user.email.upcase
>> duplicate_user.valid?
=> true
```

当然，现在**duplicate_user.valid?**的返回值是**true**，因为唯一性验证还区分大小写。我们希望得到的结果是**false**。幸好**:uniqueness**可以指定**:case_sensitive**选项，正好可以解决这个问题，如代码清单6-27所示。

代码清单6-27 电子邮件地址唯一性验证，不区分大小写（GREEN）

app/models/user.rb

```ruby
class User < ApplicationRecord
  validates :name,  presence: true, length: { maximum: 50 }
```

---

① 严格来说，只有域名部分不区分大小写，**foo@bar.com**和**Foo@bar.com**其实是不同的地址。但在实际使用中，千万别依赖这个规则。about.com中的文章中写道："区分大小写的电子邮件地址会带来很多麻烦，不易互换使用，也不利于传播，所以要求输入正确的大小写是很愚蠢的。几乎没有电子邮件服务提供商或ISP强制要求使用区分大小写的电子邮件地址，也不会提示收件人的大小写错了（例如，要全部大写）。"感谢读者Riley Moses指正这个问题。

```
VALID_EMAIL_REGEX = /\A[\w+\-.]+@[a-z\d\-.]+\.[a-z]+\z/i
validates :email, presence: true, length: { maximum: 255 },
                  format: { with: VALID_EMAIL_REGEX },
                  uniqueness: { case_sensitive: false }
end
```

注意，我们直接把**true**换成了**case_sensitive: false**，Rails会自动指定**:uniqueness**的值为**true**。

至此，我们的应用虽然还有不足，但基本可以保证电子邮件地址的唯一性了，测试组件应该可以通过了：

代码清单6-28　GREEN

```
$ rails test
```

现在还有一个小问题——Active Record中的唯一性验证无法保证数据库层也能实现唯一性。我来解释一下。

(1) Alice使用alice@wonderland.com在演示应用中注册。

(2) Alice不小心按了两次提交按钮，连续发送了两次请求。

(3) 然后就会发生这种事情：请求1在内存中新建了一个用户对象，能通过验证；请求2也一样。请求1创建的用户存入了数据库，请求2创建的用户也存入了数据库。

(4) 结果是，尽管有唯一性验证，数据库中还是有两条用户记录的电子邮件地址是一样的。

相信我，上面这种难以置信的情况有可能发生。只要有一定的访问量，在任何Rails网站中都可能发生（这是我的经验教训）。幸好解决方法很简单，只需在数据库层也加上唯一性限制。我们要做的是在数据库中为**email**列建立索引（旁注6.2），然后为索引加上唯一性约束。

> **旁注6.2：数据库索引**
>
> 在数据库中创建列时要考虑是否需要通过这个列查找记录。以代码清单6-2中的迁移创建的**email**属性为例，第7章实现登录功能后，我们将根据提交的电子邮件地址查找对应的用户记录。可是，在这个简单的数据模型中通过电子邮件地址查找用户只有一种方法——检查数据库中的所有用户记录，比较记录中的**email**属性和指定的电子邮件地址。也就是说，可能要检查每一条记录（毕竟用户可能是数据库中的最后一条记录）。在数据库领域，这叫**全表扫描**（full-table scan）。如果网站中有几千个用户，这可不是一件轻松的事。
>
> 为**email**列加上索引可以解决这个问题。我们可以把数据库索引看成书籍的索引。如果要在一本书中找出某个字符串（例如"**foobar**"）出现的所有位置，需要翻看书中的每一页。但是如果有索引的话，只需在索引中找到"**foobar**"条目，就能看到所有包含"**foobar**"的页码。数据库索引基本上也是这种原理。

为**email**列建立索引要改变数据模型，在Rails中可以通过迁移实现。在6.1.1节我们看到，生成**User**模型时会自动创建一个迁移文件（代码清单6-2）。现在我们是要改变已经存在的模型结构，所以使用**migration**命令直接创建迁移文件就可以了：

```
$ rails generate migration add_index_to_users_email
```

与 **User** 模型的迁移不同，实现电子邮件地址唯一性的操作没有事先定义好的模板可用，所以我们要自己动手编写，如代码清单6-29所示。[①]

代码清单6-29　添加电子邮件唯一性约束的迁移

db/migrate/[timestamp]_add_index_to_users_email.rb

```
class AddIndexToUsersEmail < ActiveRecord::Migration[5.0]
  def change
    add_index :users, :email, unique: true
  end
end
```

上述代码调用了 Rails 中的 **add_index** 方法，为 **users** 表中的 **email** 列建立索引。索引本身并不能保证唯一性，所以还要指定 **unique: true**。

最后，执行数据库迁移：

```
$ rails db:migrate
```

（如果迁移失败的话，退出所有打开的沙盒模式控制台会话试试。这些会话可能会锁定数据库，拒绝迁移操作。）

现在测试组件应该无法通过，因为固件（fixture）中的数据违背了唯一性约束。固件的作用是为测试数据库提供示例数据。执行代码清单6-1中的命令时会自动生成用户固件，如代码清单6-30所示，电子邮件地址有重复。（电子邮件地址也无效，但固件中的数据不会应用验证规则。）

代码清单6-30　默认生成的用户固件（RED）

test/fixtures/users.yml

```
# Read about fixtures at http://api.rubyonrails.org/classes/ActiveRecord/
# FixtureSet.html

one:
  name: MyString
  email: MyString

two:
  name: MyString
  email: MyString
```

我们到第8章才会用到固件，现在暂且把其中的数据删除，只留下一个空文件，如代码清单6-31所示。

代码清单6-31　没有内容的固件文件（GREEN）

test/fixtures/users.yml

```
# empty
```

[①] 当然，我们可以直接编辑创建 **users** 表的迁移文件（代码清单6-2），不过，这样要先回滚再迁移。这不是 Rails 的风格，正确的做法是每次修改数据结构都使用迁移。

为了保证电子邮件地址的唯一性，还要做些修改。有些数据库适配器的索引区分大小写，会把"Foo@ExAMPle.CoM"和"foo@example.com"视作不同的字符串，但我们的应用会把它们看作同一个地址。为了避免不兼容，我们要统一使用小写形式的地址，存入数据库前，把"Foo@ExAMPle.CoM"转换成"foo@example.com"。为此，我们要使用回调（callback），在Active Record对象生命周期的特定时刻调用。[①]这里，我们要使用的回调是**before_save**，在用户对象存入数据库之前把电子邮件地址转换成全小写字母形式，如代码清单6-32所示。（这只是初步实现方式，11.1节会再次讨论这个话题，届时会使用常用的**方法引用**定义回调。）

代码清单6-32　把**email**属性的值转换为小写形式，确保电子邮件地址的唯一性（GREEN）
app/models/user.rb

```
class User < ApplicationRecord
  before_save { self.email = email.downcase }
  validates :name,  presence: true, length: { maximum: 50 }
  VALID_EMAIL_REGEX = /\A[\w+\-.]+@[a-z\d\-.]+\.[a-z]+\z/i
  validates :email, presence: true, length: { maximum: 255 },
                    format: { with: VALID_EMAIL_REGEX },
                    uniqueness: { case_sensitive: false }
end
```

在代码清单6-32中，**before_save**后有一个块，块中的代码调用字符串的**downcase**方法，把用户的电子邮件地址转换成小写形式。（针对电子邮件地址转换成小写形式的测试留作本节练习。）

在代码清单6-32中，我们可以把赋值语句写成：

```
self.email = self.email.downcase
```

（其中**self**表示当前用户。）但是在**User**模型中，右侧的**self**关键字是可选的，我们在**palindrome?**方法中调用**reverse**方法时说过（4.4.2节）：

```
self.email = email.downcase
```

注意，左侧的**self**不能省略，所以写成

```
email = email.downcase
```

是不对的。（9.1节会进一步讨论这个话题。）

现在，前面Alice遇到的问题解决了，数据库会存储请求1创建的用户，不会存储请求2创建的用户，因为后者违反了唯一性约束。（在Rails的日志中会显示一个错误，不过并无大碍。）为**email**列建立索引同时也解决了6.1.4节提到的问题：如旁注6.2所说，为**email**列添加索引之后，使用电子邮件地址查找用户时不会进行全表扫描，从而解决了潜在的效率问题。

练习

购买本书的读者可以访问railstutorial.org/aw-solutions免费查看练习的解答。如果想查看其他人的答案，以及记录自己的答案，请加入Learn Enough Society（learnenough.com/society）。

(1) 为代码清单6-32中把电子邮件地址转换成小写形式的代码编写一个测试，如代码清单6-33所示。这段测试使用**reload**方法从数据库中重新加载数据，使用**assert_equal**方法测试是否相等。为

[①] Rails支持的回调参见Rails API（http://api.rubyonrails.org/v5.0.0/classes/ActiveRecord/Callbacks.html）。

了验证代码清单6-33是正确的，先把**before_save**那行注释掉，看测试是否失败，然后去掉注释，看测试能否通过。

(2) 通过测试组件确认在**before_save**回调中可以使用"炸弹"方法**email.downcase!**直接修改**email**属性，如代码清单6-34所示。

代码清单6-33   代码清单6-32中把电子邮件地址转换成小写形式的测试

test/models/user_test.rb

```ruby
require 'test_helper'

class UserTest < ActiveSupport::TestCase

  def setup
    @user = User.new(name: "Example User", email: "user@example.com")
  end
  .
  .
  .
  test "email addresses should be unique" do
    duplicate_user = @user.dup
    duplicate_user.email = @user.email.upcase
    @user.save
    assert_not duplicate_user.valid?
  end

  test "email addresses should be saved as lower-case" do
    mixed_case_email = "Foo@ExAMPle.CoM"
    @user.email = mixed_case_email
    @user.save
    assert_equal mixed_case_email.downcase, @user.reload.email
  end
end
```

代码清单6-34   before_save回调的另一种实现方式（GREEN）

app/models/user.rb

```ruby
class User < ApplicationRecord
  before_save { email.downcase! }
  validates :name, presence: true, length: { maximum: 50 }
  VALID_EMAIL_REGEX = /\A[\w+\-.]+@[a-z\d\-.]+\.[a-z]+\z/i
  validates :email, presence: true, length: { maximum: 255 },
                    format: { with: VALID_EMAIL_REGEX },
                    uniqueness: { case_sensitive: false }
end
```

6.3   添加安全密码

我们已经为**name**和**email**字段添加了验证规则，现在要加入用户所需的最后一个常规属性：安全密码。每个用户都要设置一个密码（还要二次确认），数据库中则存储经过哈希（hash）加密后的密码。

（你可能会困惑。这里所说的"哈希"不是4.3.3节介绍的Ruby数据结构，而是经过不可逆哈希算法计算得到的结果。）[1]我们还要加入基于密码的**身份验证**机制，第8章会利用这个机制实现用户登录功能。

验证身份的方法是，获取用户提交的密码，哈希加密，再与数据库中存储的密码哈希值对比。如果二者一致，用户提交的就是正确的密码，用户的身份也就通过验证了。我们要对比的是密码哈希值，而不是原始密码，所以不用在数据库中存储用户的密码。因此，就算被"脱库"了，用户的密码仍然安全。

6.3.1 计算密码哈希值

我们使用的安全密码机制基本上用一个Rails方法即可实现，这个方法是**has_secure_password**。我们要在**User**模型中调用这个方法，如下所示：

```
class User < ApplicationRecord
  .
  .
  .
  has_secure_password
end
```

在模型中调用这个方法后，会自动添加如下功能：

❑ 在数据库中的**password_digest**列存储安全的密码哈希值；

❑ 获得一对虚拟属性[2]，**password**和**password_confirmation**，而且创建用户对象时会执行存在性验证和匹配验证；

❑ 获得**authenticate**方法，如果密码正确，返回对应的用户对象（否则返回**false**）。

has_secure_password发挥功效的唯一要求是，对应的模型中有个名为**password_digest**的属性。[**digest**（摘要）是哈希加密算法中的术语。"密码哈希值"和"密码摘要"是一个意思。][3]对**User**模型来说，我们要实现如图6-8所示的数据模型。

users	
id	integer
name	string
email	string
created_at	datetime
updated_at	datetime
password_digest	string

图6-8 **User**数据模型，多了一个**password_digest**属性

---

[1] 哈希和散列对应的英语单词都是hash，但是译成中文后，就没有这个问题了：算法是"哈希"，数据结构是"散列"。

——译者注

[2] "虚拟"的意思是模型对象中有属性，但数据库中没有对应的列。

[3] "密码哈希摘要"经常称作"加密密码"，这种叫法是错误的。Rails源码和本书前两版都犯了这个错误。"加密密码"之所以不对，是因为从设计角度看，加密是可逆的——能加密，也能解密。而计算密码哈希摘要的目的是实现不可逆，由摘要很难推出原始密码。（感谢读者Andy Philips指出这个问题，并建议我使用正确的术语。）

为了实现图6-8中的数据模型，首先要创建一个适当的迁移文件，添加**password_digest**列。迁移的名字随意，不过最好以**to_users**结尾，因为这样Rails会自动生成一个向**users**表添加列的迁移。我们把这个迁移命名为**add_password_digest_to_users**，生成迁移的命令如下：

```
$ rails generate migration add_password_digest_to_users password_digest:string
```

在这个命令中，我们还加入了参数**password_digest:string**，指定想添加的列名和类型。（与代码清单6-1中的命令对比一下，那个命令生成创建**users**表的迁移，指定了**name:string**和**email:string**两个参数。）加入**password_digest:string**后，我们为Rails提供了足够的信息，它会为我们生成一个完整的迁移，如代码清单6-35所示。

代码清单6-35   向**users**表添加**password_digest**列的迁移

db/migrate/[timestamp]_add_password_digest_to_users.rb

```
class AddPasswordDigestToUsers < ActiveRecord::Migration[5.0]
  def change
    add_column :users, :password_digest, :string
  end
end
```

这个迁移使用**add_column**方法把**password_digest**列添加到**users**表中。执行下述命令在数据库中运行迁移：

```
$ rails db:migrate
```

has_secure_password方法使用先进的bcrypt哈希算法计算密码摘要。使用bcrypt计算密码哈希值，就算攻击者设法获得了数据库副本也无法登录网站。为了在演示应用中使用bcrypt，我们要把**bcrypt** gem添加到Gemfile文件中，如代码清单6-36所示。[①]

代码清单6-36   把**bcrypt** gem添加到Gemfile文件中

```
source 'https://rubygems.org'

gem 'rails',        '5.0.0'
gem 'bcrypt',       '3.1.11'
.
.
.
```

然后像往常一样，执行**bundle install**命令：

```
$ bundle install
```

6.3.2   用户有安全的密码

现在我们已经在**User**模型中添加了**password_digest**属性，也安装了bcrypt，下面可以在**User**模型中添加**has_secure_password**方法了，如代码清单6-37所示。

---

① 跟之前一样，应该使用gemfiles-4th-ed.railstutorial.org给出的版本号。

代码清单6-37 在**User**模型中添加**has_secure_password**方法（RED）

app/models/user.rb

```ruby
class User < ApplicationRecord
  before_save { self.email = email.downcase }
  validates :name, presence: true, length: { maximum: 50 }
  VALID_EMAIL_REGEX = /\A[\w+\-.]+@[a-z\d\-.]+\.[a-z]+\z/i
  validates :email, presence: true, length: { maximum: 255 },
                    format: { with: VALID_EMAIL_REGEX },
                    uniqueness: { case_sensitive: false }
  has_secure_password
end
```

如代码清单6-37中的"RED"所示，测试现在失败，我们可以在命令行中执行下述命令确认：

代码清单6-38 RED

```
$ rails test
```

我们在6.3.1节说过，**has_secure_password**会在**password**和**password_confirmation**两个虚拟属性上执行验证，但是现在代码清单6-26创建**@user**变量时没有设定这两个属性：

```ruby
def setup
  @user = User.new(name: "Example User", email: "user@example.com")
end
```

所以，为了让测试组件通过，我们要添加这两个属性，如代码清单6-39所示。

代码清单6-39 添加密码和密码确认（GREEN）

test/models/user_test.rb

```ruby
require 'test_helper'

class UserTest < ActiveSupport::TestCase

  def setup
    @user = User.new(name: "Example User", email: "user@example.com",
                     password: "foobar", password_confirmation: "foobar")
  end
  .
  .
  .
end
```

注意，**setup**方法的第一行末尾有个逗号，这是Ruby的散列句法所需的（4.3.3节）。如果没有那个逗号，会出现句法错误。如果遇到这个问题，你要设法自行解决（旁注1.1）。

现在测试应该可以通过了：

代码清单6-40 GREEN

```
$ rails test
```

在6.3.4节会看到在**User**模型中添加**has_secure_password**方法的作用。在此之前，为了密码的安全，先添加一个小限制。

练习

购买本书的读者可以访问railstutorial.org/aw-solutions免费查看练习的解答。如果想查看其他人的答案，以及记录自己的答案，请加入Learn Enough Society（learnenough.com/society）。

(1) 确认名字和电子邮件地址有效的用户还不算有效。

(2) 如果用户没有密码，错误消息是什么？

6.3.3　密码的最短长度

一般来说，最好为密码做些限制，让别人更难猜测。在Rails中增强密码强度有很多方法，简单起见，我们只限制最短长度，而且要求密码不能为空。最短长度为6是个不错的选择，针对这个验证的测试如代码清单6-41所示。

代码清单6-41　测试密码的最短长度（RED）

test/models/user_test.rb

```
require 'test_helper'

class UserTest < ActiveSupport::TestCase

  def setup
    @user = User.new(name: "Example User", email: "user@example.com",
                     password: "foobar", password_confirmation: "foobar")
  end
  .
  .
  .
  test "password should be present (nonblank)" do
    @user.password = @user.password_confirmation = " " * 6
    assert_not @user.valid?
  end

  test "password should have a minimum length" do
    @user.password = @user.password_confirmation = "a" * 5
    assert_not @user.valid?
  end
end
```

注意这段代码中使用的双重赋值：

```
@user.password = @user.password_confirmation = "a" * 5
```

这行代码同时为**password**和**password_confirmation**赋值，值是长度为5的字符串，使用字符串连乘创建（代码清单6-14）。

参照**name**属性的**maximum**验证（代码清单6-16），你或许能猜到限制最短长度所需的代码：

```
validates :password, length: { minimum: 6 }
```

在上述代码的基础上，还要加上存在性验证（6.2.2节），得出的**User**模型如代码清单6-42所示。[**has_secure_password**方法本身会验证存在性，但是可惜，只会验证有没有密码，因此用户可以创建'　　　　'（6个空格）这样的无效密码。]

代码清单6-42 实现安全密码的全部代码（GREEN）

app/models/user.rb

```
class User < ApplicationRecord
  before_save { self.email = email.downcase }
  validates :name, presence: true, length: { maximum: 50 }
  VALID_EMAIL_REGEX = /\A[\w+\-.]+@[a-z\d\-.]+\.[a-z]+\z/i
  validates :email, presence: true, length: { maximum: 255 },
                    format: { with: VALID_EMAIL_REGEX },
                    uniqueness: { case_sensitive: false }
  has_secure_password
  validates :password, presence: true, length: { minimum: 6 }
end
```

现在，测试应该可以通过了：

代码清单6-43 GREEN

```
$ rails test:models
```

练习

购买本书的读者可以访问railstutorial.org/aw-solutions免费查看练习的解答。如果想查看其他人的答案，以及记录自己的答案，请加入Learn Enough Society（learnenough.com/society）。

(1) 确认名字和电子邮件地址有效，但是密码太短的用户是无效的。

(2) 相应的错误消息是什么？

6.3.4 创建并验证用户的身份

至此，基本的**User**模型已经完成了。接下来，我们要在数据库中创建一个用户，为7.1节开发的用户资料页面做准备。同时也看一下在**User**模型中添加**has_secure_password**方法后的效果，还要用一下重要的**authenticate**方法。

因为现在还不能在网页中注册（第7章实现），我们要在Rails控制台中手动创建新用户。为了方便，我们会使用6.1.3节介绍的**create**方法。注意，不要在沙盒模式中启用控制台，否则结果不会存入数据库。我们要使用**rails console**启动普通的控制台，然后使用有效的名字和电子邮件地址，以及密码和密码确认，创建一个用户：

```
$ rails console
>> User.create(name: "Michael Hartl", email: "mhartl@example.com",
?>             password: "foobar", password_confirmation: "foobar")
=> #<User id: 1, name: "Michael Hartl", email: "mhartl@example.com",
created_at: "2016-05-23 20:36:46", updated_at: "2016-05-23 20:36:46",
password_digest: "$2a$10$xxucoRlMp06RLJSfWpZ8hO8Dt9AZXlGRi3usP3njQg3...">
```

为了确认结果，我们使用SQLite数据库浏览器查看开发数据库中的**users**表，如图6-9所示。[①]（如果使用云端IDE，要按照图6-5中的方法下载数据库文件。）留意图6-8中数据模型的各个属性。

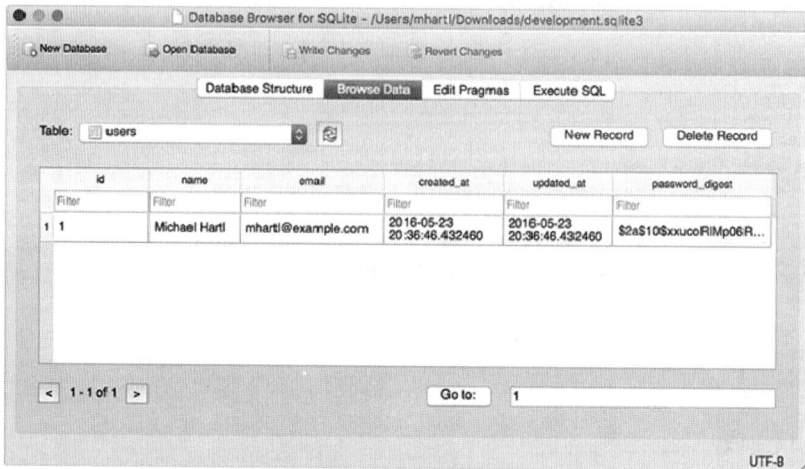

图6-9　SQLite数据库**db/development.sqlite3**中的一个用户记录

回到控制台，查看**password_digest**属性的值，由此可以看出代码清单6-42中**has_secure_password**方法的作用：

```
>> user = User.find_by(email: "mhartl@example.com")
>> user.password_digest
=> "$2a$10$xxucoRlMp06RLJSfWpZ8hO8Dt9AZXlGRi3usP3njQg3yOcVFzb6oK"
```

这是创建用户对象时指定的密码（**"foobar"**）的哈希值。这个值由bcrypt计算得出，所以很难反推出原始密码。[②]

6.3.1节说过，**has_secure_password**方法会自动在对应的模型对象中添加**authenticate**方法。这个方法会计算给定密码的哈希值，然后与数据库中**password_digest**列的值比较，以此判断用户提供的密码是否正确。我们可以在刚创建的用户上试几个错误密码：

```
>> user.authenticate("not_the_right_password")
false
>> user.authenticate("foobaz")
false
```

我们提供的密码都是错误的，所以**user.authenticate**返回**false**。如果提供正确的密码，**authenticate**方法会返回数据库中对应的用户：

```
>> user.authenticate("foobar")
=> #<User id: 1, name: "Michael Hartl", email: "mhartl@example.com",
```

① 如果出现问题，可以使用这个方法还原数据库：(1)退出控制台；(2)在命令行中执行**$ rm -f development.sqlite3**命令，删除数据库（第7章会介绍一种更优雅的做法）；(3) 执行**rails db:migrate**命令，重新运行迁移；(4) 重启控制台。

② bcrypt算法计算哈希值时会加盐，这样做能避免两种重要的攻击方式（字典攻击和彩虹表攻击）。

```
created_at: "2016-05-23 20:36:46", updated_at: "2016-05-23 20:36:46",
password_digest: "$2a$10$xxucoRlMp06RLJStWpZ8hO8Dt9AZXlGRi3usP3njQg3...">
```

第8章会使用**authenticate**方法把注册的用户登入网站。其实，**authenticate**方法返回的用户对象并不重要，关键是这个值是"真值"。4.2.3节说过，**!!**会把对象转换成相应的布尔值。我们可以使用这种方式确认**user.authenticate**方法很好地完成了任务：

```
>> !!user.authenticate("foobar")
=> true
```

练习

购买本书的读者可以访问railstutorial.org/aw-solutions免费查看练习的解答。如果想看看其他人的答案，以及记录自己的答案，请加入Learn Enough Society（learnenough.com/society）。

(1) 退出控制台，然后重启，查找本节创建的用户。

(2) 尝试修改这个用户的名字，然后调用**save**方法。为什么不起作用？

(3) 把这个用户的名字改成你自己的名字。**提示**：所需的技术参见6.1.5节。

6.4 小结

本章从零开始建立了一个可以正常使用的**User**模型，创建了**name**、**email**和**password**属性，还为这些属性制定了重要的取值约束规则。而且，我们已经可以使用密码对用户进行身份验证了。整个**User**模型只用了十二行代码。

在接下来的第7章，我们将创建一个注册表单，用于新建用户；还将创建一个页面，显示用户的信息。第8章会使用6.3节实现的身份验证机制让用户登录网站。

如果使用Git，而且一直都没提交，现在是提交的好时机：

```
$ rails test
$ git add -A
$ git commit -m "Make a basic User model (including secure passwords)"
```

然后合并到主分支，再推送到远程仓库中：

```
$ git checkout master
$ git merge modeling-users
$ git push
```

为了让**User**模型在生产环境中能正常使用，我们要在Heroku中执行迁移。这个操作可以通过**heroku run**命令完成：

```
$ rails test
$ git push heroku
$ heroku run rails db:migrate
```

我们可以在生产环境的控制台中执行下述代码确认一下：

```
$ heroku run console --sandbox
>> User.create(name: "Michael Hartl", email: "michael@example.com",
?>              password: "foobar", password_confirmation: "foobar")
=> #<User id: 1, name: "Michael Hartl", email: "michael@example.com",
created_at: "2016-05-23 20:54:41", updated_at: "2016-05-23 20:54:41",
password_digest: "$2a$10$74xFguZRoTZBXTUqs1FjpOf3OoLhrvgxC2wlohtTEcH...">
```

本章所学

- ❑ 使用迁移可以修改应用的数据模型;
- ❑ Active Record提供了很多创建和处理数据模型的方法;
- ❑ 使用Active Record验证可以在模型的数据上添加约束条件;
- ❑ 常见的验证有存在性验证、长度验证和格式验证;
- ❑ 正则表达式晦涩难懂,但功能强大;
- ❑ 数据库索引可以提升查询效率,而且能在数据库层实现唯一性约束;
- ❑ 可以使用内置的**has_secure_password**方法在模型中添加一个安全的密码。

## 第 7 章

注　册

　　User模型可以使用了，接下来要实现大多数网站都离不开的功能——注册。在7.2节我们将创建一个HTML**表单**（form），提交用户注册时填写的信息，然后在7.4节使用提交的数据创建新用户，并把属性的值存入数据库。注册功能实现后，还将创建一个用户资料页面，显示用户的个人信息——这是实现REST架构（2.2.2节）用户资源的第一步。在实现这些功能的过程中，我们会在5.3.4节的基础上编写简练生动的集成测试。

　　本章要依赖第6章为**User**模型编写的验证，尽量保证新用户的电子邮件地址有效。第11章会在用户注册过程中添加**账户激活**功能，确保电子邮件地址确实可用。

　　本书内容力求通俗易懂，又要兼顾专业性，毕竟Web开发是个复杂的话题。本章难度明显增加了，建议你多花点时间，认真理解。（有些读者反馈说，读两遍能加深理解。）你可以考虑加入Learn Enough Society，获取额外的协助，包括本书及其相关的预备知识（尤其是Learn Enough Ruby to Be Dangerous、Learn Enough Sinatra to Be Dangerous和Learn Enough Rails to Be Dangerous）。

7.1　显示用户的信息

　　本节要实现的用户资料页面是完整页面的一小部分，只显示用户的名字和头像，构思图如图7-1所示。[1]最终完成的用户资料页面会显示用户的头像、基本信息和微博列表，构思图如图7-2所示。[2]（在图7-2中，我们第一次用到了"lorem ipsum"占位文字，这些文字背后的故事很有意思，有空的话你应该了解一下。）这个资料页面将和整个演示应用一起在第14章完成。

---

　　[1] Mockingbird不支持插入自定义的图片，图7-1中的头像是我用GIMP加上的。

　　[2] 图中的河马原图地址是http://www.flickr.com/photos/43803060@N00/24308857/，发布于2014年6月16日。Copyright © 2002 by Shaun Wallin。未经改动，基于"知识共享署名2.0通用"许可证使用。

图7-1　本节实现的用户资料页面构思图

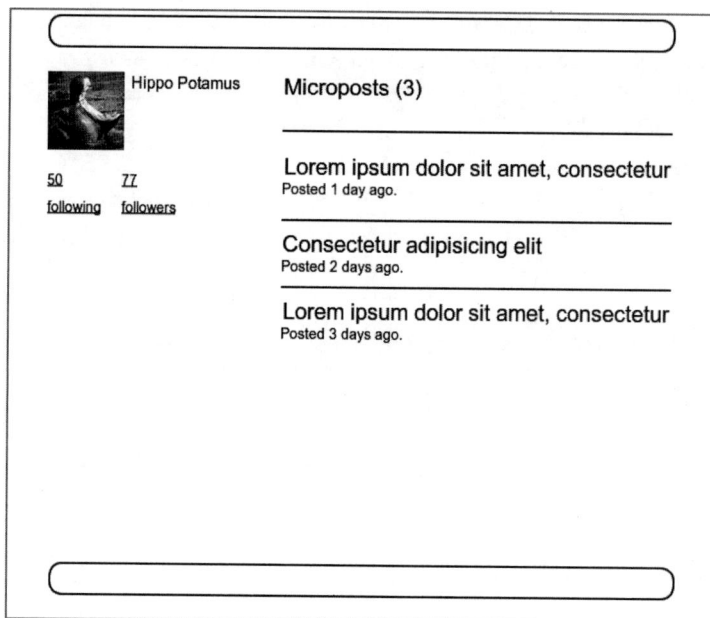

图7-2　最终实现的用户资料页面构思图

如果你一直坚持使用版本控制，现在像之前一样，新建一个主题分支：

```
$ git checkout -b sign-up
```

7.1.1　调试信息和 Rails 环境

本节要实现的用户资料页面是我们这个应用中第一个真正意义上的动态页面。虽然视图的代码不会动态改变，但每个用户资料页面显示的内容却是从数据库中读取的。添加动态页面之前要做些准备工作，现在是在网站布局中加入一些调试信息的好时机，如代码清单7-1所示。这段代码使用Rails内置的**debug**方法和**params**变量（7.1.2节将详细介绍），在各个页面显示一些对开发有帮助的信息。

代码清单7-1　在网站布局中添加一些调试信息

app/views/layouts/application.html.erb

```
<!DOCTYPE html>
<html>
  .
  .
  .
  <body>
    <%= render 'layouts/header' %>
    <div class="container">
      <%= yield %>
      <%= render 'layouts/footer' %>
      <%= debug(params) if Rails.env.development? %>
    </div>
  </body>
</html>
```

因为我们不想在线上网站中向用户显示调试信息，所以上述代码使用**if Rails.env.development?**限制只在**开发环境**中显示调试信息。开发环境是Rails默认支持的三个环境之一（旁注7.1）。[①]**Rails.env.development?**的返回值只在开发环境中为**true**，所以下面这行嵌入式Ruby代码不会在生产环境和测试环境中执行：

```
<%= debug(params) if Rails.env.development? %>
```

（在测试环境中显示调试信息虽然没有坏处，但也没什么好处，所以最好只在开发环境中显示。）

旁注7.1：Rails环境

Rails内建了三个环境，分别是测试环境、开发环境和生产环境。Rails控制台默认使用的是开发环境：

```
$ rails console
Loading development environment
>> Rails.env
=> "development"
>> Rails.env.development?
=> true
>> Rails.env.test?
=> false
```

[①] 也可以自己添加环境，详情参见RailsCast中的视频（http://railscasts.com/episodes/72-adding-an-environment）。

如前所示，Rails对象有一个env属性，在这个属性上可以调用各个环境对应的布尔值方法，例如，**Rails.env.test?**在测试环境中的返回值是**true**，在其他两个环境中的返回值则是**false**。

如果需要在其他环境中使用控制台（例如，在测试环境中调试），只需把环境名传给console命令即可：

```
$ rails console test
Loading test environment
>> Rails.env
=> "test"
>> Rails.env.test?
=> true
```

Rails本地服务器和控制台一样，默认使用开发环境，不过也可以在其他环境中运行：

```
$ rails server --environment production
```

如果想在生产环境中运行应用，要先有一个生产数据库。在生产环境中执行**rails db:migrate**命令可以生成这个数据库：

```
$ rails db:migrate RAILS_ENV=production
```

（我发现在控制台、服务器和迁移命令中指定环境的习惯方法不一样，你可能会混淆，所以特意演示了这三个命令的用法。不过注意，在这几个命令前面都可以使用**RAILS_ENV=<env>**，例如**RAILS_ENV=production rails server**。）

顺便说一下，把应用部署到Heroku后，可以使用**heroku run console**命令进入控制台查看所用的环境：

```
$ heroku run console
>> Rails.env
=> "production"
>> Rails.env.production?
=> true
```

Heroku是用来部署网站的平台，自然会在生产环境中运行应用。

为了让调试信息看起来漂亮一些，我们在第5章创建的自定义样式表中加入一些样式规则，如代码清单7-2所示。

代码清单7-2 添加美化调试信息的样式，用到一个Sass混入
app/assets/stylesheets/custom.scss

```
@import "bootstrap-sprockets";
@import "bootstrap";

/* mixins, variables, etc. */

$gray-medium-light: #eaeaea;

@mixin box_sizing {
```

```
  -moz-box-sizing:     border-box;
  -webkit-box-sizing: border-box;
  box-sizing:          border-box;
}
.
.
.
/* miscellaneous */

.debug_dump {
  clear: both;
  float: left;
  width: 100%;
  margin-top: 45px;
  @include box_sizing;
}
```

这段代码用到了Sass的**混入**（mixin）功能，创建的这个混入名为**box_sizing**。混入的作用是打包一系列样式规则，供多次使用。预处理器会把

```
.debug_dump {
  .

  .
  @include box_sizing;
}
```

转换成

```
.debug_dump {
  .

  .

  .
  -moz-box-sizing:     border-box;
  -webkit-box-sizing: border-box;
  box-sizing:          border-box;
}
```

7.2.1节会再次用到这个混入。美化后的调试信息如图7-3所示。[①]

图7-3中的调试信息显示了当前页面的一些有用信息：

```
---
controller: static_pages
action: home
```

这是**params**变量的YAML[②]形式（与散列类似），显示当前页面的控制器名和动作名。7.1.2节会介绍其他调试信息的意思。

[①] Rails调试信息的具体内容在不同的版本中稍有不同。例如，从Rails 5开始，调试信息显示的是允许的（**permitted**）信息（7.3.2节说明）。请尝试自行解决这样的复杂问题（旁注1.1）。

[②] Rails的调试信息是YAML（YAML Ain't Markup Language的递归缩写）格式，这种格式对机器和人类都很友好。

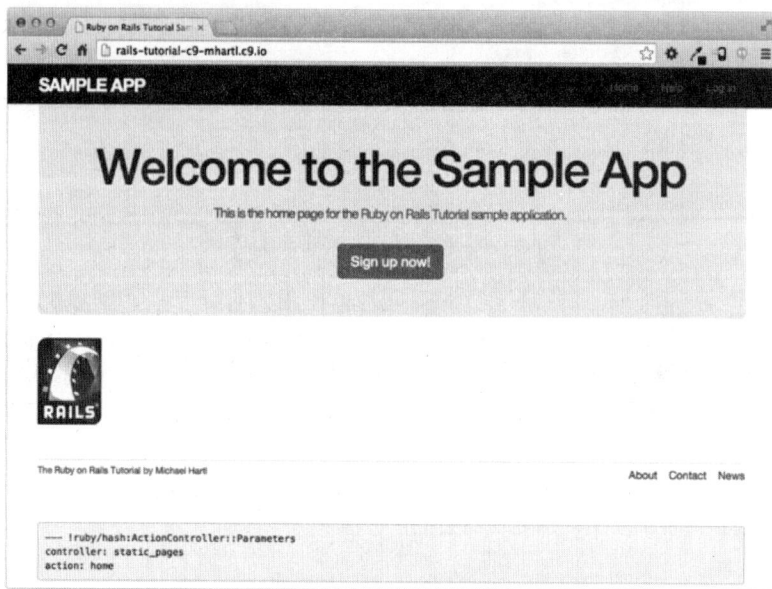

图7-3　显示有调试信息的演示应用首页

练习

购买本书的读者可以访问railstutorial.org/aw-solutions免费查看练习的解答。如果想查看其他人的答案，以及记录自己的答案，请加入Learn Enough Society（learnenough.com/society）。

(1) 在浏览器中访问/about，通过调试信息确定`params`散列中的控制器和动作。

(2) 在Rails控制台中获取数据库中的第一个用户，把它赋值给`user`变量。`puts user.attributes.to_yaml`的输出是什么？`y user.attributes`的输出呢？

7.1.2　Users 资源

为了实现用户资料页面，数据库中要有用户记录，这引出了"先有鸡还是先有蛋"的问题：网站还没有注册页面，怎么可能有用户呢？其实这个问题在6.3.4节已经解决了，那时我们自己动手在Rails控制台中创建了一个用户，所以数据库中应该有一条用户记录：

```
$ rails console
>> User.count
=> 1
>> User.first
=> #<User id: 1, name: "Michael Hartl", email: "mhartl@example.com",
created_at: "2016-05-23 20:36:46", updated_at: "2016-05-23 20:36:46",
password_digest: "$2a$10$xxucoRlMp06RLJSfWpZ8hO8Dt9AZXlGRi3usP3njQg3...">
```

（如果你的数据库中现在没有用户记录，回到6.3.4节，在继续阅读之前先完成那里的操作。）从控制台的输出可以看出，这个用户的ID是1，我们现在的目标就是创建一个页面，显示这个用户的信息。我们会遵从Rails使用的REST架构（旁注2.2），把数据视为**资源**，可以创建、显示、更新和删除。这四个操作分别对应HTTP标准中的**POST**、**GET**、**PATCH**和**DELETE**请求方法（旁注3.2）。

按照REST架构的规则，资源一般由资源名加唯一标识符表示。我们把用户看作一个资源，若想查看ID为1的用户，要向/users/1发送**GET**请求。这里没必要指明用哪个动作，Rails的REST功能解析时，会自动把这个**GET**请求交给**show**动作处理。

2.2.1节介绍过，ID为1的用户对应的URL是/users/1，不过现在访问这个URL的话，会显示错误信息，如图7-4中的服务器日志所示。

```
ActionController::RoutingError (No route matches [GET] "/users/1"):

actionpack (5.0.0.rc1) lib/action_dispatch/middleware/debug_exceptions.rb:53:in `call'
web-console (3.1.1) lib/web_console/middleware.rb:131:in `call_app'
web-console (3.1.1) lib/web_console/middleware.rb:20:in `block in call'
web-console (3.1.1) lib/web_console/middleware.rb:18:in `catch'
web-console (3.1.1) lib/web_console/middleware.rb:18:in `call'
actionpack (5.0.0.rc1) lib/action_dispatch/middleware/show_exceptions.rb:31:in `call'
railties (5.0.0.rc1) lib/rails/rack/logger.rb:36:in `call_app'
railties (5.0.0.rc1) lib/rails/rack/logger.rb:24:in `block in call'
activesupport (5.0.0.rc1) lib/active_support/tagged_logging.rb:70:in `block in tagged'
```

图7-4　访问/users/1时服务器日志中显示的错误

我们只需在路由文件config/routes.rb中添加如下的一行代码就可以正常访问/users/1了：

```
resources :users
```

修改后的路由文件如代码清单7-3所示。

代码清单7-3　在路由文件中添加Users资源的规则
config/routes.rb

```
Rails.application.routes.draw do
  root 'static_pages#home'
  get  '/help',    to: 'static_pages#help'
  get  '/about',   to: 'static_pages#about'
  get  '/contact', to: 'static_pages#contact'
  get  '/signup',  to: 'users#new'
  resources :users
end
```

我们的目的只是为了显示用户资料页面，可是**resources :users**不仅让/users/1可以访问，而且还为演示应用中的Users资源提供了符合REST架构的所有动作，[1]以及用来获取相应URL的具名路由（5.3.3节）。最终得到的URL、动作和具名路由的对应关系如表7-1所示（与表2-2对比一下）。接下来的三章会介绍表7-1中的所有动作，并不断完善，把用户打造成完全符合REST架构的资源。

表7-1　代码清单7-3中添加的Users资源规则实现的REST式路由

HTTP请求	URL	动作	具名路由	作用
GET	/users	index	users_path	显示所有用户的页面
GET	/users/1	show	user_path(user)	显示单个用户的页面

---

① 意思是，路由可以正常使用，不过对应的页面现在还不能访问。例如，/users/1/edit交由Users控制器中的**edit**动作处理，但现在还没编写**edit**动作，如果访问这个地址会看到一个错误页面。

（续）

HTTP请求	URL	动　　作	具名路由	作　　用
GET	/users/new	new	new_user_path	创建（注册）新用户的页面
POST	/users	create	users_path	创建新用户
GET	/users/1/edit	edit	edit_user_path(user)	编辑ID为1的用户页面
PATCH	/users/1	update	user_path(user)	更新用户信息
DELETE	/users/1	destroy	user_path(user)	删除用户

添加代码清单7-3中的代码之后，路由就生效了，但是页面还不存在（图7-5）。下面我们在页面中添加一些简单的内容，7.1.4节再添加更多内容。

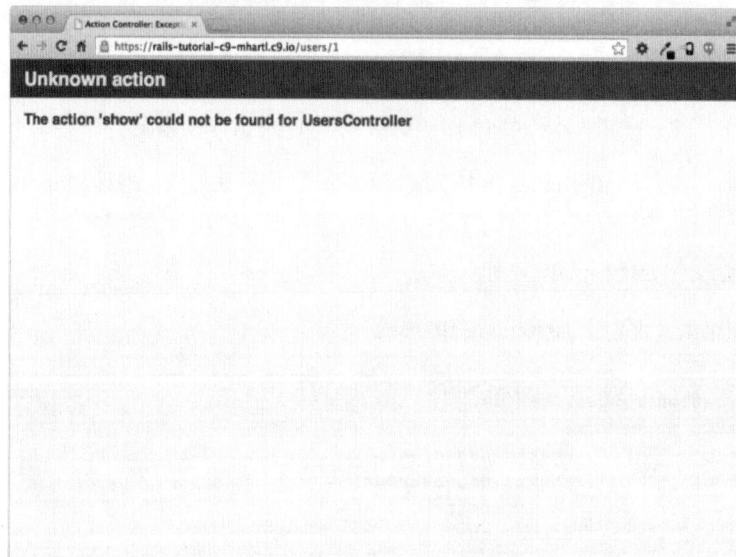

图7-5　/users/1的路由生效了，但页面不存在

用户资料页面的视图保存在标准的位置，即**app/views/users/show.html.erb**。这个视图和自动生成的**new.html.erb**（代码清单5-38）不同，现在它并不存在，要手动创建，[①]然后写入代码清单7-4中的代码。

代码清单7-4　用户资料页面的临时视图
app/views/users/show.html.erb

```
<%= @user.name %>, <%= @user.email %>
```

在这段代码中，我们假设存在一个**@user**变量，使用ERb代码显示这个用户的名字和电子邮件地址。这和最终实现的视图有点不一样（不会公开显示用户的电子邮件地址）。

我们要在**Users**控制器的**show**动作中定义**@user**变量，这样用户资料页面才能正常渲染。你可能

---

① 例如，使用**touch app/views/users/show.html.erb**命令。

猜到了，我们要在**User**模型上调用**find**方法（6.1.4节），从数据库中检索用户，如代码清单7-5所示。

代码清单7-5 含有**show**动作的**Users**控制器
app/controllers/users_controller.rb

```
class UsersController < ApplicationController

  def show
    @user = User.find(params[:id])
  end

  def new
  end
end
```

在这段代码中，我们使用**params**获取用户的ID。当我们向**Users**控制器发送请求时，**params[:id]** 会返回用户的ID，即1，所以这就和6.1.4节中直接调用**User.find(1)** 的效果一样。（严格来说，**params[:id]** 返回的是字符串**"1"**，不过**find**方法会自动将其转换成整数。）

定义视图和动作之后，/users/1就可以正常访问了，如图7-6所示。[如果添加bcrypt之后没重启过Rails服务器，现在或许要重启。这也体现了"全面提升你的技术水平"（旁注1.1）。]留意一下调试信息，它证实了**params[:id]** 的值与前面分析的一样：

```
---
action: show
controller: users
id: '1'
```

所以，代码清单7-5中的**User.find(params[:id])** 才会取回ID为1的用户。

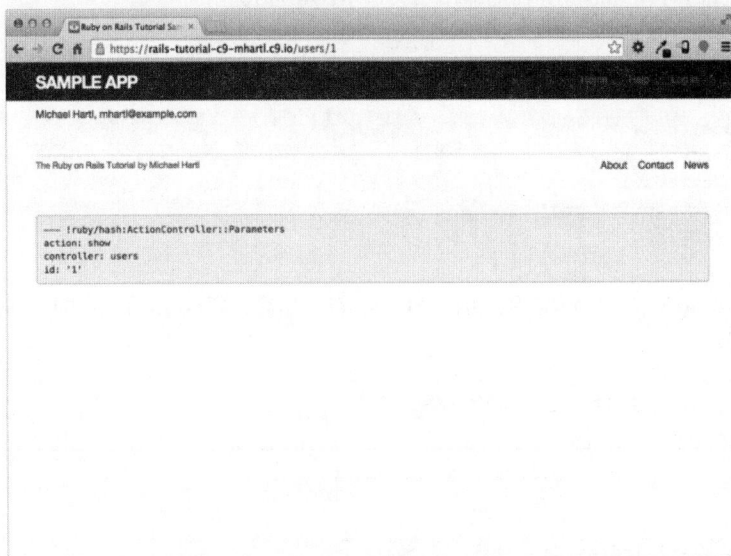

图7-6 添加**show**动作后的用户资料页面

练习

购买本书的读者可以访问railstutorial.org/aw-solutions免费查看练习的解答。如果想查看其他人的答案，以及记录自己的答案，请加入Learn Enough Society（learnenough.com/society）。

(1) 使用嵌入式Ruby，在代码清单7-4中添加**created_at**和**updated_at**两个属性。

(2) 使用嵌入式Ruby，在用户资料页面添加**Time.now**。刷新浏览器后会发生什么?

7.1.3 调试器

在7.1.2节中我们看到，调试信息能帮助我们理解应用的运作方式。不过，使用**byebug** gem（代码清单3-2）可以更直接地获取调试信息。我们把**debugger**方法加到应用中，看一下这个gem的作用，如代码清单7-6所示。

代码清单7-6 在Users控制器中添加debugger方法

app/controllers/users_controller.rb

```
class UsersController < ApplicationController

  def show
    @user = User.find(params[:id])
    debugger
  end

  def new
  end
end
```

现在访问/users/1时，Rails服务器的输出中会显示**byebug**提示符:

```
(byebug)
```

我们可以把它当成Rails控制台，在其中执行命令，查看应用的状态:

```
(byebug) @user.name
"Example User"
(byebug) @user.email
"example@railstutorial.org"
(byebug) params[:id]
"1"
```

若想退出**byebug**，继续执行应用，可以按Ctrl-D键。然后，把**show**动作中的**debugger**方法删除，如代码清单7-7所示。

代码清单7-7 删除debugger方法后的Users控制器

app/controllers/users_controller.rb

```
class UsersController < ApplicationController

  def show
    @user = User.find(params[:id])
  end
```

```
  def new
  end
end
```

只要你觉得Rails应用中哪部分有问题，就可以在可能导致问题的代码附近加上**debugger**方法。**byebug** gem很强大，可以查看系统的状态，排查应用错误，还能交互式地调试应用。

练习

购买本书的读者可以访问railstutorial.org/aw-solutions免费查看练习的解答。如果想查看其他人的答案，以及记录自己的答案，请加入Learn Enough Society（learnenough.com/society）。

(1) 像代码清单7-6那样在**show**动作中添加**debugger**方法，然后访问/users/1。使用**puts**方法显示**params**散列的YAML形式。提示：参考7.1.1节的练习。与网站模板中的**debug**方法相比，这样做显示的调试信息有什么不同？

(2) 把**debugger**方法添加到**new**动作中，然后访问/users/new。**@user**的值什么？

7.1.4 Gravatar 头像和侧边栏

前面创建了一个略显简陋的用户资料页面，这一节要再添加一些内容：用户头像和侧边栏。首先，我们要在用户资料页面添加一个"全球通用识别头像"，或者叫Gravatar。[①]这是一项免费服务，让用户上传图像，将其关联到自己的电子邮件地址上。使用Gravatar可以简化在网站中添加用户头像的过程，开发者不必分心去处理图像上传、剪裁和存储，只要使用用户的电子邮件地址构成头像的URL地址，用户的头像便能显示出来。（13.4节将说明如何处理图像上传。）

我们的计划是定义一个名为**gravatar_for**的辅助方法，返回指定用户的Gravatar头像，如代码清单7-8所示。

代码清单7-8 显示用户名字和Gravatar头像的用户资料页面视图

app/views/users/show.html.erb

```
<% provide(:title, @user.name) %>
<h1>
  <%= gravatar_for @user %>
  <%= @user.name %>
</h1>
```

默认情况下，所有辅助方法文件中定义的方法都自动在任意视图中可用，不过为了便于管理，我们会把**gravatar_for**方法放在**Users**控制器对应的辅助方法文件中。根据Gravatar的文档，头像的URL地址中要使用用户电子邮件地址的MD5哈希值。在Ruby中，MD5哈希算法由**Digest**库中的**hexdigest**方法实现：

```
>> email = "MHARTL@example.COM"
>> Digest::MD5::hexdigest(email.downcase)
=> "1fda4469bcbec3badf5418269ffc5968"
```

[①] 在印度教中，Avatar是神的化身，可以是一个人，也可以是一种动物。由此引申到其他领域，特别是在虚拟世界中，Avatar代表一个人。（在Twitter和其他社交媒体中，现在流行称之为avi，这是avatar的一个变种。）

电子邮件地址不区分大小写（6.2.4节），但是MD5哈希算法区分，所以我们要先调用**downcase**方法把电子邮件地址转换成小写形式，然后再传给**hexdigest**方法。（在代码清单6-32中的回调里我们已经把电子邮件地址转换成小写形式了，但这里最好也转换，以防电子邮件地址来自其他地方。）我们定义的**gravatar_for**辅助方法如代码清单7-9所示。

代码清单7-9   定义gravatar_for辅助方法
app/helpers/users_helper.rb

```
module UsersHelper

  # 返回指定用户的 Gravatar
  def gravatar_for(user)
    gravatar_id = Digest::MD5::hexdigest(user.email.downcase)
    gravatar_url = "https://secure.gravatar.com/avatar/#{gravatar_id}"
    image_tag(gravatar_url, alt: user.name, class: "gravatar")
  end
end
```

gravatar_for方法的返回值是一个**img**标签，用于显示Gravatar头像。**img**标签的CSS类为**gravatar**，**alt**属性的值是用户的名字（对视觉障碍人士使用的屏幕阅读器特别有用）。

用户资料页面如图7-7所示，页面中显示的头像是Gravatar的默认图像，因为**user@example.com**不是真的电子邮件地址（访问这个网站你便会发现，example.com这个域名是专门用来举例的）。

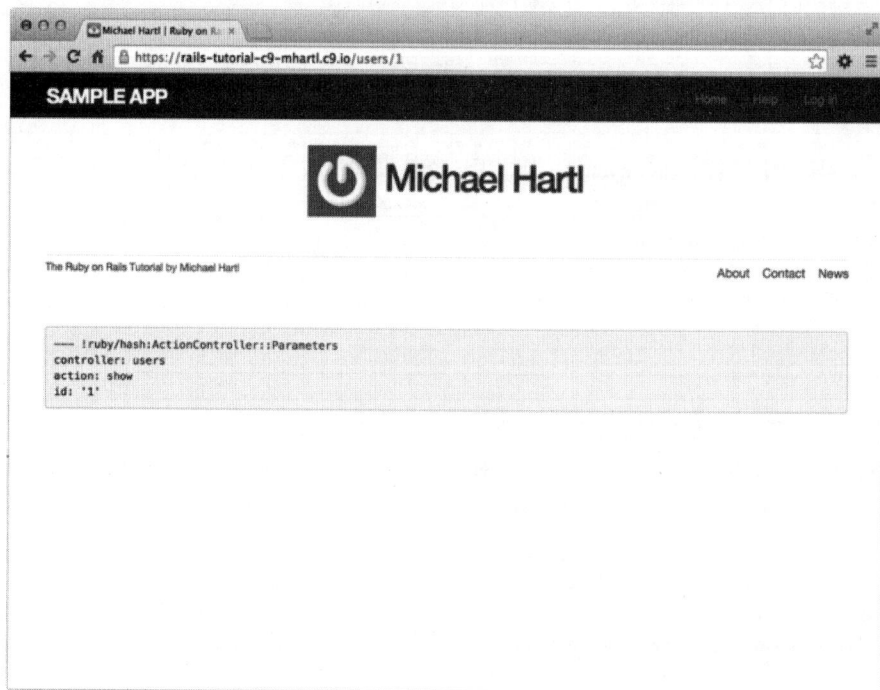

图7-7   显示Gravatar默认头像的用户资料页面

我们调用**update_attributes**方法（6.1.5节）更新一下数据库中的用户记录，然后就可以显示用户真正的头像了：

```
$ rails console
>> user = User.first
>> user.update_attributes(name: "Example User",
?>                        email: "example@railstutorial.org",
?>                        password: "foobar",
?>                        password_confirmation: "foobar")
=> true
```

我们把用户的电子邮件地址改成**example@railstutorial.org**。我已经把这个地址的头像设为了本书网站的徽标，修改后的结果如图7-8所示。

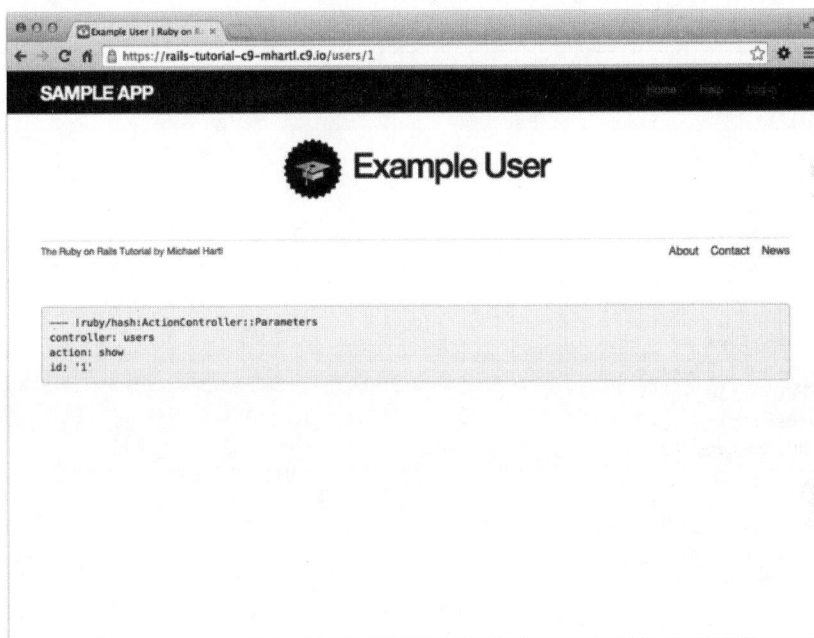

图7-8　显示真实头像的用户资料页面

我们还要添加一个侧边栏，这样才能完成图7-1中的构思图。我们将使用**aside**标签定义侧边栏。**aside**中的内容一般是对主体内容的补充（例如侧边栏），不过也可以自成一体。我们要把**aside**标签的类设为**row**和**col-md-4**，这两个类都是Bootstrap提供的。在用户资料页面中添加侧边栏所需的代码如代码清单7-10所示。

代码清单7-10　在show视图中添加侧边栏

app/views/users/show.html.erb

```
<% provide(:title, @user.name) %>
<div class="row">
  <aside class="col-md-4">
    <section class="user_info">
```

```
    <h1>
      <%= gravatar_for @user %>
      <%= @user.name %>
    </h1>
  </section>
 </aside>
</div>
```

添加HTML结构和CSS类之后，我们再用SCSS为资料页面（包括侧边栏和Gravatar头像）定义一些样式，如代码清单7-11所示。[①]（注意：因为Asset Pipeline使用Sass预处理器，所以样式中才可以使用嵌套。）实现的效果如图7-9所示。

代码清单7-11 用户资料页面的样式，包括侧边栏的样式

app/assets/stylesheets/custom.scss

```
.
.
.
/* sidebar */

aside {
  section.user_info {
    margin-top: 20px;
  }
  section {
    padding: 10px 0;
    margin-top: 20px;
    &:first-child {
      border: 0;
      padding-top: 0;
    }
    span {
      display: block;
      margin-bottom: 3px;
      line-height: 1;
    }
    h1 {
      font-size: 1.4em;
      text-align: left;
      letter-spacing: -1px;
      margin-bottom: 3px;
      margin-top: 0px;
    }
  }
}

.gravatar {
  float: left;
  margin-right: 10px;
}
```

---

① 代码清单7-11中有个`.gravatar_edit`类，第10章将用到。

```
.gravatar_edit {
  margin-top: 15px;
}
```

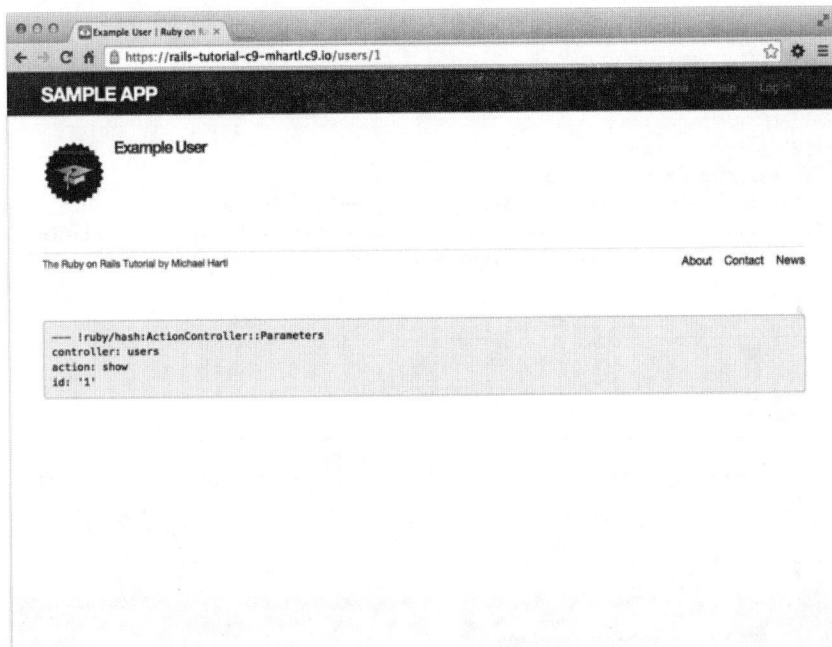

图7-9　添加侧边栏和CSS后的用户资料页面

练习

购买本书的读者可以访问railstutorial.org/aw-solutions免费查看练习的解答。如果想查看其他人的答案，以及记录自己的答案，请加入Learn Enough Society（learnenough.com/society）。

(1) 如果你还没为自己的电子邮件地址关联Gravatar，现在关联一个。你的头像的MD5是多少？

(2) 确认代码清单7-12中定义的**gravatar_for**辅助方法能接受可选的**size**参数，在视图中可以像这样调用：**gravatar_for user, size: 50**。（10.3.1节会使用这个改进的辅助方法。）

(3) 前一题中的**options**散列仍然经常使用，但是从Ruby 2.0开始，可以换成**关键字参数**（keyword argument）。确认代码清单7-13中的代码可以代替代码清单7-12。二者有什么区别？

代码清单7-12　为gravatar_for辅助方法添加一个可选的散列参数

app/helpers/users_helper.rb

```
module UsersHelper

  # 返回指定用户的 Gravatar
  def gravatar_for(user, options = { size: 80 })
    gravatar_id = Digest::MD5::hexdigest(user.email.downcase)
    size = options[:size]
```

```
    gravatar_url = "https://secure.gravatar.com/avatar/#{gravatar_id}?s=#{size}"
    image_tag(gravatar_url, alt: user.name, class: "gravatar")
  end
end
```

代码清单7-13 在**gravatar_for**辅助方法中使用关键字参数
app/helpers/users_helper.rb

```
module UsersHelper

  # 返回指定用户的 Gravatar
  def gravatar_for(user, size: 80)
    gravatar_id = Digest::MD5::hexdigest(user.email.downcase)
    gravatar_url = "https://secure.gravatar.com/avatar/#{gravatar_id}?s=#{size}"
    image_tag(gravatar_url, alt: user.name, class: "gravatar")
  end
end
```

7.2 注册表单

用户资料页面已经可以访问了，但内容还不完整。下面我们要为网站创建一个注册表单。我们已经在图5-11展示过了（图7-10将再次展示），注册页面还没有什么内容，无法注册新用户。本节将实现如图7-11所示的注册表单，添加注册功能。

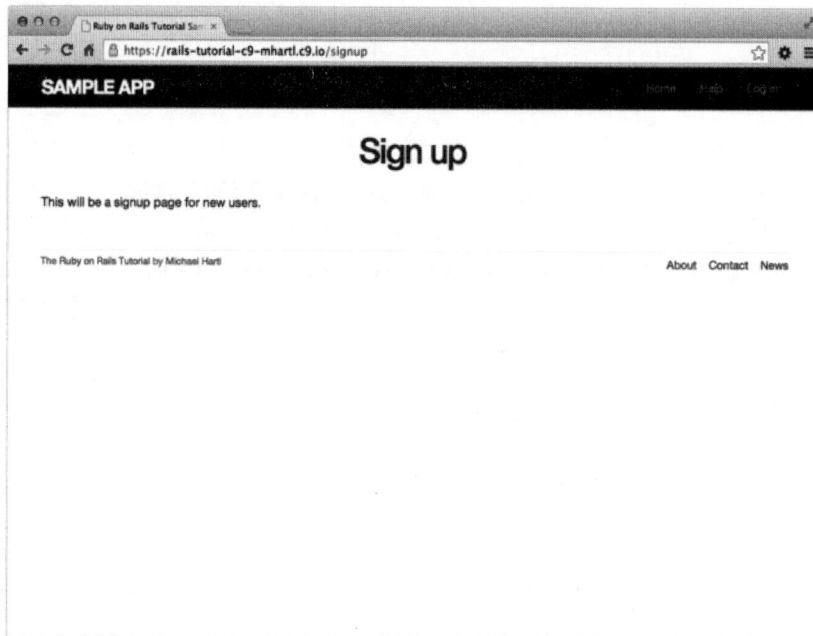

图7-10 注册页面（/signup）现在的样子

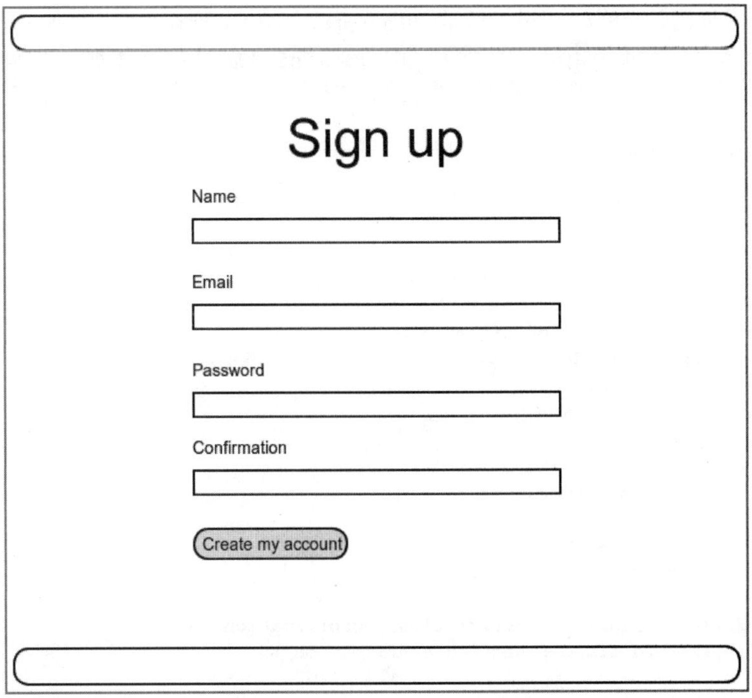

图7-11 用户注册页面的构思图

7.2.1 使用 form_for

注册页面的核心是一个**表单**，用于提交注册相关的信息（名字、电子邮件地址、密码和密码确认）。在Rails中，创建表单可以使用**form_for**辅助方法，传入Active Record对象后，使用该对象的属性构建一个表单。

回顾一下：注册页面的地址是/signup，由**Users**控制器的**new**动作处理（代码清单5-43）。首先，我们要创建传给**form_for**的用户对象，然后赋值给**@user**变量，如代码清单7-14所示。

代码清单7-14 在**new**动作中添加**@user**变量
app/controllers/users_controller.rb

```ruby
class UsersController < ApplicationController

  def show
    @user = User.find(params[:id])
  end

  def new
    @user = User.new
  end
end
```

表单的代码参见代码清单7-15。7.2.2节会详细分析这个表单，现在我们先添加一些SCSS，如代码清单7-16所示。（注意，这里重用了代码清单7-2中的**box_sizing**混入。）添加样式后的注册页面如图7-12所示。

代码清单7-15　用户注册表单

app/views/users/new.html.erb

```erb
<% provide(:title, 'Sign up') %>
<h1>Sign up</h1>

<div class="row">
  <div class="col-md-6 col-md-offset-3">
    <%= form_for(@user) do |f| %>
      <%= f.label :name %>
      <%= f.text_field :name %>

      <%= f.label :email %>
      <%= f.email_field :email %>

      <%= f.label :password %>
      <%= f.password_field :password %>

      <%= f.label :password_confirmation, "Confirmation" %>
      <%= f.password_field :password_confirmation %>

      <%= f.submit "Create my account", class: "btn btn-primary" %>
    <% end %>
  </div>
</div>
```

代码清单7-16　注册表单的样式

app/assets/stylesheets/custom.scss

```scss
.
.
.
/* forms */

input, textarea, select, .uneditable-input {
  border: 1px solid #bbb;
  width: 100%;
  margin-bottom: 15px;
  @include box_sizing;
}

input {
  height: auto !important;
}
```

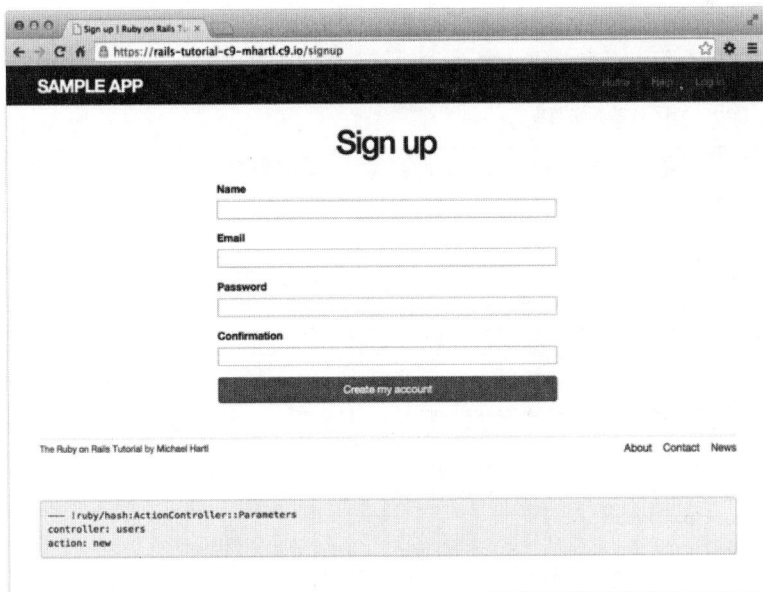

图7-12 用户注册表单

练习

购买本书的读者可以访问railstutorial.org/aw-solutions免费查看练习的解答。如果想查看其他人的答案，以及记录自己的答案，请加入Learn Enough Society（learnenough.com/society）。

(1) 把代码清单7-15中的 `:name` 换成 `:nome`，会看到什么错误消息？

(2) 把 `f` 换成 `foobar`，确认块变量的名称对结果没有影响。想想为什么使用 `foobar` 不好。

7.2.2 注册表单的 HTML

为了更好地理解代码清单7-15中定义的表单，我们将其分成几段来看。先看外层结构——开头的 `form_for` 方法和结尾的 `end`：

```
<%= form_for(@user) do |f| %>
  .
  .
  .
<% end %>
```

这段代码中有关键字 `do`，说明 `form_for` 方法可以接受一个块，而且有一个块变量 `f`（代表"form"）。我们一般无需了解Rails辅助方法的内部实现，但是对 `form_for` 来说，我们要知道 `f` 对象的作用是什么：在这个对象上调用表单字段（例如，文本字段、单选按钮或密码字段）对应的方法，生成的字段元素可以用来设定 `@user` 对象的属性。也就是说：

```
<%= f.label :name %>
<%= f.text_field :name %>
```

生成的HTML是一个有标注（label）的文本字段，用于设定 `User` 模型的 `name` 属性。

在浏览器中按住Ctrl键再点击鼠标，然后选择"审查元素"，查看页面的源码，如代码清单7-17所示。下面花点儿时间介绍一下表单的结构。

代码清单7-17   图7-12中表单的源码

```
<form accept-charset="UTF-8" action="/users" class="new_user"
    id="new_user" method="post">
  <input name="utf8" type="hidden" value="&#x2713;" />
  <input name="authenticity_token" type="hidden"
      value="NNb6+J/j46LcrgYUC60wQ2titMuJQ51LqyAbnbAUkdo=" />
  <label for="user_name">Name</label>
  <input id="user_name" name="user[name]" type="text" />

  <label for="user_email">Email</label>
  <input id="user_email" name="user[email]" type="email" />

  <label for="user_password">Password</label>
  <input id="user_password" name="user[password]"
      type="password" />

  <label for="user_password_confirmation">Confirmation</label>
  <input id="user_password_confirmation"
      name="user[password_confirmation]" type="password" />

  <input class="btn btn-primary" name="commit" type="submit"
      value="Create my account" />
</form>
```

先看表单里的结构。比较一下代码清单7-15和代码清单7-17，我们发现，下面的ERb代码

```
<%= f.label :name %>
<%= f.text_field :name %>
```

生成的HTML是

```
<label for="user_name">Name</label>
<input id="user_name" name="user[name]" type="text" />
```

下面的ERb代码

```
<%= f.label :email %>
<%= f.email_field :email %>
```

生成的HTML是

```
<label for="user_email">Email</label>
<input id="user_email" name="user[email]" type="email" />
```

而下面的ERb代码

```
<%= f.label :password %>
<%= f.password_field :password %>
```

生成的HTML是

```
<label for="user_password">Password</label>
<input id="user_password" name="user[password]" type="password" />
```

如图7-13所示，文本字段和电子邮件地址字段（`type="text"`和`type="email"`）会直接显示填写的内容，而密码字段（`type="password"`）基于安全考虑会遮盖输入的内容。（把电子邮件地址字段的类型设为`type="email"`有个好处，有些系统会以不同的方式处理这种文本字段，例如某些移动设备会显示专门用于输入电子邮件地址的键盘。）

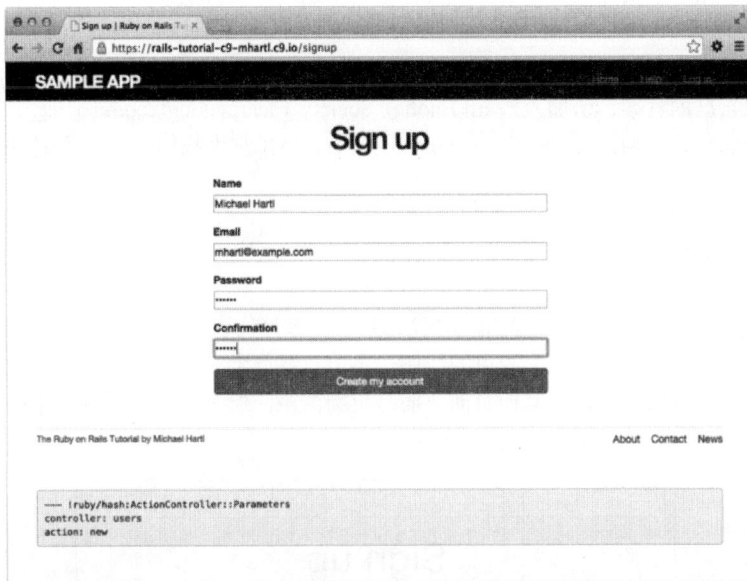

图7-13 在表单的文本字段和密码字段中填写内容

7.4节会说明，之所以能创建用户，全靠`input`元素的`name`属性：

```
<input id="user_name" name="user[name]" - - - />
.
.
.
<input id="user_password" name="user[password]" - - - />
```

7.3节会介绍，Rails会以这些`name`属性的值为键，用户输入的内容为值，构成一个名为`params`的散列，用来创建用户。

另外一个重要的标签是`form`自身。Rails使用`@user`对象创建这个`form`元素，因为每个Ruby对象都知道它所属的类（4.4.1节），所以Rails知道`@user`所属的类是`User`，而且，`@user`是一个新用户，因此Rails知道要使用`post`方法——这正是创建新对象所需的HTTP请求（旁注3.2）：

```
<form action="/users" class="new_user" id="new_user" method="post">
```

这里的`class`和`id`属性并不重要，重要的是`action="/users"`和`method="post"`。设定这两个属性后，Rails会向/users发送`POST`请求。接下来的两节会介绍这个请求的效果。

你可能还会注意到，`form`标签中有下面这段代码：

```
<input name="utf8" type="hidden" value="&#x2713;" />
<input name="authenticity_token" type="hidden"
       value="NNb6+J/j46LcrgYUC60wQ2titMuJQ51LqyAbnbAUkdo=" />
```

这段代码不会在浏览器中显示，只在Rails内部有用，所以你并不需要知道它的作用。简单来说，这段代码首先使用Unicode字符`&#x2713;`（对号✓）强制浏览器使用正确的字符编码提交数据；后面是一个**真伪令牌**（authenticity token），Rails用它抵御**跨站请求伪造**（Cross-Site Request Forgery，CSRF）攻击。知道何时忽略细节也体现了"全面提升你的技术水平"（旁注1.1）。[①]

练习

购买本书的读者可以访问railstutorial.org/aw-solutions免费查看练习的解答。如果想查看其他人的答案，以及记录自己的答案，请加入Learn Enough Society（learnenough.com/society）。

(1) Learn Enough HTML to Be Dangerous中的所有HTML都由我们自己动手编写，但是没有涵盖`form`标签。为什么？

7.3   注册失败

虽然前一节大概介绍了图7-12中表单的HTML结构（参见代码清单7-17），但并没涉及什么细节，其实注册失败时才能更好地理解这个表单的作用。本节，我们会在注册表单中填写一些无效的数据，然后提交表单，此时页面不会转向其他页面，而是重新渲染注册页面，并且列出错误消息，如图7-14中的构思图所示。

图7-14   注册失败时显示的页面构思图

[①] 如果你想了解真伪令牌的细节，可以查看Stack Overflow中的这个问题（http://stackoverflow.com/questions/941594/understand-rails-authenticity-token）。

7.3.1 可正常使用的表单

回顾一下7.1.2节的内容，在routes.rb文件中添加 **resources :users** 之后（代码清单7-3），Rails应用就可以响应表7-1中符合REST架构的URL了。其中，发送到/users地址上的 **POST** 请求由 **create** 动作处理。在 **create** 动作中，我们可以调用 **User.new** 方法，使用提交的数据创建一个新用户对象，然后尝试存入数据库；如果失败，重新渲染注册页面，让访客再次填写注册信息。我们先来看一下生成的 **form** 元素：

```
<form action="/users" class="new_user" id="new_user" method="post">
```

7.2.2节说过，这个表单会向/users地址发送 **POST** 请求。

为了让这个表单可用，首先我们要添加代码清单7-18中的代码。这段代码再次用到了 **render** 方法，上一次是在局部视图中（5.1.3节），不过如你所见，在控制器的动作中也可以使用 **render** 方法。同时，我们在这段代码中介绍了 **if-else** 分支结构的用法：根据 **@user.save** 的返回值，分别处理用户存储成功和失败两种情况（6.1.3节说过，存储成功时返回值为 **true**，失败时返回值为 **false**）。

代码清单7-18 能处理注册失败的 create 动作

app/controllers/users_controller.rb

```
class UsersController < ApplicationController

  def show
    @user = User.find(params[:id])
  end

  def new
    @user = User.new
  end

  def create
    @user = User.new(params[:user])      # 不是最终的实现方式
    if @user.save
      # 处理注册成功的情况
    else
      render 'new'
    end
  end
end
```

留意上述代码中的注释，这不是最终的实现方式，但现在完全够用。最终版将在7.3.2节实现。

我们要实际操作一下，提交一些无效的注册数据，这样才能更好地理解代码清单7-18中代码的作用。结果如图7-15所示，底部完整的调试信息如图7-16所示。

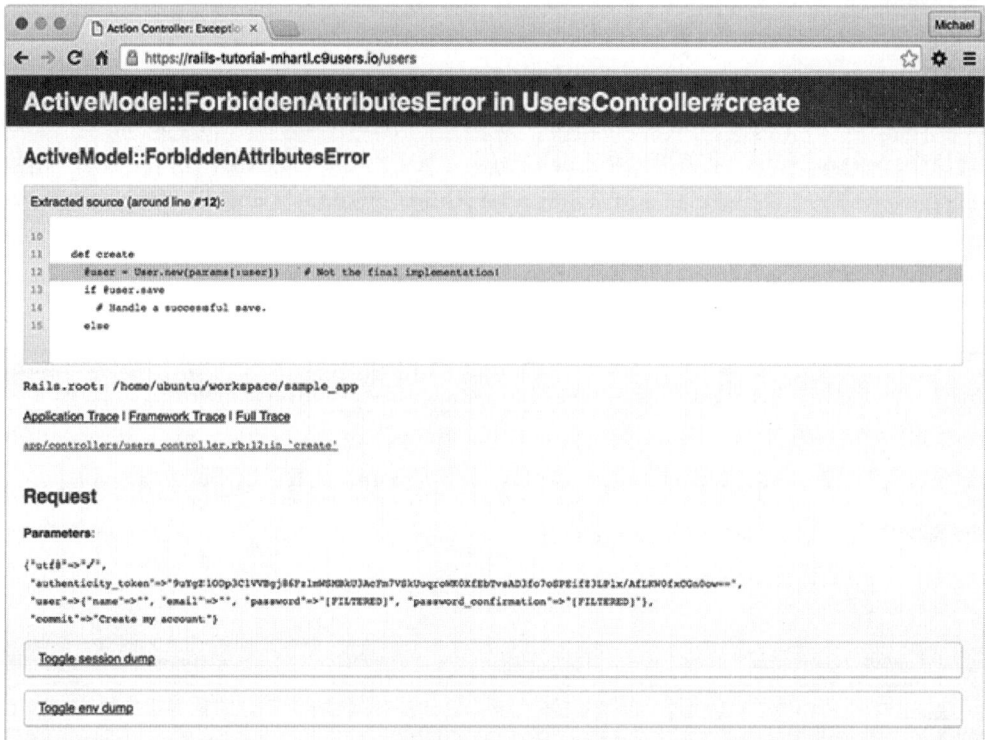

图7-15　注册失败

图7-16　注册失败时显示的调试信息

下面我们来分析一下调试信息中请求参数散列的**user**部分（图7-16），以便深入理解Rails处理表单提交的过程：

```
"user" => { "name" => "Foo Bar",
            "email" => "foo@invalid",
            "password" => "[FILTERED]",
            "password_confirmation" => "[FILTERED]"
          }
```

这个散列是**params**的一部分，会传给**Users**控制器。7.1.2节说过，**params**散列中包含每次请求的信息，例如向/users/1发送请求时，**params[:id]**的值是用户的ID，即1。提交表单发送**POST**请求时，

params是一个嵌套散列。嵌套散列在4.3.3节中使用控制台介绍**params**时用过。上面的调试信息说明，提交表单后，Rails会构建一个名为**user**的散列，散列中的键是**input**标签**name**属性的值（代码清单7-15），键对应的值是用户在字段中填写的内容。例如：

```
<input id="user_email" name="user[email]" type="email" />
```

其中，**name**属性的值是**user[email]**，对应**user**散列中的**email**键。

虽然调试信息中的键是字符串形式，不过却以符号形式传给**Users**控制器。**params[:user]**这个嵌套散列实际上就是**User.new**方法创建用户所需的参数。我们在4.4.5节介绍过**User.new**的用法，代码清单7-18也用到了。也就是说，下述代码：

```
@user = User.new(params[:user])
```

基本上等同于

```
@user = User.new(name: "Foo Bar", email: "foo@invalid",
                 password: "foo", password_confirmation: "bar")
```

在旧版Rails中，使用**@user = User.new(params[:user])**就行了，但是这种用法并不安全，需要谨慎处理，以防恶意用户篡改应用的数据库。在Rails 4.0之后的版本中，这行代码会抛出异常（如图7-15和图7-16所示），增强了安全。

7.3.2　健壮参数

我们在4.4.5节提到过**批量赋值**，即使用一个散列初始化Ruby变量，如下所示：

```
@user = User.new(params[:user])     # 不是最终的实现方式
```

上述代码中的注释在代码清单7-18中也有，说明这不是最终的实现方式。这是因为初始化整个**params**散列十分危险，会把用户提交的所有数据传给**User.new**方法。假设除了这几个属性，**User**模型中还有一个**admin**属性，用于标识网站的管理员。（我们将在10.4.1节加入这个属性。）如果想把这个属性设为**true**，要在**params[:user]**中包含**admin='1'**。这个操作可以使用**curl**等命令行HTTP客户端轻易实现。如果把整个**params**散列传给**User.new**，那么网站中的任何用户都可以在请求中包含**admin='1'**来获取管理员权限。

旧版Rails使用模型层中的**attr_accessible**方法解决这个问题，在一些早期的Rails应用中可能还会看到这种用法。但是，从Rails 4.0起，推荐在控制器层使用一种叫作**健壮参数**（strong parameter）的技术。这个技术可以指定需要哪些请求参数，以及允许传入哪些请求参数。而且，如果按照上面的方式传入整个**params**散列，应用会抛出异常。所以，现在在默认情况下，Rails应用已经堵住了批量赋值漏洞。

本例，我们需要**params**散列包含**:user**元素，而且只允许传入**name**、**email**、**password**和**password_confirmation**属性。这个需求可以使用下面的代码实现：

```
params.require(:user).permit(:name, :email, :password, :password_confirmation)
```

这行代码会返回一个**params**散列，只包含允许使用的属性。而且，如果没有指定**:user**元素还会抛出异常。

为了使用方便，可以定义一个名为**user_params**的方法，换掉**params[:user]**，返回初始化所需的散列：

```
@user = User.new(user_params)
```

user_params方法只会在**Users**控制器内部使用，不需要开放给外部用户，所以我们可以使用 Ruby 中的**private**关键字[①]把这个方法的作用域设为"私有"，如代码清单7-19所示。（我们会在9.1节进一步说明**private**。）

代码清单7-19　在**create**动作中使用健壮参数

app/controller/users_controller.rb

```
class UsersController < ApplicationController
  .
  .
  .
  def create
    @user = User.new(user_params)
    if @user.save
      # 处理注册成功的情况
    else
      render 'new'
    end
  end

  private

    def user_params
      params.require(:user).permit(:name, :email, :password,
                                   :password_confirmation)
    end
end
```

顺便说一下，**private**后面的**user_params**方法多了一层缩进，目的是为了从视觉上易于辨认哪些是私有方法。（经验证明，这么做很明智。如果一个类中有很多方法，容易不小心把方法定义为私有的，在相应的对象上无法调用时，你会觉得莫名其妙。）

现在，注册表单可以使用了，至少提交后不会显示错误了。但是，如图7-17所示，提交无效数据后，（除了只在开发环境中显示的调试信息之外）表单没有显示任何反馈信息，这容易让人误以为成功注册了。其实，并没有真正创建一个新用户。第一个问题将在7.3.3节解决，第二个问题将在7.4节解决。

[①] 其实**private**是方法，不是关键字，参见《Ruby编程语言》一书。——译者注

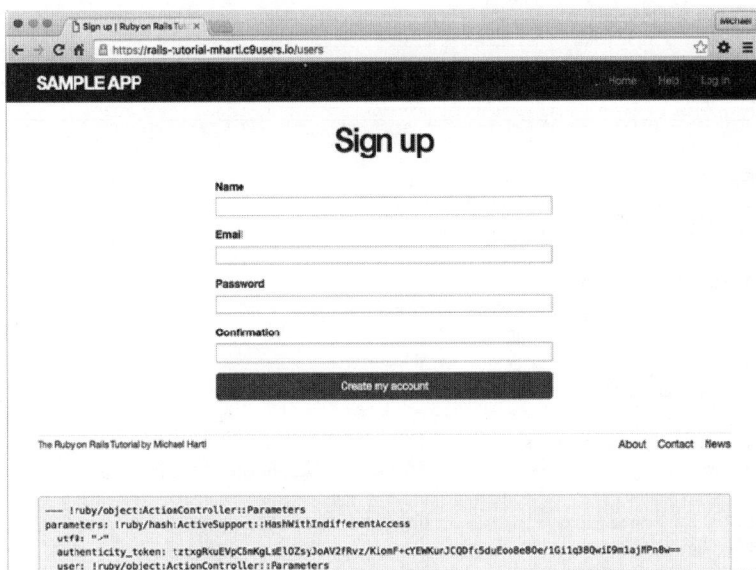

图7-17 提交无效信息后显示的注册表单

练习

购买本书的读者可以访问railstutorial.org/aw-solutions免费查看练习的解答。如果想查看其他人的答案，以及记录自己的答案，请加入Learn Enough Society（learnenough.com/society）。

(1) 访问/users/new?admin=1，确认调试信息中显示的**params**中有**admin**属性。

7.3.3 注册失败错误消息

处理注册失败的最后一步是加入有用的错误消息，说明注册失败的原因。默认情况下，Rails基于**User**模型的验证，提供了这种消息。假设我们使用无效的电子邮件地址和长度较短的密码创建用户：

```
$ rails console
>> user = User.new(name: "Foo Bar", email: "foo@invalid",
?>                 password: "dude", password_confirmation: "dude")
>> user.save
=> false
>> user.errors.full_messages
=> ["Email is invalid", "Password is too short (minimum is 6 characters)"]
```

如上所示，**errors.full_message**对象是一个由错误消息组成的数组（6.2.2节简单介绍过）。

与上面的控制台会话类似，在代码清单7-18中，保存失败时也会生成一组和**@user**对象相关的错误消息。如果想在浏览器中显示这些错误消息，我们要在**new**视图中渲染一个错误消息局部视图，并把表单中每个输入框的CSS类设为**form-control**（在Bootstrap中有特殊意义），如代码清单7-20所示。注意，这个错误消息局部视图只是临时的，最终版将在13.3.2节实现。

代码清单7-20 在注册表单中显示错误消息

app/views/users/new.html.erb

```
<% provide(:title, 'Sign up') %>
<h1>Sign up</h1>

<div class="row">
  <div class="col-md-6 col-md-offset-3">
    <%= form_for(@user) do |f| %>
      <%= render 'shared/error_messages' %>

      <%= f.label :name %>
      <%= f.text_field :name, class: 'form-control' %>

      <%= f.label :email %>
      <%= f.email_field :email, class: 'form-control' %>

      <%= f.label :password %>
      <%= f.password_field :password, class: 'form-control' %>

      <%= f.label :password_confirmation, "Confirmation" %>
      <%= f.password_field :password_confirmation, class: 'form-control' %>

      <%= f.submit "Create my account", class: "btn btn-primary" %>
    <% end %>
  </div>
</div>
```

注意，在上面的代码中，渲染的局部视图名为**'shared/error_messages'**。这里用到了Rails的一个约定：如果局部视图要在多个控制器中使用（10.1.1节），则把它存放在专门的shared/目录中。所以我们要使用**mkdir**（表1-1）新建app/views/shared目录：

```
$ mkdir app/views/shared
```

然后像之前一样，在文本编辑器中新建局部视图**_error_messages.html.erb**文件。这个局部视图的内容如代码清单7-21所示。

代码清单7-21 显示表单错误消息的局部视图

app/views/shared/_error_messages.html.erb

```
<% if @user.errors.any? %>
  <div id="error_explanation">
    <div class="alert alert-danger">
      The form contains <%= pluralize(@user.errors.count, "error") %>.
    </div>
    <ul>
    <% @user.errors.full_messages.each do |msg| %>
      <li><%= msg %></li>
    <% end %>
    </ul>
  </div>
<% end %>
```

这个局部视图的代码使用了几个之前没用过的Rails和Ruby结构，还有Rails错误对象上的两个新方法。第一个新方法是`count`，它的返回值是错误的数量：

```
>> user.errors.count
=> 2
```

第二个新方法是`any?`，它和`empty?`的作用相反：

```
>> user.errors.empty?
=> false
>> user.errors.any?
=> true
```

第一次使用`empty?`方法是在4.2.3节，用在字符串上；从上面的代码可以看出，`empty?`也可用在Rails错误对象上，如果错误对象为空，返回`true`，否则返回`false`。`any?`方法就是取反`empty?`的返回值，如果对象中有内容就返回`true`，没内容则返回`false`。（顺便说一下，`count`、`empty?`和`any?`都可以用在Ruby数组上，13.2节会好好利用这三个方法。）

还有一个比较新的方法是`pluralize`，在控制台中可以通过`helper`对象调用：

```
>> helper.pluralize(1, "error")
=> "1 error"
>> helper.pluralize(5, "error")
=> "5 errors"
```

如上所示，`pluralize`方法的第一个参数是整数，返回值是这个数字和第二个参数组合在一起后正确的单复数形式。`pluralize`方法由功能强大的**转置器**（inflector）实现，转置器知道怎么处理大多数单词的单复数变换，包括很多不规则的变换方式：

```
>> helper.pluralize(2, "woman")
=> "2 women"
>> helper.pluralize(3, "erratum")
=> "3 errata"
```

所以，使用`pluralize`方法后，如下的代码：

```
<%= pluralize(@user.errors.count, "error") %>
```

返回值是`"0 errors"`、`"1 error"`、`"2 errors"`，等等，单复数形式取决于错误的数量。这样可以避免出现类似`"1 errors"`这种低级的错误（这是网络中常见的错误之一）。

注意，代码清单7-21还添加了一个CSS ID，`error_explanation`，用于样式化错误消息。（5.1.2节介绍过，CSS中以`#`开头的规则是用来给ID添加样式的。）出错时，Rails还会自动把有错误的字段包含在一个CSS类为`field_with_errors`的div元素中。我们可以利用这些ID和类为错误消息添加样式，所需的SCSS如代码清单7-22所示。这段代码使用Sass的`@extend`函数引入了Bootstrap中的`has-error`类。

代码清单7-22　错误消息的样式

app/assets/stylesheets/custom.scss

```
   .
   .
   .
/* forms */
```

```
   .
   .
   .
#error_explanation {
  color: red;
  ul {
    color: red;
    margin: 0 0 30px 0;
  }
}

.field_with_errors {
  @extend .has-error;
  .form-control {
    color: $state-danger-text;
  }
}
```

添加代码清单7-20和代码清单7-21中的代码，以及代码清单7-22中的SCSS之后，提交无效的注册信息后，页面中会显示一些有用的错误消息，如图7-18所示。因为错误消息是由模型验证生成的，所以如果以后修改了验证规则，例如电子邮件地址的格式，或者密码的最短长度，错误消息会自动变化。〔注意，因为我们添加了存在性验证，而且**has_secure_password**方法会验证是否有密码（是否为**nil**），所以，如果用户没有输入密码，目前会出现重复的错误消息。我们可以直接处理错误消息，去除重复，不过，10.1.4节添加**allow_nil: true**之后，这个问题就自动解决了。〕

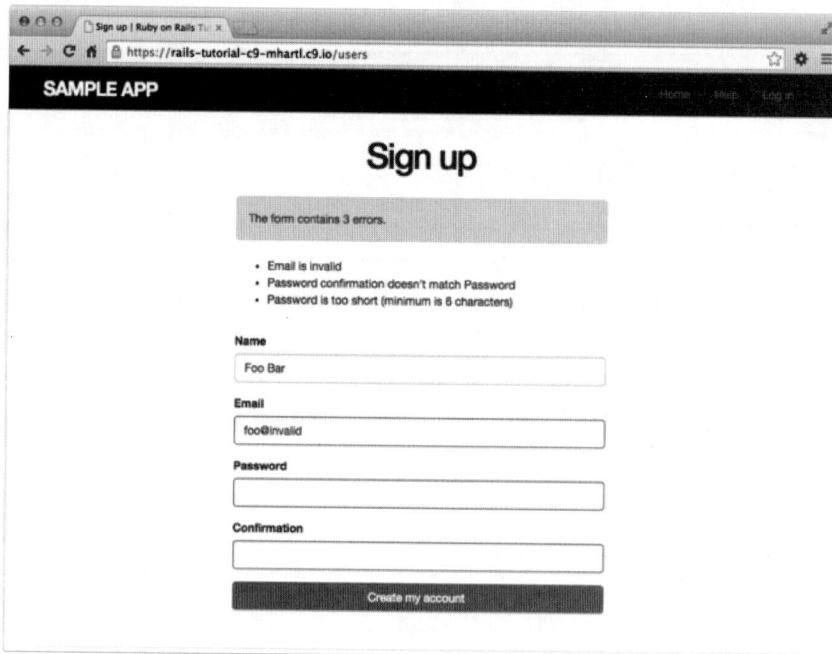

图7-18   注册失败后显示的错误消息

练习

购买本书的读者叮以访问railstutorial.org/aw-solutions免费查看练习的解答。如果想查看其他人的答案，以及记录自己的答案，请加入Learn Enough Society（learnenough.com/society）。

(1) 把密码的最小长度改为5，确认错误消息会自动更新。

(2) 注册表单提交之前（图7-12）的URL和提交之后（图7-18）有什么不同？为什么不一样？

7.3.4 注册失败的测试

在支持自动化测试的强大Web框架出现以前，开发者不得不自己动手测试表单。例如，为了手动测试注册页面，我们要在浏览器中访问这个页面，然后分别提交无效和有效的数据，检查各种情况下应用的表现是否正常。而且，每次修改应用后都要重复这个痛苦又容易出错的过程。

幸好，使用Rails可以编写测试自动测试表单。这一节，我们要编写测试，确认在表单中提交无效的数据时应用表现正确。7.4.4节会编写提交有效数据时的测试。

首先，我们要为用户注册功能生成一个集成测试文件，这个文件名为users_signup（沿用复数命名资源的约定）：

```
$ rails generate integration_test users_signup
     invoke  test_unit
     create    test/integration/users_signup_test.rb
```

（7.4.4节测试注册成功时也使用这个文件。）

这个测试的主要目的是，确认点击注册按钮提交无效数据后，不会创建新用户。（对错误消息的测试留作练习。）为此，我们要检测用户的数量。测试会使用每个Active Record类（包括**User**类）都能使用的**count**方法：

```
$ rails console
>> User.count
=> 1
```

（现在**User.count**的返回值是**1**，因为我们在6.3.4节创建了一个用户。不过，如果你在阅读的过程中添加或删除了用户，看到的数量可能会有所不同。）与5.3.4节一样，我们要使用**assert_select**测试相应页面中的HTML元素。注意，只应该测试以后基本不会修改的元素。

首先，我们使用**get**方法访问注册页面：

```
get signup_path
```

为了测试表单提交后的状态，我们要向**users_path**发送**POST**请求（表7-1）。这个操作可以使用**post**方法完成：

```
assert_no_difference 'User.count' do
  post users_path, params: { user: { name:  "",
                                     email: "user@invalid",
                                     password:             "foo",
                                     password_confirmation: "bar" } }
end
```

这里用到了**create**动作中传给**User.new**的**params[:user]**散列（代码清单7-29）。（在Rails 5之前的版本中，**params**隐式传入，而且只会传入**user**散列。Rails 5.0废弃了这种做法，因此现在建议使用完整的**params**散列。）

我们把**post**方法放在**assert_no_difference**方法的块中，并把它的参数设为字符串**'User.count'**。执行这段代码时，会比较块中的代码执行前后**User.count**的值。这段代码相当于先记录用户数量，然后在**post**请求中发送数据，再确认用户的数量变没变，如下所示：

```
before_count = User.count
post users_path, ...
after_count  = User.count
assert_equal before_count, after_count
```

虽然这两种方式的作用相同，但使用**assert_no_difference**更简洁，而且更符合Ruby的习惯用法。

注意，从技术层面来讲，**get**和**post**之间没有关系，向**users_path**发送POST请求之前没必要先向**signup_path**发送GET请求。不过我喜欢这么做，因为这样能明确表述概念，而且可以再次确认渲染注册表单时没有错误。

综上所述，写出的测试如代码清单7-23所示。在测试中，我们还调用了**assert_template**方法，检查提交失败后是否会重新渲染**new**动作。检查错误消息的测试留作练习。

代码清单7-23 注册失败的测试（GREEN）

test/integration/users_signup_test.rb

```
require 'test_helper'

class UsersSignupTest < ActionDispatch::IntegrationTest

  test "invalid signup information" do
    get signup_path
    assert_no_difference 'User.count' do
      post users_path, params: { user: { name:  "",
                                         email: "user@invalid",
                                         password:              "foo",
                                         password_confirmation: "bar" } }
    end
    assert_template 'users/new'
  end
end
```

因为在编写集成测试之前已经写好了应用代码，所以测试组件应该能通过：

代码清单7-24 GREEN

```
$ rails test
```

练习

购买本书的读者可以访问railstutorial.org/aw-solutions免费查看练习的解答。如果想查看其他人的答案，以及记录自己的答案，请加入Learn Enough Society（learnenough.com/society）。

(1) 编写测试检查代码清单7-20中实现的错误消息。测试具体怎么写由你自己决定，可以参照代码清单7-25。

(2) 注册表单提交之前的URL是/signup，提交之后的URL是/users，二者不一样的原因是我们为前者定制了具名路由（代码清单5-43），而后者使用的是默认的REST式路由（代码清单7-3）。添加代码清单7-26和代码清单7-27中的代码，去掉二者之间的差异。然后在表单中提交，确认提交前后的URL都是/signup。测试还能通过吗？为什么？

(3) 更新代码清单7-25中的**post**那一行，使用前一题中的新URL。确认测试仍能通过。

(4) 把代码清单7-27改回原样（代码清单7-20），确认测试仍能通过。这是个问题，因为改回去之后提交URL不对。在代码清单7-25中添加一个**assert_select**断言，捕获这个问题。现在测试是失败的，把注册表单再改成代码清单7-27那样，让测试通过。**提示**：提交表单之前测试有没有`'form[action="/signup"]'`。

代码清单7-25 错误消息测试的模板

test/integration/users_signup_test.rb

```ruby
require 'test_helper'

class UsersSignupTest < ActionDispatch::IntegrationTest

  test "invalid signup information" do
    get signup_path
    assert_no_difference 'User.count' do
      post users_path, params: { user: { name:  "",
                                         email: "user@invalid",
                                         password:              "foo",
                                         password_confirmation: "bar" } }
    end
    assert_template 'users/new'
    assert_select 'div#<CSS id for error explanation>'
    assert_select 'div.<CSS class for field with error>'
  end
  .
  .
  .
end
```

代码清单7-26 添加响应**POST**请求的**signup**路由

config/routes.rb

```ruby
Rails.application.routes.draw do
  root 'static_pages#home'
  get  '/help',    to: 'static_pages#help'
  get  '/about',   to: 'static_pages#about'
  get  '/contact', to: 'static_pages#contact'
  get  '/signup',  to: 'users#new'
  post '/signup',  to: 'users#create'
  resources :users
end
```

代码清单7-27　把表单提交给/signup

app/views/users/new.html.erb

```erb
<% provide(:title, 'Sign up') %>
<h1>Sign up</h1>

<div class="row">
  <div class="col-md-6 col-md-offset-3">
    <%= form_for(@user, url: signup_path) do |f| %>
      <%= render 'shared/error_messages' %>

      <%= f.label :name %>
      <%= f.text_field :name, class: 'form-control' %>

      <%= f.label :email %>
      <%= f.email_field :email, class: 'form-control' %>

      <%= f.label :password %>
      <%= f.password_field :password, class: 'form-control' %>

      <%= f.label :password_confirmation, "Confirmation" %>
      <%= f.password_field :password_confirmation, class: 'form-control' %>

      <%= f.submit "Create my account", class: "btn btn-primary" %>
    <% end %>
  </div>
</div>
```

7.4　注册成功

处理完提交无效数据的情况，本节我们要完成注册表单的功能，如果提交的数据有效，把用户存入数据库。我们先尝试保存用户，如果保存成功，用户的数据会自动存入数据库，然后在浏览器中重定向，转向新注册用户的资料页面，页面中还会显示一个欢迎消息，构思图如图7-19所示。如果保存用户失败了，就交由7.3节实现的功能处理。

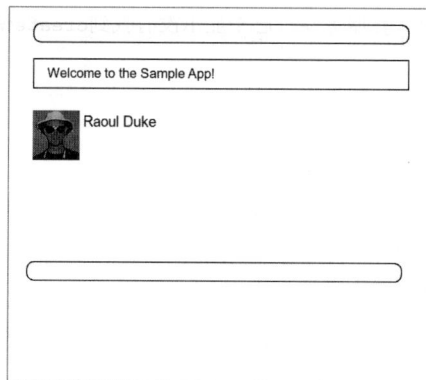

图7-19　注册成功后显示的页面构思图

7.4.1 完整的注册表单

为了完成注册表单的功能，我们要把代码清单7-19中的注释换成适当的代码。现在，提交有效数据时也不能正确处理，页面会停在那里，如图7-20中提交按钮的颜色所示，因为Rails动作的默认行为是渲染对应的视图，而**create**动作不对应视图（图7-21）。

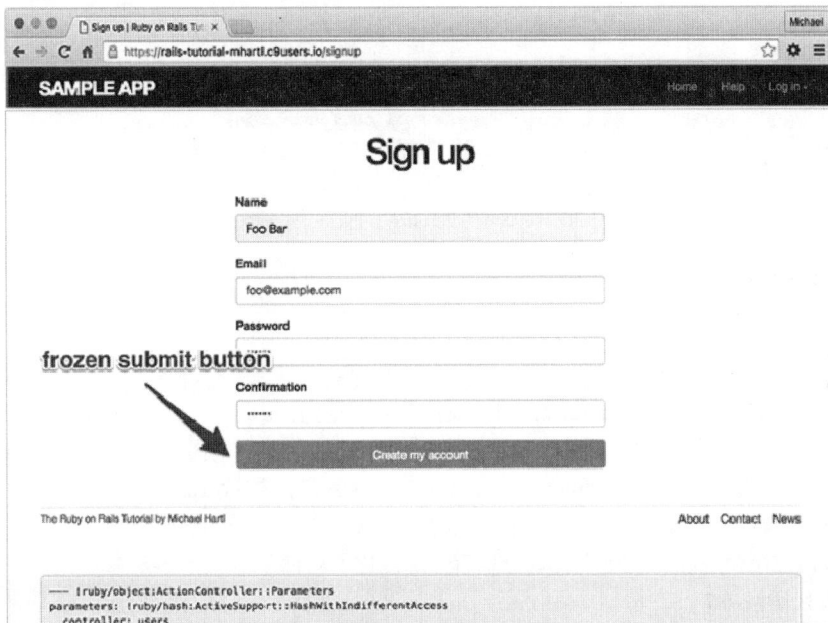

图7-20 提交有效的注册信息后页面不动了

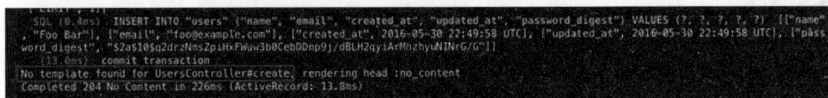

图7-21 在服务器日志中显示没有找到**create**模板

create动作是可以有视图，但是通常是在成功创建资源后重定向到其他页面。这里，我们按照习惯，重定向到新注册用户的资料页面，不过转到根地址也行。为此，在应用代码中要使用**redirect_to**方法，如代码清单7-28所示。

代码清单7-28 create动作的代码，处理保存和重定向操作

app/controllers/users_controller.rb

```
class UsersController < ApplicationController
  .
  .
  .
  def create
    @user = User.new(user_params)
```

```
    if @user.save
      redirect_to @user
    else
      render 'new'
    end
  end

  private

    def user_params
      params.require(:user).permit(:name, :email, :password,
                                   :password_confirmation)
    end
end
```

注意，我们写的是：

```
redirect_to @user
```

不过，也可以写成：

```
redirect_to user_url(@user)
```

Rails看到**redirect_to @user**后，知道我们是想重定向到**user_url(@user)**。

练习

购买本书的读者可以访问railstutorial.org/aw-solutions免费查看练习的解答。如果想查看其他人的答案，以及记录自己的答案，请加入Learn Enough Society（learnenough.com/society）。

(1) 在Rails控制台中确认，提交有效信息后的确创建了用户。

(2) 修改代码清单7-28，确认**redirect_to user_url(@user)**的作用与**redirect_to @user**相同。

7.4.2　闪现消息

有了代码清单7-28中的代码后，注册表单已经可以使用了。不过在提交有效数据注册之前，我们要添加Web应用中经常使用的一个增强功能：访问随后的页面时显示一个消息（这里，我们要显示一个欢迎新用户的消息），如果再访问其他页面或者刷新页面，则这个消息消失。

在Rails中，短暂显示一个消息使用**闪现消息**（flash）实现。按照Rails的约定，操作成功时使用**:success**键表示，如代码清单7-29所示。

代码清单7-29　用户注册成功后显示一个闪现消息

app/controllers/users_controller.rb

```
class UsersController < ApplicationController
  .
  .
  .
  def create
    @user = User.new(user_params)
    if @user.save
      flash[:success] = "Welcome to the Sample App!"
```

```
      redirect_to @user
    else
      render 'new'
    end
  end

  private

    def user_params
      params.require(:user).permit(:name, :email, :password,
                                   :password_confirmation)
    end
end
```

把一个消息赋值给 **flash** 之后，我们就可以在重定向后的第一个页面中将其显示出来了。我们要遍历 **flash**，在网站布局中显示所有相关的消息。你可能还记得4.3.3节在控制台中遍历散列那个例子，当时我故意把变量命名为 **flash**（代码清单7-30）。

代码清单7-30　在控制台中迭代 flash 散列

```
$ rails console
>> flash = { success: "It worked!", danger: "It failed." }
=> {:success=>"It worked!", danger: "It failed."}
>> flash.each do |key, value|
?>   puts "#{key}"
?>   puts "#{value}"
>> end
success
It worked!
danger
It failed.
```

按照上述方式，我们可以使用如下的代码在网站的全部页面中显示闪现消息的内容：

```
<% flash.each do |message_type, message| %>
  <div class="alert alert-<%= message_type %>"><%= message %></div>
<% end %>
```

（这段代码很乱，混用了HTML和ERb，不易阅读。后面的练习中有一题会要求你把它改得好看一些。）其中，下述ERb代码为各种类型的消息指定一个CSS类。

```
alert-<%= message_type %>
```

因此，**:success** 消息的类是 **alert-success**。（**:success** 是个符号，ERb会自动把它转换成字符串 **"success"**，然后再插入模板。）为不同类型的消息指定不同的CSS类，可以为不同类型的消息指定不同的样式。例如，8.1.4节会使用 **flash[:danger]** 显示登录失败消息。[①]（其实，在代码清单7-21中为错误消息区域指定样式时，已经用过 **alert-danger**。）Bootstrap提供的CSS支持四种闪现消息样式，分别为 **success**、**info**、**warning** 和 **danger**。在开发这个演示应用的过程中，我们会找机会全

---

① 其实我们要使用的是 **flash.now**，现在暂且不管二者之间的细微差别。

部使用一遍（11.2节使用**info**，11.3节使用**warning**，8.1.4节使用**danger**）。

消息也会在模板中显示，如下的代码：

```
flash[:success] = "Welcome to the Sample App!"
```

得到的完整HTML是：

```
<div class="alert alert-success">Welcome to the Sample App!</div>
```

把前面的ERb代码放入网站的布局中，得到的布局如代码清单7-31所示。

代码清单7-31 在网站的布局中添加**flash**变量的内容
app/views/layouts/application.html.erb

```erb
<!DOCTYPE html>
<html>
  .
  .
  .
  <body>
    <%= render 'layouts/header' %>
    <div class="container">
      <% flash.each do |message_type, message| %>
        <div class="alert alert-<%= message_type %>"><%= message %></div>
      <% end %>
      <%= yield %>
      <%= render 'layouts/footer' %>
      <%= debug(params) if Rails.env.development? %>
    </div>
    .
    .
    .
  </body>
</html>
```

练习

购买本书的读者可以访问railstutorial.org/aw-solutions免费查看练习的解答。如果想查看其他人的答案，以及记录自己的答案，请加入Learn Enough Society（learnenough.com/society）。

(1) 在控制台中确认可以直接在字符串中插值原始的符号。例如，**"#{:success}"**的返回值是什么？

(2) 前一题与代码清单7-30中迭代闪现消息的代码有什么关系？

7.4.3 首次注册

现在我们可以注册一个用户，看看到目前为止所实现的功能。虽然前面提交表单后页面不动了（图7-20），但是**Users**控制器中的**user.save**却执行了，因此可能会创建用户。为了删除那个用户，我们执行下述命令，还原数据库：

```
$ rails db:migrate:reset
```

在某些系统中可能要重启Web服务器（按Ctrl-C键），这样改动才能生效（旁注1.1）。

接下来，我们要创建第一个用户。用户的名字使用"Rails Tutorial"，电子邮件地址使用

"example@railstutorial.org"，如图7-22所示。注册成功后，页面中显示了一个友好的欢迎消息，如图7-23所示。消息的样式由5.1.2节集成的Bootstrap框架提供的**success**类实现。刷新用户资料页面后，闪现消息会消失，如图7-24所示。

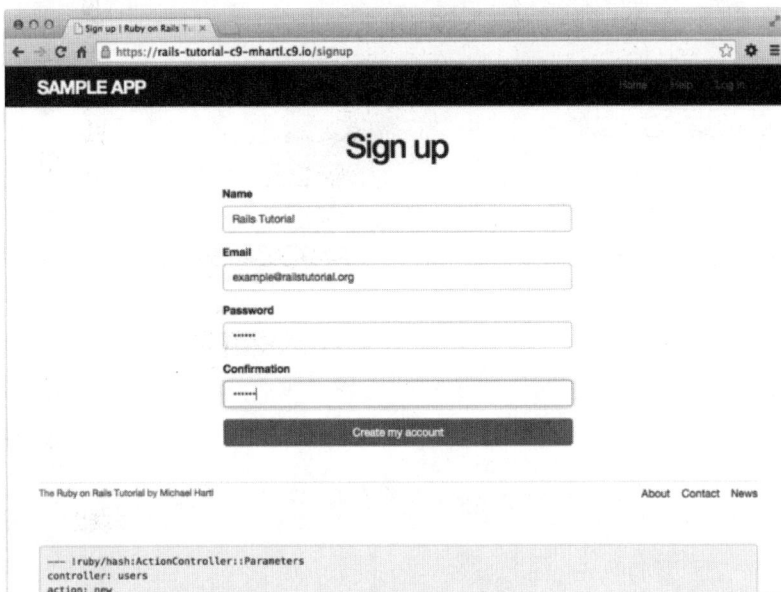

图7-22　填写信息，注册首个用户

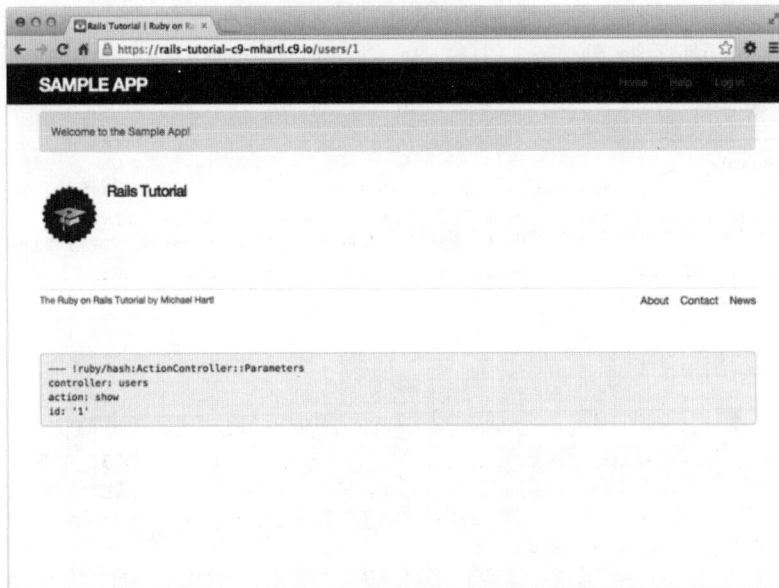

图7-23　注册成功后显示有闪现消息的页面

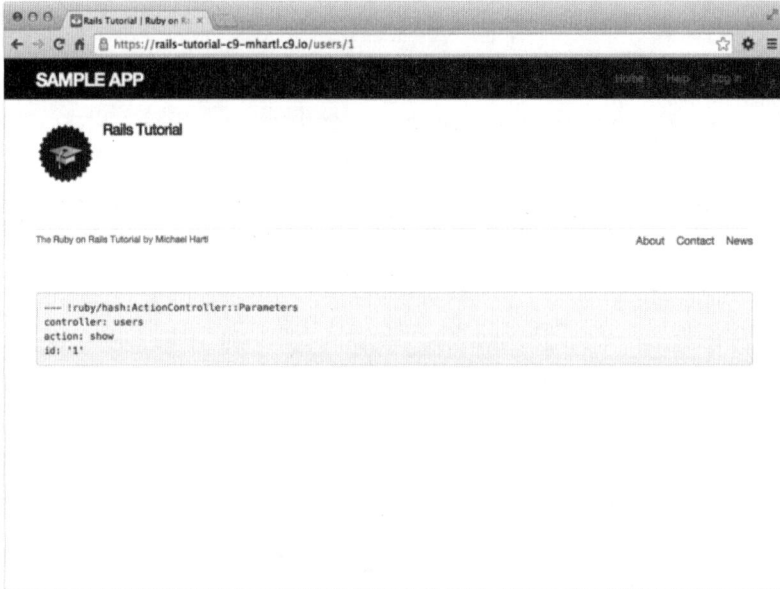

图7-24   刷新页面后资料页面中的闪现消息不见了

练习

购买本书的读者可以访问railstutorial.org/aw-solutions免费查看练习的解答。如果想查看其他人的答案，以及记录自己的答案，请加入Learn Enough Society（learnenough.com/society）。

(1) 打开Rails控制台，通过电子邮件地址查找用户，确保真的创建了新用户。看到的结果应该与代码清单7-32类似。

(2) 使用你的电子邮件地址创建一个用户。确认正确显示了你的Gravatar头像。

代码清单7-32   在数据库中查找我们刚刚创建的用户

```
$ rails console
>> User.find_by(email: "example@railstutorial.org")
=> #<User id: 1, name: "Rails Tutorial", email: "example@railstutorial.
org", created_at: "2016-05-31 17:17:33", updated_at: "2016-05-31 17:17:33",
password_digest: "$2a$10$8MaeHdnOhZvMk3GmFdmpPOeG6a7u7/k2Z9TMjOanC9G...">
```

7.4.4   注册成功的测试

在继续之前，我们要编写测试，确认提交有效数据后应用的表现正常，并捕获可能出现的回归。与7.3.4节中注册失败的测试一样，我们主要检查数据库中的内容。这一次，我们要提交有效的数据，确认创建了一个用户。类似代码清单7-23中使用的

```
assert_no_difference 'User.count' do
  post users_path, ...
end
```

这里我们要使用对应的**assert_difference**方法：

```
assert_difference 'User.count', 1 do
  post users_path, ...
end
```

与**assert_no_difference**一样，**assert_difference**的第一个参数是字符串**'User.count'**，目的是比较块中的代码执行前后**User.count**的变化。第二个参数可选，指定变化的数量（这里是1）。

把**assert_difference**加入代码清单7-23对应的文件后，得到的测试如代码清单7-33所示。注意，向**users_path**发送POST请求之后，我们使用**follow_redirect!**方法跟踪重定向，渲染**users/show**模板。（最好为闪现消息编写一个测试，这个留作练习。）

代码清单7-33　注册成功的测试（GREEN）

test/integration/users_signup_test.rb

```
require 'test_helper'

class UsersSignupTest < ActionDispatch::IntegrationTest
  .
  .
  .
  test "valid signup information" do
    get signup_path
    assert_difference 'User.count', 1 do
      post users_path, params: { user: { name:  "Example User",
                                         email: "user@example.com",
                                         password:              "password",
                                         password_confirmation: "password" } }
    end
    follow_redirect!
    assert_template 'users/show'
  end
end
```

注意，这个测试还确认了成功注册后会渲染**show**视图。如果想让测试通过，Users资源的路由（代码清单7-3）、**Users**控制器中的**show**动作（代码清单7-5）和**show.html.erb**视图（代码清单7-8）都得能正常使用才行。所以，

```
assert_template 'users/show'
```

这一行代码就能测试用户资料页面几乎所有的相关功能。这种对应用中重要功能的端到端覆盖展示了集成测试的重大作用。

练习

购买本书的读者可以访问railstutorial.org/aw-solutions免费查看练习的解答。如果想查看其他人的答案，以及记录自己的答案，请加入Learn Enough Society（learnenough.com/society）。

(1) 编写测试检查7.4.2节实现的闪现消息。测试具体怎么写由你自己决定，可以参照代码清单7-34，把**FILL_IN**换成适当的代码。（即便不测试闪现消息的内容，只测试有正确的键也很脆弱，所以我倾向于只测试闪现消息不为空。）

(2) 前面说过，代码清单7-31中闪现消息的HTML有点乱。换用代码清单7-35中较为整洁的代码，运行测试组件，确认使用`content_tag`辅助方法也行。

(3) 把代码清单7-28中重定向那行注释掉，确认测试会失败。

(4) 假如我们把代码清单7-28中的`@user.save`改成`false`，对测试中的`assert_difference`块有什么影响？

代码清单7-34　闪现消息测试的模板

test/integration/users_signup_test.rb

```
require 'test_helper'
  .
  .
  test "valid signup information" do
    get signup_path
    assert_difference 'User.count', 1 do
      post users_path, params: { user: { name:  "Example User",
                                         email: "user@example.com",
                                         password:              "password",
                                         password_confirmation: "password" } }
    end
    follow_redirect!
    assert_template 'users/show'
    assert_not flash.FILL_IN
  end
end
```

代码清单7-35　使用`content_tag`编写网站布局中的闪现消息

app/views/layouts/application.html.erb

```
<!DOCTYPE html>
<html>
    .
    .
    .
    <% flash.each do |message_type, message| %>
      <%= content_tag(:div, message, class: "alert alert-#{message_type}") %>
    <% end %>
    .
    .
    .
</html>
```

7.5　专业部署方案

现在注册页面可以使用了，该把应用部署到生产环境了。虽然我们从第3章就开始部署了，但现在应用才真正有点儿用，所以借此机会我们要把部署过程变得更专业一些。具体而言，我们要在生产环境的应用中添加一个重要功能，保障注册过程的安全性，还要把默认的Web服务器换成一个更适合在真实环境中使用的服务器。

为了部署，现在你应该把改动合并到**master**分支中：

```
$ git add -A
$ git commit -m "Finish user signup"
$ git checkout master
$ git merge sign-up
```

7.5.1 在生产环境中使用 SSL

在本章开发的注册表单中提交数据注册用户时，用户的名字、电子邮件地址和密码会在网络中传输，因此可能在途中被恶意用户拦截。这是应用的重大潜在安全隐患，解决方法是使用安全套接层（Secure Sockets Layer, SSL），[1]在数据离开浏览器之前加密相关信息。我们可以只在注册页面启用SSL，不过整站启用也容易实现。整站都启用SSL后，第8章实现的用户登录功能也能从中受益，而且还能防范9.1节讨论的**会话劫持**（session hijacking）。

启用SSL很简单，只要在生产环境的配置文件production.rb中去掉一行代码的注释即可。如代码清单7-36所示，我们只需设置**config**变量，强制在生产环境中使用SSL。

代码清单7-36 配置应用，在生产环境中使用SSL

config/environments/production.rb

```
Rails.application.configure do
  .
  .
  .
  # Force all access to the app over SSL, use Strict-Transport-Security,
  # and use secure cookies.
  config.force_ssl = true
  .
  .
  .
end
```

然后，我们要在远程服务器中设置SSL。这个过程包括为自己的域名购买和配置SSL证书，有很多工作要做。不过幸运的是，我们并不需要处理这些事，因为在Heroku中运行的应用（例如我们的演示应用）可以直接使用Heroku的SSL证书。所以，7.5.2节部署应用后，会自动启用SSL。[如果你想在自己的域名上使用SSL，例如**www.example.com**，请参照Heroku文档对SSL的说明（http://devcenter.heroku.com/articles/ssl）。]

7.5.2 生产环境中的 Web 服务器

启用SSL后，我们要配置应用，让它使用一个适合在生产环境中使用的Web服务器。默认情况下，Heroku使用纯Ruby实现的WEBrick，这个服务器易于搭建，但不能很好地处理巨大流量。因此，WEBrick不适合在生产环境中使用，我们要换用能处理大量请求的Puma。

---

① 严格来说，SSL现在叫TLS（Transport Layer Security, 传输层安全），不过我认识的人都继续用"SSL"。

我们按照Heroku文档中的说明（https://devcenter.heroku.com/articles/deploying-rails-applications-with-the-puma-web-server），换用Puma。第一步，要在Gemfile文件中添加**puma** gem，不过从Rails 5起默认已经包含了（代码清单3-2），因此我们可以直接跳到第二步，把config/puma.rb文件中的默认内容替换成代码清单7-37中的配置。这段代码直接摘自Heroku的文档，[1]你没必要理解它的意思（旁注1.1）。

代码清单7-37 生产环境所用Web服务器的配置文件
config/puma.rb

```
workers Integer(ENV['WEB_CONCURRENCY'] || 2)
threads_count = Integer(ENV['RAILS_MAX_THREADS'] || 5)
threads threads_count, threads_count

preload_app!

rackup      DefaultRackup
port        ENV['PORT']     || 3000
environment ENV['RACK_ENV'] || 'development'

on_worker_boot do
  # 专门针对 Rails 4.1+的职程设置
  # 参见: https://devcenter.heroku.com/articles/
  # deploying-rails-applications-with-the-puma-web-server#on-worker-boot
  ActiveRecord::Base.establish_connection
end
```

最后，我们要新建一个Procfile文件，告诉Heroku在生产环境运行一个Puma进程。这个文件的内容如代码清单7-38所示。Procfile文件和Gemfile文件一样，应该放在应用的根目录中。

代码清单7-38 创建Puma需要的Procfile文件
./Procfile

```
web: bundle exec puma -C config/puma.rb
```

7.5.3 部署到生产环境

生产环境的Web服务器配置好之后，我们可以提交并部署了：[2]

```
$ rails test
$ git add -A
$ git commit -m "Use SSL and the Puma webserver in production"
$ git push
$ git push heroku
$ heroku run rails db:migrate
```

现在，注册页面可以在生产环境中使用了，注册成功后显示的页面如图7-25所示。注意图中的地

---

[1] 为了确保代码行短于80列，代码清单7-37稍微修改了一下排版。

[2] 本章没有修改数据模型，所以在Heroku中不执行迁移也行。因为有些读者反馈遇到了问题，所以安全起见，我在最后添加了一步，执行**heroku run rails db:migrate**命令。

址栏，使用的是 `https://`，而且还有一个锁状图标，这表明SSL启用了。

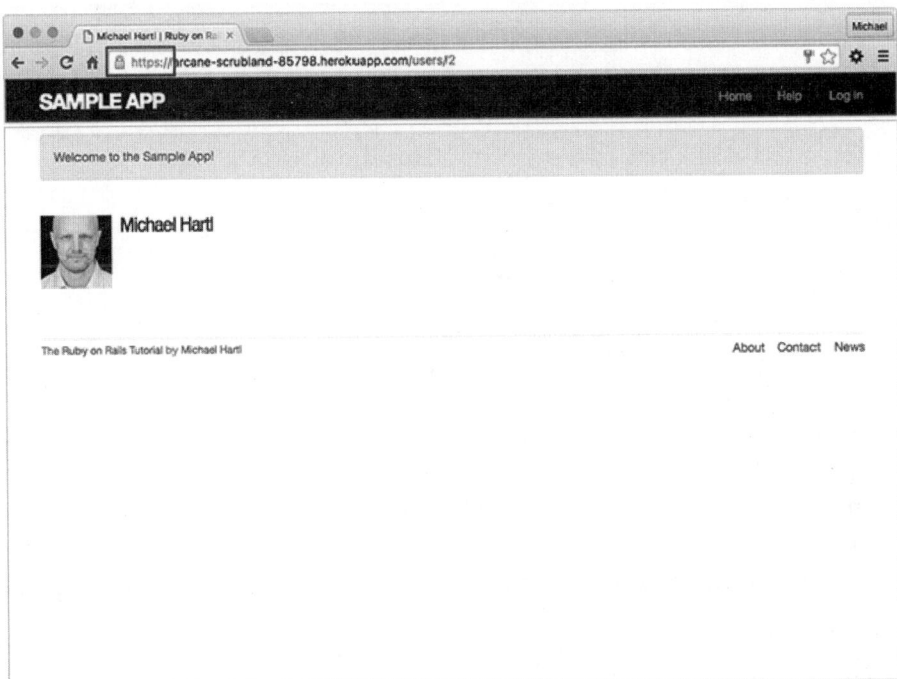

图7-25　在生产环境中注册

Ruby版本号

部署到Heroku时，可能会看到类似下面的提醒消息：

```
###### WARNING:
      You have not declared a Ruby version in your Gemfile.
      To set your Ruby version add this line to your Gemfile:
      ruby '2.1.5'
```

经验表明，对本书面向的读者来说，明确指定Ruby的版本号要做很多额外工作，得不偿失，[1]所以现在你应该忽略这个提醒。为了让演示应用和系统中的Ruby版本保持最新，会遇到很多问题，而且不同的版本之间没有太大的差异。不过要记住，如果想在Heroku中运行重要的应用，建议在Gemfile文件中明确指定Ruby版本号，尽量减少开发环境和生产环境之间的差异。

练习

购买本书的读者可以访问railstutorial.org/aw-solutions免费查看练习的解答。如果想查看其他人的答案，以及记录自己的答案，请加入Learn Enough Society（learnenough.com/society）。

(1) 在你的浏览器中确认有SSL锁状图标和 `https`。

(2) 在线上网站中使用你的电子邮件地址注册一个用户。确认有没有正确显示你的Gravatar头像。

---

[1] 例如，我花了好几个小时在本地电脑中安装Ruby 2.1.4，一直不成功，然后发现Ruby 2.1.5前一天发布了。我再尝试安装2.1.5，仍然失败。

7.6 小结

实现注册功能对这个演示应用来说是个重要的里程碑。虽然现在还没实现真正有用的功能，不过却为后续功能的开发奠定了坚实的基础。第8章和第9章将实现用户登录、退出功能（以及可选的"记住我"功能），完成整个身份验证功能。第10章将实现更新用户个人信息的功能，还会实现管理员删除用户的功能，这样才算完全实现了表7-1中列出的Users资源相关的REST动作。

本章所学

- ❏ Rails通过**debug**方法显示一些有用的调试信息；
- ❏ Sass混入定义一组CSS规则，可以多次使用；
- ❏ Rails默认提供了三个标准环境：开发环境、测试环境和生产环境；
- ❏ 可以通过一组标准的REST URL与Users资源交互；
- ❏ Gravatar提供了一种简便的方法来显示用户的头像；
- ❏ **form_for**辅助方法用于创建与Active Record对象交互的表单；
- ❏ 注册失败后渲染注册页面，而且会显示由Active Record自动生成的错误消息；
- ❏ Rails提供了**flash**作为显示临时消息的标准方式；
- ❏ 注册成功后会在数据库中创建一个用户记录，而且会重定向到用户资料页面，并显示一个欢迎消息；
- ❏ 可以使用集成测试检查表单提交的行为，并能捕获回归；
- ❏ 可以配置应用在生产环境中使用SSL加密通信，还可以使用Puma提升性能。

## 第 8 章

基本登录功能

8

第7章实现了用户注册功能，接下来该实现登录和退出功能了。本章实现的是基本的登录系统，不过完全可用：应用维持登录状态，直到用户关闭浏览器为止。本章开发的身份验证系统可用于定制网站的内容，还能基于登录状态和当前用户的身份实现权限机制。例如，本章我们会更新网站的页头，加入"登录"和"退出"链接，以及指向个人资料页面的链接。

第10章将实现一种安全机制，在这种安全机制中，只有已登录的用户才能访问用户列表页面，只有用户自己才能编辑自己的信息，只有管理员才能从数据库中删除其他用户。第13章将使用已登录用户的身份发布他自己的微博。第14章将让当前登录的用户关注应用中的其他用户（查看所关注用户的动态流）。

本章开发的身份验证系统还将为第9章开发的高级登录系统奠定基础。那个高级系统不会在用户关闭浏览器后清除登录状态，而是先自动记住用户登录状态，然后为用户提供选择。当他们勾选"记住我"复选框时，系统才会记住登录状态。本章和第9章实现的登录系统是网上最常见的三种。

8.1 会话

HTTP是一个无状态协议（stateless protocol），每个请求都是独立的事务，无法使用之前请求中的信息。所以，在HTTP协议中无法在两个页面之间记住用户的身份。需要用户登录的应用必须使用会话（session）。会话是两台电脑（例如运行Web浏览器的客户端电脑和运行Rails的服务器）之间的半永久性连接。

要在Rails中实现会话，最常见的方式是使用cookie。cookie是存储在用户浏览器中的少量文本。因为访问其他页面时，cookie仍然存在，所以可以在cookie中存储一些信息，例如用户的ID，让应用从数据库中检索已登录的用户。这一节和8.2节会使用Rails提供的**session**方法实现临时会话，浏览器关闭后会话自动失效。[①]第9章将使用Rails提供的**cookies**方法，让会话持续的时间久一些。

把会话看成REST式资源便于操作：访问登录页面时渲染一个用于创建会话的表单，登录时**创建会话**，退出时再把会话**销毁**。不过，会话和Users资源不同，Users资源（通过**User**模型）使用数据库后端存储数据，而会话使用cookie。所以，登录功能的大部分工作是实现基于cookie的身份验证机制。这一节和下一节要为登录功能做些准备工作，包括创建**Sessions**控制器、登录表单和相关的控制器动作。8.2节再添加所需的代码处理会话，完成登录功能。

---

① 有些浏览器提供了恢复这种会话的功能，可以继续使用离开时的状态。当然，Rails不会禁止这种行为。

与前面的章节一样，我们要在主题分支中工作，本章结束时再合并到主分支：

```
$ git checkout -b basic-login
```

8.1.1 Sessions 控制器

登录和退出功能由**Sessions**控制器中相应的REST动作处理：登录表单在**new**动作中处理（本节的内容），登录的过程是向**create**动作发送**POST**请求（8.2节），退出则是向**destroy**动作发送**DELETE**请求（8.3节）。（HTTP请求与REST动作之间的对应关系参见表7-1。）

首先，生成**Sessions**控制器，以及其中的**new**动作（代码清单8-1）。

代码清单8-1　生成Sessions控制器

```
$ rails generate controller Sessions new
```

（参数中指定**new**的话，还会生成对应的**视图**，不过我们没指定**create**和**destroy**，因为这两个动作没有视图。）参照7.2节创建注册页面的方式，我们要创建一个登录表单，用于创建新的会话，构思如图8-1所示。

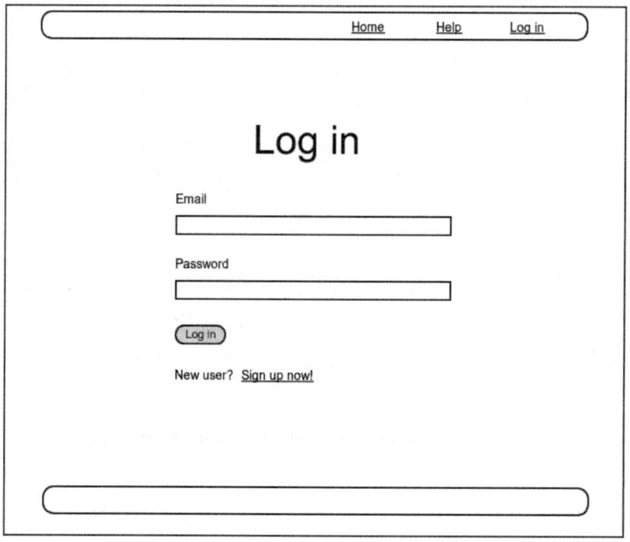

图8-1　登录表单的构思图

Users资源使用特殊的**resources**方法，自动获得整套REST式路由（代码清单7-3），而Sessions资源则只能使用具名路由，处理发给/login地址的**GET**和**POST**请求，以及发给/logout地址的**DELETE**请求，如代码清单8-2所示（删除了**rails generate controller**生成的无用路由）。

代码清单8-2　添加一个资源，获得会话的标准REST式动作（RED）

config/routes.rb

```
Rails.application.routes.draw do
```

```
root    'static_pages#home'
get     '/help',    to: 'static_pages#help'
get     '/about',   to: 'static_pages#about'
get     '/contact', to: 'static_pages#contact'
get     '/signup',  to: 'users#new'
get     '/login',   to: 'sessions#new'
post    '/login',   to: 'sessions#create'
delete  '/logout',  to: 'sessions#destroy'
resources :users
end
```

添加代码清单8-2中的路由规则之后，还要更新代码清单8-1生成的测试，使用新的登录路由，如代码清单8-3所示。

代码清单8-3 更新**Sessions**控制器的测试，使用新的登录路由（GREEN）

test/controllers/sessions_controller_test.rb

```
require 'test_helper'

class SessionsControllerTest < ActionDispatch::IntegrationTest

  test "should get new" do
    get login_path
    assert_response :success
  end
end
```

代码清单8-2中的路由规则会把URL和动作对应起来（就像表7-1那样），如表8-1所示。

表8-1　代码清单8-2中会话相关的规则生成的路由

HTTP请求	URL	具名路由	动 作	作 用
GET	/login	login_path	new	创建新会话的页面（登录）
POST	/login	login_path	create	创建新会话（登录）
DELETE	/logout	logout_path	destroy	删除会话（退出）

至此，我们添加了好几个自定义的具名路由，现在最好看一下完整的路由列表。我们可以执行**rails routes**命令生成路由列表：

```
$ rails routes
  Prefix Verb    URI Pattern           Controller#Action
    root GET     /                     static_pages#home
    help GET     /help(.:format)       static_pages#help
   about GET     /about(.:format)      static_pages#about
 contact GET     /contact(.:format)    static_pages#contact
  signup GET     /signup(.:format)     users#new
   login GET     /login(.:format)      sessions#new
         POST    /login(.:format)      sessions#create
  logout DELETE  /logout(.:format)     sessions#destroy
   users GET     /users(.:format)      users#index
         POST    /users(.:format)      users#create
new_user GET     /users/new(.:format)  users#new
```

```
edit_user GET    /users/:id/edit(.:format)  users#edit
     user GET    /users/:id(.:format)       users#show
          PATCH  /users/:id(.:format)       users#update
          PUT    /users/:id(.:format)       users#update
          DELETE /users/:id(.:format)       users#destroy
```

虽然你没必要完全理解输出的这些路由，但是像这样查看路由能对应用支持的动作有个整体认识。
练习

购买本书的读者可以访问railstutorial.org/aw-solutions免费查看练习的解答。如果想查看其他人的答案，以及记录自己的答案，请加入Learn Enough Society（learnenough.com/society）。

(1) `GET login_path`和`POST login_path`之间有什么区别？

(2) 把`rails routes`命令的输出通过管道传给`grep`，列出与Users资源相关的全部路由。以同样的方法列出与Sessions资源相关的全部路由。这两个资源各有多少路由？**提示**：参阅Learn Enough Command Line to Be Dangerous中讲解grep的章节。

8.1.2　登录表单

定义好相关的控制器和路由之后，我们要编写新建会话的视图，也就是登录表单。比较图8-1和图7-11之后发现，登录表单和注册表单的外观类似，不过登录表单只有两个输入框（电子邮件地址和密码），而注册表单有四个输入框。

如图8-2所示，当提交的登录信息无效时，我们要重新渲染登录页面，并显示一个错误消息。在7.3.3节，我们使用了错误消息局部视图来显示错误消息，但是那些消息是由Active Record自动提供的，而错误消息局部视图不能显示创建会话时的错误，因为会话不是Active Record对象，因此我们要使用闪现消息渲染登录时的错误消息。

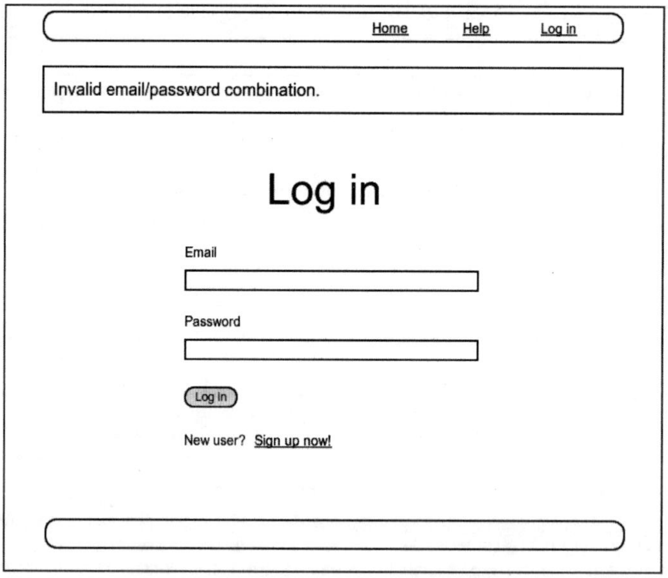

图8-2　登录失败后显示的页面构思图

代码清单7-15中的注册表单使用**form_for**辅助方法，并且把表示用户的**@user**实例变量作为参数传给form_for：

```
<%= form_for(@user) do |f| %>
  .
  .
  .
<% end %>
```

登录表单和注册表单之间的主要区别是，会话不是模型，因此不能创建类似**@user**的变量。这意味着在构建登录表单时，我们要为**form_for**稍微多提供一些信息。

```
form_for(@user)
```

这个代码的作用是让表单向/users发起**POST**请求。对会话来说，我们需要指明资源的**名称**以及相应的URL：[①]

```
form_for(:session, url: login_path)
```

知道怎么调用**form_for**之后，参照注册表单（代码清单7-15）编写图8-1中构思的登录表单就容易了，如代码清单8-4所示。

代码清单8-4　登录表单的代码

app/views/sessions/new.html.erb

```
<% provide(:title, "Log in") %>
<h1>Log in</h1>

<div class="row">
  <div class="col-md-6 col-md-offset-3">
    <%= form_for(:session, url: login_path) do |f| %>

      <%= f.label :email %>
      <%= f.email_field :email, class: 'form-control' %>

      <%= f.label :password %>
      <%= f.password_field :password, class: 'form-control' %>

      <%= f.submit "Log in", class: "btn btn-primary" %>
    <% end %>

    <p>New user? <%= link_to "Sign up now!", signup_path %></p>
  </div>
</div>
```

注意，为了操作方便，我们还加入了指向"注册"页面的链接。代码清单8-4中的登录表单如图8-3所示。（因为导航栏中的"Log in"还没填写地址，所以你要在地址栏中输入/login。8.2.3节会修正这个问题。）

---

① 另一种方法是不用**form_for**，换用**form_tag**，这样更符合Rails的习惯做法。不过，换用**form_tag**后，登录表单和注册表单的共同点就少了，现阶段我想强调二者之间的共通结构。

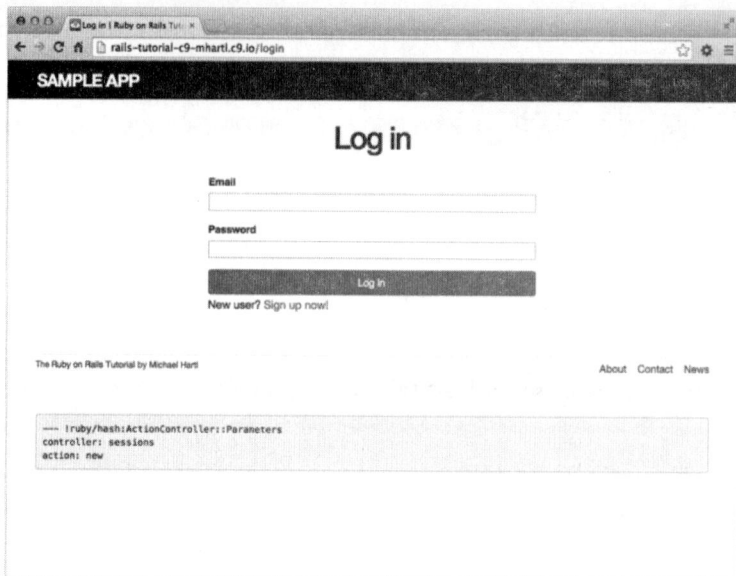

图8-3   登录表单

生成的表单HTML如代码清单8-5所示。

代码清单8-5   代码清单8-4中的登录表单生成的HTML

```
<form accept-charset="UTF-8" action="/login" method="post">
  <input name="utf8" type="hidden" value="&#x2713;" />
  <input name="authenticity_token" type="hidden"
        value="NNb6+J/j46LcrgYUC60wQ2titMuJQ5lLqyAbnbAUkdo=" />
  <label for="session_email">Email</label>
  <input class="form-control" id="session_email"
        name="session[email]" type="text" />
  <label for="session_password">Password</label>
  <input id="session_password" name="session[password]"
        type="password" />
  <input class="btn btn-primary" name="commit" type="submit"
      value="Log in" />
</form>
```

对比一下代码清单8-5和代码清单7-17，你可能已经猜到了，提交登录表单后会生成一个**params**散列，其中**params[:session][:email]**和**params[:session][:password]**分别对应电子邮件地址和密码字段。

练习

购买本书的读者可以访问railstutorial.org/aw-solutions免费查看练习的解答。如果想查看其他人的答案，以及记录自己的答案，请加入Learn Enough Society（learnenough.com/society）。

(1) 提交代码清单8-4中的表单后，应用会转向**Sessions**控制器的**create**动作。Rails怎么知道要这么做的？**提示**：参考表8-1和代码清单8-5中的第一行。

8.1.3　查找并验证用户的身份

　　与创建用户（注册）类似，创建会话（登录）时，要先处理提交**无效**数据的情况。我们将先分析提交表单后会发生什么，想办法在登录失败时显示有帮助的错误消息（如图8-2中的构思）。然后，以此为基础，验证提交的电子邮件地址和密码组合，处理登录成功的情况（8.2节）。

　　首先，我们要为**Sessions**控制器编写一个最简单的**create**动作，以及空的**new**动作和**destroy**动作，如代码清单8-6所示。**create**动作现在只渲染**new**视图，不过这为后续工作做好了准备。提交/login页面中的表单后，显示的页面如图8-4所示。

代码清单8-6　Sessions控制器中create动作的初始版本

app/controllers/sessions_controller.rb

```ruby
class SessionsController < ApplicationController

  def new
  end

  def create
    render 'new'
  end

  def destroy
  end
end
```

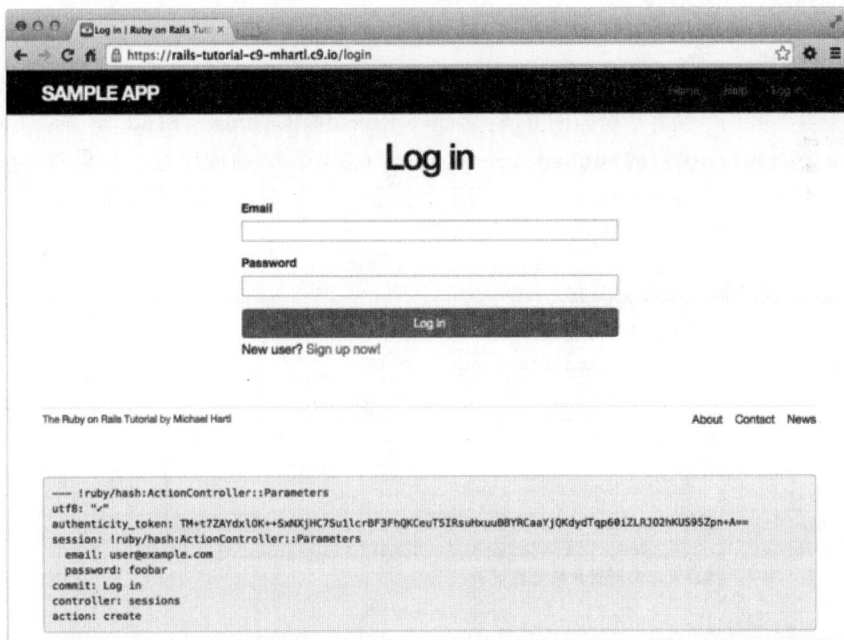

图8-4　添加代码清单8-6中的**create**动作后，登录失败时显示的页面

仔细看一下图8-4中显示的调试信息，你会发现，正如8.1.2节末尾所说，提交表单后会生成**params**散列，电子邮件地址和密码都在**session**键中（下述代码省略了Rails内部使用的一些无关信息）：

```
---
session:
  email: 'user@example.com'
  password: 'foobar'
commit: Log in
action: create
controller: sessions
```

与注册表单类似（图7-15），这些参数是一个**嵌套**散列，我们在代码清单4-13中见过一个类似的。具体而言，**params**包含如下的嵌套散列：

```
{ session: { password: "foobar", email: "user@example.com" } }
```

也就是说

```
params[:session]
```

本身就是一个散列：

```
{ password: "foobar", email: "user@example.com" }
```

所以，

```
params[:session][:email]
```

是提交的电子邮件地址，而

```
params[:session][:password]
```

是提交的密码。

也就是说，在**create**动作中，**params**散列包含了使用电子邮件地址和密码验证用户身份所需的全部数据。其实，我们已经有了所需的方法：Active Record提供的**User.find_by**方法（6.1.4节）和**has_secure_password**提供的**authenticate**方法（6.3.4节）。前面说过，如果身份验证失败，**authenticate**方法返回**false**（6.3.4节）。基于上述分析，我们计划按照代码清单8-7中的方式实现用户登录功能。

代码清单8-7　查找并验证用户的身份

app/controllers/sessions_controller.rb

```
class SessionsController < ApplicationController

  def new
  end

  def create
    user = User.find_by(email: params[:session][:email].downcase)
    if user && user.authenticate(params[:session][:password])
      # 登入用户，然后重定向到用户的资料页面
    else
      # 创建一个错误消息
      render 'new'
    end
```

```
    end

    def destroy
    end
  end
```

代码清单8-7中突出显示的第一行使用提交的电子邮件地址从数据库中取出相应的用户。（我们在6.2.5节说过，电子邮件地址都是以小写字母形式保存的，所以这里调用了**downcase**方法，确保提交有效的地址后能查到相应的记录。）突出显示的第二行看起来很怪，但在Rails中经常使用：

```
user && user.authenticate(params[:session][:password])
```

我们使用**&&**（逻辑与）检测获取的用户是否有效。因为除了**nil**和**false**之外的所有对象都被视作真值（4.2.3节），所以上面这个语句可能出现的结果如表8-2所示。从表中可以看出，当且仅当数据库中存在提交的电子邮件地址，而且对应的密码和提交的密码匹配时，这个语句才会返回**true**。

表8-2 **user && user.authenticate(...)**可能得到的结果

用　户	密　码	a && b
不存在	任意值	(nil && [anything]) == false
有效用户	错误的密码	(true && false) == false
有效用户	正确的密码	(true && true) == true

练习

购买本书的读者可以访问railstutorial.org/aw-solutions免费查看练习的解答。如果想查看其他人的答案，以及记录自己的答案，请加入Learn Enough Society（learnenough.com/society）。

(1) 在Rails控制台中确认表8-2中的各个值。先从**user = nil**开始，然后使用**user = User.first**。提示：为了把结果转换成布尔值，要使用4.2.3节讲过的两个感叹号，例如**!!(user && user.authenticate ('foobar'))**。

8.1.4 渲染闪现消息

在7.3.3节，我们使用了**User**模型的验证错误，来显示注册失败时的错误消息。这些错误关联在某个Active Record对象上，不过现在不能使用这种方式了，因为会话不是Active Record模型。我们要采取的方法是，登录失败时，在闪现消息中显示消息。代码清单8-8是我们首次尝试实现写出的代码，其中有个小小的错误。

代码清单8-8 尝试处理登录失败（有个小小的错误）

app/controllers/sessions_controller.rb

```
class SessionsController < ApplicationController

  def new
  end

  def create
    user = User.find_by(email: params[:session][:email].downcase)
```

```
    if user && user.authenticate(params[:session][:password])
      # 登入用户，然后重定向到用户的资料页面
    else
      flash[:danger] = 'Invalid email/password combination' # 不完全正确
      render 'new'
    end
  end

  def destroy
  end
end
```

因为布局中已经加入了显示闪现消息的局部视图（代码清单7-31），所以无需其他修改，**flash[:danger]** 消息就能显示出来。另外，因为使用了Bootstrap提供的CSS，所以消息的样式也很美观，如图8-5所示。

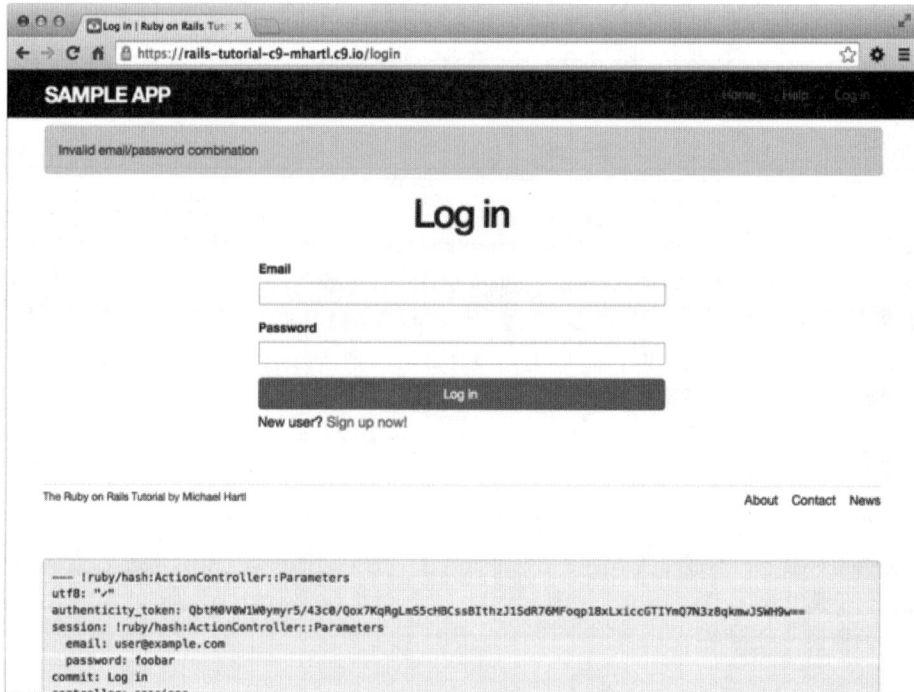

图8-5　登录失败后显示的闪现消息

不过，就像代码清单8-8中的注释所说，代码不完全正确。可是，显示的页面看起来很正常，那么有什么问题呢？问题在于，闪现消息在一个**请求**的生命周期内是持续存在的，而重新渲染页面（使用 **render** 方法）与代码清单7-29中的重定向不同，不算是一次新请求，所以你会发现，这个闪现消息存在的时间比预期的要长很多。例如，如果我们提交无效的登录信息，然后访问首页，那么这个闪现消息还会显示，如图8-6所示。8.1.5节会修正这个问题。

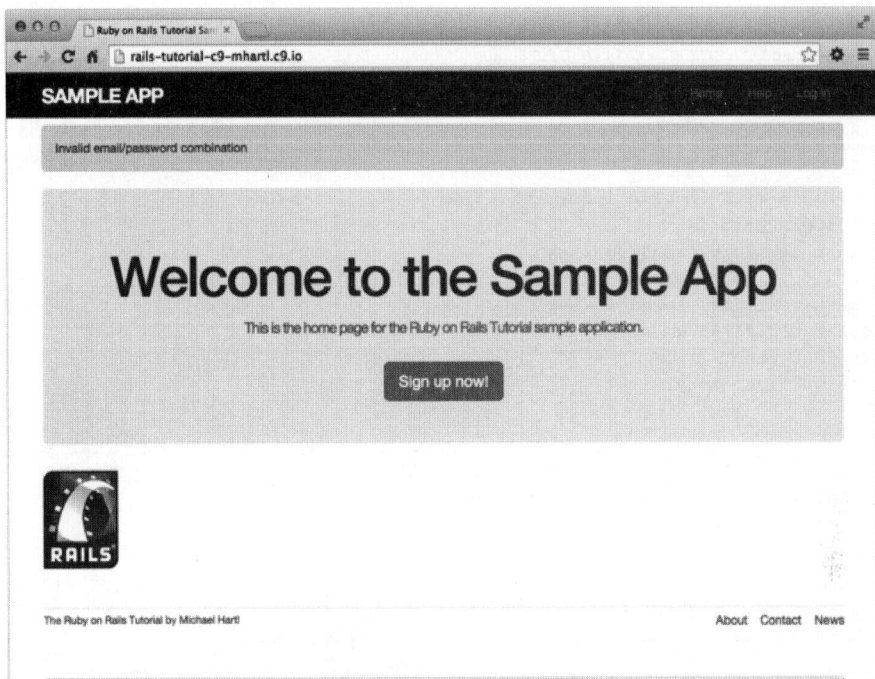

图8-6　闪现消息一直存在

8.1.5　测试闪现消息

闪现消息的错误表现是应用的一个小bug。根据旁注3.3中的测试指导方针，遇到这种情况应该编写测试以捕获错误，防止以后再发生。因此，在继续之前，我们要为登录表单的提交操作编写一个简短的集成测试。测试不仅能捕获这个bug和避免回归，而且还能为后面的登录和退出功能的集成测试奠定良好的基础。

首先，为应用的登录功能生成一个集成测试文件：

```
$ rails generate integration_test users_login
    invoke  test_unit
    create    test/integration/users_login_test.rb
```

然后，我们要编写一个测试，模拟图8-5和图8-6中的连续操作。基本的步骤如下：

(1) 访问登录页面；

(2) 确认正确渲染了登录表单；

(3) 提交无效的**params**散列，向登录路径发起**post**请求；

(4) 确认重新渲染了登录表单，而且显示了一个闪现消息；

(5) 访问其他页面（例如首页）；

(6) 确认这个页面中**没有**显示前面那个闪现消息。

实现上述步骤的测试如代码清单8-9所示。

代码清单8-9 捕获继续显示闪现消息的测试（RED）

test/integration/users_login_test.rb

```ruby
require 'test_helper'

class UsersLoginTest < ActionDispatch::IntegrationTest

  test "login with invalid information" do
    get login_path
    assert_template 'sessions/new'
    post login_path, params: { session: { email: "", password: "" } }
    assert_template 'sessions/new'
    assert_not flash.empty?
    get root_path
    assert flash.empty?
  end
end
```

添加上述测试之后，登录测试应该是失败的：

代码清单8-10 RED

```
$ rails test test/integration/users_login_test.rb
```

为了只运行一个测试文件，执行**rails test**命令时，我们指定了文件的完整路径。

让代码清单8-9中的测试通过的方法是，把**flash**换成特殊的**flash.now**。**flash.now**专门用于在重新渲染的页面中显示闪现消息。与**flash**不同的是，**flash.now**中的内容会在下次请求时消失——这正是代码清单8-9中的测试所需的行为。替换之后，正确的应用代码如代码清单8-11所示。

代码清单8-11 处理登录失败所需的正确代码（GREEN）

app/controllers/sessions_controller.rb

```ruby
class SessionsController < ApplicationController

  def new
  end

  def create
    user = User.find_by(email: params[:session][:email].downcase)
    if user && user.authenticate(params[:session][:password])
      # 登入用户，然后重定向到用户的资料页面
    else
      flash.now[:danger] = 'Invalid email/password combination'
      render 'new'
    end
  end

  def destroy
  end
end
```

然后，我们可以确认登录功能的集成测试和整个测试组件都能通过：

代码清单8-12 GREEN

```
$ rails test test/integration/users_login_test.rb
$ rails test
```

练习

购买本书的读者可以访问railstutorial.org/aw-solutions免费查看练习的解答。如果想查看其他人的答案，以及记录自己的答案，请加入Learn Enough Society（learnenough.com/society）。

(1) 在你的浏览器中确认前面的步骤是正确的，即访问另一个页面时没有显示闪现消息。

8.2 登录

登录表单已经可以处理无效提交，下一步要通过登入用户，正确处理有效提交。在本节中，我们会通过临时会话cookie让用户登录，浏览器关闭后会话自动失效。9.1节将实现持久会话，即便浏览器关闭，用户依然处于登录状态。

实现会话的过程中要定义很多相关的函数，在多个控制器和视图中使用。4.2.5节说过，Ruby支持使用**模块**把这些函数集中放在一处。Rails生成器很人性化，生成**Sessions**控制器时（8.1.1节），自动生成了一个**Sessions**辅助模块。而且，其中的辅助方法会自动引入Rails视图。如果在控制器的基类（**ApplicationController**）中引入辅助方法模块，还可以在控制器中使用，如代码清单8-13所示。[①]

代码清单8-13 在Application控制器中引入Sessions辅助模块

app/controllers/application_controller.rb

```
class ApplicationController < ActionController::Base
  protect_from_forgery with: :exception
  include SessionsHelper
end
```

做好这些准备工作后，现在可以开始编写代码来登入用户了。

8.2.1 log_in 方法

有Rails提供的**session**方法协助，登入用户很简单。（**session**方法与8.1.1节中生成的**Sessions**控制器没有关系。）我们可以把**session**视作一个散列，按照下面的方式赋值：

```
session[:user_id] = user.id
```

这么做会在用户的浏览器中创建一个临时cookie，内容是加密后的用户ID。在后续的请求中，可以使用**session[:user_id]**取回这个ID。9.1节使用的**cookies**方法创建的是持久cookie，而**session**方法创建的是临时会话，浏览器关闭后立即过期。

[①] 我喜欢使用这种方式，因为它借助的是Ruby引入模块的方式。不过，Rails 4引入了一种方式，叫作concern，也可以作为这个用途使用。如果想学习如何使用concern，请搜索"how to use concerns in Rails"。

因为我们想在多个不同的地方使用这种登录方式，所以会在 **Sessions** 辅助模块中定义一个名为 **log_in** 的方法，如代码清单8-14所示。

代码清单8-14 log_in方法

app/helpers/sessions_helper.rb

```ruby
module SessionsHelper

  # 登入指定的用户
  def log_in(user)
    session[:user_id] = user.id
  end
end
```

因为 **session** 方法创建的临时cookie会自动加密，所以代码清单8-14中的代码是安全的，攻击者无法使用会话中的信息以该用户的身份登录。不过，只有 **session** 方法创建的临时cookie是这样，**cookies** 方法创建的持久cookie则有可能会受到**会话劫持**（session hijacking）攻击。所以，在第9章中，我们会小心处理存入用户浏览器中的信息。

定义好 **log_in** 方法后，我们可以完成 **Sessions** 控制器中的 **create** 动作，登入用户，然后重定向到用户的资料页面，如代码清单8-15所示。[①]

代码清单8-15 登入用户

app/controllers/sessions_controller.rb

```ruby
class SessionsController < ApplicationController

  def new
  end

  def create
    user = User.find_by(email: params[:session][:email].downcase)
    if user && user.authenticate(params[:session][:password])
      log_in user
      redirect_to user
    else
      flash.now[:danger] = 'Invalid email/password combination'
      render 'new'
    end
  end

  def destroy
  end
end
```

注意简洁的重定向代码

```ruby
redirect_to user
```

是我们在7.4.1节中见过的。Rails会自动把它转换成用户资料页的地址：

[①] 因为代码清单8-13引入了辅助方法模块，所以在 **Sessions** 控制器中可以使用 **log_in** 方法。

```
user_url(user)
```

定义好**create**动作后，代码清单8-4中的登录表单就可以使用了。不过，从应用的外观上看不出什么区别，除非直接查看浏览器中的会话，否则没有办法判断用户是否已经登录。8.2.2节会使用会话中的用户ID，从数据库中检索当前用户，做一些视觉上的变化。8.2.3节会修改网站布局中的链接，添加一个指向当前用户资料页面的链接。

练习

购买本书的读者可以访问railstutorial.org/aw-solutions免费查看练习的解答。如果想查看其他人的答案，以及记录自己的答案，请加入Learn Enough Society（learnenough.com/society）。

(1) 使用有效的信息登录，然后查看浏览器中的cookies。会话的内容是什么？**提示**：如果不知道怎么在浏览器中查看cookies，请使用Google搜索（旁注1.1）。

(2) cookies中**Expires**字段的值是什么？

8.2.2 当前用户

把用户ID安全地存储在临时会话中之后，我们要在后续的请求中将其读取出来。为此，我们要定义一个名为**current_user**的方法，在数据库中查找ID对应的用户。**current_user**方法可用于编写类似下面的代码：

```
<%= current_user.name %>
```

以及：

```
redirect_to current_user
```

查找当前用户的方法之一是使用**find**方法，我们在用户资料页面就是这么做的（代码清单7-5）：

```
User.find(session[:user_id])
```

但是，6.1.4节说过，如果用户ID不存在，那么**find**方法会抛出异常。之所以在用户资料页面可以使用这种行为，是因为必须有相应的用户才能显示用户的信息。但**session[:user_id]**的值经常是**nil**（表示用户未登录），为此，我们要使用**create**动作中通过电子邮件地址查找用户的**find_by**方法，用**id**查找用户：

```
User.find_by(id: session[:user_id])
```

如果ID无效，那么**find_by**方法会返回**nil**（表示没有那个用户），而不会抛出异常。

因此，我们可以按照下面的方式定义**current_user**方法：

```
def current_user
  User.find_by(id: session[:user_id])
end
```

这样定义应该可以，不过如果在一个页面中多次调用**current_user**方法，会多次查询数据库。所以，我们要使用一种Ruby习惯写法，把**User.find_by**的结果存储在实例变量中，只在第一次调用时查询数据库，后续再调用直接返回实例变量中存储的值：[1]

---

[1] 在多次方法调用之间记住返回值的做法叫**备忘**（memoization）。（注意，这是一个技术术语，不是"memorization"的错误拼写。可惜的是，本书前一版的文字编辑就犯了这个小错误。）

```
if @current_user.nil?
  @current_user = User.find_by(id: session[:user_id])
else
  @current_user
end
```

使用4.2.3节介绍的**或运算符**||，可以把这段代码改写成：

```
@current_user = @current_user || User.find_by(id: session[:user_id])
```

因为`User`对象是真值，所以仅当尚未给`@current_user`赋值时，才会执行`find_by`方法。

上述代码虽然可以使用，但并不符合Ruby的习惯。`@current_user`赋值语句的正确写法是这样的：

```
@current_user ||= User.find_by(id: session[:user_id])
```

这种写法用到了容易让人困惑却经常使用的||=（"或等"）运算符（参见旁注8.1中的说明）。

旁注8.1： ||=运算符简介

||=（"或等"）赋值运算符在Ruby中常用，因此有追求的Rails开发者要学会使用。初学时可能觉得||=很神秘，不过与其他运算符对比之后，你会发现也不难理解。

我们先来看一下常见的变量自增一赋值：

```
x = x + 1
```

很多编程语言都为这种操作提供了简化的运算符，在Ruby中（以及在C、C++、Perl、Python、Java等中），可以写成下面这样：

```
x += 1
```

其他运算符也有类似的简化形式：

```
$ rails console
>> x = 1
=> 1
>> x += 1
=> 2
>> x *= 3
=> 6
>> x -= 8
=> -2
>> x /= 2
=> -1
```

通过上面的例子可以得知，**x = x O y**和**x O= y**是等效的，其中O表示运算符。

在Ruby中还经常会遇到这种情况：如果变量的值为`nil`，则要给它赋值，否则不改变变量的值。我们可以使用4.2.3节介绍的或运算符（||）编写如下代码：

```
>> @foo
=> nil
>> @foo = @foo || "bar"
=> "bar"
>> @foo = @foo || "baz"
```

```
=> "bar"
```

因为nil是假值，所以第一个赋值语句等同于nil || "bar"，得到的结果是"bar"。同样，第二个赋值操作等同于"bar" || "baz"，得到的结果还是"bar"。这是因为除了nil和false之外，其他值都是真值，而如果第一个表达式的值是真值，那么||会终止执行。[||运算符的执行顺序从左至右，只要出现真值就会终止语句的执行，这种方式叫短路计算（short-circuit evaluation）。&&语句也有这种规则，不过是在遇到第一个假值时终止执行。]

与前面的控制台会话对比之后，我们发现@foo = @foo || "bar"符合x = x O y形式，其中||就是O：

```
x    =    x    +    1       ->       x       +=     1
x    =    x    *    3       ->       x       *=     3
x    =    x    -    8       ->       x       -=     8
x    =    x    /    2       ->       x       /=     2
@foo = @foo || "bar"       ->       @foo ||= "bar"
```

因此，我们发现@foo = @foo || "bar"和@foo ||= "bar"这两种写法是等效的。在获取当前用户时，建议使用下面的写法：

```
@current_user ||= User.find_by(id: session[:user_id])
```

不难理解吧！

（严格来说，Ruby执行的表达式是@foo || @foo = "bar"，这样能避免@foo不为nil或false时执行不必要的赋值。但是因为这个表达式没有很好地解释||=运算符，所以以上讨论使用的是几乎等效的@foo = @foo || "bar"表达式。）

综上所述，**current_user**方法的更简洁的定义方式如代码清单8-16所示。

代码清单8-16　在会话中查找当前用户

app/helpers/sessions_helper.rb

```
module SessionsHelper

  # 登入指定的用户
  def log_in(user)
    session[:user_id] = user.id
  end

  # 返回当前登录的用户（如果有的话）
  def current_user
    @current_user ||= User.find_by(id: session[:user_id])
  end
end
```

定义好**current_user**方法之后，可以根据用户的登录状态修改应用的布局了。

练习

购买本书的读者可以访问railstutorial.org/aw-solutions免费查看练习的解答。如果想查看其他人的答案，以及记录自己的答案，请加入Learn Enough Society（learnenough.com/society）。

(1) 打开Rails控制台，确认用户不存在时**User.find_by(id：...)**返回**nil**。

(2) 在Rails控制台中创建**session**散列，有个键为**:user_id**。按照代码清单8-17中的步骤，确认
||=运算符的行为符合预期。

代码清单8-17　在控制台中模拟session

```
>> session = {}
>> session[:user_id] = nil
>> @current_user ||= User.find_by(id: session[:user_id])
<What happens here?>
>> session[:user_id]= User.first.id
>> @current_user ||= User.find_by(id: session[:user_id])
<What happens here?>
>> @current_user ||= User.find_by(id: session[:user_id])
<What happens here?>
```

8.2.3　修改布局中的链接

实现登录功能后，我们要根据登录状态修改布局中的链接。具体而言，我们要添加退出链接、用
户设置页面的链接、用户列表页面的链接和当前用户的资料页面链接，构思图如图8-7所示。[1]注意，
退出链接和资料页面的链接在“Account”（账户）下拉菜单中。使用Bootstrap实现下拉菜单的方法，
参见代码清单8-19。

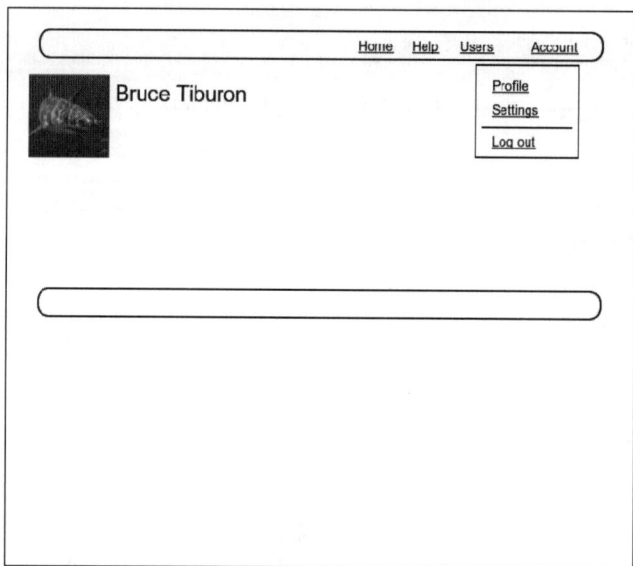

图8-7　成功登录后显示的用户资料页面构思图

----

[1] 头像出处：https://www.flickr.com/photos/elevy/14730820387，发布于2016年6月3日。Copyright © 2014 by Elias Levy。
　未经改动，基于“知识共享署名2.0通用”许可证使用。

此时，在现实开发中，我会考虑编写集成测试，检测上面规划的行为。我在旁注3.3中说过，当你熟练掌握Rails的测试工具后，会倾向于先写测试。但这个测试涉及一些新知识，所以最好在专门的一节中编写（8.2.4节）。

修改网站布局中的链接时，要在ERb中使用if-else语句，用户登录时显示一组链接，而未登录时显示另一组链接：

```
<% if logged_in? %>
  # 登录用户看到的链接
<% else %>
  # 未登录用户看到的链接
<% end %>
```

为了编写这种代码，我们要定义logged_in?方法，返回布尔值。

用户登录后，当前用户存储在会话中，即current_user不是nil。检测会话中有没有当前用户，要使用"非"运算符（4.2.3节）。"非"运算符写作!，而经常读作"bang"。logged_in?方法的定义如代码清单8-18所示。

代码清单8-18 logged_in?辅助方法

app/helpers/sessions_helper.rb

```
module SessionsHelper

  # 登入指定的用户
  def log_in(user)
    session[:user_id] = user.id
  end

  # 返回当前登录的用户（如果有的话）
  def current_user
    @current_user ||= User.find_by(id: session[:user_id])
  end

  # 如果用户已登录，那么返回true，否则返回false
  def logged_in?
    !current_user.nil?
  end
end
```

定义好logged_in?方法之后，我们可以修改用户登录后显示的链接了。我们要添加四个新链接，其中两个链接的地址先使用占位符，在第10章中再换成真正的地址：

```
<%= link_to "Users",    '#' %>
<%= link_to "Settings", '#' %>
```

退出链接使用代码清单8-2中定义的退出路径：

```
<%= link_to "Log out", logout_path, method: :delete %>
```

注意，退出链接中指定了散列参数，指明这个链接发送的是HTTP DELETE请求。[1]我们还要添加

---

[1] Web浏览器其实不能发送DELETE请求，Rails是使用JavaScript模拟实现的。

资料页面的链接:

```
<%= link_to "Profile", current_user %>
```

这个链接可以写成:

```
<%= link_to "Profile", user_path(current_user) %>
```

与之前一样,我们可以直接链接到用户对象,Rails会自动把**current_user**转换成**user_path
(current_user)**。最后,如果用户未登录,那么我们要添加一个链接,使用代码清单8-2中定义的登
录路径,链接到登录表单:

```
<%= link_to "Log in", login_path %>
```

综上所述,得到的页头局部视图如代码清单8-19所示。

代码清单8-19 修改布局中的链接
app/views/layouts/_header.html.erb

```
<header class="navbar navbar-fixed-top navbar-inverse">
  <div class="container">
    <%= link_to "sample app", root_path, id: "logo" %>
    <nav>
      <ul class="nav navbar-nav navbar-right">
        <li><%= link_to "Home", root_path %></li>
        <li><%= link_to "Help", help_path %></li>
        <% if logged_in? %>
          <li><%= link_to "Users", '#' %></li>
          <li class="dropdown">
            <a href="#" class="dropdown-toggle" data-toggle="dropdown">
              Account <b class="caret"></b>
            </a>
            <ul class="dropdown-menu">
              <li><%= link_to "Profile", current_user %></li>
              <li><%= link_to "Settings", '#' %></li>
              <li class="divider"></li>
              <li>
                <%= link_to "Log out", logout_path, method: "delete" %>
              </li>
            </ul>
          </li>
        <% else %>
          <li><%= link_to "Log in", login_path %></li>
        <% end %>
      </ul>
    </nav>
  </div>
</header>
```

除了在布局中添加新链接之外,代码清单8-19还借助Bootstrap实现了下拉菜单。[1]注意这段代码中
使用的几个Bootstrap CSS类:**dropdown**、**dropdown-menu**等。为了让下拉菜单生效,我们要在

---

① 详情参见Bootstrap组件文档(http://getbootstrap.com/components/)。

`application.js`（Asset Pipeline的一部分）中引入Bootstrap提供的JavaScript库，如代码清单8-20所示。

代码清单8-20　在`application.js`中引入Bootstrap JavaScript库

app/assets/javascripts/application.js

```
//= require jquery
//= require jquery_ujs
//= require bootstrap
//= require turbolinks
//= require_tree .
```

　　现在，你应该访问登录页面，然后使用有效账户登录（用户名：**example@railstutorial.org**，密码：**foobar**），这样足以测试前三节编写的代码是否正确。[1]添加代码清单8-19和代码清单8-20中的代码后，你应该能看到下拉菜单和只有已登录用户才能看到的链接，如图8-8所示。

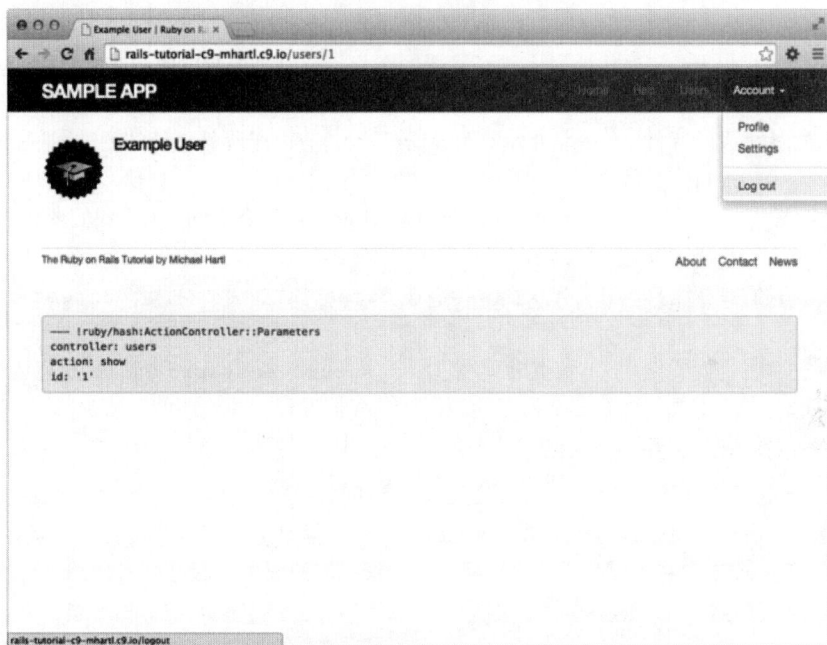

图8-8　用户登录后看到了新添加的链接和下拉菜单

　　如果关闭浏览器，那么还能确认应用确实清除了登录状态，必须再次登录才能看到上述改动。[2]

　　练习

　　购买本书的读者可以访问railstutorial.org/aw-solutions免费查看练习的解答。如果想查看其他人的答案，以及记录自己的答案，请加入Learn Enough Society（learnenough.com/society）。

---

① 可能要重启Web服务器（旁注1.1）。

② 如果你使用云端IDE，那么建议你使用另一个浏览器测试登录，这样就不用关闭运行云端IDE的浏览器了。

(1) 使用浏览器中的cookie审查工具（8.2.1节）删除会话，并确认布局中显示的是未登录用户能看到的链接。

(2) 再次登录，确认布局中的链接变了。然后关闭浏览器，重启后确认布局中显示的是未登录用户能看到的链接。［如果浏览器启用了"离开时记住登录状态"功能，那么要将其禁用（旁注1.1）。］

8.2.4 测试布局中的变化

我们自己动手验证了成功登录后应用的表现正常，在继续之前，还要编写集成测试检查这些行为，以及捕获回归。我们将在代码清单8-9的基础上，再添加一些测试，检查下面的操作步骤：

(1) 访问登录页面；

(2) 通过**post**请求向新建会话路径发送有效的登录信息；

(3) 确认登录链接消失了；

(4) 确认出现了退出链接；

(5) 确认出现了资料页面链接。

为了检查这些变化，在测试中要登入已经注册的用户，也就是说数据库中必须有一个用户。Rails默认使用**固件**（fixture）实现这种需求。固件是一种组织数据的方式，这些数据会载入测试数据库。6.2.5节删除了默认生成的固件（代码清单6-31），目的是让检查电子邮件地址的测试通过。现在，我们要在这个空文件中加入自定义的固件。

目前，我们只需要一个用户，它的名字和电子邮件地址应该是有效的。因为我们要登入这个用户，所以还要提供正确的密码，与提交给**Sessions**控制器中**create**动作的密码比较。参照图6-8中的数据模型可以看出，我们要在用户固件中定义**password_digest**属性。我们将定义**digest**方法计算这个属性的值。

6.3.1节说过，密码摘要使用bcrypt生成（通过**has_secure_password**方法），所以固件中的密码摘要也要使用这种方式生成。查看安全密码的源码后，我们发现生成摘要的方法是：

```
BCrypt::Password.create(string, cost: cost)
```

其中，**string**是要计算哈希值的字符串；**cost**是**耗时因子**，决定计算哈希值时消耗的资源。耗时因子的值越大，由哈希值破解出原密码的难度越大。这个值对生产环境的安全防护很重要，但在测试中我们希望**digest**方法的执行速度越快越好。安全密码的源码中还有这么一行：

```
cost = ActiveModel::SecurePassword.min_cost ? BCrypt::Engine::MIN_COST :
                                               BCrypt::Engine.cost
```

这行代码相当难懂，你无需完全理解。它的作用是严格实现前面的分析：在测试中耗时因子使用最小值，在生产环境则使用普通（大）值。（9.2节会深入说明奇怪的**?-:**句法。）

digest方法可以放在几个不同的地方，但9.1.1节会在**User**模型中使用，所以建议放在**user.rb**文件中。因为计算摘要时不用获取用户对象（例如在固件文件中），所以我们要把**digest**方法附在**User**类上，也就是定义为**类方法**（4.4.1节简要介绍过）。结果如代码清单8-21所示。

代码清单8-21 定义固件中要使用的**digest**方法

app/models/user.rb

```
class User < ApplicationRecord
```

```
before_save { self.email = email.downcase }
validates :name,  presence: true, length: { maximum: 50 }
VALID_EMAIL_REGEX = /\A[\w+\-.]+@[a-z\d\-.]+\.[a-z]+\z/i
validates :email, presence: true, length: { maximum: 255 },
                  format: { with: VALID_EMAIL_REGEX },
                  uniqueness: { case_sensitive: false }
has_secure_password
validates :password, presence: true, length: { minimum: 6 }

# 返回指定字符串的哈希摘要
def User.digest(string)
  cost = ActiveModel::SecurePassword.min_cost ? BCrypt::Engine::MIN_COST :
                                                BCrypt::Engine.cost
  BCrypt::Password.create(string, cost: cost)
end
end
```

定义好 **digest** 方法后，我们可以创建一个有效的用户固件了，如代码清单8-22所示。[①]

代码清单8-22　测试用户登录所需的固件

test/fixtures/users.yml

```
michael:
  name: Michael Example
  email: michael@example.com
  password_digest: <%= User.digest('password') %>
```

特别注意一下，固件中可以使用嵌入式Ruby。因此，我们可以使用

```
<%= User.digest('password') %>
```

为测试用户创建有效的密码摘要。

我们虽然定义了 **has_secure_password** 所需的 **password_digest** 属性，但有时也需要使用密码的原始值（虚拟属性）。可是，这一点在固件中无法实现，而如果在代码清单8-22中添加 **password** 属性，则Rails会提示数据库中没有这个列（确实没有）。所以，我们要约定固件中所有用户的密码都一样，即 **'password'**。

创建了一个有效的用户固件后，在测试中可以使用下面的方式获取这个用户：

```
user = users(:michael)
```

其中，**users** 对应固件文件users.yml的文件名，而 **:michael** 是代码清单8-22中定义的用户。

定义好用户固件之后，现在可以把本节开头列出的操作步骤转换成代码了，如代码清单8-23所示。

代码清单8-23　测试使用有效信息登录的情况（GREEN）

test/integration/users_login_test.rb

```
require 'test_helper'

class UsersLoginTest < ActionDispatch::IntegrationTest
  def setup
```

① 注意，固件文件中的缩进必须使用空格，不能使用制表符。复制代码（如代码清单8-22）时要留意这一点。

```
    @user = users(:michael)
  end
  .
  .
  .
  test "login with valid information" do
    get login_path
    post login_path, params: { session: { email:     @user.email,
                                           password: 'password' } }
    assert_redirected_to @user
    follow_redirect!
    assert_template 'users/show'
    assert_select "a[href=?]", login_path, count: 0
    assert_select "a[href=?]", logout_path
    assert_select "a[href=?]", user_path(@user)
  end
end
```

在这段代码中，我们使用

```
assert_redirected_to @user
```

检查重定向的地址是否正确，然后使用

```
follow_redirect!
```

访问重定向的目标地址。另外，确认页面中有**零个**登录链接，从而证实登录链接消失了：

```
assert_select "a[href=?]", login_path, count: 0
```

　　count：0参数的目的是告诉**assert_select**，我们期望页面中有零个匹配指定模式的链接。（代码清单5-32中使用的是**count：2**，指定必须有两个匹配模式的链接。）

　　因为应用代码已经能正常运行，所以这个测试应该可以通过。

代码清单8-24： GREEN

```
$ rails test test/integration/users_login_test.rb \
>           --name test_login_with_valid_information
```

　　上述命令说明了如何运行一个测试文件中的某个测试——使用如下参数指定测试的名称：

```
--name test_login_with_valid_information
```

（测试的名称是使用下划线把"test"和测试说明连接在一起。）注意，第二行开头的**>**是"行接续"符号，由shell自动插入，不要手动输入。

　　练习

　　购买本书的读者可以访问railstutorial.org/aw-solutions免费查看练习的解答。如果想查看其他人的答案，以及记录自己的答案，请加入Learn Enough Society（learnenough.com/society）。

　　(1) 删除**Sessions**辅助模块里**logged_in?**方法中的**!**，并确认代码清单8-23中的测试无法通过。

　　(2) 把**!**添加回去，让测试通过。

8.2.5 注册后直接登录

虽然现在基本完成了身份验证功能，但是新注册的用户可能还是会困惑，为什么注册后没有登录呢？因为注册后立即要求用户登录是很奇怪的，所以我们要在注册的过程中自动登入用户。为了实现这一功能，我们只需在User控制器的create动作中调用log_in方法，如代码清单8-25所示。[①]

代码清单8-25 注册后登入用户

app/controllers/users_controller.rb

```ruby
class UsersController < ApplicationController

  def show
    @user = User.find(params[:id])
  end

  def new
    @user = User.new
  end

  def create
    @user = User.new(user_params)
    if @user.save
      log_in @user
      flash[:success] = "Welcome to the Sample App!"
      redirect_to @user
    else
      render 'new'
    end
  end

  private

    def user_params
      params.require(:user).permit(:name, :email, :password,
                                   :password_confirmation)
    end
end
```

为了测试这个行为，我们可以在代码清单7-33中添加一行代码，检查用户是否已经登录。我们可以定义一个**is_logged_in?**辅助方法，功能和代码清单8-18中的**logged_in?**方法一样。如果（测试环境的）会话中有用户的ID就返回**true**，否则返回**false**，如代码清单8-26所示。（因为在测试中不能使用**current_user**方法，所以我们不能像代码清单8-18那样使用**current_user**，但是可以使用**session**方法。）我们定义的方法不是**logged_in?**，而是**is_logged_in?**，以防混淆。[②]

[①] 因为在代码清单8-13中引入了辅助模块，所以User控制器和Sessions控制器一样，也可以调用log_in方法。

[②] 有一次我不小心把Sessions辅助模块中的log_in方法删掉了，但是测试组件仍能通过，因为测试使用了同名辅助方法，就算应用完全不能运行，测试还是可以通过。与is_logged_in?一样，为了避免这种问题，代码清单9-24中还会定义一个名为log_in_as的测试辅助方法。

代码清单8-26　在测试中定义检查登录状态的布尔值方法

test/test_helper.rb

```
ENV['RAILS_ENV'] ||= 'test'
  .
  .
  .
class ActiveSupport::TestCase
  fixtures :all

  # 如果用户已登录，返回true
  def is_logged_in?
    !session[:user_id].nil?
  end
end
```

然后，我们可以使用代码清单8-27中的测试，检查注册后用户有没有登录。

代码清单8-27　测试注册后有没有登入用户（GREEN）

test/integration/users_signup_test.rb

```
require 'test_helper'

class UsersSignupTest < ActionDispatch::IntegrationTest
  .
  .
  .
  test "valid signup information" do
    get signup_path
    assert_difference 'User.count', 1 do
      post users_path, params: { user: { name:  "Example User",
                                         email: "user@example.com",
                                         password:              "password",
                                         password_confirmation: "password" } }
    end
    follow_redirect!
    assert_template 'users/show'
    assert is_logged_in?
  end
end
```

现在，测试组件应该可以通过。

代码清单8-28　GREEN

```
$ rails test
```

练习

购买本书的读者可以访问railstutorial.org/aw-solutions免费查看练习的解答。如果想查看其他人的答案，以及记录自己的答案，请加入Learn Enough Society（learnenough.com/society）。

(1) 如果把代码清单8-25中突出的**log_in**那行注释掉，那么测试组件能通过吗？

(2) 使用你所用文本编辑器的注释功能，把代码清单8-25中突出显示的那行代码注释掉，然后再去掉注释，并确认测试组件会在失败和通过之间来回变换。（注释掉和去掉注释后要保存文件。）

8.3 退出

8.1节说过，我们要实现的身份验证系统会记住用户的登录状态，直到用户自行退出为止。本节，我们就要实现退出功能。因为退出链接已经定义好了（代码清单8-19），所以我们只需编写一个正确的控制器动作，来销毁用户会话。

目前为止，**Sessions**控制器的动作都遵从REST架构：**new**动作用于登录页面，而**create**动作用于完成登录操作。我们要继续使用REST架构，添加一个**destroy**动作来删除会话，也就是实现退出功能。登录功能在代码清单8-15和代码清单8-25中都用到了，但退出功能不同，只在一处使用，所以我们会直接把相关的代码写在**destroy**动作中。我们会在9.3节中看到，这么做（稍微重构后）易于测试身份验证系统。

退出需要撤销**log_in**方法执行的操作（代码清单8-14），即从会话中删除用户的ID。[①]为此，我们要使用**delete**方法，如下所示：

```
session.delete(:user_id)
```

我们还要把当前用户设为nil。不过现在这种情况下做不做这一步都没关系，因为退出后会立即重定向到根地址。[②]与**log_in**及相关的方法一样，我们要把**log_out**方法放在**Sessions**辅助模块中，如代码清单8-29所示。

代码清单8-29 **log_out**方法
app/helpers/sessions_helper.rb

```
module SessionsHelper

  # 登入指定的用户
  def log_in(user)
    session[:user_id] = user.id
  end
  .
  .
  .
  # 退出当前用户
  def log_out
    session.delete(:user_id)
    @current_user = nil
  end
end
```

[①] 有些浏览器提供"记住我离开时的状态"功能，自动留存会话，因此尝试退出之前要禁用这种功能。

[②] 如果在执行**destroy**动作之前创建了**@current_user**（这里没有创建），并且没有立即重定向（这里立即重定向了），那么就要把**@current_user**设为nil。这两种情况不可能同时发生，而且根据这个应用目前的架构，也没必要这么做。不过这涉及安全问题，所以以防万一，我在这里把当前用户设为了nil。

然后，在 Sessions 控制器的 **destroy** 动作中调用 **log_out** 方法，如代码清单 8-30 所示。

代码清单 8-30   销毁会话（退出用户）

app/controllers/sessions_controller.rb

```ruby
class SessionsController < ApplicationController

  def new
  end

  def create
    user = User.find_by(email: params[:session][:email].downcase)
    if user && user.authenticate(params[:session][:password])
      log_in user
      redirect_to user
    else
      flash.now[:danger] = 'Invalid email/password combination'
      render 'new'
    end
  end

  def destroy
    log_out
    redirect_to root_url
  end
end
```

我们可以在代码清单 8-23 中的用户登录测试中添加一些步骤，测试退出功能。登录后，使用 **delete** 方法向退出路径（表 8-1）发起 **DELETE** 请求，然后确认用户已经退出，而且重定向到了根地址。我们还要确认出现了登录链接，而且退出和资料页面的链接消失了。在测试中新添加的步骤如代码清单 8-31 所示。

代码清单 8-31   测试用户退出功能（GREEN）

test/integration/users_login_test.rb

```ruby
require 'test_helper'

class UsersLoginTest < ActionDispatch::IntegrationTest
  .
  .
  .
  test "login with valid information followed by logout" do
    get login_path
    post login_path, params: { session: { email:    @user.email,
                                           password: 'password' } }
    assert is_logged_in?
    assert_redirected_to @user
    follow_redirect!
    assert_template 'users/show'
    assert_select "a[href=?]", login_path, count: 0
    assert_select "a[href=?]", logout_path
    assert_select "a[href=?]", user_path(@user)
```

```
    delete logout_path
    assert_not is_logged_in?
    assert_redirected_to root_url
    follow_redirect!
    assert_select "a[href=?]", login_path
    assert_select "a[href=?]", logout_path,       count: 0
    assert_select "a[href=?]", user_path(@user), count: 0
  end
end
```

（因为现在可以在测试中使用**is_logged_in?**了，所以向登录地址发送有效信息之后，我们添加了**assert is_logged_in?**。）

定义并测试了**destroy**动作之后，注册、登录和退出这三大功能就都实现了。现在测试组件应该可以通过。

代码清单8-32　GREEN

```
$ rails test
```

练习

购买本书的读者可以访问railstutorial.org/aw-solutions免费查看练习的解答。如果想查看其他人的答案，以及记录自己的答案，请加入Learn Enough Society（learnenough.com/society）。

(1) 在浏览器中确认点击“Log out”（退出）链接后，网站布局能正确地变化。这些变化与代码清单8-31中的最后三步有什么关系？

(2) 用户退出后，查看网站的cookie，确认会话被删除了。

8.4　小结

本章为演示应用实现了完整的登录和身份验证系统。下一章将更进一步，添加记住用户功能，让会话持久一些，关闭浏览器后不会被清除。

在继续之前，先把本章的改动合并到主分支：

```
$ rails test
$ git add -A
$ git commit -m "Implement basic login"
$ git checkout master
$ git merge basic-login
```

然后推送到远程仓库：

```
$ rails test
$ git push
```

最后，像往常一样部署到Heroku中：

```
$ git push heroku
```

本章所学

- ❑ Rails使用**session**方法在临时cookie中维护页面之间的状态；
- ❑ 登录表单的目的是创建新会话，登入用户；
- ❑ **flash.now**方法用于在重新渲染的页面中显示闪现消息；
- ❑ 在测试中重现问题时，可以使用测试驱动开发；
- ❑ 使用**session**方法可以安全地在浏览器中存储用户ID，创建临时会话；
- ❑ 可以根据登录状态修改功能，例如布局中显示的链接；
- ❑ 集成测试可以检查路由、数据库更新和对布局的修改。

## 第 9 章

高级登录功能

9

第8章实现的基本登录系统完全可用，不过大多数现代的网站都能记住用户的登录状态，当用户关闭浏览器后再次访问网站时，仍是登录状态。本章使用**持久cookie**实现这种行为。首先，我们将实现自动记住用户登录状态的功能（9.1节），这是Bitbucket和GitHub等网站采用的策略。随后，我们将提供一个"记住我"复选框，让用户自己选择是否记住登录状态，这是Twitter和Facebook等网站采用的策略。

第8章已经为这个演示应用实现了完整的登录系统，如果愿意，你可以跳过本章，从第10章开始阅读（一直到第13章）。不过，学习如何实现"记住我"功能也有好处，能为账户激活（第11章）和密码重设（第12章）奠定坚实的基础。而且，本章也能让你体验计算机的神奇——你曾在网上无数次见到这种"记住我"登录表单，现在终于有机会自己动手实现了。

9.1 记住我

本节会添加一个功能，让应用记住用户的登录状态，即使关闭浏览器之后再访问，仍能记住用户的登录状态。这个"记住我"功能自动生效，除非用户退出，否则会一直处于登录状态。我们会发现，这个实现方式还便于添加一个"记住我"复选框（9.2节）。

与往常一样，我建议在继续之前切换到一个主题分支：

```
$ git checkout -b advanced-login
```

9.1.1 记忆令牌和记忆摘要

8.2节使用了Rails提供的`session`方法存储用户的ID，但是浏览器关闭后这个信息就不见了。本节，我们将迈出实现持久会话的第一步：生成使用`cookies`方法创建持久cookie所需的**记忆令牌**（remember token），以及验证令牌所需的安全**记忆摘要**（remember digest）。

8.2.1节说过，使用`session`方法存储的信息在默认情况下就是安全的，但使用`cookies`方法存储的信息则不然。具体而言，持久cookie有被会话劫持的风险，攻击者可以使用盗取的记忆令牌以某个用户的身份登录。盗取cookie中的信息主要有四种途径：（1）使用包嗅探工具截获不安全网络中传输的cookie；[①]（2）获取包含记忆令牌的数据库；（3）使用跨站脚本（cross-site scripting，XSS）攻击；

[①] 会话劫持大都可由Firesheep应用（http://codebutler.com/firesheep）发现。连接公共Wi-Fi时，使用这个应用能看到很多知名网站的记忆令牌。

（4）获取已登录用户的设备访问权。我们在7.5节启用了全站SSL，这样能避免别人嗅探网络中传输的数据，因此解决了第一个问题。为了解决第二个问题，我们不会存储记忆令牌本身，而是存储令牌的哈希摘要。这种方法和6.3节一样，不存储原始密码，而是存储密码摘要。[①]Rails会转义插入视图模板中的内容，所以自动解决了第三个问题。对于最后一个问题，虽然没有万无一失的方法能避免攻击者获取已登录用户电脑的访问权，不过我们可以在每次用户退出后修改令牌，并且**签名加密**存储在浏览器中的敏感信息，尽量降低第四个问题导致的不良影响。

经过上述分析，我们计划按照下面的方式实现持久会话：

(1) 生成随机的数字字符串，用作记忆令牌；

(2) 把这个令牌存入浏览器的cookie中，并把过期时间设为未来的某个日期；

(3) 在数据库中存储令牌的哈希摘要；

(4) 在浏览器的cookie中存储加密后的用户ID；

(5) 如果cookie中有用户的ID，那么就用这个ID在数据库中查找用户，并且检查cookie中的记忆令牌和数据库中的哈希摘要是否匹配。

注意，最后一步和登入用户很相似：使用电子邮件地址检索用户，然后（使用**authenticate**方法）验证提交的密码和密码摘要是否匹配（代码清单8-7）。由此可见，我们的实现方式和**has_secure_password**差不多。

首先，我们把所需的**remember_digest**属性加入**User**模型，如图9-1所示。

users	
id	integer
name	string
email	string
created_at	datetime
updated_at	datetime
password_digest	string
remember_digest	string

图9-1　添加**remember_digest**属性后的**User**模型

为了把图9-1中的数据模型添加到应用中，我们要生成一个迁移：

```
$ rails generate migration add_remember_digest_to_users remember_digest:string
```

（可以和6.3.1节添加密码摘要的迁移比较一下。）与之前的迁移一样，迁移的名称以**_to_users**结尾，这么做是为了告诉Rails这个迁移是用来修改**users**表的。因为我们还指定了属性（**remember_digest**）及其类型（**string**），所以Rails会自动为我们生成迁移代码，如代码清单9-1所示。

[①] Rails 5提供了**has_secure_token**方法，用于自动生成随机的令牌，但是它在数据库中存储的是**未经哈希的值**，因此不符合这里的需求。

代码清单9-1 生成的迁移,用于添加记忆摘要

db/migrate/[timestamp]_add_remember_digest_to_users.rb

```
class AddRememberDigestToUsers < ActiveRecord::Migration[5.0]
  def change
    add_column :users, :remember_digest, :string
  end
end
```

因为我们不会通过记忆摘要检索用户,所以没必要在 **remember_digest** 列上添加索引,而可以直接使用上述自动生成的迁移:

```
$ rails db:migrate
```

现在我们要决定使用什么作为记忆令牌。不同的方式基本上都差不多,其实只要是一定长度的随机字符串都行。Ruby标准库中 **SecureRandom** 模块的 **urlsafe_base64** 方法,刚好能满足我们的需求。[①]这个方法返回长度为22的随机字符串,包含字符A-Z、a-z、0-9、"-"和"_"(每一位都有64种可能,因此方法名中有"base64")。典型的base64字符串如下所示:

```
$ rails console
>> SecureRandom.urlsafe_base64
=> "q5lt38hQDc_959PVoo6b7A"
```

就像两个用户可以使用相同的密码一样[②],记忆令牌也没必要是唯一的,不过如果唯一的话,安全性更高。[③]对base64字符串来说,22个字符中的每一个都有64种取值可能,所以两个记忆令牌"碰撞"的几率小到可以忽略,只有 $1/64^{22}=2^{-132}\approx10^{-40}$。[④]而且,使用可在URL中安全使用的base64字符串(如 **urlsafe_base64** 方法的名称所示),我们还能在账户激活和密码重设链接中使用类似的令牌。

记住用户的登录状态要创建一个记忆令牌,并且在数据库中存储这个令牌的摘要。我们已经定义了 **digest** 方法,并且在测试固件中用过(代码清单8-21)。基于上述分析,现在我们可以定义一个 **new_token** 方法,用于创建新令牌。和 **digest** 方法一样,新建令牌的方法也不需要用户对象,所以也定义为类方法[⑤],如代码清单9-2所示。

代码清单9-2 添加生成令牌的方法

app/models/user.rb

```
class User < ApplicationRecord
  before_save { self.email = email.downcase }
  validates :name,  presence: true, length: { maximum: 50 }
  VALID_EMAIL_REGEX = /\A[\w+\-.]+@[a-z\d\-.]+\.[a-z]+\z/i
  validates :email, presence: true, length: { maximum: 255 },
                    format: { with: VALID_EMAIL_REGEX },
```

---

① 之所以使用这个方法,是因为我看了RailsCast中对"记住我"功能的讲解(http://railscasts.com/episodes/274-remember-me-reset-password)。

② 何止"可以",因为bcrypt会在哈希值中加盐,所以其实没有办法判别两个用户的密码是否相同。

③ 如果记忆令牌是唯一的,攻击者必须同时拥有用户的ID和cookie中的记忆令牌,才能劫持会话。

④ 这还不足以让某些开发者信服,他们还是想确认没有碰撞,但是 10^{-40} 概率太小了,这根本就是徒劳无益。如果整个宇宙一秒钟生成10亿个令牌,发生碰撞的几率仍是 10^{-23} 数量级。

⑤ 一般的规则是,如果方法不需要访问类的实例,就应该定义为类方法。到11.2节你会发现,这个决定很重要。

```
                          uniqueness: { case_sensitive: false }
  has_secure_password
  validates :password, presence: true, length: { minimum: 6 }

  # 返回指定字符串的哈希摘要
  def User.digest(string)
    cost = ActiveModel::SecurePassword.min_cost ? BCrypt::Engine::MIN_COST :
                                                  BCrypt::Engine.cost
    BCrypt::Password.create(string, cost: cost)
  end

  # 返回一个随机令牌
  def User.new_token
  SecureRandom.urlsafe_base64
    end
end
```

我们计划定义 **user.remember** 方法，把记忆令牌和用户关联起来，并且把相应的记忆摘要存入数据库。代码清单9-1中的迁移已经添加了 **remember_digest** 属性，但是还没有 **remember_token** 属性。我们要找到一种方法，通过 **user.remember_token** 获取令牌（为了存入cookie），但又不在数据库中存储令牌。6.3节解决过类似的问题——使用虚拟属性 **password** 和数据库中的 **password_digest** 属性。其中，虚拟属性 **password** 由 **has_secure_password** 方法自动创建。但是，我们要自己编写代码来创建 **remember_token** 属性。方法是使用4.4.5节用过的 **attr_accessor**，创建一个可访问的属性：

```
class User < ApplicationRecord
  attr_accessor :remember_token
  .
  .
  .
  def remember
    self.remember_token = ...
    update_attribute(:remember_digest, ...)
  end
end
```

注意 **remember** 方法中第一行代码的赋值操作。根据Ruby处理对象内部赋值操作的规则，如果没有 **self**，创建的是一个名为 **remember_token** 的局部变量——这并不是我们想要的行为。使用 **self** 的目的是确保把值赋给用户的 **remember_token** 属性。[现在你应该知道为什么 **before_save** 回调中要使用 **self.email**，而不是 **email** 了吧（代码清单6-32）。] **remember** 方法的第二行代码使用 **update_attribute** 方法更新记忆摘要。（6.1.5节说过，这个方法会跳过验证。这里必须跳过验证，因为我们无法获取用户的密码和密码确认。）

基于上述分析，创建有效令牌和摘要的方法是：首先使用 **User.new_token** 创建一个新记忆令牌，然后使用 **User.digest** 生成摘要，最后更新数据库中的记忆摘要。实现这个步骤的 **remember** 方法如代码清单9-3所示。

代码清单9-3　在User模型中添加remember方法（GREEN）

app/models/user.rb

```
class User < ApplicationRecord
  attr_accessor :remember_token
  before_save { self.email = email.downcase }
  validates :name,  presence: true, length: { maximum: 50 }
  VALID_EMAIL_REGEX = /\A[\w+\-.]+@[a-z\d\-.]+\.[a-z]+\z/i
  validates :email, presence: true, length: { maximum: 255 },
                    format: { with: VALID_EMAIL_REGEX },
                    uniqueness: { case_sensitive: false }
  has_secure_password
  validates :password, presence: true, length: { minimum: 6 }

  # 返回指定字符串的哈希摘要
  def User.digest(string)
    cost = ActiveModel::SecurePassword.min_cost ? BCrypt::Engine::MIN_COST :
                                                  BCrypt::Engine.cost
    BCrypt::Password.create(string, cost: cost)
  end

  # 返回一个随机令牌
  def User.new_token
    SecureRandom.urlsafe_base64
  end

  # 为了持久保存会话，在数据库中记住用户
  def remember

    self.remember_token = User.new_token
    update_attribute(:remember_digest, User.digest(remember_token))
  end
end
```

练习

购买本书的读者可以访问railstutorial.org/aw-solutions免费查看练习的解答。如果想查看其他人的答案，以及记录自己的答案，请加入Learn Enough Society（learnenough.com/society）。

(1) 打开控制台，把数据库中的第一个用户赋值给**user**变量，然后直接调用**remember**方法，确认它可用。**remember_token**的值与**remember_digest**的值有何区别？

(2) 在代码清单9-3中，我们定义了生成令牌和摘要的类方法，前面都加上了**User**。这么定义没问题，而且因为我们会使用**User.new_token**和**User.digest**，或许这样定义意思更明确。不过，定义类方法有两种更常用的方式，一种有点让人困惑，一种极其让人困惑。运行测试组件，确认代码清单9-4（有点让人困惑）和代码清单9-5（极其让人困惑）中的实现方式是正确的。（注意，在代码清单9-4和代码清单9-5中，**self**是**User**类，而**User**模型中的其他**self**都是用户对象**实例**。这就是让人困惑的根源所在。）

代码清单9-4　使用self定义生成令牌和摘要的方法（GREEN）

app/models/user.rb

```
class User < ApplicationRecord
```

```
        .
        .
        .
     # 返回指定字符串的哈希摘要
     def self.digest(string)
       cost = ActiveModel::SecurePassword.min_cost ? BCrypt::Engine::MIN_COST :
                                                       BCrypt::Engine.cost
       BCrypt::Password.create(string, cost: cost)
     end

     # 返回一个随机令牌
     def self.new_token
       SecureRandom.urlsafe_base64
     end
        .
        .
        .
   end
```

代码清单9-5 使用class << self定义生成令牌和摘要的方法（GREEN）
app/models/user.rb

```
class User < ApplicationRecord
     .
     .
     .
   class << self
     # 返回指定字符串的哈希摘要
     def digest(string)
       cost = ActiveModel::SecurePassword.min_cost ? BCrypt::Engine::MIN_COST :
                                                       BCrypt::Engine.cost
       BCrypt::Password.create(string, cost: cost)
     end

     # 返回一个随机令牌
     def new_token
       SecureRandom.urlsafe_base64
     end
   end
     .
     .
     .
```

9.1.2 登录时记住登录状态

定义好**user.remember**方法之后，我们可以创建持久会话了，方法是把（加密后的）用户ID和记忆令牌作为持久cookie存入浏览器。为此，我们要使用**cookies**方法。这个方法和**session**一样，可以视为一个散列。一个cookie有两部分信息，一个是**value**（值），一个是可选的**expires**（过期日期）。例如，我们可以创建一个值为记忆令牌，20年后过期的cookie，实现持久会话：

```
cookies[:remember_token] = { value:    remember_token,
                             expires: 20.years.from_now.utc }
```

（这里使用了一个便利的Rails时间辅助方法，参见旁注9.1。）Rails应用经常使用20年后过期的cookie，所以Rails提供了一个特殊的方法**permanent**，用于创建这种cookie，这样上述代码可以简写为：

```
cookies.permanent[:remember_token] = remember_token
```

这样写，Rails会自动把过期时间设为**20.years.from_now**。

旁注9.1：cookie在20.years.from_now之后过期

你可能还记得，4.4.2节说过，可以向任何Ruby类，甚至是内置的类中添加自定义的方法。在那一节中，我们向**String**类添加了**palindrome?**方法（而且还发现了**"deified"**是回文）。我们还介绍过，Rails为**Object**类添加了**blank?**方法（所以，**""**.**blank?**、**" "**.**blank?**和**nil.blank?**的返回值都是**true**）。创建**20.years.from_now**之后过期的cookie所用的**cookies.permanent**方法又是一例。**permanent**方法使用了Rails提供的一个时间辅助方法。时间辅助方法添加到**Fixnum**类（整数的基类）中：

```
$ rails console
>> 1.year.from_now
=> Wed, 21 Jun 2017 19:36:29 UTC +00:00
>> 10.weeks.ago
=> Tue, 12 Apr 2016 19:36:44 UTC +00:00
```

Rails还在**Fixnum**类中添加了其他辅助方法：

```
>> 1.kilobyte
=> 1024
>> 5.megabytes
=> 5242880
```

这几个辅助方法可用于验证文件上传，例如，限制上传的图像最大不超过**5.megabytes**。

这种为内置类添加方法的特性很灵便，可以扩展Ruby的功能，不过使用时要小心一些。其实，Rails的很多优雅之处正是基于Ruby语言的这一特性实现的。

我们可以参照**session**方法（代码清单8-14），使用下面的方式把用户的ID存入cookie：

```
cookies[:user_id] = user.id
```

但是这种方式存储的是纯文本，攻击者很容易窃取用户的账户。为了避免这种情况发生，我们要对cookie签名，存入浏览器之前安全加密cookie：[①]

```
cookies.signed[:user_id] = user.id
```

因为我们想让用户ID和持久记忆令牌配对，所以也要持久存储用户ID。为此，我们可以串联调用**signed**和**permanent**方法：

---

① 一般来说，签名和加密是两个不同的操作，但是从Rails 4开始，**signed**方法默认既签名也加密。

```
cookies.permanent.signed[:user_id] = user.id
```

存储cookie后，再访问页面时可以使用下面的代码检索用户：

```
User.find_by(id: cookies.signed[:user_id])
```

其中，`cookies.signed[:user_id]`会自动解密cookie中的用户ID。然后，再使用bcrypt确认`cookies[:remember_token]`与代码清单9-3生成的`remember_digest`是否匹配。（你可能想知道为什么不能只使用签名的用户ID。如果没有记忆令牌，攻击者一旦知道加密的ID，就能以这个用户的身份登录。但是按照我们目前的设计方式，就算攻击者同时获得了用户ID和记忆令牌，至多只能维持登录状态直到真正的用户退出。）

最后一步是确认记忆令牌与用户的记忆摘要匹配。对现在这种情况来说，使用bcrypt确认是否匹配有很多等效的方法。如果查看安全密码的源码，你会发现下面这个比较语句：[①]

```
BCrypt::Password.new(password_digest) == unencrypted_password
```

这里，我们需要的代码如下：

```
BCrypt::Password.new(remember_digest) == remember_token
```

仔细一想，这行代码有点儿奇怪：看起来是直接比较bcrypt计算得到的密码摘要和令牌，那么，要使用==就得**解密**摘要。可是，使用bcrypt的目的是得到不可逆的哈希值，所以这么想是不对的。研究bcrypt gem的源码后你会发现，bcrypt**重新定义**了比较运算符==，上述代码其实等效于：

```
BCrypt::Password.new(remember_digest).is_password?(remember_token)
```

这种写法没使用==，而是使用返回布尔值的`is_password?`方法进行比较。因为这么写意思更明确，所以在应用代码中我们将这么写。

基于上述分析，我们可以在`User`模型中定义`authenticated?`方法，比较摘要和令牌。这个方法的作用类似于`has_secure_password`提供的用来认证用户的`authenticate`方法（代码清单8-15）。`authenticated?`方法的定义如代码清单9-6所示。（虽然代码清单9-6中的`authenticated?`方法和记忆令牌联系紧密，不过在其他情况下也很有用，第11章会改写这个方法，让它的使用范围更广。）

代码清单9-6　在`User`模型中添加`authenticated?`方法
app/models/user.rb

```
class User < ApplicationRecord
  attr_accessor :remember_token
  before_save { self.email = email.downcase }
  validates :name,  presence: true, length: { maximum: 50 }
  VALID_EMAIL_REGEX = /\A[\w+\-.]+@[a-z\d\-.]+\.[a-z]+\z/i
  validates :email, presence: true, length: { maximum: 255 },
                    format: { with: VALID_EMAIL_REGEX },
                    uniqueness: { case_sensitive: false }
  has_secure_password
  validates :password, presence: true, length: { minimum: 6 }

  # 返回指定字符串的哈希摘要
```

[①] 6.3.1节说过，"unencrypted password"（未加密的密码）用词不当，因为安全密码是哈希值，并不是加密后得到的值。

```
def User.digest(string)
  cost = ActiveModel::SecurePassword.min_cost ? BCrypt::Engine::MIN_COST :
                                                BCrypt::Engine.cost
  BCrypt::Password.create(string, cost: cost)
end

# 返回一个随机令牌
def User.new_token
  SecureRandom.urlsafe_base64
end

# 为了持久保存会话，在数据库中记住用户
def remember
  self.remember_token = User.new_token
  update_attribute(:remember_digest, User.digest(remember_token))
end

# 如果指定的令牌和摘要匹配，返回 true
def authenticated?(remember_token)
  BCrypt::Password.new(remember_digest).is_password?(remember_token)
end
end
```

注意，**authenticated?**方法中的**remember_token**参数与代码清单9-3中使用**attr_accessor**
:remember_token定义的**remember_token**不同，它是方法内的局部变量。（因为这个参数指代记忆
令牌，所以使用与方法同名的名称一点也不奇怪。）还要注意**remember_digest**属性的写法，这与写
成**self.remember_digest**的作用一样。**self.remember_digest**调用的是方法，与第6章中的**name**
和**email**类似，由Active Record根据数据库中的列名自动创建（代码清单9-1）。

现在可以记住用户的登录状态了。我们要在**log_in**后面调用**remember**辅助方法，如代码清单9-7
所示。

代码清单9-7　登录并记住登录状态
app/controllers/sessions_controller.rb

```
class SessionsController < ApplicationController

  def new
  end

  def create
    user = User.find_by(email: params[:session][:email].downcase)
    if user && user.authenticate(params[:session][:password])
      log_in user
      remember user
      redirect_to user
    else
      flash.now[:danger] = 'Invalid email/password combination'
      render 'new'
    end
  end
```

```
    def destroy
      log_out
      redirect_to root_url
    end
  end
```

与登录功能一样,代码清单9-7把真正的工作交给**Sessions**辅助模块中的方法完成。在**Sessions**辅助模块中,我们要定义一个名为**remember**的方法,调用**user.remember**,从而生成一个记忆令牌,并把对应的摘要存入数据库;然后使用**cookies**创建长久的cookie,保存用户ID和记忆令牌。结果如代码清单9-8所示。

代码清单9-8 记住用户

app/helpers/sessions_helper.rb

```
module SessionsHelper

  # 登入指定的用户
  def log_in(user)
    session[:user_id] = user.id
  end

  # 在持久会话中记住用户
  def remember(user)
    user.remember
    cookies.permanent.signed[:user_id] = user.id
    cookies.permanent[:remember_token] = user.remember_token
  end

  # 返回当前登录的用户(如果有的话)
  def current_user
    @current_user ||= User.find_by(id: session[:user_id])
  end

  # 如果用户已登录, 返回 true, 否则返回 false
  def logged_in?
    !current_user.nil?
  end

  # 退出当前用户
  def log_out
    session.delete(:user_id)
    @current_user = nil
  end
end
```

现在,用户登录后会被记住,因为在浏览器中存储了有效的记忆令牌。但是这还没有什么实际作用,因为代码清单8-16中定义的**current_user**方法只能处理临时会话:

```
@current_user ||= User.find_by(id: session[:user_id])
```

对持久会话来说,如果临时会话中有**session[:user_id]**,那么就使用它检索用户;否则,应该检查**cookies[:user_id]**,检索(并登入)持久会话中存储的用户。实现方式如下:

```
if session[:user_id]
  @current_user ||= User.find_by(id: session[:user_id])
elsif cookies.signed[:user_id]
  user = User.find_by(id: cookies.signed[:user_id])
  if user && user.authenticated?(cookies[:remember_token])
    log_in user
    @current_user = user
  end
end
```

（这里沿用了代码清单8-7中使用的**user && user.authenticated**模式。）上述代码是可以使用，但注意，其中重复使用了**session**和**cookies**。我们可以去除重复，写成这样：

```
if (user_id = session[:user_id])
  @current_user ||= User.find_by(id: user_id)
elsif (user_id = cookies.signed[:user_id])
  user = User.find_by(id: user_id)
  if user && user.authenticated?(cookies[:remember_token])
    log_in user
    @current_user = user
  end
end
```

改写后使用了常见但有点儿让人困惑的结构：

```
if (user_id = session[:user_id])
```

别被外观迷惑了，这**不是**比较语句（比较时应该使用双等号**==**），而是**赋值**语句。如果读出来，不能念成"如果用户ID等于会话中的用户ID"，应该是"如果会话中有用户的ID，把会话中的ID赋值给**user_id**"。[①]

按照上述分析定义**current_user**辅助方法，如代码清单9-9所示。

代码清单9-9　更新current_user方法，支持持久会话（RED）
app/helpers/sessions_helper.rb

```
module SessionsHelper

  # 登入指定的用户
  def log_in(user)
    session[:user_id] = user.id
  end

  # 在持久会话中记住用户
  def remember(user)
    user.remember
    cookies.permanent.signed[:user_id] = user.id
    cookies.permanent[:remember_token] = user.remember_token
  end

  # 返回 cookie 中记忆令牌对应的用户
  def current_user
    if (user_id = session[:user_id])
```

---

① 我一般会把这种赋值语句放在括号内，从视觉上提醒自己，这不是比较。

```
        @current_user ||= User.find_by(id: user_id)
    elsif (user_id = cookies.signed[:user_id])
        user = User.find_by(id: user_id)
        if user && user.authenticated?(cookies[:remember_token])
          log_in user
          @current_user = user
        end
      end
  end

  # 如果用户已登录，返回 true，否则返回 false
  def logged_in?
    !current_user.nil?
  end

  # 退出当前用户
  def log_out
    session.delete(:user_id)
    @current_user = nil
  end
end
```

现在，新登录的用户能正确记住登录状态了。你可以确认一下：登录后关闭浏览器，再打开浏览器，重新访问演示应用，检查是否还是已登录状态。如果愿意，甚至还可以直接查看浏览器中的cookie，如图9-2所示。[①]

Name	remember_token
Value	vb4iQ7Oy3dCLv2R2TEdQ0g
Host	rails-tutorial-c9-mhartl.c9.io
Path	/
Expires	Sun, 30 Jul 2034 00:18:56 GMT
Secure	No
HttpOnly	No

图9-2　本地浏览器cookie中存储的记忆令牌

现在我们的应用还有一个问题：无法清除浏览器中的cookie（除非等到20年后），因此用户无法退出。这正是测试应该捕获的问题，而且目前测试的确无法通过。

代码清单9-10　RED

```
$ rails test
```

———————————
① 若想知道怎么在你的系统中查看cookie，请在Google中搜索 "<你的浏览器名> inspect cookies"。

练习

购买本书的读者可以访问railstutorial.org/aw-solutions免费查看练习的解答。如果想查看其他人的答案，以及记录自己的答案，请加入Learn Enough Society（learnenough.com/society）。

(1) 在你的浏览器中查看cookie，确认登录后cookie中有记忆令牌和加密的用户ID。

(2) 直接在控制台中确认代码清单9-6中定义的**authenticated?**方法行为正确。

9.1.3 忘记用户

为了让用户退出，我们要定义一些和记住用户相对的方法，来忘记用户。最终实现的**user.forget**方法，把记忆摘要的值设为**nil**，即撤销**user.remember**方法的操作，如代码清单9-11所示。

代码清单9-11 在User模型中添加forget方法（RED）

app/models/user.rb

```ruby
class User < ApplicationRecord
  attr_accessor :remember_token
  before_save { self.email = email.downcase }
  validates :name,  presence: true, length: { maximum: 50 }
  VALID_EMAIL_REGEX = /\A[\w+\-.]+@[a-z\d\-.]+\.[a-z]+\z/i
  validates :email, presence: true, length: { maximum: 255 },
                    format: { with: VALID_EMAIL_REGEX },
                    uniqueness: { case_sensitive: false }
  has_secure_password
  validates :password, presence: true, length: { minimum: 6 }

  # 返回指定字符串的哈希摘要
  def User.digest(string)
    cost = ActiveModel::SecurePassword.min_cost ? BCrypt::Engine::MIN_COST :
                                                  BCrypt::Engine.cost
    BCrypt::Password.create(string, cost: cost)
  end

  # 返回一个随机令牌
  def User.new_token
    SecureRandom.urlsafe_base64
  end

  # 为了持久保存会话，在数据库中记住用户
  def remember
    self.remember_token = User.new_token
    update_attribute(:remember_digest, User.digest(remember_token))
  end

  # 如果指定的令牌和摘要匹配，返回 true
  def authenticated?(remember_token)
    BCrypt::Password.new(remember_digest).is_password?(remember_token)
  end

  # 忘记用户
  def forget
```

```
        update_attribute(:remember_digest, nil)
    end
end
```

现在我们可以定义 **forget** 辅助方法，忘记持久会话，然后在 **log_out** 辅助方法中调用 **forget**，如代码清单9-12所示。**forget** 方法先调用 **user.forget**，然后再从cookie中删除 **user_id** 和 **remember_token**。

代码清单9-12   退出持久会话（GREEN）

app/helpers/sessions_helper.rb

```
module SessionsHelper

    # 登入指定的用户
    def log_in(user)
        session[:user_id] = user.id
    end
    .
    .
    .
    # 忘记持久会话
    def forget(user)
        user.forget
        cookies.delete(:user_id)
        cookies.delete(:remember_token)
    end

    # 退出当前用户
    def log_out
        forget(current_user)
        session.delete(:user_id)
        @current_user = nil
    end
end
```

此时，测试组件应该可以通过。

代码清单9-13   GREEN

```
$ rails test
```

练习

购买本书的读者可以访问railstutorial.org/aw-solutions免费查看练习的解答。如果想查看其他人的答案，以及记录自己的答案，请加入Learn Enough Society（learnenough.com/society）。

(1) 退出后在你的浏览器中确认相应的cookie被删除了。

9.1.4   两个小问题

现在还有两个相互之间有关系的小问题需要解决。第一个，虽然只有登录后才能看到退出链接，但一个用户可能会同时打开多个浏览器窗口访问网站，如果用户在一个窗口中退出了，即把**current_user**设为**nil**，再在另一个窗口中点击退出链接的话会导致错误，这是因为**log_out**方法中使用了**forget(current_user)**（代码清单9-12）。①我们可以限制只有已登录的用户才能退出，从而解决这个问题。

第二个问题，一个用户可能会在不同的浏览器（如Chrome和Firefox）中登录（登录状态被记住），如果此用户在一个浏览器中退出了，而在另一个浏览器中未退出，然后关闭另一个浏览器后再打开，就会导致问题。②假如此用户在Firefox中退出了，那么记忆摘要的值变成了**nil**（通过代码清单9-11中的**user.forget**）。在Firefox中没什么问题，因为代码清单9-12中的**log_out**方法删除了用户的ID，所以下面突出显示的两行判断的结果都是**false**：

```
# 返回cookie中记忆令牌对应的用户
def current_user
  if (user_id = session[:user_id])
    @current_user ||= User.find_by(id: user_id)
  elsif (user_id = cookies.signed[:user_id])
    user = User.find_by(id: user_id)
    if user && user.authenticated?(cookies[:remember_token])
     log_in user
      @current_user = user
    end
  end
end
```

结果是，代码运行到**current_user**方法的末尾，返回**nil**。

而如果关闭了Chrome，**session[:user_id]**会变成**nil**（因为关闭浏览器后**session**中的值自动过期），但是cookie中的用户ID仍然存在。这意味着，重启Chrome后，还会从数据库中获取相应的用户：

```
# 返回cookie中记忆令牌对应的用户
def current_user
  if (user_id = session[:user_id])
    @current_user ||= User.find_by(id: user_id)
  elsif (user_id = cookies.signed[:user_id])
    user = User.find_by(id: user_id)
    if user && user.authenticated?(cookies[:remember_token])

      log_in user
      @current_user = user
    end
  end
end
```

因此，内层**if**条件语句会执行下述表达式：

```
user && user.authenticated?(cookies[:remember_token])
```

---

① 感谢读者Paulo Célio Júnior指出这个问题。
② 感谢读者Niels de Ron指出这个问题。

因为**user**不是**nil**，**第二个**表达式会执行，从而导致错误抛出。这是因为在Firefox中退出时记忆摘要被删除了（代码清单9-11），在Chrome中访问应用时调用下述代码传入的记忆摘要是**nil**，导致bcrypt抛出异常：

```
BCrypt::Password.new(remember_digest).is_password?(remember_token)
```

若想解决这个问题，**authenticated?**方法要返回**false**。

这正是测试驱动开发的优势所在，所以在解决之前，我们先编写测试捕获这两个小问题。我们先让代码清单8-31中的集成测试失败，如代码清单9-14所示。

代码清单9-14　测试用户退出（RED）

test/integration/users_login_test.rb

```
require 'test_helper'

class UsersLoginTest < ActionDispatch::IntegrationTest
  .
  .
  .
  test "login with valid information followed by logout" do
    get login_path
    post login_path, params: { session: { email:    @user.email,
                                           password: 'password' } }
    assert is_logged_in?
    assert_redirected_to @user
    follow_redirect!
    assert_template 'users/show'
    assert_select "a[href=?]", login_path, count: 0
    assert_select "a[href=?]", logout_path
    assert_select "a[href=?]", user_path(@user)
    delete logout_path
    assert_not is_logged_in?
    assert_redirected_to root_url
    # 模拟用户在另一个窗口中点击退出链接
    delete logout_path
    follow_redirect!
    assert_select "a[href=?]", login_path
    assert_select "a[href=?]", logout_path,        count: 0
    assert_select "a[href=?]", user_path(@user), count: 0
  end
end
```

第二个**delete logout_path**会抛出异常，因为没有**current_user**，从而导致测试组件无法通过。

代码清单9-15　RED

```
$ rails test
```

在应用代码中，我们只需在**logged_in?**返回**true**时调用**log_out**即可，如代码清单9-16所示。

代码清单9-16 只有登录后才能退出（GREEN）
app/controllers/sessions_controller.rb

```
class SessionsController < ApplicationController
  .
  .
  .
  def destroy
    log_out if logged_in?
    redirect_to root_url
  end
end
```

　　第二个问题涉及两种不同的浏览器，在集成测试中很难模拟，不过直接在**User**模型层测试很简单。我们只需创建一个没有记忆摘要的用户（**setup**方法中定义的**@user**变量就没有），再调用**authenticated?**方法即可，如代码清单9-17所示。（注意，我们直接使用空记忆令牌；使用什么值都没关系，因为还没用到这个值之前就会发生错误。）

代码清单9-17 测试没有摘要时authenticated?方法的行为（RED）
test/models/user_test.rb

```
require 'test_helper'

class UserTest < ActiveSupport::TestCase

  def setup
    @user = User.new(name: "Example User", email: "user@example.com",
                     password: "foobar", password_confirmation: "foobar")
  end
  .
  .
  .
  test "authenticated? should return false for a user with nil digest" do
    assert_not @user.authenticated?('')
  end
end
```

　　因为**BCrypt::Password.new(nil)**会抛出异常，所以测试组件不能通过。

代码清单9-18 RED

```
$ rails test
```

　　为了修正这个问题，让测试通过，记忆摘要的值为**nil**时，**authenticated?**要返回**false**，如代码清单9-19所示。

代码清单9-19 更新authenticated?方法，处理没有记忆摘要的情况（GREEN）
app/models/user.rb

```
class User < ApplicationRecord
```

```
         .
         .
         .
    # 如果指定的令牌和摘要匹配，返回 true
    def authenticated?(remember_token)
      return false if remember_digest.nil?
      BCrypt::Password.new(remember_digest).is_password?(remember_token)
    end

    # 忘记用户
    def forget
      update_attribute(:remember_digest, nil)
    end
  end
```

如果记忆摘要的值为 **nil**，直接使用 **return** 关键字返回。这种方式经常用到，目的是强调其后的代码会被忽略。等价的代码如下：

```
if remember_digest.nil?
  false
else
  BCrypt::Password.new(remember_digest).is_password?(remember_token)
end
```

这样写也行，但我喜欢代码清单9-19那样明确返回的版本，而且那个也稍微简短一些。

像代码清单9-19那样修改之后，测试组件应该可以通过了，说明这两个小问题都解决了。

代码清单9-20　GREEN

```
$ rails test
```

练习

购买本书的读者可以访问railstutorial.org/aw-solutions免费查看练习的解答。如果想查看其他人的答案，以及记录自己的答案，请加入Learn Enough Society（learnenough.com/society）。

(1)把代码清单9-16中添加的代码注释掉，在已登录状态下打开两个浏览器标签页，在一个标签页中退出，再点击另一个标签页中的"Log out"（退出）链接，确认第一个小问题存在。

(2)把代码清单9-19中添加的代码注释掉，然后在一个浏览器中退出，再打开另一个浏览器，确认第二个小问题存在。

(3)把前两题的注释改回去，确认测试组件又可以通过了。

9.2　"记住我"复选框

至此，我们的应用已经实现了完整且专业的身份验证系统。最后，我们来看一下如何使用"记住我"复选框让用户选择是否记住登录状态。包含这个复选框的登录表单构思图如图9-3所示。

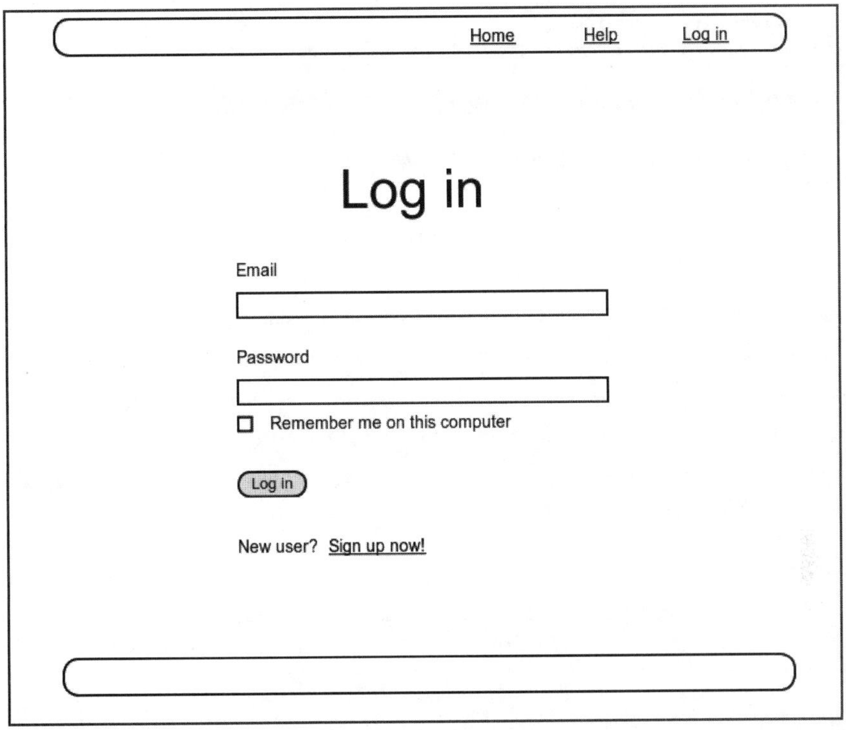

图9-3 构思"记住我"复选框

为了实现这个构思，我们首先要在登录表单（代码清单8-4）中添加一个复选框。与标注（label）、文本字段、密码字段和提交按钮一样，复选框也可以使用Rails提供的辅助方法创建。不过，为了得到正确的样式，我们要把复选框**嵌套**在标注中，如下所示：

```
<%= f.label :remember_me, class: "checkbox inline" do %>
  <%= f.check_box :remember_me %>
  <span>Remember me on this computer</span>
<% end %>
```

把这段代码添加到登录表单，得到的视图如代码清单9-21所示。

代码清单9-21 在登录表单中添加"记住我"复选框

app/views/sessions/new.html.erb

```
<% provide(:title, "Log in") %>
<h1>Log in</h1>

<div class="row">
  <div class="col-md-6 col-md-offset-3">
    <%= form_for(:session, url: login_path) do |f| %>

      <%= f.label :email %>
      <%= f.email_field :email, class: 'form-control' %>
```

```
        <%= f.label :password %>
        <%= f.password_field :password, class: 'form-control' %>

        <%= f.label :remember_me, class: "checkbox inline" do %>
          <%= f.check_box :remember_me %>
          <span>Remember me on this computer</span>
        <% end %>

        <%= f.submit "Log in", class: "btn btn-primary" %>
      <% end %>

      <p>New user? <%= link_to "Sign up now!", signup_path %></p>
    </div>
  </div>
```

代码清单9-21中使用了CSS类**checkbox**和**inline**，Bootstrap使用这两个类把复选框和文本（"Remember me on this computer"）放在同一行。为了完善样式，我们还要再定义一些CSS规则，如代码清单9-22所示。得到的登录表单如图9-4所示。

代码清单9-22   "记住我"复选框的CSS规则

app/assets/stylesheets/custom.scss

```
.
.
.
/* forms */
.
.
.
.checkbox {
  margin-top: -10px;
  margin-bottom: 10px;
  span {
    margin-left: 20px;
    font-weight: normal;
  }
}

#session_remember_me {
  width: auto;
  margin-left: 0;
}
```

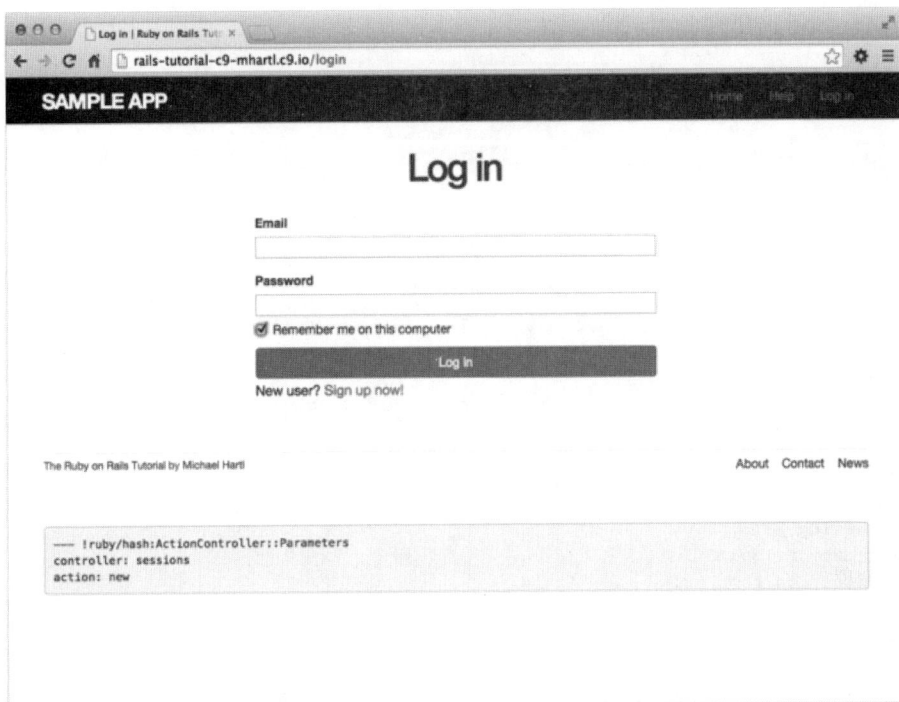

图9-4 添加"记住我"复选框后的登录表单

修改登录表单后，当用户勾选这个复选框时，记住用户的登录状态，否则不记住。因为前一节的工作做得很好，所以现在实现起来只需一行代码就行。提交登录表单后，**params**散列中包含一个基于复选框状态的值（你可以使用有效信息填写登录表单，然后提交，看一下页面底部的调试信息）。如果勾选了复选框，**params[:session][:remember_me]**的值是**'1'**，否则是**'0'**。

我们可以检查**params**散列中相关的值，根据提交的值决定是否记住用户：[①]

```
if params[:session][:remember_me] == '1'
  remember(user)
else
  forget(user)
end
```

根据旁注9.2中的说明，这种**if-then**分支语句可以使用**三元运算符**（ternary operator）变成一行：[②]

```
params[:session][:remember_me] == '1' ? remember(user) : forget(user)
```

在**Sessions**控制器的**create**动作中加入这行代码后，得到的代码非常简洁，如代码清单9-23所示。（现在你应该可以理解代码清单8-21中使用三元运算符定义**cost**变量的代码了。）

[①] 注意，这意味着如果不勾选"记住我"复选框，任何电脑中的任何浏览器都会退出用户。分别在各个浏览器中记住用户登录会话的实现方式对用户来说更便利，但是安全性低，而且实现方式复杂。有能力的读者可以自行实现。

[②] 前面我们写成**remember user**，没有括号，但是在三元运算符中，如果不加括号会导致句法错误。

代码清单9-23   处理提交的"记住我"复选框

app/controllers/sessions_controller.rb

```ruby
class SessionsController < ApplicationController

  def new
  end

  def create
    user = User.find_by(email: params[:session][:email].downcase)
    if user && user.authenticate(params[:session][:password])
      log_in user
      params[:session][:remember_me] == '1' ? remember(user) : forget(user)
      redirect_to user
    else
      flash.now[:danger] = 'Invalid email/password combination'
      render 'new'
    end
  end

  def destroy
    log_out if logged_in?
    redirect_to root_url
  end
end
```

至此，我们的登录系统完成了。你可以在浏览器中勾选或不勾选"记住我"确认一下。

旁注9.2：世界上有10种人

有一个古老的笑话，说世界上有10种人，分别是懂二进制的人和不懂二进制的人。（这里的10，在二进制中是2。）同理，我们可以说，世界上有10种人，一种人喜欢三元运算符，一种人不喜欢，还有一种人不知道三元运算符是什么。（如果你碰巧是第三种人，那么马上就不是了。）

编程一段时间之后，你会发现，最常使用的控制流程之一是下面这种：

```
if boolean?
  do_one_thing
else
  do_something_else
end
```

Ruby和其他很多语言一样（包括C/C++、Perl、PHP和Java），提供了一种更为简单的表达式来替代这种流程控制结构——三元运算符（之所以这么叫，是因为三元运算符包括三部分）：

```
boolean? ? do_one_thing : do_something_else
```

三元运算符甚至还可以用来替代赋值操作，所以

```
if boolean?
  var = foo
else
  var = bar
end
```

可以写成：

```
var = boolean? ? foo : bar
```

而且，为了方便，函数的返回值也经常使用三元运算符：

```
def foo
  do_stuff
  boolean? ? "bar" : "baz"
end
```

因为Ruby函数的默认返回值是定义体中的最后一个表达式，所以**foo**方法的返回值会根据**boolean?**的结果而不同，不是**"bar"**就是**"baz"**。

练习

购买本书的读者可以访问railstutorial.org/aw-solutions免费查看练习的解答。如果想查看其他人的答案，以及记录自己的答案，请加入Learn Enough Society（learnenough.com/society）。

(1) 直接在浏览器中查看cookie，确认"记住我"复选框起作用了。

(2) 在控制台中输入旁注9.2中的示例，学习三元运算符的各种行为。

9.3 测试"记住我"功能

"记住我"功能虽然可以使用了，但是我们还得编写一些测试，确认表现正常。测试的目的之一是捕获实现方式中可能出现的错误，这一点前文已经讨论过。然而更重要的原因是，实现持久会话的代码现在还完全没有测试。虽然编写测试时要使用一些小技巧，却能得到更强大的测试组件。

9.3.1 测试"记住我"复选框

处理"记住我"复选框时（代码清单9-23），我最初编写的代码是：

```
params[:session][:remember_me] ? remember(user) : forget(user)
```

而正确的代码应该是：

```
params[:session][:remember_me] == '1' ? remember(user) : forget(user)
```

params[:session][:remember_me]的值不是**'0'**就是**'1'**，都是真值，所以总是返回**true**，应用会一直以为勾选了"记住我"。这正是测试能捕获的问题。

因为记住登录状态之前用户要先登录，所以我们首先要定义一个辅助方法，在测试中登入用户。在代码清单8-23中，我们使用**post**方法发送有效的**session**散列，登入用户，但是每次都这么做有点麻烦。为了避免不必要的重复，我们要编写一个辅助方法，名为**log_in_as**，来登入用户。

登入用户的方法在不同类型的测试中有所不同，在控制器测试中可以直接使用**session**方法，把**user.id**赋值给**:user_id**键（第一次这么做是在代码清单8-14中）：

```
def log_in_as(user)
  session[:user_id] = user.id
end
```

我们把这个方法命名为**log_in_as**，这么做是为了避免与代码清单8-14中定义的**log_in**方法混淆。这个方法要在test_helper文件中的**ActiveSupport::TestCase**类里定义，与代码清单8-26中定义的**is_logged_in?**辅助方法放在一起：

```
class ActiveSupport::TestCase
  fixtures :all

  # 如果用户已登录, 返回true
  def is_logged_in?
    !session[:user_id].nil?
  end

  # 登入指定的用户
  def log_in_as(user)
    session[:user_id] = user.id
  end
end
```

现在我们还用不到**log_in_as**方法的这个版本，第10章才能用到。

在集成测试中不能直接使用**session**方法，不过可以向**login_path**发送**POST**请求（与代码清单8-23类似）。这样定义出来的**log_in_as**方法如下所示：

```
class ActionDispatch::IntegrationTest

  # 登入指定的用户
  def log_in_as(user, password: 'password', remember_me: '1')
    post login_path, params: { session: { email: user.email,
                                          password: password,
                                          remember_me: remember_me } }
  end
end
```

这个方法在**ActionDispatch::IntegrationTest**类中定义，正是我们在集成测试中要调用的方法。我们使用相同的名称在两个地方定义方法，这样控制器测试中的代码不经修改就能在集成测试中使用。

下面定义这两个**log_in_as**辅助方法，如代码清单9-24所示。

代码清单9-24   添加log_in_as辅助方法

test/test_helper.rb

```
ENV['RAILS_ENV'] ||= 'test'
 .
 .
 .
class ActiveSupport::TestCase
  fixtures :all

  # 如果用户已登录, 返回 true
  def is_logged_in?
    !session[:user_id].nil?
  end
```

```
    # 登入指定的用户
    def log_in_as(user)
      session[:user_id] = user.id
    end
  end

class ActionDispatch::IntegrationTest

    # 登入指定的用户
    def log_in_as(user, password: 'password', remember_me: '1')
      post login_path, params: { session: { email: user.email,
                                             password: password,
                                             remember_me: remember_me } }
    end
  end
```

注意，为了实现最大的灵活性，代码清单9-24中的第二个**log_in_as**方法有两个关键字参数（代码清单7-13），而且为密码和 "记住我" 复选框设置了默认值，分别为**'passowrd'**和**'1'**。

为了检查 "记住我" 复选框的行为，我们要编写两个测试，对应勾选和没勾选复选框两种情况。使用代码清单9-24中定义的登录辅助方法很容易实现，分别为：

```
log_in_as(@user, remember_me: '1')
```

和

```
log_in_as(@user, remember_me: '0')
```

（因为**remember_me**的默认值是**'1'**，所以第一种情况可以省略选项。不过我加上了，是为了让两种情况的代码结构一致。）

登录后，我们可以检查**cookies**的**remember_token**键，确认有没有记住登录状态。理想情况下，我们可以检查cookie中的值是否等于用户的记忆令牌，但对目前的设计方式而言，在测试中行不通：控制器中的**user**变量有记忆令牌属性，但测试中的**@user**变量没有（因为**remember_token**是虚拟属性）。这个问题的修正方法留作练习。现在我们只测试cookie中相关的值是不是**nil**。

不过，还有一个小问题，不知是什么原因，在测试中**cookies**方法不能使用符号键，所以：

```
cookies[:remember_token]
```

的值始终是**nil**。幸好，**cookies**可以使用字符串键，因此：

```
cookies['remember_token']
```

可以获得我们所需的值。最终写出的测试如代码清单9-25所示。（代码清单8-23中用过**users(:michael)**，它的作用是获取代码清单8-22中的用户固件。）

代码清单9-25　测试 "记住我" 复选框（GREEN）
test/integration/users_login_test.rb

```
  require 'test_helper'

  class UsersLoginTest < ActionDispatch::IntegrationTest

    def setup
```

```
    @user = users(:michael)
  end
  .
  .
  .
  test "login with remembering" do
    log_in_as(@user, remember_me: '1')
    assert_not_nil cookies['remember_token']
  end

  test "login without remembering" do
    log_in_as(@user, remember_me: '0')
    assert_nil cookies['remember_token']
  end
end
```

如果你没犯我曾经犯过的错误，测试应该可以通过。

代码清单9-26　GREEN

```
$ rails test
```

练习

购买本书的读者可以访问railstutorial.org/aw-solutions免费查看练习的解答。如果想查看其他人的答案，以及记录自己的答案，请加入Learn Enough Society（learnenough.com/society）。

(1) 前面说过，由于应用现在的设计方式，代码清单9-25中的集成测试无法获取**remember_token**虚拟属性。不过，在测试中使用一个特殊的方法可以获取，这个方法是**assigns**。在测试中，可以访问控制器中定义的**实例变量**，方法是把实例变量的符号形式传给**assigns**方法。例如，如果**create**动作中定义了**@user**变量，在测试中可以使用**assigns(:user)**获取这个变量。现在，**Sessions**控制器中的**create**动作定义了一个普通的变量（不是实例变量），名为**user**，如果我们把它改成实例变量，就可以测试**cookies**中是否包含用户的记忆令牌。填写代码清单9-27和代码清单9-28中缺少的内容（**?**和**FILL_IN**），完成改进后的"记住我"复选框测试。

代码清单9-27　在create动作中使用实例变量的模板
app/controllers/sessions_controller.rb

```
class SessionsController < ApplicationController

  def new
  end

  def create
    ?user = User.find_by(email: params[:session][:email].downcase)
    if ?user && ?user.authenticate(params[:session][:password])
      log_in ?user
      params[:session][:remember_me] == '1' ? remember(?user) : forget(?user)
      redirect_to ?user
    else
```

```
        flash.now[:danger] = 'Invalid email/password combination'
        render 'new'
      end
    end

    def destroy
      log_out if logged_in?
      redirect_to root_url
    end
  end
```

代码清单9-28　改进后的"记住我"复选框测试模板（GREEN）

test/integration/users_login_test.rb

```
  require 'test_helper'

  class UsersLoginTest < ActionDispatch::IntegrationTest

    def setup
      @user = users(:michael)
    end
    .
    .
    .
    test "login with remembering" do
      log_in_as(@user, remember_me: '1')
      assert_equal FILL_IN, assigns(:user).FILL_IN
    end

    test "login without remembering" do
      log_in_as(@user, remember_me: '0')
      assert_nil cookies['remember_token']
    end
    .
    .
    .
  end
```

9.3.2　测试"记住"分支

在9.1.2节，我们自己动手确认了前面实现的持久会话可以正常使用，但是current_user方法的相关分支完全没有测试。针对这种情况，我最喜欢在未测试的代码块中抛出异常：如果没覆盖这部分代码，测试能通过；如果覆盖了，失败消息中会标识出相应的测试。如代码清单9-29所示。

代码清单9-29　在未测试的分支中抛出异常（GREEN）

app/helpers/sessions_helper.rb

```
  module SessionsHelper
    .
    .
    .
    # 返回 cookie 中记忆令牌对应的用户
```

```
def current_user
  if (user_id = session[:user_id])
    @current_user ||= User.find_by(id: user_id)
  elsif (user_id = cookies.signed[:user_id])
    raise        # 测试仍能通过，所以没有覆盖这个分支
    user = User.find_by(id: user_id)
    if user && user.authenticated?(cookies[:remember_token])
      log_in user
      @current_user = user
    end
  end
end
.
.
.
end
```

现在，测试应该可以通过。

代码清单9-30   GREEN

```
$ rails test
```

这显然是个问题，因为代码清单9-29会导致应用无法正常使用。而且，手动测试持久会话很麻烦，所以，如果以后想重构current_user方法的话（第11章将重构），现在就要测试。

因为代码清单9-24中的log_in_as辅助方法自动设定了session[:user_id]，所以在集成测试中测试current_user方法的"记住"分支很难。不过，幸好我们可以跳过这个限制，在Sessions辅助模块的测试中直接测试current_user方法。我们要手动创建这个测试文件：

```
$ touch test/helpers/sessions_helper_test.rb
```

测试的步骤很简单：

(1) 使用固件定义一个user变量；

(2) 调用remember方法记住这个用户；

(3) 确认current_user就是这个用户。

因为remember方法没有设定session[:user_id]，所以上述步骤能测试"记住"分支。测试如代码清单9-31所示。

代码清单9-31   测试持久会话

test/helpers/sessions_helper_test.rb

```
require 'test_helper'

class SessionsHelperTest < ActionView::TestCase

  def setup
    @user = users(:michael)
    remember(@user)
  end
```

```
test "current_user returns right user when session is nil" do
  assert_equal @user, current_user
  assert is_logged_in?
end

test "current_user returns nil when remember digest is wrong" do
  @user.update_attribute(:remember_digest, User.digest(User.new_token))
  assert_nil current_user
end
end
```

注意，我们还写了另一个测试，确认记忆摘要和记忆令牌不匹配时当前用户是**nil**，由此测试嵌套的**if**语句中**authenticated?**方法的行为：

```
if user && user.authenticated?(cookies[:remember_token])
```

在代码清单9-31中，我们可能会不小心这样写：

```
assert_equal current_user, @user
```

这样可能没什么问题，但是**assert_equal**方法的参数习惯先写**预期值**再写**实际值**（5.3.4节提到过）：

```
assert_equal <expected>, <actual>
```

因此在代码清单9-31中要写成：

```
assert_equal @user, current_user
```

代码清单9-31中的测试应该失败。

代码清单9-32　RED

```
$ rails test test/helpers/sessions_helper_test.rb
```

我们要删除**raise**，把**current_user**方法恢复原样，如代码清单9-33所示，这样测试就能通过了。

代码清单9-33　删除抛出异常的代码（GREEN）
app/helpers/sessions_helper.rb

```
module SessionsHelper
  .
  .
  .
  # 返回 cookie 中记忆令牌对应的用户
  def current_user
    if (user_id = session[:user_id])
      @current_user ||= User.find_by(id: user_id)
    elsif (user_id = cookies.signed[:user_id])
      user = User.find_by(id: user_id)
      if user && user.authenticated?(cookies[:remember_token])
        log_in user
        @current_user = user
      end
```

```
      end
    end
      .
      .
      .
  end
```

现在，测试组件应该可以通过。

代码清单9-34　GREEN

```
$ rails test
```

现在，**current_user**方法中的"记住"分支有了测试，我们不用手动检查了，而且测试还能捕获回归。

练习

购买本书的读者可以访问railstutorial.org/aw-solutions免费查看练习的解答。如果想查看其他人的答案，以及记录自己的答案，请加入Learn Enough Society（learnenough.com/society）。

(1) 把代码清单9-33中的**authenticated?**删除，看看代码清单9-31中的第二个测试是否失败，从而确认测试编写的是否正确。

9.4　小结

第7章、第8章和第9章这三章介绍了很多基础知识，也为稍显简陋的应用实现了注册和登录功能。实现身份验证功能后，我们可以根据登录状态和用户的身份限制对特定页面的访问权限。在第10章我们将实现编辑用户个人信息的功能。

在继续之前，先把本章的改动合并到主分支：

```
$ rails test
$ git add -A
$ git commit -m "Implement advanced login"
$ git checkout master
$ git merge advanced-login
```

部署到Heroku之前要注意一个问题：推送之后，迁移完成之前，应用基本上处于不可用状态。在拥有巨大流量的线上网站中，更新前最好开启**维护模式**：

```
$ heroku maintenance:on
$ git push heroku
$ heroku run rails db:migrate
$ heroku maintenance:off
```

这样，在部署和执行迁移期间会显示一个标准的错误页面。（以后不会再做这一步，不过至少亲见一次总是好的。）详情参见Heroku文档对错误页面的说明（https://devcenter.heroku.com/articles/error-pages）。

本章所学

- ❏ Rails使用**cookies**方法在持久cookie中维护页面之间的状态；
- ❏ 为了实现持久会话，我们为每个用户生成了记忆令牌和对应的记忆摘要；
- ❏ 使用**cookies**方法可以在浏览器的cookie中存储一个长久的记忆令牌，实现持久会话；
- ❏ 登录状态取决于有没有当前用户，而当前用户通过临时会话中的用户ID或持久会话中唯一的记忆令牌获取；
- ❏ 退出功能通过删除会话中的用户ID和浏览器中的持久cookie实现；
- ❏ 三元运算符是编写简单的**if-then**语句的简洁方式。

## 第 10 章

更新、显示和删除用户

10

本章要完成Users资源的REST动作（表7-1），添加**edit**、**update**、**index**和**destroy**四个动作。首先要实现更新用户个人资料的功能，并借此实现权限机制（基于第8章实现的身份验证系统）。然后创建一个页面，列出所有用户（也需要验证身份），期间会介绍如何使用示例数据和分页。最后实现删除用户的功能，从数据库中删除用户记录。本章不会为所有用户都提供这种强大的功能，而是创建管理员，授权他们来删除其他用户。

10.1　更新用户

编辑用户信息的方法和创建新用户差不多（第7章），创建新用户的页面在**new**动作中渲染，而编辑用户的页面在**edit**动作中渲染；创建用户的过程在**create**动作中处理POST请求，编辑用户要在**update**动作中处理PATCH请求（旁注3.2）。二者之间最大的区别是：任何人都可以注册，但只有当前用户才能更新自己的信息。我们可以使用第8章实现的身份验证机制，通过**前置过滤器**（before filter）实现访问限制。

开始实现之前，我们先切换到**updating-users**主题分支：

```
$ git checkout -b updating-users
```

10.1.1　编辑表单

下面开始创建编辑表单，构思图如图10-1所示。[1]为了把这个构思图转换成可以使用的页面，我们既要编写**Users**控制器的**edit**动作，还要创建编辑用户的视图。那么先来编写**edit**动作。在**edit**动作中我们要从数据库中读取相应的用户。由表7-1得知，用户的编辑页面地址是/users/1/edit（假设用户的ID是1）。我们知道用户的ID可以通过**params[:id]**获取，因此可以使用代码清单10-1中的代码查找用户。

代码清单10-1　Users控制器的edit动作

app/controllers/users_controller.rb

```
class UsersController < ApplicationController
```

---

[1] 原图地址：http://www.flickr.com/photos/sashawolff/4598355045/，发布于2014年8月25日。Copyright © 2010 by Sasha Wolff。未经改动，基于"知识共享署名2.0通用"许可证使用。

```
def show
  @user = User.find(params[:id])
end

def new
  @user = User.new
end

def create
  @user = User.new(user_params)
  if @user.save
    log_in @user
    flash[:success] = "Welcome to the Sample App!"
    redirect_to @user
  else
    render 'new'
  end
end

def edit
  @user = User.find(params[:id])
end

private

  def user_params
    params.require(:user).permit(:name, :email, :password,
                                 :password_confirmation)
  end
end
```

图10-1　用户编辑页面的构思图

用户编辑页面的视图（要手动创建这个文件）如代码清单10-2所示。注意，这个视图和代码清单7-15中新建用户的视图相似，有很多重复的代码，所以可以通过重构把共用的代码放到局部视图中，这个任务留作练习。

代码清单10-2　用户编辑页面的视图

app/views/users/edit.html.erb

```
<% provide(:title, "Edit user") %>
<h1>Update your profile</h1>

<div class="row">
  <div class="col-md-6 col-md-offset-3">
    <%= form_for(@user) do |f| %>
      <%= render 'shared/error_messages' %>

      <%= f.label :name %>
      <%= f.text_field :name, class: 'form-control' %>

      <%= f.label :email %>
      <%= f.email_field :email, class: 'form-control' %>

      <%= f.label :password %>
      <%= f.password_field :password, class: 'form-control' %>

      <%= f.label :password_confirmation, "Confirmation" %>
      <%= f.password_field :password_confirmation, class: 'form-control' %>

      <%= f.submit "Save changes", class: "btn btn-primary" %>
    <% end %>

    <div class="gravatar_edit">
      <%= gravatar_for @user %>
      <a href="http://gravatar.com/emails" target="_blank">change</a>
    </div>
  </div>
</div>
```

这里再次用到了7.3.3节创建的**error_messages**局部视图。顺便说一下，修改Gravatar头像的链接用到了**target="_blank"**，目的是在新窗口或新标签页中打开网页。链接到第三方网站时有时会这么做。（这样打开网页有个安全隐患，对这个问题的处理留作练习。）

代码清单10-1中定义了**@user**实例变量，所以编辑页面可以正确渲染，如图10-2所示。从"Name"和"Email"字段可以看出，Rails会自动使用**@user**变量的属性值填写相应的字段。

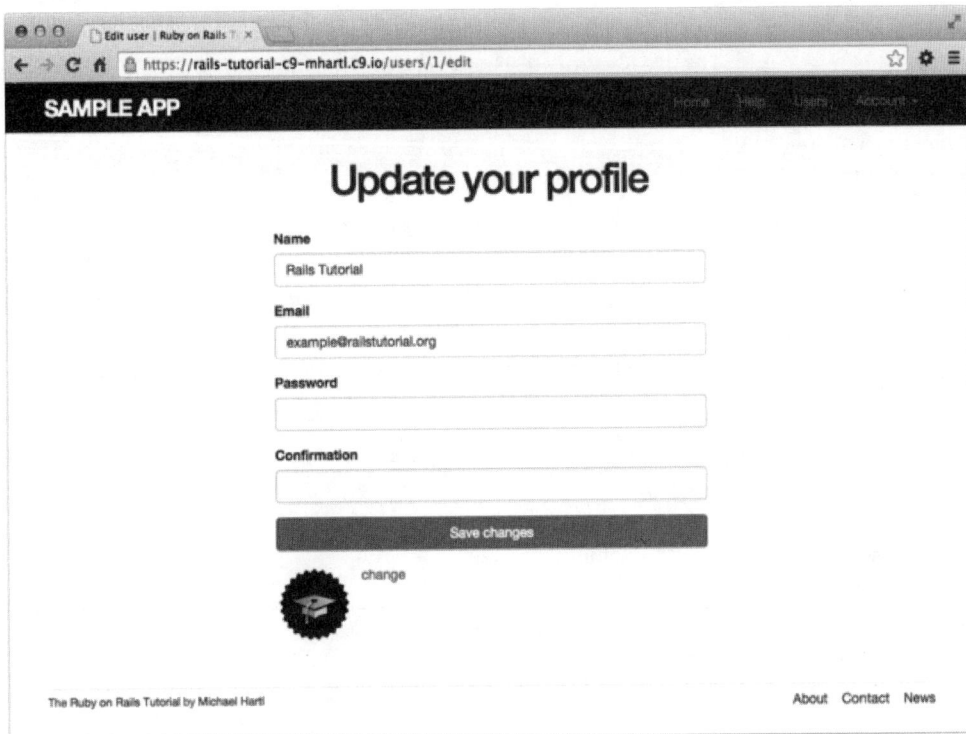

图10-2　编辑页面的初始版本，名字和电子邮件地址自动填入了值

查看用户编辑页面的HTML源码，会看到预期的表单标签，如代码清单10-3所示（某些细节可能不同）。

代码清单10-3　代码清单10-2定义的编辑表单（见图10-2）生成的HTML

```html
<form accept-charset="UTF-8" action="/users/1" class="edit_user"
    id="edit_user_1" method="post">
 <input name="_method" type="hidden" value="patch" />
 .
 .
 .
</form>
```

留意一下这个隐藏字段：

```html
<input name="_method" type="hidden" value="patch" />
```

因为Web浏览器不支持发送PATCH请求（表7-1中的REST动作要用），所以Rails在POST请求中使用这个隐藏字段把它伪装成PATCH请求。[1]

还有一个细节需要注意一下：代码清单10-2和代码清单7-15都使用了相同的 **form_for(@user)**

---

[1] 不要担心实现的细节。具体的实现方式是Rails框架的开发者需要关注的，Rails应用开发者无需关心。

来构建表单，那么Rails是怎么知道创建新用户要发送**POST**请求，而编辑用户时要发送**PATCH**请求的呢？这个问题的答案是，通过Active Record提供的**new_record?**布尔值方法检测用户是新创建的还是已经存在于数据库中：

```
$ rails console
>> User.new.new_record?
=> true
>> User.first.new_record?
=> false
```

所以使用**form_for(@user)**构建表单时，如果**@user.new_record?**返回**true**，Rails发送**POST**请求，否则发送**PATCH**请求。

最后，我们要把导航栏中指向编辑用户页面的链接换成真实的地址。很简单，直接使用表7-1中列出的**edit_user_path**具名路由，并把参数设为代码清单9-9中定义的**current_user**辅助方法即可：

```
<%= link_to "Settings", edit_user_path(current_user) %>
```

完整的视图如代码清单10-4所示。

代码清单10-4　在网站布局中添加"Settings"链接的地址

app/views/layouts/_header.html.erb

```erb
<header class="navbar navbar-fixed-top navbar-inverse">
  <div class="container">
    <%= link_to "sample app", root_path, id: "logo" %>
    <nav>
      <ul class="nav navbar-nav navbar-right">
        <li><%= link_to "Home", root_path %></li>
        <li><%= link_to "Help", help_path %></li>
        <% if logged_in? %>
          <li><%= link_to "Users", '#' %></li>
          <li class="dropdown">
            <a href="#" class="dropdown-toggle" data-toggle="dropdown">
              Account <b class="caret"></b>
            </a>
            <ul class="dropdown-menu">
              <li><%= link_to "Profile", current_user %></li>
              <li><%= link_to "Settings", edit_user_path(current_user) %></li>
              <li class="divider"></li>
              <li>
                <%= link_to "Log out", logout_path, method: "delete" %>
              </li>
            </ul>
          </li>
        <% else %>
          <li><%= link_to "Log in", login_path %></li>
        <% end %>
      </ul>
    </nav>
  </div>
</header>
```

练习

　　购买本书的读者可以访问railstutorial.org/aw-solutions免费查看练习的解答。如果想查看其他人的答案，以及记录自己的答案，请加入Learn Enough Society（learnenough.com/society）。

　　(1) 前面说过，使用`target="_blank"`打开URL有个小安全隐患：打开的窗口获得了HTML文档对应的`window`对象。这样在新窗口中可以插入恶意内容，发起钓鱼攻击。链接著名的网站（如Gravatar）基本上不存在这种隐患，不过我们可以在链接标签中把`rel`（"relationship"）属性设为`"noopener"`，完全避免这个问题。在代码清单10-2中的Gravatar头像编辑链接中添加这个属性。

　　(2) 重构`new.html.erb`和`edit.html.erb`视图，使用代码清单10-5中的局部视图去除表单中的重复代码。重构后的视图如代码清单10-6和代码清单10-7所示。注意，我们使用`provide`方法（3.4.3节用过）把布局中的重复去除了。[①]（如果你做了代码清单7-27对应的练习，无法像题中所说的那样做，请自己设法解决。我建议你使用代码清单10-5中传递变量的方式，把代码清单10-6和代码清单10-7所需的URL传给代码清单10-5中的表单。）

代码清单10-5　供注册用户和编辑用户表单使用的局部视图

app/views/users/_form.html.erb

```
<%= form_for(@user) do |f| %>
  <%= render 'shared/error_messages', object: @user %>

  <%= f.label :name %>
  <%= f.text_field :name, class: 'form-control' %>

  <%= f.label :email %>
  <%= f.email_field :email, class: 'form-control' %>

  <%= f.label :password %>
  <%= f.password_field :password, class: 'form-control' %>

  <%= f.label :password_confirmation %>
  <%= f.password_field :password_confirmation, class: 'form-control' %>

  <%= f.submit yield(:button_text), class: "btn btn-primary" %>
<% end %>
```

代码清单10-6　在注册视图中使用局部视图

app/views/users/new.html.erb

```
<% provide(:title, 'Sign up') %>
<% provide(:button_text, 'Create my account') %>
<h1>Sign up</h1>
<div class="row">
  <div class="col-md-6 col-md-offset-3">
    <%= render 'form' %>
  </div>
</div>
```

---

① 感谢Jose Carlos Montero G6mez建议使用这个方法进一步去除重复。

10

代码清单10-7　在编辑视图中使用局部视图

app/views/users/edit.html.erb

```erb
<% provide(:title, 'Edit user') %>
<% provide(:button_text, 'Save changes') %>
<h1>Update your profile</h1>
<div class="row">
  <div class="col-md-6 col-md-offset-3">
    <%= render 'form' %>
    <div class="gravatar_edit">
      <%= gravatar_for @user %>
      <a href="http://gravatar.com/emails" target="_blank">Change</a>
    </div>
  </div>
</div>
```

10.1.2　编辑失败

本节要处理编辑失败的情况，过程与处理注册失败差不多（7.3节）。我们要先定义**update**动作，把提交的**params**散列传给**update_attributes**方法（6.1.5节），来更新用户，如代码清单10-8所示。如果提交的数据无效，更新操作会返回**false**，由**else**分支处理，重新渲染编辑页面。我们之前用过类似的处理方式，代码结构和第一个版本的**create**动作类似（代码清单7-18）。

代码清单10-8　update动作的初始版本

app/controllers/users_controller.rb

```ruby
class UsersController < ApplicationController

  def show
    @user = User.find(params[:id])
  end

  def new
    @user = User.new
  end

  def create
    @user = User.new(user_params)
    if @user.save
      log_in @user
      flash[:success] = "Welcome to the Sample App!"
      redirect_to @user
    else
      render 'new'
    end
  end

  def edit
    @user = User.find(params[:id])
  end
```

```
def update
  @user = User.find(params[:id])
  if @user.update_attributes(user_params)
    # 处理更新成功的情况
  else
    render 'edit'
  end
end

private

  def user_params
    params.require(:user).permit(:name, :email, :password,
                                 :password_confirmation)
  end
end
```

注意调用**update_attributes**方法时指定的**user_params**参数，这是**健壮参数**（strong parameter），可以避免批量赋值带来的安全隐患（参见7.3.2节）。

因为**User**模型中定义了验证规则，而且代码清单10-2渲染了错误消息局部视图，所以提交无效信息后会显示一些有用的错误消息，如图10-3所示。

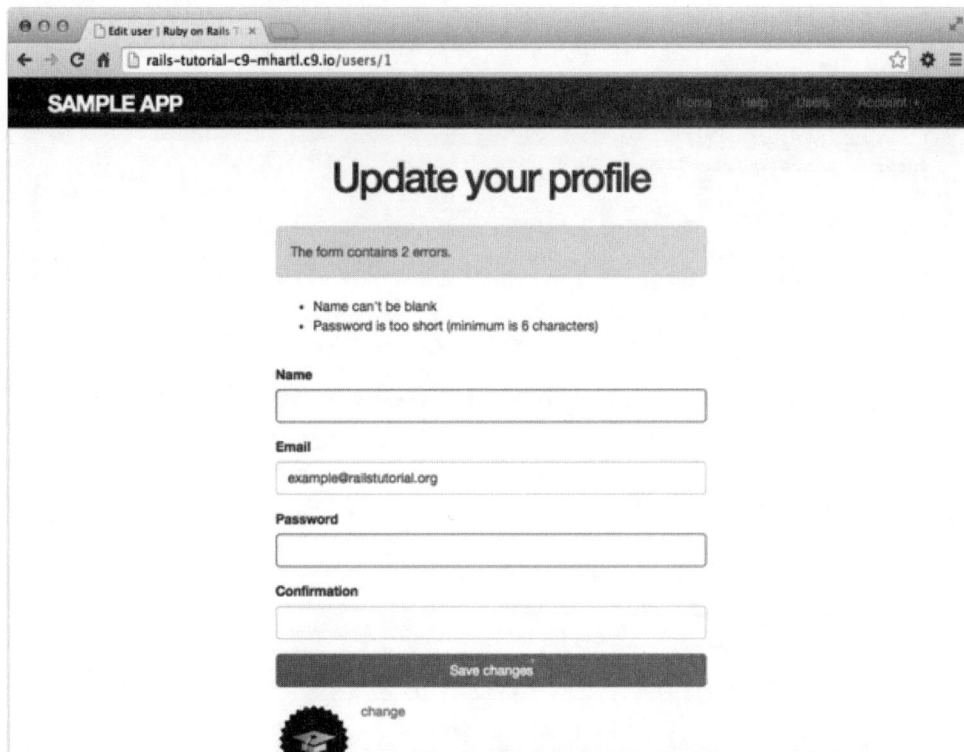

图10-3　提交编辑表单后显示的错误消息

练习

购买本书的读者可以访问railstutorial.org/aw-solutions免费查看练习的解答。如果想查看其他人的答案，以及记录自己的答案，请加入Learn Enough Society（learnenough.com/society）。

(1) 提交一些无效的用户名、电子邮件地址和密码，确认编辑表单不会接受这些信息。

10.1.3　编辑失败的测试

10.1.2节结束时编辑表单已经可以使用了，按照旁注3.3中的测试指导方针，现在我们要编写集成测试捕获回归。和之前一样，首先要生成一个集成测试文件：

```
$ rails generate integration_test users_edit
     invoke  test_unit
     create     test/integration/users_edit_test.rb
```

然后为编辑失败编写一个简单的测试，如代码清单10-9所示。在这段测试中，我们检查提交无效信息后是否重新渲染编辑模板，以此确认行为是否正确。注意，这里使用**patch**方法发送**PATCH**请求，它的用法与**get**、**post**和**delete**类似。

代码清单10-9　编辑失败的测试（GREEN）

test/integration/users_edit_test.rb

```
require 'test_helper'

class UsersEditTest < ActionDispatch::IntegrationTest

  def setup
    @user = users(:michael)
  end

  test "unsuccessful edit" do
    get edit_user_path(@user)
    assert_template 'users/edit'
    patch user_path(@user), params: { user: { name:   "",
                                              email: "foo@invalid",
                                              password:            "foo",
                                              password_confirmation: "bar" } }

    assert_template 'users/edit'
  end
end
```

此时，测试组件应该可以通过：

代码清单10-10　GREEN

```
$ rails test
```

练习

购买本书的读者可以访问railstutorial.org/aw-solutions免费查看练习的解答。如果想查看其他人的答案，以及记录自己的答案，请加入Learn Enough Society（learnenough.com/society）。

(1) 在代码清单10-9中添加一行代码，确认错误消息的**数量**正确。提示：使用**assert_select**方法（表5-2）确认CSS类为**alert**的**div**标签中有没有文本"The form contains 4 errors"。

10.1.4 编辑成功（使用 TDD）

现在要让编辑表单能正常使用。编辑头像的功能已经有了，因为我们已经把上传头像的操作交由Gravatar处理，如需更换头像，点击图10-2中的"change"链接就可以，如图10-4所示。下面我们来实现编辑其他信息的功能。

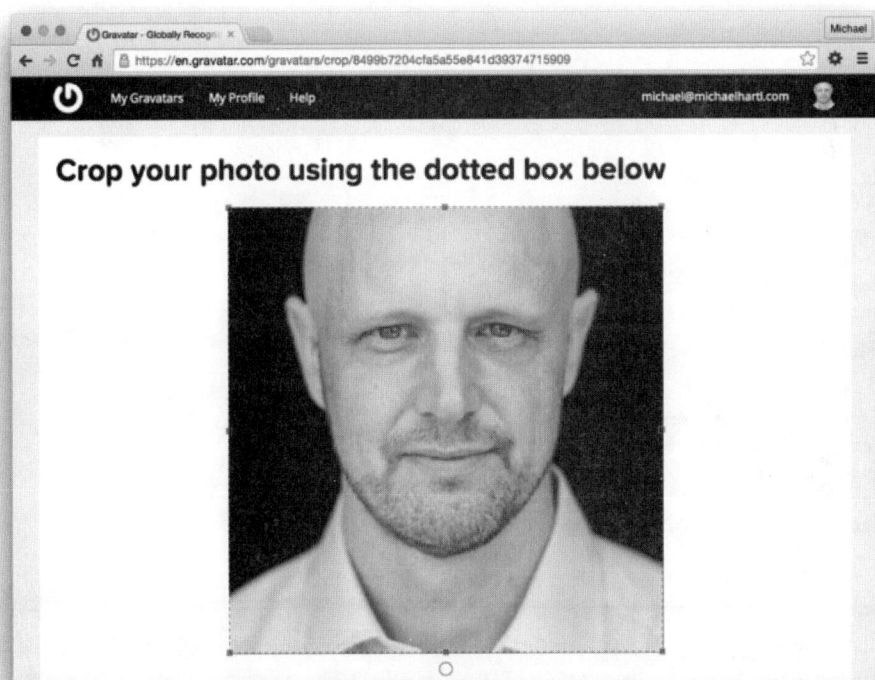

图10-4　Gravatar的图像裁切界面，上传了一位帅哥[①]的图片

上手测试后，你可能会发现，编写应用代码之前编写测试比之后再写更有用。针对现在这种情况，我们要编写的是**验收测试**（acceptance test），由测试的结果决定某个功能是否完成。为了演示如何编写验收测试，我们将使用测试驱动开发技术完成用户编辑功能。

[①] 本书作者，他的个人网站地址是http://www.michaelhartl.com/。——译者注

我们要编写与代码清单10-9类似的测试，确认更新用户的操作行为正确，只不过这一次会提交有效的信息。然后检查显示了闪现消息，而且成功重定向到了用户的资料页面，同时还要确认数据库中保存的用户信息也正确更新了。这个测试如代码清单10-11所示。注意，在代码清单10-11中，密码和密码确认都为空值，因为我们修改用户名和电子邮件地址时并不想修改密码。还要注意，我们使用 `@user.reload`（6.1.5节首次用到）重新加载数据库中存储的值，以此确认成功更新了信息。[新手很容易忘记这个操作，这就是为什么必须要有一定的经验才能编写有效的验收测试（以及TDD）的原因。]

代码清单10-11 编辑成功的测试（RED）

test/integration/users_edit_test.rb

```ruby
require 'test_helper'

class UsersEditTest < ActionDispatch::IntegrationTest

  def setup
    @user = users(:michael)
  end
  .
  .
  .
  test "successful edit" do
    get edit_user_path(@user)
    assert_template 'users/edit'
    name  = "Foo Bar"
    email = "foo@bar.com"
    patch user_path(@user), params: { user: { name:  name,
                                               email: email,
                                               password:              "",
                                               password_confirmation: "" } }
    assert_not flash.empty?
    assert_redirected_to @user
    @user.reload
    assert_equal name,  @user.name
    assert_equal email, @user.email
  end
end
```

要让代码清单10-11中的测试通过，我们可以参照最终版**create**动作（代码清单8-25）编写**update**动作，如代码清单10-12所示。

代码清单10-12 Users控制器的update动作（RED）

app/controllers/users_controller.rb

```ruby
class UsersController < ApplicationController
  .
  .
  .
  def update
    @user = User.find(params[:id])
    if @user.update_attributes(user_params)
      flash[:success] = "Profile updated"
```

```
      redirect_to @user
    else
      render 'edit'
    end
  end
  .
  .
  .
end
```

如代码清单10-12的标题所示，测试组件无法通过，因为密码长度验证（代码清单6-42）失败了，失败的原因是代码清单10-11中密码和密码确认都是空值。为了让测试通过，我们要在密码为空值时特殊处理最短长度验证，方法是把**allow_nil: true**选项传给**validates**方法，如代码清单10-13所示。

代码清单10-13 更新时允许密码为空（GREEN）

app/models/user.rb

```
class User < ApplicationRecord
  attr_accessor :remember_token
  before_save { self.email = email.downcase }
  validates :name, presence: true, length: { maximum: 50 }
  VALID_EMAIL_REGEX = /\A[\w+\-.]+@[a-z\d\-.]+\.[a-z]+\z/i
  validates :email, presence: true, length: { maximum: 255 },
                    format: { with: VALID_EMAIL_REGEX },
                    uniqueness: { case_sensitive: false }
  has_secure_password
  validates :password, presence: true, length: { minimum: 6 }, allow_nil: true
  .
  .
  .
end
```

你可能担心这么改用户注册时可以把密码设为空值，其实不然，6.3.3节说过，创建对象时，**has_secure_password**会执行存在性验证，捕获密码为**nil**的情况。（密码为**nil**时能通过存在性验证，可是会被**has_secure_password**方法的验证捕获，因此修正了7.3.3节提到的错误消息重复问题。）

至此，用户编辑页面应该可以正常使用了，如图10-5所示。你也可以运行测试组件确认一下，应该可以通过。

代码清单10-14 GREEN

```
$ rails test
```

10

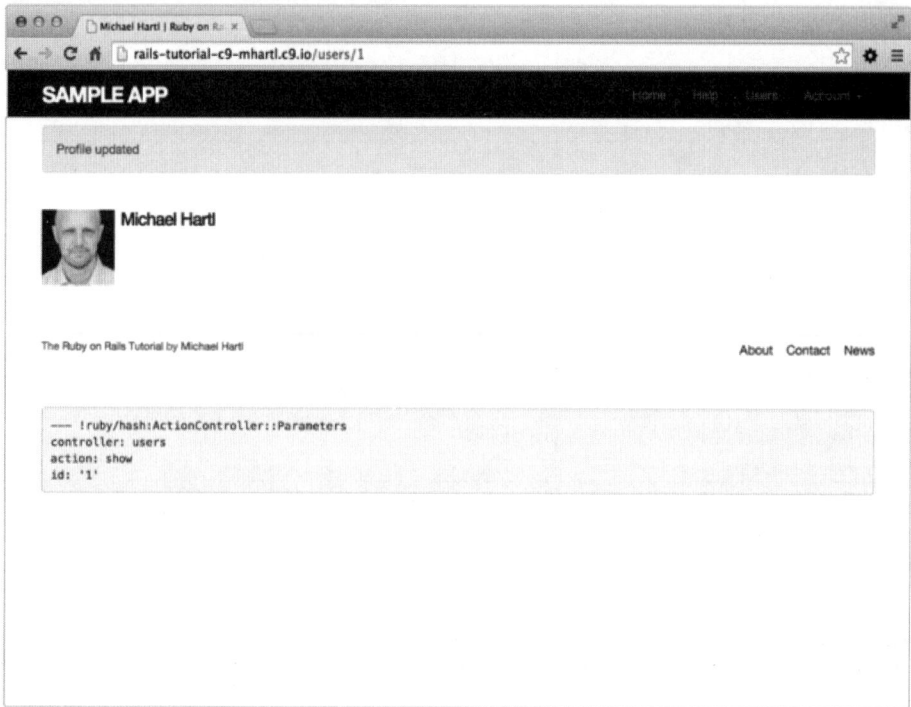

图10-5　编辑成功后显示的页面

练习

购买本书的读者可以访问railstutorial.org/aw-solutions免费查看练习的解答。如果想查看其他人的答案，以及记录自己的答案，请加入Learn Enough Society（learnenough.com/society）。

(1) 在开发环境中确认可以编辑用户资料。

(2) 如果把电子邮件地址改成没有关联Gravatar头像的地址会怎样？

10.2　权限系统

在Web应用中，**身份验证系统**的功能是识别网站的用户，而**权限系统**是控制用户可以做什么操作。第8章实现的身份验证机制有一个很好的作用——可以实现权限系统。

虽然10.1节已经完成了`edit`和`update`动作，但是却有一个荒唐的安全隐患：任何人（甚至是未登录的用户）都可以访问这两个动作，而且登录后的用户可以更新所有其他用户的资料。本节我们要实现一种安全机制，限制用户必须先登录才能更新自己的资料，而且不能更新别人的资料。

10.2.1节将处理未登录用户试图访问有权访问的保护页面。因为在使用应用的过程中经常会发生这种情况，所以我们将把这些用户转向登录页面，而且会显示一个帮助消息，构思图如图10-6所示。另一种情况是，如果用户尝试访问没有权限查看的页面（例如已登录的用户试图访问其他用户的编辑页面），此时将把用户重定向到根地址（10.2.2节）。

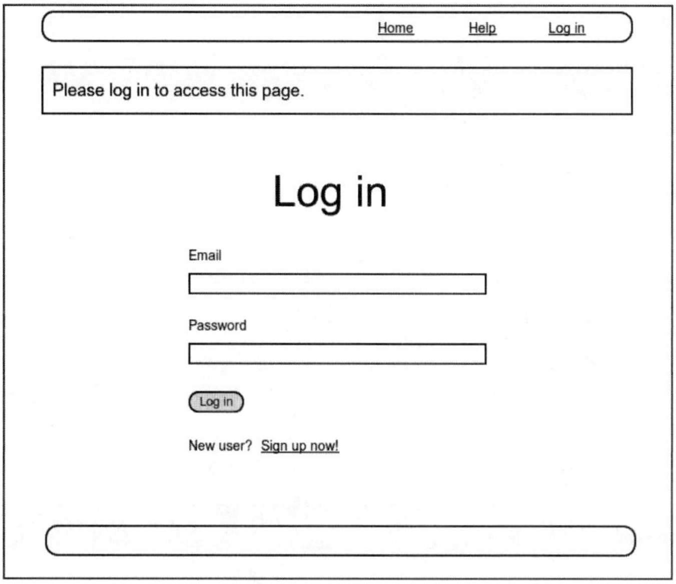

图10-6 访问受保护页面时看到的页面构思图

10.2.1 必须先登录

为了实现图10-6中的转向行为，我们要在**Users**控制器中使用**前置过滤器**。前置过滤器通过**before_action**方法设定，指定在某个动作运行前调用某个方法。[1]为了实现要求用户先登录的限制，我们将定义一个名为**logged_in_user**的方法，然后使用**before_action :logged_in_user**调用这个方法，如代码清单10-15所示。

代码清单10-15 添加**logged_in_user**前置过滤器（RED）

app/controllers/users_controller.rb

```ruby
class UsersController < ApplicationController
  before_action :logged_in_user, only: [:edit, :update]
  .
  .
  .
  private

    def user_params
      params.require(:user).permit(:name, :email, :password,
                                   :password_confirmation)
    end
```

---

[1] 设定前置过滤器的方法以前是before_filter，但为了强调过滤器在控制器的动作之前运行，Rails核心开发团队决定使用这个新名称。

```
# 前置过滤器

# 确保用户已登录
def logged_in_user
    unless logged_in?
        flash[:danger] = "Please log in."
        redirect_to login_url
    end
end
end
```

默认情况下，前置过滤器会应用于控制器中的**所有**动作，所以在上述代码中我们传入了 **only:** 选项，指定只应用在 **:edit** 和 **:update** 两个动作上。

退出后再访问用户编辑页面/users/1/edit，可以看到这个前置过滤器的效果，如图10-7所示。

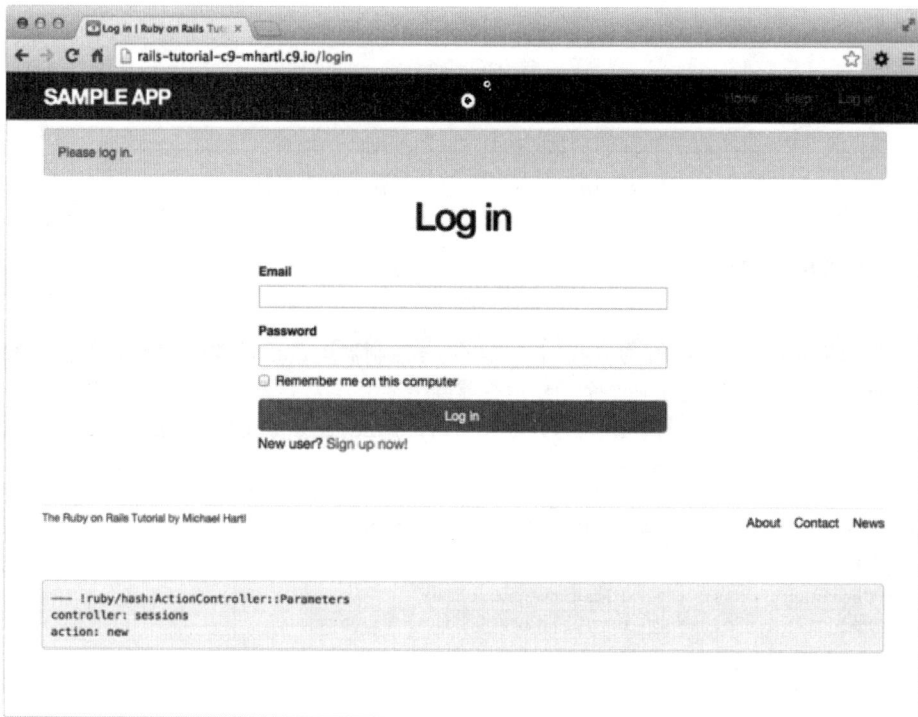

图10-7　尝试访问受保护页面后显示的登录表单

如代码清单10-15的标题所示，现在测试组件无法通过。

代码清单10-16　RED

```
$ rails test
```

这是因为现在**edit**和**update**动作都需要用户先登录，而在相应的测试中没有已登录的用户。

所以，在测试中访问**edit**或**update**动作之前，要先登入用户。这个操作可以通过9.3节定义的**log_in_as**辅助方法（代码清单9-24）轻易实现，如代码清单10-17所示。

代码清单10-17　登入测试用户（GREEN）

test/integration/users_edit_test.rb

```
require 'test_helper'

class UsersEditTest < ActionDispatch::IntegrationTest

  def setup
    @user = users(:michael)
  end

  test "unsuccessful edit" do
    log_in_as(@user)
    get edit_user_path(@user)
    .
    .
    .
  end

  test "successful edit" do
    log_in_as(@user)
    get edit_user_path(@user)
    .
    .
    .
  end
end
```

（可以把登入测试用户的代码放在**setup**方法中，去除一些重复。但是，在10.2.3节我们要修改其中一个测试，在登录前访问编辑页面，如果把登录操作放在**setup**方法中就不能先访问其他页面了。）

现在，测试组件应该可以通过了。

代码清单10-18　GREEN

```
$ rails test
```

测试组件虽然通过了，但是对前置过滤器的测试还没完，因为即便把安全防护去掉，测试也能通过。你可以把前置过滤器注释掉确认一下，如代码清单10-19所示。这可不妙！在测试组件能捕获的所有回归中，重大安全漏洞或许是最重要的。按照代码清单10-19的方式修改后，绝对不能让测试通过。下面编写测试捕获这个问题。

代码清单10-19　注释掉前置过滤器，测试安全防护措施（GREEN）

app/controllers/users_controller.rb

```
class UsersController < ApplicationController
  # before_action :logged_in_user, only: [:edit, :update]
```

```
        .
        .
        .
    end
```

　　前置过滤器应用在指定的各个动作上，因此我们要在**Users**控制器的测试中编写相应的测试。我们计划使用正确的请求方法访问**edit**和**update**动作，然后确认把用户重定向到了登录路径。由表7-1得知，正确的请求方法分别是**GET**和**PATCH**，所以在测试中要使用**get**和**patch**方法，如代码清单10-20所示。

代码清单10-20　　测试**edit**和**update**动作是受保护的（RED）
test/controllers/users_controller_test.rb

```
require 'test_helper'

class UsersControllerTest < ActionDispatch::IntegrationTest

  def setup
    @user = users(:michael)
  end
  .
  .
  .
  test "should redirect edit when not logged in" do
    get edit_user_path(@user)
    assert_not flash.empty?
    assert_redirected_to login_url
  end

  test "should redirect update when not logged in" do
    patch user_path(@user), params: { user: { name: @user.name,
                                              email: @user.email } }
    assert_not flash.empty?
    assert_redirected_to login_url
  end
end
```

　　注意，代码清单10-20中的第二个测试使用**patch**方法向**user_path(@user)**发送**PATCH**请求。根据表7-1，这个请求由**Users**控制器的**update**动作处理。

　　测试组件现在无法通过，和我们预期的一样。为了让测试通过，只需把前置过滤器的注释去掉，如代码清单10-21所示。

代码清单10-21　　去掉前置过滤器的注释（GREEN）
app/controllers/users_controller.rb

```
class UsersController < ApplicationController
  before_action :logged_in_user, only: [:edit, :update]
  .
  .
  .
end
```

这样修改之后，测试组件应该可以通过了。

代码清单10-22 GREEN

```
$ rails test
```

如果不小心让未授权的用户能访问**edit**动作，现在测试组件能立即捕获。

练习

购买本书的读者可以访问railstutorial.org/aw-solutions免费查看练习的解答。如果想查看其他人的答案，以及记录自己的答案，请加入Learn Enough Society（learnenough.com/society）。

(1) 前面说过，前置过滤器默认应用到控制器中的全部动作上。如果这样，会导致我们的应用出错（例如登录后才能访问注册页面，这显然是不对的）。把代码清单10-15中的**only:**散列注释掉，确认测试组件能捕获这个问题。

10.2.2 用户只能编辑自己的资料

当然，要求用户必须先登录还不够，用户必须只能编辑*自己的*资料。由10.2.1节得知，测试组件很容易漏掉基本的安全缺陷，所以我们将使用测试驱动开发技术确保写出的代码能正确实现安全机制。为此，我们要在**Users**控制器的测试中添加一些测试，完善代码清单10-20。

为了确保用户不能编辑其他用户的信息，我们需要登入第二个用户。为此，要在用户固件文件中再添加一个用户，如代码清单10-23所示。

代码清单10-23 在固件文件中添加第二个用户

test/fixtures/users.yml

```
michael:
  name: Michael Example
  email: michael@example.com
  password_digest: <%= User.digest('password') %>

archer:
  name: Sterling Archer
  email: duchess@example.gov
  password_digest: <%= User.digest('password') %>
```

通过使用代码清单9-24中定义的**log_in_as**方法，我们可以使用代码清单10-24中的代码测试**edit**和**update**动作。注意，这里没有重定向到登录路径，而是根地址，因为试图编辑其他用户资料的用户已经登录了。

代码清单10-24 尝试编辑其他用户资料的测试（RED）

test/controllers/users_controller_test.rb

```
require 'test_helper'

class UsersControllerTest < ActionDispatch::IntegrationTest

  def setup
```

```
    @user        = users(:michael)
    @other_user = users(:archer)
  end
  .
  .
  .
  test "should redirect edit when logged in as wrong user" do
    log_in_as(@other_user)
    get edit_user_path(@user)
    assert flash.empty?
    assert_redirected_to root_url
  end

  test "should redirect update when logged in as wrong user" do
    log_in_as(@other_user)
    patch user_path(@user), params: { user: { name: @user.name,
                                              email: @user.email } }
    assert flash.empty?
    assert_redirected_to root_url
  end
end
```

为了重定向试图编辑其他用户资料的用户，我们要定义一个名为**correct_user**的方法，然后设定一个前置过滤器调用这个方法，如代码清单10-25所示。注意，**correct_user**中定义了**@user**变量，所以可以把**edit**和**update**动作中的**@user**赋值语句删掉。

代码清单10-25   保护**edit**和**update**动作的**correct_user**前置过滤器（GREEN）
app/controllers/users_controller.rb

```
class UsersController < ApplicationController
  before_action :logged_in_user, only: [:edit, :update]
  before_action :correct_user,    only: [:edit, :update]
  .
  .
  .
  def edit
  end

  def update
    if @user.update_attributes(user_params)
      flash[:success] = "Profile updated"
      redirect_to @user
    else
      render 'edit'
    end
  end
  .
  .
  .
  private

    def user_params
      params.require(:user).permit(:name, :email, :password,
```

```
                                    :password_confirmation)
    end

    # 前置过滤器

    # 确保用户已登录
    def logged_in_user
      unless logged_in?
        flash[:danger] = "Please log in."
        redirect_to login_url
      end
    end

    # 确保是正确的用户
    def correct_user
      @user = User.find(params[:id])
      redirect_to(root_url) unless @user == current_user
    end
end
```

现在，测试组件应该可以通过。

代码清单10-26　GREEN

```
$ rails test
```

最后，我们还要重构一下。我们要遵守一般的约定，定义**current_user?**方法，返回布尔值，然后在**correct_user**中调用。我们要在**Sessions**辅助模块中定义这个方法，如代码清单10-27所示。然后就可以把

```
unless @user == current_user
```

改成意义稍微明确一点的

```
unless current_user?(@user)
```

代码清单10-27　current_user?方法
app/helpers/sessions_helper.rb

```
module SessionsHelper

  # 登入指定的用户
  def log_in(user)
    session[:user_id] = user.id
  end

  # 在持久会话中记住用户
  def remember(user)
    user.remember
    cookies.permanent.signed[:user_id] = user.id
    cookies.permanent[:remember_token] = user.remember_token
  end
```

```
  # 如果指定用户是当前用户，返回 true
  def current_user?(user)
    user == current_user
  end

  # 返回 cookie 中记忆令牌对应的用户
  def current_user
    .
    .
    .
  end
  .
  .
  .
end
```

把直接比较的代码换成返回布尔值的方法后，得到的代码如代码清单10-28所示。

代码清单10-28   correct_user前置过滤器的最终版本（GREEN）

app/controllers/users_controller.rb

```
class UsersController < ApplicationController
  before_action :logged_in_user, only: [:edit, :update]
  before_action :correct_user,   only: [:edit, :update]
  .
  .
  .
  def edit
  end

  def update
    if @user.update_attributes(user_params)
      flash[:success] = "Profile updated"
      redirect_to @user
    else
      render 'edit'
    end
  end
  .
  .
  .
  private

    def user_params
      params.require(:user).permit(:name, :email, :password,
                                   :password_confirmation)
    end

    # 前置过滤器

    # 确保用户已登录
    def logged_in_user
      unless logged_in?
```

```
        flash[:danger] = "Please log in."
        redirect_to login_url
      end
    end

    # 确保是正确的用户
    def correct_user
      @user = User.find(params[:id])
      redirect_to(root_url) unless current_user?(@user)
    end
  end
```

练习

购买本书的读者可以访问railstutorial.org/aw-solutions免费查看练习的解答。如果想查看其他人的答案，以及记录自己的答案，请加入Learn Enough Society（learnenough.com/society）。

(1) 为什么保护 **edit** 和 **update** 两个动作很重要？

(2) 哪个动作在浏览器中容易测试？

10.2.3　友好的转向

网站的权限系统完成了，但是还有一个小瑕疵：不管用户尝试访问的是哪个受保护的页面，登录后都会重定向到资料页面。也就是说，如果未登录的用户访问了编辑资料页面，网站要求先登录，登录后会重定向到/users/1，而不是/users/1/edit。如果登录后能重定向到用户之前想访问的页面就更好了。

实现这种需求所需的应用代码有点复杂，不过测试很简单，我们只需把代码清单10-17中登录和访问编辑页面两个操作调换顺序即可。如代码清单10-29所示，最终写出的测试先访问编辑页面，然后登录，最后确认把用户重定向到了编辑页面，而不是默认的资料页面。（代码清单10-29还删除了渲染编辑页面的测试，因为那不再是预期的行为。）

代码清单10-29　测试友好的转向（RED）

test/integration/users_edit_test.rb

```
require 'test_helper'

class UsersEditTest < ActionDispatch::IntegrationTest

  def setup
    @user = users(:michael)
  end
  .
  .
  .
  test "successful edit with friendly forwarding" do
    get edit_user_path(@user)
    log_in_as(@user)
    assert_redirected_to edit_user_url(@user)
    name  = "Foo Bar"
    email = "foo@bar.com"
    patch user_path(@user), params: { user: { name:  name,
```

```
                                         email: email,
                                         password:              "",
                                         password_confirmation: "" } }

      assert_not flash.empty?
      assert_redirected_to @user
      @user.reload
      assert_equal name,  @user.name
      assert_equal email, @user.email
    end
  end
```

有了一个失败测试，现在可以实现友好的转向了。[①]为了转向用户真正想访问的页面，我们要在某个地方存储页面的地址，登录后再重定向到那个页面。我们将通过 **store_location** 和 **redirect_back_or** 两个方法来实现这个过程，它们都在 **Sessions** 辅助模块中定义，如代码清单 10-30 所示。

代码清单10-30　实现友好的转向（RED）
app/helpers/sessions_helper.rb

```
  module SessionsHelper
    .
    .
    .
    # 重定向到存储的地址或者默认地址
    def redirect_back_or(default)
      redirect_to(session[:forwarding_url] || default)
      session.delete(:forwarding_url)
    end

    # 存储后面需要使用的地址
    def store_location
      session[:forwarding_url] = request.original_url if request.get?
    end
  end
```

我们使用 **session** 存储转向地址，这与 8.2.1 节登入用户的方式类似。代码清单 10-30 还用到了 **request** 对象（通过 **request.original_url**），获取所请求页面的地址。

在 **store_location** 方法中，把请求的地址存储在 **session[:forwarding_url]** 中，而且只当请求是 **GET** 请求时才存储。这么做，当未登录的用户提交表单时，不会存储转向地址（这种情况虽然罕见，但在提交表单前，如果用户手动删除了会话，还是会发生的）。如果存储了，那么本来期望接收 **POST**、**PATCH** 或 **DELETE** 请求的动作实际收到的是 **GET** 请求，从而导致错误。加上 **if request.get?** 能避免这种问题。[②]

若想使用 **store_location** 方法，我们要把它加入到 **logged_in_user** 前置过滤器中，如代码清单 10-31 所示。

---

① 本节使用的代码摘自 thoughtbot 开发的 Clearance gem（http://github.com/thoughtbot/clearance）。
② 感谢读者 Yoel Adler 指出这个小问题，并和我讨论解决办法。

代码清单10-31 把**store_location**方法添加到**logged_in_user**前置过滤器中（RED）
app/controllers/users_controller.rb

```
class UsersController < ApplicationController
  before_action :logged_in_user, only: [:edit, :update]
  before_action :correct_user,   only: [:edit, :update]
  .
  .
  .
  def edit
  end
  .
  .
  .
  private

    def user_params
      params.require(:user).permit(:name, :email, :password,
                                   :password_confirmation)
    end

    # 前置过滤器

    # 确保用户已登录
    def logged_in_user
      unless logged_in?
        store_location
        flash[:danger] = "Please log in."
        redirect_to login_url
      end
    end

    # 确保是正确的用户
    def correct_user
      @user = User.find(params[:id])
      redirect_to(root_url) unless current_user?(@user)
    end
end
```

为了实现转向操作，要在**Sessions**控制器的**create**动作中调用**redirect_back_or**方法，如果存储了之前请求的地址，就重定向到那个地址，否则重定向到一个默认的地址，如代码清单10-32所示。**redirect_back_or**方法用到了或运算符||：

```
session[:forwarding_url] || default
```

如果**session[:forwarding_url]**的值不为**nil**，就返回其中存储的值，否则返回默认的地址。注意，代码清单10-30处理得很谨慎，（通过**session.delete(:forwarding_url)**）删除了转向地址。如果不删除，后续登录会不断重定向到受保护的页面，用户只能关闭浏览器。（针对这个行为的测试留作练习。）还要注意，即便先重定向了，还是会删除会话中的转向地址，因为除非明确使用了**return**或者到了方法的末尾，否则重定向之后的代码仍然会执行。

代码清单10-32 加入友好转向后的**create**动作（GREEN）

app/controllers/sessions_controller.rb

```
class SessionsController < ApplicationController
  .
  .
  .
  def create
    user = User.find_by(email: params[:session][:email].downcase)
    if user && user.authenticate(params[:session][:password])
      log_in user
      params[:session][:remember_me] == '1' ? remember(user) : forget(user)
      redirect_back_or user
    else
      flash.now[:danger] = 'Invalid email/password combination'
      render 'new'
    end
  end
  .
  .
  .
end
```

现在，代码清单10-29中针对友好转向的集成测试应该可以通过了。而且，基本的用户认证和页面保护机制也完成了。和之前一样，在继续之前，最好运行测试组件，确认可以通过。

代码清单10-33 GREEN

```
$ rails test
```

练习

购买本书的读者可以访问railstutorial.org/aw-solutions免费查看练习的解答。如果想查看其他人的答案，以及记录自己的答案，请加入Learn Enough Society（learnenough.com/society）。

(1) 编写一个测试，确保友好转向只会在首次登录后转向指定的地址，以后再尝试登录都会转向默认地址（即资料页面）。提示：把这个测试添加到代码清单10-29中，检查**session[:forwarding_url]**中是否保存了正确的值。

(2) 把**debugger**方法（7.1.3节）添加到**Sessions**控制器的**new**动作中，然后退出，再访问/users/1/edit。在调试器中确认**session[:forwarding_url]**的值是正确的。**new**动作中**request.get?**的值是什么？［使用调试器时，终端有时会假死，或者行为怪异，请自行设法解决（旁注1.1）。］

10.3　列出所有用户

本节，我们要添加**Users**控制器中的倒数第二个动作，**index**。**index**动作不是显示某一个用户，而是显示**所有**用户。在这个过程中，我们将学习如何在数据库中生成示例用户数据，以及如何**分页**显示用户列表，让用户列表以灵活的方式显示大量用户。用户列表、分页链接和导航栏中的"Users"链接的构思图如图10-8所示。[①]10.4节将添加管理功能，用来删除用户。

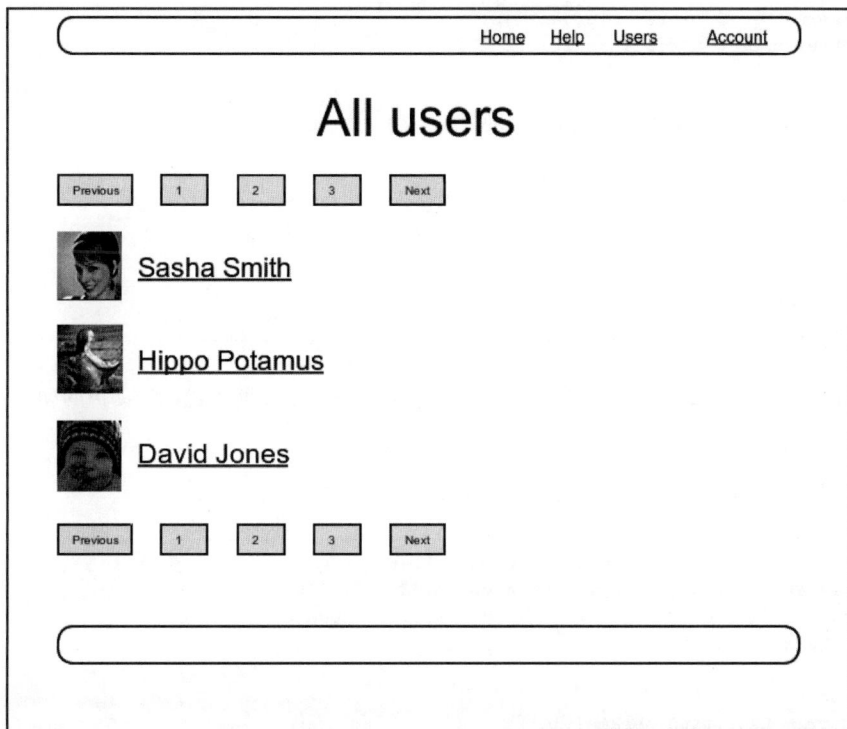

图10-8　用户列表页面的构思图

10.3.1　用户列表

　　创建用户列表之前，我们先要实现一个安全机制。单个用户的资料页面对网站的所有访问者开放，但要限制用户列表页面，只让已登录的用户查看，减少未注册用户能看到的信息量。[②]

　　为了限制访问 **index** 动作，我们先编写一个简短的测试，确认访问 **index** 动作时能正确地重定向，如代码清单10-34所示。

代码清单10-34　测试 index 动作的重定向（RED）

test/controllers/users_controller_test.rb

```
require 'test_helper'

class UsersControllerTest < ActionDispatch::IntegrationTest
```

---

① 婴儿的图片出自http://www.flickr.com/photos/glasgows/338937124/，发布于2014年8月25日。Copyright © 2008 by M&R Glasgow。未经改动，基于"知识共享署名2.0通用"许可证使用。

② Twitter也是这么做的。

```
    def setup
      @user        = users(:michael)
      @other_user = users(:archer)
    end

    test "should redirect index when not logged in" do
      get users_path
      assert_redirected_to login_url
    end
    .
    .
    .
  end
```

然后我们要定义 **index** 动作，并把它加入被 **logged_in_user** 前置过滤器保护的动作列表中，如
代码清单 10-35 所示。

代码清单 10-35　访问 index 动作要先登录（GREEN）

app/controllers/users_controller.rb

```
  class UsersController < ApplicationController
    before_action :logged_in_user, only: [:index, :edit, :update]
    before_action :correct_user,    only: [:edit, :update]
    def index
    end
    def show
      @user = User.find(params[:id])
    end
    .
    .
    .
  end
```

为了显示用户列表，我们要定义一个变量，存储网站中的所有用户，然后在 **index** 动作的视图中
遍历，显示各个用户。你可能还记得玩具应用中相应的动作（代码清单 2-8），我们可以使用 **User.all**
从数据库中读取所有用户，然后把这些用户赋值给实例变量 **@users**，以便在视图中使用，如代码清
单 10-36 所示。（你可能会觉得一次列出所有用户不太好，你是对的，我们会在 10.3.3 节改进。）

代码清单 10-36　Users 控制器的 index 动作

app/controllers/users_controller.rb

```
  class UsersController < ApplicationController
    before_action :logged_in_user, only: [:index, :edit, :update]
    .
    .
    .
    def index
      @users = User.all
    end
```

```
    .
    .
    .
  end
```

为了显示用户列表页面，我们要创建一个视图（要自己动手创建视图文件），遍历所有用户，并把每个用户都包含在一个**li**标签中。我们要使用**each**方法遍历所有用户，显示用户的Gravatar头像和名字，然后把所有用户包含在一个无序列表**ul**标签中，如代码清单10-37所示。

代码清单10-37 用户列表视图
app/views/users/index.html.erb

```erb
<% provide(:title, 'All users') %>
<h1>All users</h1>

<ul class="users">
  <% @users.each do |user| %>
    <li>
      <%= gravatar_for user, size: 50 %>
      <%= link_to user.name, user %>
    </li>
  <% end %>
</ul>
```

在代码清单10-37中，我们用到了7.1.4节的成果（代码清单10-38），向Gravatar辅助方法传入第二个参数，指定头像的大小。如果你之前没有做这个练习，在继续阅读之前请参照代码清单10-38，更新**Users**辅助模块文件。（也可以使用代码清单7-13中使用关键字参数那个版本。）

代码清单10-38 为**gravatar_for**辅助方法添加一个散列选项
app/helpers/users_helper.rb

```ruby
module UsersHelper

  # 返回指定用户的 Gravatar
  def gravatar_for(user, options = { size: 80 })
    gravatar_id = Digest::MD5::hexdigest(user.email.downcase)
    size = options[:size]
    gravatar_url = "https://secure.gravatar.com/avatar/#{gravatar_id}?s=#{size}"
    image_tag(gravatar_url, alt: user.name, class: "gravatar")
  end
end
```

然后再添加一些CSS样式（确切地说是SCSS），如代码清单10-39所示。

代码清单10-39 用户列表页面的CSS
app/assets/stylesheets/custom.scss

```scss
  .
  .
  .
/* Users index */
```

```
.users {
  list-style: none;
  margin: 0;
  li {
    overflow: auto;
    padding: 10px 0;
    border-bottom: 1px solid $gray-lighter;
  }
}
```

最后，我们还要把页头导航栏中用户列表页面的链接地址换成**users_path**，这是表7-1中还没用到的最后一个具名路由，如代码清单10-40所示。

代码清单10-40　添加用户列表页面的链接地址

app/views/layouts/_header.html.erb

```erb
<header class="navbar navbar-fixed-top navbar-inverse">
  <div class="container">
    <%= link_to "sample app", root_path, id: "logo" %>
    <nav>
      <ul class="nav navbar-nav navbar-right">
        <li><%= link_to "Home", root_path %></li>
        <li><%= link_to "Help", help_path %></li>
        <% if logged_in? %>
          <li><%= link_to "Users", users_path %></li>
          <li class="dropdown">
            <a href="#" class="dropdown-toggle" data-toggle="dropdown">
              Account <b class="caret"></b>
            </a>
            <ul class="dropdown-menu">
              <li><%= link_to "Profile", current_user %></li>
              <li><%= link_to "Settings", edit_user_path(current_user) %></li>
              <li class="divider"></li>
              <li>
                <%= link_to "Log out", logout_path, method: "delete" %>
              </li>
            </ul>
          </li>
        <% else %>
          <li><%= link_to "Log in", login_path %></li>
        <% end %>
      </ul>
    </nav>
  </div>
</header>
```

至此，用户列表页面完成了，所有的测试也都可以通过了。

代码清单10-41　GREEN

```
$ rails test
```

不过，如图10-9所示，页面中只显示了一个用户，有点孤单。下面，我们来改变这种悲惨状况。

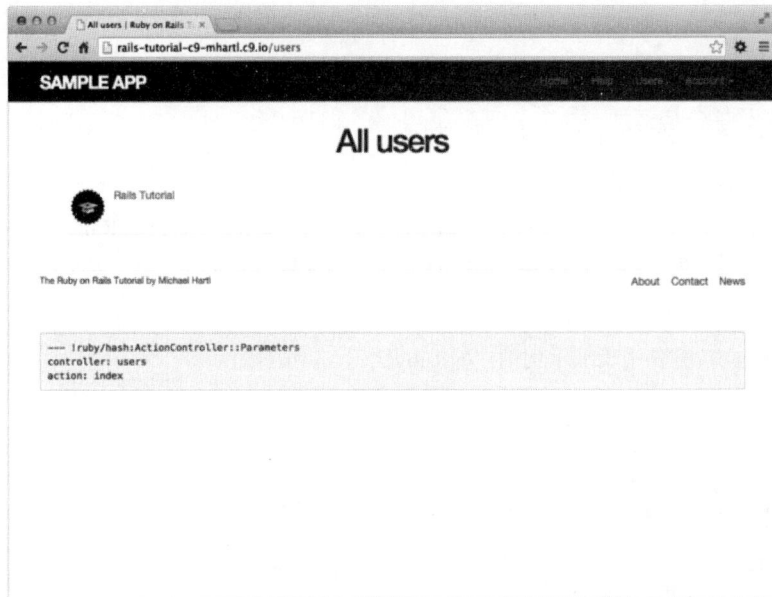

图10-9　用户列表页面，只显示了一个用户

练习

购买本书的读者可以访问railstutorial.org/aw-solutions免费查看练习的解答。如果想查看其他人的答案，以及记录自己的答案，请加入Learn Enough Society（learnenough.com/society）。

(1) 至此，网站布局中的链接都设定好了。为这些链接编写一个集成测试，包括登录前后用户看到的链接。**提示**：使用log_in_as辅助方法，把测试添加到代码清单5-32中。

10.3.2　示例用户

本节，我们要为应用添加更多的用户。为了让用户列表看上去像个"列表"，可以在浏览器中访问注册页面，一个一个地注册用户。不过还有更好的方法，就是使用Ruby代码创建用户。

首先，我们要在Gemfile文件中加入**faker** gem，如代码清单10-42所示。[①]这个gem会使用半真实的名字和电子邮件地址创建示例用户。（通常，可能只需在开发环境中安装**faker** gem，但是对这个演示应用来说，生产环境也要使用**faker**，参见10.5节。）

代码清单10-42　在Gemfile文件中加入**faker** gem

```
source 'https://rubygems.org'

gem 'rails',          '5.0.0'
```

---

① 与之前一样，应该使用gemfiles-4th-ed.railstutorial.org中列出的版本号，别使用这里给出的。

```
gem 'bcrypt',            '3.1.11'
gem 'faker',             '1.6.3'
  .
  .
  .
```

然后和之前一样，运行下面的命令安装：

```
$ bundle install
```

接下来，我们要添加一些Ruby代码，向数据库中添加示例用户。Rails使用一个标准文件 **db/seeds.rb**完成这种操作，如代码清单10-43所示。（这段代码涉及一些高级知识，现在不必太关注细节。）

代码清单10-43　向数据库中添加示例用户的Ruby代码

db/seeds.rb

```
User.create!(name:  "Example User",
             email: "example@railstutorial.org",
             password:                "foobar",
             password_confirmation: "foobar")

99.times do |n|
  name  = Faker::Name.name
  email = "example-#{n+1}@railstutorial.org"
  password = "password"
  User.create!(name:  name,
               email: email,
               password:                password,
               password_confirmation: password)
end
```

在代码清单10-43中，我们首先使用现有用户的名字和电子邮件地址创建一个示例用户，进而创建99个示例用户。其中，**create!**方法和**create**方法的作用类似，只不过遇到无效数据时会抛出异常（6.1.4节），而不是返回**false**。这么做是防止出错时不报错，有利于调试。

然后，我们可以执行下述命令，还原数据库，再执行**db:seed**命令：[①]

```
$ rails db:migrate:reset
$ rails db:seed
```

向数据库中添加种子数据的操作可能很慢，在某些系统中可能要花上几分钟。此外，有些读者反馈说，Rails服务器运行的过程中无法执行**reset**命令，因此，可能要先停止服务器，然后再执行上述命令（旁注1.1）。

执行完**db:seed**命令后，我们的应用中就有100个用户了，如图10-10所示。在此，我牺牲了一点个人时间，为前几个用户上传了头像，这样就不会都显示默认的Gravatar头像了。

---

① 大致来讲，这两个命令可以合并成rails db:reset，但是写作本书时，Rails最新版不支持这个命令。

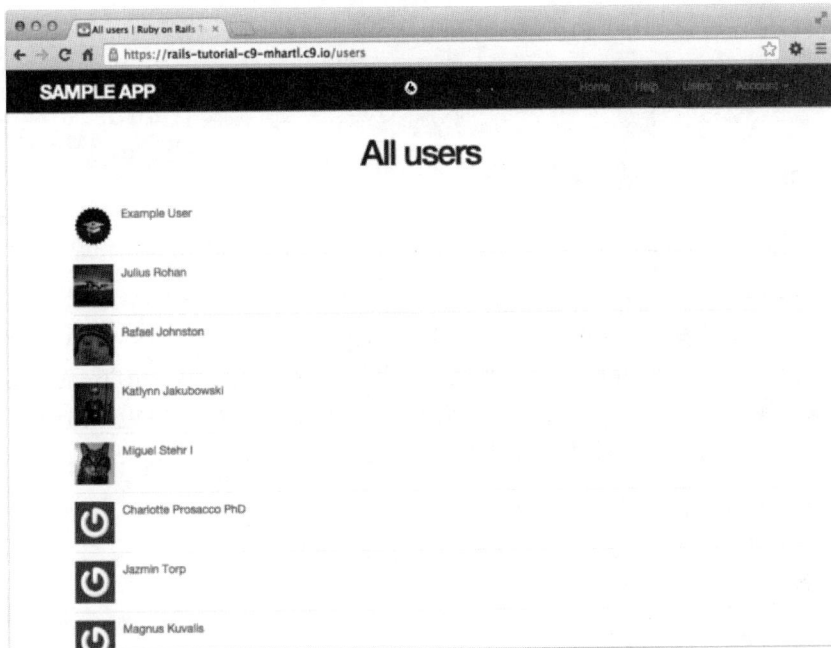

图10-10　用户列表页面，显示了100个示例用户

练习

购买本书的读者可以访问railstutorial.org/aw-solutions免费查看练习的解答。如果想查看其他人的答案，以及记录自己的答案，请加入Learn Enough Society（learnenough.com/society）。

(1) 访问另一个用户的个人资料编辑页面，确认会像10.2.2节所说的那样重定向。

10.3.3　分页

现在，最初的那个用户不再孤单了，但是又出现了新问题：用户**太多**，全在一个页面中显示。此时的用户数量是100个，算是少的了，在真实的网站中，这个数量可能是以千计的。为了避免在一页中显示过多的用户，我们可以**分页**，让一页只显示30个用户（只是举个例子）。

在Rails中有很多实现分页的方法，我们将使用其中一个最简单也最完善的，叫作`will_paginate`的方法。为此，我们要使用`will_paginate`和`bootstrap-will_paginate`两个gem。其中，`bootstrap-will_paginate`的作用是让`will_paginate`使用Bootstrap提供的分页样式。修改后的Gemfile文件如代码清单10-44所示。[①]

代码清单10-44　在Gemfile文件中加入`will_paginate` gem

```
source 'https://rubygems.org'

gem 'rails',              '5.0.0'
```

_____

[①] 与之前一样，应该使用gemfiles-4th-ed.railstutorial.org中列出的版本号，别使用这里给出的。

```
gem 'bcrypt',                    '3.1.11'
gem 'faker',                     '1.6.3'
gem 'will_paginate',             '3.0.0'
gem 'bootstrap-will_paginate', '0.0.10'
 .
 .
 .
```

然后执行下面的命令安装：

```
$ bundle install
```

安装后还要重启Web服务器，确保正确加载这两个新gem。

为了实现分页，我们要在index视图中加入一些代码，让Rails分页显示用户，而且要把index动作中的**User.all**换成知道如何分页的方法。下面先在视图中加入特殊的**will_paginate**方法，如代码清单10-45所示。稍后我们会看到为什么要在用户列表的前后都加入这个方法。

代码清单10-45 在**index**视图中加入分页

app/views/users/index.html.erb

```erb
<% provide(:title, 'All users') %>
<h1>All users</h1>

<%= will_paginate %>

<ul class="users">
  <% @users.each do |user| %>
    <li>
      <%= gravatar_for user, size: 50 %>
      <%= link_to user.name, user %>
    </li>
  <% end %>
</ul>
<%= will_paginate %>
```

will_paginate方法有点神奇，在**Users**控制器的视图中，它会自动寻找名为**@users**的对象，然后显示一个分页导航链接。代码清单10-45中的视图现在还不能正确显示分页，因为**@users**的值是通过**User.all**方法获取的（代码清单10-36），而**will_paginate**要求调用**paginate**方法才能分页：

```
$ rails console
>> User.paginate(page: 1)
  User Load (1.5ms)  SELECT "users".* FROM "users" LIMIT 30 OFFSET 0
   (1.7ms)  SELECT COUNT(*) FROM "users"
=> #<ActiveRecord::Relation [#<User id: 1,...
```

注意，**paginate**方法可以接受一个散列参数，其中**:page**键的值指定显示第几页。**User.paginate**方法根据**:page**的值，一次取回一组用户（默认为30个）。所以，第一页显示的是第1~30个用户，第二页显示的是第31~60个用户，以此类推。如果**:page**的值为**nil**，**paginate**会显示第一页。

我们可以把**index**动作中的**all**方法换成**paginate**方法，如代码清单10-46所示，这样就能分页显示用户了。**paginate**方法所需的**:page**参数由**params[:page]**指定，**params**中的这个键由

will_pagenate自动生成。

代码清单10-46　在index动作中分页取回用户

app/controllers/users_controller.rb

```
class UsersController < ApplicationController
  before_action :logged_in_user, only: [:index, :edit, :update]
  .
  .
  .
  def index
    @users = User.paginate(page: params[:page])
  end
  .
  .
  .
end
```

　　现在，用户列表页面应该可以显示分页了，如图10-11所示。（在某些系统中，可能需要重启Rails服务器。）因为我们在用户列表前后都加入了**will_paginate**方法，所以这两个地方都会显示分页链接。

　　如果点击链接"2"，或者"Next"，会显示第二页，如图10-12所示。

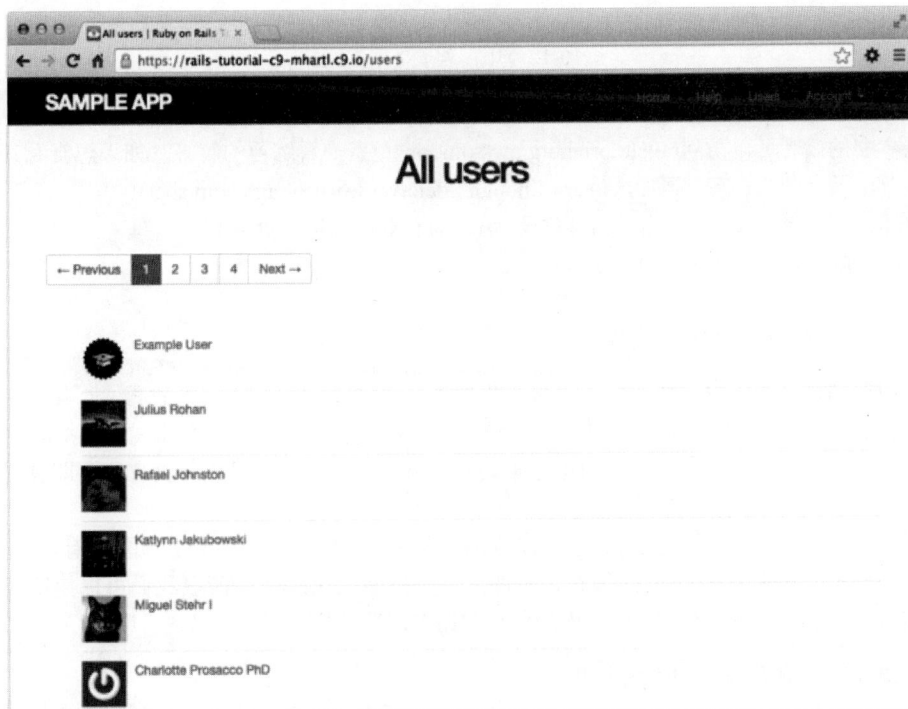

图10-11　分页显示的用户列表页面

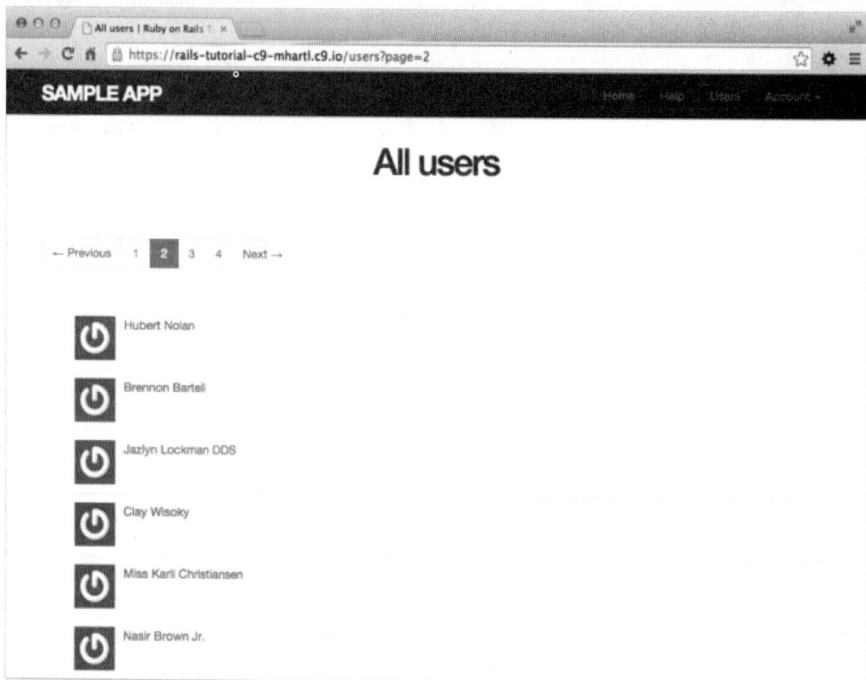

图10-12　用户列表的第二页

练习

购买本书的读者可以访问railstutorial.org/aw-solutions免费查看练习的解答。如果想查看其他人的答案，以及记录自己的答案，请加入Learn Enough Society（learnenough.com/society）。

(1) 在Rails控制台中确认，把**page**参数设为**nil**时获取的是第一页。

(2) 分页对象属于哪个Ruby类？与**User.all**所属的类有什么不同？

10.3.4　用户列表页面的测试

现在用户列表页面可以正常使用了，接下来要为这个页面编写一些简单的测试，其中一个测试10.3.3节实现的分页。测试的步骤是，先登录，然后访问用户列表页面，确认第一页显示了一些用户，而且还显示了分页链接。为此，测试数据库中要有足够数量的用户，足以分页才行，即有超过30个用户。

我们在代码清单10-23中创建了第二个用户固件，但手动创建30多个用户，工作量有点大。不过，由固件中的**password_digest**属性得知，固件文件支持嵌入式Ruby，所以我们可以使用代码清单10-47中的代码，再创建30个用户。（代码清单10-47还多创建了几个用户，以备后用。）

代码清单10-47　在固件中再创建30个用户

test/fixtures/users.yml

```
michael:
  name: Michael Example
```

```
  email: michael@example.com
  password_digest: <%= User.digest('password') %>

archer:
  name: Sterling Archer
  email: duchess@example.gov
  password_digest: <%= User.digest('password') %>

lana:
  name: Lana Kane
  email: hands@example.gov
  password_digest: <%= User.digest('password') %>

malory:
  name: Malory Archer
  email: boss@example.gov
  password_digest: <%= User.digest('password') %>

<% 30.times do |n| %>
user_<%= n %>:
  name:  <%= "User #{n}" %>
  email: <%= "user-#{n}@example.com" %>
  password_digest: <%= User.digest('password') %>
<% end %>
```

然后，我们可以编写用户列表页面的测试了。首先，生成所需的测试文件：

```
$ rails generate integration_test users_index
      invoke  test_unit
      create    test/integration/users_index_test.rb
```

在测试中，我们要检查是否有一个类为**pagination**的**div**标签，以及第一页中是否显示了相应的用户，如代码清单10-48所示。

代码清单10-48　用户列表及分页的测试（GREEN）

test/integration/users_index_test.rb

```
require 'test_helper'

class UsersIndexTest < ActionDispatch::IntegrationTest

  def setup
    @user = users(:michael)
  end

  test "index including pagination" do
    log_in_as(@user)
    get users_path
    assert_template 'users/index'
    assert_select 'div.pagination'
    User.paginate(page: 1).each do |user|
      assert_select 'a[href=?]', user_path(user), text: user.name
    end
```

```
    end
  end
```

测试组件应该可以通过。

代码清单10-49　GREEN

```
$ rails test
```

练习

购买本书的读者可以访问railstutorial.org/aw-solutions免费查看练习的解答。如果想查看其他人的答案，以及记录自己的答案，请加入Learn Enough Society（learnenough.com/society）。

(1) 把代码清单10-45中的分页链接注释掉，确认代码清单10-48中的测试会失败。

(2) 确认只注释掉**一个will_paginate**调用时测试可以通过。那么，如何测试有两个分页链接呢？提示：使用**count**参数（表5-2）。

10.3.5　使用局部视图重构

用户列表页面现在已经可以显示分页了，但是有个地方可以改进，我不得不讲一下。Rails提供了一些很巧妙的方法，可以精简视图的结构。本节我们要利用这些方法重构一下用户列表页面。因为我们已经做了很好的测试，所以可以放心重构，不必担心会破坏网站的功能。

重构的第一步，把代码清单10-45中的**li**换成**render**方法调用，如代码清单10-50所示。

代码清单10-50　重构**index**视图的第一步
app/views/users/index.html.erb

```erb
<% provide(:title, 'All users') %>
<h1>All users</h1>

<%= will_paginate %>

<ul class="users">
  <% @users.each do |user| %>
    <%= render user %>
  <% end %>
</ul>

<%= will_paginate %>
```

在上述代码中，**render**的参数不再是指定局部视图的字符串，而是代表**User**类的变量**user**。[①]此时，Rails会自动寻找一个名为**_user.html.erb**的局部视图。我们要手动创建这个视图，然后写入代码清单10-51中的内容。

---

① 变量名并不是一定要使用**user**，遍历时如果用的是**@users.each do |foobar|**，那么就要用**render foobar**。关键是要知道对象的**类**，也就是**User**。

代码清单10-51　渲染单个用户的局部视图

app/views/users/_user.html.erb

```
<li>
  <%= gravatar_for user, size: 50 %>
  <%= link_to user.name, user %>
</li>
```

这个改进不错，但我们还可以做得更好。我们可以直接把**@users**变量传给**render**方法，如代码清单10-52所示。

代码清单10-52　完全重构后的**index**视图（GREEN）

app/views/users/index.html.erb

```
<% provide(:title, 'All users') %>
<h1>All users</h1>

<%= will_paginate %>

<ul class="users">
  <%= render @users %>
</ul>

<%= will_paginate %>
```

Rails会把**@users**当作一个**User**对象列表，传给**render**方法后，它会自动遍历这个列表，然后使用局部视图**_user.html.erb**渲染每个对象（Rails从类名中推断出局部视图的名称）。重构后，我们得到了如代码清单10-52这样简洁的代码。

每次重构修改应用代码后，都要运行测试组件确认仍能通过。

代码清单10-53　GREEN

```
$ rails test
```

练习

购买本书的读者可以访问railstutorial.org/aw-solutions免费查看练习的解答。如果想查看其他人的答案，以及记录自己的答案，请加入Learn Enough Society（learnenough.com/society）。

(1) 把代码清单10-52中的**render**那行注释掉，确认测试无法通过。

10.4　删除用户

至此，用户列表页面完成了。符合REST架构的Users资源只剩下最后一个动作了，即**destroy**动作。本节，我们会先添加删除用户的链接（构思图如图10-13所示），然后再编写**destroy**动作，完成删除操作。不过，在此之前我们要先创建管理员级别的用户，并授权这些用户执行删除操作。

10

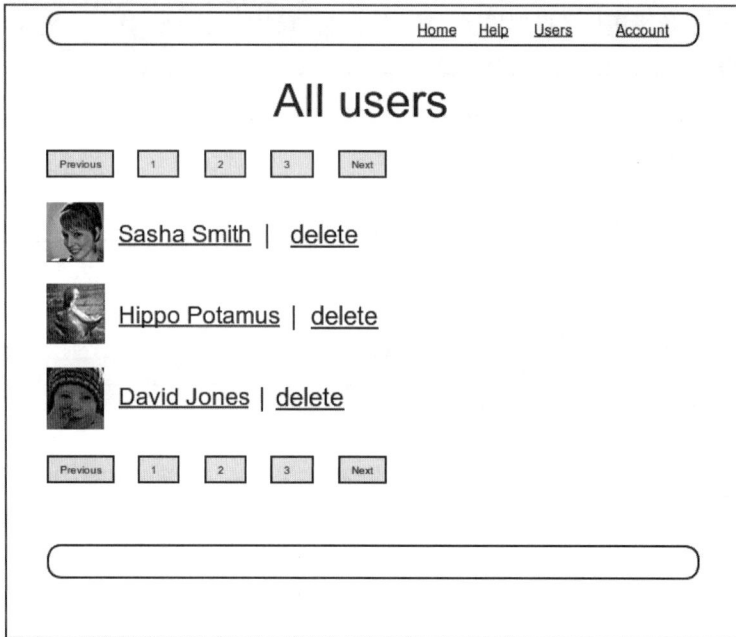

图10-13　显示有删除链接的用户列表页面构思图

10.4.1　管理员

我们要通过**User**模型中一个名为**admin**的属性来判断用户是否具有管理员权限。**admin**属性的类型为布尔值，Active Record会自动生成一个**admin?**布尔值方法，判断用户是否为管理员。添加**admin**属性后，**User**数据模型如图10-14所示。

users	
`id`	integer
`name`	string
`email`	string
`created_at`	datetime
`updated_at`	datetime
`password_digest`	string
`remember_digest`	string
`admin`	boolean

图10-14　添加**admin**布尔值属性后的**User**模型

和之前一样，我们要使用迁移添加**admin**属性，并且在命令行中指定其类型为**boolean**：

```
$ rails generate migration add_admin_to_users admin:boolean
```

这个迁移会在**users**表中添加**admin**列，如代码清单10-54所示。注意，在代码清单10-54中，我们在**add_column**方法中指定了**default: false**参数，意思是默认情况下用户不是管理员。（如果不指定**default: false**参数，**admin**的默认值是**nil**，也是假值，所以这个参数并不是必须的。不过，指定这个参数，可以更明确地向Rails以及代码的阅读者表明这段代码的意图。）

代码清单10-54　向**User**模型中添加**admin**属性的迁移

db/migrate/[timestamp]_add_admin_to_users.rb

```
class AddAdminToUsers < ActiveRecord::Migration[5.0]
  def change
    add_column :users, :admin, :boolean, default: false
  end
end
```

然后，像往常一样，执行迁移：

```
$ rails db:migrate
```

和预想的一样，Rails能自动识别**admin**属性的类型为布尔值，自动生成**admin?**方法：

```
$ rails console --sandbox
>> user = User.first
>> user.admin?
=> false
>> user.toggle!(:admin)
=> true
>> user.admin?
=> true
```

这里，我们使用**toggle!**方法把**admin**属性的值由**false**改为**true**。

最后，我们要修改种子数据，把第一个用户设为管理员，如代码清单10-55所示。

代码清单10-55　在种子数据中把第一个用户设为管理员

db/seeds.rb

```
User.create!(name:  "Example User",
             email: "example@railstutorial.org",
             password:              "foobar",
             password_confirmation: "foobar",
             admin: true)

99.times do |n|
  name  = Faker::Name.name
  email = "example-#{n+1}@railstutorial.org"
  password = "password"
  User.create!(name:  name,
               email: email,
               password:              password,
               password_confirmation: password)
end
```

然后还原数据库：

```
$ rails db:migrate:reset
$ rails db:seed
```

健壮参数再探

你可能注意到了，在代码清单10-55中，我们在初始化散列参数中指定了**admin：true**，把用户设为管理员。这么做的后果是，用户对象暴露在网络中了，如果在请求中提供初始化参数，恶意用户就可以发送如下的**PATCH**请求：[①]

```
patch /users/17?admin=1
```

这个请求会把17号用户设为管理员——这是个严重的潜在安全隐患。

鉴于此，必须只允许通过请求传入可安全编辑的属性。我们在7.3.2节说过，可以使用**健壮参数**实现这一限制，即在**params**散列上调用**require**和**permit**方法：

```
def user_params
  params.require(:user).permit(:name, :email, :password,
                               :password_confirmation)
end
```

注意，**admin**并不在允许的属性列表中。这样就可以避免用户取得网站的管理权。因为这一步很重要，最好再为不可编辑的属性编写一个测试。针对**admin**属性的测试留作练习。

练习

购买本书的读者可以访问railstutorial.org/aw-solutions免费查看练习的解答。如果想查看其他人的答案，以及记录自己的答案，请加入Learn Enough Society（learnenough.com/society）。

(1) 参照代码清单10-56，直接向**user_path**发送**PATCH**请求，确认无法修改**admin**属性。为了确保测试写得正确，首先应该把**admin**添加到允许修改的参数列表**user_params**中，确认在此之前测试组件无法通过。

代码清单10-56   测试禁止修改admin属性

test/controllers/users_controller_test.rb

```
require 'test_helper'

class UsersControllerTest < ActionDispatch::IntegrationTest

  def setup
    @user       = users(:michael)
    @other_user = users(:archer)
  end
  .
  .
  .
  test "should redirect update when not logged in" do
    patch user_path(@user), params: { user: { name: @user.name,
                                              email: @user.email } }
    assert_not flash.empty?
    assert_redirected_to login_url
  end
  test "should not allow the admin attribute to be edited via the web" do
    log_in_as(@other_user)
    assert_not @other_user.admin?
```

---

① **curl**等命令行工具可以发送这种**PATCH**请求。

```
    patch user_path(@other_user), params: {
                        user: { password:               FILL_IN,
                                password_confirmation: FILL_IN,
                                admin: FILL_IN } }
    .assert_not @other_user.FILL_IN.admin?
  end
    .
    .
    .
end
```

10.4.2 destroy 动作

完成Users资源的最后一步是，添加删除链接和**destroy**动作。我们先在用户列表页面中的每个用户后面加入一个删除链接，而且限制只有管理员才能执行删除操作。只有当前用户是管理员才能看到删除链接。视图如代码清单10-57所示。

代码清单10-57 删除用户的链接（只有管理员能看到）

app/views/users/_user.html.erb

```
<li>
  <%= gravatar_for user, size: 50 %>
  <%= link_to user.name, user %>
  <% if current_user.admin? && !current_user?(user) %>
    | <%= link_to "delete", user, method: :delete,
                            data: { confirm: "You sure?" } %>
  <% end %>
</li>
```

注意**method: :delete**参数，它指明点击链接后发送的是**DELETE**请求。我们还把链接放在**if**语句中，这样就只有管理员才能看到删除用户的链接。管理员看到的页面如图10-15所示。

Web浏览器不能发送**DELETE**请求，Rails是通过JavaScript模拟的。也就是说，如果用户禁用了JavaScript，那么删除用户的链接就不可用了。如果必须要支持没启用JavaScript的浏览器，可以使用一个发送**POST**请求的表单来模拟**DELETE**请求，这样即使禁用了JavaScript，删除用户的链接仍能使用。[①]

10

---

① 详情请观看RailsCasts中的"Destroy Without JavaScript"（http://railscasts.com/episodes/77-destroy-without-javascript）。

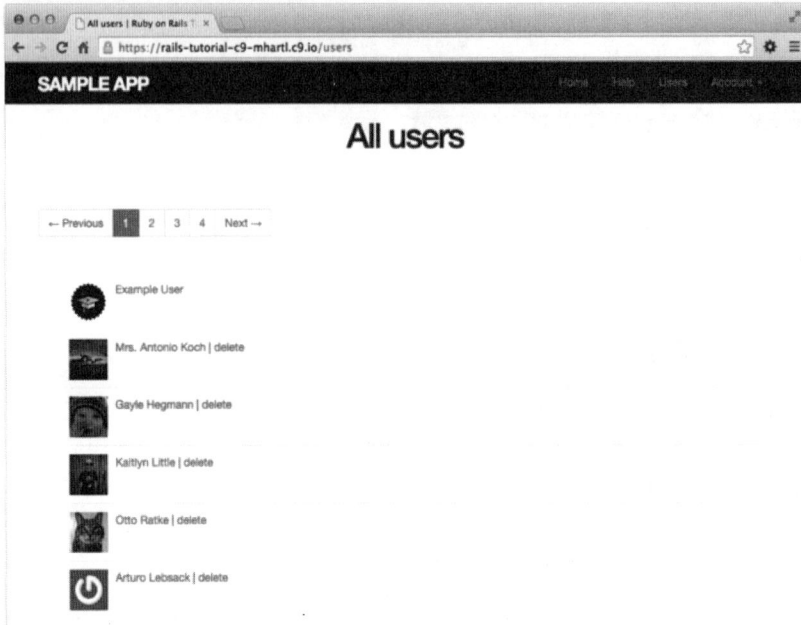

图10-15 显示有删除链接的用户列表页面

为了让删除链接起作用，我们要定义**destroy**动作（表7-1）。在**destroy**动作中，先找到要删除的用户，然后使用Active Record提供的**destroy**方法将其删除，最后再重定向到用户列表页面，如代码清单10-58所示。因为登录后才能删除用户，所以代码清单10-58还在**logged_in_user**前置过滤器中添加了**:destroy**。

代码清单10-58 添加**destroy**动作
app/controllers/users_controller.rb

```
class UsersController < ApplicationController
  before_action :logged_in_user, only: [:index, :edit, :update, :destroy]
  before_action :correct_user,    only: [:edit, :update]
  .
  .
  .
  def destroy
    User.find(params[:id]).destroy
    flash[:success] = "User deleted"
    redirect_to users_url
  end

  private
  .
  .
  .
end
```

注意，在**destroy**动作中，我们把**find**方法和**destroy**方法连在一起调用，只占了一行：

```
User.find(params[:id]).destroy
```

理论上，只有管理员才能看到删除用户的链接，所以也只有管理员才能删除用户。但实际上还是存在一个严重的安全漏洞：只要攻击者有足够的经验，就可以在命令行中发送**DELETE**请求，删除网站中的任何用户。为了保障网站的安全，我们还要限制对**destroy**动作的访问，只允许管理员删除用户。

与10.2.1节和10.2.2节的做法一样，我们要使用前置过滤器限制访问。这一次，我们要限制只有管理员才能访问**destroy**动作。我们要定义一个名为**admin_user**的前置过滤器，如代码清单10-59所示。

代码清单10-59　限制只有管理员才能访问**destroy**动作的前置过滤器

app/controllers/users_controller.rb

```
class UsersController < ApplicationController
  before_action :logged_in_user, only: [:index, :edit, :update, :destroy]
  before_action :correct_user,   only: [:edit, :update]
  before_action :admin_user,     only: :destroy
  .
  .
  .
  private
    .
    .
    .
    # 确保是管理员
    def admin_user
      redirect_to(root_url) unless current_user.admin?
    end
end
```

练习

购买本书的读者可以访问railstutorial.org/aw-solutions免费查看练习的解答。如果想查看其他人的答案，以及记录自己的答案，请加入Learn Enough Society（learnenough.com/society）。

(1) 在浏览器中以管理员的身份删除几个示例用户。在服务器的日志中会看到什么？

10.4.3　删除用户的测试

像删除用户这种危险的操作，一定要编写测试，以确保行为与预期一致。首先，我们把一个用户固件设为管理员，如代码清单10-60所示。

代码清单10-60　把固件中的一个用户设为管理员

test/fixtures/users.yml

```
michael:
  name: Michael Example
  email: michael@example.com
  password_digest: <%= User.digest('password') %>
  admin: true
```

10

```
archer:
  name: Sterling Archer
  email: duchess@example.gov
  password_digest: <%= User.digest('password') %>

lana:
  name: Lana Kane
  email: hands@example.gov
  password_digest: <%= User.digest('password') %>

malory:
  name: Malory Archer
  email: boss@example.gov
  password_digest: <%= User.digest('password') %>

<% 30.times do |n| %>
user_<%= n %>:
  name:  <%= "User #{n}" %>
  email: <%= "user-#{n}@example.com" %>
  password_digest: <%= User.digest('password') %>
<% end %>
```

按照10.2.1节的做法，我们会把限制访问动作的测试放在**Users**控制器的测试文件中。和代码清单8-31一样，我们要使用**delete**方法直接向**destroy**动作发送**DELETE**请求。我们要检查两种情况：其一，没登录的用户会重定向到登录页面；其二，已经登录的用户，但不是管理员，会重定向到首页。测试如代码清单10-61所示。

代码清单10-61   测试只有管理员能访问的动作（GREEN）

test/controllers/users_controller_test.rb

```ruby
require 'test_helper'

class UsersControllerTest < ActionDispatch::IntegrationTest

  def setup
    @user       = users(:michael)
    @other_user = users(:archer)
  end
  .
  .
  .
  test "should redirect destroy when not logged in" do
    assert_no_difference 'User.count' do
      delete user_path(@user)
    end
    assert_redirected_to login_url
  end

  test "should redirect destroy when logged in as a non-admin" do
    log_in_as(@other_user)
    assert_no_difference 'User.count' do
      delete user_path(@user)
    end
```

```
      assert_redirected_to root_url
    end
  end
```

注意，在代码清单10-61中，我们使用**assert_no_difference**方法（代码清单7-23中用过）确认用户的数量没有变化。

代码清单10-61中的测试确认了未授权的用户（非管理员）不能删除用户，不过我们还要确认管理员点击删除链接后能成功删除用户。因为删除链接在用户列表页面，所以我们要把这个测试添加到用户列表页面的测试中（代码清单10-48）。这个测试唯一需要一点技巧的代码是，管理员点击删除链接后如何确认用户被删除了。可以使用下面的代码实现：

```
assert_difference 'User.count', -1 do
  delete user_path(@other_user)
end
```

我们使用代码清单7-33中检查创建了一个用户的**assert_difference**方法，不过这一次要确认向相应的地址发送**DELETE**请求后，**User.count**的变化量是−1，从而确认用户被删除了。

综上所述，针对分页和删除操作的测试如代码清单10-62所示，这段代码既测试了管理员执行的删除操作，也测试了非管理员执行的删除操作。

代码清单10-62 删除链接和删除用户操作的集成测试（GREEN）

test/integration/users_index_test.rb

```
require 'test_helper'

class UsersIndexTest < ActionDispatch::IntegrationTest

  def setup
    @admin     = users(:michael)
    @non_admin = users(:archer)
  end

  test "index as admin including pagination and delete links" do
    log_in_as(@admin)
    get users_path
    assert_template 'users/index'
    assert_select 'div.pagination'
    first_page_of_users = User.paginate(page: 1)
    first_page_of_users.each do |user|
      assert_select 'a[href=?]', user_path(user), text: user.name
      unless user == @admin
        assert_select 'a[href=?]', user_path(user), text: 'delete'
      end
    end
    assert_difference 'User.count', -1 do
      delete user_path(@non_admin)
    end
  end

  test "index as non-admin" do
```

```
        log_in_as(@non_admin)
        get users_path
        assert_select 'a', text: 'delete', count: 0
      end
    end
```

注意，代码清单10-62检查了每个用户旁都有删除链接，而且如果用户是管理员，就不做这个检查（因为管理员旁不会显示删除链接，参见代码清单10-57）。

现在，删除用户的代码有了良好的测试，而且测试组件应该能通过。

代码清单10-63   GREEN

```
$ rails test
```

练习

购买本书的读者可以访问railstutorial.org/aw-solutions免费查看练习的解答。如果想查看其他人的答案，以及记录自己的答案，请加入Learn Enough Society（learnenough.com/society）。

(1) 把代码清单10-59中的**admin_user**前置过滤器注释掉，确认测试会失败。

10.5   小结

我们用了好几章来介绍如何实现**Users**控制器，在5.4节刚开始介绍时用户还不能注册，而现在不仅可以注册，而且可以登录、退出、查看个人信息、修改信息，还能浏览网站中所有用户的列表，某些用户甚至可以删除其他用户。

现阶段实现的演示应用建立了坚实的基础，完全可以用于任何需要验证用户身份和权限系统的网站。在接下来的第11章和第12章我们将实现两个附加功能：向新注册的用户发送账户激活链接（同时验证电子邮件地址有效），以及密码重设，为忘记密码的用户提供帮助。

在继续阅读之前，先把本章所做的改动合并到主分支：

```
$ git add -A
$ git commit -m "Finish user edit, update, index, and destroy actions"
$ git checkout master
$ git merge updating-users
$ git push
```

你还可以部署这个应用，甚至使用示例用户填充生产数据库（**pg:reset**用于还原生产数据库）：

```
$ rails test
$ git push heroku
$ heroku pg:reset DATABASE
$ heroku run rails db:migrate
$ heroku run rails db:seed
$ heroku restart
```

当然，在真实的网站中你或许并不想向数据库中添加示例数据，我加入这个操作只是为了查看生产环境中的效果（图10-16）。生产环境中显示的示例用户顺序各异，我的网站显示的顺序就和本地不同（图10-11）。这是因为我们没有指定从数据库中取回用户的顺序，所以目前的顺序由数据库决定。

这对用户而言没什么问题，但微博就不同了，我们会在13.1.4节解决这个问题。

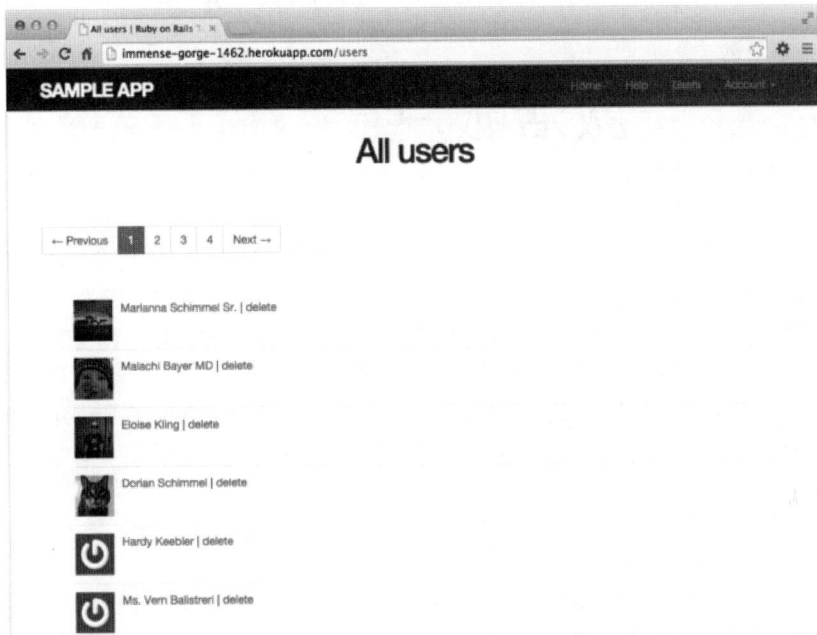

图10-16　生产环境中显示的示例用户

本章所学

- 可以使用编辑表单修改用户的资料，这个表单向**update**动作发送**PATCH**请求；
- 为了提升通过Web修改信息的安全性，必须使用健壮参数；
- 前置过滤器是在控制器动作之前执行方法的标准方式；
- 我们使用前置过滤器实现了权限系统；
- 针对权限系统的测试既使用了低层命令直接向控制器动作发送适当的HTTP请求，也使用了高层的集成测试；
- 友好转向会在用户登录后重定向到之前想访问的页面；
- 用户列表页面列出了所有用户，而且一页只显示一部分用户；
- Rails使用标准的文件**db/seeds.rb**向数据库中添加示例数据，这个操作使用**rails db:seed**命令完成；
- **render @users**会自动调用**_user.html.erb**局部视图，渲染集合中的各个用户；
- 在**User**模型中添加**admin**布尔值属性后，会自动创建**user.admin?**布尔值方法；
- 管理员点击删除链接可以删除用户，点击删除链接后会向**Users**控制器的**destroy**动作发起**DELETE**请求；
- 在固件中可以使用嵌入式Ruby创建大量测试用户。

## 第 11 章

激活账户

11

目前，用户注册后立即就能完全控制自己的账户（第7章）。本章，我们将添加一步，激活用户的账户，从而确认用户拥有注册时填写的电子邮件地址。[①]为此，我们要为用户创建激活令牌和摘要，然后给用户发送一封电子邮件，提供包含令牌的链接。用户点击这个链接后，激活自己的账户。在第12章，我们将通过相同的方式让忘记密码的用户重设密码。实现这两个功能都要创建新资源，借此机会本章还会再介绍一下控制器、路由和数据库迁移。在这个过程中，我们将学习如何在开发环境和生产环境中发送电子邮件。

我们要采取的实现步骤与用户登录（8.2节）和记住用户（9.1节）差不多，如下所示：

(1) 用户一开始处于"未激活"状态；

(2) 用户注册后，生成一个激活令牌和对应的激活摘要；

(3) 把激活摘要存储在数据库中，然后给用户发送一封电子邮件，提供一个包含激活令牌和用户电子邮件地址的链接；[②]

(4) 用户点击那个链接后，使用电子邮件地址查找用户，并且对比令牌和摘要，验证用户的身份；

(5) 身份验证通过后，把状态由"未激活"改为"已激活"。

因为与密码和记忆令牌类似，实现账户激活（以及密码重置）功能时可以继续使用前面的很多方法，包括**User.digest**、**User.new_token**和**user.authenticated?**的修改版。这几个功能（包括第12章将实现的密码重置）之间的对比，如表11-1所示。

表11-1　登录、记住登录状态、账户激活和密码重设之间的对比

查找方式	原始字符串	摘　　要	认　　证
email	password	password_digest	authenticate(password)
id	remember_token	remember_digest	authenticated?(:remember, token)
email	activation_token	activation_digest	authenticated?(:activation, token)
email	reset_token	reset_digest	authenticated?(:reset, token)

在11.1节，我们将为账户激活功能创建一个资源和数据模型；在11.2节，我们将创建一个**邮件程序**（mailer），发送账户激活电子邮件；在11.3节，我们将实现激活账户的具体步骤，届时会定义表11-1中所列的通用版**authenticated?**方法。

---

① 本章与其他章节是相互独立的，不过代码清单11-6是个例外，第12章要用到。读者可以跳到第12章或第13章，对连贯性没有多大影响。不过，第12章与本章有很多重合，跳着读挑战更大。

② 我们也可以使用用户的ID，因为应用的URL已经暴露了ID，但是电子邮件地址更灵活，说不定以后你想隐藏ID呢（例如，防止竞争对手知道你的应用中有多少用户）。

11.1 Account Activations 资源

与会话一样（8.1节），我们要把"账户激活"看作一个资源（Account Activations），不过这个资源不对应Active Record模型，相关的数据（包括激活令牌和激活状态）存储在**User**模型中。

我们将把"账户激活"看作一个资源，因此要使用标准的REST URL与之交互。激活链接要修改用户的激活状态，按照REST架构的规定，这种改动要向**update**动作发送**PATCH**请求（表7-1）。可是激活链接在电子邮件中，必须经由用户点击，因此请求类型是**GET**，而不是**PATCH**。鉴于此，我们不能使用**update**动作；退而求其次，我们将使用**edit**动作，这个动作用于响应**GET**请求。

和之前一样，我们要在主题分支中开发新功能：

```
$ git checkout -b account-activation
```

11.1.1 AccountActivations 控制器

与Users和Sessions资源类似，Account Activations资源相关的动作（这里只需要一个）放在**AccountActivations**控制器中。执行下述命令，生成**AccountActivations**控制器：[①]

```
$ rails generate controller AccountActivations
```

在11.2.1节将看到，我们会使用下面的方法生成一个URL，放在激活邮件中：

```
edit_account_activation_url(activation_token, ...)
```

因此，我们要为**edit**动作设定一个具名路由——通过代码清单11-1中高亮显示的那行**resources**规则实现。那条规则得到的REST式路由见表11-2。

代码清单11-1 为**AccountActivations**控制器的**edit**动作添加路由
config/routes.rb

```
Rails.application.routes.draw do
  root    'static_pages#home'
  get     '/help',    to: 'static_pages#help'
  get     '/about',   to: 'static_pages#about'
  get     '/contact', to: 'static_pages#contact'
  get     '/signup',  to: 'users#new'
  get     '/login',   to: 'sessions#new'
  post    '/login',   to: 'sessions#create'
  delete  '/logout',  to: 'sessions#destroy'
  resources :users
  resources :account_activations, only: [:edit]
end
```

表11-2 在代码清单11-1中添加那条规则后得到的REST式路由

HTTP请求	URL	动作	具名路由
GET	/account_activation/\<token\>/edit	edit	edit_account_activation_url(token)

① 我们将使用**edit**动作，因此可以在命令行中加上**edit**；但是，这样做还会生成**edit**视图和测试文件，而我们并不需要。

接下来，我们先创建所需的数据模型和邮件程序，11.3.2节再定义**edit**动作。

练习

购买本书的读者可以访问railstutorial.org/aw-solutions免费查看练习的解答。如果想查看其他人的答案，以及记录自己的答案，请加入Learn Enough Society（learnenough.com/society）。

(1) 确认测试组件仍能通过。

(2) 表11-2为什么列出具名路由的**_url**形式，而不是**_path**形式？提示：我们将在电子邮件中使用链接。

11.1.2　**AccountActivations** 数据模型

前面说过，我们要在激活邮件中发送一个独一无二的激活令牌。为此，可以在数据库中存储一个字符串，并将其放到激活地址中。可是，这样做有安全隐患，一旦被"脱库"，将造成危害。例如，攻击者获得数据库的访问权后可以立即激活新注册的账户（将以那个用户的身份登录），然后修改密码，获得账户的控制权。[①]

为了避免这种情况发生，我们将参照密码（第6章）和记住我功能（第9章）的实现方式，公开一个虚拟属性的值，并在数据库中存储哈希摘要。这样便能使用下述方法获取激活令牌：

```
user.activation_token
```

还能使用下面的代码验证用户的身份：

```
user.authenticated?(:activation, token)
```

（不过得先修改代码清单9-6中定义的**authenticated?**方法。）

我们还将在**User**模型中添加一个布尔值属性**activated**，使用自动生成的布尔值方法检查用户是否已经激活（类似10.4.1节使用的方法）：

```
if user.activated? ...
```

最后，还要记录激活的日期和时间，虽然本书用不到，但说不定你以后需要使用。完整的数据模型如图11-1所示。

users	
id	integer
name	string
email	string
created_at	datetime
updated_at	datetime
password_digest	string
remember_digest	string
admin	boolean
activation_digest	string
activated	boolean
activated_at	datetime

图11-1　添加账户激活相关属性后的**User**模型

[①] 鉴于这个原因，我们不会使用Rails 5新增的**has_secure_token**方法（名字容易让人误会），因为它在数据库中存储令牌的明文。

下面的命令生成一个迁移，添加这些属性。我们在命令行中指定了要添加的三个属性：

```
$ rails generate migration add_activation_to_users \
> activation_digest:string activated:boolean activated_at:datetime
```

（8.2.4节说过，第二行开头的>是"行接续"符号，是shell自动插入的，无需输入。）与admin属性一样（代码清单10-54），我们要把activated属性的默认值设为false，如代码清单11-2所示。

代码清单11-2　添加账户激活所需属性的迁移

db/migrate/[timestamp]_add_activation_to_users.rb

```
class AddActivationToUsers < ActiveRecord::Migration[5.0]
  def change
    add_column :users, :activation_digest, :string
    add_column :users, :activated, :boolean, default: false
    add_column :users, :activated_at, :datetime
  end
end
```

然后像之前一样，执行迁移：

```
$ rails db:migrate
```

1. 创建激活令牌的回调

因为每个新注册的用户都得激活，所以我们应该在创建用户对象之前为用户分配激活令牌和摘要。类似的操作在6.2.5节见过，那时，我们要在用户存入数据库之前把电子邮件地址转换成小写形式，使用的是**before_save**回调和**downcase**方法（代码清单6-32）。**before_save**回调在保存对象之前，包括创建对象和更新对象时自动调用。不过现在我们只想在创建用户之前调用这个回调，创建激活摘要。为此，我们要使用**before_create**回调，按照下面的方式定义：

```
before_create :create_activation_digest
```

这种写法叫**方法引用**（method reference），Rails会寻找一个名为**create_activation_digest**的方法，在创建用户之前调用。（在代码清单6-32中，我们直接把一个块传给**before_save**。不过方法引用是推荐的做法。）**create_activation_digest**方法只会在**User**模型内使用，所以没必要公开。如7.3.2节所述，在Ruby中可以使用**private**关键字实现这个需求：

```
private

  def create_activation_digest
    # 创建令牌和摘要
  end
```

在一个类中，**private**之后的方法都会自动"隐藏"。可以在控制台会话中验证这一点：

```
$ rails console
>> User.first.create_activation_digest
NoMethodError: private method `create_activation_digest' called for #<User>
```

这个**before_create**回调的作用是为用户分配令牌和对应的摘要，实现方式如下：

```
self.activation_token  = User.new_token
self.activation_digest = User.digest(activation_token)
```

这里用到了实现 "记住我" 功能时用来生成令牌和摘要的方法。我们可以把这两行代码和代码清单9-3中的 remember 方法比较一下：

```
# 为了持久保存会话，在数据库中记住用户
def remember
  self.remember_token = User.new_token
  update_attribute(:remember_digest, User.digest(remember_token))
end
```

二者之间的主要区别是，remember方法中使用的是update_attribute。因为，创建记忆令牌和摘要时，用户已经存在于数据库中了，而before_create回调在创建用户之前执行，没有属性可更新。有了这个回调，使用User.new新建用户后（例如用户注册后，参见代码清单7-19），会自动为activation_token和activation_digest属性赋值；而且，因为activation_digest对应数据库中的一个列（图11-1），所以保存用户时会自动把属性的值存入数据库。

综上所述，User模型如代码清单11-3所示。因为激活令牌是虚拟属性，所以我们又添加了一个attr_accessor。注意，我们还把电子邮件地址转换成小写的回调（代码清单6-32）改成了方法引用形式。

代码清单11-3　在User模型中添加账户激活相关的代码（GREEN）
app/models/user.rb

```
class User < ApplicationRecord
  attr_accessor :remember_token, :activation_token
  before_save    :downcase_email
  before_create :create_activation_digest
  validates :name,  presence: true, length: { maximum: 50 }
  .
  .
  .
  private

    # 把电子邮件地址转换成小写
    def downcase_email
      self.email = email.downcase
    end

    # 创建并赋值激活令牌和摘要
    def create_activation_digest
      self.activation_token  = User.new_token
      self.activation_digest = User.digest(activation_token)
    end
end
```

2. 为用户创建种子数据和固件

在继续之前，我们还要修改种子数据，把示例用户和测试用户设为已激活，如代码清单11-4和代码清单11-5所示。（Time.zone.now是Rails提供的辅助方法，基于服务器使用的时区，返回当前时间戳。）

代码清单11-4 激活种子数据中的用户

db/seeds.rb

```ruby
User.create!(name:  "Example User",
             email: "example@railstutorial.org",
             password:              "foobar",
             password_confirmation: "foobar",
             admin:     true,
             activated: true,
             activated_at: Time.zone.now)
99.times do |n|
  name  = Faker::Name.name
  email = "example-#{n+1}@railstutorial.org"
  password = "password"
  User.create!(name:  name,
               email: email,
               password:              password,
               password_confirmation: password,
               activated: true,
               activated_at: Time.zone.now)
end
```

代码清单11-5 激活固件中的用户

test/fixtures/users.yml

```yaml
michael:
  name: Michael Example
  email: michael@example.com
  password_digest: <%= User.digest('password') %>
  admin: true
  activated: true
  activated_at: <%= Time.zone.now %>

archer:
  name: Sterling Archer
  email: duchess@example.gov
  password_digest: <%= User.digest('password') %>
  activated: true
  activated_at: <%= Time.zone.now %>

lana:
  name: Lana Kane
  email: hands@example.gov
  password_digest: <%= User.digest('password') %>
  activated: true
  activated_at: <%= Time.zone.now %>

malory:
  name: Malory Archer
  email: boss@example.gov
  password_digest: <%= User.digest('password') %>
  activated: true
  activated_at: <%= Time.zone.now %>
```

11

```
<% 30.times do |n| %>
user_<%= n %>:
  name:  <%= "User #{n}" %>
  email: <%= "user-#{n}@example.com" %>
  password_digest: <%= User.digest('password') %>
  activated: true
  activated_at: <%= Time.zone.now %>
<% end %>
```

为了让代码清单11-4中的改动生效，我们要还原数据库，然后像之前一样写入种子数据：

```
$ rails db:migrate:reset
$ rails db:seed
```

练习

购买本书的读者可以访问railstutorial.org/aw-solutions免费查看练习的解答。如果想查看其他人的答案，以及记录自己的答案，请加入Learn Enough Society（learnenough.com/society）。

(1) 确认做了本节的改动之后测试组件仍能通过。

(2) 在控制台中实例化一个**User**对象，然后调用**create_activation_digest**方法，确认会抛出**NoMethodError**异常（因为它是私有方法）。那个用户的激活摘要是什么？

(3) 我们在代码清单6-34中见过，把电子邮件地址转换成小写的代码可以简写成**email.downcase!**（不用赋值）。像这样修改代码清单11-3中的**downcase_email**方法，然后运行测试组件，确认改得没错。

11.2 账户激活邮件

创建数据模型之后，我们要编写代码，发送账户激活邮件。我们要使用Action Mailer库创建一个**邮件程序**，在**Users**控制器的**create**动作中发送一封包含激活链接的邮件。邮件程序的结构和控制器动作差不多，邮件模板使用视图定义。我们要在邮件模板中写入一个链接，在链接中指定激活令牌和账户对应的电子邮件地址。

11.2.1 邮件程序模板

与模型和控制器类似，我们可以使用**rails generate**命令生成邮件程序，如代码清单11-6所示。

代码清单11-6　生成User邮件程序

```
$ rails generate mailer UserMailer account_activation password_reset
```

除了这里所需的**account_activation**方法之外，代码清单11-6还会生成第12章使用的**password_reset**方法。

生成邮件程序时，Rails还会为每个邮件程序生成两个视图模板，一个用于纯文本邮件，一个用于HTML邮件。账户激活邮件程序的两个视图如代码清单11-7和代码清单11-8所示。（密码重设相关的模板在第12章分析。）

代码清单11-7　　生成的账户激活邮件视图，纯文本格式
app/views/user_mailer/account_activation.text.erb

```
UserMailer#account_activation

<%= @greeting %>, find me in app/views/user_mailer/account_activation.text.erb
```

代码清单11-8　　生成的账户激活邮件视图，HTML格式
app/views/user_mailer/account_activation.html.erb

```
<h1>UserMailer#account_activation</h1>

<p>
  <%= @greeting %>, find me in app/views/user_mailer/account_activation.html.erb
</p>
```

　　我们看一下生成的邮件程序，了解它是如何工作的，如代码清单11-9和代码清单11-10所示。代码清单11-9设置了一个默认的发件人地址（**from**），整个应用中的所有邮件程序都会使用这个地址。（代码清单11-9还设置了各种邮件格式使用的布局。本书不会讨论邮件的布局，生成的HTML和纯文本格式邮件布局在**app/views/layouts**文件夹中。）在生成的代码中有一个实例变量**@greeting**，这个变量可在邮件程序的视图中使用，就像控制器中的实例变量可以在普通的视图中使用一样。

代码清单11-9　　生成的**Application**邮件程序
app/mailers/application_mailer.rb

```
class ApplicationMailer < ActionMailer::Base
  default from: "from@example.com"
  layout 'mailer'
end
```

代码清单11-10　　生成的**User**邮件程序
app/mailers/user_mailer.rb

```
class UserMailer < ApplicationMailer

  # Subject can be set in your I18n file at config/locales/en.yml
  # with the following lookup:
  #
  #   en.user_mailer.account_activation.subject
  #
  def account_activation
    @greeting = "Hi"

    mail to: "to@example.org"
  end

  # Subject can be set in your I18n file at config/locales/en.yml
  # with the following lookup:
  #
  #   en.user_mailer.password_reset.subject
```

```
  #
  def password_reset
    @greeting = "Hi"

    mail to: "to@example.org"
  end
end
```

为了发送激活邮件，我们首先要修改生成的模板，如代码清单11-11所示。接下来要创建一个实例变量，其值是用户对象，以便在视图中使用，然后把邮件发给**user.email**。如代码清单11-12所示，**mail**方法还可以接受**subject**参数，指定邮件的主题。

代码清单11-11   在Application邮件程序中设定默认的发件人地址

app/mailers/application_mailer.rb

```
class ApplicationMailer < ActionMailer::Base
  default from: "noreply@example.com"
  layout 'mailer'
end
```

代码清单11-12   发送账户激活链接

app/mailers/user_mailer.rb

```
class UserMailer < ApplicationMailer
  def account_activation(user)
    @user = user
    mail to: user.email, subject: "Account activation"
  end

  def password_reset
    @greeting = "Hi"

    mail to: "to@example.org"
  end
end
```

与普通的视图一样，在邮件程序的视图中也可以使用嵌入式Ruby。在邮件中我们要添加一个针对用户的欢迎消息，以及一个激活链接。我们计划使用电子邮件地址查找用户，然后使用激活令牌认证用户，所以链接中要包含电子邮件地址和令牌。因为我们把"账户激活"视作一个资源（Account Activations），所以可以把令牌作为参数传给代码清单11-1中定义的具名路由：

```
edit_account_activation_url(@user.activation_token, ...)
```

我们知道，**edit_user_url(user)**生成的地址是下面这种形式：

```
http://www.example.com/users/1/edit
```

那么，激活账户的链接应该是这种形式：

```
http://www.example.com/account_activations/q5lt38hQDc_959PVoo6b7A/edit
```

其中，**q5lt38hQDc_959PVoo6b7A**是使用**new_token**方法（代码清单9-2）生成的base64字符串，可放心地在URL中使用。这个值的作用和/users/1/edit中的用户ID一样，在**AccountActivations**控制器的**edit**动作中可以通过**params[:id]**获取。

为了加上电子邮件地址，我们要使用**查询参数**（query parameter）。查询参数放在URL中的问号后面，使用键值对形式指定：[①]

```
account_activations/q5lt38hQDc_959PVoo6b7A/edit?email=foo%40example.com
```

注意，电子邮件地址中的"@"变成了**%40**，也就是被转义了。这样，URL才是有效的。在Rails中设定查询参数的方法是，把一个散列传给具名路由：

```
edit_account_activation_url(@user.activation_token, email: @user.email)
```

使用这种方式设定查询参数，Rails会自动转义所有特殊字符。而且，在控制器中会自动反转义电子邮件地址，通过**params[:email]**可以获取电子邮件地址。

定义好实例变量**@user**之后（代码清单11-12），我们可以使用**edit**动作的具名路由和嵌入式Ruby创建所需的链接了，如代码清单11-13和代码清单11-14所示。注意，在代码清单11-14中，我们使用**link_to**方法创建有效的链接。

代码清单11-13 账户激活邮件的纯文本视图
app/views/user_mailer/account_activation.text.erb

```erb
Hi <%= @user.name %>,

Welcome to the Sample App! Click on the link below to activate your account:

<%= edit_account_activation_url(@user.activation_token, email: @user.email) %>
```

代码清单11-14 账户激活邮件的HTML视图
app/views/user_mailer/account_activation.html.erb

```erb
<h1>Sample App</h1>

<p>Hi <%= @user.name %>,</p>

<p>
Welcome to the Sample App! Click on the link below to activate your account:
</p>

<%= link_to "Activate", edit_account_activation_url(@user.activation_token,
                                                    email: @user.email) %>
```

11

练习

购买本书的读者可以访问railstutorial.org/aw-solutions免费查看练习的解答。如果想查看其他人的答案，以及记录自己的答案，请加入Learn Enough Society（learnenough.com/society）。

[①] 一个URL中可以有多个查询参数，多个键值对之间使用**&**符号连接，例如**/edit?name=Foo%20Bar&email=foo%40example.com**。

(1) 打开Rails控制台，确认**CGI**模块中的**escape**方法能像代码清单11-15那样转义电子邮件地址。**"Don't panic!"**这个字符串转义后的值是什么？

代码清单11-15 使用**CGI.escape**方法转义电子邮件地址

```
>> CGI.escape('foo@example.com')
=> "foo%40example.com"
```

11.2.2 预览邮件

若想查看代码清单11-13和代码清单11-14这两个邮件视图的效果，可以使用**邮件预览功能**。Rails提供了一些特殊的URL，用来预览邮件。首先，我们要在应用的开发环境中添加一些设置，如代码清单11-16所示。

代码清单11-16 开发环境中的邮件设置

config/environments/development.rb

```
Rails.application.configure do
  .
  .
  .
  config.action_mailer.raise_delivery_errors = true
  config.action_mailer.delivery_method = :test
  host = 'example.com' # 不要原封不动使用这个域名，
                       # 应该使用你本地的开发主机地址
  config.action_mailer.default_url_options = { host: host, protocol: 'https' }
  .
  .
  .
end
```

代码清单11-16中设置的主机地址是**'example.com'**，如注释所述，你应该使用你开发环境的主机地址。例如，在我的系统中，可以使用下面的地址（包括云端IDE和本地服务器）：

```
host = 'rails-tutorial-mhartl.c9users.io'   # 云端IDE
host = 'localhost:3000'                      # 本地服务器
```

然后重启开发服务器，让代码清单11-16中的配置生效。接下来，我们要修改**User**邮件程序的预览文件。11.2节生成邮件程序时已经自动生成了这个文件，如代码清单11-17所示。

代码清单11-17 生成的**User**邮件预览程序

test/mailers/previews/user_mailer_preview.rb

```
# Preview all emails at http://localhost:3000/rails/mailers/user_mailer
class UserMailerPreview < ActionMailer::Preview

  # Preview this email at
  # http://localhost:3000/rails/mailers/user_mailer/account_activation
  def account_activation
    UserMailer.account_activation
```

```
  end

  # Preview this email at
  # http://localhost:3000/rails/mailers/user_mailer/password_reset
  def password_reset
    UserMailer.password_reset
  end

end
```

　　因为代码清单11-12中定义的**account_activation**方法需要一个有效的用户作为参数，所以代码清单11-17中的代码现在还不能使用。为了解决这个问题，我们要定义**user**变量，把开发数据库中的第一个用户赋值给它，然后作为参数传给**UserMailer.account_activation**方法，如代码清单11-18所示。注意，在这段代码中，我们还给**user.activation_token**赋了值，因为代码清单11-13和代码清单11-14中的模板要使用账户激活令牌。[**activation_token**是虚拟属性（11.1节），所以数据库中的用户并没有激活令牌。]

代码清单11-18　　预览账户激活邮件所需的方法
test/mailers/previews/user_mailer_preview.rb

```
# Preview all emails at http://localhost:3000/rails/mailers/user_mailer
class UserMailerPreview < ActionMailer::Preview

  # Preview this email at
  # http://localhost:3000/rails/mailers/user_mailer/account_activation
  def account_activation
    user = User.first
    user.activation_token = User.new_token
    UserMailer.account_activation(user)
  end

  # Preview this email at
  # http://localhost:3000/rails/mailers/user_mailer/password_reset
  def password_reset
    UserMailer.password_reset
  end
end
```

　　这样修改之后，我们就可以访问注释中提示的URL预览账户激活邮件了。（如果使用云端IDE，要把**localhost:3000**换成相应的基URL。）HTML和纯文本邮件分别如图11-2和图11-3所示。

11

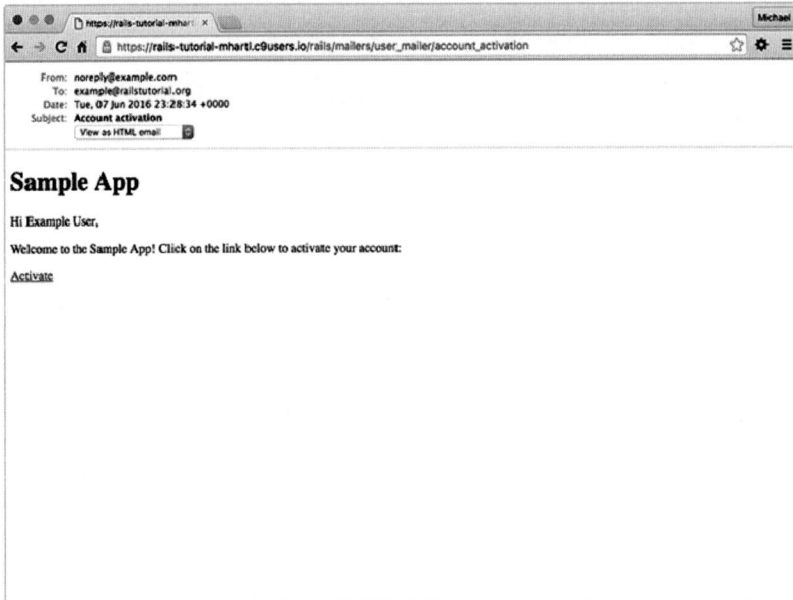

图11-2　预览HTML格式的账户激活邮件

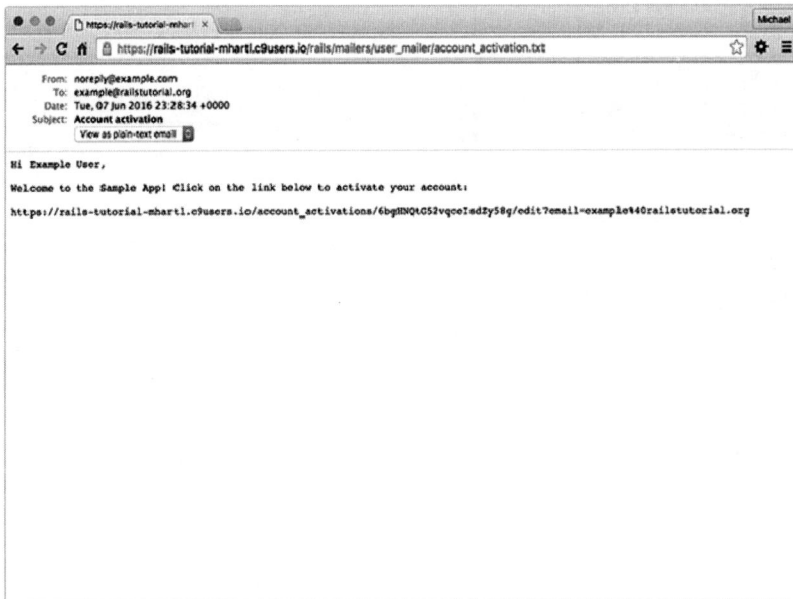

图11-3　预览纯文本格式的账户激活邮件

练习

购买本书的读者可以访问railstutorial.org/aw-solutions免费查看练习的解答。如果想查看其他人的

答案，以及记录自己的答案，请加入Learn Enough Society（learnenough.com/society）。

(1) 在浏览器中预览邮件模板。你看到的发送日期是什么？

11.2.3　测试电子邮件

最后，我们要编写一些测试，再次确认邮件的内容。这并不难，因为Rails生成了一些有用的测试示例，如代码清单11-19所示。

代码清单11-19　Rails为**User**邮件程序生成的测试
test/mailers/user_mailer_test.rb

```
require 'test_helper'

class UserMailerTest < ActionMailer::TestCase

  test "account_activation" do
    mail = UserMailer.account_activation
    assert_equal "Account activation", mail.subject
    assert_equal ["to@example.org"], mail.to
    assert_equal ["from@example.com"], mail.from
    assert_match "Hi", mail.body.encoded
  end

  test "password_reset" do
    mail = UserMailer.password_reset
    assert_equal "Password reset", mail.subject
    assert_equal ["to@example.org"], mail.to
    assert_equal ["from@example.com"], mail.from
    assert_match "Hi", mail.body.encoded
  end
end
```

代码清单11-19中使用了强大的**assert_match**方法。这个方法既可以匹配字符串，也可以匹配正则表达式：

```
assert_match 'foo', 'foobar'      # true
assert_match 'baz', 'foobar'      # false
assert_match /\w+/, 'foobar'      # true
assert_match /\w+/, '$#!*+@'      # false
```

代码清单11-20使用**assert_match**方法检查邮件正文中是否有用户的名字、激活令牌和转义后的电子邮件地址。注意，转义用户电子邮件地址使用的方法是**CGI.escape(user.email)**（11.2.1节简单介绍过）。[1]

---

[1] 一开始撰写本章时，我一时想不起在Rails中该如何转义URL，这让我体会到了"全面提升你的技术水平"（旁注1.1）。为了查明该怎么做，我在Google中搜索"ruby rails escape url"，找到了两种主要方法：**URI.encode(str)**和**CGI.escape(str)**。试过之后，我发现需要的是第二种方法。（其实还有第三种方法，**ERB::Util**库提供的**url_encode**方法，其具有同样的效果。）

代码清单11-20　测试当前的电子邮件实现（RED）

test/mailers/user_mailer_test.rb

```
require 'test_helper'

class UserMailerTest < ActionMailer::TestCase

  test "account_activation" do
    user = users(:michael)
    user.activation_token = User.new_token
    mail = UserMailer.account_activation(user)
    assert_equal "Account activation", mail.subject
    assert_equal [user.email], mail.to
    assert_equal ["noreply@example.com"], mail.from
    assert_match user.name,                 mail.body.encoded
    assert_match user.activation_token,     mail.body.encoded
    assert_match CGI.escape(user.email),    mail.body.encoded
  end
end
```

注意，我们在代码清单11-20中为固件中的一个用户指定了激活令牌，否则这个值为空。（代码清单11-20还删除了生成的密码重设测试，后面在12.2.2节会添加相关的测试。）

为了让这个测试通过，我们要修改测试环境的配置，设定正确的主机地址，如代码清单11-21所示。

代码清单11-21　设定测试环境的主机地址

config/environments/test.rb

```
Rails.application.configure do
  .
  .
  .
  config.action_mailer.delivery_method = :test
  config.action_mailer.default_url_options = { host: 'example.com' }
  .
  .
  .
end
```

现在，邮件程序的测试应该可以通过了：

代码清单11-22　GREEN

```
$ rails test:mailers
```

练习

购买本书的读者可以访问railstutorial.org/aw-solutions 免费查看练习的解答。如果想查看其他人的答案，以及记录自己的答案，请加入Learn Enough Society（learnenough.com/society）。

(1) 确认整个测试组件仍然能通过。

(2) 在代码清单11-20中不要调用**CGI.escape**方法，确认测试会失败。

11.2.4　更新 `Users` 控制器的 `create` 动作

若要在我们的应用中使用这个邮件程序，只需在处理用户注册的**create**动作中添加几行代码，如代码清单11-23所示。注意，代码清单11-23修改了注册后的重定向地址。之前，我们把用户重定向到资料页面（7.4节），可是现在需要先激活，再转向这个页面就不合理了，所以把重定向地址改成了根地址。

代码清单11-23　在注册过程中添加账户激活（RED）
app/controllers/users_controller.rb

```
class UsersController < ApplicationController
  .
  .
  .
  def create
    @user = User.new(user_params)
    if @user.save
      UserMailer.account_activation(@user).deliver_now
      flash[:info] = "Please check your email to activate your account."
      redirect_to root_url
    else
      render 'new'
    end
  end
  .
  .
  .
end
```

因为现在重定向到根地址而不是资料页面，而且不会像之前那样自动登入用户，所以测试组件无法通过，不过应用能按照设计好的方式运行。我们暂时把导致失败的测试注释掉，如代码清单11-24所示。我们会在11.3.3节去掉注释，并且为账户激活编写能通过的测试。

代码清单11-24　临时注释掉失败的测试（GREEN）
test/integration/users_signup_test.rb

```
require 'test_helper'

class UsersSignupTest < ActionDispatch::IntegrationTest

  test "invalid signup information" do
    get signup_path
    assert_no_difference 'User.count' do
      post users_path, params: { user: { name:  "",
                                         email: "user@invalid",
                                         password:              "foo",
                                         password_confirmation: "bar" } }
    end
    assert_template 'users/new'
    assert_select 'div#error_explanation'
    assert_select 'div.field_with_errors'
```

```
    end

    test "valid signup information" do
      get signup_path
      assert_difference 'User.count', 1 do
        post users_path, params: { user: { name:  "Example User",
                                           email: "user@example.com",
                                           password:              "password",
                                           password_confirmation: "password" } }
      end
      follow_redirect!
      # assert_template 'users/show'
      # assert is_logged_in?
    end
  end
```

如果现在注册，重定向后显示的页面如图11-4所示，而且会生成一封邮件，如代码清单11-25所示。注意，在开发环境中**并不会真发送邮件**，不过能在服务器的日志中看到（可能要往上滚动才能看到）。11.4节讨论如何在生产环境中发送邮件。

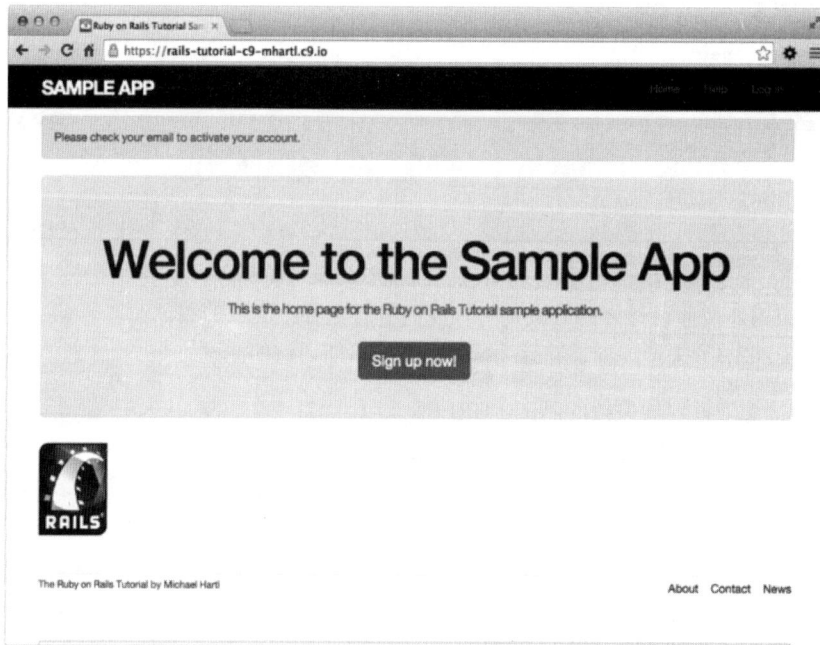

图11-4　注册后显示的首页，有一个提醒激活的消息

代码清单11-25　在服务器日志中看到的账户激活邮件

```
UserMailer#account_activation: processed outbound mail in 292.4ms
Sent mail to michael@michaelhartl.com (47.3ms)
Date: Mon, 06 Jun 2016 20:17:41 +0000
```

```
From: noreply@example.com
To: michael@michaelhartl.com
Message-ID: <5755da6518cb4_f2c9222494c7178e@mhartl-rails-tutorial-3045526.mail>
Subject: Account activation
Mime-Version: 1.0
Content-Type: multipart/alternative;
 boundary="--==_mimepart_5755da6513e89_f2c9222494c71639";
 charset=UTF-8
Content-Transfer-Encoding: 7bit


----==_mimepart_5755da6513e89_f2c9222494c71639
Content-Type: text/plain;
 charset=UTF-8
Content-Transfer-Encoding: 7bit


Hi Michael Hartl,

Welcome to the Sample App! Click on the link below to activate your account:

https://rails-tutorial-mhartl.c9users.io/account_activations/
-L9kBsbIjmrqpJGB0TUKcA/edit?email=michael%40michaelhartl.com

----==_mimepart_5755da6513e89_f2c9222494c71639
Content-Type: text/html;
 charset=UTF-8
Content-Transfer-Encoding: 7bit

<!DOCTYPE html>
<html>
  <head>
    <meta http-equiv="Content-Type" content="text/html; charset=utf-8" />
    <style>
      /* Email styles need to be inline */
    </style>
  </head>

  <body>
    <h1>Sample App</h1>

<p>Hi Michael Hartl,</p>

<p>
Welcome to the Sample App! Click on the link below to activate your account:
</p>

<a href="https://rails-tutorial-mhartl.c9users.io/account_activations/
-L9kBsbIjmrqpJGB0TUKcA/edit?email=michael%40michaelhartl.com">Activate</a>
  </body>
</html>

----==_mimepart_5755da6513e89_f2c9222494c71639—
```

练习

购买本书的读者可以访问railstutorial.org/aw-solutions免费查看练习的解答。如果想查看其他人的答案，以及记录自己的答案，请加入Learn Enough Society（learnenough.com/society）。

(1) 新注册一个用户，确认能正确重定向。你在服务器的日志中会看到什么内容？激活令牌的值是什么？

(2) 在Rails控制台中确认创建了新用户，但是尚未激活。

11.3 激活账户

现在可以正确生成电子邮件了（代码清单11-25），接下来我们要编写**AccountActivations**控制器的**edit**动作，激活用户。与之前一样，我们将为这个动作编写一个测试，等测试通过后再重构，把一些代码移出**AccountActivations**控制器，移到**User**模型中。

11.3.1 通用的 authenticated?方法

11.2.1节说过，激活令牌和电子邮件地址可以分别通过**params[:id]**和**params[:email]**获取。参照密码（代码清单8-7）和记忆令牌（代码清单9-9）的实现方式，我们计划使用下面的代码查找和验证用户：

```
user = User.find_by(email: params[:email])
if user && user.authenticated?(:activation, params[:id])
```

（稍后会看到，上述代码还缺一个判断条件。看看你能否猜到缺了什么。）

上述代码使用**authenticated?**方法检查账户激活的摘要和指定的令牌是否匹配，但是现在不起作用，因为**authenticated?**方法是专门用来验证记忆令牌的（代码清单9-6）：

```
# 如果指定的令牌和摘要匹配，返回true
def authenticated?(remember_token)
  return false if remember_digest.nil?
  BCrypt::Password.new(remember_digest).is_password?(remember_token)
end
```

其中，**remember_digest**是**User**模型的属性。在**User**模型中，可以将其改写成：

```
self.remember_digest
```

我们希望以某种方式把这个值变成"变量"，这样才能调用**self.activation_token**，而不用把适当的参数传给**authenticated?**方法。

我们要使用的解决方法涉及**元编程**（metaprogramming），即用程序编写程序。（元编程是Ruby最强大的功能之一，Rails中很多"神奇"的功能都是通过元编程实现的。）这里的关键是强大的**send**方法。这个方法的作用是在指定的对象上调用指定的方法。例如，在下面的控制台会话中，我们在一个Ruby原生对象上调用**send**方法，获取数组的长度：

```
$ rails console
>> a = [1, 2, 3]
>> a.length
=> 3
```

```
>> a.send(:length)
=> 3
>> a.send("length")
=> 3
```

可以看出，把 `:length` 符号或者 `"length"` 字符串传给 send 方法的作用与在对象上直接调用 length 方法的作用一样。下面再看一个例子，获取数据库中第一个用户的 activation_digest 属性：

```
>> user = User.first
>> user.activation_digest
=> "$2a$10$4e6TFzEJAVNyjLv8Q5u22ensMt28qEkx0roaZvtRcp6UZKRM6N9Ae"
>> user.send(:activation_digest)
=> "$2a$10$4e6TFzEJAVNyjLv8Q5u22ensMt28qEkx0roaZvtRcp6UZKRM6N9Ae"
>> user.send("activation_digest")
=> "$2a$10$4e6TFzEJAVNyjLv8Q5u22ensMt28qEkx0roaZvtRcp6UZKRM6N9Ae"
>> attribute = :activation
>> user.send("#{attribute}_digest")
=> "$2a$10$4e6TFzEJAVNyjLv8Q5u22ensMt28qEkx0roaZvtRcp6UZKRM6N9Ae"
```

注意最后一种调用方式，我们定义了一个 attribute 变量，其值为符号 `:activation`，然后使用字符串插值构建传给 send 方法的参数。attribute 变量的值使用字符串 `'activation'` 也行，不过符号更便利。不管使用什么，插值后，`"#{attribute}_digest"` 的结果都是 `"activation_digest"`。（7.4.2 节说过，插值时会把符号转换成字符串。）

基于上述对 send 方法的讨论，我们可以把 authenticated? 方法改写成：

```
def authenticated?(remember_token)
  digest = self.send("remember_digest")
  return false if digest.nil?
  BCrypt::Password.new(digest).is_password?(remember_token)
end
```

以此为模板，我们可以为这个方法增加一个参数，代表摘要的名称，然后再使用字符串插值，扩大这个方法的用途：

```
def authenticated?(attribute, token)
  digest = self.send("#{attribute}_digest")
  return false if digest.nil?
  BCrypt::Password.new(digest).is_password?(token)
end
```

（我们把第二个参数的名称改成了 token，以此强调这个方法的用途更广。）因为这个方法在 User 模型内，所以可以省略 self，得到更符合习惯写法的版本：

```
def authenticated?(attribute, token)
  digest = send("#{attribute}_digest")
  return false if digest.nil?
  BCrypt::Password.new(digest).is_password?(token)
end
```

现在，可以像下面这样调用 authenticated? 方法实现以前的效果：

```
user.authenticated?(:remember, remember_token)
```

把修改后的 authenticated? 方法写入 User 模型，如代码清单 11-26 所示。

代码清单11-26　通用的authenticated?方法（RED）

app/models/user.rb

```
class User < ApplicationRecord
  .
  .
  .
  # 如果指定的令牌和摘要匹配, 返回 true
  def authenticated?(attribute, token)
    digest = send("#{attribute}_digest")
    return false if digest.nil?
    BCrypt::Password.new(digest).is_password?(token)
  end
  .
  .
  .
end
```

如代码清单11-26的标题所示，测试组件无法通过：

代码清单11-27　RED

```
$ rails test
```

失败的原因是，**current_user**方法（代码清单9-9）和摘要为**nil**的测试（代码清单9-17）使用的都是旧版**authenticated?**，期望传入的是一个参数而不是两个。因此，我们只需修改这两个地方，换用修改后的**authenticated?**方法就能解决这个问题，如代码清单11-28和代码清单11-29所示。

代码清单 11-28　在current_user方法中使用通用版authenticated?方法（RED）

app/helpers/sessions_helper.rb

```
module SessionsHelper
  .
  .
  .
  # 返回当前登录的用户 (如果有的话)
  def current_user
    if (user_id = session[:user_id])
      @current_user ||= User.find_by(id: user_id)
    elsif (user_id = cookies.signed[:user_id])
      user = User.find_by(id: user_id)
      if user && user.authenticated?(:remember, cookies[:remember_token])
        log_in user
        @current_user = user
      end
    end
  end
  .
  .
  .
end
```

代码清单11-29 在**UserTest**中使用通用版**authenticated?**方法（GREEN）

test/models/user_test.rb

```
require 'test_helper'

class UserTest < ActiveSupport::TestCase

  def setup
    @user = User.new(name: "Example User", email: "user@example.com",
                     password: "foobar", password_confirmation: "foobar")
  end
  .
  .
  .
  test "authenticated? should return false for a user with nil digest" do
    assert_not @user.authenticated?(:remember, '')
  end
end
```

修改后，测试应该可以通过了：

代码清单11-30 GREEN

```
$ rails test
```

没有坚实的测试组件做后盾，像这样的重构很容易出错，所以我们才要在9.1.2节和9.3节排除万难编写测试。

练习

购买本书的读者可以访问railstutorial.org/aw-solutions免费查看练习的解答。如果想查看其他人的答案，以及记录自己的答案，请加入Learn Enough Society（learnenough.com/society）。

(1) 在Rails控制台中创建并记住一个用户，他的记忆令牌和激活令牌分别是什么？对应的摘要呢？

(2) 使用代码清单11-26中定义的通用版**authenticated?**方法，确认使用记忆令牌和激活令牌都能验证用户的身份。

11.3.2 编写激活账户的 edit 动作

有了代码清单11-26中定义的**authenticated?**方法，现在我们可以编写**edit**动作，验证**params**散列中电子邮件地址对应的用户了。将要使用的判断条件如下所示：

```
if user && !user.activated? && user.authenticated?(:activation, params[:id])
```

注意，这里加入了**!user.activated?**，就是前面提到的那个缺失的条件，其作用是避免激活已经激活的用户。这个条件很重要，因为激活后我们要登入用户，但是不能让获得激活链接的攻击者以这个用户的身份登录。

11

如果通过上述判断条件，我们要激活这个用户，并且更新**activated_at**时间戳：[①]

```
user.update_attribute(:activated,      true)
user.update_attribute(:activated_at, Time.zone.now)
```

据此，写出的**edit**动作如代码清单11-31所示。注意，在代码清单11-31中，我们还处理了激活令牌无效的情况。这种情况极少发生，但处理起来也很容易，直接重定向到根地址即可。

代码清单11-31 在**edit**动作中激活账户
app/controllers/account_activations_controller.rb

```
class AccountActivationsController < ApplicationController

  def edit
    user = User.find_by(email: params[:email])
    if user && !user.activated? && user.authenticated?(:activation, params[:id])
      user.update_attribute(:activated,      true)
      user.update_attribute(:activated_at, Time.zone.now)
      log_in user
      flash[:success] = "Account activated!"
      redirect_to user
    else
      flash[:danger] = "Invalid activation link"
      redirect_to root_url
    end
  end
end
```

然后，复制粘贴代码清单11-25中的地址，应该就可以激活对应的用户了。例如，在我的系统中，我访问的地址是：

```
http://rails-tutorial-mhartl.c9users.io/account_activations/
fFb_F94mgQtmlSvRFGsITw/edit?email=michael%40michaelhartl.com
```

此时会看到如图11-5所示的页面。

[①] 此处，我们分两次调用**update_attribute**方法，而不是调用一次**update_attributes**方法（参见6.1.5节），因为后者会执行数据验证。这里没有提供密码，验证会失败。

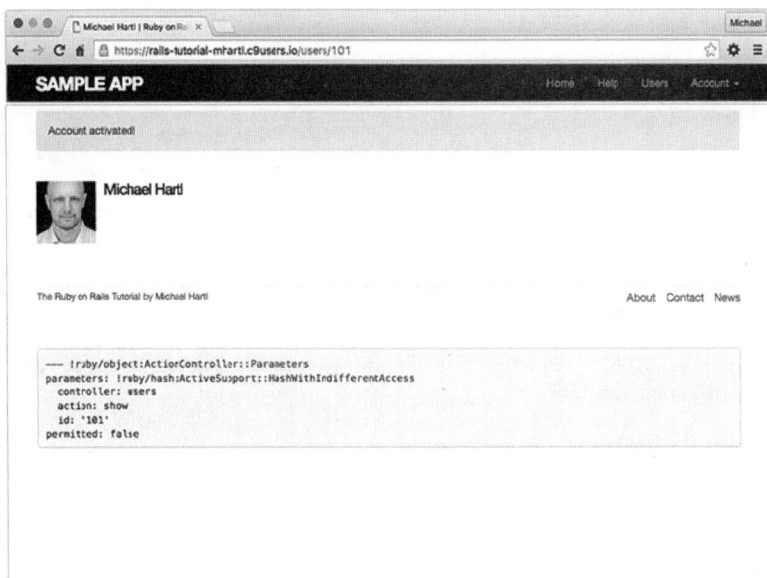

图11-5　成功激活后显示的资料页面

当然，现在激活用户后没有什么实际效果，因为我们还没修改用户的登录方式。为了让账户激活有实际意义，只能允许已经激活的用户登录，即**user.activated?**返回**true**时才能像之前那样登录，否则重定向到根地址，并且显示一个提醒消息（图11-6），如代码清单11-32所示。

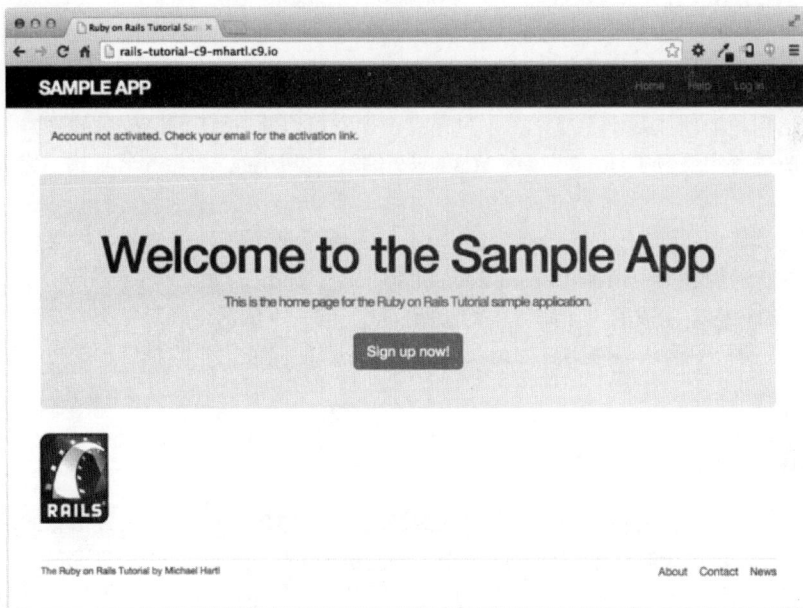

图11-6　未激活的用户试图登录后看到的提醒消息

代码清单11-32　禁止未激活的用户登录

app/controllers/sessions_controller.rb

```ruby
class SessionsController < ApplicationController

  def new
  end

  def create
    user = User.find_by(email: params[:session][:email].downcase)
    if user && user.authenticate(params[:session][:password])
      if user.activated?
        log_in user
        params[:session][:remember_me] == '1' ? remember(user) : forget(user)
        redirect_back_or user
      else
        message  = "Account not activated. "
        message += "Check your email for the activation link."
        flash[:warning] = message
        redirect_to root_url
      end
    else
      flash.now[:danger] = 'Invalid email/password combination'
      render 'new'
    end
  end

  def destroy
    log_out if logged_in?
    redirect_to root_url
  end
end
```

至此，激活用户的功能基本完成了，不过还有个地方可以改进。[可以改进的是，不显示未激活的用户。这个改进留作练习（11.3.3节）。] 11.3.3节会编写一些测试，再做一些重构，完成整个功能。

练习

购买本书的读者可以访问railstutorial.org/aw-solutions免费查看练习的解答。如果想查看其他人的答案，以及记录自己的答案，请加入Learn Enough Society（learnenough.com/society）。

(1) 复制粘贴11.2.4节生成的电子邮件中的激活URL，看一下激活令牌是什么？

(2) 在Rails控制台中确认，使用前一题获得的激活令牌能验证用户的身份。现在，这个用户激活了没有？

11.3.3　测试和重构

本节，我们要为账户激活功能添加一些集成测试。因为之前已经为提交有效信息的注册过程编写了测试，所以我们要把这个测试添加到7.4.4节编写的测试中（代码清单7-33）。在测试中，我们要添加好多步，不过意图都很明确，看看你是否能理解代码清单11-33中的测试。（代码清单11-33中突出显示的那几行特别重要，而且容易忘记；除此之外还新增了几行，一定要全部添加。）

代码清单11-33 在用户注册的测试文件中添加账户激活的测试（GREEN）

test/integration/users_signup_test.rb

```ruby
require 'test_helper'

class UsersSignupTest < ActionDispatch::IntegrationTest

  def setup
    ActionMailer::Base.deliveries.clear
  end

  test "invalid signup information" do
    get signup_path
    assert_no_difference 'User.count' do
      post users_path, params: { user: { name:  "",
                                         email: "user@invalid",
                                         password:              "foo",
                                         password_confirmation: "bar" } }
    end
    assert_template 'users/new'
    assert_select 'div#error_explanation'
    assert_select 'div.field_with_errors'
  end

  test "valid signup information with account activation" do
    get signup_path
    assert_difference 'User.count', 1 do
      post users_path, params: { user: { name:  "Example User",
                                         email: "user@example.com",
                                         password:              "password",
                                         password_confirmation: "password" } }
    end
    assert_equal 1, ActionMailer::Base.deliveries.size
    user = assigns(:user)
    assert_not user.activated?
    # 尝试在激活之前登录
    log_in_as(user)
    assert_not is_logged_in?
    # 激活令牌无效
    get edit_account_activation_path("invalid token", email: user.email)
    assert_not is_logged_in?
    # 令牌有效，电子邮件地址不对
    get edit_account_activation_path(user.activation_token, email: 'wrong')
    assert_not is_logged_in?
    # 激活令牌有效
    get edit_account_activation_path(user.activation_token, email: user.email)
    assert user.reload.activated?
    follow_redirect!
    assert_template 'users/show'
    assert is_logged_in?
  end
end
```

11

代码很多，不过只有一行完全没见过：

```
assert_equal 1, ActionMailer::Base.deliveries.size
```

这行代码确认只发送了一封邮件。**deliveries**是一个数组，用于统计所有发出的邮件，所以我们要在**setup**方法中把它清空，以防其他测试发送了邮件（第12章就会这么做）。代码清单11-33还第一次在本书正文中使用了**assigns**方法。9.3.1节的练习说过，**assigns**的作用是获取相应动作中的实例变量。例如，**Users**控制器的**create**动作中定义了一个**@user**变量（代码清单11-23），那么我们可以在测试中使用**assigns(:user)**获取这个变量的值。最后，注意，代码清单11-33把代码清单11-24中的注释去掉了。

现在，测试组件应该可以通过：

代码清单11-34 GREEN

```
$ rails test
```

有了代码清单11-33中的测试做后盾，接下来我们可以稍微重构一下：把处理用户的代码从控制器中移出，放入模型。我们会定义一个**activate**方法，用来更新用户激活相关的属性；还要定义一个**send_activation_email**方法，发送激活邮件。这两个方法的定义如代码清单11-35所示，重构后的应用代码如代码清单11-36和代码清单11-37所示。

代码清单11-35 在**User**模型中添加账户激活相关的方法
app/models/user.rb

```
class User < ApplicationRecord
  .
  .
  .
  # 激活账户
  def activate
    update_attribute(:activated,    true)
    update_attribute(:activated_at, Time.zone.now)
  end

  # 发送激活邮件
  def send_activation_email
    UserMailer.account_activation(self).deliver_now
  end

  private
    .
    .
    .
end
```

代码清单11-36 通过**User**模型对象发送邮件
app/controllers/users_controller.rb

```
class UsersController < ApplicationController
```

```
      .
      .
      .
    def create
      @user = User.new(user_params)
      if @user.save
        @user.send_activation_email
        flash[:info] = "Please check your email to activate your account."
        redirect_to root_url
      else
        render 'new'
      end
    end
      .
      .
      .
  end
```

代码清单11-37　通过User模型对象激活账户

app/controllers/account_activations_controller.rb

```
  class AccountActivationsController < ApplicationController

    def edit
      user = User.find_by(email: params[:email])
      if user && !user.activated? && user.authenticated?(:activation, params[:id])
        user.activate
        log_in user
        flash[:success] = "Account activated!"
        redirect_to user
      else
        flash[:danger] = "Invalid activation link"
        redirect_to root_url
      end
    end
  end
```

注意，在代码清单11-35中没有使用**user.**。如果还像之前那样写就会出错，因为**User**模型中没有这个变量：

```
-user.update_attribute(:activated,    true)
-user.update_attribute(:activated_at, Time.zone.now)
+update_attribute(:activated,    true)
+update_attribute(:activated_at, Time.zone.now)
```

（也可以把**user**换成**self**，但6.2.5节说过，在模型内可以不加**self**。）调用**UserMailer**时，我们还把**@user**改成了**self**：

```
-UserMailer.account_activation(@user).deliver_now
+UserMailer.account_activation(self).deliver_now
```

就算是简单的重构，也可能忽略这些细节，不过好的测试组件能捕获这些问题。现在，测试组件应该仍能通过：

代码清单11-38　GREEN

```
$ rails test
```

练习

购买本书的读者可以访问railstutorial.org/aw-solutions免费查看练习的解答。如果想查看其他人的答案，以及记录自己的答案，请加入Learn Enough Society（learnenough.com/society）。

(1) 在代码清单11-35中，**activate**方法调用了两次**update_attribute**方法，每一次调用都要单独执行一个数据库**事务**（transaction）。填写代码清单11-39中缺少的代码，把两个**update_attribute**调用换成一个**update_columns**调用，这样修改后只会与数据库交互一次。改完后运行测试组件，确保仍能通过。

(2) 现在，用户列表页面会显示**所有**用户，而且各个用户可以通过/users/:id查看。不过，更合理的做法是只显示已激活的用户。填写代码清单11-40中缺少的代码，实现这一需求。[①]（这段代码中使用了Active Record提供的**where**方法，13.3.3节会详细介绍。）

(3) 为/users和/users/:id编写集成测试，测试前一题编写的代码。

代码清单11-39　使用update_columns的代码模板

app/models/user.rb

```
class User < ApplicationRecord
  attr_accessor :remember_token, :activation_token
  before_save    :downcase_email
  before_create :create_activation_digest
  .
  .
  .
  # 激活账户
  def activate
    update_columns(activated: FILL_IN, activated_at: FILL_IN)
  end

  # 发送激活邮件
  def send_activation_email
    UserMailer.account_activation(self).deliver_now
  end

  private

    # 把电子邮件地址转换成小写
    def downcase_email
      self.email = email.downcase
    end
```

[①] 注意，代码清单11-40中使用的是**and**而不是**&&**。二者作用基本一样，但**&&**的**优先级**较高，与**root_url**绑定得太紧。我们也可以把**root_url**放在括号里，不过不习惯写法是使用**and**。

```
    # 创建并赋值激活令牌和摘要
    def create_activation_digest
      self.activation_token  = User.new_token
      self.activation_digest = User.digest(activation_token)
    end
end
```

代码清单11-40　只显示已激活用户的代码模板

app/controllers/users_controller.rb

```
class UsersController < ApplicationController
  .
  .
  .
  def index
    @users = User.where(activated: FILL_IN).paginate(page: params[:page])
  end

  def show
    @user = User.find(params[:id])
    redirect_to root_url and return unless FILL_IN
  end
  .
  .
  .
end
```

11.4　在生产环境中发送邮件

前面已经在开发环境中实现了账户激活功能，本节要配置应用，让它在生产环境中能真正地发送邮件。我们首先将设置一个免费的邮件服务，然后配置应用，最后再部署。

我们要在生产环境中使用SendGrid服务发送邮件。这个服务是Heroku的扩展，只有通过认证的账户才能使用。（要在Heroku的账户中填写信用卡信息，不过认证不收费。）对我们的应用来说，入门套餐就够了（免费，写作本书时限制每天最多发送400封邮件）。可以使用下面的命令添加这个扩展：

```
$ heroku addons:create sendgrid:starter
```

（如果你使用的是Heroku的旧版命令行接口，这个命令可能无法执行。在这种情况下，有两种解决方法：其一，升级到最新的Heroku工具包；其二，使用旧句法`heroku addons:add sendgrid:starter`。）

为了让应用使用SendGrid发送邮件，我们要在生产环境中配置SMTP，还要定义一个`host`变量，设置生产环境中网站的地址，如代码清单11-41所示。

代码清单11-41　配置应用，在生产环境中使用SendGrid

config/environments/production.rb

```
Rails.application.configure do
```

11

```
        ·
        ·
        ·
config.action_mailer.raise_delivery_errors = true
config.action_mailer.delivery_method = :smtp
host = '<your heroku app>.herokuapp.com'
config.action_mailer.default_url_options = { host: host }
ActionMailer::Base.smtp_settings = {
  :address        => 'smtp.sendgrid.net',
  :port           => '587',
  :authentication => :plain,
  :user_name      => ENV['SENDGRID_USERNAME'],
  :password       => ENV['SENDGRID_PASSWORD'],
  :domain         => 'heroku.com',
  :enable_starttls_auto => true
}
        ·
        ·
        ·
end
```

代码清单11-41中设置了SendGrid账户的用户名（**user_name**）和密码（**password**），但是注意，这两个值是从**ENV**环境变量中获取的，而没有直接写入代码。这是生产环境应用的最佳实践，为了安全，绝不能在源码中写入敏感信息，例如原始密码。这两个值由SendGrid扩展自动设置，13.4.4节会介绍如何自己定义。如果好奇，可以使用下面的命令查看这两个环境变量的值：

```
$ heroku config:get SENDGRID_USERNAME
$ heroku config:get SENDGRID_PASSWORD
```

现在，把主题分支合并到主分支中：

```
$ rails test
$ git add -A
$ git commit -m "Add account activation"
$ git checkout master
$ git merge account-activation
```

然后，推送到远程仓库，再部署到Heroku：

```
$ rails test
$ git push
$ git push heroku
$ heroku run rails db:migrate
```

部署到Heroku中之后，在生产环境的演示应用中使用你的电子邮件注册试试。你应该会收到一封激活邮件（11.2节实现），如图11-7所示。点击邮件中的链接后应该能激活账户，如图11-8所示。

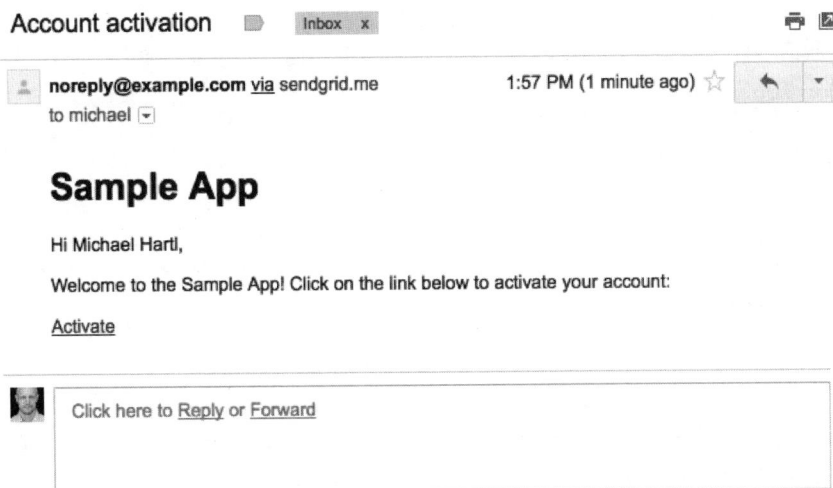

图11-7　生产环境中的应用发送的账户激活邮件

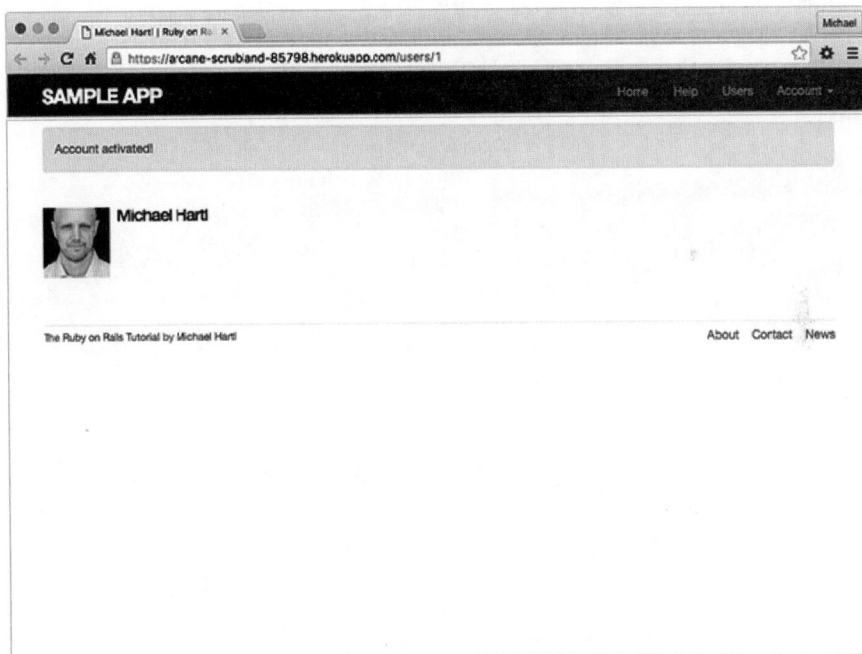

图11-8　在生产环境中成功激活账户

练习

购买本书的读者可以访问railstutorial.org/aw-solutions免费查看练习的解答。如果想查看其他人的答案，以及记录自己的答案，请加入Learn Enough Society（learnenough.com/society）。

(1) 在生产环境中注册一个账户。能收到电子邮件吗？

(2) 点击激活邮件中的链接，确认能激活账户。在服务器的日志中能看到什么？**提示**：在命令行中执行**heroku logs**命令。

11.5　小结

实现账户激活功能后，我们的演示应用已经基本实现了"注册–登录–退出"机制。现在还剩下密码重设功能没实现。读到第12章你会发现，密码重设功能的实现方式与账户激活有很多相似之处，因此能用到本章学到的很多知识。

本章所学

- □ 与会话一样，账户激活虽然没有对应的Active Record对象，但也可以看作一个资源；
- □ Rails可以生成Action Mailer动作和视图，用于发送邮件；
- □ Action Mailer支持纯文本邮件和HTML邮件；
- □ 与普通的动作和视图一样，在邮件程序的视图中也可以使用邮件程序动作中的实例变量；
- □ 使用生成的令牌创建唯一的URL，用于激活账户；
- □ 使用哈希摘要安全识别有效的激活请求；
- □ 邮件程序的测试和集成测试对确认邮件程序的行为都有用；
- □ 在生产环境中可以使用SendGrid发送电子邮件。

## 第 12 章

重设密码

完成账户激活功能后（从而确认了用户的电子邮件地址可用），我们可以实现**密码重设**功能了，以防用户忘记密码。[1]我们将看到，密码重设的很多步骤和账户激活类似，所以这里会用到第11章学到的知识。不过，开头不一样，与账户激活功能不同的是，密码重设要修改一个视图，还要创建两个新表单（用于提交电子邮件地址和设定新密码）。

编写代码之前，先构思一下要实现的重设密码步骤。首先，我们要在演示应用的登录表单中添加"forgot password"（忘记密码）链接，如图12-1所示。点击"forgot password"链接后打开一个页面，这个页面中有一个表单，要求输入电子邮件地址，用户提交之后，应用向这个地址发送一封包含密码重设链接的邮件，如图12-2所示。点击密码重设链接会打开一个表单，用户在这个表单中重设密码（还要填写密码确认），如图12-3所示。

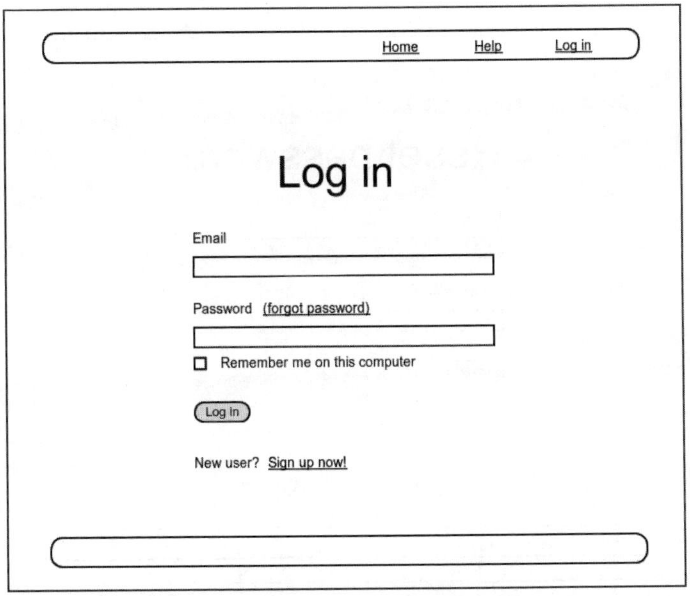

图12-1　"forgot password"链接的构思图

---

[1] 除了会用到代码清单11-6中生成的邮件程序外，本章与其他章节独立，但是内容与第11章类似，因此如果你读过那一章，再读这一章就非常容易理解。

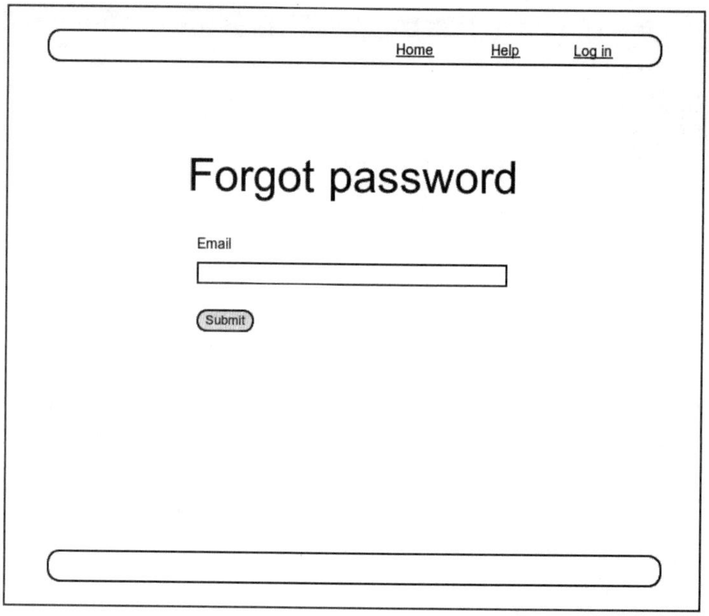

图12-2   "Forgot password" 表单的构思图

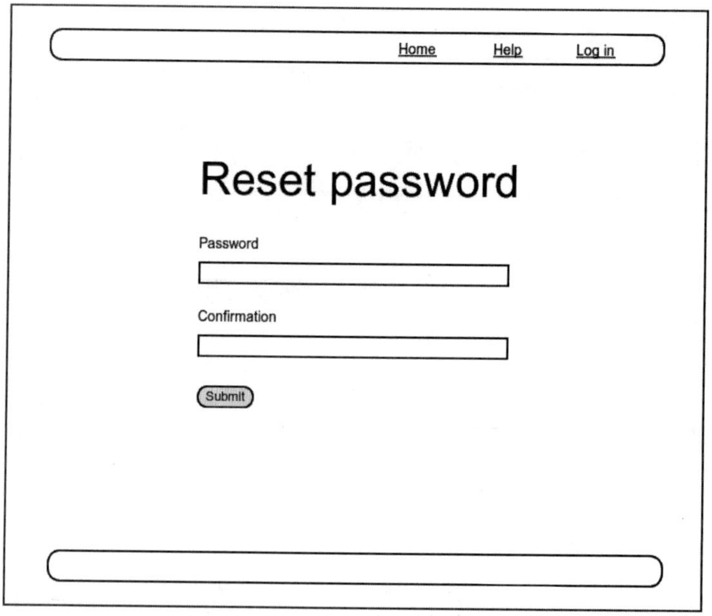

图12-3   "Reset password" 表单的构思图

如果你读完了第11章，已经有了密码重设邮件程序（11.2节生成，代码清单11-6）。本节将完成剩下的工作，为密码重设功能添加资源和数据模型（12.1节）。重设密码功能在12.3节实现。

与账户激活功能一样，我们要把密码重设看作一个资源，每个重设密码操作都有一个重设令牌和对应的摘要。主要的步骤如下：

(1) 用户请求重设密码时，使用提交的电子邮件地址查找用户；

(2) 如果数据库中有这个电子邮件地址，生成一个重设令牌和对应的摘要；

(3) 把重设摘要保存在数据库中，然后给用户发送一封邮件，其中有一个包含重设令牌和用户电子邮件地址的链接；

(4) 用户点击链接后，使用电子邮件地址查找用户，然后对比令牌和摘要；

(5) 如果通过身份验证，显示重设密码表单。

12.1　Password Resets 资源

与会话（8.1节）和账户激活（第11章）一样，我们要把密码重设看作一个资源（Password Resets），不过这个资源不对应Active Record模型，相关的数据（包括重设令牌）存储在**User**模型中。

因为我们将把密码重设看作一个资源，所以要使用标准的REST URL与之交互。处理激活链接只需**edit**一个动作，而这里要渲染**new**和**edit**表单，处理密码重设请求，还要创建和更新密码，因此最终共计要使用四个REST式路由。

与之前一样，我们要在主题分支中实现这个新功能：

```
$ git checkout -b password-reset
```

12.1.1　PasswordResets 控制器

首先，为Password Resets资源生成**PasswordResets**控制器，并且根据上述讨论，指定**new**和**edit**两个动作：

```
$ rails generate controller PasswordResets new edit --no-test-framework
```

注意，我们指定了一个标志，不让Rails生成测试。这是因为我们不需要控制器测试，而将继续使用11.3.3节编写的集成测试。

我们需要两个表单，一个请求重设密码（图12-2），一个修改**User**模型中的密码（图12-3），所以需要为**new**、**create**、**edit**和**update**四个动作定义路由——通过代码清单12-1中高亮显示的那条**resources**规则实现。

代码清单12-1　添加Password Resets资源的路由

config/routes.rb

```
Rails.application.routes.draw do
  root    'static_pages#home'
  get     '/help',    to: 'static_pages#help'
  get     '/about',   to: 'static_pages#about'
  get     '/contact', to: 'static_pages#contact'
  get     '/signup',  to: 'users#new'
  get     '/login',   to: 'sessions#new'
  post    '/login',   to: 'sessions#create'
  delete  '/logout',  to: 'sessions#destroy'
  resources :users
```

```
  resources :account_activations, only: [:edit]
  resources :password_resets,      only: [:new, :create, :edit, :update]
end
```

添加这个规则后，得到了表12-1中的REST式路由。

表12-1　在代码清单12-1中添加那条规则后得到的REST式路由

HTTP请求	URL	动　作	具名路由
GET	/password_resets/new	new	new_password_reset_path
POST	/password_resets	create	password_resets_path
GET	/password_resets/<token>/edit	edit	edit_password_reset_path(token)
PATCH	/password_resets/<token>	update	password_reset_url(token)

通过表中第一个路由可以得到指向 "forgot password" 表单的链接：

`new_password_reset_path`

把这个链接添加到登录表单，如代码清单12-2所示。添加后的效果如图12-4所示。

代码清单12-2　添加打开忘记密码表单的链接
app/views/sessions/new.html.erb

```
<% provide(:title, "Log in") %>
<h1>Log in</h1>

<div class="row">
  <div class="col-md-6 col-md-offset-3">
    <%= form_for(:session, url: login_path) do |f| %>

      <%= f.label :email %>
      <%= f.email_field :email, class: 'form-control' %>

      <%= f.label :password %>
      <%= link_to "(forgot password)", new_password_reset_path %>
      <%= f.password_field :password, class: 'form-control' %>

      <%= f.label :remember_me, class: "checkbox inline" do %>
        <%= f.check_box :remember_me %>
        <span>Remember me on this computer</span>
      <% end %>

      <%= f.submit "Log in", class: "btn btn-primary" %>
    <% end %>

    <p>New user? <%= link_to "Sign up now!", signup_path %></p>
  </div>
</div>
```

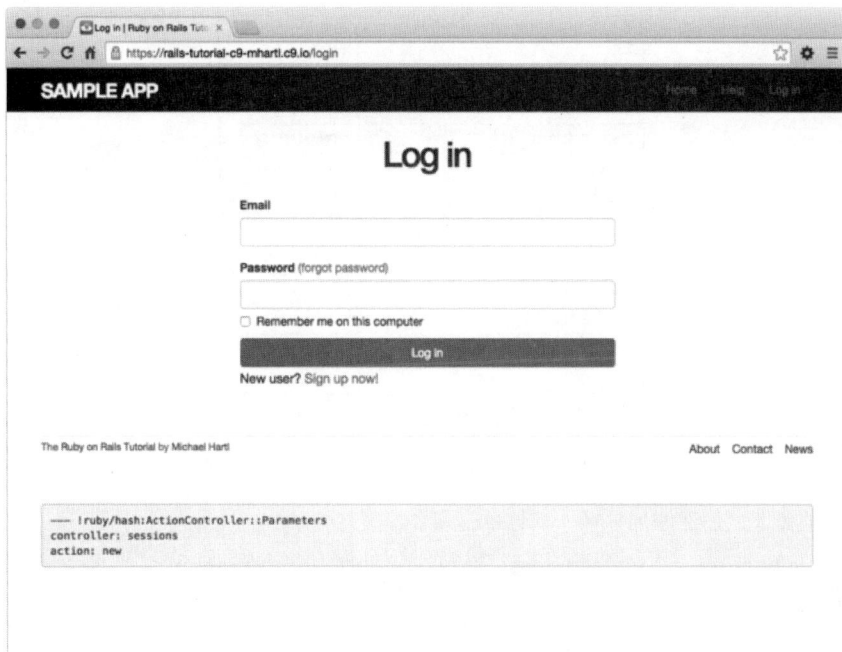

图12-4　添加"forgot password"链接后的登录页面

练习

购买本书的读者可以访问railstutorial.org/aw-solutions免费查看练习的解答。如果想查看其他人的答案，以及记录自己的答案，请加入Learn Enough Society（learnenough.com/society）。

(1) 确认测试组件仍能通过。

(2) 表12-1为什么列出具名路由的**_url**形式，而不是**_path**形式？**提示**：答案与第11章的某道练习题一样（11.1.1节）。

12.1.2　请求重设密码

请求重设密码之前，要定义数据模型。密码重设所需的数据模型与账户激活的类似（图11-1）。参照记忆令牌（第9章）和账户激活令牌（第11章），密码重设需要一个虚拟的重设令牌属性，在重设密码的邮件中使用，以及对应的重设摘要，用于检索用户。如果存储未哈希的令牌，能访问数据库的攻击者就能发送一封重设密码邮件给用户，然后使用令牌和邮件地址访问对应的密码重设链接，从而获得账户控制权。因此，必须存储令牌的摘要。为了进一步保障安全，我们还计划过几个小时后让重设链接**失效**，所以要记录重设邮件发送的时间。据此，我们要添加两个属性：**reset_digest**和**reset_sent_at**，如图12-5所示。

12

users	
id	integer
name	string
email	string
created_at	datetime
updated_at	datetime
password_digest	string
remember_digest	string
admin	boolean
activation_digest	string
activated	boolean
activated_at	datetime
reset_digest	string
reset_sent_at	datetime

图12-5　添加密码重设相关属性后的 User 模型

执行下面的命令，创建添加这两个属性的迁移：

```
$ rails generate migration add_reset_to_users reset_digest:string \
> reset_sent_at:datetime
```

（前面说过，第二行开头的 > 是"行接续"符号，是shell自动插入的，无需输入。）然后像之前一样执行迁移：

```
$ rails db:migrate
```

我们要参照前面为没有模型的资源编写表单的方式，即创建新会话的登录表单（代码清单8-4），编写请求重设密码的表单。为了便于参考，这里再把那个表单列出来，如代码清单12-3所示。

代码清单12-3　登录表单的代码

app/views/sessions/new.html.erb

```erb
<% provide(:title, "Log in") %>
<h1>Log in</h1>

<div class="row">
  <div class="col-md-6 col-md-offset-3">
    <%= form_for(:session, url: login_path) do |f| %>

      <%= f.label :email %>
      <%= f.email_field :email, class: 'form-control' %>

      <%= f.label :password %>
      <%= f.password_field :password, class: 'form-control' %>

      <%= f.label :remember_me, class: "checkbox inline" do %>
        <%= f.check_box :remember_me %>
        <span>Remember me on this computer</span>
      <% end %>

      <%= f.submit "Log in", class: "btn btn-primary" %>
    <% end %>
```

```
        <p>New user? <%= link_to "Sign up now!", signup_path %></p>
    </div>
</div>
```

请求重设密码的表单和代码清单12-3有很多共通之处，二者之间最大的区别是，**form_for**中的资源和地址不一样，而且也没有密码字段。请求重设密码的表单如代码清单12-4所示，渲染的结果如图12-6所示。

代码清单12-4　请求重设密码页面的视图

app/views/password_resets/new.html.erb

```
<% provide(:title, "Forgot password") %>
<h1>Forgot password</h1>

<div class="row">
  <div class="col-md-6 col-md-offset-3">
    <%= form_for(:password_reset, url: password_resets_path) do |f| %>
      <%= f.label :email %>
      <%= f.email_field :email, class: 'form-control' %>

      <%= f.submit "Submit", class: "btn btn-primary" %>
    <% end %>
  </div>
</div>
```

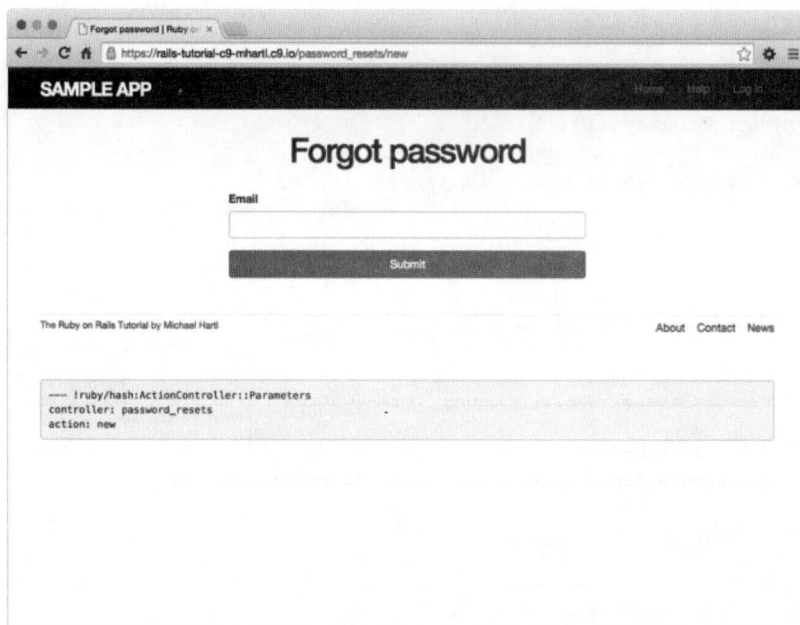

图12-6　"Forgot password" 表单

练习

购买本书的读者可以访问railstutorial.org/aw-solutions免费查看练习的解答。如果想查看其他人的答案，以及记录自己的答案，请加入Learn Enough Society（learnenough.com/society）。

(1) 在代码清单12-4中，传给**form_for**的为什么是**:password_reset**，而不是**@password_reset**？

12.1.3 PasswordResets 控制器的 create 动作

提交图12-6中的表单后，我们要通过电子邮件地址查找用户，更新这个用户的**reset_token**、**reset_digest**和**reset_sent_at**属性，然后重定向到根地址，并显示一个闪现消息。与登录一样（代码清单8-11），如果提交的数据无效，我们要重新渲染页面，并且使用**flash.now**显示一个闪现消息。据此写出的**create**动作如代码清单12-5所示。

代码清单12-5　PasswordResets控制器的create动作
app/controllers/password_resets_controller.rb

```
class PasswordResetsController < ApplicationController

  def new
  end

  def create
    @user = User.find_by(email: params[:password_reset][:email].downcase)
    if @user
      @user.create_reset_digest
      @user.send_password_reset_email
      flash[:info] = "Email sent with password reset instructions"
      redirect_to root_url
    else
      flash.now[:danger] = "Email address not found"
      render 'new'
    end
  end

  def edit
  end
end
```

User模型中的代码与**before_create**回调中使用的**create_activation_digest**方法（代码清单11-3）类似，如代码清单12-6所示。

代码清单12-6　在User模型中添加重设密码所需的方法
app/models/user.rb

```
class User < ApplicationRecord
  attr_accessor :remember_token, :activation_token, :reset_token
  before_save   :downcase_email
  before_create :create_activation_digest
```

```
  .
  .
  .
# 激活账户
def activate
  update_attribute(:activated,    true)
  update_attribute(:activated_at, Time.zone.now)
end

# 发送激活邮件
def send_activation_email
  UserMailer.account_activation(self).deliver_now
end

# 设置密码重设相关的属性
def create_reset_digest
  self.reset_token = User.new_token
  update_attribute(:reset_digest,  User.digest(reset_token))
  update_attribute(:reset_sent_at, Time.zone.now)
end

# 发送密码重设邮件
def send_password_reset_email
  UserMailer.password_reset(self).deliver_now
end

private

  # 把电子邮件地址转换成小写
  def downcase_email
    self.email = email.downcase
  end

  # 创建并赋值激活令牌和摘要
  def create_activation_digest
    self.activation_token  = User.new_token
    self.activation_digest = User.digest(activation_token)
  end
end
```

如图12-7所示，提交无效的电子邮件地址时，应用的表现正常。为了让提交有效地址时应用也能正常运行，我们要定义发送密码重设邮件的方法。

12

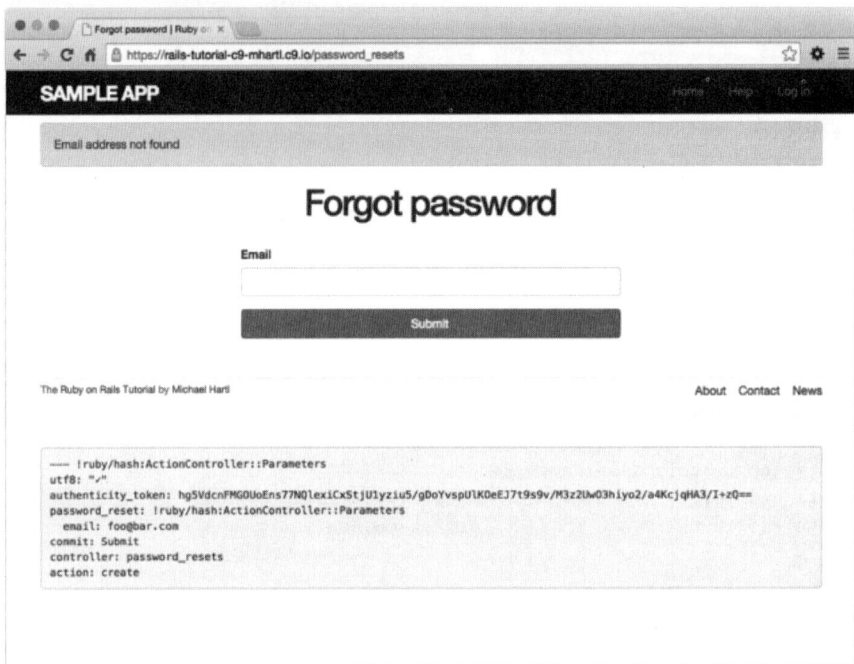

图12-7　提交无效电子邮件地址后显示的"Forgot password"表单

练习

购买本书的读者可以访问railstutorial.org/aw-solutions免费查看练习的解答。如果想查看其他人的答案，以及记录自己的答案，请加入Learn Enough Society（learnenough.com/society）。

(1) 在图12-6所示的表单中提交有效的电子邮件地址，会看到什么错误消息？

(2) 在Rails控制台中确认，虽然前一题有错误，但是**reset_digest**和**reset_sent_at**属性有值了。这两个属性的值是什么？

12.2　密码重设邮件

12.1节在**PasswordResets**控制器中定义的**create**动作基本可用，但是发送密码重设邮件的方法还没有。

如果你跟着11.1节做了，**app/mailers/user_mailer.rb**文件中应该有一个默认生成的**password_reset**方法，这是代码清单11-6生成**User**邮件程序时生成的。如果你跳过了第11章，可以直接复制下面的代码（不含**account_activation**及相关的方法），并且创建缺少的文件。

12.2.1　密码重设邮件程序和模板

在代码清单12-6中我们用到了11.3.3节重构的成果，直接在**User**模型中使用**User**邮件程序：

```
UserMailer.password_reset(self).deliver_now
```

让这个邮件程序运作起来所需的代码几乎与11.2节的账户激活邮件程序一样。我们首先在**UserMailer**中定义**password_reset**方法（代码清单12-7），然后编写邮件的纯文本视图（代码清单12-8）和HTML视图（代码清单12-9）。

代码清单12-7　发送密码重设链接

app/mailers/user_mailer.rb

```
class UserMailer < ApplicationMailer

  def account_activation(user)
    @user = user
    mail to: user.email, subject: "Account activation"
  end

  def password_reset(user)
    @user = user
    mail to: user.email, subject: "Password reset"
  end
end
```

代码清单12-8　密码重设邮件的纯文本视图

app/views/user_mailer/password_reset.text.erb

```
To reset your password click the link below:

<%= edit_password_reset_url(@user.reset_token, email: @user.email) %>

This link will expire in two hours.

If you did not request your password to be reset, please ignore this email and
your password will stay as it is.
```

代码清单12-9　密码重设邮件的HTML视图

app/views/user_mailer/password_reset.html.erb

```
<h1>Password reset</h1>

<p>To reset your password click the link below:</p>

<%= link_to "Reset password", edit_password_reset_url(@user.reset_token,
                                                email: @user.email) %>

<p>This link will expire in two hours.</p>

<p>
If you did not request your password to be reset, please ignore this email and
your password will stay as it is.
</p>
```

与账户激活邮件一样（11.2节），我们可以使用Rails提供的邮件预览程序预览密码重设邮件。参照代码清单11-18，密码重设邮件的预览程序如代码清单12-10所示。

代码清单12-10 预览密码重设邮件所需的方法

test/mailers/previews/user_mailer_preview.rb

```ruby
# Preview all emails at http://localhost:3000/rails/mailers/user_mailer
class UserMailerPreview < ActionMailer::Preview

  # Preview this email at
  # http://localhost:3000/rails/mailers/user_mailer/account_activation
  def account_activation
    user = User.first
    user.activation_token = User.new_token
    UserMailer.account_activation(user)
  end

  # Preview this email at
  # http://localhost:3000/rails/mailers/user_mailer/password_reset
  def password_reset
    user = User.first
    user.reset_token = User.new_token
    UserMailer.password_reset(user)
  end
end
```

然后就可以预览密码重设邮件了，HTML格式和纯文本格式分别如图12-8和图12-9所示。

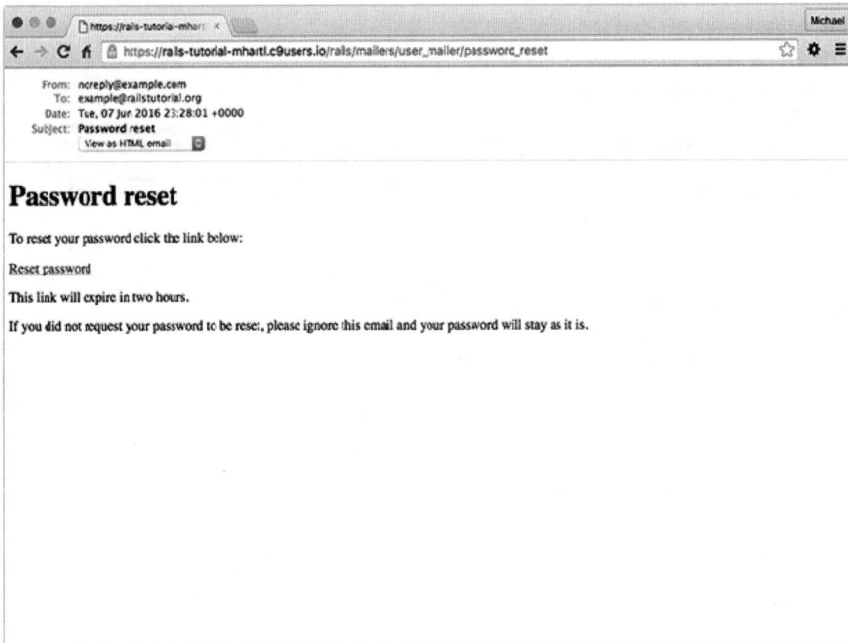

图12-8 预览HTML格式的密码重设邮件

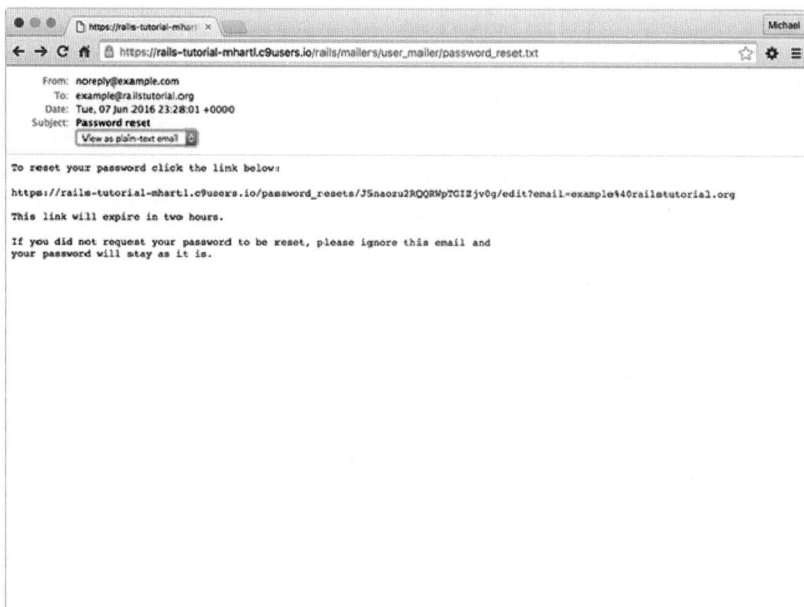

图12-9　预览纯文本格式的密码重设邮件

现在，提交有效的电子邮件地址后会看到如图12-10所示的页面。服务器日志中会显示相应的邮件，如代码清单12-11所示。

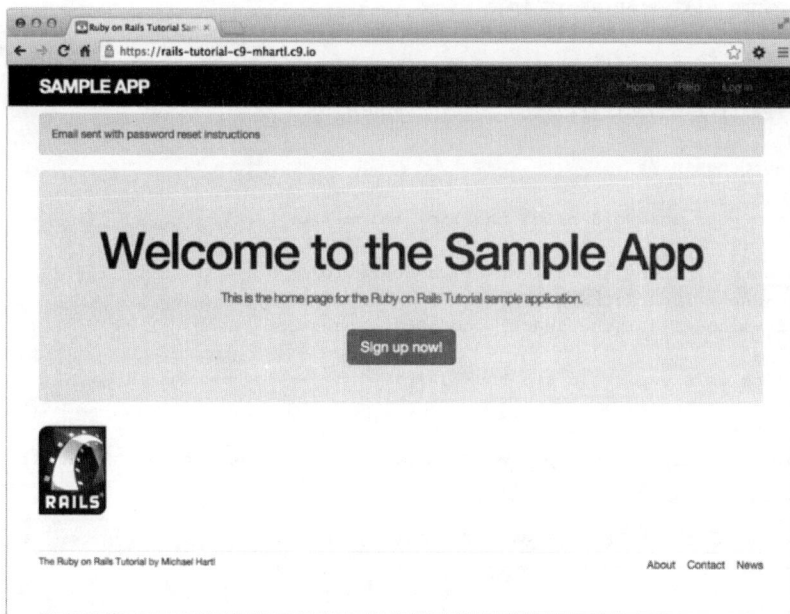

图12-10　提交有效电子邮件地址后看到的页面

代码清单12-11　服务器日志中看到的密码重设邮件

```
Sent mail to michael@michaelhart1.com (66.8ms)
Date: Mon, 06 Jun 2016 22:00:41 +0000
From: noreply@example.com
To: michael@michaelhart1.com
Message-ID: <5407babbee139_8722b257d04576a@mhart1-rails-tutorial-953753.mail>
Subject: Password reset
Mime-Version: 1.0
Content-Type: multipart/alternative;
 boundary="--==_mimepart_5407babbe3505_8722b257d045617";
 charset=UTF-8
Content-Transfer-Encoding: 7bit


----==_mimepart_5407babbe3505_8722b257d045617
Content-Type: text/plain;
 charset=UTF-8
Content-Transfer-Encoding: 7bit

To reset your password click the link below:

http://rails-tutorial-mhart1.c9users.io/password_resets/3BdBrXeQZSWqFIDRN8cxHA/
edit?email=michael%40michaelhart1.com

This link will expire in two hours.

If you did not request your password to be reset, please ignore this email and
your password will stay as it is.
----==_mimepart_5407babbe3505_8722b257d045617
Content-Type: text/html;
 charset=UTF-8
Content-Transfer-Encoding: 7bit

<h1>Password reset</h1>

<p>To reset your password click the link below:</p>

<a href="http://rails-tutorial-mhart1.c9users.io/
password_resets/3BdBrXeQZSWqFIDRN8cxHA/
edit?email=michael%40michaelhart1.com">Reset password</a>

<p>This link will expire in two hours.</p>

<p>
If you did not request your password to be reset, please ignore this email and
your password will stay as it is.
</p>
----==_mimepart_5407babbe3505_8722b257d045617--
```

练习

购买本书的读者可以访问railstutorial.org/aw-solutions免费查看练习的解答。如果想查看其他人的

答案，以及记录自己的答案，请加入Learn Enough Society（learnenough.com/society）。

(1) 在浏览器中预览电子邮件模板。你看到的发送日期是什么？

(2) 在请求重设密码表单中提交有效的电子邮件地址，在服务器日志中会看到什么？

(3) 在Rails控制台中查找前一题中那个电子邮件地址对应的用户对象，确认它有 **reset_digest** 和 **reset_sent_at** 属性。

12.2.2 测试电子邮件

参照账户激活邮件程序的测试（代码清单11-20），下面为密码重设邮件程序编写一个测试，如代码清单12-12所示。

代码清单12-12 添加密码重设邮件程序的测试（GREEN）

test/mailers/user_mailer_test.rb

```ruby
require 'test_helper'

class UserMailerTest < ActionMailer::TestCase

  test "account_activation" do
    user = users(:michael)
    user.activation_token = User.new_token
    mail = UserMailer.account_activation(user)
    assert_equal "Account activation", mail.subject
    assert_equal [user.email], mail.to
    assert_equal ["noreply@example.com"], mail.from
    assert_match user.name,                mail.body.encoded
    assert_match user.activation_token,    mail.body.encoded
    assert_match CGI.escape(user.email),   mail.body.encoded
  end

  test "password_reset" do
    user = users(:michael)
    user.reset_token = User.new_token
    mail = UserMailer.password_reset(user)
    assert_equal "Password reset", mail.subject
    assert_equal [user.email], mail.to
    assert_equal ["noreply@example.com"], mail.from
    assert_match user.reset_token,         mail.body.encoded
    assert_match CGI.escape(user.email),   mail.body.encoded
  end
end
```

现在，测试组件应该能通过：

代码清单12-13 GREEN

```
$ rails test
```

练习

购买本书的读者可以访问railstutorial.org/aw-solutions免费查看练习的解答。如果想查看其他人的答案，以及记录自己的答案，请加入Learn Enough Society（learnenough.com/society）。

(1) 只运行邮件程序的测试，能通过吗？

(2) 把代码清单12-12中第二个测试里的`CGI.escape`去掉，确认测试会失败。

12.3 重设密码

现在能正确生成邮件了（代码清单12-11），接下来将要编写**PasswordResets**控制器的**edit**动作，重设用户的密码。与11.3.3节一样，我们将编写完整的集成测试。

12.3.1 `PasswordResets` 控制器的 `edit` 动作

密码重设邮件（如代码清单12-11）中有类似下面这种形式的链接：

```
http://example.com/password_resets/
       3BdBrXeQZSWqFIDRN8cxHA/edit?email=fu%40bar.com
```

为了让这种形式的链接生效，我们要编写一个表单，重设密码。这个表单的目的与编辑用户资料的表单（代码清单10-2）类似，不过现在只需更新密码和密码确认两个字段。

然而，这一次处理起来有点复杂，因为我们希望通过电子邮件地址查找用户。也就是说，在**edit**动作和**update**动作中都需要使用邮件地址。在**edit**动作中可以轻易地获取邮件地址，因为链接中有。可是提交表单后，邮件地址就没有了。为了解决这个问题，我们可以使用一个**隐藏字段**，把它的值设为邮件地址（不会显示），和表单中的其他数据一起提交给**update**动作，如代码清单12-14所示。

代码清单12-14 重设密码的表单

app/views/password_resets/edit.html.erb

```erb
<% provide(:title, 'Reset password') %>
<h1>Reset password</h1>

<div class="row">
  <div class="col-md-6 col-md-offset-3">
    <%= form_for(@user, url: password_reset_path(params[:id])) do |f| %>
      <%= render 'shared/error_messages' %>

      <%= hidden_field_tag :email, @user.email %>

      <%= f.label :password %>
      <%= f.password_field :password, class: 'form-control' %>

      <%= f.label :password_confirmation, "Confirmation" %>
      <%= f.password_field :password_confirmation, class: 'form-control' %>

      <%= f.submit "Update password", class: "btn btn-primary" %>
    <% end %>
  </div>
</div>
```

注意，在代码清单12-14中，使用的表单标签辅助方法是

```
hidden_field_tag :email, @user.email
```

而不是

```
f.hidden_field :email, @user.email
```

因为在重设密码的链接中，邮件地址在**params[:email]**中，如果使用后者，会把邮件地址放入**params[:user][:email]**中。

为了正确渲染这个表单，需要在**PasswordResets**控制器的**edit**动作中定义**@user**变量。与账户激活一样（代码清单11-31），我们要找到**params[:email]**中电子邮件地址对应的用户，确认这个用户已经激活，然后使用代码清单11-26中定义的通用版**authenticated?**方法验证**params[:id]**中的重设令牌。因为在**edit**和**update**动作中都要使用**@user**，所以这里要把查找用户和验证令牌的代码写入一个前置过滤器中，如代码清单12-15所示。

代码清单12-15 **PasswordResets**控制器的**edit**动作
app/controllers/password_resets_controller.rb

```ruby
class PasswordResetsController < ApplicationController
  before_action :get_user,   only: [:edit, :update]
  before_action :valid_user, only: [:edit, :update]
  .
  .
  .
  def edit
  end

  private

    def get_user
      @user = User.find_by(email: params[:email])
    end

    # 确保是有效用户
    def valid_user
      unless (@user && @user.activated? &&
              @user.authenticated?(:reset, params[:id]))
        redirect_to root_url
      end
    end
end
```

12

代码清单12-15中的**authenticated?(:reset, params[:id])**，代码清单11-28中的**authenticated?(:remember, cookies[:remember_token])**，以及代码清单11-31中的**authenticated?(:activation, params[:id])**，就是表11-1中**authenticated?**方法的三个用例。

现在，点击代码清单12-11中的链接后，会显示密码重设表单，如图12-11所示。

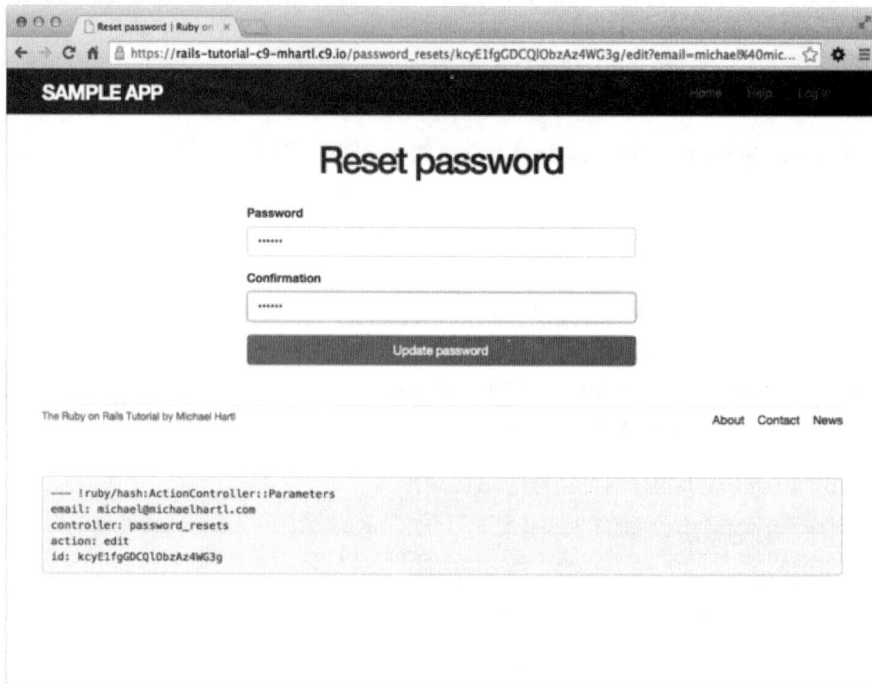

图12-11   密码重设表单

练习

购买本书的读者可以访问railstutorial.org/aw-solutions免费查看练习的解答。如果想查看其他人的答案，以及记录自己的答案，请加入Learn Enough Society（learnenough.com/society）。

(1) 点击12.1.1节服务器日志中的密码重设链接，看能不能正确渲染如图12-11所示的表单。

(2) 提交前一题看到的表单会发生什么？

12.3.2   更新密码

AccountActivations控制器的**edit**动作只需把用户的状态由"未激活"改成"激活"，而**PasswordResets**控制器的**edit**动作处理的是表单，因此提交后要交给**update**动作处理。为了定义**update**动作，需要考虑下面四种情况：

(1) 密码重设请求已过期

(2) 填写的新密码无效，更新失败

(3) 没有填写密码和密码确认，更新失败（看起来像是成功了）

(4) 成功更新密码

第一、第二和第四种情况非常简单，第三种情况不是那么直观，下面会详述。

第一种情况在**edit**和**update**动作中都要考虑，因此可以使用前置过滤器：

```
before_action :check_expiration, only: [:edit, :update]    # 第一种情况
```

为此，我们要定义私有的**check_expiration**方法。与此同时，还将定义**valid_user**过滤器，确保用户已经激活：

```
# 确保是有效用户
def valid_user
  unless (@user && @user.activated? &&
          @user.authenticated?(:reset, params[:id]))
    redirect_to root_url
  end
end

# 检查重设令牌是否过期
def check_expiration
  if @user.password_reset_expired?
    flash[:danger] = "Password reset has expired."
    redirect_to new_password_reset_url
  end
end
```

在**check_expiration**方法中，我们把过期检查交给实例方法**password_reset_expired?**去做。这个方法有点难定义，稍后再讲。

代码清单12-16给出了这两个过滤器的实现，还给出了涵盖第二、第三和第四种情况的**update**动作。第二种情况会导致更新失败，然后重新渲染**edit**视图，显示错误消息（使用代码清单12-14中共用的局部视图）。第四种情况是成功更新密码，处理方式与成功登录类似（代码清单8-25）。

第二种情况没有处理密码为空（即第三种情况），而现在**User**模型允许密码为空（代码清单10-13），所以我们要捕获这个问题，然后单独处理。[①]为了处理这种情况，下面使用**errors.add**方法直接为**@user**对象添加错误消息：

```
@user.errors.add(:password, "can't be empty")
```

综上所述，处理四种情况的**update**动作如代码清单12-16所示。

代码清单12-16　重设密码的update动作

app/controllers/password_resets_controller.rb

```
class PasswordResetsController < ApplicationController
  before_action :get_user,         only: [:edit, :update]
  before_action :valid_user,       only: [:edit, :update]
  before_action :check_expiration, only: [:edit, :update]    # 第一种情况

  def new
  end

  def create
    @user = User.find_by(email: params[:password_reset][:email].downcase)
    if @user
      @user.create_reset_digest
      @user.send_password_reset_email
```

12

[①] 我们只需处理密码为空的情况，因为密码确认为空时会被二次确认验证捕获（密码为空时不会做这个验证），然后显示一个相关的错误消息。

```
      flash[:info] = "Email sent with password reset instructions"
      redirect_to root_url
    else
      flash.now[:danger] = "Email address not found"
      render 'new'
    end
  end

  def edit
  end

  def update
    if params[:user][:password].empty?                      # 第三种情况
      @user.errors.add(:password, "can't be empty")
      render 'edit'
    elsif @user.update_attributes(user_params)              # 第四种情况
      log_in @user
      flash[:success] = "Password has been reset."
      redirect_to @user
    else
      render 'edit'                                         # 第二种情况
    end
  end

  private

    def user_params
      params.require(:user).permit(:password, :password_confirmation)
    end

    # 前置过滤器

    def get_user
      @user = User.find_by(email: params[:email])
    end

    # 确保是有效用户
    def valid_user
      unless (@user && @user.activated? &&
              @user.authenticated?(:reset, params[:id]))
        redirect_to root_url
      end
    end

    # 检查重设令牌是否过期
    def check_expiration
      if @user.password_reset_expired?
        flash[:danger] = "Password reset has expired."
        redirect_to new_password_reset_url
      end
    end
end
```

注意，我们在**user_params**方法中指定允许修改**password**和**password_confirmation**两个属性（7.3.2节）。

前面说过，代码清单12-16中的实现把密码重设超时检查交给**User**模型去做：

```
@user.password_reset_expired?
```

所以，我们要定义**password_reset_expired?**方法。如12.2.1节的邮件模板所示，如果邮件发出后两个小时内没重设密码，就认为此次请求超时了。这个限制可以通过下面的Ruby代码实现：

```
reset_sent_at < 2.hours.ago
```

如果你把**<**当成小于号，读成"密码重设邮件发出少于两小时"就错了，这和想表达的意思正好相反。这里，最好把**<**理解成"超过"，读成"密码重设邮件已经发出超过两小时"，这才是我们想表达的意思。**password_reset_expired?**方法的定义如代码清单12-17所示。（对这个比较算式的证明参见12.6节。）

代码清单12-17　在User模型中定义password_reset_expired?方法
app/models/user.rb

```
class User < ApplicationRecord
  .
  .
  # 如果密码重设请求超时了，返回 true
  def password_reset_expired?
    reset_sent_at < 2.hours.ago
  end

  private
    .
    .
end
```

现在，代码清单12-16中的**update**动作可以使用了。密码重设失败和成功后显示的页面分别如图12-12和图12-13所示。（你可能不想等两个小时再确认效果，本节的练习中有一题，为第三个分支编写测试。）

练习

购买本书的读者可以访问railstutorial.org/aw-solutions免费查看练习的解答。如果想查看其他人的答案，以及记录自己的答案，请加入Learn Enough Society（learnenough.com/society）。

(1) 打开12.2.1节邮件中的链接，在页面中填写不一致的密码，会看到什么错误消息？

(2) 在Rails控制台中找到邮件中链接对应的用户，获取**password_digest**属性的值。然后在如图12-12所示的表单中填写匹配的密码，提交后有什么效果？对**password_digest**属性的值有什么影响？提示：使用**user.reload**方法加载新值。

12

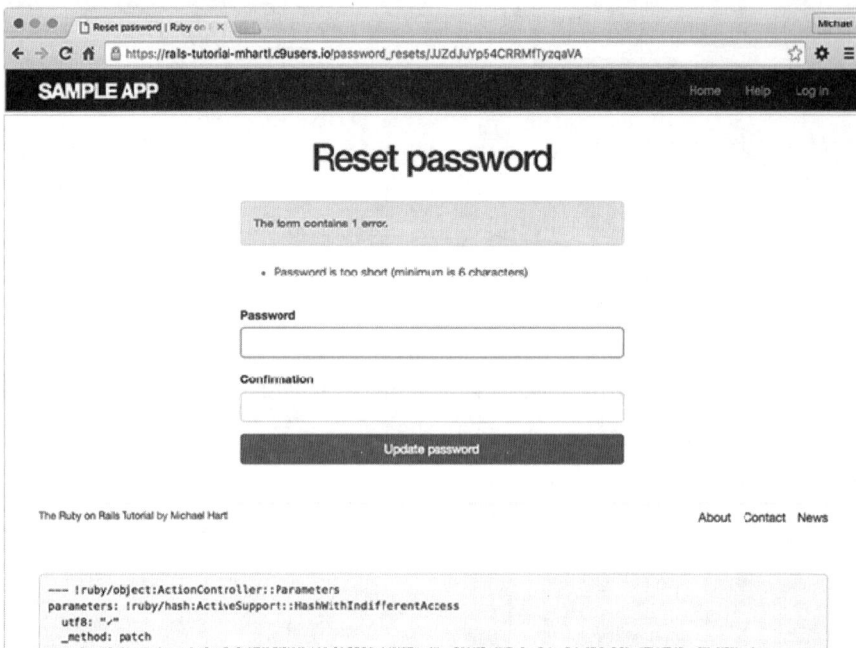

图12-12　密码重设失败

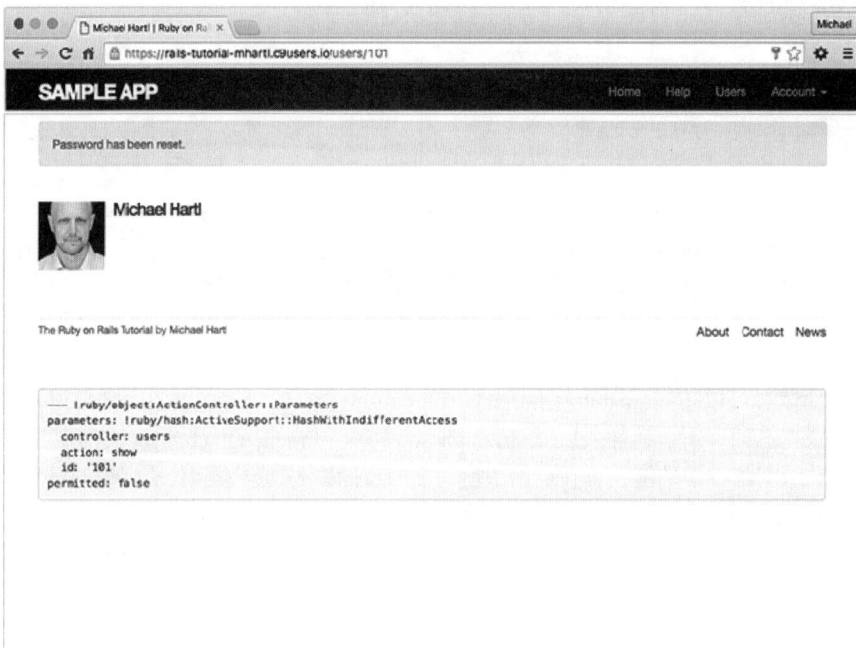

图12-13　密码重设成功

12.3.3　测试密码重设功能

本节，我们要编写一个集成测试，覆盖代码清单12-16中的两个分支：重设失败和重设成功。（前面说过，第三个分支的测试留作练习。）首先，为重设密码功能生成一个测试文件：

```
$ rails generate integration_test password_resets
      invoke  test_unit
      create     test/integration/password_resets_test.rb
```

这个测试的步骤大致与代码清单11-33中的账户激活测试差不多，不过开头有点不同。首先访问"Forgot password"表单，分别提交无效和有效的电子邮件地址，电子邮件地址有效时要创建密码重设令牌，并且发送重设邮件。然后，访问邮件中的链接，分别提交无效和有效的密码，验证各自的行为是否正确。最终写出的测试如代码清单12-18所示。这是一个不错的练习，可以锻炼阅读代码的能力。

代码清单12-18　密码重设功能的集成测试

test/integration/password_resets_test.rb

```ruby
require 'test_helper'

class PasswordResetsTest < ActionDispatch::IntegrationTest

  def setup
    ActionMailer::Base.deliveries.clear
    @user = users(:michael)
  end

  test "password resets" do
    get new_password_reset_path
    assert_template 'password_resets/new'
    # 电子邮件地址无效
    post password_resets_path, params: { password_reset: { email: "" } }
    assert_not flash.empty?
    assert_template 'password_resets/new'
    # 电子邮件地址有效
    post password_resets_path,
         params: { password_reset: { email: @user.email } }
    assert_not_equal @user.reset_digest, @user.reload.reset_digest
    assert_equal 1, ActionMailer::Base.deliveries.size
    assert_not flash.empty?
    assert_redirected_to root_url
    # 密码重设表单
    user = assigns(:user)
    # 电子邮件地址错误
    get edit_password_reset_path(user.reset_token, email: "")
    assert_redirected_to root_url
    # 用户未激活
    user.toggle!(:activated)
    get edit_password_reset_path(user.reset_token, email: user.email)
    assert_redirected_to root_url
    user.toggle!(:activated)
    # 电子邮件地址正确，令牌不对
    get edit_password_reset_path('wrong token', email: user.email)
```

12

```
    assert_redirected_to root_url
    # 电子邮件地址正确，令牌也对
    get edit_password_reset_path(user.reset_token, email: user.email)
    assert_template 'password_resets/edit'
    assert_select "input[name=email][type=hidden][value=?]", user.email
    # 密码和密码确认不匹配
    patch password_reset_path(user.reset_token),
          params: { email: user.email,
                    user: { password:              "foobaz",
                            password_confirmation: "barquux" } }
    assert_select 'div#error_explanation'
    # 密码为空值
    patch password_reset_path(user.reset_token),
          params: { email: user.email,
                    user: { password:              "",
                            password_confirmation: "" } }
    assert_select 'div#error_explanation'
    # 密码和密码确认有效
    patch password_reset_path(user.reset_token),
          params: { email: user.email,
                    user: { password:              "foobaz",
                            password_confirmation: "foobaz" } }
    assert is_logged_in?
    assert_not flash.empty?
    assert_redirected_to user
  end
end
```

代码清单12-18中的大多数用法前面都见过，但是针对**input**标签的测试有点陌生：

```
assert_select "input[name=email][type=hidden][value=?]", user.email
```

这行代码的意思是，页面中有**name**属性、类型（隐藏）和电子邮件地址都正确的**input**标签：

```
<input id="email" name="email" type="hidden" value="michael@example.com" />
```

现在，测试组件应该能通过：

代码清单12-19　GREEN

```
$ rails test
```

练习

购买本书的读者可以访问railstutorial.org/aw-solutions免费查看练习的解答。如果想查看其他人的答案，以及记录自己的答案，请加入Learn Enough Society（learnenough.com/society）。

(1) 在代码清单12-6中，**create_reset_digest**方法调用了两次**update_attribute**方法，每一次调用都要单独执行一个数据库事务。填写代码清单12-20中缺少的代码，把两个**update_attribute**调用换成一个**update_columns**调用，这样修改只会与数据库交互一次。改完后运行测试组件，确保仍能通过。（代码清单12-20中包含代码清单11-39的解答。）

(2) 填写代码清单12-21中缺少的代码，为代码清单12-16中的密码重设请求超时分支编写集成测试。（这里使用的**response.body**用于获取返回页面中的HTML。）检查是否过期有很多方法，这里使用的方法是，检查响应主体中是否包含单词"expired"（不区分大小写）。

（3）几小时后让密码重设请求过期是个不错的安全防护措施，可是对使用公共电脑的用户来说，安全隐患更大。这是因为密码重设链接的有效期是两小时，而在这段时间内，即便用户已经退出，重设链接仍能使用。如果用户在公共电脑上重设密码，任何人都能点击后退按钮，然后再次重设密码（从而使用新密码登录）。为了避免这个问题，添加代码清单12-22中的代码，在用户成功修改密码后清除重设摘要。[①]

（4）在代码清单12-18中添加一行代码，测试前一题实现的重设摘要清除功能。**提示**：使用 **assert_nil**（首次使用是在代码清单9-25中）和 **user.reload**（代码清单11-33）直接测试 **reset_digest**属性。

代码清单12-20　使用update_columns的代码模板

app/models/user.rb

```ruby
class User < ApplicationRecord
  attr_accessor :remember_token, :activation_token, :reset_token
  before_save   :downcase_email
  before_create :create_activation_digest
  .
  .
  .
  # 激活账户
  def activate
    update_columns(activated: true, activated_at: Time.zone.now)
  end

  # 发送激活邮件
  def send_activation_email
    UserMailer.account_activation(self).deliver_now
  end

  # 设置密码重设相关的属性
  def create_reset_digest
    self.reset_token = User.new_token
    update_columns(reset_digest:  FILL_IN, reset_sent_at: FILL_IN)
  end

  # 发送密码重设邮件
  def send_password_reset_email
    UserMailer.password_reset(self).deliver_now
  end

  private

    # 把电子邮件地址转换成小写
    def downcase_email
      self.email = email.downcase
    end
```

---

① 感谢读者Tristan Ludowyk提出这个建议，并且提供详细说明和实现方式。

12

```
    # 创建并赋值激活令牌和摘要
    def create_activation_digest
      self.activation_token  = User.new_token
      self.activation_digest = User.digest(activation_token)
    end
end
```

代码清单12-21　测试密码重设请求超时（GREEN）

test/integration/password_resets_test.rb

```
require 'test_helper'

class PasswordResetsTest < ActionDispatch::IntegrationTest

  def setup
    ActionMailer::Base.deliveries.clear
    @user = users(:michael)
  end
  .
  .
  .
  test "expired token" do
    get new_password_reset_path
    post password_resets_path,
         params: { password_reset: { email: @user.email } }

    @user = assigns(:user)
    @user.update_attribute(:reset_sent_at, 3.hours.ago)
    patch password_reset_path(@user.reset_token),
          params: { email: @user.email,
                    user: { password:              "foobar",
                            password_confirmation: "foobar" } }
    assert_response :redirect
    follow_redirect!
    assert_match /FILL_IN/i, response.body
  end
end
```

代码清单12-22　成功重设密码后清除重设摘要

app/controllers/password_resets_controller.rb

```
class PasswordResetsController < ApplicationController
  .
  .
  .
  def update
    if params[:user][:password].empty?
      @user.errors.add(:password, "can't be empty")
      render 'edit'
    elsif @user.update_attributes(user_params)
      log_in @user
      @user.update_attribute(:reset_digest, nil)
      flash[:success] = "Password has been reset."
      redirect_to @user
```

```
      else
        render 'edit'
      end
    end
    .
    .
    .
  end
```

12.4　在生产环境中发送邮件（再谈）

前面已经在开发环境中实现了密码重设功能，本节要配置应用，让它在生产环境中能真正地发送邮件。相关的步骤与实现账户激活功能时一样，如果你已经按照11.4节所讲的做了，可以直接跳到代码清单12-24。

我们要在生产环境中使用SendGrid服务发送邮件。这个服务是Heroku的扩展，只有通过认证的账户才能使用。（要在Heroku的账户中填写信用卡信息，不过认证不收费。）对我们的应用来说，入门套餐就够了（免费，写作本书时限制每天最多发送400封邮件）。可以使用下面的命令添加这个扩展：

```
$ heroku addons:create sendgrid:starter
```

（如果你使用的是Heroku的旧版命令行接口，这个命令可能无法执行。这个问题有两种解决方法：其一，升级到最新的Heroku工具包；其二，使用旧句法heroku addons:add sendgrid:starter。）

为了让应用使用SendGrid发送邮件，我们要在生产环境中配置SMTP，还要定义一个host变量，设置生产环境中网站的地址，如代码清单12-23所示。

代码清单12-23　配置应用，在生产环境中使用SendGrid
config/environments/production.rb

```
Rails.application.configure do
  .
  .
  .
  config.action_mailer.raise_delivery_errors = true
  config.action_mailer.delivery_method = :smtp
  host = '<your heroku app>.herokuapp.com'
  config.action_mailer.default_url_options = { host: host }
  ActionMailer::Base.smtp_settings = {
    :address        => 'smtp.sendgrid.net',
    :port           => '587',
    :authentication => :plain,
    :user_name      => ENV['SENDGRID_USERNAME'],
    :password       => ENV['SENDGRID_PASSWORD'],
    :domain         => 'heroku.com',
    :enable_starttls_auto => true
  }
  .
  .
  .
end
```

12

代码清单12-23中设置了SendGrid账户的用户名（**user_name**）和密码（**password**），但是注意，这两个值是从**ENV**环境变量中获取的，而没有直接写入代码。这是生产环境应用的最佳实践，为了安全，绝不能在源码中写入敏感信息，例如原始密码。这两个值由SendGrid扩展自动设置，13.4.4 节会介绍如何自己定义。

现在，应该把主题分支合并到主分支中（代码清单12-24）：

代码清单12-24　把password-reset分支合并到master分支

```
$ rails test
$ git add -A
$ git commit -m "Add password reset"
$ git checkout master
$ git merge password-reset
```

然后，推送到远程仓库，再部署到Heroku：

```
$ rails test
$ git push
$ git push heroku
$ heroku run rails db:migrate
```

部署到Heroku中之后，可以点击"forgot password"链接（图12-4）重设密码。你会收到一封重设邮件，如图12-14所示。点击邮件中的链接，输入无效密码或有效密码，效果应该同生产环境中一样（图12-12和图12-13）。

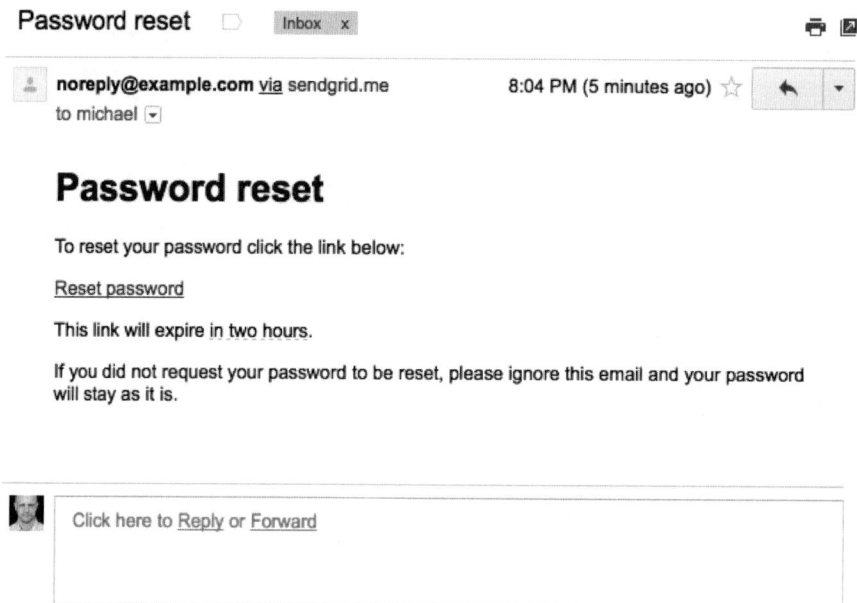

图12-14　生产环境中的应用发送的密码重设邮件

练习

购买本书的读者可以访问railstutorial.org/aw-solutions免费查看练习的解答。如果想查看其他人的答案，以及记录自己的答案，请加入Learn Enough Society（learnenough.com/society）。

(1) 在生产环境中重设密码。能收到电子邮件吗？

(2) 点击密码重设邮件中的链接，然后重设密码。在服务器的日志中能看到什么？**提示**：在命令行中执行**heroku logs**命令。

(3) 你能成功更新密码吗？

12.5　小结

实现密码重设功能后，我们的演示应用已经完整实现了"注册–登录–退出"机制，而且是专业级的。本书剩下的章节将以此为基础，实现类似Twitter的微博（第13章）和所关注用户的微博动态流（第14章）。在实现的过程中，我们会学到一些Rails提供的强大功能，例如图像上传、自定义数据库查询，以及使用**has_many**和**has_many :through**实现的高级数据模型。

本章所学

- 与会话和账户激活一样，密码重设虽然没有对应的Active Record对象，但也可以看作一个资源；
- Rails可以生成Action Mailer动作和视图，用于发送邮件；
- Action Mailer支持纯文本邮件和HTML邮件；
- 与普通的动作和视图一样，在邮件程序的视图中也可以使用邮件程序动作中的实例变量；
- 使用生成的令牌创建唯一的URL，用于重设密码；
- 使用哈希摘要安全识别有效的密码重设请求；
- 邮件程序的测试和集成测试对确认邮件程序的行为都有用；
- 在生产环境中可以使用SendGrid发送电子邮件。

12.6　证明超时比较算式

我们在12.3节讲过（代码清单12-17），确定密码重设请求是否超时的比较算式是：

```
reset_sent_at < 2.hours.ago
```

乍一看容易理解成"密码重设邮件发出少于两小时"，这和想表达的意思正好相反。本节我们要证明这个比较算式是正确的。[①]

下面先来定义两个时间间隔：Δt_r 表示发送密码重设邮件后经过的时间，Δt_e 表示限制的失效时长（例如两个小时）。如果邮件发出后经过的时间比限制的失效时长长，说明此次密码重设请求已经失效，即：

[①] 一本由某位物理博士写的Web开发教程才能提供这样的证明。你应该庆幸我没有证明 $\left(-\frac{\hbar^2}{2m}\nabla^2 + V\right)\psi = E\psi$ 或 $G^{\mu\nu} = 8\pi T^{\mu\nu}(= 4\tau T^{\mu\nu})$。

$$\Delta t_r > \Delta t_e \tag{12.1}$$

如果用 t_N 表示现在的时间，t_r 表示发送邮件的时间，t_e 表示失效的时间（例如两个小时以前），那么：

$$\Delta t_r = t_N - t_r \tag{12.2}$$

$$\Delta t_e = t_N - t_e \tag{12.3}$$

把这两个等式代入第一个算式：

$$\Delta t_r > \Delta t_e$$

$$t_N - t_r > t_N - t_e$$

$$-t_r > -t_e$$

在这个不等式的两边乘以–1后得到：

$$t_r < t_e \tag{12.4}$$

把 t_e =2.hours.ago代入这个不等式后就能得到代码清单12-17中的**password_reset_expired?**方法：

```
def password_reset_expired?
  reset_sent_at < 2.hours.ago
end
```

12.3节说过，如果把**<**理解成"超过"而不是"小于"的话，就能得到一个符合人类逻辑的句子："密码重设邮件已经发出超过两小时"。

## 第 13 章

用户的微博

13

在开发这个演示应用的过程中，我们用到了四个资源：Users、Sessions、Account Activations和Password Resets。但只有第一个资源通过Active Record模型对应了数据库中的表。本章将再实现一个这样的资源——用户的**微博**（Microposts），即用户发布的短消息。[1]第2章实现了微博的雏形，本章则会在2.3节的基础上，实现一个功能完整的Microposts资源。首先，我们要创建**Micropost**数据模型，通过**has_many**和**belongs_to**方法把微博和用户关联起来，然后再创建处理和显示微博所需的表单及局部视图（13.4节还要实现图像上传功能）。第14章还要加入关注其他用户的功能，届时，我们这个小型Twitter克隆版才算完成。

13.1 **Micropost** 模型

实现Microposts资源的第一步是创建**Micropost**数据模型，在模型中设定微博的基本特征。与2.3节创建的模型类似，这里要实现的**Micropost**模型包含数据验证，以及与**User**模型之间的关联。除此之外，我们还会做充分的测试，指定默认的**排序方式**，以及自动删除已注销用户的微博。

如果使用Git做版本控制的话，和之前一样，建议你新建一个主题分支：

```
$ git checkout -b user-microposts
```

13.1.1 基本模型

Micropost模型只需要两个属性：一个是 **content**，保存微博的内容；另一个是user_id，把微博和用户关联起来。**Micropost**模型的结构如图13-1所示。

microposts	
id	integer
content	text
user_id	integer
created_at	datetime
updated_at	datetime

图13-1 **Micropost**数据模型

---

① 因为人们常把Twitter称为**微博客**（microblog），所以才用这个名称。博客里的是文章，微博客里的是微博。

注意，在这个模型中，**content**属性的类型为**text**，而不是**string**，目的是存储任意长度的文本。虽然我们会限制微博内容的长度不超过140个字符（13.1.2节），也就是说在**string**类型的255个字符长度的限制内，但使用**text**能更好地表达微博的特性，即把微博看成一段文本更符合常理。在13.3.2节，我们会把文本字段换成多行文本字段，用于提交微博。而且，如果以后想让微博的内容更长一些（例如包含多国文字），使用**text**类型处理起来更灵活。何况，在生产环境中使用**text**类型并没有什么性能差异，[①]所以不会有什么额外消耗。

与**User**模型（代码清单6-1）一样，我们要使用**generate model**命令生成**Micropost**模型（代码清单13-1）。

代码清单13-1　生成Micropost模型

```
$ rails generate model Micropost content:text user:references
```

上述命令生成的迁移用于创建**Micropost**模型，如代码清单13-2所示。这个模型与其他模型一样，继承自**ApplicationRecord**类（6.1.2节），不过生成的模型中有一行用于指定一篇微博属于（**belongs_to**）一个用户，这是因为我们在**generate model**命令中指定了**user:references**参数。那一行代码的作用将在13.1.3节进行说明。

代码清单13-2　生成的Micropost模型

app/models/micropost.rb

```
class Micropost < ApplicationRecord
  belongs_to :user
end
```

代码清单13-1中的**generate**命令会生成一个迁移文件，用于在数据库中生成一个名为**microposts**的表，如代码清单13-3所示。可以和代码清单6-2中生成**users**表的迁移对照一下。二者之间最大的区别是，前者用到了**references**类型。**references**会自动添加**user_id**列（以及索引和外键引用）[②]，把用户和微博关联起来。与**User**模型一样，**Micropost**模型的迁移中也自动生成了**t.timestamps**。6.1.1节说过，这行代码的作用是添加**created_at**和**updated_at**两列，如图13-1所示。（13.1.4节将使用**created_at**列。）

代码清单13-3　创建Micropost模型的迁移文件，还会创建索引

db/migrate/[timestamp]_create_microposts.rb

```
class CreateMicroposts < ActiveRecord::Migration[5.0]
  def change
    create_table :microposts do |t|
      t.text :content
      t.references :user, foreign_key: true
```

[①] http://www.postgresql.org/docs/9.1/static/datatype-character.html
[②] 外键引用是数据库层约束，指明microposts表中的用户ID指代users表中的id列。这个细节对本教程来说不重要，而且不是所有数据库都支持外键约束。（我们在生产环节中使用的PostgreSQL支持，但是开发环境使用的SQLite数据库适配器不支持。）14.1.2节将进一步学习外键。

```
      t.timestamps
    end
    add_index :microposts, [:user_id, :created_at]
  end
end
```

因为我们会按照发布时间的倒序检索某个用户发布的所有微博，所以在上述代码中为**user_id**和
created_at列创建了索引（旁注6.2）：

```
add_index :microposts, [:user_id, :created_at]
```

这里把**user_id**和**created_at**放在一个数组中，告诉Rails我们要创建的是**多键索引**（multiple key
index），因此Active Record会同时使用这两个键。

然后随着代码清单13-3中的迁移，像之前一样，执行下面的命令更新数据库：

```
$ rails db:migrate
```

练习

购买本书的读者可以访问railstutorial.org/aw-solutions免费查看练习的解答。如果想查看其他人的
答案，以及记录自己的答案，请加入Learn Enough Society（learnenough.com/society）。

(1) 在Rails控制台中使用**Micropost.new**实例化一个**Micropost**对象，将其赋值给**micropost**变
量，然后把内容设为**"Lorem ipsum"**，把用户ID设为数据库中第一个用户的ID。自动创建的
created_at和**updated_at**两列的值分别是什么？

(2) 前一题中**micropost.user**的值是什么？**micropost.user.name**呢？

(3) 把**micropost**存入数据库，那两个自动创建的列的值是什么？

13.1.2　**Micropost** 模型的数据验证

我们已经创建了基本的数据模型，下面要添加一些验证，实现符合需求的约束。**Micropost**模型
必须要有一个属性表示用户的ID，这样才能知道某篇微博是由哪个用户发布的。实现这样的属性，最
好的方法是使用Active Record关联。此关联在13.1.3节实现，现在直接处理**Micropost**模型。

这里可以参照**User**模型的测试（代码清单6-7），在**setup**方法中新建一个微博对象，并把它和
固件中的一个有效用户关联起来，然后在测试中检查这个微博对象是否有效。因为每篇微博都有一
个用户ID，所以我们还要为**user_id**属性的存在性验证编写一个测试。综上所述，测试如代码清单
13-4所示。

代码清单13-4　测试微博是否有效（GREEN）

test/models/micropost_test.rb

```
require 'test_helper'

class MicropostTest < ActiveSupport::TestCase

  def setup
    @user = users(:michael)
    # 这行代码不符合常见做法
    @micropost = Micropost.new(content: "Lorem ipsum", user_id: @user.id)
```

13

```
  end

  test "should be valid" do
    assert @micropost.valid?
  end

  test "user id should be present" do
    @micropost.user_id = nil
    assert_not @micropost.valid?
  end
end
```

如**setup**方法中的注释所说，创建微博使用的方法不符合常见做法，我们会在13.1.3节修正。

与**User**模型的测试（代码清单6-5）一样，代码清单13-4中的第一个测试只是健全性测试，而第二个测试检查有没有设定用户ID。为了让测试通过，我们要添加存在性验证，如代码清单13-5所示。

代码清单13-5　验证微博的**user_id**是否存在（GREEN）

app/models/micropost.rb

```
class Micropost < ActiveRecord::Base
  belongs_to :user
  validates :user_id, presence: true
end
```

顺便说一下，在Rails 5中，即便没有代码清单13-5中的那个验证，代码清单13-4中的测试也能通过，不过必须使用代码清单13-4中突出显示的那行不符合习惯的写法。换成代码清单13-12中符合习惯的写法之后，必须为用户ID添加存在性验证，所以我们在这里添加了验证。

现在测试应该（依然）能通过。

代码清单13-6　GREEN

```
$ rails test:models
```

接下来，我们要为**content**属性加上数据验证（参照2.3.2节的做法）。和**user_id**一样，**content**属性必须存在，而且还要限制内容的长度不能超过140个字符，这才是真正的"微"博。

与**User**模型的数据验证一样（6.2节），我们将使用测试驱动开发方式添加微博内容的验证。下面参照**User**模型的验证测试，编写一些简单的测试，如代码清单13-7所示。

代码清单13-7　测试**Micropost**模型的验证（RED）

test/models/micropost_test.rb

```
require 'test_helper'

class MicropostTest < ActiveSupport::TestCase

  def setup
    @user = users(:michael)
    @micropost = Micropost.new(content: "Lorem ipsum", user_id: @user.id)
  end
```

```
test "should be valid" do
  assert @micropost.valid?
end

test "user id should be present" do
  @micropost.user_id = nil
  assert_not @micropost.valid?
end

test "content should be present" do
  @micropost.content = "   "
  assert_not @micropost.valid?
end

test "content should be at most 140 characters" do
  @micropost.content = "a" * 141
  assert_not @micropost.valid?
end
end
```

与6.2节一样，代码清单13-7也用到了字符串连乘来测试微博的内容长度验证：

```
$ rails console
>> "a" * 10
=> "aaaaaaaaaa"
>> "a" * 141
=> "aaaaaaaaaaaaaaaaaaaaaaaaaaaaaaaaaaaaaaaaaaaaaaaaaaaaaaaaaaaaaaaaaaaaaaaaaa
aaaaaaaaaaaaaaaaaaaaaaaaaaaaaaaaaaaaaaaaaaaaaaaaaaaaaaaaaaaaaaaaaaaaa"
```

在模型中添加的代码基本上和**User**模型中**name**属性的验证一样（代码清单6-16），如代码清单13-8所示。

代码清单13-8 **Micropost**模型的验证（GREEN）

app/models/micropost.rb

```
class Micropost < ApplicationRecord
  belongs_to :user
  validates :user_id, presence: true
  validates :content, presence: true, length: { maximum: 140 }
end
```

现在，测试组件应该能通过。

代码清单13-9 GREEN

```
$ rails test
```

13

练习

购买本书的读者可以访问railstutorial.org/aw-solutions免费查看练习的解答。如果想查看其他人的答案，以及记录自己的答案，请加入Learn Enough Society（learnenough.com/society）。

(1) 在Rails控制台中实例化一个**Micropost**对象，不要设定用户ID和内容。这个对象有效吗？完整的错误消息是什么？

(2) 在Rails控制台中再实例化一个**Micropost**对象，不要设定用户ID，但是把内容设为一个特别长的字符串。这个对象有效吗？完整的错误消息是什么？

13.1.3 **User** 模型和 **Micropost** 模型之间的关联

为Web应用构建数据模型时，最基本的要求是要能够在不同的模型之间建立**关联**。在这个应用中，每篇微博都属于某个用户，而每个用户一般都有多篇微博。用户和微博之间的关系在2.3.3节简单介绍过，如图13-2和图13-3所示。在实现这种关联的过程中，我们会为**Micropost**模型和**User**模型编写一些测试。

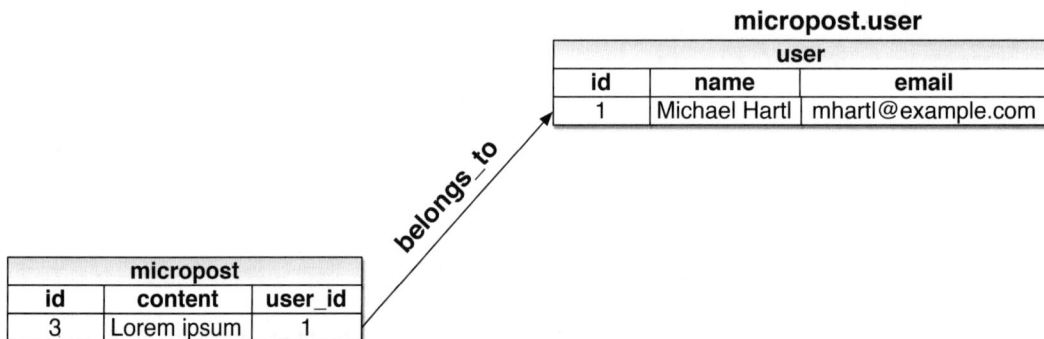

图13-2　微博和所属用户之间的"属于"（**belongs_to**）关系

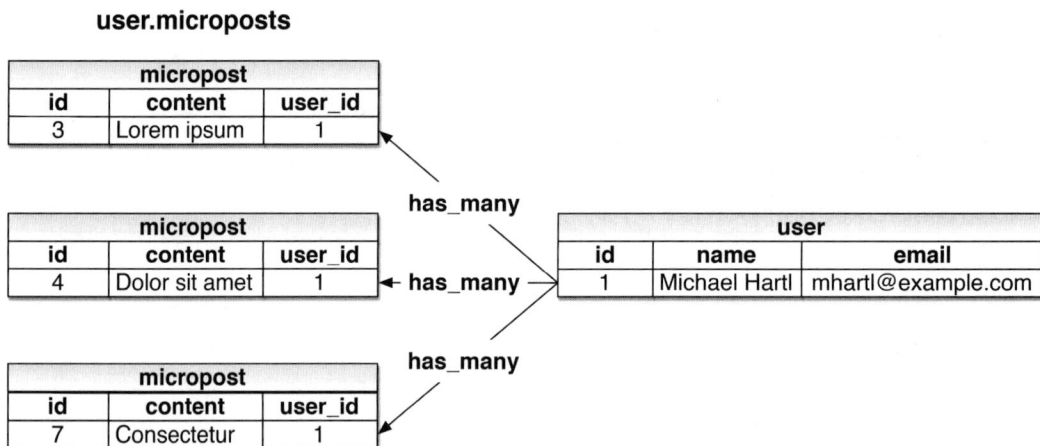

图13-3　用户和微博之间的"拥有多个"（**has_many**）关系

使用本节实现的**belongs_to/has_many**关联之后，Rails会自动创建一些方法，如表13-1所示。注意，从表中可知，相较于下面的方法

```
Micropost.create
Micropost.create!
Micropost.new
```

我们得到了下面几个方法：

```
user.microposts.create
user.microposts.create!
user.microposts.build
```

后者才是创建微博的正确方式，即通过相关联的用户对象创建。通过这种方式创建的微博，其 **user_id** 属性会自动设为正确的值。所以，我们可以把代码清单13-4中的下述代码

```
@user = users(:michael)
# 这行代码不符合常见做法
@micropost = Micropost.new(content: "Lorem ipsum", user_id: @user.id)
```

改为

```
@user = users(:michael)
@micropost = @user.microposts.build(content: "Lorem ipsum")
```

（与 **new** 方法一样，**build** 方法返回一个存储在内存中的对象，不会修改数据库。）只要关联定义正确，**@micropost** 变量的 **user_id** 属性就会自动设为所关联用户的ID。

表13-1　用户和微博之间建立关联后得到的方法简介

方　　法	作　　用
`micropost.user`	返回与微博关联的用户对象
`user.microposts`	返回用户发布的所有微博
`user.microposts.create(arg)`	创建一篇user发布的微博
`user.microposts.create!(arg)`	创建一篇user发布的微博（失败时抛出异常）
`user.microposts.build(arg)`	返回一个user发布的新微博对象
`user.microposts.find_by(id: 1)`	查找user发布的一篇微博，而且微博的ID为1

为了让 **@user.microposts.build** 这样的代码能使用，我们要修改 **User** 模型和 **Micropost** 模型，添加一些代码，把这两个模型关联起来。代码清单13-3中的迁移已经自动添加了 **belongs_to :user**，如代码清单13-10所示。关联的另一端，**has_many :microposts**，要自己动手添加，如代码清单13-11所示。

代码清单13-10　一篇微博属于（**belongs_to**）一个用户（GREEN）

app/models/micropost.rb

```
class Micropost < ApplicationRecord
  belongs_to :user
  validates :user_id, presence: true
  validates :content, presence: true, length: { maximum: 140 }
end
```

13

代码清单13-11   一个用户拥有多篇（`has_many`）微博（GREEN）

app/models/user.rb

```
class User < ApplicationRecord
  has_many :microposts
    .
    .
    .
end
```

定义好关联后，我们可以修改代码清单13-4中的**setup**方法，使用正确的方式创建一个微博对象，如代码清单13-12所示。

代码清单13-12   使用正确的方式创建微博对象（GREEN）

test/models/micropost_test.rb

```
require 'test_helper'

class MicropostTest < ActiveSupport::TestCase

  def setup
    @user = users(:michael)
    @micropost = @user.microposts.build(content: "Lorem ipsum")
  end

  test "should be valid" do
    assert @micropost.valid?
  end

  test "user id should be present" do
    @micropost.user_id = nil
    assert_not @micropost.valid?
  end
    .
    .
    .
end
```

当然，经过这次简单的重构后测试组件应该还能通过。

代码清单13-13   GREEN

```
$ rails test
```

练习

购买本书的读者可以访问railstutorial.org/aw-solutions免费查看练习的解答。如果想查看其他人的答案，以及记录自己的答案，请加入Learn Enough Society（learnenough.com/society）。

(1) 把数据库中的第一个用户赋值给**user**变量。运行**micropost = user.microposts.create(content: "Lorem ipsum")**的结果如何？

(2) 前一题应该会在数据库中创建一篇微博。使用**user.microposts.find(micropost.id)**确认这一点。如果传入的是**micropost**而不是**micropost.id**，会怎样？

(3) **user == micropost.user**的结果是什么？**user.microposts.first == micropost**呢？

13.1.4　改进 Micropost 模型

本节，我们要改进一下用户和微博之间的关联：按照特定的**顺序**取回用户的微博，并且让微博**依属于**用户，如果用户注销了，就自动删除这个用户发布的所有微博。

1. 默认作用域

默认情况下，**user.microposts**不能确保微博的顺序，但是（按照博客和Twitter的习惯）我们希望微博按照创建的时间倒序排列，也就是最新发布的微博在前面。[①]为此，我们要使用**默认作用域**（default scope）。

这样的功能很容易让测试意外通过（就算应用代码不对，测试也能通过），所以我们要使用测试驱动开发技术，确保实现的方式是正确的。首先，编写一个测试，检查数据库中的第一篇微博和微博固件中名为**most_recent**的微博相同，如代码清单13-14所示。

代码清单13-14　测试微博的顺序（RED）

test/models/micropost_test.rb

```
require 'test_helper'

class MicropostTest < ActiveSupport::TestCase
  .
  .
  .
  test "order should be most recent first" do
    assert_equal microposts(:most_recent), Micropost.first
  end
end
```

这段代码要使用微博固件，所以我们要定义固件，如代码清单13-15所示。

代码清单13-15　微博固件

test/fixtures/microposts.yml

```
orange:
  content: "I just ate an orange!"
  created_at: <%= 10.minutes.ago %>

tau_manifesto:
  content: "Check out the @tauday site by @mhartl: http://tauday.com"
```

---

① 10.5节显示用户列表时遇到过类似的问题。

13

```
      created_at: <%= 3.years.ago %>

  cat_video:
    content: "Sad cats are sad: http://youtu.be/PKffm2uI4dk"
    created_at: <%= 2.hours.ago %>

  most_recent:
    content: "Writing a short test"
    created_at: <%= Time.zone.now %>
```

注意，这里使用嵌入式Ruby明确设置了**created_at**属性的值。这个属性由Rails自动更新，一般无法手动设置，但在固件中可以这么做。实际上可能不用自己设置这些属性，因为在某些系统中固件会按照定义的顺序创建。在这个文件中，最后一个固件最后创建（因此是最新的一篇微博）。但是绝不要依赖这种行为，因为并不可靠，而且在不同的系统中有差异。

现在，测试组件应该无法通过。

代码清单13-16   RED

```
  $ rails test test/models/micropost_test.rb \
  >             --name test_order_should_be_most_recent_first
```

我们要使用Rails提供的**default_scope**方法让测试通过。这个方法的作用很多，这里要用它设定从数据库中检索数据的默认顺序。为了得到特定的顺序，需要在**default_scope**方法中指定**order**参数，按**created_at**列的值排序，如下所示：

```
  order(:created_at)
```

可是，这实现的是"升序"（ascending），从小到大排列，即最早发布的微博排在最前面。为了让微博降序排列，我们要向下走一层，使用纯SQL语句：

```
  order('created_at DESC')
```

在SQL中，**DESC**表示"降序"（descending），即新发布的微博在前面。[1]在以前的Rails版本中，必须使用纯SQL语句才能实现这个需求，但从Rails 4.0起，可以使用纯Ruby句法实现：

```
  order(created_at: :desc)
```

把默认作用域加入**Micropost**模型，如代码清单13-17所示。

代码清单13-17   使用default_scope排序微博（GREEN）

app/models/micropost.rb

```
  class Micropost < ApplicationRecord
    belongs_to :user
    default_scope -> { order(created_at: :desc) }
    validates :user_id, presence: true
    validates :content, presence: true, length: { maximum: 140 }
  end
```

---

① SQL不区分大小写，但是习惯上把SQL关键字（如**DESC**）写成全大写。

代码清单13-17中使用了"箭头"句法，这表示一种对象，叫Proc（procedure）或lambda，即**匿名函数**（anonymous function，没有名称的函数）。**->**接受一个代码块（4.3.2节），返回一个Proc，然后在这个Proc上调用**call**方法执行其中的代码。我们可以在控制台中看一下怎么使用Proc：

```
>> -> { puts "foo" }
=> #<Proc:0x007fab938d0108@(irb):1 (lambda)>
>> -> { puts "foo" }.call
foo
=> nil
```

（Proc是相对高级的Ruby知识，如果现在不理解也不用担心。）

按照代码清单13-17修改之后，测试应该可以通过了。

代码清单13-18　GREEN

```
$ rails test
```

2. 依属关系：destroy

除了设定恰当的顺序外，我们还要对**Micropost**模型做一项改进。之前在10.4节讲过，管理员有**删除用户**的权限。那么，在删除用户的同时，有必要把该用户发布的微博也删除。

为此，我们可以把一个选项传给**has_many**关联方法，如代码清单13-19所示。

代码清单13-19　确保用户的微博在删除用户的同时也被删除
app/models/user.rb

```
class User < ApplicationRecord
  has_many :microposts, dependent: :destroy
  .
  .
  .
end
```

dependent：:destroy的作用是当用户被删除的时候，把这个用户发布的微博也删除。这么一来，如果管理员删除了用户，数据库中就不会出现无主的微博了。

我们可以为**User**模型编写一个测试，证明代码清单13-19中的代码是正确的。首先要保存一个用户（因此得到了用户的ID），接着创建一个属于这个用户的微博，然后检查删除用户后微博的数量有没有减少1个，如代码清单13-20所示。（与代码清单10-62中"删除"链接的集成测试对比一下。）

代码清单13-20　测试**dependent：:destroy**（GREEN）
test/models/user_test.rb

```
require 'test_helper'

class UserTest < ActiveSupport::TestCase

  def setup
    @user = User.new(name: "Example User", email: "user@example.com",
                     password: "foobar", password_confirmation: "foobar")
```

13

```
    end
    .
    .
    .
    test "associated microposts should be destroyed" do
      @user.save
      @user.microposts.create!(content: "Lorem ipsum")
      assert_difference 'Micropost.count', -1 do
        @user.destroy
      end
    end
  end
```

如果代码清单13-19中的代码正确，测试组件应该依旧能通过。

代码清单13-21　GREEN

```
$ rails test
```

练习

购买本书的读者可以访问railstutorial.org/aw-solutions免费查看练习的解答。如果想查看其他人的答案，以及记录自己的答案，请加入Learn Enough Society（learnenough.com/society）。

(1) `Micropost.first.created_at`和`Micropost.last.created_at`的值各是什么？

(2) `Micropost.first`和`Micropost.last`对应的SQL查询是什么？**提示**：查看控制台的输出。

(3) 把数据库中的第一个用户赋值给`user`变量。这个用户的第一篇微博的ID是多少？使用`destroy`方法删除数据库中的第一个用户，然后使用`Micropost.find`查找这个用户发布的第一篇微博，确认它也被删除了。

13.2　显示微博

尽管我们还没实现直接在网页中发布微博的功能（将在13.3.2节实现），不过还是有办法显示微博（并对显示的内容进行测试）。我们将按照Twitter的方式，不在`Microposts`控制器的`index`页面显示用户的微博，而在`Users`控制器的`show`页面显示，构思图如图13-4所示。我们将先使用一些简单的ERb代码，在用户的资料页面显示微博，然后在10.3.2节创建的种子数据中添加一些微博，这样才有内容可以显示。

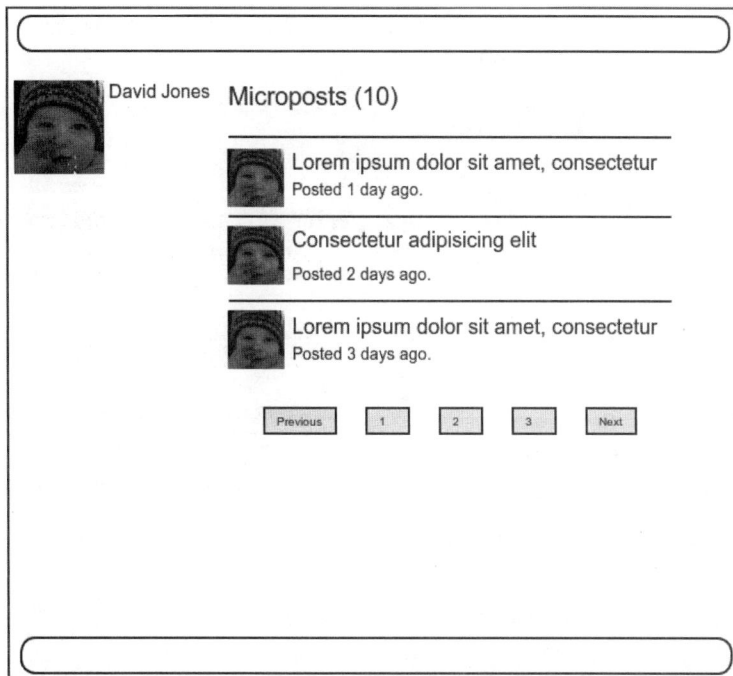

图13-4　显示有微博的资料页面构思图

13.2.1　渲染微博

我们的计划是在用户的资料页面（`show.html.erb`）显示用户的微博，同时还要显示用户发布了多少篇微博。你会发现，很多做法和10.3节列出所有用户时类似。

为了防止你在做练习时添加了微博，现在最好还原数据库，然后重新填充种子数据：

```
$ rails db:migrate:reset
$ rails db:seed
```

虽然13.3节才会用到 **Microposts** 控制器，但马上需要使用视图，所以现在就要生成控制器：

```
$ rails generate controller Microposts
```

这一节的主要目的是渲染用户发布的所有微博。10.3.5节用过这样的代码：

```
<ul class="users">
  <%= render @users %>
</ul>
```

这段代码会自动使用局部视图 **_user.html.erb** 渲染 **@users** 变量中的每个用户。同样，我们要编写 **_micropost.html.erb** 局部视图，使用类似的方式渲染微博集合：

```
<ol class="microposts">
  <%= render @microposts %>
</ol>
```

13

　　注意，我们使用的是**有序列表标签ol**（而不是无需列表**ul**），因为微博是按照一定顺序显示的（按时间倒序）。相应的局部视图如代码清单13-22所示。

代码清单13-22　显示单篇微博的局部视图

app/views/microposts/_micropost.html.erb

```
<li id="micropost-<%= micropost.id %>">
  <%= link_to gravatar_for(micropost.user, size: 50), micropost.user %>
  <span class="user"><%= link_to micropost.user.name, micropost.user %></span>
  <span class="content"><%= micropost.content %></span>
  <span class="timestamp">
    Posted <%= time_ago_in_words(micropost.created_at) %> ago.
  </span>
</li>
```

　　这个局部视图使用了**time_ago_in_words**辅助方法，它的作用应该很明显，效果会在13.2.2节看到。代码清单13-22还为每篇微博指定了CSS ID：

```
<li id="micropost-<%= micropost.id %>">
```

　　这是好习惯，说不定以后要处理单篇微博呢（例如使用JavaScript）。

　　接下来要解决显示大量微博的问题。我们可以使用10.3.3节显示大量用户的方法，即分页，来解决这个问题。和前面一样，这里要使用**will_paginate**方法：

```
<%= will_paginate @microposts %>
```

　　如果和用户列表页面的代码（代码清单10-45）比较的话，你会发现之前使用的代码是：

```
<%= will_paginate %>
```

　　前面之所以可以直接调用，是因为在**Users**控制器中，**will_paginate**假定有一个名为**@users**的实例变量（10.3.3节说过，这个变量所属的类应该是**ActiveRecord::Relation**）。现在，还在**Users**控制器中，但是我们要分页显示微博，所以必须明确地把**@microposts**变量传给**will_paginate**方法。当然了，我们还要在**show**动作中定义**@microposts**变量，如代码清单13-23所示。

代码清单13-23　在**:Users**控制器的**show**动作中定义**@microposts**实例变量

app/controllers/users_controller.rb

```
class UsersController < ApplicationController
  .
  .
  .
  def show
    @user = User.find(params[:id])
    @microposts = @user.microposts.paginate(page: params[:page])
  end
  .
  .
  .
end
```

注意**paginate**方法是多么智能，它甚至可以在关联上使用，从**microposts**表中取出每一页要显示的微博。

最后，还要显示用户发布的微博数量。我们可以使用**count**方法获得：

```
user.microposts.count
```

和**paginate**方法一样，**count**方法也可以在关联上使用。**count**的计数过程**不是**把所有微博都从数据库中读取出来，然后再在所得的数组上调用**length**方法。如果这样做的话，微博数量一旦很多，效率就会降低。其实，**count**方法直接在数据库层计算，让数据库统计指定的**user_id**拥有多少微博。〔所有数据库都会对这种操作做性能优化。如果统计数量仍然是应用的性能瓶颈，可以使用**计数器缓存**（counter cache）进一步提速。〕

综上所述，现在可以把微博添加到资料页面中了，如代码清单13-24所示。注意，**if @user.microposts.any?**（在代码清单7-21中见过类似的用法）的作用是，当用户没有发布微博时，不显示空列表。

代码清单13-24　在用户资料页面中加入微博

app/views/users/show.html.erb

```
<% provide(:title, @user.name) %>
<div class="row">
  <aside class="col-md-4">
    <section class="user_info">
      <h1>
        <%= gravatar_for @user %>
        <%= @user.name %>
      </h1>
    </section>
  </aside>
  <div class="col-md-8">
    <% if @user.microposts.any? %>
      <h3>Microposts (<%= @user.microposts.count %>)</h3>
      <ol class="microposts">
        <%= render @microposts %>
      </ol>
      <%= will_paginate @microposts %>
    <% end %>
  </div>
</div>
```

现在，可以查看一下修改后的用户资料页面，如图13-5所示。可能会出乎你的意料，不过也是理所当然的，因为当前还没有微博。下面我们就来改变这种状况。

13

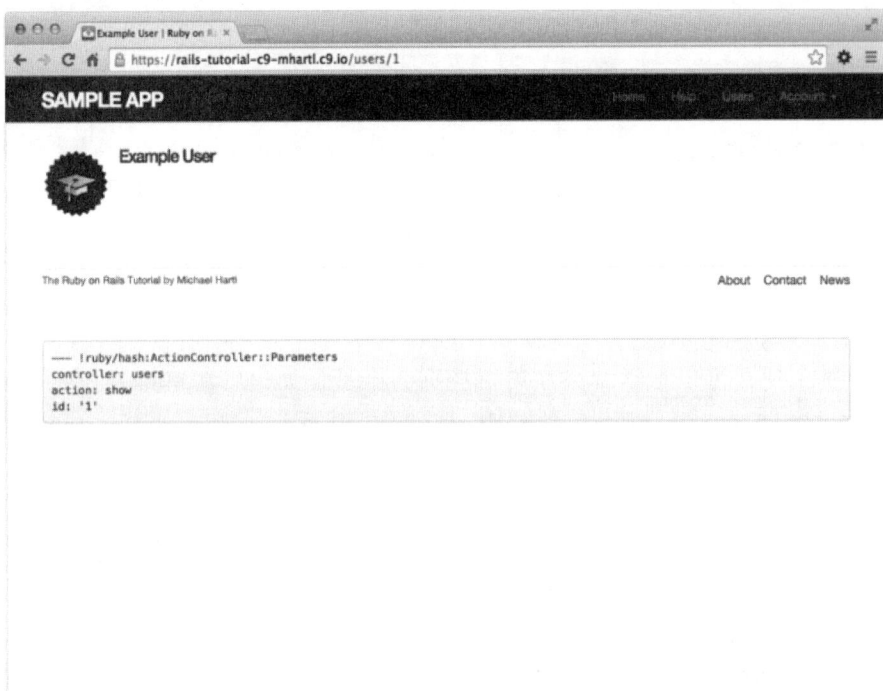

图13-5 添加显示微博的代码后用户的资料页面，但没有微博

练习

购买本书的读者可以访问railstutorial.org/aw-solutions免费查看练习的解答。如果想查看其他人的答案，以及记录自己的答案，请加入Learn Enough Society（learnenough.com/society）。

(1) 7.3.3节说过，在Rails控制台中可以通过`helper`对象调用辅助方法。在`helper`对象上调用`time_ago_in_words`方法，以文字的形式显示`3.weeks.ago`和`6.months.ago`。

(2)`helper.time_ago_in_words(1.year.ago)`得到的结果是什么？

(3) 一页微博属于哪个Ruby类？**提示**：参照代码清单13-40，把`paginate`方法的参数设为`page: nil`，然后调用`class`方法。

13.2.2 示例微博

在13.2.1节，为了显示用户的微博，我们创建或修改了几个模板，但是结果有点不理想。为了改变这种状况，我们要在10.3.2节用到的种子数据中加入一些微博。

为所有用户添加示例微博要花很长时间，所以我们决定只为前六个用户（即自定义了Gravatar的那五个用户，外加一个使用默认Gravatar的用户）添加。为此，要使用`take`方法：

```
User.order(:created_at).take(6)
```

调用`order`方法的作用是按照创建用户的顺序查找六个用户。

我们要分别为这六个用户创建50篇微博（数量多于30个才能分页）。为了生成微博的内容，我们将使用Faker gem提供的`Lorem.sentence`方法。[1]添加示例微博后的种子数据如代码清单13-25所示。 [代码清单13-25之所以采用那种顺序循环，是为了打乱动态流中的微博（14.3节）。如果先迭代用户，动态流中会批量出现同一个用户发布的微博，视觉效果不好。]

代码清单13-25 添加示例微博
db/seeds.rb

```
.
.
.
users = User.order(:created_at).take(6)
50.times do
  content = Faker::Lorem.sentence(5)
  users.each { |user| user.microposts.create!(content: content) }
end
```

然后，像之前一样重新把种子数据写入开发数据库：

```
$ rails db:migrate:reset
$ rails db:seed
```

完成后还要重启Rails开发服务器。

现在，我们能看到13.2.1节的劳动成果了——用户资料页面显示了微博。[2]初步结果如图13-6所示。

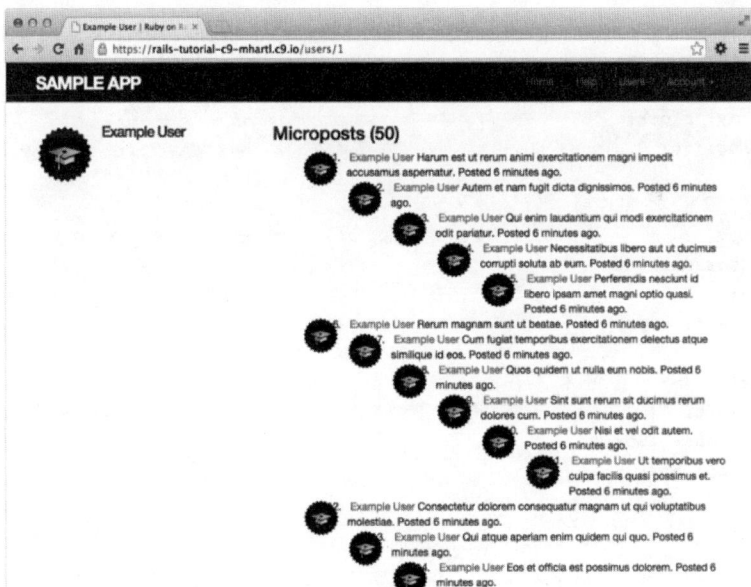

图13-6 用户资料页面显示的微博，还没添加样式

13

① `Faker::Lorem.sentence`生成lorem ipsum文本。第6章说过，lorem ipsum的背景故事很有趣（http://www.straightdope.com/columns/read/2290/what-does-the-filler-text-lorem-ipsum-mean）。

② Faker生成的lorem ipsum文本是随机的，所以你看到的示例微博可能和我的不一样。

　　图13-6中显示的微博还没有样式，那我们就加入一些，如代码清单13-26所示，[①]然后再看一下页面显示的效果。

代码清单13-26　微博的样式（包含本章要使用的所有CSS）

app/assets/stylesheets/custom.scss

```
      .
      .
      .
      /* microposts */

      .microposts {
        list-style: none;
        padding: 0;
        li {
          padding: 10px 0;
          border-top: 1px solid #e8e8e8;
        }
        .user {
          margin-top: 5em;
          padding-top: 0;
        }
        .content {
          display: block;
          margin-left: 60px;
          img {
            display: block;
            padding: 5px 0;
          }
        }
        .timestamp {
          color: $gray-light;
          display: block;
          margin-left: 60px;
        }
        .gravatar {
          float: left;
          margin-right: 10px;
          margin-top: 5px;
        }
      }

      aside {
        textarea {
          height: 100px;
          margin-bottom: 5px;
        }
```

---

① 为了方便，代码清单13-26实际上包含了本章用到的**所有**CSS。

```
}

span.picture {
  margin-top: 10px;
  input {
    border: 0;
  }
}
```

图13-7是第一个用户的资料页面，图13-8是另一个用户的资料页面，图13-9是第一个用户资料页面的**第2页**，页面下部还显示了分页链接。注意观察这三幅图，可以看到，微博后面显示了距离发布的时间（例如，"Posted 1 minute ago."），这就是代码清单13-22中`time_ago_in_words`方法实现的效果。过一会再刷新页面，这些文字会根据当前时间自动更新。

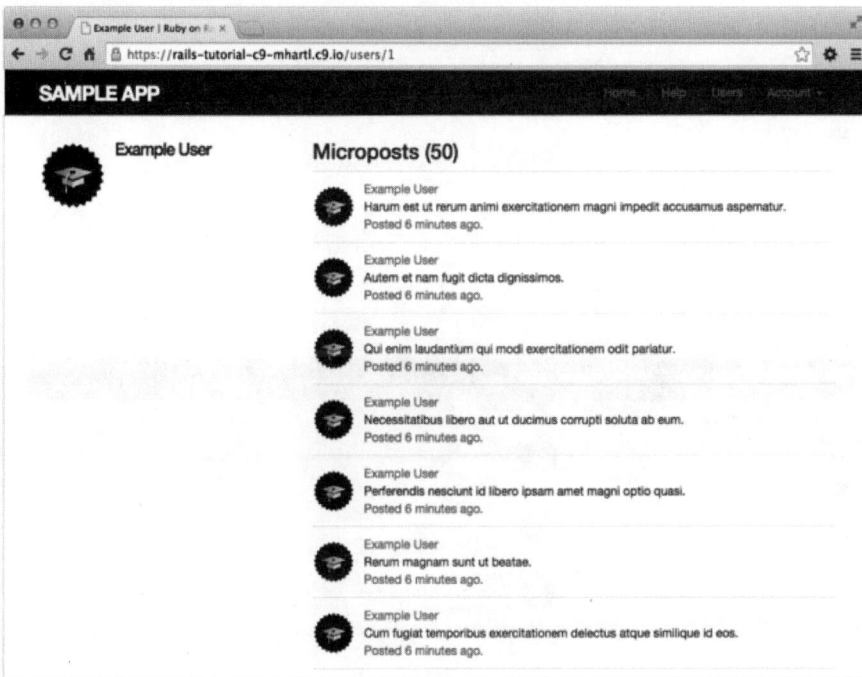

图13-7　显示有微博的用户资料页面（/users/1）

13

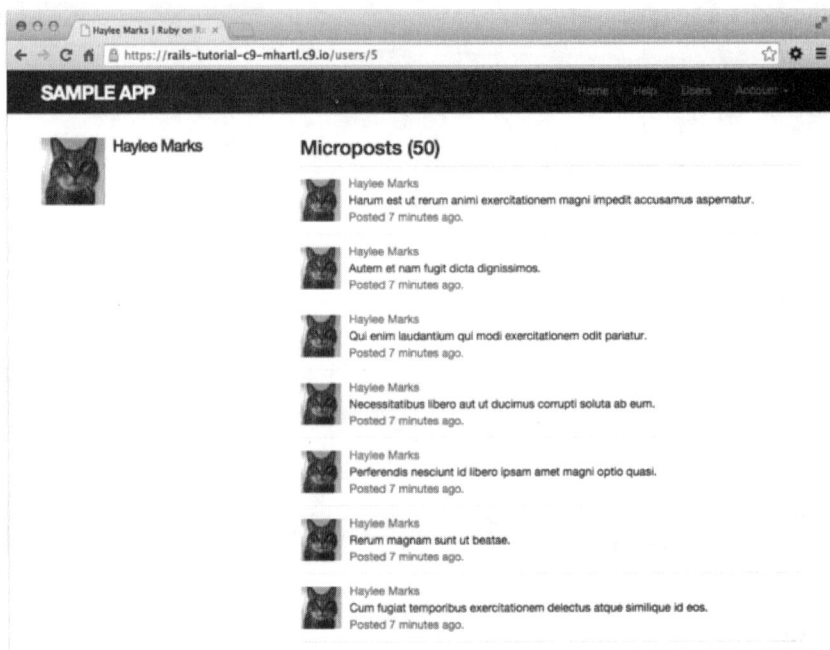

图13-8   另一个用户的资料页面（/users/5），也显示有微博

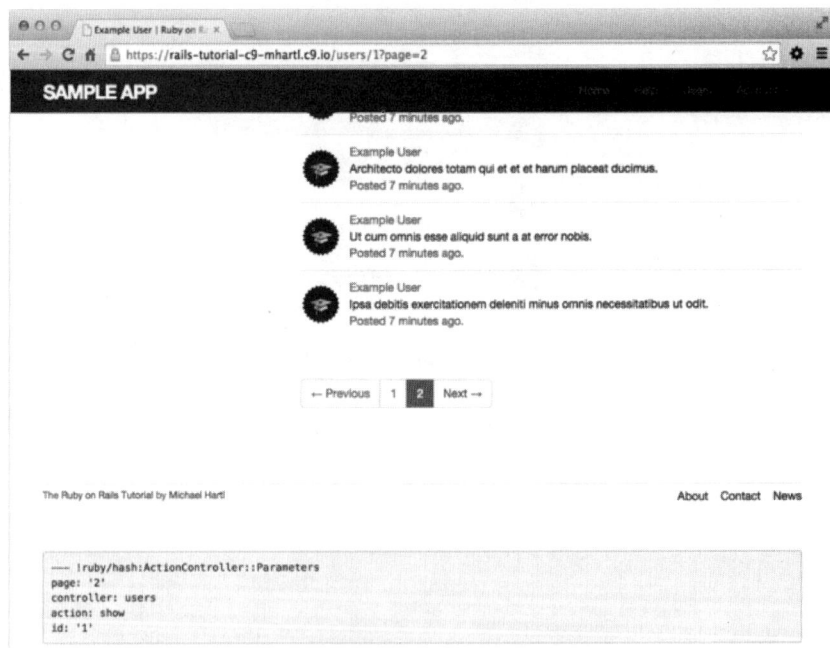

图13-9   微博分页链接（/users/1?page=2）

练习

购买本书的读者可以访问railstutorial.org/aw-solutions免费查看练习的解答。如果想查看其他人的答案，以及记录自己的答案，请加入Learn Enough Society（learnenough.com/society）。

(1) 能不能想出`(1..10).to_a.take(6)`的结果是什么？在Rails控制台中确认你想的是否正确。

(2) 前一题有必要调用`to_a`方法吗？

(3) Faker提供了众多有趣的随机数据，参阅Faker的文档（https://github.com/stympy/faker），学习如何生成虚拟的大学名称、虚拟的电话号码、虚拟的Hipster Ipsum句子和虚拟的Chuck Norris语录。

13.2.3　测试资料页面中的微博

新激活的用户会重定向到资料页面，那时已经测试了资料页面是否能正确渲染（代码清单11-33）。本节，我们要编写几个简短的集成测试，检查资料页面中的其他内容。首先，生成资料页面的集成测试文件：

```
$ rails generate integration_test users_profile
    invoke  test_unit
    create    test/integration/users_profile_test.rb
```

为了测试资料页面中显示有微博，我们要把微博固件和用户关联起来。Rails提供了一种便利的方法，可以在固件中建立关联，例如：

```
orange:
  content: "I just ate an orange!"
  created_at: <%= 10.minutes.ago %>
  user: michael
```

把`user`的值设为`michael`后，Rails会把这篇微博和指定的用户固件关联起来：

```
michael:
  name: Michael Example
  email: michael@example.com
  .
  .
  .
```

为了测试微博分页，我们要使用代码清单10-47中用到的方法，通过嵌入式Ruby代码多生成一些微博固件：

```
<% 30.times do |n| %>
micropost_<%= n %>:
  content: <%= Faker::Lorem.sentence(5) %>
  created_at: <%= 42.days.ago %>
  user: michael
<% end %>
```

综上所述，修改后的微博固件如代码清单13-27所示。

代码清单13-27　关联用户后的微博固件

test/fixtures/microposts.yml

```
orange:
  content: "I just ate an orange!"
```

13

```
    created_at: <%= 10.minutes.ago %>
    user: michael

tau_manifesto:
    content: "Check out the @tauday site by @mhartl: http://tauday.com"
    created_at: <%= 3.years.ago %>
    user: michael

cat_video:
    content: "Sad cats are sad: http://youtu.be/PKffm2uI4dk"
    created_at: <%= 2.hours.ago %>

    user: michael

most_recent:
    content: "Writing a short test"
    created_at: <%= Time.zone.now %>

    user: michael

<% 30.times do |n| %>
micropost_<%= n %>:
    content: <%= Faker::Lorem.sentence(5) %>
    created_at: <%= 42.days.ago %>
    user: michael
<% end %>
```

　　测试数据准备好了，测试本身也很简单：访问资料页面，检查页面的标题、用户的名字、Gravatar 头像、微博数量和分页显示的微博，如代码清单13-28所示。注意，为了使用代码清单4-2中的 **full_title** 辅助方法测试页面的标题，我们要把 **ApplicationHelper** 模块引入测试。[①]

代码清单13-28　　用户资料页面的测试（GREEN）

test/integration/users_profile_test.rb

```
require 'test_helper'

class UsersProfileTest < ActionDispatch::IntegrationTest
  include ApplicationHelper

  def setup
    @user = users(:michael)
  end

  test "profile display" do
    get user_path(@user)
    assert_template 'users/show'
    assert_select 'title', full_title(@user.name)
    assert_select 'h1', text: @user.name
    assert_select 'h1>img.gravatar'
    assert_match @user.microposts.count.to_s, response.body
```

---

① 如果你也想使用 **full_title** 重构其他测试，例如代码清单3-30，应该在test_helper.rb文件中引入 **Application-Helper** 模块。

```
      assert_select 'div.pagination'
      @user.microposts.paginate(page: 1).each do |micropost|
        assert_match micropost.content, response.body
      end
    end
  end
end
```

检查微博数量时用到了 **response.body**，12.3.3节的练习中见过。别被名字迷惑了，其实 **response.body** 的值是整个页面的HTML源码（不只是 **body** 元素中的内容）。如果我们只关心页面中某处显示的微博数量，使用下面的断言找到匹配的内容即可：

```
assert_match @user.microposts.count.to_s, response.body
```

assert_match 没有 **assert_select** 的针对性强，无需指定要查找哪个HTML标签。

代码清单13-28还在 **assert_select** 中使用了嵌套句法：

```
assert_select 'h1>img.gravatar'
```

这行代码的意思是，在顶级标题标签（**h1**）中查找类为 **gravatar** 的 **img** 标签。

因为应用能正常运行，所以测试组件应该也能通过。

代码清单13-29　GREEN

```
$ rails test
```

练习

购买本书的读者可以访问railstutorial.org/aw-solutions免费查看练习的解答。如果想查看其他人的答案，以及记录自己的答案，请加入Learn Enough Society（learnenough.com/society）。

(1) 把代码清单13-28中包含 **'h1'** 的那两行对应的应用代码注释掉，确认测试会失败。

(2) 修改代码清单13-28，测试分页导航只出现**一次**。提示：参阅表5-2。

13.3　微博相关的操作

微博的数据模型构建好了，也编写了相关的视图文件，接下来的开发重点是通过网页发布微博。本节，我们将初步实现**动态流**，到第14章再完善。最后，和Users资源一样，本节还要实现在网页中删除微博的功能。

上述功能的实现和之前的方式有点不同，需要特别注意：Microposts资源相关的页面不通过 **Microposts** 控制器实现，而是通过资料页面和首页实现。因此 **Microposts** 控制器不需要 **new** 和 **edit** 动作，只需要 **create** 和 **destroy** 动作。Microposts资源的路由如代码清单13-30所示。代码清单13-30中的代码对应的REST式路由如表13-2所示，这张表中的路由只是表2-3的一部分。不过，路由虽然简化了，但预示着实现的过程需要用到更高级的技术，而不会降低代码的复杂度。从第2章起我们就十分依赖脚手架，不过现在我们将舍弃脚手架的大部分功能。

代码清单13-30　Microposts资源的路由

config/routes.rb

```
Rails.application.routes.draw do
```

13

```
root    'static_pages#home'
get     '/help',    to: 'static_pages#help'
get     '/about',   to: 'static_pages#about'
get     '/contact', to: 'static_pages#contact'
get     '/signup',  to: 'users#new'
get     '/login',   to: 'sessions#new'
post    '/login',   to: 'sessions#create'
delete  '/logout',  to: 'sessions#destroy'
resources :users
resources :account_activations, only: [:edit]
resources :password_resets,     only: [:new, :create, :edit, :update]
resources :microposts,          only: [:create, :destroy]
end
```

表13-2　代码清单13-30设置Microposts资源后得到的REST式路由

HTTP请求	URL	动　作	具名路由
POST	/microposts	create	`microposts_path`
DELETE	/microposts/1	destroy	`micropost_path(micropost)`

13.3.1　访问限制

开发Microposts资源的第一步是在**Microposts**控制器中实现访问限制：若想访问**create**和**destroy**动作，用户必须先登录。

针对这个要求的测试与**Users**控制器中相应的测试类似（代码清单10-20和代码清单10-61），我们要使用正确的请求类型访问这两个动作，然后确认微博的数量没有变化，而且会重定向到登录页面，如代码清单13-31所示。

代码清单13-31　Microposts控制器的访问限制测试（RED）
test/controllers/microposts_controller_test.rb

```
require 'test_helper'

class MicropostsControllerTest < ActionDispatch::IntegrationTest

  def setup
    @micropost = microposts(:orange)
  end

  test "should redirect create when not logged in" do
    assert_no_difference 'Micropost.count' do
      post microposts_path, params: { micropost: { content: "Lorem ipsum" } }
    end
    assert_redirected_to login_url
  end

  test "should redirect destroy when not logged in" do
    assert_no_difference 'Micropost.count' do
      delete micropost_path(@micropost)
    end
```

```
      assert_redirected_to login_url
    end
  end
```

在编写让这个测试通过的应用代码之前，先要做些重构。在10.2.1节，我们定义了一个前置过滤器logged_in_user（代码清单10-15），要求访问相关的动作之前用户要先登录。那时，我们只需要在Users控制器中使用这个前置过滤器，但是现在也要在Microposts控制器中使用，所以要把它移到Application控制器中（所有控制器的基类，参见4.4.4节），如代码清单13-32所示。

代码清单13-32　把logged_in_user方法移到Application控制器中(RED)

app/controllers/application_controller.rb

```
class ApplicationController < ActionController::Base
  protect_from_forgery with: :exception
  include SessionsHelper

  private

    # 确保用户已登录
    def logged_in_user
      unless logged_in?
        store_location
        flash[:danger] = "Please log in."
        redirect_to login_url
      end
    end
end
```

为了避免代码重复，同时还要把Users控制器中的logged_in_user方法删掉，如代码清单13-33所示。

代码清单13-33　删除logged_in_user过滤器之后的Users控制器（RED）

app/controllers/users_controller.rb

```
class UsersController < ApplicationController
  before_action :logged_in_user, only: [:index, :edit, :update, :destroy]
    .
    .
    .
  private

    def user_params
      params.require(:user).permit(:name, :email, :password,
                                   :password_confirmation)
    end

    # 前置过滤器

    # 确保是正确的用户
    def correct_user
      @user = User.find(params[:id])
```

13

```
    redirect_to(root_url) unless current_user?(@user)
  end

  # 确保是管理员
  def admin_user
    redirect_to(root_url) unless current_user.admin?
  end
end
```

现在，我们可以在**Microposts**控制器中使用**logged_in_user**方法了。在**Microposts**控制器中添加**create**和**destroy**动作，并使用前置过滤器限制访问，如代码清单13-34所示。

代码清单13-34 限制访问**Microposts**控制器的动作（GREEN）

app/controllers/microposts_controller.rb

```
class MicropostsController < ApplicationController
  before_action :logged_in_user, only: [:create, :destroy]

  def create
  end

  def destroy
  end
end
```

现在，测试组件应该能通过了。

代码清单13-35 GREEN

```
$ rails test
```

练习

购买本书的读者可以访问railstutorial.org/aw-solutions免费查看练习的解答。如果想查看其他人的答案，以及记录自己的答案，请加入Learn Enough Society（learnenough.com/society）。

(1) 如果不删除**Users**控制器中的**logged_in_user**方法，有什么坏处？

13.3.2 创建微博

在第7章，我们实现了用户注册功能，方法是使用HTML表单向**Users**控制器的**create**动作发送**POST**请求。创建微博的功能实现起来与此类似，主要的不同点是，表单不放在单独的页面/microposts/new中，而是位于网站的首页（即根地址/），构思图如图13-10所示。

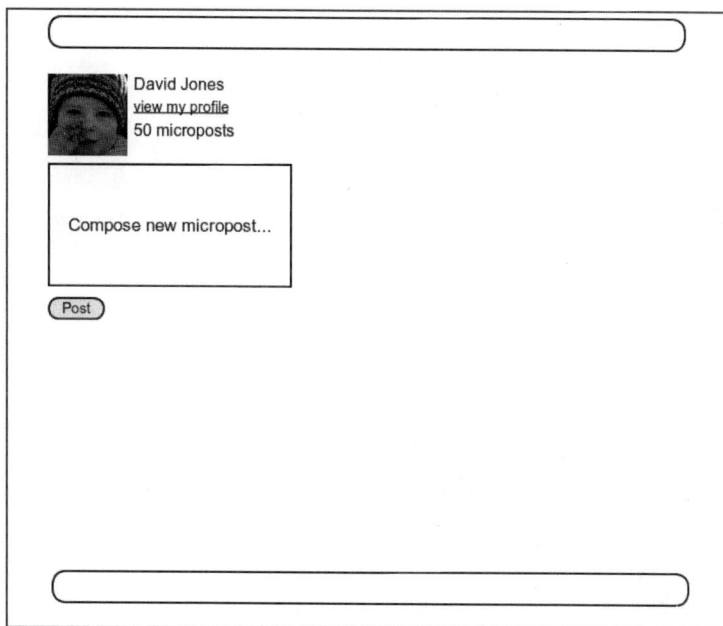

图13-10　包含创建微博表单的首页构思图

上一次离开首页时，是图5-8那个样子，页面中部有个"Sign up now!"按钮。因为创建微博的表单只对登录后的用户有用，所以本节的目标之一是根据用户的登录状态在首页显示不同的内容，如代码清单13-37所示。

我们先来编写Microposts控制器的create动作，它与Users控制器的create动作类似（代码清单7-28），二者之间主要的区别是，创建微博时，要使用用户和微博的关联关系构建微博对象，如代码清单13-36所示。注意micropost_params中的健壮参数，它限制只允许通过Web修改微博的content属性。

代码清单13-36　Microposts控制器的create动作

app/controllers/microposts_controller.rb

```
class MicropostsController < ApplicationController
  before_action :logged_in_user, only: [:create, :destroy]

  def create
    @micropost = current_user.microposts.build(micropost_params)
    if @micropost.save
      flash[:success] = "Micropost created!"
      redirect_to root_url
    else
      render 'static_pages/home'
    end
  end

  def destroy
  end
```

13

```
    private

    def micropost_params
      params.require(:micropost).permit(:content)
    end
  end
```

我们使用代码清单13-37中的代码编写创建微博所需的表单，这个视图会根据用户的登录状态显示不同的HTML。

代码清单13-37 在首页（/）加入创建微博的表单
app/views/static_pages/home.html.erb

```erb
<% if logged_in? %>
 <div class="row">
    <aside class="col-md-4">
      <section class="user_info">
        <%= render 'shared/user_info' %>
      </section>
      <section class="micropost_form">
        <%= render 'shared/micropost_form' %>
      </section>
    </aside>
 </div>
<% else %>
  <div class="center jumbotron">
    <h1>Welcome to the Sample App</h1>

    <h2>
      This is the home page for the
      <a href="http://www.railstutorial.org/">Ruby on Rails Tutorial</a>
      sample application.
    </h2>

    <%= link_to "Sign up now!", signup_path, class: "btn btn-lg btn-primary" %>
  </div>

  <%= link_to image_tag("rails.png", alt: "Rails logo"),
              'http://rubyonrails.org/' %>
<% end %>
```

（`if-else`条件语句中各分支包含的代码太多，有点乱，在本节的练习中会使用局部视图整理。）

为了让代码清单13-37能正常渲染页面，我们要创建几个局部视图。首先是首页的侧边栏，如代码清单13-38所示。

代码清单13-38 用户信息侧边栏局部视图
app/views/shared/_user_info.html.erb

```erb
<%= link_to gravatar_for(current_user, size: 50), current_user %>
<h1><%= current_user.name %></h1>
<span><%= link_to "view my profile", current_user %></span>
<span><%= pluralize(current_user.microposts.count, "micropost") %></span>
```

　　注意，与用户资料页面的侧边栏一样（代码清单13-24），代码清单13-38中的用户信息也显示了用户发布的微博数量。不过显示的内容有细微的差别，在用户资料页面的侧边栏中，"Microposts"是标注（label），所以"Microposts (1)"这样的用法是合理的。而在本例中，如果说"1 microposts"的话就不合语法了，所以要调用 **pluralize** 方法（在7.3.3节见过），显示成"1 micropost""2 microposts"等。

　　下面我们来编写微博创建表单的局部视图，如代码清单13-39所示。这段代码和代码清单7-15中的注册表单类似。

代码清单13-39　　微博创建表单局部视图

app/views/shared/_micropost_form.html.erb

```
<%= form_for(@micropost) do |f| %>
  <%= render 'shared/error_messages', object: f.object %>
  <div class="field">
    <%= f.text_area :content, placeholder: "Compose new micropost..." %>
  </div>
  <%= f.submit "Post", class: "btn btn-primary" %>
<% end %>
```

　　还要做两件事，代码清单13-39中的表单才能使用。第一，（和之前一样）我们要通过关联定义 **@micropost** 变量：

```
@micropost = current_user.microposts.build
```

　　把这行代码写入控制器，如代码清单13-40所示。

代码清单13-40　　在 **home** 动作中定义 **@micropost** 实例变量

app/controllers/static_pages_controller.rb

```
class StaticPagesController < ApplicationController

  def home
    @micropost = current_user.microposts.build if logged_in?
  end

  def help
  end

  def about
  end

  def contact
  end
end
```

　　因为只有用户登录后 **current_user** 才存在，所以 **@micropost** 变量只能在用户登录后再定义。我们要做的第二件事是，重写错误消息局部视图，让代码清单13-39中的下面这行能用：

```
<%= render 'shared/error_messages', object: f.object %>
```

　　你可能还记得，在代码清单7-20中，错误消息局部视图直接引用了 **@user** 变量，但现在我们提供

的变量是**@micropost**。为了在两个地方都能使用这个错误消息局部视图，可以把表单变量**f**传入局部视图，通过**f.object**获取相应的对象。因此，在**form_for(@user) do |f|**中，**f.object**是**@user**；在**form_for(@micropost) do |f|**中，**f.object**是**@micropost**。

我们要通过一个散列把对象传入局部视图，值是这个对象，键是局部视图中所需的变量名，如代码清单13-39中的第二行所示。换句话说，**object：f.object**会创建一个名为**object**的变量，供**error_messages**局部视图使用。通过这个对象，可以定制错误消息，如代码清单13-41所示。

代码清单13-41   能使用其他对象的错误消息局部视图（RED）

app/views/shared/_error_messages.html.erb

```
<% if object.errors.any? %>
  <div id="error_explanation">
    <div class="alert alert-danger">
      The form contains <%= pluralize(object.errors.count, "error") %>.
    </div>
    <ul>
    <% object.errors.full_messages.each do |msg| %>
      <li><%= msg %></li>
    <% end %>
    </ul>
  </div>
<% end %>
```

现在，你应该确认一下测试组件无法通过。

代码清单13-42   RED

```
$ rails test
```

这提醒我们要修改其他使用错误消息局部视图的视图，包括用户注册视图（代码清单7-20）、重设密码视图（代码清单12-14）和用户编辑视图（代码清单10-2）。这三个视图修改后的版本分别如代码清单13-43、代码清单13-45和代码清单13-44所示。

代码清单13-43   修改用户注册表单，改变渲染错误消息局部视图的方式

app/views/users/new.html.erb

```
<% provide(:title, 'Sign up') %>
<h1>Sign up</h1>

<div class="row">
  <div class="col-md-6 col-md-offset-3">
    <%= form_for(@user) do |f| %>
    <%= render 'shared/error_messages', object: f.object %>
      <%= f.label :name %>
      <%= f.text_field :name, class: 'form-control' %>

      <%= f.label :email %>
      <%= f.email_field :email, class: 'form-control' %>

      <%= f.label :password %>
```

```
      <%= f.password_field :password, class: 'form-control' %>

      <%= f.label :password_confirmation, "Confirmation" %>
      <%= f.password_field :password_confirmation, class: 'form-control' %>

      <%= f.submit "Create my account", class: "btn btn-primary" %>
    <% end %>
  </div>
</div>
```

代码清单13-44 修改编辑用户表单，改变渲染错误消息局部视图的方式
app/views/users/edit.html.erb

```
<% provide(:title, "Edit user") %>
<h1>Update your profile</h1>

<div class="row">
  <div class="col-md-6 col-md-offset-3">
    <%= form_for(@user) do |f| %>
      <%= render 'shared/error_messages', object: f.object %>

      <%= f.label :name %>
      <%= f.text_field :name, class: 'form-control' %>

      <%= f.label :email %>
      <%= f.email_field :email, class: 'form-control' %>

      <%= f.label :password %>
      <%= f.password_field :password, class: 'form-control' %>

      <%= f.label :password_confirmation, "Confirmation" %>
      <%= f.password_field :password_confirmation, class: 'form-control' %>

      <%= f.submit "Save changes", class: "btn btn-primary" %>
    <% end %>

    <div class="gravatar_edit">
      <%= gravatar_for @user %>
      <a href="http://gravatar.com/emails">change</a>
    </div>
  </div>
</div>
```

代码清单13-45 修改密码重设表单，改变渲染错误消息局部视图的方式
app/views/password_resets/edit.html.erb

```
<% provide(:title, 'Reset password') %>
<h1>Password reset</h1>

<div class="row">
  <div class="col-md-6 col-md-offset-3">
    <%= form_for(@user, url: password_reset_path(params[:id])) do |f| %>
```

```
        <%= render 'shared/error_messages', object: f.object %>

        <%= hidden_field_tag :email, @user.email %>

        <%= f.label :password %>
        <%= f.password_field :password, class: 'form-control' %>

        <%= f.label :password_confirmation, "Confirmation" %>
        <%= f.password_field :password_confirmation, class: 'form-control' %>

        <%= f.submit "Update password", class: "btn btn-primary" %>
      <% end %>
    </div>
  </div>
```

现在，所有测试应该都能通过了：

```
$ rails test
```

此外，本节添加的所有HTML代码也都能正确渲染了。图13-11是创建微博的表单，图13-12显示提交表单后有一个错误。

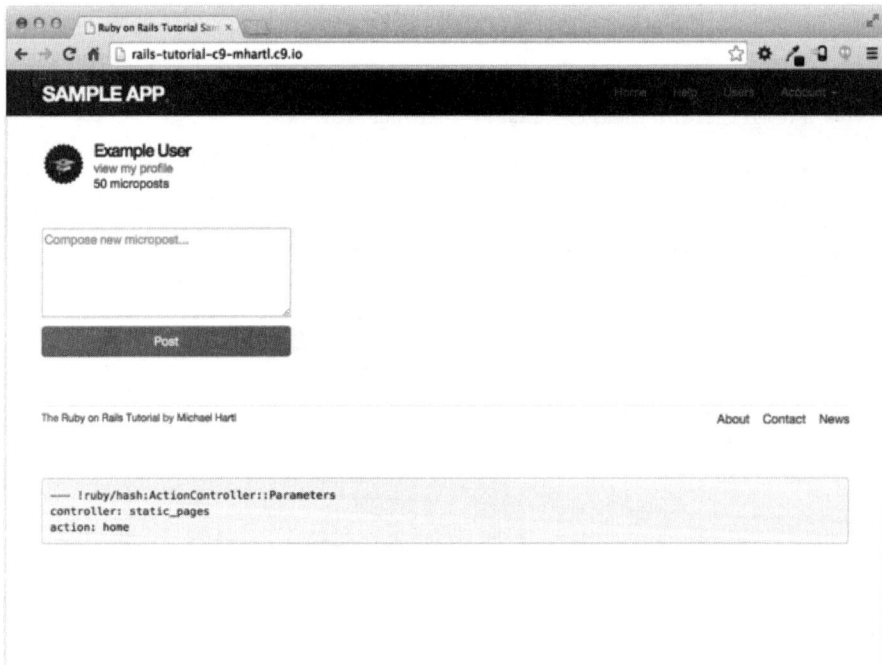

图13-11　包含创建微博表单的首页

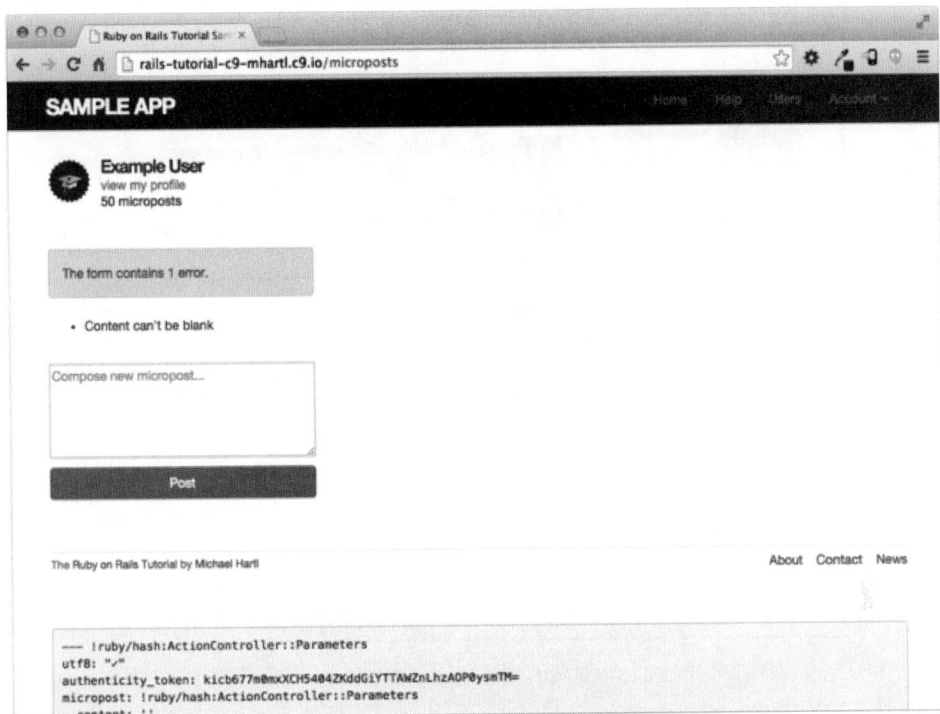

图13-12　显示一个错误消息的首页

练习

购买本书的读者可以访问railstutorial.org/aw-solutions免费查看练习的解答。如果想查看其他人的答案，以及记录自己的答案，请加入Learn Enough Society（learnenough.com/society）。

(1) 重构首页视图，把`if-else`语句的两个分支分别放到单独的局部视图中。

13.3.3　动态流原型

现在创建微博的表单可以使用了，但是用户看不到实际效果，因为首页没有显示微博。如果你愿意的话，可以在图13-11所示的表单中发表一篇有效的微博，然后打开用户资料页面，验证一下这个表单是否可以正常使用。这样在页面之间来来回回有点麻烦，如果能在首页显示一个含有当前登入用户的微博列表（**动态流**）就好了，构思图如图13-13所示。（在第14章，我们会在这个微博列表中加入当前用户**所关注**用户发表的微博，就像Twitter那样。）

13

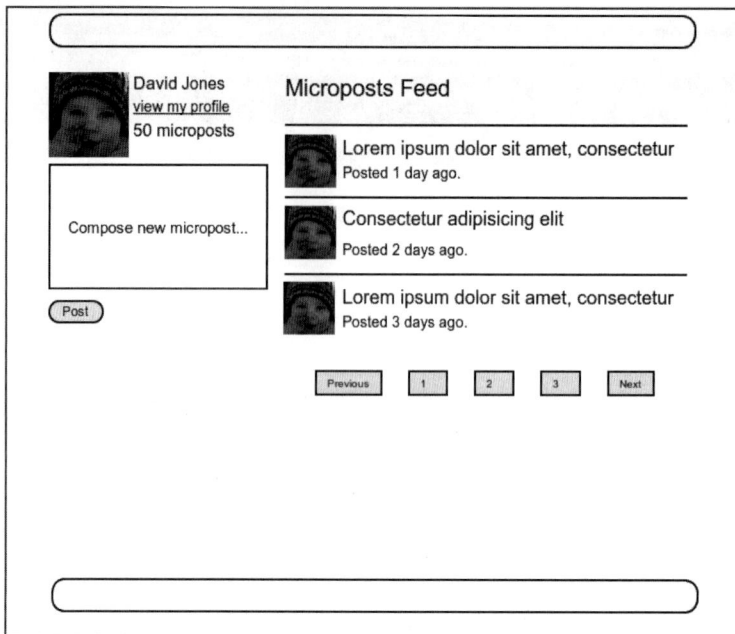

图13-13　显示有动态流原型的首页构思图

　　因为每个用户都有一个动态流，因此可以在**User**模型中定义一个名为**feed**的方法，查找当前用户发表的所有微博。要在**Micropost**模型上调用**where**方法（11.3.3节提到过）查找微博，如代码清单13-46所示。[①]

代码清单13-46　初步实现微博动态流

app/models/user.rb

```
class User < ApplicationRecord
  .
  .
  .
  # 实现动态流原型
  # 完整的实现参见第 14 章
  def feed
    Micropost.where("user_id = ?", id)
  end

    private
    .
    .
    .
end
```

---

　　① **where**及其相关方法的详细说明参见Rails指南中的"Active Record Query Interface"一文（http://guides.rubyonrails. org/active_record_querying.html）。

`Micropost.where("user_id = ?", id)`中的问号确保`id`的值在传入底层的SQL查询语句之前做了适当的**转义**,从而避免SQL注入(SQL injection)这种严重的安全隐患。这里用到的`id`属性是个整数(即`self.id`,用户的唯一ID),没什么危险,不过在SQL语句中引入变量之前做转义是个好习惯。

细心的读者可能已经注意到了,代码清单13-46中的代码和下面的代码是等效的:

```
def feed
  microposts
end
```

之所以使用代码清单13-46中的版本,是因为它能更好的服务于第14章实现的完整动态流。

要在这个演示应用中添加动态流,我们可以在**home**动作中定义一个`@feed_items`实例变量,分页获取当前用户的微博,如代码清单13-47所示。然后在首页(代码清单13-49)中加入一个动态流局部视图(代码清单13-48)。注意,现在用户登录后要执行两行代码,所以代码清单13-47把代码清单13-40中的

```
@micropost = current_user.microposts.build if logged_in?
```

改成了

```
if logged_in?
  @micropost   = current_user.microposts.build
  @feed_items = current_user.feed.paginate(page: params[:page])
end
```

也就是把条件放在行尾的代码改用`if-end`语句。

代码清单13-47 在**home**动作中定义一个实例变量,获取动态流
app/controllers/static_pages_controller.rb

```
class StaticPagesController < ApplicationController

  def home
    if logged_in?
      @micropost   = current_user.microposts.build
      @feed_items = current_user.feed.paginate(page: params[:page])
    end
  end

  def help
  end

  def about
  end

  def contact
  end
end
```

13

代码清单13-48　动态流局部视图

app/views/shared/_feed.html.erb

```
<% if @feed_items.any? %>
  <ol class="microposts">
    <%= render @feed_items %>
  </ol>
  <%= will_paginate @feed_items %>
<% end %>
```

动态流局部视图使用如下的代码，把单篇微博交给代码清单13-22中定义的局部视图渲染：

```
<%= render @feed_items %>
```

Rails知道要渲染`microposts`局部视图，因为`@feed_items`中的元素都是`Micropost`类的实例。所以，Rails会在对应资源的视图文件夹中寻找正确的局部视图，即：

```
app/views/microposts/_micropost.html.erb
```

和之前一样，可以把动态流局部视图加入首页，如代码清单13-49所示。加入后的效果就是在首页显示动态流，这实现了我们的需求，如图13-14所示。

代码清单13-49　在首页加入动态流

app/views/static_pages/home.html.erb

```
<% if logged_in? %>
  <div class="row">
    <aside class="col-md-4">
      <section class="user_info">
        <%= render 'shared/user_info' %>
      </section>
      <section class="micropost_form">
        <%= render 'shared/micropost_form' %>
      </section>
    </aside>
    <div class="col-md-8">
      <h3>Micropost Feed</h3>
      <%= render 'shared/feed' %>
    </div>
  </div>
<% else %>
  .
  .
  .
<% end %>
```

现在，发布新微博的功能可以按预期使用了，如图13-15所示。不过还有个小小的不足：如果发布微博失败，首页还是需要一个名为`@feed_items`的实例变量，所以提交失败时网站无法正常运行。最简单的解决方法是，如果提交失败就把`@feed_items`设为空数组，如代码清单13-50所示。（但是这么做分页链接就失效了，你可以点击分页链接，看一下是什么原因。）

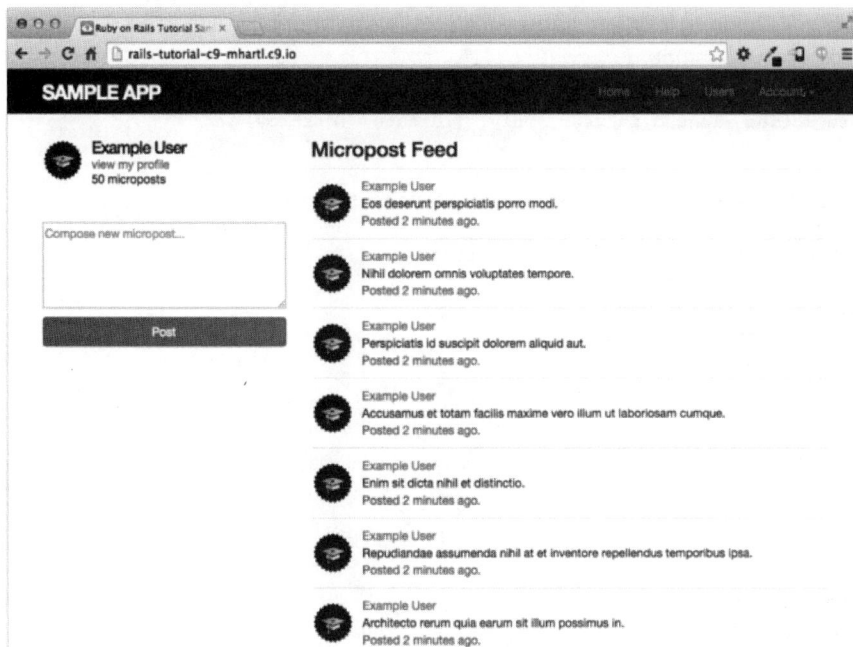

图13-14　显示有动态流原型的首页

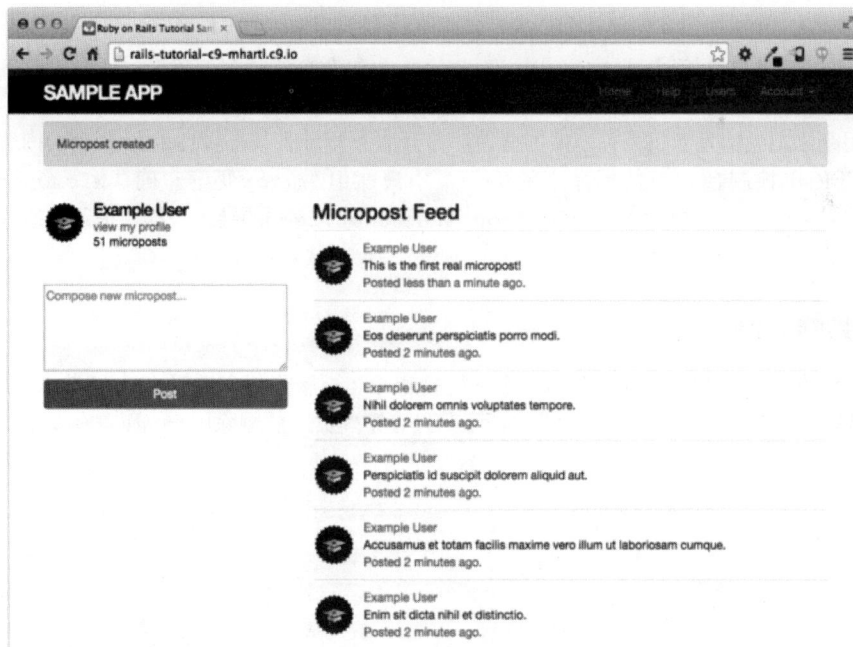

图13-15　发布新微博后的首页

代码清单13-50　在`create`动作中定义`@feed_items`实例变量，值为空数组

app/controllers/microposts_controller.rb

```ruby
class MicropostsController < ApplicationController
  before_action :logged_in_user, only: [:create, :destroy]

  def create
    @micropost = current_user.microposts.build(micropost_params)
    if @micropost.save
      flash[:success] = "Micropost created!"
      redirect_to root_url
    else
      @feed_items = []
      render 'static_pages/home'
    end
  end

  def destroy
  end

  private

    def micropost_params
      params.require(:micropost).permit(:content)
    end
end
```

练习

购买本书的读者可以访问railstutorial.org/aw-solutions免费查看练习的解答。如果想查看其他人的答案，以及记录自己的答案，请加入Learn Enough Society（learnenough.com/society）。

(1) 使用刚添加的UI发布第一篇真实的微博。打开服务器日志，查看`INSERT`命令的内容是什么。

(2) 打开Rails控制台，把数据库中的第一个用户赋值给`user`变量。确认`Micropost.where("user_id = ?", user.id)`、`user.microposts`和`user.feed`的结果一样。提示：或许直接使用`==`运算符最简单。

13.3.4　删除微博

我们要为Microposts资源实现的最后一个功能是删除。与删除用户类似（10.4.2节），删除微博也要通过"删除"链接实现，构思图如图13-16所示。只有管理员才能删除用户，而只有发布人自己才能删除微博。

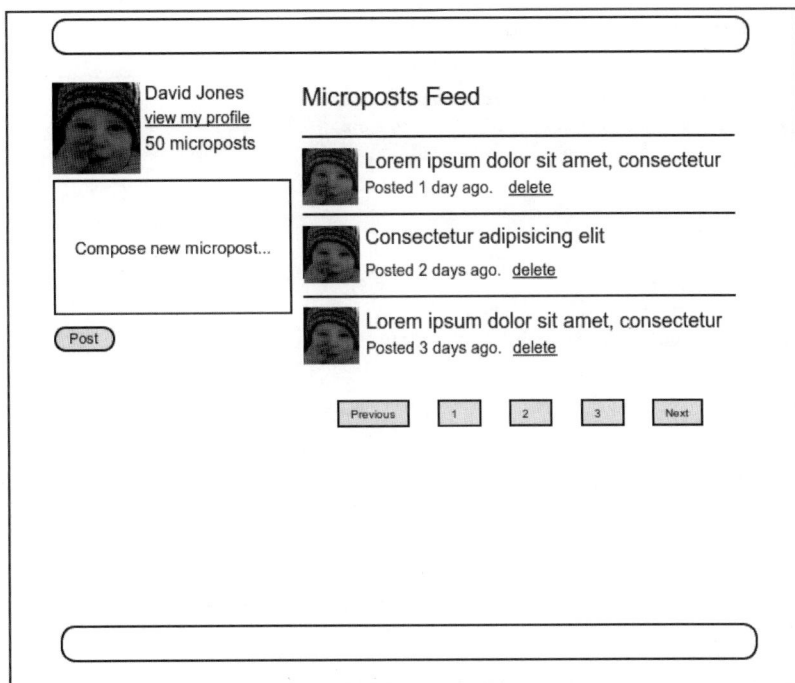

图13-16 显示有删除链接的动态流原型构思图

首先，我们要在单篇微博局部视图（代码清单13-22）中加入删除链接，如代码清单13-51所示。

代码清单13-51 在单篇微博局部视图中添加删除链接

app/views/microposts/_micropost.html.erb

```erb
<li id="<%= micropost.id %>">
  <%= link_to gravatar_for(micropost.user, size: 50), micropost.user %>
  <span class="user"><%= link_to micropost.user.name, micropost.user %></span>
  <span class="content"><%= micropost.content %></span>
  <span class="timestamp">
    Posted <%= time_ago_in_words(micropost.created_at) %> ago.
    <% if current_user?(micropost.user) %>
      <%= link_to "delete", micropost, method: :delete,
                                        data: { confirm: "You sure?" } %>
    <% end %>
  </span>
</li>
```

然后，参照Users控制器的destroy动作（代码清单10-59），编写Microposts控制器的destroy动作。在Users控制器中，我们在admin_user前置过滤器中定义了@user变量，用于查找用户；但现在要通过关联查找微博，这样，如果某个用户试图删除其他用户的微博，会自动失败。我们把查找微博的操作放在correct_user前置过滤器中，确保当前用户确实拥有指定ID的微博，如代码清单13-52所示。

13

代码清单13-52   Microposts控制器的destroy动作

app/controllers/microposts_controller.rb

```
class MicropostsController < ApplicationController
  before_action :logged_in_user, only: [:create, :destroy]
  before_action :correct_user,   only: :destroy
    .
    .
    .
  def destroy
    @micropost.destroy
    flash[:success] = "Micropost deleted"
    redirect_to request.referrer || root_url
  end

  private

    def micropost_params
      params.require(:micropost).permit(:content)
    end

    def correct_user
      @micropost = current_user.microposts.find_by(id: params[:id])
      redirect_to root_url if @micropost.nil?
    end
end
```

注意，在**destroy**动作中重定向的地址是：

```
request.referrer || root_url
```

request.referrer[①]和实现友好转向（10.2.3节）时使用的**request.original_url**关系紧密，表示前一个URL（这里是首页）。[②]因为首页和资料页面都有微博，所以这么做很方便，我们使用**request.referrer**把用户重定向到发起删除请求的页面，如果**request.referrer**为**nil**（例如在某些测试中），就转向**root_url**。（可以和代码清单9-24中设置选项默认值的用法对比一下。）

添加上述代码后，删除最新发布的第二篇微博后显示的页面如图13-17所示。

[①] 对应HTTP规范中的**HTTP_REFERER**。注意，"REFERER"不是错误拼写，规范中就是这么写的。Rails更正了这个错误，写成"referrer"。

[②] 我没有立即想到如何在Rails应用中获取这个URL，在Google中搜索"rails request previous url"之后找到了Stack Overflow中的这个问答（http://stackoverflow.com/questions/4652084/ruby-on-rails-how-do-you-get-the-previous-url）。

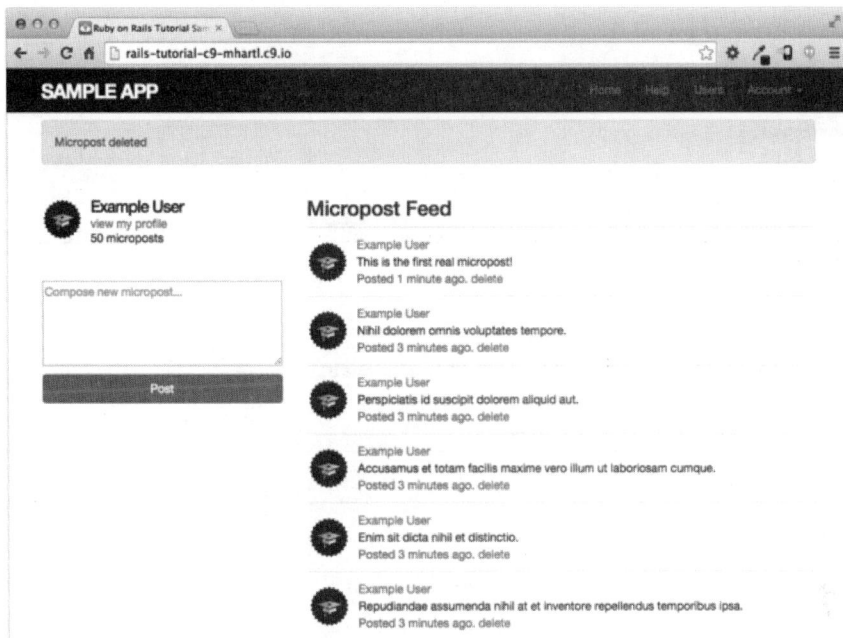

图13-17 删除最新发布的第二篇微博后显示的首页

练习

购买本书的读者可以访问railstutorial.org/aw-solutions免费查看练习的解答。如果想查看其他人的答案，以及记录自己的答案，请加入Learn Enough Society（learnenough.com/society）。

(1) 发布一篇微博，然后把它删除。打开服务器日志，`DELETE`命令的内容是什么？

(2) 把`redirect_to request.referrer || root_url`换成`redirect_back(fallback_location: root_url)`，在浏览器中确认可以这么改。（`redirect_back`是Rails 5新增的方法。）

13.3.5 微博的测试

至此，`Micropost`模型和相关的界面完成了。我们还要编写简短的`Microposts`控制器测试，检查权限限制，以及编写一个集成测试，检查整个操作流程。

首先，在微博固件中添加一些由不同用户发布的微博，如代码清单13-53所示。（现在只需要使用一个微博固件，不过还是要多添加几个，以备后用。）

代码清单13-53 添加几个由不同用户发布的微博

`test/fixtures/microposts.yml`

```
  .
  .
  .
ants:
  content: "Oh, is that what you want? Because that's how you get ants!"
  created_at: <%= 2.years.ago %>
```

13

```
    user: archer

zone:
  content: "Danger zone!"
  created_at: <%= 3.days.ago %>
  user: archer

tone:
  content: "I'm sorry. Your words made sense, but your sarcastic tone did not."
  created_at: <%= 10.minutes.ago %>
  user: lana

van:
  content: "Dude, this van's, like, rolling probable cause."
  created_at: <%= 4.hours.ago %>
  user: lana
```

然后，编写一个简短的测试，确保用户不能删除其他用户的微博，并且要重定向到正确的地址，如代码清单13-54所示。

代码清单13-54   测试用户不能删除其他用户的微博（GREEN）

test/controllers/microposts_controller_test.rb

```ruby
require 'test_helper'

class MicropostsControllerTest < ActionDispatch::IntegrationTest

  def setup
    @micropost = microposts(:orange)
  end

  test "should redirect create when not logged in" do
    assert_no_difference 'Micropost.count' do
      post microposts_path, params: { micropost: { content: "Lorem ipsum" } }
    end
    assert_redirected_to login_url
  end

  test "should redirect destroy when not logged in" do
    assert_no_difference 'Micropost.count' do
      delete micropost_path(@micropost)
    end
    assert_redirected_to login_url
  end

  test "should redirect destroy for wrong micropost" do
    log_in_as(users(:michael))
    micropost = microposts(:ants)
    assert_no_difference 'Micropost.count' do
      delete micropost_path(micropost)
    end
    assert_redirected_to root_url
  end
end
```

最后，编写一个集成测试：登录，检查有没有分页链接，然后分别提交无效和有效的微博，再删除一篇微博，最后访问另一个用户的资料页面，确保没有"删除"链接。和之前一样，使用下面的命令生成测试文件：

```
$ rails generate integration_test microposts_interface
      invoke  test_unit
      create    test/integration/microposts_interface_test.rb
```

这个测试的代码如代码清单13-55所示。看看你能否把代码清单13-12中的代码和前面说的步骤对应起来。

代码清单13-55 微博界面的集成测试（GREEN）

test/integration/microposts_interface_test.rb

```ruby
require 'test_helper'

class MicropostsInterfaceTest < ActionDispatch::IntegrationTest

  def setup
    @user = users(:michael)
  end

  test "micropost interface" do
    log_in_as(@user)
    get root_path
    assert_select 'div.pagination'
    # 无效提交
    assert_no_difference 'Micropost.count' do
      post microposts_path, params: { micropost: { content: "" } }
    end
    assert_select 'div#error_explanation'
    # 有效提交
    content = "This micropost really ties the room together"
    assert_difference 'Micropost.count', 1 do
      post microposts_path, params: { micropost: { content: content } }
    end
    assert_redirected_to root_url
    follow_redirect!
    assert_match content, response.body
    # 删除一篇微博
    assert_select 'a', text: 'delete'
    first_micropost = @user.microposts.paginate(page: 1).first
    assert_difference 'Micropost.count', -1 do
      delete micropost_path(first_micropost)
    end
    # 访问另一个用户的资料页面（没有删除链接）
    get user_path(users(:archer))
    assert_select 'a', text: 'delete', count: 0
  end
end
```

因为我们已经把可以正常运行的应用开发好了，所以测试组件应该可以通过。

13

代码清单13-56   GREEN

```
$ rails test
```

练习

购买本书的读者可以访问railstutorial.org/aw-solutions免费查看练习的解答。如果想查看其他人的答案，以及记录自己的答案，请加入Learn Enough Society（learnenough.com/society）。

(1) 代码清单13-55中以注释表明了的四种情况（从 "＃无效提交" 开始），把各种情况对应的应用代码注释掉，确认测试会失败，然后再把注释去掉，让测试通过。

(2) 为侧边栏中的微博数量编写测试（还要检查使用了正确的单复数形式）。可以参照代码清单13-57。

代码清单13-57   侧边栏中微博数量的测试模板

test/integration/microposts_interface_test.rb

```
require 'test_helper'

class MicropostInterfaceTest < ActionDispatch::IntegrationTest

  def setup
    @user = users(:michael)
  end
  .
  .
  .
  test "micropost sidebar count" do
    log_in_as(@user)
    get root_path
    assert_match "#{FILL_IN} microposts", response.body
    # 这个用户没有发布微博
    other_user = users(:malory)
    log_in_as(other_user)
    get root_path
    assert_match "0 microposts", response.body
    other_user.microposts.create!(content: "A micropost")
    get root_path
    assert_match FILL_IN, response.body
  end
end
```

13.4   微博中的图像

我们已经实现了与微博相关的所有操作，本节要让微博除了能输入文字之外还能插入图像。我们首先会开发一个基础版本，只能在开发环境中使用，然后再做一系列功能增强，允许在生产环境中上传图像。

添加图像上传功能明显要完成两件事：编写用于上传图像的表单和准备好所需的图像。"上传图像按钮"和微博中显示的图像构思如图13-18所示。[1]

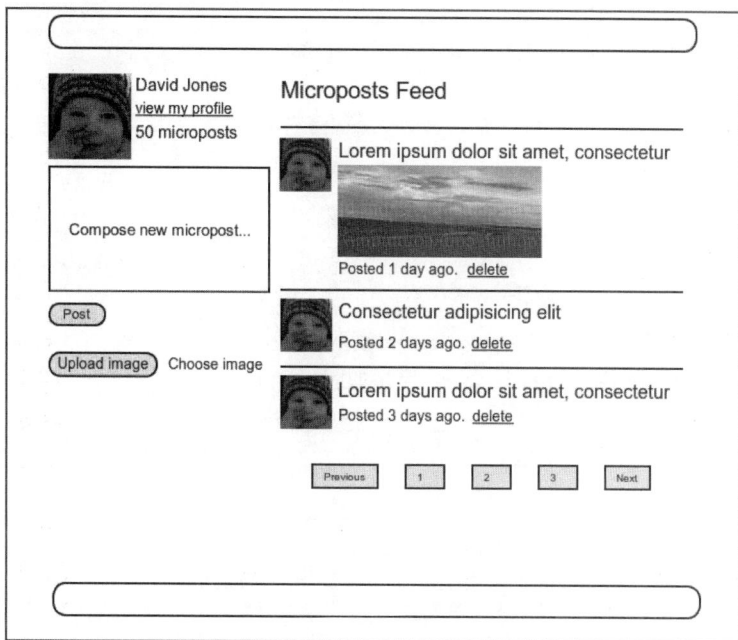

图13-18　图像上传界面的构思图（上传了一张图像）

13.4.1　基本的图像上传功能

我们要使用CarrierWave（https://github.com/carrierwaveuploader/carrierwave）处理图像上传，并把图像与 **Micropost** 模型关联起来。为此，我们要在Gemfile文件中添加 **carrierwave** gem，如代码清单13-58所示。[2]为了一次安装完所有 gem，代码清单13-58还包含用于调整图像尺寸的 **mini_magick**（13.4.3节）和在生产环境中上传图像的 **fog**（13.4.4节）。

代码清单13-58　在Gemfile文件中添加CarrierWave

```
source 'https://rubygems.org'

gem 'rails',          '5.0.0'
gem 'bcrypt',         '3.1.11'
gem 'faker',          '1.6.3'
gem 'carrierwave',    '0.11.2'
gem 'mini_magick',    '4.5.1'
```

---

① 图像来源：https://www.flickr.com/photos/grungepunk/14026922186，发布于2014年9月19日。Copyright © 2014 by Jussie D. Brito。未经改动，基于"知识共享署名相同方式共享2.0通用"许可证使用。

② 与之前一样，应该使用gemfiles-4th-ed.railstutorial.org中列出的版本号，别使用这里给出的。

13

```
gem 'fog',                     '1.38.0'
gem 'will_paginate',           '3.0.7'
gem 'bootstrap-will_paginate', '0.0.10'
.
.
.
```

然后像之前一样，执行下面的命令安装：

```
$ bundle install
```

CarrierWave自带了一个Rails生成器，用于生成图像上传程序。我们要创建一个名为**picture**的上传程序：[1]

```
$ rails generate uploader Picture
```

CarrierWave上传的图像应该对应Active Record模型中的一个属性，这个属性只需存储图像的文件名字符串即可。添加这个属性后的**Micropost**模型如图13-19所示。

microposts	
id	integer
content	text
user_id	integer
created_at	datetime
updated_at	datetime
picture	string

图13-19　添加**picture**属性后的**Micropost**数据模型

为了把**picture**属性添加到**Micropost**模型中，我们要生成一个迁移，然后在开发数据库中执行迁移：

```
$ rails generate migration add_picture_to_microposts picture:string
$ rails db:migrate
```

告诉CarrierWave把图像和模型关联起来的方式是使用**mount_uploader**方法。这个方法的第一个参数是属性的符号形式，第二个参数是上传程序的类名：

```
mount_uploader :picture, PictureUploader
```

（**PictureUploader**类在picture_uploader.rb文件中定义，13.4.2节会修改，现在使用生成的默认内容即可。）把这个上传程序添加到**Micropost**模型，如代码清单13-59所示。

代码清单13-59　在**Micropost**模型中添加图像上传程序
app/models/micropost.rb

```
class Micropost < ApplicationRecord
  belongs_to :user
  default_scope -> { order(created_at: :desc) }
  mount_uploader :picture, PictureUploader
```

---

[1] 一开始我把这个属性命名为**image**，但这个名字太泛泛了，容易误解。

```
    validates :user_id, presence: true
    validates :content, presence: true, length: { maximum: 140 }
  end
```

在某些系统中可能要重启Rails服务器，测试组件才能通过。（如果你按照3.6.2节所讲，使用了Guard，可能还要重启它。或许，你甚至还要退出终端，然后再重启Guard。）

根据图13-18所展示内容，为了在首页添加图像上传功能，我们要在发布微博的表单中添加一个**file_field**标签，如代码清单13-60所示。

代码清单13-60 在发布微博的表单中添加图像上传按钮
app/views/shared/_micropost_form.html.erb

```
<%= form_for(@micropost, html: { multipart: true }) do |f| %>
  <%= render 'shared/error_messages', object: f.object %>
  <div class="field">
    <%= f.text_area :content, placeholder: "Compose new micropost..." %>
  </div>
  <%= f.submit "Post", class: "btn btn-primary" %>
  <span class="picture">
    <%= f.file_field :picture %>
  </span>
<% end %>
```

注意，**form_for**中指定了**html：{ multipart：true }**参数。为了支持文件上传功能，必须指定这个参数。

最后，我们要把**picture**添加到可通过Web修改的属性列表中。为此，要修改**micropost_params**方法，如代码清单13-61所示。

代码清单13-61 把**picture**添加到允许修改的属性列表中
app/controllers/microposts_controller.rb

```
class MicropostsController < ApplicationController
  before_action :logged_in_user, only: [:create, :destroy]
  before_action :correct_user,    only: :destroy
  .
  .
  .
  private

    def micropost_params
      params.require(:micropost).permit(:content, :picture)
    end

    def correct_user
      @micropost = current_user.microposts.find_by(id: params[:id])
      redirect_to root_url if @micropost.nil?
    end
end
```

13

上传图像后，在单篇微博局部视图中可以使用**image_tag**辅助方法渲染图像，如代码清单13-62所示。注意，我们使用**picture?**布尔值方法，如果没有图像就不显示**img**标签。这个方法由CarrierWave

自动创建，方法名根据保存图像文件名的属性而定。自己动手上传图像后显示的页面如图13-20所示。针对图像上传功能的测试留作练习（13.4.1节）。

代码清单13-62　在微博中显示图像

app/views/microposts/_micropost.html.erb

```
<li id="micropost-<%= micropost.id %>">
  <%= link_to gravatar_for(micropost.user, size: 50), micropost.user %>
  <span class="user"><%= link_to micropost.user.name, micropost.user %></span>
  <span class="content">
    <%= micropost.content %>
    <%= image_tag micropost.picture.url if micropost.picture? %>
  </span>
  <span class="timestamp">
    Posted <%= time_ago_in_words(micropost.created_at) %> ago.
    <% if current_user?(micropost.user) %>
      <%= link_to "delete", micropost, method: :delete,
                                  data: { confirm: "You sure?" } %>
    <% end %>
  </span>
</li>
```

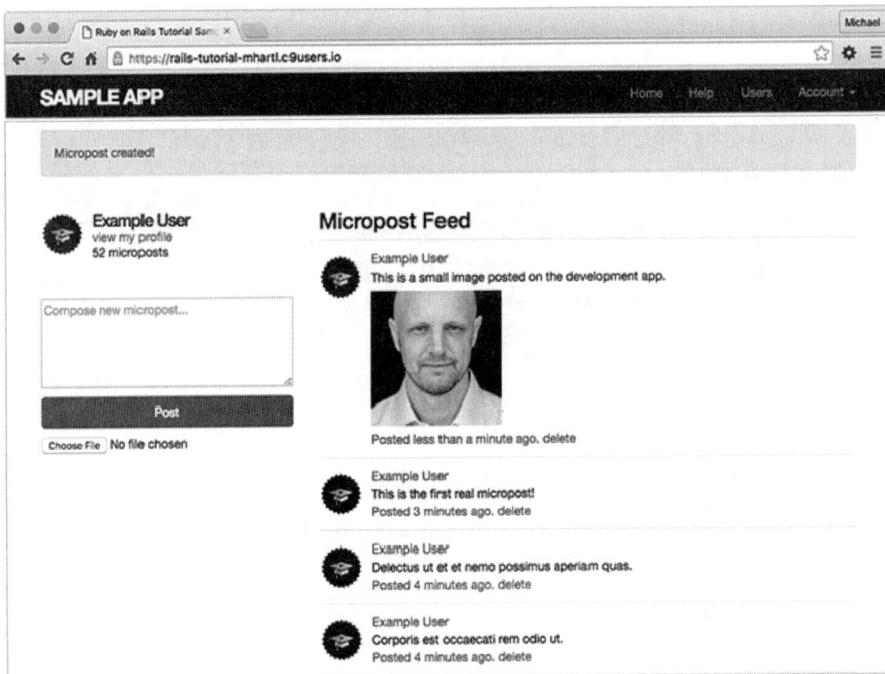

图13-20　发布包含图像的微博后显示的页面

练习

购买本书的读者可以访问railstutorial.org/aw-solutions免费查看练习的解答。如果想查看其他人的

答案，以及记录自己的答案，请加入Learn Enough Society（learnenough.com/society）。

(1) 发表一篇包含图像的微博。图像是不是太大了？（如果是，先别急，我们会在13.4.3节解决这个问题。）

(2) 以代码清单13-63为模板，为13.4节的图像上传程序编写测试。测试之前，要在固件文件夹中放一个图像（例如，可以执行`cp app/assets/images/rails.png test/fixtures/`命令）。代码清单13-63中添加的几个断言用于检查首页有没有文件上传字段，以及成功提交表单后有没有正确设定`picture`属性的值。注意，在测试中上传固件中的文件使用的是专门的`fixture_file_upload`方法。[①]
提示：为了检查`picture`属性的值，可以使用11.3.3节提到的`assigns`方法，在提交成功后获取`create`动作中的`@micropost`变量。

代码清单13-63　测试图像上传功能的模板
test/integration/microposts_interface_test.rb

```
require 'test_helper'

class MicropostInterfaceTest < ActionDispatch::IntegrationTest

  def setup
    @user = users(:michael)
  end

  test "micropost interface" do
    log_in_as(@user)
    get root_path
    assert_select 'div.pagination'
    assert_select 'input[type=FILL_IN]'
    # 无效提交
    post microposts_path, params: { micropost: { content: "" } }
    assert_select 'div#error_explanation'
    # 有效提交
    content = "This micropost really ties the room together"
    picture = fixture_file_upload('test/fixtures/rails.png', 'image/png')
    assert_difference 'Micropost.count', 1 do
      post microposts_path, micropost: { content: content, picture: FILL_IN }
    end
    assert FILL_IN.picture?
    follow_redirect!
    assert_match content, response.body
    # 删除一篇微博
    assert_select 'a', 'delete'
    first_micropost = @user.microposts.paginate(page: 1).first
    assert_difference 'Micropost.count', -1 do
      delete micropost_path(first_micropost)
    end
    # 访问另一个用户的资料页面（没有删除链接）
    get user_path(users(:archer))
    assert_select 'a', { text: 'delete', count: 0 }
  end
```

① 如果使用Windows系统，要加上`:binary`参数：`fixture_file_upload(file, type, :binary)`。

13

```
      .
      .
      .
    end
```

13.4.2 验证图像

13.4.1节添加的上传程序是个好的开始，但有一定不足：没对上传的文件做任何限制，如果用户上传的文件很大，或者类型不对，会导致问题。本节要修正这个不足，添加验证，限制图像的大小和类型。我们既会在服务器端添加验证，也会在客户端（即浏览器）添加验证。

对图像类型的限制在CarrierWave的上传程序中设置。我们要限制能使用的图像扩展名（PNG、GIF和JPEG的两个变种），如代码清单13-64所示。（在生成的上传程序中有一段注释说明了该怎么做。）

代码清单13-64　限制可上传图像的类型

app/uploaders/picture_uploader.rb

```ruby
class PictureUploader < CarrierWave::Uploader::Base
  storage :file

  # Override the directory where uploaded files will be stored.
  # This is a sensible default for uploaders that are meant to be mounted:
  def store_dir
    "uploads/#{model.class.to_s.underscore}/#{mounted_as}/#{model.id}"
  end

  # 添加一个白名单，指定允许上传的图像类型
  def extension_white_list
    %w(jpg jpeg gif png)
  end
end
```

图像大小的限制在**Micropost**模型中设定。和前面用过的模型验证不同，Rails没有为文件大小提供现成的验证方法，所以我们要自己定义。我们把这个方法命名为**picture_size**，如代码清单13-65所示。注意，调用自定义的验证时使用的是**validate**方法，而不是**validates**。

代码清单13-65　添加图像大小验证

app/models/micropost.rb

```ruby
class Micropost < ApplicationRecord
  belongs_to :user
  default_scope -> { order(created_at: :desc) }
  mount_uploader :picture, PictureUploader
  validates :user_id, presence: true
  validates :content, presence: true, length: { maximum: 140 }
  validate  :picture_size

  private

    # 验证上传的图像大小
```

```
    def picture_size
      if picture.size > 5.megabytes
        errors.add(:picture, "should be less than 5MB")
      end
    end
end
```

这个验证会调用指定符号（`:picture_size`）对应的方法。在`picture_size`方法中，如果图像大于5MB（使用旁注9.1介绍的句法），就向`errors`集合（6.2.2节简单介绍过）添加一个自定义的错误消息。

除了上面所演示的两个验证之外，我们还要在客户端检查上传的图像。首先，我们在`file_field`方法中使用`accept`参数限制图像的格式：

```
<%= f.file_field :picture, accept: 'image/jpeg,image/gif,image/png' %>
```

有效的格式使用MIME类型指定，这些类型对应代码清单13-64中限制使用的类型。

然后，我们要编写一些JavaScript代码（更确切地说是jQuery代码），如果用户试图上传太大的图像就弹出一个提示框（免得浪费时间上传，还能减轻服务器的压力）：

```
$('#micropost_picture').bind('change', function() {
  var size_in_megabytes = this.files[0].size/1024/1024;
  if (size_in_megabytes > 5) {
    alert('Maximum file size is 5MB. Please choose a smaller file.');
  }
});
```

本书虽然没有介绍jQuery，不过你或许能理解这段代码：监视页面中CSS ID为`micropost_picture`的元素（如`#`符号所示，这是微博表单的ID，参见代码清单13-60；可以在Web浏览器中按住Ctrl键点击，使用审查工具找出）。当这个元素的内容变化时，执行这段代码，如果文件太大，就调用`alert`方法。[1]

把这两个检查措施添加到微博表单中，如代码清单13-66所示。[2]

代码清单13-66　使用jQuery检查文件的大小

app/views/shared/_micropost_form.html.erb

```
<%= form_for(@micropost, html: { multipart: true }) do |f| %>
  <%= render 'shared/error_messages', object: f.object %>
  <div class="field">
    <%= f.text_area :content, placeholder: "Compose new micropost..." %>
  </div>
  <%= f.submit "Post", class: "btn btn-primary" %>
  <span class="picture">
    <%= f.file_field :picture, accept: 'image/jpeg,image/gif,image/png' %>
  </span>
<% end %>
```

---

[1] 如果想知道怎么实现这样的效果，可以在Google中搜索"javascript maximum file size"，你会在Stack Overflow中找到答案的。

[2] jQuery高级用户可能会把大小检查放在单独的JavaScript函数中，但这不是JavaScript教程，像代码清单13-66那样做就可以了。

13

```
<script type="text/javascript">
  $('#micropost_picture').bind('change', function() {
    var size_in_megabytes = this.files[0].size/1024/1024;
    if (size_in_megabytes > 5) {
      alert('Maximum file size is 5MB. Please choose a smaller file.');
    }
  });
</script>
```

上传一个过大的文件试试你就会知道，代码清单13-66中的代码并不能清除文件输入字段，用户可以关闭弹出框，继续上传文件。如果这是一本关于jQuery的书，我们或许会增强一下，修正这个瑕疵，但是要知道，像代码清单13-66这样的代码并不能阻止用户上传大文件。即使我们在JavaScript代码中清除了文件输入字段，用户还可以使用Web审查工具修改JavaScript，或者直接发送**POST**请求（例如，使用**curl**）。为了阻止用户上传大文件，必须在服务器端添加如代码清单13-65所示的验证。

练习

购买本书的读者可以访问railstutorial.org/aw-solutions免费查看练习的解答。如果想查看其他人的答案，以及记录自己的答案，请加入Learn Enough Society（learnenough.com/society）。

(1) 如果尝试上传超过5MB的图像，会发生什么？

(2) 如果尝试上传无效的图像类型，会发生什么？

13.4.3　调整图像尺寸

13.4.2节对图像大小的限制是个好的开始，不过用户还是可以上传尺寸很大的图像，撑破网站的布局，有时甚至会把网站搞得一团糟，如图13-21所示。因此，如果允许用户从本地磁盘中上传尺寸很大的图像，最好在显示图像之前调整图像的尺寸。[①]

我们要使用ImageMagick调整图像的尺寸，所以在开发环境中要安装这个程序。（如13.4.4节所述，Heroku在生产环节已经预装了ImageMagick。）在云端IDE中可以使用下面的命令安装：[②]

```
$ sudo apt-get update
$ sudo apt-get install imagemagick --fix-missing
```

〔如果你在本地设备中开发，可能要使用其他方式安装ImageMagick，例如，在安装有Homebrew的Mac中执行**brew install imagemagick**命令安装。遇到问题的话，请设法自行解决（旁注1.1）。〕

[①] 使用CSS能限制图像显示的尺寸，但无法改变图像本身的尺寸。一般来说，尺寸大的图像加载时间要久一些。（你可能访问过一些网站，图像看着虽小，但是加载时间很长。原因就是如此。）

[②] Ubuntu文档中有说明（https://help.ubuntu.com/community/ImageMagick）。如果你没使用云端IDE，或其他类似的Linux系统，可以在Google中搜索"imagemagick <your platform>"。在OS X中，如果安装了Homebrew，可以执行**brew install imagemagick**命令安装。

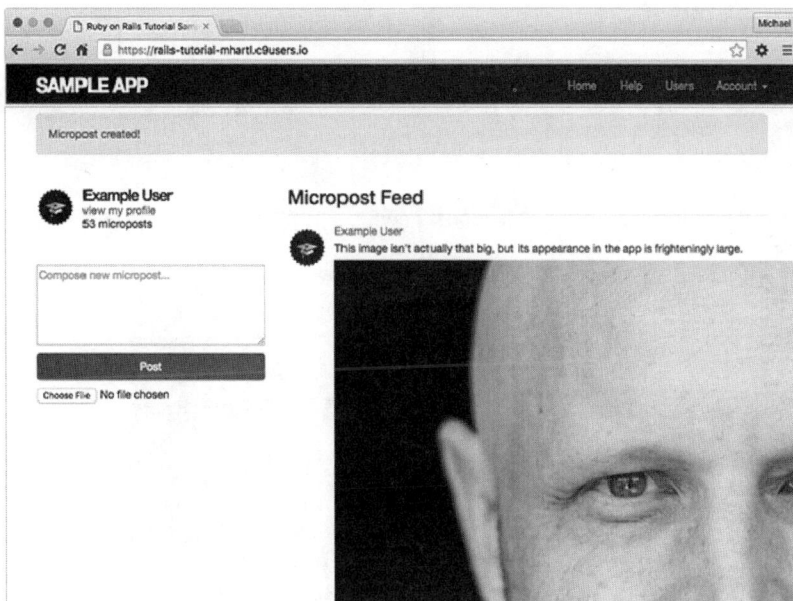

图13-21 上传了一张超级大的图像

然后，我们要在CarrierWave中引入MiniMagick为ImageMagick提供的接口，还要调用一个调整尺寸的方法。MiniMagick的文档中列出了多个调整尺寸的方法，我们要使用的是`resize_to_limit: [400, 400]`，如果图像很大，把它调整为宽和高都不超过400像素，而小于这个尺寸的图像则不做调整。（CarrierWave文档中列出的方法会把小图片放大，这不是我们需要的效果。）添加代码清单13-67中的代码后，就能完美调整大尺寸图像了，如图13-22所示。

代码清单13-67　配置图像上传程序，调整图像的尺寸

app/uploaders/picture_uploader.rb

```ruby
class PictureUploader < CarrierWave::Uploader::Base
  include CarrierWave::MiniMagick
  process resize_to_limit: [400, 400]

  storage :file

  # Override the directory where uploaded files will be stored.
  # This is a sensible default for uploaders that are meant to be mounted:
  def store_dir
    "uploads/#{model.class.to_s.underscore}/#{mounted_as}/#{model.id}"
  end

  # 添加一个白名单，指定允许上传的图片类型
  def extension_white_list
    %w(jpg jpeg gif png)
  end
end
```

13

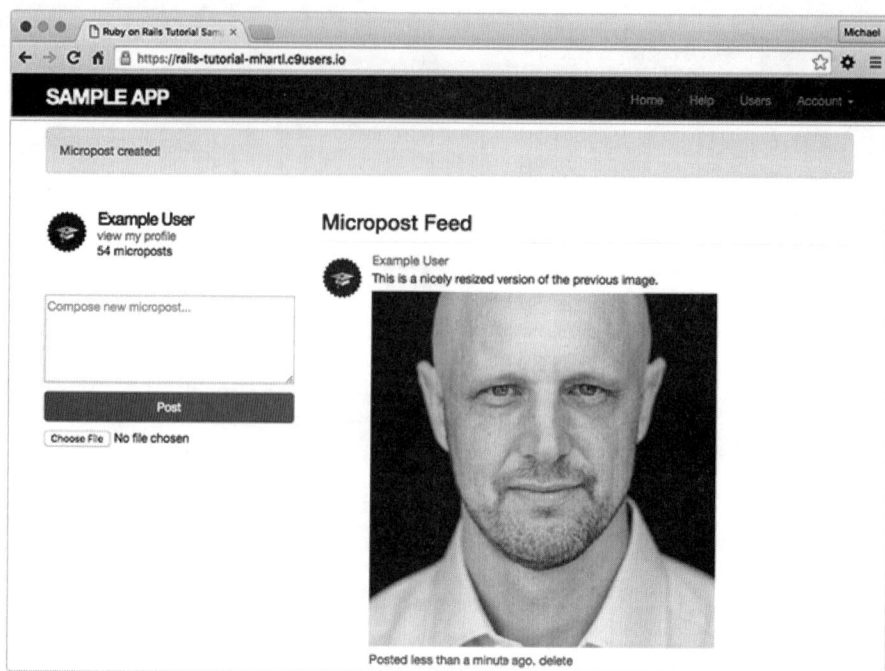

图13-22   调整尺寸后的图像

练习

购买本书的读者可以访问railstutorial.org/aw-solutions免费查看练习的解答。如果想查看其他人的答案，以及记录自己的答案，请加入Learn Enough Society（learnenough.com/society）。

(1) 上传一张大图，确认应用能正确地调整尺寸。如果图像不是方形的，还能调整尺寸吗？

(2) 如果你完成了代码清单13-63中的图像上传测试，现在测试组件可能会报告一个让人摸不着头脑的错误消息。为了修正这个问题，要使用代码清单13-68中的初始化文件配置CarrierWave，指定在测试中不调整图像的尺寸。

代码清单13-68   指定在测试中不调整图像尺寸的初始化文件

config/initializers/skip_image_resizing.rb

```
if Rails.env.test?
  CarrierWave.configure do |config|
    config.enable_processing = false
  end
end
```

13.4.4   在生产环境中上传图像

13.4.3节实现的图像上传程序在开发环境中用起来不错，但图像都存储在本地文件系统中（如代码清单13-67中**storage :file**那行所示），在生产环境中这么做可不好。[1]所以，本节要使用云存储服务存储图像，把图像与应用所在的文件系统分开。[2]

我们要使用**fog** gem配置应用，在生产环境中使用云存储，如代码清单13-69所示。

代码清单13-69　配置生产环境中使用的图像上传程序

app/uploaders/picture_uploader.rb

```
class PictureUploader < CarrierWave::Uploader::Base
  include CarrierWave::MiniMagick
  process resize_to_limit: [400, 400]
  if Rails.env.production?
    storage :fog
  else
    storage :file
  end
  # Override the directory where uploaded files will be stored.
  # This is a sensible default for uploaders that are meant to be mounted:
  def store_dir
    "uploads/#{model.class.to_s.underscore}/#{mounted_as}/#{model.id}"
  end

  # 添加一个白名单，指定允许上传的图片类型
  def extension_white_list
    %w(jpg jpeg gif png)
  end
end
```

在代码清单13-69中，我们使用旁注7.1中介绍的**production?**布尔值方法根据所在的环境选择存储方式：

```
if Rails.env.production?
  storage :fog
else
  storage :file
end
```

云存储服务很多，我们要使用其中一个最受欢迎并且支持比较好的——Amazon的Simple Storage Service（简称S3）。[3]基本步骤如下：

(1) 注册一个Amazon Web Services账户；

(2) 通过AWS Identity and Access Management（简称IAM）创建一个用户，记下访问公钥和密钥；

(3) 使用AWS Console创建一个S3 bucket（名称自己定），然后赋予上一步创建的用户读写权限。

你可能会发现设置S3有些挑战性，但这也正体现了"全面提升你的技术水平"（旁注1.1）。关于这些步骤的详细说明，参见S3的文档[4]。（如果需要可以在Google中搜索，或者在Stack Overflow中提问。）

---

① 坏处有很多，其中一个是：Heroku中存储的文件是临时的，重新部署后会把以前上传的图像删除。

② 这一节有一定难度，可以跳过，对后面的内容没有影响。

③ S3是收费服务，不过测试这个演示应用，每月的花费不会超过1美分。

④ http://aws.amazon.com/documentation/s3/

13

创建并配置好S3账户后，创建CarrierWave配置文件，写入代码清单13-70中的内容。

注意：如果做了这些设置之后连不上S3，可能是区域位置的问题。有些用户可能要在fog的凭据中添加`:region => ENV['S3_REGION']`，然后在命令行中执行**heroku config:set S3_REGION=\<bucket_region\>**，其中**bucket_region**是你所在的区域，例如**'eu-central-1'**。如果想找到你所在的区域，请查看AWS Regions and Endpoints文档（http://docs.aws.amazon.com/ general/latest/ gr/rande.html）。

代码清单13-70 配置CarrierWave使用S3

config/initializers/carrier_wave.rb

```ruby
if Rails.env.production?
  CarrierWave.configure do |config|
    config.fog_credentials = {
      # Amazon S3 的配置
      :provider              => 'AWS',
      :aws_access_key_id     => ENV['S3_ACCESS_KEY'],
      :aws_secret_access_key => ENV['S3_SECRET_KEY']
    }
    config.fog_directory     = ENV['S3_BUCKET']
  end
end
```

与生产环境的电子邮件配置一样（代码清单11-41），代码清单13-70也使用Heroku中的**ENV**变量，没有直接在代码中写入敏感信息。在11.4节，电子邮件所需的变量由SendGrid扩展自动定义，但现在我们要自己定义，方法是使用**heroku config:set**命令，如下所示：

```
$ heroku config:set S3_ACCESS_KEY=<access key>
$ heroku config:set S3_SECRET_KEY=<secret key>
$ heroku config:set S3_BUCKET=<bucket name>
```

配置好之后，我们可以提交并部署了。我建议你像代码清单13-71那样更新.gitignore文件，忽略保存上传图像的目录。

代码清单13-71 在.gitignore文件中添加保存上传图像的目录

```
  .
  .
  .
# 忽略上传的测试图像
/public/uploads
```

我们先提交主题分支中的变动，然后再合并到主分支：

```
$ rails test
$ git add -A
$ git commit -m "Add user microposts"
$ git checkout master
$ git merge user-microposts
$ git push
```

接下来部署，还原数据库，再把种子数据载入数据库：

```
$ git push heroku
$ heroku pg:reset DATABASE
$ heroku run rails db:migrate
$ heroku run rails db:seed
```

Heroku已经安装了ImageMagick，所以在生产环境中调整图像尺寸和上传功能都能正常使用，如图13-23所示。

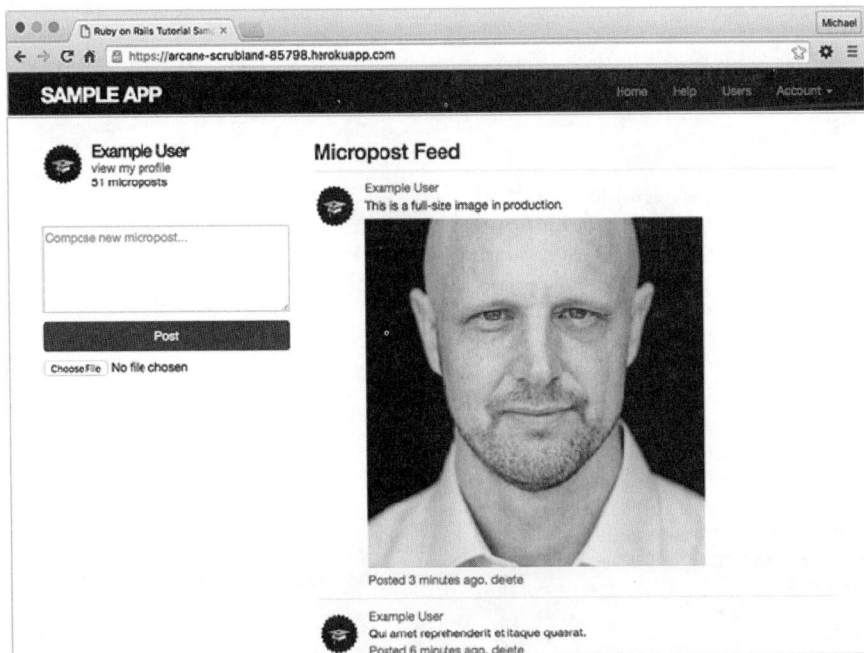

图13-23 在生产环境中上传的图像

练习

购买本书的读者可以访问railstutorial.org/aw-solutions免费查看练习的解答。如果想查看其他人的答案，以及记录自己的答案，请加入Learn Enough Society（learnenough.com/society）。

(1) 在生产环境中上传一张大图，确认能调整图像的尺寸。如果图像不是方形的，还能调整图像的尺寸吗？

13.5 小结

实现Microposts资源后，我们的演示应用基本上完成了。现在还剩下社交功能，即让用户之间可以相互关注，没有实现。在第14章，我们将学习如何实现用户之间的这种关系，届时还将实现一个真正的动态流。

如果你跳过了13.4.4节，在继续之前，先提交改动，然后再合并：

```
$ rails test
$ git add -A
$ git commit -m "Add user microposts"
$ git checkout master
$ git merge user-microposts
$ git push
```

接下来部署到生产环境中：

```
$ git push heroku
$ heroku pg:reset DATABASE
$ heroku run rails db:migrate
$ heroku run rails db:seed
```

值得注意的是，这一章安装了需要的最后几个gem。为了便于参考，下面列出完整的Gemfile文件，如代码清单13-72所示。[①]

代码清单13-72　演示应用的Gemfile文件完整版本

```
source 'https://rubygems.org'

gem 'rails',                      '5.0.0'
gem 'bcrypt',                     '3.1.11'
gem 'faker',                      '1.6.3'
gem 'carrierwave',                '0.11.2'
gem 'mini_magick',                '4.5.1'
gem 'fog',                        '1.38.0'
gem 'will_paginate',              '3.1.0'
gem 'bootstrap-will_paginate',    '0.0.10'
gem 'bootstrap-sass',             '3.3.6'
gem 'puma',                       '3.4.0'
gem 'sass-rails',                 '5.0.5'
gem 'uglifier',                   '3.0.0'
gem 'coffee-rails',               '4.2.1'
gem 'jquery-rails',               '4.1.1'
gem 'turbolinks',                 '5.0.0'
gem 'jbuilder',                   '2.4.1'

group :development, :test do
  gem 'sqlite3', '1.3.11'
  gem 'byebug',  '9.0.0', platform: :mri
end

group :development do
  gem 'web-console',          '3.1.1'
  gem 'listen',               '3.0.8'
  gem 'spring',               '1.7.2'
  gem 'spring-watcher-listen', '2.0.0'
end

group :test do
  gem 'rails-controller-testing', '0.1.1'
  gem 'minitest-reporters',       '1.1.9'
```

① 与之前一样，应该使用gemfiles-4th-ed.railstutorial.org中列出的版本号，别使用这里给出的。

```
  gem 'guard',                    '2.13.0'
  gem 'guard-minitest',           '2.4.4'
end

group :production do
  gem 'pg',    '0.18.4'
end

# Windows does not include zoneinfo files, so bundle the tzinfo-data gem
gem 'tzinfo-data', platforms: [:mingw, :mswin, :x64_mingw, :jruby]
```

本章所学

- ❑ 和用户一样，微博也是一种资源，而且有对应的Active Record模型；
- ❑ Rails支持多键索引；
- ❑ 我们可以分别在**User**和**Micropost**模型中使用**has_many**和**belongs_to**方法实现一个用户拥有多篇微博的模型；
- ❑ **has_many/belongs_to**会创建很多方法，能通过关联创建对象；
- ❑ **user.microposts.build(...)**创建一个微博对象，并自动把微博与用户关联起来；
- ❑ Rails支持使用**default_scope**指定默认排序方式；
- ❑ 作用域方法的参数是匿名函数；
- ❑ 加入**dependent: :destroy**选项后，删除对象时也会把关联的对象删除；
- ❑ 分页和数量统计都可以通过关联调用，这样写出的代码很简洁；
- ❑ 在固件中可以创建关联；
- ❑ 可以向Rails局部视图中传入变量；
- ❑ 查询Active Record模型时可以使用**where**方法；
- ❑ 通过关联创建和销毁对象有安全保障；
- ❑ 可以使用CarrierWave上传图像及调整图像的尺寸。

## 第 14 章

关注用户

14

这一章，我们要为演示应用添加社交功能，允许用户关注（以及取消关注）其他人，并在主页显示被关注用户发布的微博（动态流）。我们将在14.1节学习如何建立用户之间的关系，然后在14.2节编写相应的Web界面（本节还会介绍Ajax）。最后，在14.3节实现功能完善的动态流。

这是本书最后一章，有些内容具有挑战性。比如说，为了实现动态流，我们会使用一些Ruby和SQL技巧。通过这些示例，你将了解到Rails是如何处理更加复杂的数据模型的，这些知识也会在你日后开发其他应用时发挥作用。为了帮助你平稳地从学习过渡到独立开发，14.4节会列出一些进阶学习资源。

因为本章的内容比较有挑战性，所以在开始编写代码之前，我们先来讨论一下界面。和之前的章节一样，在开发之前，我们将使用构思图。[①]完整的页面流程是这样的：一个用户（John Calvin）从他的资料页面（图14-1）浏览到用户列表页面（图14-2），寻找想关注的用户；然后他打开另一个用户Thomas Hobbes的资料页面（图14-3），点击"Follow"（关注）按钮关注了他，这时"Follow"按钮会变为"Unfollow"（取消关注），而且关注Hobbes的人数增加了1个（图14-4）；接着，Calvin回到主页，看到他关注的人数也增加了1个，而且在动态流中能看到Hobbes发布的微博（图14-5）。本章接下来的内容就是要实现这样的页面流程。

---

① 儿童图像的来源：http://www.flickr.com/photos/john_lustig/2518452221/，发布于2013年12月16日。Copyright © 2008 by John Lustig。未经改动，基于"知识共享署名2.0通用"许可证使用。老虎图像来源：https://www.flickr.com/photos/renemensen/9187111340，发布于2014年8月15日。Copyright © 2013 by Rene Mesen。未经改动，基于"知识共享署名 2.0 通用"许可证使用。

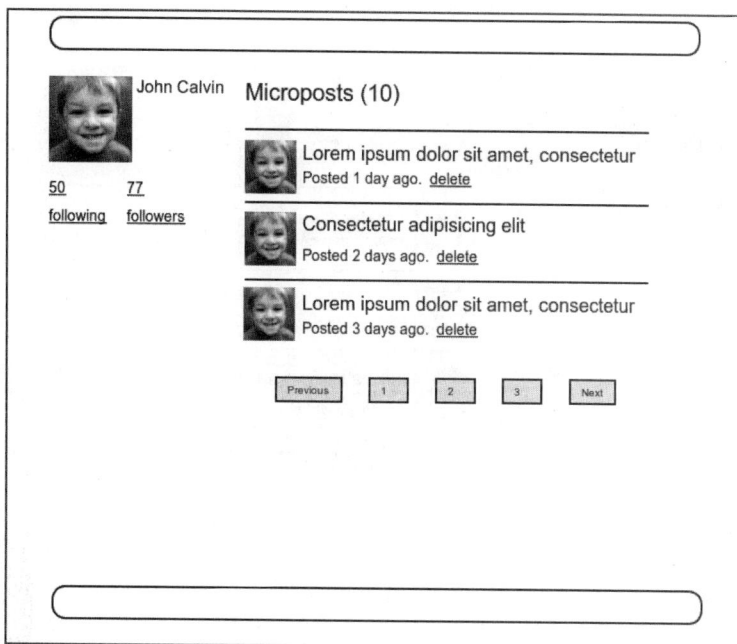

图14-1 当前用户的资料页面

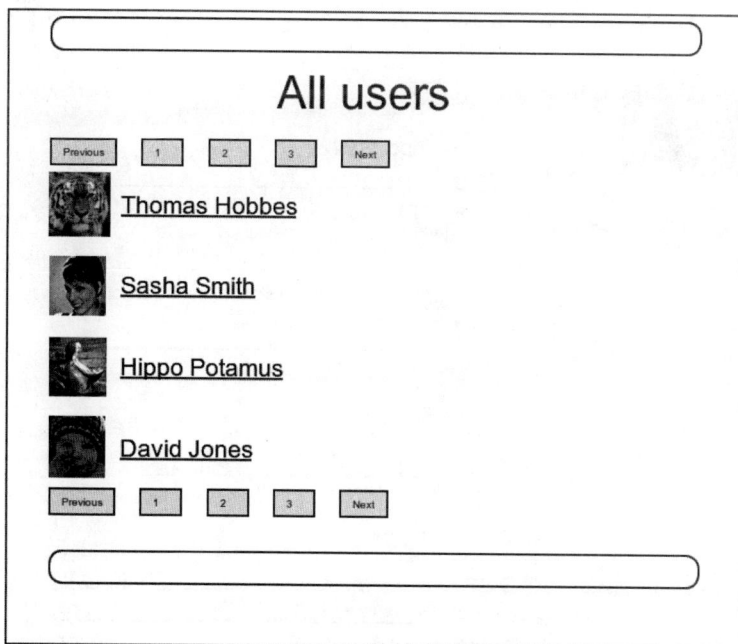

图14-2 找一个想关注的用户

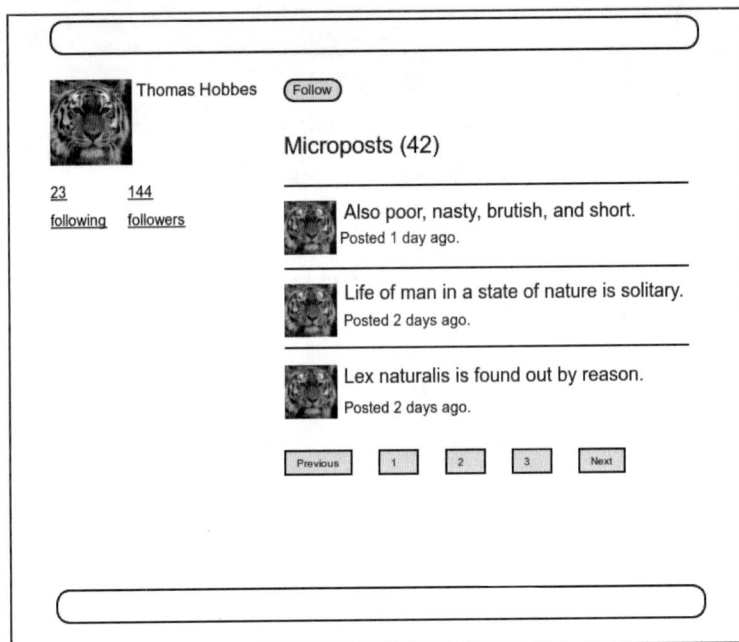

图14-3 想关注的那个用户的资料页面，有一个"Follow"（关注）按钮

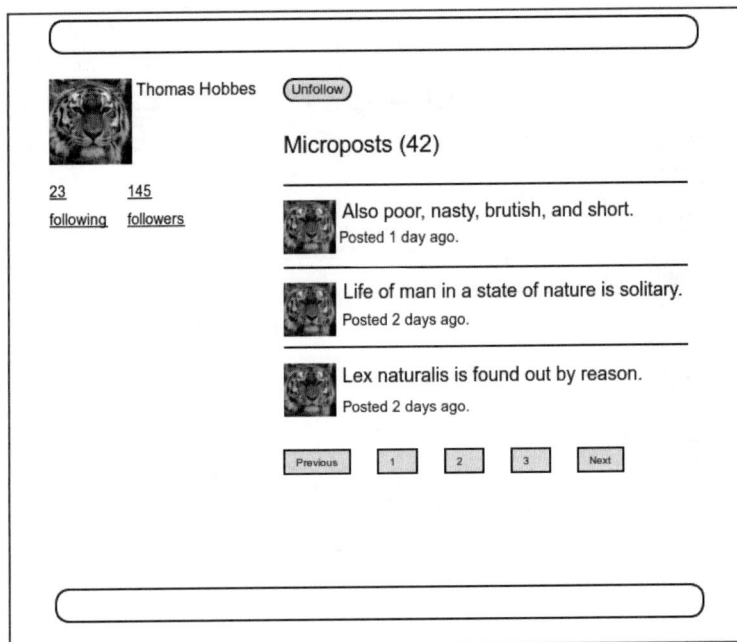

图14-4 资料页面中显示了"Unfollow"（取消关注）按钮，而且关注他的人数增加了1个

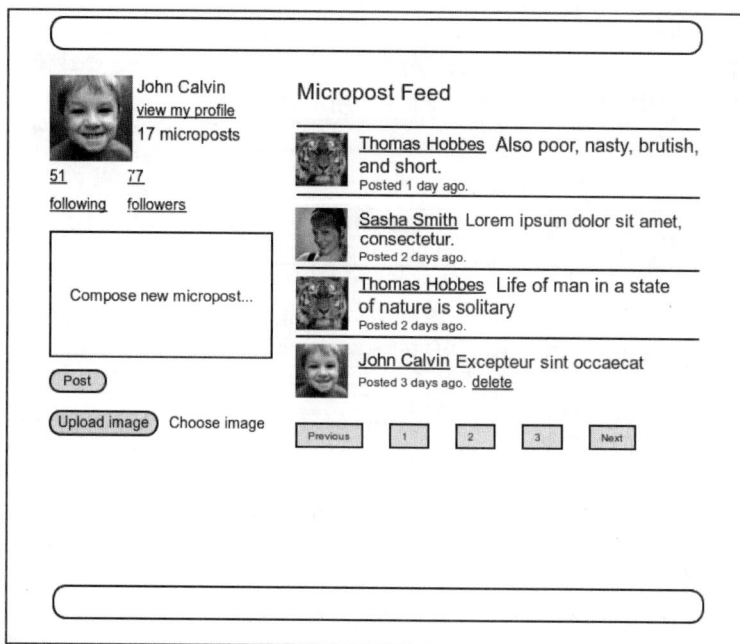

图14-5 首页显示了动态流，而且关注的人数增加了1个

14.1 Relationship 模型

为了实现用户关注功能，首先要创建一个看上去并不是那么直观的数据模型。一开始我们可能以为**has_many**关联能满足我们的要求：一个用户关注多个用户，而且也被多个用户关注。但实际上这种实现方式有问题，下面我们将学习如何使用**has_many :through**解决。

和之前一样，如果使用Git，现在应该新建一个主题分支：

```
$ git checkout -b following-users
```

14.1.1 数据模型带来的问题（以及解决方法）

在构建关注用户所需的数据模型之前，我们先来分析一个典型的案例。假如一个用户关注了另外一个用户，比如Calvin关注了Hobbes，也就是Hobbes被Calvin关注了，那么Calvin就是**关注人**（follower），Hobbes则是**被关注人**（followed）。按照Rails默认的复数命名约定，我们称关注了某个用户的所有用户为这个用户的"followers"，因此，**hobbes.followers**是一个数组，包含所有关注了Hobbes的用户。不过，如果反过来，这种表述就说不通了：默认情况下，所有被关注的用户应该叫"followeds"，但是这样说并不符合英语语法。所以，参照Twitter的叫法，我们把被关注的用户叫作做"following"（例如，"50 following, 75 followers"）。因此，Calvin关注的人可以通过**calvin.following**数组获取。

经过上述讨论，我们可以按照图14-6中的方式构建被关注用户的模型——一个**following**表和

has_many关联。由于**user.following**应该是一个用户对象组成的数组，所以**following**表中的每一行都应该是一个用户，通过**followed_id**列标识，然后再通过**follower_id**列建立关联。[1]除此之外，由于每一行都是一个用户，所以还要在表中加入用户的其他属性，例如名字、电子邮件地址和密码等。

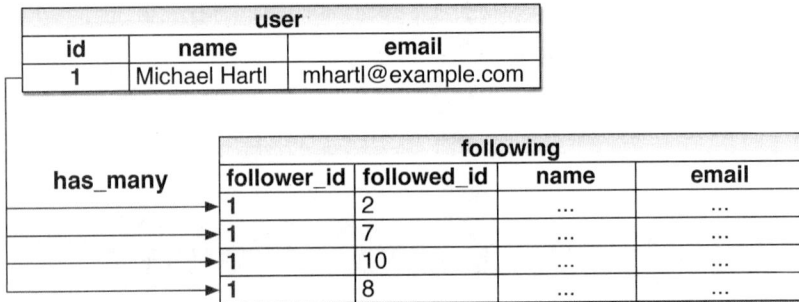

user		
id	name	email
1	Michael Hartl	mhartl@example.com

has_many	following			
	follower_id	followed_id	name	email
	1	2	…	…
	1	7	…	…
	1	10	…	…
	1	8	…	…

图14-6 一个用户关注的人（天真方式）

图14-6中的数据模型有个问题：存在非常多的冗余，每一行不仅包括被关注用户的ID，还包括他们的其他信息，而这些信息在**users**表中都有。更糟的是，为了保存关注我的人，还需要另一个同样冗余的**followers**表。这么做会导致数据模型极难维护：用户修改名字时，不仅要修改**users**表中的数据，还要修改**following**和**followers**表中包含这个用户的每一条记录。

造成这个问题的原因是缺少底层抽象。找到合适的抽象有一种方法：思考在Web应用中如何实现关注用户的操作。7.1.2节介绍过，REST架构涉及**资源**的创建和销毁两个操作。由此引出了两个问题：用户关注另一个用户时，创建的是什么？用户取消关注另一个用户时，销毁的是什么？按照这样的方式思考，我们会发现，在关注用户的过程中，创建和销毁的是两个用户之间的**关系**。因此，一个用户有多个"关系"，从而通过这些"关系"得到很多我关注的人（**following**）和关注我的人（**followers**）。

在实现应用的数据模型时还有一个细节要注意：不同于Facebook实现的关系是对称的（至少在数据模型层对称），我们要实现的关系和Twitter类似，是**不对称**的，Calvin可以关注Hobbes，但Hobbes并不需要关注Calvin。为了区分这两种情况，我们要使用专业的术语：如果Calvin关注了Hobbes，但Hobbes没有关注Calvin，那么Calvin和 Hobbes之间建立的是**主动关系**（active relationship），而Hobbes和Calvin之间是**被动关系**（passive relationship）。[2]

现在我们集中精力实现主动关系，即获取我关注的用户。14.1.5节再实现被动关系。从图14-6中可以看出实现的方式：既然我关注的每一个用户都由**followed_id**独一无二地标识出来了，那么我们就可以把**following**表转化成**active_relationships**表，删掉用户的属性，然后使用**followed_id**从**users**表中检索我关注的用户的信息。这个数据模型如图14-7所示。

---

① 简单起见，图14-6省略了**following**表的**id**列。

② 感谢读者Paul Fioravanti建议我使用这两个术语。

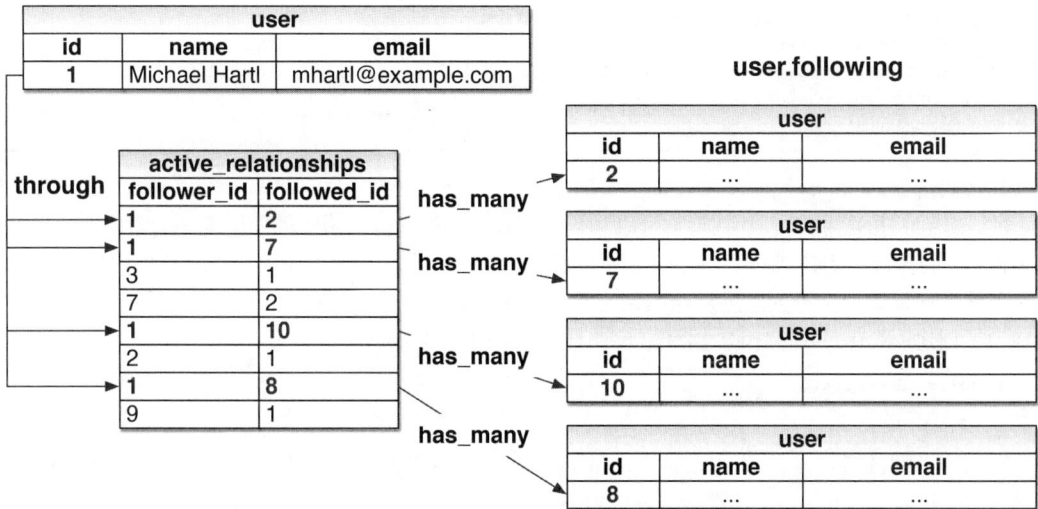

图14-7 通过主动关系获取我关注的用户

因为主动关系和被动关系最终会存储在同一个表中，所以我们把这个表命名为relationship。这个表对应的模型是**Relationship**，如图14-8所示。从14.1.4节开始，我们将介绍如何使用这个模型同时实现主动关系和被动关系。

relationships	
id	integer
follower_id	integer
followed_id	integer
created_at	datetime
updated_at	datetime

图14-8 **Relationship**数据模型

为此，我们要生成一个迁移，对应图14-8中的模型：

```
$ rails generate model Relationship follower_id:integer followed_id:integer
```

因为我们将通过**follower_id**和**followed_id**查找关系，所以还要为这两个列建立索引，提高查询的效率，如代码清单14-1所示。

代码清单14-1 在:**relationships**表中添加索引

db/migrate/[timestamp]_create_relationships.rb

```
class CreateRelationships < ActiveRecord::Migration[5.0]
  def change
    create_table :relationships do |t|
      t.integer :follower_id
      t.integer :followed_id

      t.timestamps
    end
```

14

```
    add_index :relationships, :follower_id
    add_index :relationships, :followed_id
    add_index :relationships, [:follower_id, :followed_id], unique: true
  end
end
```

在代码清单14-1中，我们还设置了一个多键索引，确保 (**follower_id, followed_id**) 组合是唯一的，避免多次关注同一个用户。（可以和代码清单6-29中保持电子邮件地址唯一的索引，以及代码清单13-3中的多键索引比较一下。）从14.1.4节起我们会看到，用户界面不会允许这样的事发生，但添加索引后，如果用户试图创建重复的关系（例如使用**curl**这样的命令行工具），应用会抛出异常。

为了创建**relationships**表，和之前一样，我们要迁移数据库：

```
$ rails db:migrate
```

练习

购买本书的读者可以访问railstutorial.org/aw-solutions免费查看练习的解答。如果想查看其他人的答案，以及记录自己的答案，请加入Learn Enough Society（learnenough.com/society）。

(1) 对图14-7中ID为1的用户来说，**user.following.map(&:id)**的值是什么？（4.3.2节介绍过**map(&:method_name)**这种句法；**user.following.map(&:id)**返回的是ID组成的数组。）

(2) 查看图14-7，对ID为2的用户来说，**user.following**的值是什么？**user.following.map(&:id)**呢？

14.1.2　User 模型和 Relationship 模型之间的关联

在获取我关注的人和关注我的人之前，我们要先建立**User**模型和**Relationship**模型之间的关联。一个用户有多个"关系"（**has_many**），因为一个"关系"涉及**两个**用户，所以"关系"同时属于（**belongs_to**）该用户和被关注的用户。

和13.1.3节创建微博的方式一样，我们要通过关联创建"关系"，如下面的代码所示：

```
user.active_relationships.build(followed_id: ...)
```

此时，你可能想在应用中加入类似于13.1.3节使用的代码。这里要添加的代码确实与那个很像，但有两处不同。

首先，把用户和微博关联起来时我们是这么写的：

```
class User < ApplicationRecord
  has_many :microposts
  .
  .
  .
end
```

之所以能这么写，是因为Rails会寻找**:microposts**符号对应的模型，即**Micropost**。[①]可是现在这个模型名为**Relationship**，而我们想写成：

```
has_many :active_relationships
```

---

① 严格来说，Rails使用**classify**方法把**has_many**的参数转换成类名，例如**"foo_bars"**会转换成**"FooBar"**。

所以，我们要告诉Rails模型的类名。

其次，前面在**Micropost**模型中是这么写的：

```
class Micropost < ApplicationRecord
  belongs_to :user
  .
  .
  .
end
```

之所以能这么写，是因为**microposts**表中有识别用户的**user_id**列（13.1.1节）。这种id用于连接两个数据库表，我们称之为**外键**（foreign key）。当指向**User**模型的外键为**user_id**时，Rails会自动获知关联，因为默认情况下，Rails会寻找名为**<class>_id**的外键，其中**<class>**是模型类名的小写形式。[①]现在，尽管我们处理的还是用户，但识别用户使用的外键是**follower_id**，所以要告诉Rails这一变化。

综上所述，**User**和**Relationship**模型之间的关联如代码清单14-2和代码清单14-3所示。

代码清单14-2 实现主动关系中的has_many关联

app/models/user.rb

```
class User < ApplicationRecord
  has_many :microposts, dependent: :destroy
  has_many :active_relationships, class_name:  "Relationship",
                                  foreign_key: "follower_id",
                                  dependent:   :destroy
  .
  .
  .
end
```

（因为删除用户时也要删除涉及这个用户的"关系"，所以我们在关联中加入了**dependent: :destroy**。）

代码清单14-3 在Relationship模型中添加belongs_to关联

app/models/relationship.rb

```
class Relationship < ApplicationRecord
  belongs_to :follower, class_name: "User"
  belongs_to :followed, class_name: "User"
end
```

尽管14.1.4节才会用到**followed**关联，但是关注与被关注是并行的结构，同时添加更易于理解。

建立上述关联后，会得到一系列类似于表13-1中的方法，如表14-1所示。

[①] 严格来说，Rails使用**underscore**方法把类名转换为ID列的名称。例如，**"FooBar".underscore**的返回值是**"foo_bar"**，所以**FooBar**模型的外键是**foo_bar_id**。

表14-1　User模型与Relationship模型建立主动关系之后得到的方法简介

方　法	作　用
`active_relationship.follower`	获取关注我的用户
`active_relationship.followed`	获取我关注的用户
`user.active_relationships.create` `(followed_id: other_user.id)`	创建user发起的主动关系
`user.active_relationships.create!` `(followed_id: other_user.id)`	创建user发起的主动关系（失败时抛出异常）
`user.active_relationships.build` `(followed_id: other_user.id)`	构建user发起的主动关系对象

练习

购买本书的读者可以访问railstutorial.org/aw-solutions免费查看练习的解答。如果想查看其他人的答案，以及记录自己的答案，请加入Learn Enough Society（learnenough.com/society）。

(1) 打开Rails控制台，使用表14-1中的**create**方法为数据库中的第一个用户和第二个用户建立主动关系。

(2) 确认**active_relationship.followed**和**active_relationship.follower**返回的值是正确的。

14.1.3　关系验证

在继续之前，我们要在**Relationship**模型中添加一些验证。测试（代码清单14-4）和应用代码（代码清单14-5）都非常直观。与生成的用户固件一样（代码清单6-30），生成的"关系"固件也违背了迁移中的唯一性约束（代码清单14-1）。这个问题的解决方法也和之前一样（代码清单6-31）——删除自动生成的固件，如代码清单14-6所示。

代码清单14-4　测试Relationship模型的验证

test/models/relationship_test.rb

```ruby
require 'test_helper'

class RelationshipTest < ActiveSupport::TestCase
  def setup
    @relationship = Relationship.new(follower_id: users(:michael).id,
                                     followed_id: users(:archer).id)
  end
  test "should be valid" do
    assert @relationship.valid?
  end

  test "should require a follower_id" do
    @relationship.follower_id = nil
    assert_not @relationship.valid?
  end

  test "should require a followed_id" do
    @relationship.followed_id = nil
    assert_not @relationship.valid?
```

```
    end
  end
```

代码清单14-5　在**Relationship**模型中添加验证

app/models/relationship.rb

```
class Relationship < ApplicationRecord
  belongs_to :follower, class_name: "User"
  belongs_to :followed, class_name: "User"
  validates :follower_id, presence: true
  validates :followed_id, presence: true
end
```

代码清单14-6　删除"关系"固件中的内容（GREEN）

test/fixtures/relationships.yml

```
# empty
```

现在，测试应该可以通过：

代码清单14-7　GREEN

```
$ rails test
```

练习

购买本书的读者可以访问railstutorial.org/aw-solutions免费查看练习的解答。如果想查看其他人的答案，以及记录自己的答案，请加入Learn Enough Society（learnenough.com/society）。

（1）把代码清单14-5中的验证注释掉，确认测试仍能通过。（这是Rails 5的变化，在之前的Rails版本中，必须添加那两个验证。为了明确表明意图，我们会留着验证。不过你要知道这一点，以防其他人编写的代码中没有这两个验证。）

14.1.4　我关注的用户

现在到"关系"的核心部分了——获取我关注的用户（**following**）和关注我的用户（**followers**）。这里我们将首次用到**has_many :through**关联：用户通过**Relationship**模型关注多个用户，如图14-7所示。默认情况下，在**has_many :through**关联中，Rails寻找的外键对应关联的单数形式。例如：

```
has_many :followeds, through: :active_relationships
```

Rails发现关联名是"followeds"，我们先把它变成单数形式"followed"，然后在**relationships**表中获取一个由**followed_id**组成的集合。不过，14.1.1节说过，写成**user.followeds**有点说不通，所以我们将使用**user.following**。Rails允许定制默认生成的关联方法：即使用**source**参数指定**following**数组由**followed_id**组成，如代码清单14-8所示。

14

代码清单14-8   在**User**模型中添加**following**关联

app/models/user.rb

```
class User < ApplicationRecord
  has_many :microposts, dependent: :destroy
  has_many :active_relationships, class_name:  "Relationship",
                                  foreign_key: "follower_id",
                                  dependent:   :destroy
  has_many :following, through: :active_relationships, source: :followed
    .
    .
    .
  end
end
```

定义这个关联后，我们可以充分利用Active Record和数组的功能。例如，可以使用**include?**方法（4.3.1节）检查我关注的用户中有没有某个用户，或者通过关联查找对象：

```
user.following.include?(other_user)
user.following.find(other_user)
```

很多情况下都可以把**following**当成数组来用，Rails会使用特定的方式处理**following**，所以这么做很高效。例如：

```
following.include?(other_user)
```

这看起来好像是要把我关注的所有用户都从数据库中读取出来，然后再调用**include?**方法。其实不然，为了提高效率，Rails会直接在数据库层执行相关的操作。（和13.2.1节使用**user.microposts.count**获取数量一样，都直接在数据库中操作。）

为了处理关注用户的操作，我们要定义两个实用方法：**follow**和**unfollow**。这样我们就可以编写**user.follow(other_user)**了。我们还要定义**following?**布尔值方法，检查一个用户是否关注了另一个用户。[①]

现在是编写测试的好时机，因为我们还要等很久才会开发关注用户的Web界面，如果一直没人监管，很难向前推进。在这种情况下，我们可以为**User**模型编写一个简短的测试，先调用**following?**方法确认某个用户没有关注另一个用户，然后调用**follow**方法去关注那个用户，再使用**following?**方法确认关注成功了，最后调用**unfollow**方法取消关注，并确认操作成功，如代码清单14-9所示。

代码清单14-9   测试关注用户相关的几个实用方法（RED）

test/models/user_test.rb

```
require 'test_helper'

class UserTest < ActiveSupport::TestCase
  .
  .
  .
  test "should follow and unfollow a user" do
```

[①] 当你拥有了某个领域大量建模的经验后，总能提前猜到这样的实用方法。如果没有猜到的话，也经常能发现自己动手写这样的方法可以使测试代码更加整洁。此时，如果你没有猜到的话也很正常。软件开发往往是一个循序渐进的过程，你先埋头编写代码，发现代码很乱时，再重构。为了行文简洁，本书采取的是直捣黄龙的方式。

```
      michael = users(:michael)
      archer  = users(:archer)
      assert_not michael.following?(archer)
      michael.follow(archer)
      assert michael.following?(archer)
      michael.unfollow(archer)
      assert_not michael.following?(archer)
    end
  end
```

参见表14-1，我们要使用following关联定义follow、unfollow和following?三个方法，如代码清单14-10所示。（注意，只要有可能我们就省略self。）

代码清单14-10　定义关注用户相关的几个实用方法（GREEN）
app/models/user.rb

```
class User < ApplicationRecord
  .
  .
  .
  def feed
    .
    .
    .
  end

  # 关注另一个用户
  def follow(other_user)
    active_relationships.create(followed_id: other_user.id)
  end

  # 取消关注另一个用户
  def unfollow(other_user)
    active_relationships.find_by(followed_id: other_user.id).destroy
  end

  # 如果当前用户关注了指定的用户，返回 true
  def following?(other_user)
    following.include?(other_user)
  end

  private
    .
    .
    .
end
```

现在，测试能通过了：

代码清单14-11　GREEN

```
$ rails test
```

练习

购买本书的读者可以访问railstutorial.org/aw-solutions免费查看练习的解答。如果想查看其他人的答案，以及记录自己的答案，请加入Learn Enough Society（learnenough.com/society）。

(1) 在Rails控制台中重现代码清单14-9中的步骤。

(2) 前一题中各个命令对应的SQL语句是什么？

14.1.5　关注我的人

"关系"的最后一部分是定义与**user.following**对应的**user.followers**方法。从图14-7中得知，获取关注我的人所需的数据都已经存在于**relationships**表中（参照代码清单14-2中实现**active_relationships**表的方式）。其实我们要使用的方法和实现我关注的人一样，只要对调**follower_id**和**followed_id**的位置，并把**active_relationships**换成**passive_relation-ships**即可，如图14-9所示。

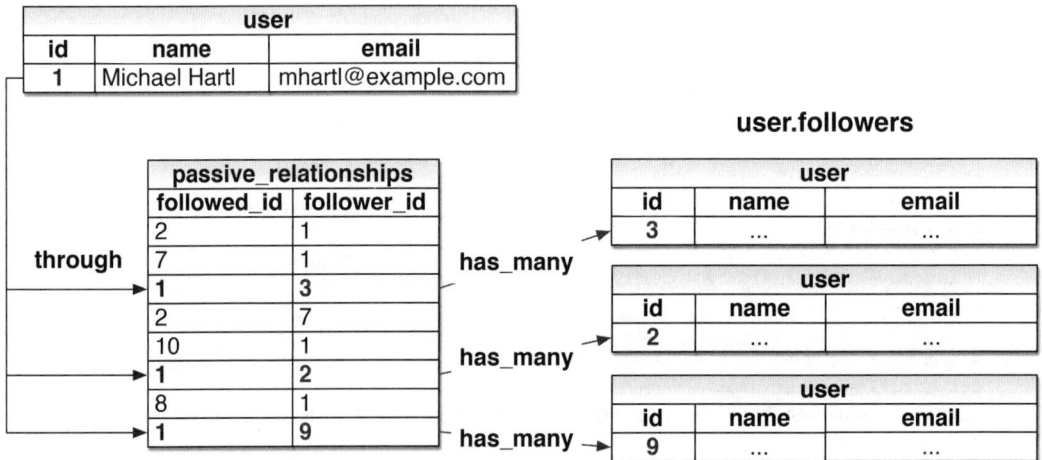

图14-9　通过被动关系获取关注我的用户

参照代码清单14-8，我们可以使用代码清单14-12中的代码实现图14-9中的模型。

代码清单14-12　使用被动关系实现user.followers

app/models/user.rb

```
class User < ApplicationRecord
  has_many :microposts, dependent: :destroy
  has_many :active_relationships,  class_name:  "Relationship",
                                   foreign_key: "follower_id",
                                   dependent:   :destroy
  has_many :passive_relationships, class_name:  "Relationship",
                                   foreign_key: "followed_id",
                                   dependent:   :destroy
  has_many :following, through: :active_relationships,  source: :followed
  has_many :followers, through: :passive_relationships, source: :follower
```

```
      .
      .
      .
    end
```

值得注意的是，其实我们可以省略followers关联中的:source键，直接写成：

```
has_many :followers, through: :passive_relationships
```

这是因为Rails会把"followers"转换成单数"follower"，然后查找名为follower_id的外键。代码清单14-12之所以保留了:source键，是为了和has_many :following关联的结构保持一致。

我们可以使用followers.include?测试这个数据模型，如代码清单14-13所示。（这段测试本可以使用与following?方法对应的followed_by?方法，但应用中用不到，所以我们没这么做。）

代码清单14-13　测试followers关联（GREEN）

test/models/user_test.rb

```ruby
require 'test_helper'

class UserTest < ActiveSupport::TestCase
  .
  .
  .
  test "should follow and unfollow a user" do
    michael = users(:michael)
    archer  = users(:archer)
    assert_not michael.following?(archer)
    michael.follow(archer)
    assert michael.following?(archer)
    assert archer.followers.include?(michael)
    michael.unfollow(archer)
    assert_not michael.following?(archer)
  end
end
```

代码清单14-13只在代码清单14-9的基础上增加了一行代码，但若想让这个测试通过，很多事情都要正确处理才行，这足以测试代码清单14-12中的关联。

现在，整个测试组件应该都能通过：

```
$ rails test
```

练习

购买本书的读者可以访问railstutorial.org/aw-solutions免费查看练习的解答。如果想查看其他人的答案，以及记录自己的答案，请加入Learn Enough Society（learnenough.com/society）。

(1) 在Rails控制台中为数据库中的第一个用户（赋值给user变量）添加几个关注者，user.followers.map(&:id)的值是什么？

(2) 确认user.followers.count的值与你在前一题中添加的关注者数量一样。

(3) user.followers.count对应的SQL语句是什么？与user.followers.to_a.count有什么区别？提示：假设这个用户有100万个关注者。

14.2　关注用户的 Web 界面

14.1节用到了很多数据模型技术，可能要花些时间才能完全理解。其实，理解这些关联最好的方式是在Web界面中使用。

本章在导言中介绍了关注用户的操作流程。本节，我们要实现这些构思的页面，以及关注和取消关注功能。同时我们还会创建两个页面，分别列出我关注的用户和关注我的用户。在14.3节，我们将实现用户的动态流，届时，这个演示应用才算完成。

14.2.1　示例关注数据

和之前的几章一样，我们要使用**rails db:seed**命令把"关系"相关的种子数据加载到数据库中。有了示例数据，我们就可以先实现Web界面，本节末尾再实现后端功能。

"关系"相关的种子数据如代码清单14-14所示。我们让第一个用户关注第3~51个用户，让第4~41个用户关注第一个用户。这样的数据足够用来开发应用的界面了。

代码清单14-14　在种子数据中添加"关系"相关的数据
db/seeds.rb

```
# Users
User.create!(name:  "Example User",
             email: "example@railstutorial.org",
             password:              "foobar",
             password_confirmation: "foobar",
             admin:      true,
             activated: true,
             activated_at: Time.zone.now)

99.times do |n|
  name  = Faker::Name.name
  email = "example-#{n+1}@railstutorial.org"
  password = "password"
  User.create!(name: name,
               email: email,
               password:              password,
               password_confirmation: password,
               activated: true,
               activated_at: Time.zone.now)
end

# Microposts
users = User.order(:created_at).take(6)
50.times do
  content = Faker::Lorem.sentence(5)
  users.each { |user| user.microposts.create!(content: content) }
end

# Following relationships
users = User.all
user  = users.first
```

```
following = users[2..50]
followers = users[3..40]
following.each { |followed| user.follow(followed) }
followers.each { |follower| follower.follow(user) }
```

然后像之前一样，执行下面的命令，还原数据库之后重新加载种子数据：

```
$ rails db:migrate:reset
$ rails db:seed
```

练习

购买本书的读者可以访问railstutorial.org/aw-solutions免费查看练习的解答。如果想查看其他人的答案，以及记录自己的答案，请加入Learn Enough Society（learnenough.com/society）。

(1) 在Rails控制台中确认**User.first.followers.count**的值与代码清单14-14中设定的一样。

(2) 确认**User.first.following.count**的值也正确。

14.2.2　数量统计和关注表单

现在示例用户已经关注了其他用户，也被其他用户关注了，我们要更新一下用户资料页面和首页，把这些变动显示出来。首先，创建一个局部视图，在资料页面和首页显示我关注的人和关注我的人的数量。然后再添加关注和取消关注表单，并且在专门的页面中列出我关注的用户和关注我的用户。

14.1.1节说过，我们参照了Twitter的叫法，在我关注的用户数量后使用"following"作标注，例如"50 following"。图14-1中的构思图就使用了这种表述方式，现在我们把这部分单独摘出来，如图14-10所示。

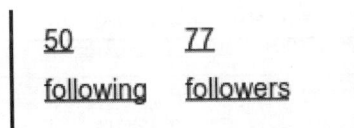

图14-10　数量统计局部视图的构思图

图14-10中显示的数量统计包含当前用户关注的人数和关注当前用户的人数，而且分别链接到专门的用户列表页面。在第5章，我们曾使用'#'占位符代替真实的网址，因为那时我们还没怎么接触路由。现在，虽然14.2.3节才会创建所需的页面，不过可以先设置路由，如代码清单14-15所示。这段代码在**resources**块中使用了**:member**方法。我们以前没用过这个方法，你可以猜一下它的作用是什么。

代码清单14-15　在**Users**控制器中添加**following**和**followers**两个动作

config/routes.rb

```
Rails.application.routes.draw do
  root    'static_pages#home'
  get     '/help',    to: 'static_pages#help'
  get     '/about',   to: 'static_pages#about'
  get     '/contact', to: 'static_pages#contact'
  get     '/signup',  to: 'users#new'
  get     '/login',   to: 'sessions#new'
  post    '/login',   to: 'sessions#create'
```

14

```
delete '/logout',  to: 'sessions#destroy'
resources :users do
  member do
    get :following, :followers
  end
end
resources :account_activations, only: [:edit]
resources :password_resets,    only: [:new, :create, :edit, :update]
resources :microposts,         only: [:create, :destroy]
end
```

你可能猜到了，设定上述路由后，得到的URL类似/users/1/following和/users/1/followers这种形式。不错，代码清单14-15的作用确实如此。因为这两个页面都是用来显示数据的，所以我们使用了**get**方法，指定这两个地址响应的是**GET**请求。而且，使用**member**方法后，这两个动作对应的URL中都会包含用户的ID。除此之外，我们还可以使用**collection**方法，但这样URL中就没有用户ID了。所以，如下的代码

```
resources :users do
  collection do
    get :tigers
  end
end
```

得到的URL是/users/tigers（或许可以用来显示应用中所有的老虎）。[①]

代码清单14-15生成的路由如表14-2所示。留意一下我关注的用户页面和关注我的用户页面的具名路由是什么，稍后会用到。

表14-2　代码清单14-15中设置的规则生成的REST式路由

HTTP请求	URL	动　　作	具名路由
GET	/users/1/following	following	following_user_path(1)
GET	/users/1/followers	followers	followers_user_path(1)

设好路由之后，我们来编写数量统计局部视图。我们要在一个**div**元素中显示几个链接，如代码清单14-16所示。

代码清单14-16　显示数量统计的局部视图

app/views/shared/_stats.html.erb

```erb
<% @user ||= current_user %>
<div class="stats">
  <a href="<%= following_user_path(@user) %>">
    <strong id="following" class="stat">
      <%= @user.following.count %>
    </strong>
    following
  </a>
  <a href="<%= followers_user_path(@user) %>">
```

[①] 路由设定中可以使用的选项详情，参阅Rails指南中的 "Rails Routing from the Outside In" 一文（http://guides. rubyonrails.org/routing.html）。

```
        <strong id="followers" class="stat">
          <%= @user.followers.count %>
        </strong>
        followers
      </a>
    </div>
```

因为用户资料页面和首页都要使用这个局部视图，所以在代码清单14-16的第一行，我们要获取正确的用户对象：

```
<% @user ||= current_user %>
```

之前在旁注8.1中介绍过这种用法，如果@user不是nil（在用户资料页面），这行代码没什么效果；如果是nil（在首页），就会把当前用户赋值给@user。还有一处要注意，我关注的人数和关注我的人数是通过关联获取的，分别使用

```
@user.following.count
```

和

```
@user.followers.count
```

我们可以和代码清单13-24中获取微博数量的代码对比一下，微博的数量通过@user.microposts.count获取。为了提高效率，Rails会直接在数据库层统计数量。

最后还有一个细节需要注意，我们为某些元素指定了CSS ID，例如：

```
<strong id="following" class="stat">
...
</strong>
```

这些ID是为14.2.5节中的Ajax准备的，因为Ajax要通过独一无二的ID获取页面中的元素。

编写好局部视图，把它放入首页就很简单了，如代码清单14-17所示。

代码清单14-17   在首页显示数量统计

app/views/static_pages/home.html.erb

```
<% if logged_in? %>
  <div class="row">
    <aside class="col-md-4">
      <section class="user_info">
        <%= render 'shared/user_info' %>
      </section>
      <section class="stats">
        <%= render 'shared/stats' %>
      </section>
      <section class="micropost_form">
        <%= render 'shared/micropost_form' %>
      </section>
    </aside>
    <div class="col-md-8">
      <h3>Micropost Feed</h3>
      <%= render 'shared/feed' %>
    </div>
  </div>
```

14

```
<% else %>
  .
  .
  .
<% end %>
```

　　我们要添加一些SCSS代码，美化数量统计，如代码清单14-18所示（包含本章用到的所有样式）。添加样式后，首页如图14-11所示。

代码清单14-18　首页侧边栏的SCSS样式

app/assets/stylesheets/custom.scss

```scss
  .
  .
  .
/* sidebar */
  .
  .
  .
.gravatar {
  float: left;
  margin-right: 10px;
}

.gravatar_edit {
  margin-top: 15px;
}
.stats {
  overflow: auto;
  margin-top: 0;
  padding: 0;
  a {
    float: left;
    padding: 0 10px;
    border-left: 1px solid $gray-lighter;
    color: gray;
    &:first-child {
      padding-left: 0;
      border: 0;
    }
    &:hover {
      text-decoration: none;
      color: blue;
    }
  }
  strong {
    display: block;
  }
}
.user_avatars {
  overflow: auto;
  margin-top: 10px;
  .gravatar {
```

```
    margin: 1px 1px;
  }
  a {
    padding: 0;
  }
}
.users.follow {
  padding: 0;
}

/* forms */
  .
  .
  .
```

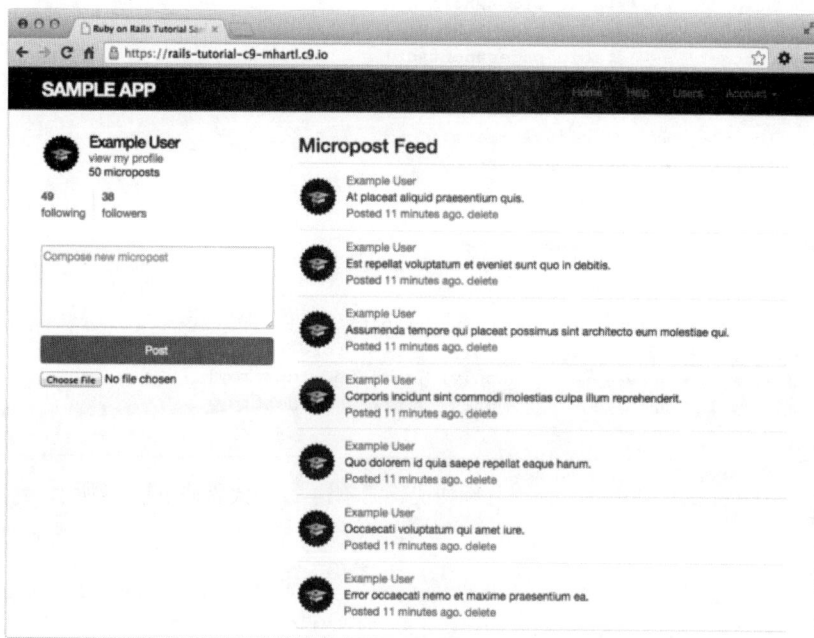

图14-11　显示有数量统计的首页

　　稍后再把数量统计局部视图添加到用户资料页面中，现在先来编写关注和取消关注按钮的局部视图，如代码清单14-19所示。

代码清单14-19　显示关注或取消关注表单的局部视图

app/views/users/_follow_form.html.erb

```erb
<% unless current_user?(@user) %>
  <div id="follow_form">
  <% if current_user.following?(@user) %>
    <%= render 'unfollow' %>
  <% else %>
```

14

```
    <%= render 'follow' %>
  <% end %>
  </div>
<% end %>
```

　　这段代码其实也没做什么，只是把具体的工作委托给**follow**和**unfollow**局部视图。我们要再次设置路由，加入Relationships资源，如代码清单14-20所示，这与Microposts资源的设置类似（代码清单13-30）。

代码清单14-20　添加Relationships资源的路由

config/routes.rb

```
Rails.application.routes.draw do
  root                'static_pages#home'
  get    'help'    => 'static_pages#help'
  get    'about'   => 'static_pages#about'
  get    'contact' => 'static_pages#contact'
  get    'signup'  => 'users#new'
  get    'login'   => 'sessions#new'
  post   'login'   => 'sessions#create'
  delete 'logout'  => 'sessions#destroy'
  resources :users do
    member do
      get :following, :followers
    end
  end
  resources :account_activations, only: [:edit]
  resources :password_resets,     only: [:new, :create, :edit, :update]
  resources :microposts,          only: [:create, :destroy]
  resources :relationships,       only: [:create, :destroy]
end
```

　　follow和**unfollow**局部视图的代码分别如代码清单14-21和代码清单14-22所示。

代码清单14-21　关注用户的表单

app/views/users/_follow.html.erb

```
<%= form_for(current_user.active_relationships.build) do |f| %>
  <div><%= hidden_field_tag :followed_id, @user.id %></div>
  <%= f.submit "Follow", class: "btn btn-primary" %>
<% end %>
```

代码清单14-22　取消关注用户的表单

app/views/users/_unfollow.html.erb

```
<%= form_for(current_user.active_relationships.find_by(followed_id: @user.id),
             html: { method: :delete }) do |f| %>
  <%= f.submit "Unfollow", class: "btn" %>
<% end %>
```

这两个表单都使用**form_for**处理**Relationship**模型对象，二者之间的主要区别是，代码清单14-21用于构建一个新"关系"，而代码清单14-22查找现有的"关系"。显然，第一个表单会向**Relationships**控制器的**create**动作发送**POST**请求，创建"关系"；而第二个表单向**destroy**动作发送**DELETE**请求，销毁"关系"。（这两个动作在14.2.4节编写。）你可能还注意到了，关注用户的表单中除了按钮之外什么内容也没有，但是仍然要把**followed_id**发送给控制器。在代码清单14-21中，我们使用**hidden_field_tag**方法把**followed_id**添加到表单中，生成的HTML如下：

```
<input id="followed_id" name="followed_id" type="hidden" value="3" />
```

12.3节（代码清单12-14）说过，隐藏的**input**标签会把所需的信息包含在表单中，但在浏览器中不显示。

现在我们可以在资料页面中加入关注表单和数量统计了，如代码清单14-23所示，只需渲染相应的局部视图即可。显示有关注按钮和取消关注按钮的用户资料页面分别如图14-12和图14-13所示。

代码清单14-23 在用户资料页面加入关注表单和数量统计
app/views/users/show.html.erb

```erb
<% provide(:title, @user.name) %>
<div class="row">
  <aside class="col-md-4">
    <section>
      <h1>
        <%= gravatar_for @user %>
        <%= @user.name %>
      </h1>
    </section>
    <section class="stats">
      <%= render 'shared/stats' %>
    </section>
  </aside>
  <div class="col-md-8">
    <%= render 'follow_form' if logged_in? %>
    <% if @user.microposts.any? %>
      <h3>Microposts (<%= @user.microposts.count %>)</h3>
      <ol class="microposts">
        <%= render @microposts %>
      </ol>
      <%= will_paginate @microposts %>
    <% end %>
  </div>
</div>
```

14

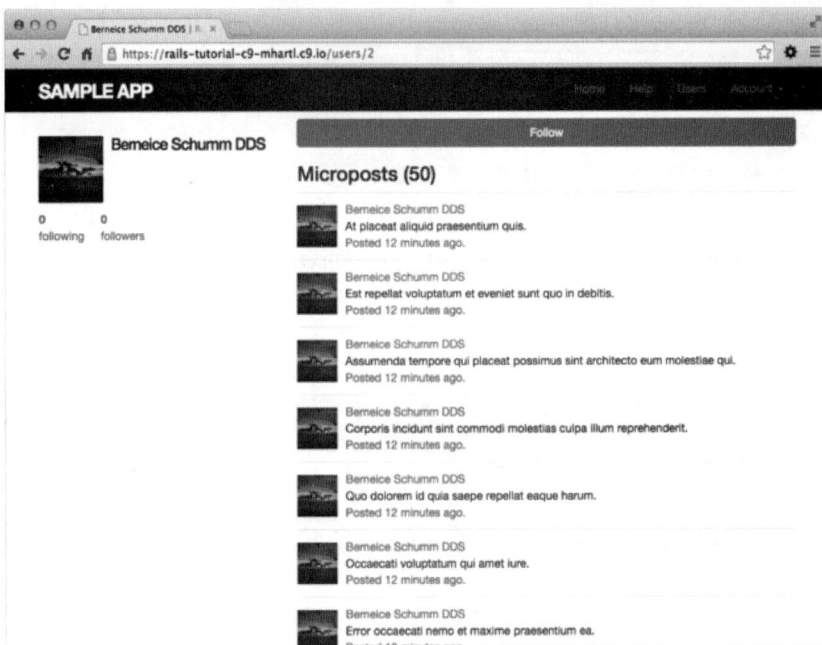

图14-12 某个用户的资料页面（/users/2），显示有关注按钮

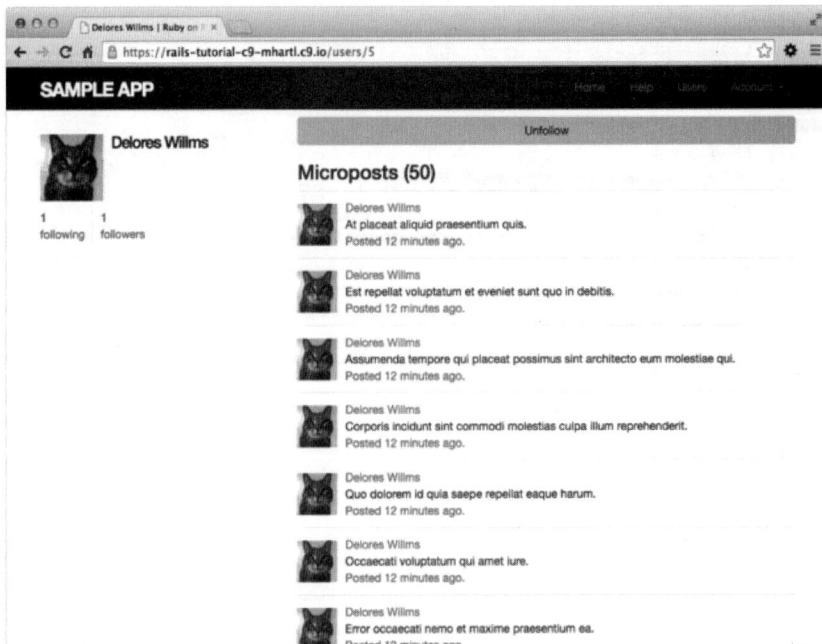

图14-13 某个用户的资料页面（/users/5），显示有取消关注按钮

稍后我们会让这些按钮起作用，而且将使用两种方式实现，一种是常规方式（14.2.4节），另一种使用Ajax（14.2.5节）。不过在此之前，我们要创建剩下的HTML界面——我关注的用户列表页面和关注我的用户列表页面。

练习

购买本书的读者可以访问railstutorial.org/aw-solutions免费查看练习的解答。如果想查看其他人的答案，以及记录自己的答案，请加入Learn Enough Society（learnenough.com/society）。

(1) 确认/users/2页面中有关注按钮，/users/5页面中有取消关注按钮。/users/1页面中有关注按钮吗？

(2) 在浏览器中确认首页和资料页面有数量统计。

(3) 为首页中的数量统计编写测试。**提示**：把测试添加到代码清单13-28中。为什么不用再测试资料页面的数量统计了？

14.2.3　我关注的用户列表页面和关注我的用户列表页面

我关注的用户列表页面和关注我的用户列表页面是资料页面和用户列表页面（10.3.1节）的混合体，在侧边栏显示用户的信息（包括数量统计），再列出一系列用户。除此之外，我们还将在侧边栏中显示一个用户头像小图链接列表。构思图如图14-14（我关注的用户）和14-15（关注我的用户）所示。

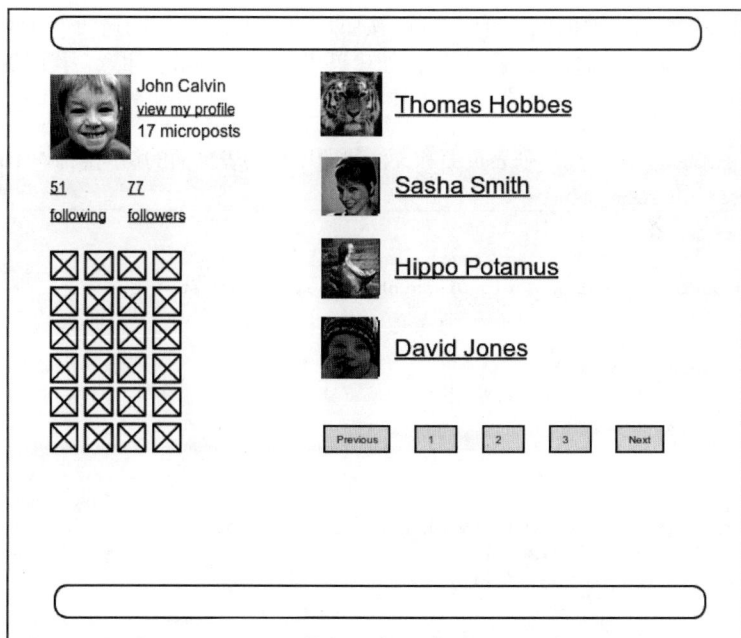

图14-14　我关注的用户列表页面构思图

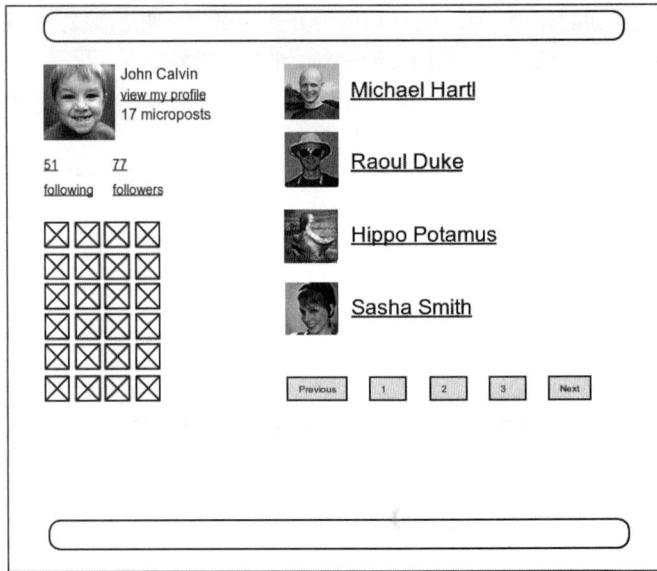

图14-15 关注我的用户列表页面构思图

首先，我们要让这两个页面的地址可以访问。按照Twitter的方式，访问这两个页面都需要先登录。参照以前的访问限制测试，我们将先编写测试，如代码清单14-24所示。注意，代码清单14-24用到了表14-2中的具名路由。

代码清单14-24 测试我关注的用户列表页面和关注我的用户列表页面的访问限制（RED）

test/controllers/users_controller_test.rb

```ruby
require 'test_helper'

class UsersControllerTest < ActionDispatch::IntegrationTest

  def setup
    @user = users(:michael)
    @other_user = users(:archer)
  end
  .
  .
  .
  test "should redirect following when not logged in" do
    get following_user_path(@user)
    assert_redirected_to login_url
  end

  test "should redirect followers when not logged in" do
    get followers_user_path(@user)
    assert_redirected_to login_url
  end
end
```

在实现这两个页面的过程中，唯一很难想到的是，我们要在**Users**控制器中添加相应的两个新动作。按照代码清单14-15中的路由规则，这两个动作应该命名为**following**和**followers**。在这两个动作中，需要设置页面的标题、查找用户，检索**@user.following**或**@user.followers**（要分页显示），然后再渲染页面，如代码清单14-25所示。

代码清单14-25　following和followers动作（RED）

app/controllers/users_controller.rb

```
class UsersController < ApplicationController
  before_action :logged_in_user, only: [:index, :edit, :update, :destroy,
                                          :following, :followers]
  .
  .
  .
  def following
    @title = "Following"
    @user  = User.find(params[:id])
    @users = @user.following.paginate(page: params[:page])
    render 'show_follow'
  end

  def followers
    @title = "Followers"
    @user  = User.find(params[:id])
    @users = @user.followers.paginate(page: params[:page])
    render 'show_follow'
  end

  private
  .
  .
  .
end
```

读过本书前面的内容我们发现，按照Rails的约定，动作最后都会隐式渲染对应的视图，例如**show**动作最后会渲染**show.html.erb**。而代码清单14-25中的两个动作都显式调用了**render**方法，渲染一个名为**show_follow**的视图。下面我们来编写这个视图。这两个动作之所以使用同一个视图，是因为两种情况下用到的ERb代码差不多，如代码清单14-26所示。

代码清单14-26　渲染我关注的用户列表页面和关注我的用户列表页面的show_follow视图（GREEN）

app/views/users/show_follow.html.erb

```
<% provide(:title, @title) %>
<div class="row">
  <aside class="col-md-4">
    <section class="user_info">
      <%= gravatar_for @user %>
      <h1><%= @user.name %></h1>
      <span><%= link_to "view my profile", @user %></span>
      <span><b>Microposts:</b> <%= @user.microposts.count %></span>
    </section>
```

14

```
<section class="stats">
  <%= render 'shared/stats' %>
  <% if @users.any? %>
    <div class="user_avatars">
      <% @users.each do |user| %>
        <%= link_to gravatar_for(user, size: 30), user %>
      <% end %>
    </div>
  <% end %>
</section>
</aside>
<div class="col-md-8">
  <h3><%= @title %></h3>
  <% if @users.any? %>
    <ul class="users follow">
      <%= render @users %>
    </ul>
    <%= will_paginate %>
  <% end %>
</div>
</div>
```

代码清单14-25中的动作会按需渲染代码清单14-26中的视图，分别显示我关注的用户列表和关注我的用户列表，如图14-16和图14-17所示。注意，上述代码都没用到"当前用户"，所以这两个链接对其他用户也可用，如图14-18所示。

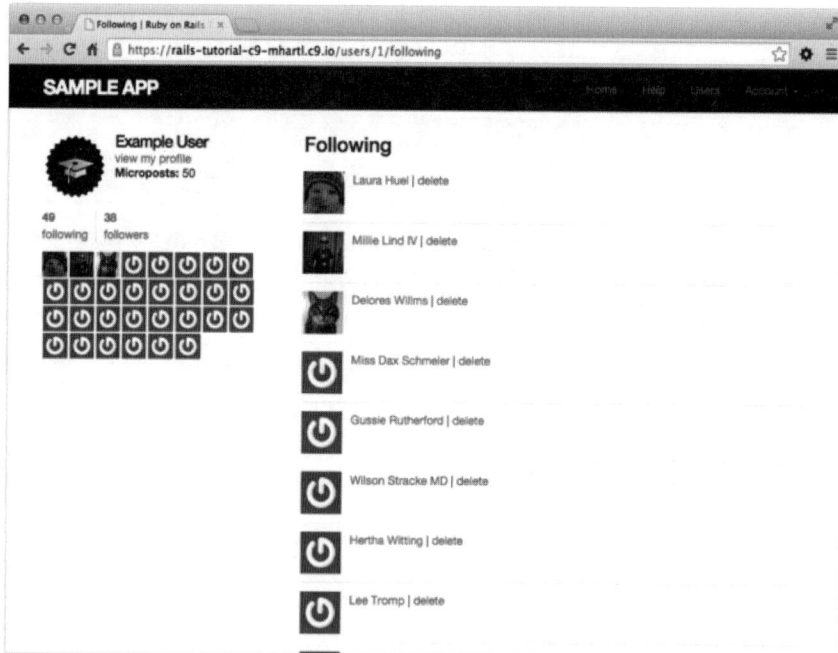

图14-16　显示某个用户关注的人

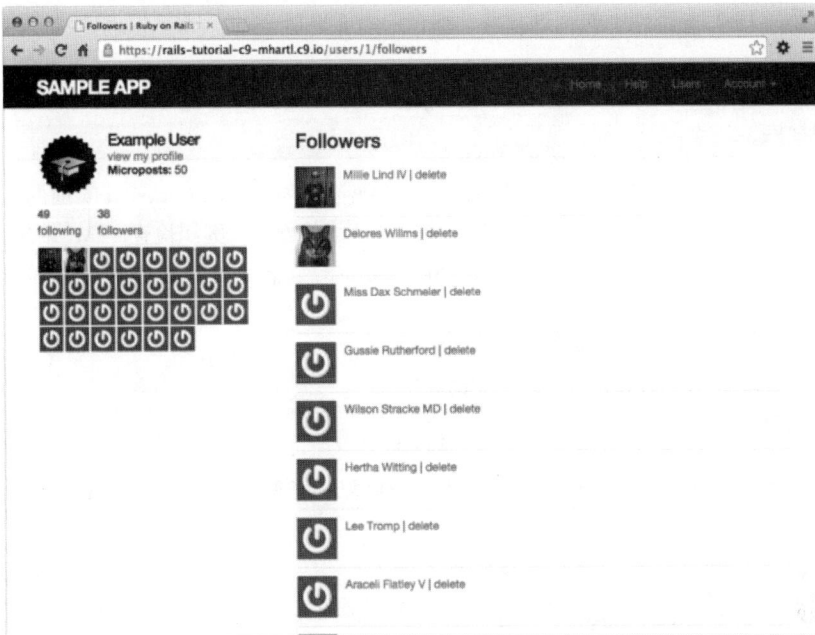

图14-17 显示关注某个用户的人

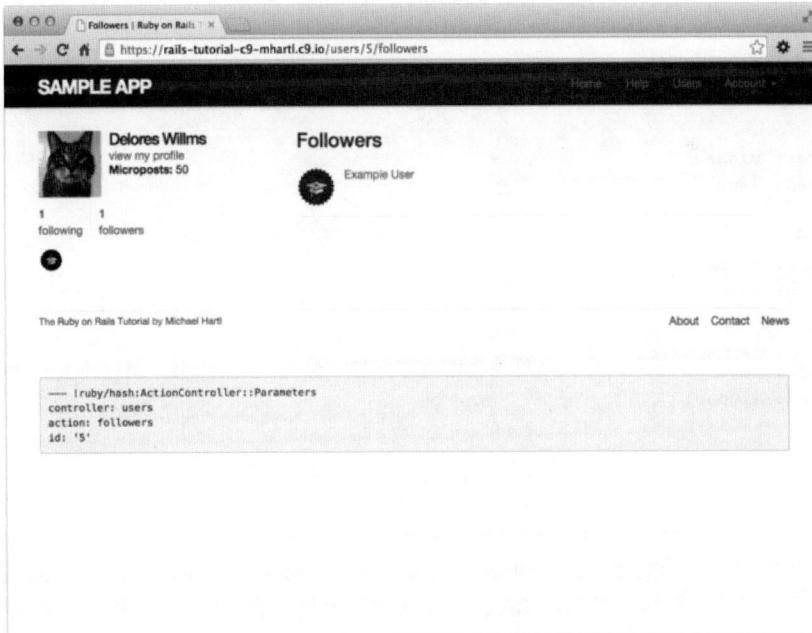

图14-18 显示关注另一个用户的人

由于代码清单14-25中添加了前置过滤器，现在代码清单14-24中的测试应该能通过：

代码清单14-27　GREEN

```
$ rails test
```

现在，这两个页面可以使用了，下面要编写一些简短的集成测试，确认两个页面的行为。这些测试只是健全检查，无需面面俱到。正如5.3.4节所说的，全面的测试，例如检查HTML结构，并不牢靠，而且可能适得其反。对这两个页面来说，我们计划确认显示的数量正确，而且页面中有指向正确的URL的链接。

首先，和之前一样，生成一个集成测试文件：

```
$ rails generate integration_test following
      invoke   test_unit
      create       test/integration/following_test.rb
```

然后，准备测试数据。我们要在"关系"固件中创建一些关注关系。13.2.3节使用下面的代码把微博和用户关联起来：

```
orange:
  content: "I just ate an orange!"
  created_at: <%= 10.minutes.ago %>
  user: michael
```

注意，我们没有使用**user_id: 1**，而是用了**user: michael**。

按照这种方式编写"关系"固件，如代码清单14-28所示。

代码清单14-28　"关系"固件

test/fixtures/relationships.yml

```
one:
  follower: michael
  followed: lana

two:
  follower: michael
  followed: malory

three:
  follower: lana
  followed: michael

four:
  follower: archer
  followed: Michael
```

在这些固件中，Michael关注了Lana和Malory，Lana和Archer关注了Michael。为了测试数量，我们可以使用检查资料页面中微博数量的**assert_match**方法（代码清单13-28）。然后再检查页面中有没有正确的链接，如代码清单14-29所示。

代码清单14-29　测试我关注的用户列表页面和关注我的用户列表页面（GREEN）

test/integration/following_test.rb

```ruby
require 'test_helper'

class FollowingTest < ActionDispatch::IntegrationTest

  def setup
    @user = users(:michael)
    log_in_as(@user)
  end

  test "following page" do
    get following_user_path(@user)
    assert_not @user.following.empty?
    assert_match @user.following.count.to_s, response.body
    @user.following.each do |user|
      assert_select "a[href=?]", user_path(user)
    end
  end

  test "followers page" do
    get followers_user_path(@user)
    assert_not @user.followers.empty?
    assert_match @user.followers.count.to_s, response.body
    @user.followers.each do |user|
      assert_select "a[href=?]", user_path(user)
    end
  end
end
```

注意，在这段测试中有下面这个断言：

```
assert_not @user.following.empty?
```

如果不加入这个断言，下面这段代码

```
@user.following.each do |user|
  assert_select "a[href=?]", user_path(user)
end
```

就没有实际意义（对关注我的用户列表页面的测试也是一样）。也就是说，如果`@user.following.empty?`的值是`true`，循环中的`assert_select`都不会执行，这样测试会通过，并给我们一种安全的错觉。

现在，测试组件应该可以通过：

代码清单14-30　GREEN

```
$ rails test
```

练习

购买本书的读者可以访问railstutorial.org/aw-solutions免费查看练习的解答。如果想查看其他人的答案，以及记录自己的答案，请加入Learn Enough Society（learnenough.com/society）。

(1) 在浏览器中确认/users/1/followers和/users/1/following页面能显示正确的内容。侧边栏中的头像链接正确吗？

(2) 把代码清单14-29中**assert_select**断言对应的应用代码注释掉，确认测试会失败，从而证明测试写的正确。

14.2.4　关注按钮的常规实现方式

视图创建好了，下面我们要让关注和取消关注按钮起作用。因为关注和取消关注涉及创建和销毁"关系"，所以我们需要一个控制器。像之前一样，使用下面的命令生成这个控制器：

```
$ rails generate controller Relationships
```

在代码清单14-32中将看到，限制访问这个控制器中的动作没有太大的意义，但我们还是要尽早加入安全机制。尤其我们要在测试中确认，访问这个控制器中的动作之前要先登录（没登录就重定向到登录页面），而且数据库中的"关系"数量没有变化，如代码清单14-31所示。

代码清单14-31　测试Relationships控制器的基本访问限制（RED）
test/controllers/relationships_controller_test.rb

```
require 'test_helper'

class RelationshipsControllerTest < ActionDispatch::IntegrationTest

  test "create should require logged-in user" do
    assert_no_difference 'Relationship.count' do
      post relationships_path
    end
    assert_redirected_to login_url
  end

  test "destroy should require logged-in user" do
    assert_no_difference 'Relationship.count' do
      delete relationship_path(relationships(:one))
    end
    assert_redirected_to login_url
  end
end
```

在**Relationships**控制器中添加**logged_in_user**前置过滤器后，这个测试就能通过，如代码清单14-32所示。

代码清单14-32　为Relationships控制器添加访问限制（GREEN）
app/controllers/relationships_controller.rb

```
class RelationshipsController < ApplicationController
  before_action :logged_in_user
```

```
    def create
    end

    def destroy
    end
end
```

为了让关注和取消关注按钮起作用，我们需要找到表单（即代码清单14-21和代码清单14-22）中 **followed_id** 字段对应的用户，然后再调用代码清单14-10中定义的 **follow** 或 **unfollow** 方法。各个动作完整的实现如代码清单14-33所示。

代码清单14-33　Relationships控制器的代码

app/controllers/relationships_controller.rb

```
class RelationshipsController < ApplicationController
  before_action :logged_in_user

  def create
    user = User.find(params[:followed_id])
    current_user.follow(user)
    redirect_to user
  end

  def destroy
    user = Relationship.find(params[:id]).followed
    current_user.unfollow(user)
    redirect_to user
  end
end
```

从这段代码可以看出为什么前面说"限制访问没有太大意义"：如果未登录的用户直接访问某个动作（例如使用 **curl** 等命令行工具），**current_user** 的值是 **nil**，执行到这两个动作的第二行代码时会抛出异常，即得到一个错误，但对应用和数据来说都没危害。不过完全依赖这样的行为也不好，所以我们添加了一层安全防护措施。

现在，关注和取消关注功能都能正常使用了，任何用户都可以关注或取消关注其他用户。你可以在浏览器中点击相应的按钮验证一下。（我们会在14.2.6节编写集成测试检查这些操作。）关注第二个用户前后显示的资料页面如图14-19和图14-20所示。

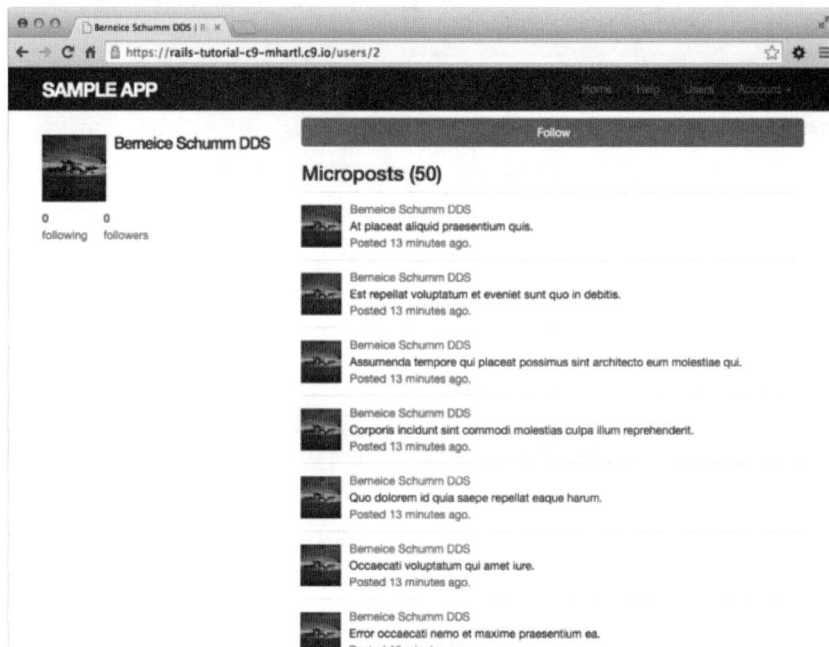

图14-19　关注前的资料页面

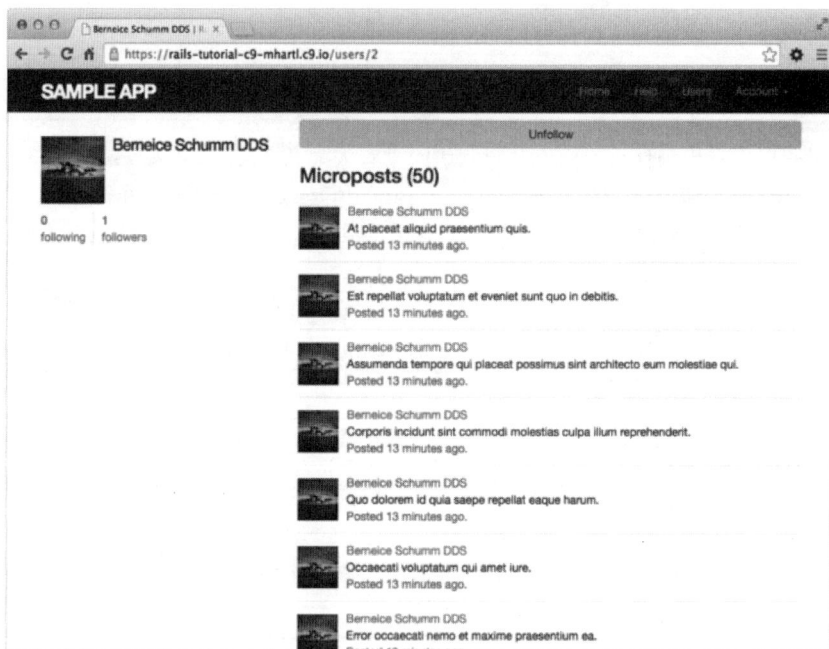

图14-20　关注后的资料页面

练习

购买本书的读者可以访问railstutorial.org/aw-solutions免费查看练习的解答。如果想查看其他人的答案，以及记录自己的答案，请加入Learn Enough Society（learnenough.com/society）。

(1) 在浏览器中关注第2个用户，然后取消关注。能成功操作吗？

(2) 查看服务器日志，前一题中的两个操作渲染的是哪个模板？

14.2.5　关注按钮的 Ajax 实现方式

虽然关注用户的功能已经完全实现了，但在实现动态流之前，还有可以增强的地方。你可能已经注意到了，在14.2.4节中，**Relationships**控制器的**create**和**destroy**动作最后都返回了一开始访问的用户资料页面。也就是说，用户A先访问用户B的资料页面，点击关注按钮关注了用户B，然后页面立即又转回到用户B的资料页面。因此，对这样的流程我们有一个疑问：为什么要多一次页面转向呢？

Ajax[①]可以解决这种问题。它会向服务器发送异步请求，在不刷新页面的情况下更新页面的内容。因为经常要在Web表单中处理Ajax请求，所以Rails提供了简单的实现方式。其实，关注和取消关注表单局部视图不用做大的改动，只要把**form_for**改成**form_for...**, **remote: true**，这样Rails就会自动使用Ajax处理表单。这两个局部视图更新后的版本如代码清单14-34和代码清单14-35所示。

代码清单14-34　使用Ajax处理关注用户的表单

app/views/users/_follow.html.erb

```
<%= form_for(current_user.active_relationships.build, remote: true) do |f| %>
  <div><%= hidden_field_tag :followed_id, @user.id %></div>
  <%= f.submit "Follow", class: "btn btn-primary" %>
<% end %>
```

代码清单14-35　使用Ajax处理取消关注用户的表单

app/views/users/_unfollow.html.erb

```
<%= form_for(current_user.active_relationships.find_by(followed_id: @user.id),
             html: { method: :delete },
             remote: true) do |f| %>
  <%= f.submit "Unfollow", class: "btn" %>
<% end %>
```

上述ERb代码生成的HTML没什么好说的，如果你好奇的话，可以看一下下面的显示（细节可能不同）：

```
<form action="/relationships/117" class="edit_relationship" data-remote="true"
    id="edit_relationship_117" method="post">
  .
  .
  .
</form>
```

---

① 因为Ajax是Asynchronous JavaScript and XML的缩写，所以经常被错误地拼写为"AJAX"，不过在最初介绍Ajax的文章中（http://www.adaptivepath.com/ideas/essays/archives/000385.php），通篇都拼写为"Ajax"。

可以看出，**form**标签中设定了**data-remote="true"**，这个属性告诉Rails，此表单可以使用JavaScript处理。Rails遵从非侵入式JavaScript（unobtrusive JavaScript）原则，没有直接在视图中写入JavaScript代码（Rails之前的版本是直接写入的），而是使用了一个简单的HTML属性。

修改表单后，我们要让**Relationships**控制器响应Ajax请求。为此，我们要使用**respond_to**方法，根据请求的类型生成合适的响应。通常模式是这样的：

```
respond_to do |format|
  format.html { redirect_to user }
  format.js
end
```

这种写法可能会让人困惑，其实只有一行代码会执行。（**respond_to**块中的代码更像是**if-then-else**语句，而不是代码序列。）为了让**Relationships**控制器响应Ajax请求，我们要在**create**和**destroy**动作（代码清单14-33）中添加类似上面的**respond_to**块，如代码清单14-36所示。注意，我们把局部变量**user**改成了实例变量**@user**，因为在代码清单14-33中无需使用实例变量，而使用Ajax处理的表单（代码清单14-34和代码清单14-35）则需要使用。

代码清单14-36　让Relationships控制器响应Ajax请求
app/controllers/relationships_controller.rb

```
class RelationshipsController < ApplicationController
  before_action :logged_in_user

  def create
    @user = User.find(params[:followed_id])
    current_user.follow(@user)
    respond_to do |format|
      format.html { redirect_to @user }
      format.js
    end
  end

  def destroy
    @user = Relationship.find(params[:id]).followed
    current_user.unfollow(@user)
    respond_to do |format|
      format.html { redirect_to @user }
      format.js
    end
  end
end
```

代码清单14-36中的代码会优雅降级（不过要配置一个选项，如代码清单14-37所示），如果浏览器禁用了JavaScript，也能正常运行。

代码清单14-37　添加优雅降级所需的配置
config/application.rb

```
require File.expand_path('../boot', __FILE__)
  .
  .
```

```
    .
module SampleApp
  class Application < Rails::Application
    .
    .
    .
    # 在使用 Ajax 处理的表单中添加真伪令牌
    config.action_view.embed_authenticity_token_in_remote_forms = true
  end
end
```

当然，如果启用了JavaScript，也能正确响应。如果是Ajax请求，Rails会自动调用包含JavaScript的嵌入式Ruby文件（`.js.erb`），文件名和动作一样，例如`create.js.erb`或`destroy.js.erb`。你可能猜到了，在这种文件中既可以使用JavaScript，也可以使用嵌入式Ruby处理当前页面。所以，为了更新关注后和取消关注后的页面，我们要创建这种文件。

在JS-ERb文件中，Rails自动提供了jQuery库的辅助函数，可以通过**文档对象模型**（Document Object Model，DOM）处理页面中的内容。jQuery库（13.4.2节简单介绍过）中有很多处理DOM的方法，但现在我们只会用到其中两个。首先，我们要知道通过CSS ID获取DOM元素的美元符号句法，例如，要获取`follow_form`元素，可以使用如下的代码：

```
$("#follow_form")
```

（参见代码清单14-19，这个元素是包含表单的`div`元素，而不是表单本身。）上面的句法和CSS一样，`#`符号表示CSS ID。由此你可能猜到了，jQuery和CSS一样，使用句点`.`表示CSS类。

我们要使用的第二个方法是`html`，使用指定的内容修改元素中的HTML。例如，如果要把整个表单换成字符串`"foobar"`，可以这么写：

```
$("#follow_form").html("foobar")
```

与常规的JavaScript文件不同，JS-ERb文件还可以使用嵌入式Ruby代码。在create.js.erb文件中，（成功关注后）我们将把关注用户表单换成取消关注用户表单，并更新关注数量，如代码清单14-38所示。这段代码中用到了`escape_javascript`方法，在JavaScript文件中写入HTML代码时必须使用这个方法转义HTML。

代码清单14-38 创建"关系"的JS-ERb代码
app/views/relationships/create.js.erb

```
$("#follow_form").html("<%= escape_javascript(render('users/unfollow')) %>");
$("#followers").html('<%= @user.followers.count %>');
```

注意，上述代码的行尾有分号，这是ALGOL语言系的一个特色。
destroy.js.erb文件的内容与其类似，如代码清单14-39所示。

代码清单14-39 销毁"关系"的JS-ERb代码
app/views/relationships/destroy.js.erb

```
$("#follow_form").html("<%= escape_javascript(render('users/follow')) %>");
$("#followers").html('<%= @user.followers.count %>');
```

14

加入上述代码后，你应该访问用户资料页面，看一下关注或取消关注用户后页面是不是真的没有刷新。

练习

购买本书的读者可以访问railstutorial.org/aw-solutions免费查看练习的解答。如果想查看其他人的答案，以及记录自己的答案，请加入Learn Enough Society（learnenough.com/society）。

(1) 在浏览器中取消关注第2个用户，然后重新关注。能成功操作吗？

(2) 查看服务器日志，前一题中的两个操作渲染的是哪个模板？

14.2.6 关注功能的测试

关注按钮可以使用了，现在我们要编写一些简单的测试，避免回归。关注用户时，我们要向相应的地址发送**POST**请求，确认关注的人数增加了1个：

```
assert_difference '@user.following.count', 1 do
  post relationships_path, params: { followed_id: @other.id }
end
```

这是测试普通请求的方式，测试Ajax请求的方式与其基本类似，唯一的区别是要指定**xhr: true**参数：

```
assert_difference '@user.following.count', 1 do
  post relationships_path, params: { followed_id: @other.id }, xhr: true
end
```

xhr是XmlHttpRequest的简称，把**xhr**选项的值设为**true**之后，会发送Ajax请求，目的是执行**respond_to**块中对应JavaScript的代码（代码清单14-36）。

取消关注的测试与关注测试类似，只需把**post**换成**delete**。在下面的代码中，我们检查关注的人数减少了1个，而且指定了"关系"和被关注用户的ID。

普通请求：

```
assert_difference '@user.following.count', -1 do
  delete relationship_path(relationship)
end
```

Ajax请求：

```
assert_difference '@user.following.count', -1 do
  delete relationship_path(relationship), xhr: true
end
```

综上所述，测试如代码清单14-40所示。

代码清单14-40 测试关注和取消关注按钮（GREEN）
test/integration/following_test.rb

```
require 'test_helper'

class FollowingTest < ActionDispatch::IntegrationTest

  def setup
    @user  = users(:michael)
```

```
  @other = users(:archer)
    log_in_as(@user)
  end
  .
  .
  .
  test "should follow a user the standard way" do
    assert_difference '@user.following.count', 1 do
      post relationships_path, params: { followed_id: @other.id }
    end
  end

  test "should follow a user with Ajax" do
    assert_difference '@user.following.count', 1 do
      post relationships_path, xhr: true, params: { followed_id: @other.id }
    end
  end

  test "should unfollow a user the standard way" do
    @user.follow(@other)
    relationship = @user.active_relationships.find_by(followed_id: @other.id)
    assert_difference '@user.following.count', -1 do
      delete relationship_path(relationship)
    end
  end

  test "should unfollow a user with Ajax" do
    @user.follow(@other)
    relationship = @user.active_relationships.find_by(followed_id: @other.id)
    assert_difference '@user.following.count', -1 do
      delete relationship_path(relationship), xhr: true
    end
  end
end
```

测试组件应该能通过：

代码清单14-41　GREEN

```
$ rails test
```

练习

购买本书的读者可以访问railstutorial.org/aw-solutions免费查看练习的解答。如果想查看其他人的答案，以及记录自己的答案，请加入Learn Enough Society（learnenough.com/society）。

(1) 分别注释掉**respond_to**块中的各行代码（代码清单14-36），确认测试会失败，然后再把注释去掉，让测试通过，从而证明测试写的正确。在这个过程中分别是哪个测试失败的？

(2) 如果把代码清单14-40中的某个**xhr：true**删掉，会发生什么？说说为什么会这样，以及为什么前一题的操作过程能捕获这个问题。

14

14.3　动态流

接下来我们要实现这个演示应用最难的功能：微博动态流。基本上本节的内容算是全书最高深的。完整的动态流以13.3.3节的动态流原型为基础，动态流中除了当前用户自己的微博之外，还包含他关注的用户发布的微博。本节我们会采用循序渐进的方式实现动态流。在实现的过程中，会用到一些相当高级的Rails、Ruby，甚至还有SQL技术。

因为我们要做的事情很多，在此之前最好先想清楚要实现的是什么功能。图14-5显示过最终要实现的动态流，图14-21和它是同一幅图。

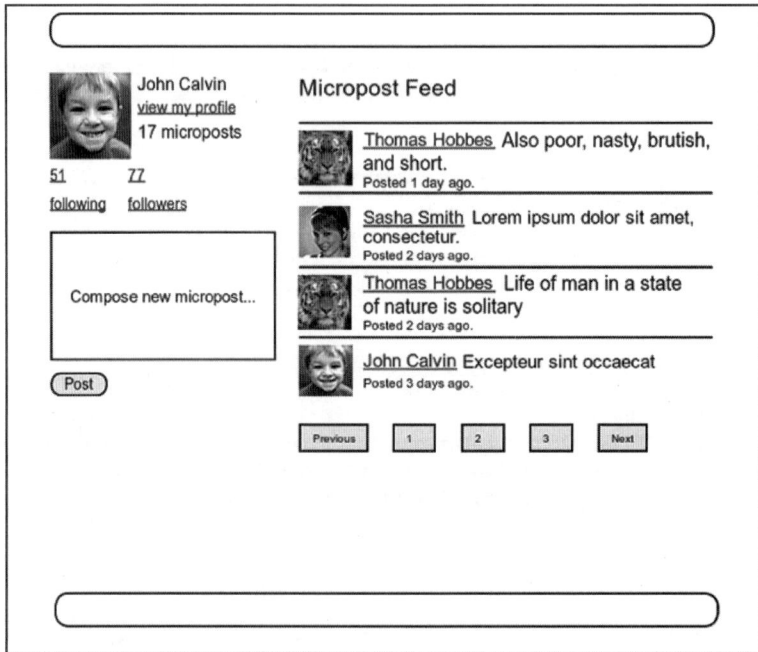

图14-21　某个用户登录后看到的首页，显示有动态流

14.3.1　目的和策略

我们对动态流的构思很简单。图14-22中显示了**microposts**表示例和要显示的动态。动态流就是要把当前用户关注的用户发布的微博（也包括当前用户自己的微博）从**microposts**表中取出来，如图中的箭头所示。

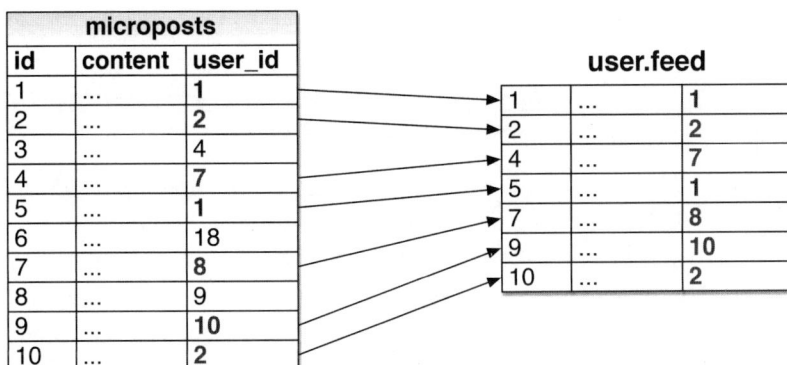

图14-22　ID为1的用户关注了ID为2、7、8、10的用户后得到的动态流

虽然我们还不知道怎么实现动态流，但测试的方法很明确，所以（遵照旁注3.3中的指导方针）我们先写测试。测试的关键是要覆盖三种情况：动态流中既要包含关注的用户发布的微博，还要有用户自己的微博，但是不能包含**未关注**用户的微博。根据代码清单10-47和代码清单13-53中的固件，也就是说，Michael要能看到Lana和自己的微博，但不能看到Archer的微博。把这个需求转换成测试，如代码清单14-42所示。（此处用到了代码清单13-46在**User**模型中定义的**feed**方法。）

代码清单14-42　测试动态流（RED）

test/models/user_test.rb

```
require 'test_helper'

class UserTest < ActiveSupport::TestCase
  .
  .
  .
  test "feed should have the right posts" do
    michael = users(:michael)
    archer  = users(:archer)
    lana    = users(:lana)
    # 关注的用户的微博
    lana.microposts.each do |post_following|
      assert michael.feed.include?(post_following)
    end
    # 自己的微博
    michael.microposts.each do |post_self|
      assert michael.feed.include?(post_self)
    end
    # 未关注用户的微博
    archer.microposts.each do |post_unfollowed|
      assert_not michael.feed.include?(post_unfollowed)
    end
  end
end
```

当然，现在的动态流只是个原型，测试无法通过：

代码清单14-43 RED

```
$ rails test
```

练习

购买本书的读者可以访问railstutorial.org/aw-solutions免费查看练习的解答。如果想查看其他人的答案,以及记录自己的答案,请加入Learn Enough Society(learnenough.com/society)。

(1) 假设微博的ID是连续的,而且数字大的是最近发布的。对图14-22中的动态流而言,`user.feed.map(&:id)`的返回值是什么? **提示**:回顾一下13.1.4节定义的默认作用域。

14.3.2 初步实现动态流

有了检查动态流的测试(代码清单14-42)后,我们可以开始实现动态流了。因为要实现的功能有点复杂,因此我们会一点一点地实现。首先,要知道该使用怎样的查询语句。我们要从`microposts`表中取出关注的用户发布的微博(也要取出用户自己的微博)。为此,可以使用类似下面的查询语句:

```
SELECT * FROM microposts
WHERE user_id IN (<list of ids>) OR user_id = <user id>
```

编写这个查询语句时,我们假设SQL支持使用`IN`关键字检测集合中是否包含指定的元素。(还好,SQL支持。)

13.3.3节实现动态流原型时,我们使用Active Record的`where`方法完成了上面这种查询(代码清单13-46)。那时所需的查询很简单,只是通过当前用户的ID取出他发布的微博:

```
Micropost.where("user_id = ?", id)
```

而现在,我们遇到的情况复杂得多,要使用类似下面的代码来实现:

```
Micropost.where("user_id IN (?) OR user_id = ?", following_ids, id)
```

从上面的查询条件可以看出,我们需要生成一个数组,其元素是关注的用户的ID。生成这个数组的方式之一是,使用Ruby的`map`方法,这个方法可以在任意可枚举的(enumerable)对象上调用,[1]例如由一组元素组成的集合(数组或散列)。之前在4.3.2节曾举例介绍过这个方法,下面再举个例子,我们用`map`方法把整数数组中的元素都转换成字符串:

```
$ rails console
>> [1, 2, 3, 4].map { |i| i.to_s }
=> ["1", "2", "3", "4"]
```

像上面这种在每个元素上调用同一个方法的情况很常见,所以Ruby为此定义了一种简写形式(4.3.2节简单介绍过)——在`&`符号后面跟上被调用方法的符号形式:

```
>> [1, 2, 3, 4].map(&:to_s)
=> ["1", "2", "3", "4"]
```

使用`join`方法(4.3.1节)可以把数组中的元素合并起来组成字符串,各元素之间用逗号加一个空格分开:

---

[1] 可枚举的对象主要的要求是实现了遍历集合的`each`方法。

```
>> [1, 2, 3, 4].map(&:to_s).join(', ')
=> "1, 2, 3, 4"
```

参照上面介绍的方法，我们可以在**user.following**中的每个元素上调用**id**方法，得到一个由关注的用户ID组成的数组。例如，对数据库中的第一个用户而言，可以使用下面的方法得到这个数组：

```
>> User.first.following.map(&:id)
=> [3, 4, 5, 6, 7, 8, 9, 10, 11, 12, 13, 14, 15, 16, 17, 18, 19, 20, 21, 22,
23, 24, 25, 26, 27, 28, 29, 30, 31, 32, 33, 34, 35, 36, 37, 38, 39, 40, 41,
42, 43, 44, 45, 46, 47, 48, 49, 50, 51]
```

其实，因为这种用法太普遍了，所以Active Record默认已经提供了：

```
>> User.first.following_ids
=> [3, 4, 5, 6, 7, 8, 9, 10, 11, 12, 13, 14, 15, 16, 17, 18, 19, 20, 21, 22,
23, 24, 25, 26, 27, 28, 29, 30, 31, 32, 33, 34, 35, 36, 37, 38, 39, 40, 41,
42, 43, 44, 45, 46, 47, 48, 49, 50, 51]
```

上述代码中的**following_ids**方法是Active Record根据**has_many :following**关联（代码清单14-8）合成的。因此，我们只需在关联名后面加上**_ids**就可以获取**user.following**集合中所有用户的ID。用户ID组成的字符串如下：

```
>> User.first.following_ids.join(', ')
=> "3, 4, 5, 6, 7, 8, 9, 10, 11, 12, 13, 14, 15, 16, 17, 18, 19, 20, 21, 22,
23, 24, 25, 26, 27, 28, 29, 30, 31, 32, 33, 34, 35, 36, 37, 38, 39, 40, 41,
42, 43, 44, 45, 46, 47, 48, 49, 50, 51"
```

不过，插入SQL语句时，无须手动生成字符串，**?**插值操作会为你代劳（同时也避免了一些数据库之间的兼容问题）。因此，实际上只需要使用**following_ids**而已。所以，之前猜测的写法确实可用：

```
Micropost.where("user_id IN (?) OR user_id = ?", following_ids, id)
```

feed方法的定义如代码清单14-44所示。

代码清单14-44 初步实现的动态流（GREEN）
app/models/user.rb

```
class User < ApplicationRecord
  .
  .
  .
  # 如果密码重设请求超时了，返回true
  def password_reset_expired?
    reset_sent_at < 2.hours.ago
  end

  # 返回用户的动态流
  def feed
    Micropost.where("user_id IN (?) OR user_id = ?", following_ids, id)
  end

  # 关注另一个用户
  def follow(other_user)
```

```
        active_relationships.create(followed_id: other_user.id)
    end
     .
     .
     .
end
```

现在测试组件应该可以通过了：

代码清单14.45   GREEN

```
$ rails test
```

在某些应用中，这样的初步实现已经能满足大部分需求了，但这不是我们最终要使用的实现方式。在阅读下一节之前，你可以想一下为什么。（**提示**：如果用户关注了5000个人呢？）

练习

购买本书的读者可以访问railstutorial.org/aw-solutions免费查看练习的解答。如果想查看其他人的答案，以及记录自己的答案，请加入Learn Enough Society（learnenough.com/society）。

(1) 把代码清单14-44中查询用户自己的微博的代码去掉，代码清单14-42中的哪个测试会失败？

(2) 把代码清单14-44中查询关注用户的微博的代码去掉，代码清单14-42中的哪个测试会失败？

(3) 如何修改代码清单14-44中的查询才能返回未关注用户的微博（此时代码清单14-42中的第三个测试会失败）？**提示**：返回全部微博即可。

14.3.3   子查询

如前一节末尾所说，对14.3.2节的实现方式来说，如果用户关注了5000个人，动态流中的微博数量会变多，性能就会下降。本节，我们将重新实现动态流，在关注的用户数量很多时，性能也很好。

14.3.2节存在问题的是**following_ids**这行代码，它会把关注的**所有**用户ID取出，加载到内存中，还会创建一个元素数量和关注的用户数量相同的数组。既然代码清单14-44的目的只是为了检查集合中是否包含指定的元素，那么就一定有一种更高效的方式。其实，SQL真的提供了针对这种问题的优化措施：使用**子查询**（subselect），在数据库层查找关注的用户ID。

针对动态流的重构，先从代码清单14-46中的小改动开始。

代码清单14-46   在获取动态流的**where**方法中使用键值对（GREEN）
app/models/user.rb

```
class User < ApplicationRecord
  .
  .
  .
  # 返回用户的动态流
  def feed
    Micropost.where("user_id IN (:following_ids) OR user_id = :user_id",
                    following_ids: following_ids, user_id: id)
  end
```

```
    .
    .
    .
  end
```

为了给下一步重构做准备，我们把

```
Micropost.where("user_id IN (?) OR user_id = ?", following_ids, id)
```

换成了等效的

```
Micropost.where("user_id IN (:following_ids) OR user_id = :user_id",
                following_ids: following_ids, user_id: id)
```

使用问号做插值虽然可以，但如果要在多处插入同一个值，后一种写法更方便。

上面这段话表明，我们要在SQL查询语句中两次用到user_id。具体而言，就是要把下面这行Ruby代码

```
following_ids
```

换成包含SQL语句的代码

```
following_ids = "SELECT followed_id FROM relationships
                 WHERE  follower_id = :user_id"
```

上面这行代码使用了SQL子查询语句。针对ID为1的用户，整个查询语句是这样的：

```
SELECT * FROM microposts
WHERE user_id IN (SELECT followed_id FROM relationships
                  WHERE  follower_id = 1)
    OR user_id = 1
```

使用子查询后，所有的集合包含关系都交由数据库处理，这样效率更高。

有了这些基础，我们就可以着手实现更高效的动态流了，如代码清单14-47所示。注意，因为现在使用的是纯SQL语句，所以要使用插值方式把following_ids内插到语句中，而不能使用转义的方式。

代码清单14-47 动态流的最终实现（GREEN）

app/models/user.rb

```
  class User < ApplicationRecord
    .
    .
    .
    # 返回用户的动态流
    def feed
      following_ids = "SELECT followed_id FROM relationships
                       WHERE  follower_id = :user_id"
      Micropost.where("user_id IN (#{following_ids})
                       OR user_id = :user_id", user_id: id)
    end
    .
    .
    .
  end
```

14

这段代码结合了Rails、Ruby和SQL的优势，达到了目的，而且做得很好：

代码清单14-48   GREEN

```
$ rails test
```

当然，子查询也不是万能的。对于更大型的网站而言，可能要使用后台作业（background job）异步生成动态流。但性能优化这个话题已经超出了本书范畴。

现在，动态流完全实现了。之前我们在13.3.3节已经在首页加入了动态流，不过第13章实现的只是动态流原型（图13-14），添加代码清单14-47中的代码后，首页显示的动态流完整了，如图14-23所示。

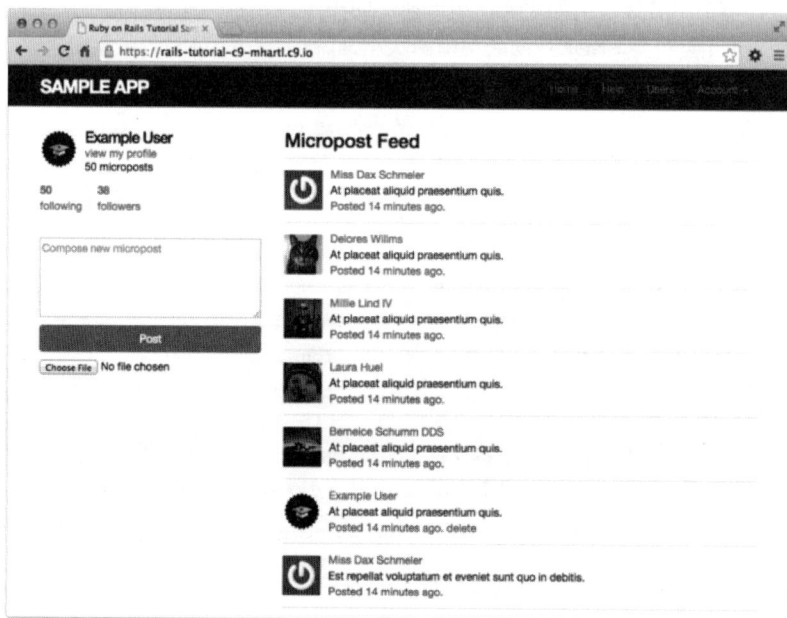

图14-23   首页，显示有动态流

现在可以把改动合并到主分支了：

```
$ rails test
$ git add -A
$ git commit -m "Add user following"
$ git checkout master
$ git merge following-users
```

然后再推送到远程仓库，并部署到生产环境：

```
$ git push
$ git push heroku
$ heroku pg:reset DATABASE
$ heroku run rails db:migrate
$ heroku run rails db:seed
```

在生产环境的线上网站中也会显示动态流，如图14-24所示。

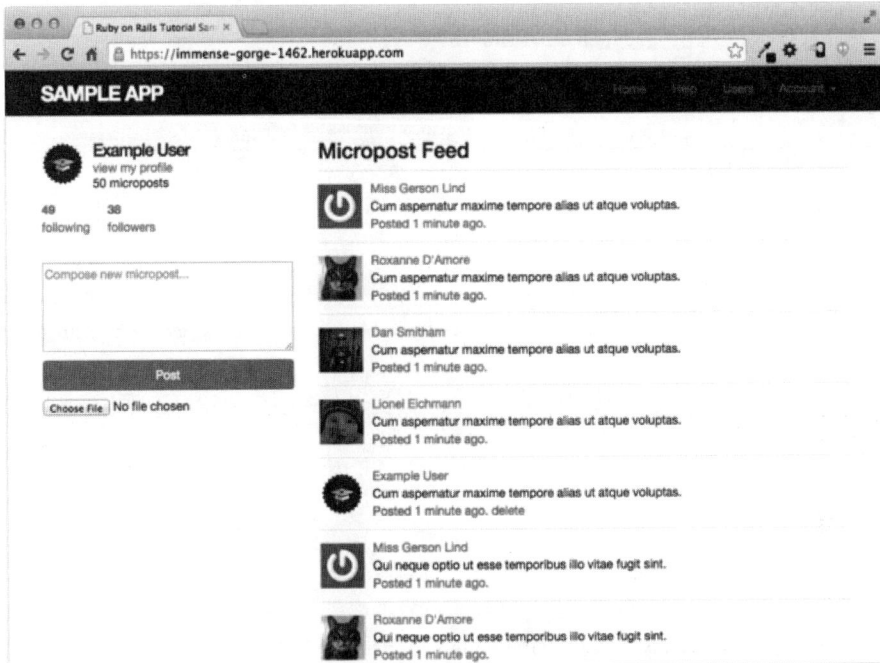

图14-24　线上网站中显示的动态流

练习

购买本书的读者可以访问railstutorial.org/aw-solutions免费查看练习的解答。如果想查看其他人的答案，以及记录自己的答案，请加入Learn Enough Society（learnenough.com/society）。

(1) 编写集成测试，检查首页正确显示了动态流的第一页。模板参见代码清单14-49。

(2) 注意，代码清单14-49使用**CGI.escapeHTML**方法（与11.2.3节转义URL的**CGI.escape**方法作用相近）转义了HTML，想一下为什么要这么做。**提示**：把转义的代码去掉，仔细查看不匹配的微博内容源码。在终端中使用搜索功能（大多数系统可按Cmd-F或Ctrl-F键），查找"sorry"这个词。

代码清单14-49　测试动态流的HTML（GREEN）

test/integration/following_test.rb

```
require 'test_helper'

class FollowingTest < ActionDispatch::IntegrationTest

  def setup
    @user = users(:michael)
    log_in_as(@user)
  end
  .
  .
  .
```

```
test "feed on Home page" do
  get root_path
  @user.feed.paginate(page: 1).each do |micropost|
    assert_match CGI.escapeHTML(FILL_IN), FILL_IN
  end
end
end
```

14.4 小结

实现动态流之后，本书的演示应用就开发完了。这个应用演示了Rails的全部重要功能，包括模型、视图、控制器、模板、局部视图、过滤器、数据验证、回调、**has_many/belongs_to**关联、**has_many :through**关联、安全、测试和部署。

除此之外，Rails还有很多功能值得我们学习。下面提供了一些后续学习资源，可在以后的学习中优先使用。

14.4.1 后续学习资源

商店和网上都有很多Rails资源，而且多得能让你挑花眼。可喜的是，读完本书后，你已经可以学习几乎所有其他的知识了。下面是建议你后续学习的资源。

- The Learn Enough Society（http://learnenough.com/story）：这是一项收费订阅服务，包含本书的特别增强版和15个多小时的流媒体视频课程。视频中介绍了众多技巧，还有真人演示，这是阅读纸质书不可获得的。这项服务还包括Learn Enough系列教程的文字版和视频。提供教育优惠。
- Launch School：近些年涌现了很多开发者现场训练营，我建议你在当地参加一个。不过，Launch School是在线训练营，在任何地方都能参加。如果你希望有人按照结构化课程教你，Launch School是不错的选择。
- Turing School of Software & Design：在科罗拉多州丹佛举办的全日制Ruby、Rails和JavaScript培训项目，为期27周。他们的多数学生编程经验并不丰富，但是具有坚定的决心和驱动力，能快速掌握知识。Turing保证学生毕业后能找到一份工作，否则退还学费。
- Bloc：一个在线训练营，有结构化的课程、个人导师，通过具体的项目学习知识。使用BLOCLOVESHARTL优惠码可以节省500美元的报名费。
- Firehose Project：导师制在线编程训练营，专注于具体的编程技能，如测试驱动开发、算法，以及敏捷Web应用开发。有两周免费的入门课程。
- Thinkful：在线课程，由专业的工程师辅导开发项目。教授的课程包括Ruby on Rails、前端开发、Web设计和数据科学。
- Pragmatic Studio：Mike和Nicole Clark主讲的Ruby和Rails在线课程。
- RailsApps：说明详细的Rails示例应用。
- Code School：大量交互式编程课程。

14.4.2　本章所学

- ❏ 使用**has_many :through**可以实现数据模型之间的复杂关系；
- ❏ **has_many**方法有很多可选的参数，可用于指定对象的类名和外键名；
- ❏ 使用**has_many**和**has_many :through**，并且指定合适的类名和外键名，可以实现主动关系（关注别人）和被动关系（被别人关注）；
- ❏ Rails支持嵌套路由；
- ❏ **where**方法可以创建灵活且强大的数据库查询；
- ❏ Rails支持使用低层SQL语句查询数据库；
- ❏ 把本书实现的所有功能放在一起，最终实现了一个能关注用户并且能显示微博动态流的应用。

14

版 权 声 明

站在巨人的肩上
Standing on Shoulders of Giants

TURING
图灵教育

iTuring.cn

站在巨人的肩上
Standing on Shoulders of Giants

TURING
图灵教育